西门子工业自动化技术丛书

SINAMICS S120 变频控制系统应用指南

西门子（中国）有限公司　组编

主　编　徐清书

副主编　薛　龙　焦　洋

主　审　李弘炬

U0379921

机械工业出版社

SINAMICS S120 变频控制系统是西门子公司全新的传动产品，应用于各个工业应用领域中所有苛刻、复杂的驱动任务，模块化的设计，提高了整个驱动系统的适用性。由于该产品具备强大的功能以及卓越的性能特性，因此可以满足绝大多数工业领域的驱动用户对变频器的要求。

秉承帮助所有使用 SINAMICS S120 变频控制系统的初学者以及驱动工程师快速入门和进一步提高的愿望，本书对 S120 的硬件配置，软件功能、安装及 EMC 规范、系统设计、调试、操作、故障诊断与维护等方面进行了详细的说明。

该书既适用于新手快速入门，也适用于驱动设备集成商、OEM 客户、安装调试人员、服务人员、大专院校、设计院的设计人员以及其他与驱动相关的从业人员对 SINAMICS S120 变频控制系统乃至变频器进行深入的学习和解决实际应用中的问题。

图书在版编目（CIP）数据

SINAMICS S120 变频控制系统应用指南/徐清书主编. —北京：机械工业出版社，2014.2（2024.6重印）
（西门子工业自动化技术丛书）
ISBN 978-7-111-45758-9

Ⅰ.①S⋯ Ⅱ.①徐⋯ Ⅲ.①变频控制-控制系统-指南
Ⅳ.①TM921.51-62

中国版本图书馆 CIP 数据核字（2014）第 024627 号

机械工业出版社（北京市百万庄大街22号 邮政编码100037）
策划编辑：林春泉 责任编辑：赵 任 版式设计：霍永明
责任校对：陈立辉 封面设计：鞠 杨 责任印制：常天培
固安县铭成印刷有限公司印刷
2024 年 6 月第 1 版第 7 次印刷
184mm×260mm ·38.5 印张·945 千字
标准书号：ISBN 978-7-111-45758-9
　　　　　　 ISBN 978-7-89405-421-0（光盘）
定价：138.00 元（含 1DVD）

凡购本书，如有缺页、倒页、脱页，由本社发行部调换
电话服务　　　　　　　　　　　网络服务
社服务中心　：(010)88361066　教 材 网：http://www.cmpedu.com
销 售 一 部　：(010)68326294　机工官网：http://www.cmpbook.com
销 售 二 部　：(010)88379649　机工官博：http://weibo.com/cmp1952
读者购书热线：(010)88379203　**封面无防伪标均为盗版**

序

近几年西门子公司全新一代 SINAMICS S120 变频控制系统在中国市场各个行业中得到了广泛应用，获得了客户的好评。随着中国客户、工程技术人员的设计和应用水平的不断提高，对 SINAMICS S120 变频控制系统的实际应用知识要求越来越高。为了满足广大客户、驱动工程师和电气设计工程人员对 SINAMICS S120 变频控制系统设计、安装、调试、使用和选型更深入了解的强烈愿望，同时西门子公司也愿将多年来积累的 SINAMICS S120 变频控制系统的成功使用经验与广大读者分享，因此西门子（中国）有限公司编写了《SINAMICS S120 变频控制系统应用指南》一书。

《SINAMICS S120 变频控制系统应用指南》一书全面系统化地阐述了 SINAMICS S120 变频控制系统的设计原理、选用、安装调试、维护、故障诊断等内容。本书重在实用，强调系统设计与实际工程相结合、文字通俗、简单易懂、逻辑结构清晰，对快速掌握 SINAMICS S120 变频控制系统应用技术将会有很大的指导意义和帮助。

《SINAMICS S120 变频控制系统应用指南》一书由在西门子公司从事传动技术工作 20 多年，有着丰富的传动理论和现场应用经验的传动技术高级专家徐清书先生担当主编，副主编由薛龙先生和焦洋先生担任，主审传动技术专家李弘炬女士也是从事传动一线技术工作多年，有着丰富的 SINAMICS S120 变频控制系统的现场应用经验。

《SINAMICS S120 变频控制系统应用指南》是电气设计人员不可多得的读本，既可以作为电气传动、自动控制领域从事变频控制系统设计、调试与维修的工程技术人员的工程参考书或自学教材，也可以作为高等学校相关专业师生的首选参考书。

付强

西门子中国（有限）公司

工业技术集团大型传动部总经理

前　言

当今，无论是生产机械还是工厂的建设都要求一种高度灵活的、可扩展的自动化与驱动系统解决方案，所有的工业领域都需求一种易于使用、高效且具有集成安全技术的个性化解决方案。

西门子 SINAMICS 驱动控制系统是当前最全面的驱动产品，基于简单的、集成的工程概念，为将来的驱动系统提供固有的创新和高能效的解决方案。无论是风机、泵类和压缩机控制还是挤出、破碎等过程处理应用，从运输机、升降机到复杂的运动控制应用如铣削、车削和加工，西门子 SINAMICS 驱动控制系统都能提供独一无二的驱动动力和控制性能。

西门子 SINAMICS 驱动控制系统提供了一个最佳的交流驱动系统及直流驱动系统的创新平台，全集成的 SINAMICS 驱动家族涉及所有的驱动性能要求，达到了最大灵活性、功能性和高效性。SINAMICS S120 变频控制系统可以应用于各个工业应用领域中所有苛刻的、复杂的驱动任务，整个家族的所有产品基于统一的软件和硬件平台，为用户提供独一无二的优势：标准操作、统一的选型和调试工具、通用的选件、最低的培训费用，其模块化的系统设计，部件和功能相互之间统一协调，极大地提高了整个驱动系统的适用性，用户可以灵活地组合使用以构建最佳方案。

为了让广大的工程技术人员更好地理解和应用西门子 SINAMICS S120 系列变频器矢量控制系统，西门子客户服务集团技术支持工程师基于多年从事这方面工作的体会，编写了《SINAMICS S120 变频控制系统应用指南》，本书详细地介绍了 SINAMICS S120 系列变频器的性能特点及应用技术。在内容的编写上力求全面和实用，从系统硬件配置、软件功能、安装及 EMC 规范、系统设计、故障诊断与维护等方面为工程应用人员做了全面介绍。第 1 章安全说明，描述了安全注意事项及安全操作步骤；第 2 章系统概述，详细介绍了 SINAMICS S120 的应用领域、驱动系统、技术参数、执行标准及系统平台；第 3 章配置和接线举例，以图例的方式描述了各种类型的变频器功率模块及其选件和组件的配置和接线；第 4 章符合 EMC 规范的 S120 控制柜的设计，详细描述了柜体设计要求、系统谐波、EMC 设计规范、电动机轴电流及其抑制、柜体布置示例；第 5 章 SINAMICS 系统设计指南，介绍了 SINAMICS S120 系统中电抗器、滤波器、制动单元和制动电阻的作用与选型原则、整流单元和逆变单元的配置方案及注意事项、整流单元预充电和电动机电缆长度要求说明、西门子电动机产品；第 6 章驱动系统基本操作，详述了 S120 驱动系统的操作方法，包括内部数据传递方式、参数存储方法、DRIVE-CLiQ 配置说明、调试软件 STARTER 及 BOP20 和 AOP30 的操作方法、系统控制能力及组件更换、技术保护等；第 7 章调试，介绍了 S120 变频系统的调试准备、调试流程以及调试异步电动机以及永磁同步电动机的详细调试步骤；第 8 章功能，对 S120 系统的基本控制功能、矢量控制功能、V/f 控制功能、监控功能以及集成的安全功能进行了详细介绍；第 9 章通信，详细介绍了 PROFIBUS-DP 通信和 PROFINET 通信以及 S120 之间的 SINAMICS Link 通信功能；第 10 章维护与诊断，介绍了利用 BOP20、AOP30 和 WEB Server 进行系统故障查询和诊断的操作方法及系统维护方法。同时，附录中列出了 S120 常用功能图、参数表、控制与状态字以及常用故障和报警列表以供查询。

在本书即将出版之际，特别要感谢西门子（中国）有限公司工业技术集团大型传动部总经理付强先生为本书撰写序言，感谢西门子（中国）有限公司工业业务领域服务集团总经理王飚先生的大力支持，感谢西门子（中国）有限公司工业业务领域服务集团高级专家葛篷先生的指导。参与了本书的编写和审核工作的人员有白利峰先生、陈云先生、盖廓女士、韩慧云女士、焦洋先生、李弘炬女士、李文义先生、刘军奎先生、柳飞先生、魏超先生、王卓君先生、薛龙先生、于跃海先生、闫娟女士，同时本书还得到了西门子（中国）有限公司工业业务领域服务集团产品生命周期服务部众多同事的大力帮助，在此一并表示深深的谢意。

由于时间紧迫、资料有限，受技术能力及编纂水平所限，本书中难免存在错漏和不足之处。请各位专家、学者、工程技术人员以及广大读者给予批评指正。

徐清书

西门子（中国）有限公司

工业业务领域服务集团

高级技术专家

目　　录

第1章 安全说明

1.1 一般安全说明

 危险

接触带电部件会导致生命危险
接触带电部件可能会造成人员死亡或者重伤。
   电气设备只允许专业人员操作。
   在所有工作中都应遵循当地安全规程。
通常生产安全规程有六步:
1)准备关闭设备,通知各环节相关人员。
2)关闭设备。
 -断开设备电源。
 -请等待至警告牌上说明的放电时间届满。
 -确认导线与导线之间以及导线与接地线之间无电压。
 -检查是否现有的辅助电压回路也无电压。
 -确认电动机不会转动。
3)识别所有其它危险的能量源,例如:压缩空气、液压或者水。
4)隔绝或者中和所有危险的能量源,例如,通过关闭开关,接地或短接,或者关闭阀门。
5)确保不会再次接通这些能量源。
6)检查设备正确且确保设备已经完全闭锁!
结束作业后以相反的顺序恢复设备至运行准备状态。

 警告

连接了不合适的电源所产生的危险电压可引发生命危险
在出现故障时,接触带电部件可能会造成人员重伤,甚至是死亡。
 ●在电子设备的所有端子和接口,都只能使用提供 SELV(安全特低电压)或者 PELV(保护特低电压)输出电压的电源。

 警告

接触损坏设备上的带电压部件可引发生命危险
操作不当可能导致设备损坏。
设备损坏后,其外壳或裸露部件可能会带有危险电压。
1)在运输、存放和运行设备时应遵循技术数据中给定的限值。
2)不要使用已损坏的设备。
3)应采取防止导电异物进入组件的措施,例如,可根据 EN 60529 将设备安装在具有 IP54 防护等级的机柜中。如果安装地点可以排除被导电异物污染的可能,则机柜允许使用相应较低的防护等级。

 警告

外壳保护不够会导致火灾扩散危险
明火或者产生的烟雾可能导致巨大的人身伤亡和财产损失。
 ●将无保护外壳的设备安置于金属机柜中(或者采取其它等效措施),以避免设备内部和外部接触明火。

使用移动无线电装置或移动电话时机器的意外运动可引发生命危险
　　在距离本系统大约 2m 的范围内使用发射功率大于 1W 的移动无线电设备或移动电话时，会导致设备功能故障，该故障会对设备功能安全产生影响并能导致人员伤亡或财产损失。
　　● 关闭设备附近的无线电设备或移动电话。

绝缘过载可引发火灾
　　在 IT 电网中接地会使电动机绝缘增加负荷。绝缘失效可产生烟雾，引发火灾，从而造成人身伤害。
　　1) 使用可以报告绝缘故障的监控设备。
　　2) 尽快消除故障，以避免电动机绝缘过载。

通风空间不足导致过热可引发火灾
　　通风空间不足会导致过热，产生烟雾，引发火灾，从而造成人身伤害。此外，设备／系统故障率可能会因此升高，使用寿命缩短。
　　● 组件之间应保持规定的最小间距，以便通风。最小间距参见外形尺寸图或各个章节开头各个产品的特殊安全说明。

电缆屏蔽层未接地时引起的电击会导致生命危险
　　电缆屏蔽层未接地时由于电容超耦合会产生危及生命的接触电压。
　　● 电缆屏蔽层和功率电缆的未用芯线（如抱闸芯线）至少有一侧通过接地的外壳接地。

1.2　电磁场注意事项

电磁场可引发生命危险
　　在电气功率设备例如变压器、变频器、电动机运行时会产生电磁场（EMF）。因此，可能会对设备／系统附近的人员，特别是对那些带有心脏起搏器或医疗植入体等器械的人员造成危险。
　　● 至少应保持 2m 的间距。

1.3　操作静电敏感元器件

　　静电敏感元器件（ESD）是可被静电场或静电放电损坏的元器件、集成电路、电路板或设备。

注意
静电场或静电放电可导致设备损坏
　　静电场或静电放电可能会引起元器件、集成电路、模块或设备的损坏，从而导致功能故障。
　　1) 仅允许使用原始产品包装或其它合适的包装材料（例如：导电的泡沫橡胶或铝箔）包装、存储、运输和发运电子元件、模块和设备。
　　2) 只有采取了以下接地措施之一，才允许接触元件、模块和设备：
　　——佩戴防静电腕带；
　　——在带有导电地板的防静电区域中穿着防静电鞋或配载防静电接地带。
　　3) 电子元器件、模块或设备只能放置在导电性的垫板上（带防静电垫板的工作台、导电的防静电泡沫材料、防静电包装袋、防静电运输容器）。

1.4 残余风险

驱动系统（电气传动系统）的残余风险

驱动系统的控制组件和传动组件允许用于工业电网内的工业和商业场合。在民用电网中使用时，要求采取特殊设计或附加措施。

这种组件只允许在封闭的壳体或控制柜内运行，并且必须安装保护装置和保护盖。只有经过培训、了解并遵循组件和用户手册上指出的所有安全注意事项的专业技术人员，才可以在组件上开展工作。

机器制造商在依据欧盟机械指令对机器进行风险评估时，必须注意驱动系统的控制组件和驱动组件会产生以下残余风险：

1）调试、运行、维护和维修设备时，被驱动的机器部件意外运行，原因可能有：

—编码器、控制器、执行器和连接器中出现了硬件故障和/或软件故障；

—控制器和驱动器的响应时间；

—运行和/或环境条件不符合规定；

—凝露/导电杂质；

—参数设置、编程、布线和安装出错；

—在控制器附近使用无线电装置/移动电话；

—外部影响/损坏。

2）在出现故障时，变频器内外部出现异常温度、明火以及异常亮光、噪声、杂质、气体等，原因可能有：

—元器件失灵；

—软件故障；

—运行和/或环境条件不符合规定；

—外部影响/损坏。

防护方式为"开放式类型/IP20"的设备必须安装在金属机柜中（或采取相同效果的措施进行保护），以避免变频器内外部接触明火。

3）出现危险的接触电压，原因可能有：

—元器件失灵；

—静电充电感应；

—电动机运转时的电压感应；

—运行和/或环境条件不符合规定；

—凝露/导电杂质；

—外部影响/损坏。

4）设备运行中产生的电场、磁场和电磁场可能会损坏近距离的心脏起搏器支架、医疗植入体或其它金属物。

5）当不按照规定操作以及/或违规处理废弃组件时，会释放破坏环境的物质和辐射。

说明

必须采取措施防止导电异物进入各组件，例如：将组件装入符合 EN 60529 IP54 防护等级的控制柜中。

如果安装地点排除了导电异物，则使用较低防护等级的控制柜。

其它有关驱动系统组件产生的残余风险的信息见用户技术文档的相关章节。

第2章 系统概述

2.1 SINAMICS 的应用领域

SINAMICS 是西门子公司全新系列传动产品，适用于各类系统集成和各种工程应用。

SINAMICS 适用于所有传动应用中提供的解决方案：

1）在过程工业中，简单泵和风机的应用。

2）离心机、压机、挤出机、升降机、输送和运输设备中具有较高转矩要求的单机传动。

3）纺织机械、薄膜加工机械和纸加工机械以及轧钢设备中的复合驱动系统。

4）用于制造风能叶轮组件的高精度位控伺服驱动控制。

5）用于机床、包装机械和印刷机械的高动态伺服驱动控制。

SINAMICS 的应用领域如图 2-1 所示。

图 2-1 SINAMICS 的应用领域

SINAMICS 系列传动产品按应用领域可以提供量身定制的最佳传动解决方案。

1）SINAMICS G 是针对异步电动机的标准应用设计的。这些应用对电动机转速的动态响应性要求不高。

2）SINAMICS S 针对同步电动机和异步电动机的复杂传动应用场合，可满足以下方面的较高要求：

① 高动态性能和精度;

② 将复杂的工艺功能集成到驱动控制中。

3) SINAMICS DCM 是 SINAMICS 系列驱动器中的新一代直流调速器。与以往产品相比更具有通用性和可扩展性,这种驱动器不仅可以实现基本调速要求,而且还可以满足较高的调速控制要求。

2.2 SINAMICS 的平台方案和全集成自动化

SINAMICS 系列的所有传动产品都一致地遵循一种"平台"的概念。变频器的设计均基于统一的开发平台,并采用共同的硬件和软件组态以及标准化的设计、选型、组态和调试工具可以保证所有部件之间较高的通用性。各种不同的传动任务都可以使用 SINAMICS 来完成。不同型号的 SINAMICS 均可以很方便地实现彼此协同。

全集成自动化(TIA)和 SINAMICS

与 SIMATIC、SIMOTION 和 SINUMERIK 一样,SINAMICS 是全集成自动化系统(TIA)中又一个核心组成部分,举例来说,STARTER 调试工具是 TIA 平台的重要组成部分,借助这个统一的工程平台,在统一的环境下,可以设置、编程和调试自动化系统解决方案的所有部分;集成的数据管理可以保证数据的一致性和项目存档的简易性。

SINAMICS S120 支持标准的 PROFIBUS-DP,即 TIA 方案中的标准现场总线。它可以确保自动化系统解决方案中的各组件之间的强大、无缝的通信:HMI(操控与显示)、控制器、驱动器以及 I/O 等。

SINAMICS S120 也具有 PROFINET 接口。总线基于以太网,使设备可以通过 PROFINET IO 快速交换控制数据。

SINAMICS 是西门子模块化自动化系统的组成部分,如图 2-2 所示。

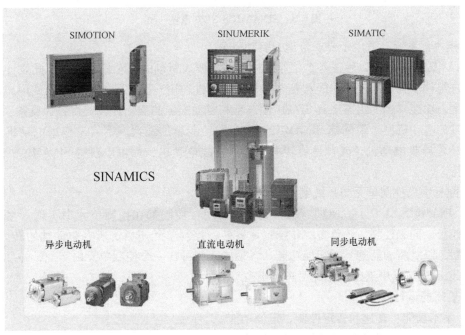

图 2-2 SINAMICS 是西门子模块化自动化系统的组成部分

2.3 SINAMICS S120 驱动系统

SINAMICS S120 系统一览如图 2-3 所示。

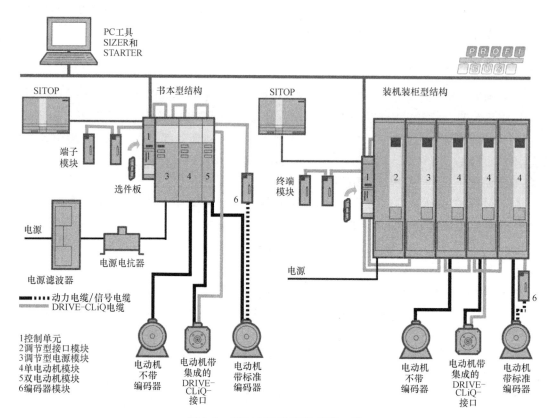

图 2-3 SINAMICS S120 系统一览

1. 模块化系统，适用于要求苛刻的驱动任务

SINAMICS S120 可以胜任各个工业应用领域中要求苛刻的驱动任务，并因此设计为模块化的系统组件。大量部件和功能相互之间具有协调性，用户因此可以进行组合使用，以构成最佳方案。功能卓越的组态工具 SIZER 使选型和驱动配置的优化计算变得易如反掌。

丰富的电动机型号组配使 SINAMICS S120 的功能更加强大。不管是扭矩电动机、同步电动机还是异步电动机，或者是旋转电动机或直线电动机，都可以获得 SINAMICS S120 的最佳支持。

2. 配有中央控制单元的系统架构

在 SINAMICS S120 上，驱动器的智能控制、闭环控制都在控制单元中实现，它不仅负责矢量控制、伺服控制，还负责 V/f 控制。另外，控制单元还负责所有驱动轴的转速控制、转矩控制，以及驱动器的其它智能功能。各轴的互联可在一个控制单元内实现，并且只需在 STARTER 调试工具中点击鼠标即可进行组态。

3. 更高的运行效率

1）基本功能：转速和转矩控制、定位功能。

2）智能起动功能：电源中断后自动重启。

3）BICO 互联技术：驱动器相关 I/O 信号互联，可方便地根据设备条件调整驱动系统。

4）安全集成功能：低成本实现安全概念。

5）可控的整流和回馈：避免在进线侧产生噪声、控制电动机制动时产生的再生回馈能量，提高进线电压波动时的适用性。

4. DRIVE-CLiQ-SINAMICS S120 部件之间的数字式接口

DRIVE-CLiQ 通用串行接口连接 SINAMICS S120 的主要组件，包含电动机和编码器。统一的电缆和连接器规格可减少零件的多样性和仓储成本。对于其他厂商的电动机或改造应用，可使用转换模块将常规编码器信号转换成 DRIVE-CLiQ。

5. 所有组件都具有电子铭牌

每个组件都有一个电子铭牌，在进行 SINAMICS S120 驱动系统的组态时会起到非常重要的作用。它使得驱动系统的组件可以通过 DRIVE-CLiQ 电缆被自动识别。因此，在进行系统调试或系统组件更换时，就可以省掉数据的手动输入，使调试变得更加安全。

该电子铭牌包含了相应组件的全部重要技术数据，例如：等效电路的参数和电动机集成编码器的参数。

除了技术数据外，在电子铭牌中还包含有物流数据，如订货号和识别码。由于这些值既可以在现场获取，也能够通过远程诊断获取，所以在机器内使用的组件可以随时被精确检测，使得维修工作相应得到简化。

2.4　技术数据

SINAMICS S120 组件一览如图 2-4 所示。

SINAMICS S120 系统组件

（1）用于单机传动的 SINAMICS S120 AC/AC 系统组件主要包括：

1）进线侧的系统组件，比如熔断器、接触器、电抗器和进线滤波器，用于接通电源并确保符合相关 EMC 指令的要求；

2）功率模块，可以带有或不带内置的进线滤波器和内置的制动斩波器，为连接的电动机供电。

（2）用于多机传动的 SINAMICS S120 DC/AC 系统组件主要包括：

1）进线侧系统组件，如熔断器、接触器、电抗器、滤波器，用于开关电源，符合 EMC 指令；

2）Line Module：整流单元（整流装置），是一个整流器，由主电源供电，为直流母线集中供电；

3）直流回路组件：选件，用于稳定直流母线电压；

4）Motor Module：逆变单元（逆变装置），是一个逆变器，接收来自直流母线的电能并为相连电动机供电；

5）电动机侧的其它组件：比如正弦滤波器、输出电抗器、dv/dt 滤波器，用于降低电动机绕组的电压负载。

为了所需功能，SINAMICS S120 还包含：

1）Control Unit：控制单元，提供驱动功能和工艺功能；

2）可补充的系统组件：用于扩展功能并满足不同类型的编码器接口和过程信号接口的需求。

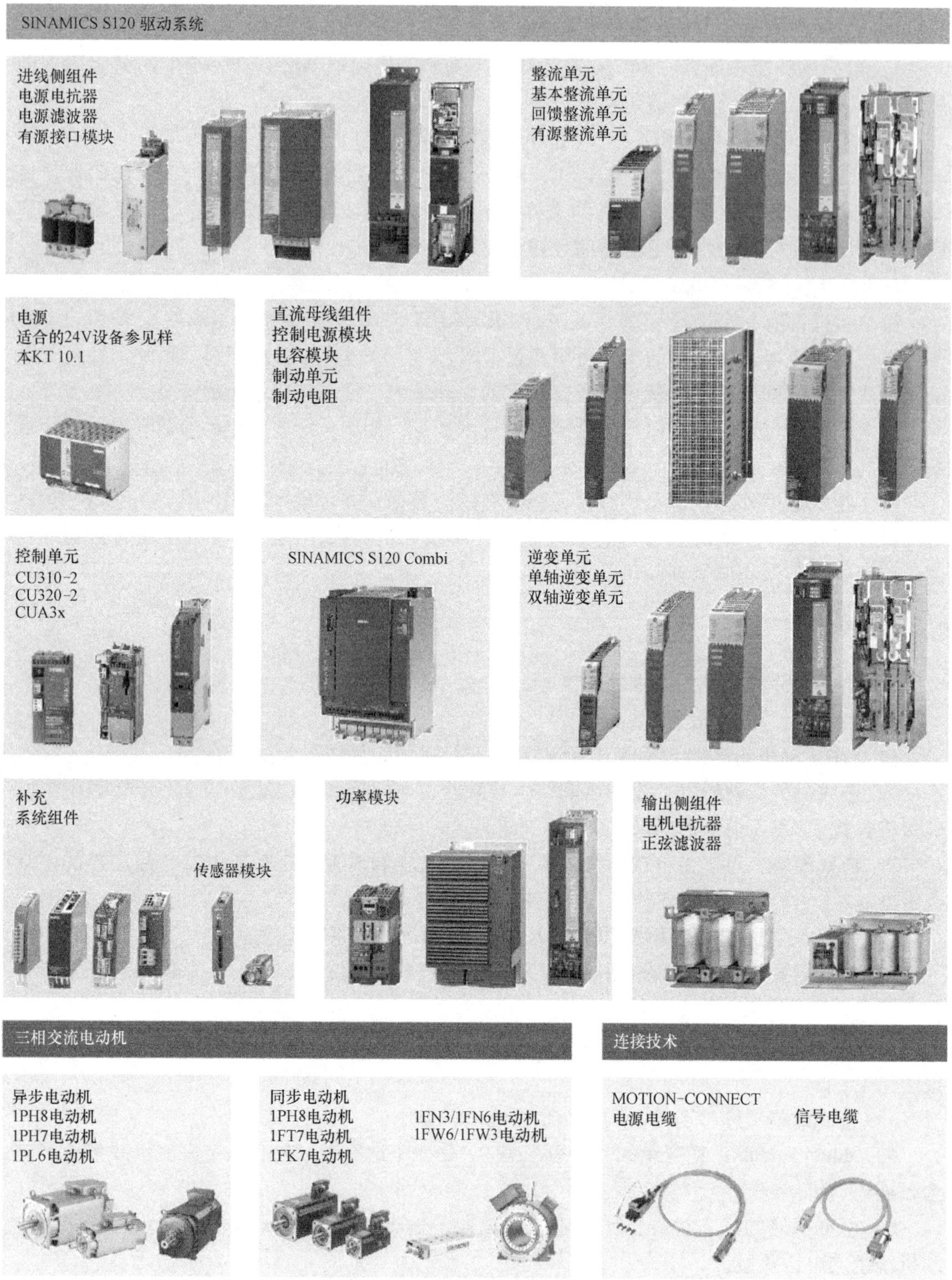

SINAMICS S120 驱动系统

进线侧组件
电源电抗器
电源滤波器
有源接口模块

整流单元
基本整流单元
回馈整流单元
有源整流单元

电源
适合的24V设备参见样
本KT 10.1

直流母线组件
控制电源模块
电容模块
制动单元
制动电阻

控制单元
CU310-2
CU320-2
CUA3x

SINAMICS S120 Combi

逆变单元
单轴逆变单元
双轴逆变单元

补充
系统组件

传感器模块

功率模块

输出侧组件
电机电抗器
正弦滤波器

三相交流电动机

连接技术

异步电动机
1PH8电动机
1PH7电动机
1PL6电动机

同步电动机
1PH8电动机
1FT7电动机
1FK7电动机

1FN3/1FN6电动机
1FW6/1FW3电动机

MOTION-CONNECT
电源电缆　　　　　信号电缆

图 2-4　SINAMICS S120 组件一览

SINAMICS S120 的组件设计安装在电气柜内，具备以下优点：

1) 轻便的搬运、简易的安装和布线;

2) 实用的连接系统,符合 EMC 要求的电缆布线;

3) 标准化设计,无缝集成。

说明

电气柜中的安装位置

SINAMICS S120 组件应始终垂直安装在电气柜中,其它允许的安装位置参见各个组件的说明章节。

SINAMICS S120 产品分类如图 2-5 所示。

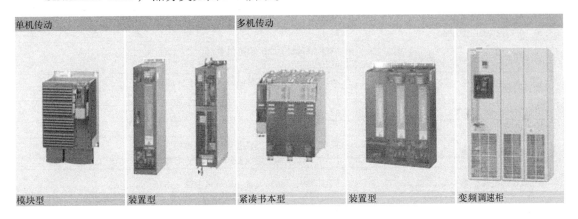

图 2-5　SINAMICS S120 产品分类

SINAMICS S120 是一种带有矢量控制和伺服控制功能的模块化传动系统,可用于实现复杂传动应用的单机和多机变频调速装置/柜。

与单轴传动解决方案一样,带有上位运动控制功能的多轴传动解决方案也可通过 SI-NAMICS S120 传动装置来实现。

覆盖 0.12 ~ 4500kW 的功率范围,具有各种按功能分级的控制部件,因此使用 SI-NAMICS S120 传动装置,可实现几乎所有控制要求苛刻的驱动应用,是易于快速方便地实现精确控制定制的驱动配置。

SINAMICS S120 智能化驱动功能体现于控制单元中的闭环控制功能。

不仅可用于矢量和伺服控制,而且还可进行 V/f 控制。SINAMICS S120 还可对所有的传动轴进行转速和转矩控制,并执行其它智能驱动功能。

应用闭环控制精确控制同步和异步电动机,是可以用于驱动西门子整个低压电动机系列的传动产品。

在供货时,这些变频器集成有标准 PROFIBUS-DP 或 PROFINET 接口。

通过这些接口,可方便地集成到上位自动化控制系统中。

SINAMICS S120 变频调速柜组配的专业的机柜组非常适合安装于各个生产环节,其总功率可达 4500kW。通过标准化的接口,可快速地将这些变频调速装置随意连接组成应对多电动机复杂驱动的各种解决方案。

2.5　系统参数

电气数据见表 2-1。

表 2-1　电气数据

电源输入电压	
AC/AC 模块型设备	1 AC 200~240V ±10% 3 AC 380~480V ±10%
AC/AC 装机装柜型设备	3 AC 380~480V ±10%
书本型设备	3 AC 380~480V ±10%（-15% <1min）
装机装柜型设备	3 AC 380V-10%（-15%，不超过 1min）~3 AC 480V +10% 3 AC 500V-10%（-15%，不超过 1min）~3 AC 690V +10%
额定脉冲频率	
AC/AC 模块型设备	4kHz
AC/AC 装机装柜型设备	2kHz
书本型设备	8kHz（只适用于书本型 ALM） 4kHz[1]
装机装柜型设备	2kHz（输入电压 DC510~750V；110~250kW） 1.25kHz[1]
电源频率	47~63Hz
输出电压	
AC/AC 模块型设备	3 AC 380~480V 型设备：0V 至电源输入电压 1 AC 200~240V 型设备：0~0.78V 电源电压
AC/AC 装机装柜型设备	3 AC 380~480V 设备：0V 至电源输入电压
书本型和装机装柜型设备	0V 至电源输入电压（取决于电源类型） 使用 Active Line Module 即有源整流单元时可以达到更高的输出电压
辅助电源电压	DC 24V-15/ +20%[2]，保护低压 DVCA（PELV） 设计为符合 EN61800-5-1 的 PELV 电路 接地 = 通过电子电源的负极接地
额定短路电流 SCCR（Short Circuit Current Rating）符合 UL508C（最高 600V），配合使用指定的熔断器或断路器	• 1.1~447kW：65kA • 448~671kW：84kA • 672~1193kW：170kA • ≥1194kW：200kA （AC/AC 装机装柜型设备组件中的 UL 认证只针对采用西门子规定的熔断器的应用场合；不针对其它类型的熔断器或只使用断路器的应用）
抗无线频率干扰根据 EN61800-3	类别 C3（第二类环境） 类别 C2（第一类环境） 安装到设备后的抗干扰类别，见文档
过电压类别	EN61800-5-1 Ⅲ 类
污染程度	EN61800-5-1 2 级

1) 对于更高的脉冲频率，须参考相应的电流降容曲线（见 S120 选型样本）。
2) 在使用电动机抱闸时，要遵守可能会出现的限制电压容差（24V ±10%）。

环境条件见表 2-2。

表 2-2　环境条件

防护等级	
AC/AC 功率模块 书本型设备	EN 60529 IP20 或 IPXXB，UL508 开放型设备
装机装柜型设备	EN 60529 的 IP00 或 IP20
主电路保护级别 电子电路保护级别	EN 61800-5-1 Ⅰ级（带保护接地） Ⅲ级（保护低压 DVC A/PELV）

（续）

防护等级	
冷却方式	• 风冷 强制风冷,设备内的驱动装置 自然风冷(对流) • 水冷
运行时允许的冷却剂温度(空气)和安装海拔	0~40℃,安装高度≤1000m 无降容 40~55℃参考电流降容曲线(见 S120 选型样本)
环境等级/有害化学物质	
使用运输包装的长期存储	EN 60721-3-1　1C2 级
使用运输包装的运输	EN 60721-3-2　2C2 级
运行	EN 60721-3-3　3C2 级
有机体/生物体影响	
使用运输包装的存储	EN 60721-3-1　1B1 级
使用运输包装的运输	EN 60721-3-2　2B1 级
运行	EN 60721-3-3　3B1 级
抗振动性能	
使用运输包装的长期存储 AC/AC 功率模块,书本型设备	EN 60721-3-1　1M2 级
使用运输包装的运输 AC/AC 功率模块,书本型设备	EN 60721-3-2　2M3 级
装机装柜型设备	EN 60721-3-2　2M2 级
运行 书本型设备	EN 60721-3-2　2M2 级 测试值根据 EN 60068-2-6Fc 测试: 10~58Hz:恒定偏移 0.075mm 58~200Hz:恒定加速度 9.81m/s(1g)
AC/AC 模块型,装机装柜型设备	10~58Hz:恒定偏移 0.075mm 58~150Hz:恒定加速度 9.81m/s(1g)
抗冲击性能	
使用运输包装的长期存储 AC/AC 功率模块,书本型设备	EN 60721-3-1　1M2 级
使用运输包装的运输	EN 60721-3-2　2M3 级
运行 书本型设备 AC/AC 模块型 FSA 至 FSB AC/AC 模块型 FSC 至 FSF 装机装柜型设备	EN60721-3-2　2M2 级 检测值:147m/s²　15g/11ms 检测值:147m/s²　(15g)/11ms 检测值:49m/s²　(5g)/30ms 检测值:98m/s²　(10g)/20ms
气候环境条件	
使用运输包装的长期存储: AC/AC 功率模块,书本型设备 装机装柜型设备	EN 60721-3-1 1K4 级 温度 -25~55℃ EN 60721-3-1 1K3 级, 温度 -40~70℃
使用运输包装的运输	EN 60721-3-2 2K4 级 温度 -40~70℃
运行	EN 60721-3-3 3K3 级 温度 +0~40℃ 相对空气湿度 5%~90% 不允许有油雾、盐雾、结冰、结露、滴水、喷水、溅水和泼水(EN60204 第 1 部分)

证书见表 2-3。

表 2-3 证书

符合性声明	CE(低压指令与 EMC 指令)
认证	cULus cURus

2.6 安装海拔和环境温度引起的降容

设备的额定工作条件为环境温度 40℃ 以及相应的脉冲频率。无降容的安装海拔为

1）AC/AC 功率模块和书本型设备海拔要求低于 1000m；

2）装机装柜型设备以及配套系统组件设计用于在温度 40℃ 以内、海拔 2000m 以内的环境中运行。

随着海拔的升高，气压和空气密度也随之降低。因此，相同的风量产生的冷却效果降低，两根导线之间的电气间隙能隔离的电压降低。表 2-4 列出了气压的一些典型值。

表 2-4 不同安装海拔的气压

安装海拔/m	0	2000	3000	4000	5000
气压/kPa	100	80	70	62	54

设备若要在高于 40℃ 的环境温度中运行时，必须降低输出电流。所有功率模块的最大允许运行环境温度为 55℃。

在安装海拔 2000m 以下，模块内部的电气间隙能够隔离 EN 60664-1 标准中 Ⅲ 类过电压的冲击电压。安装海拔 2000m 以上，功率模块上必须连接一个隔离变压器。隔离变压器可以将馈电电网侧达到 Ⅲ 类过电压的冲击电压降低到 Ⅱ 类冲击电压，然后输出给功率模块的电源接线端子，也就是将冲击电压降低到模块内部的电气间隙能够承受的水平，以达到 EN 61800-5-1 的要求。配备的变压器二次侧按照以下方式接地：

1）通过星点接地的 TN 电网（而不是通过外部导体接地）

2）IT 电网（接地运行的时间尽可能短）

电源输入线电压无需降容。

当安装海拔超过 2000m 时应注意，随着高度的增加，气压和空气密度都会降低。因此，冷却效果和空气的绝缘性都会降低。

由于冷却效果降低，一方面应降低环境温度，另一方面也应通过降低输出电流的方式来减少变频器的散热，此时可将低于 40℃ 的环境温度计入补偿中。

表 2-5 中给出了装机装柜型设备安装在不同海拔和环境温度下允许的输出电流（其它类型设备请参考 D21.3 选型样本），此值已经考虑了安装高度和低于 40℃ 的环境温度（变频器进气口的进风温度）彼此之间允许的补偿。

这些值适用的前提是，有充足的冷却气流（达到技术数据规定的风量）穿过变频器。

表 2-5　装机装柜型设备因环境温度（变频器进气口的进风温度）和安装海拔引起的电流降容

安装海拔高度	电流降容系数(占额定电流的百分比) 环境温度(指进风温度)						
m	20℃	25℃	30℃	35℃	40℃	45℃	50℃
0 ... 2000						93.3%	86.7%
... 2500					96.3%		
... 3000		100%		98.7%			
... 3500							
... 4000			96.3%				
... 4500		97.5%					
... 5000	98.2%						

第3章 配置和接线举例

3.1 单机传动

SINAMICS S120 AC/AC 单机传动其结构形式为整流单元和逆变单元集成在一起，适用于单轴的模块化驱动系统，用来解决工业应用中各种各样高要求的驱动任务。单机传动由一个功率模块（Power Module）和一个控制单元（Control Unit）或控制单元适配器（CUA）构成。

西门子公司为 SINAMICS S120 AC/AC 单机传动提供以下系统组件：

1）电源端的系统组件，比如熔断器、接触器、电抗器和进线滤波器，用于接通电源并确保符合 EMC 的要求；

2）功率模块，可以带或不带内置进线滤波器和内置的制动斩波器，为连接的电动机供电。

为了实现所需功能，SINAMICS S120 AC/AC 单机传动还包含：

1）控制单元，提供驱动功能和工艺功能；

2）可补充的系统组件，用于扩展功能并满足不同类型的编码器接口和过程信号接口的需求。

SINAMICS S120 AC/AC 驱动系统连接到主电源上时，应使用以下电源侧进线装置：

1）电源主开关；

2）过电流保护装置（熔断器或断路器）；

3）进线接触器（在电气隔离时需要）；

4）进线滤波器（FSA 型功率模块 PM340 上的选件）；

5）进线电抗器（选件）。

单机传动可以提供 0.12~90.0kW 范围内的功率模块 PM340，有带和不带内置进线滤波器两种规格。不带内置进线滤波器的功率模块适合 TN 或 IT 电网，带内置进线滤波器的功率模块只适合接连到 TN 电网上。带内置进线滤波器的功率模块不允许连接到 IT 电网系统。若在 IT 电网使用装机装柜型带内置进线滤波器的功率模块 PM340 时，必须拆除功率模块中连接到 EMC 滤波器的短接片。

⚠ 危险

功率模块的接地/保护接地，原则上功率模块的外壳必须接地。如未按规定进行接地可能会出现异常的危险情况，有时甚至会造成生命危险。

⚠ 危险

电缆屏蔽层和未使用的功率电缆芯线（比如制动芯线）必须可靠连接至 PE 电位上，用来传导因静电感应作用而出现的感应电压。如不遵守，则可能会出现致命的接触电压。

警告

　　当带内置进线滤波器的装机装柜型功率模块 PM340 在未接地的电网(IT 电网)上使用,如果没有拆除 EMC 短接片,可能会严重损坏变频器。

 警告

　　带内置进线滤波器的书本型功率模块 PM340 只适合连接到 TN 电网。

3.1.1　书本型功率模块接线举例

　　书本型功率模块 PM340 的连接示例如图 3-1 所示。

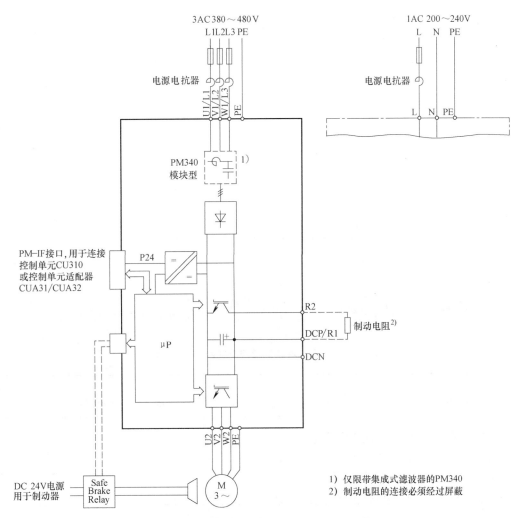

图 3-1　书本型功率模块 PM340 的连接示例

　　书本型水冷功率模块 PM340 的连接示例如图 3-2 所示。

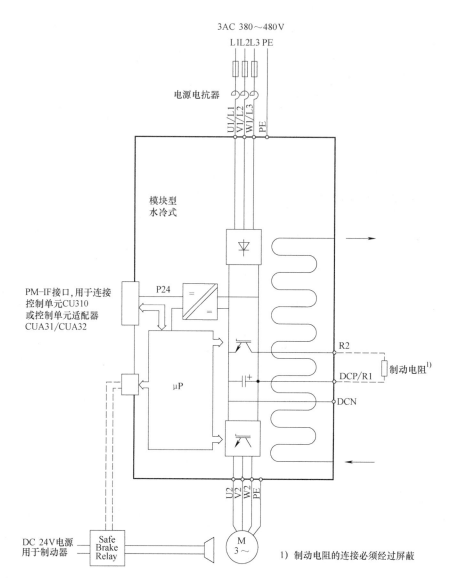

图 3-2　书本型水冷功率模块 PM340 的连接示例

说明

关于设备详细的安全说明、接口说明、外形尺寸图、安装、电气连接、技术数据等请参考相应的设备手册。

3.1.2　装机装柜型功率模块接线举例

装机装柜型功率模块 PM340 的连接示例如图 3-3 所示。

注意
仅在使用基本 Safety Integrated 功能时才有必要使用 EP 端子的使能脉冲功能。

说明

如果选择了功能"Safe Torque Off",则必须首先在端子 X9:7 上接入 DC24V,并使端子 X9:8 接地,才可运行该功能。电源掉电时会封锁脉冲。

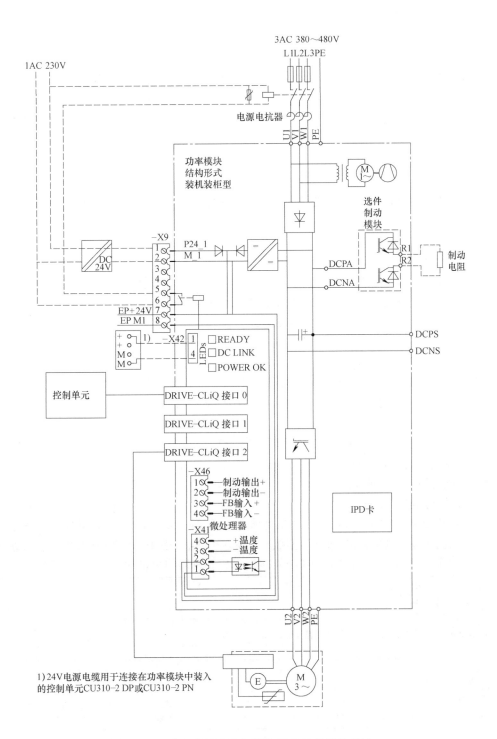

图 3-3　装机装柜型功率模块 PM340 的连接示例

说明
关于设备详细的安全说明、接口说明、外形尺寸图、安装、电气连接、技术数据等请参考相应的设备手册。

3.2　书本型多机传动

共直流母线的 DC/AC 多机传动，其结构形式为整流单元和逆变单元分开，整流单元将交流整流为直流，将多个逆变单元连接到该直流母线上，多机传动特别适用于多轴控制，优点是各电动机轴之间的能量共享。书本型组件最适合用于多轴应用，可彼此贴近安装，用于共用直流母线的接口已经集成在组件中，接线简单方便。紧凑书本型组件综合了书本型的所有优点，在相同的性能前提下，紧凑书本型更加小巧，并且过载性能更高。因此，在对动态要求较高并且安装空间较为狭小的机器上，紧凑书本型是最佳的选择。

西门子公司为 SINAMICS S120 DC/AC 多机传动提供以下系统组件：

1）进线侧系统组件，如熔断器、接触器、电抗器、滤波器，用于接通电源并确保符合 EMC 的要求；

2）整流单元（Line Module），是一个整流器，由主电源供电，为直流母线集中供电；

3）直流回路组件（选件），用于稳定直流母线电压；

4）逆变单元（Motor Module），是一个逆变器，由直流母线供电，为电动机提供电源。

为了实现所需功能，SINAMICS S120DC/AC 多机传动还包含：

1）控制单元，执行轴通用的驱动功能和工艺功能；

2）可补充的系统组件，可扩展组件功能，提供不同类型的编码器接口和过程信号接口。

SINAMICS S120 书本型整流单元连接到主电源上时，应使用以下进线装置：

1）进线侧开关组件（适用于有源整流单元 ALM、基本整流单元 BLM、回馈整流单元 SLM）；

2）过电流保护装置（电源熔断器或断路器）；

3）进线接触器（在电气隔离时需要）；

4）进线滤波器（可选）；

5）进线电抗器（必选）。

书本型多机传动的整流单元包括基本整流单元 BLM、回馈整流单元 SLM 和有源整流单元 ALM，它们都适合 TN 和 TT 或 IT 电网。如果在 IT 电网使用书本型整流单元，必须拆除 BLM 和 SLM 整流单元或 AIM 电源接口模块中 EMC 滤波器的短接片。

　整流单元和逆变单元的接地/保护接地,原则上模块的外壳必须接地。如未按规定进行接地可能会出现异常的危险情况,有时甚至会造成生命危险。

　电缆屏蔽层和未使用的功率电缆芯线(比如制动芯线)必须放置在 PE 电位上,用来导出因静电感应作用而出现的感应电压。如不遵守,则可能会出现致命的接触电压。

　当整流单元在未接地的电网(IT 电网)上使用,如果没有拆除 EMC 滤波器的短接片,可能会严重损坏变频器。

3.2.1　紧凑书本型装置接线举例

1. 紧凑书本型整流单元

紧凑书本型回馈整流单元 SLM（16kW）的连接示例如图 3-4 所示。

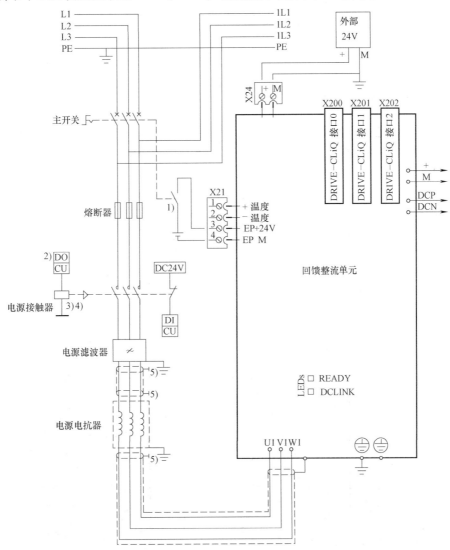

1) 提前打开的触点 $t > 10\text{ms}$。
2) DI/DO 由控制单元控制。
3) 电源接触器后不允许有其它用电设备。
4) 此时请注意 DO 的载流能力，必要时必须使用输出耦合元件。
5) 按照 EMC 安装指令通过安装后壁或屏蔽母线接地。

图 3-4　紧凑书本型回馈整流单元 SLM（16kW）的连接示例

 警告

　　运行时必须在端子 X21.3 和 X21.4 上接通 EP 24V 供电。断开 EP 24V 供电时，触发脉冲被禁止，反馈被禁止，旁路接触器被释放。如果只断开 EP 24V 供电，而没有从电网中断开整流单元（比如，没有主接触器），则直流母线保持充电状态。

注意
没有进线电抗器不允许运行该整流单元。 　如果需要用主开关断开正在运行的驱动系统,则应首先断开端子 X21.3 和 X21.4 上的 EP24V 供电,该任务可以由一个超前动作的辅助触点完成,超前时间必须大于等于 10ms。通过这种方法可以保护在同一电源上的其它设备。

说明
关于设备详细的安全说明、接口说明、外形尺寸图、安装、电气连接、技术数据等请参考相应的设备手册。

2. 紧凑书本型电动机单元

紧凑书本型单轴电动机单元(3~18A)和双轴电动机单元(1.7~5A)的连接示例如图 3-5 所示。

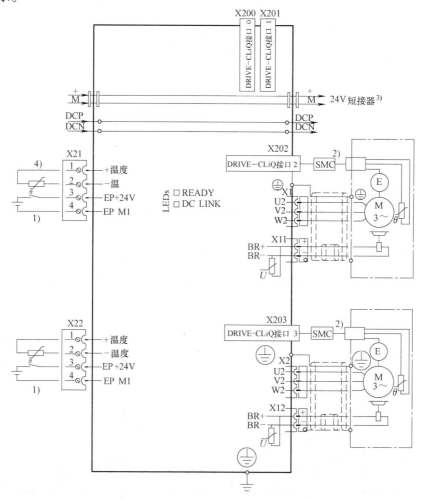

1) 安全集成功能需要。
2) 不带 DRIVE-CLiQ 接口的电动机需要使用 SMC。
3) 24V 提供给下一个模块。
4) 电动机温度检测的备选方案。

图 3-5　紧凑书本型单轴电动机单元(3~18A)和双轴电动机单元(1.7~5A)的连接示例

> 注意
>
> 仅在 Safety Integrated 基本功能使能时才可使用 EP 端子的脉冲禁止功能。

> 说明
>
> 关于设备详细的安全说明、接口说明、外形尺寸图、安装、电气连接、技术数据等请参考相应的设备手册。

3.2.2　书本型整流单元接线举例

1. 书本型基本整流单元

书本型基本整流单元 BLM（20kW 和 40kW）的连接示例如图 3-6 所示。

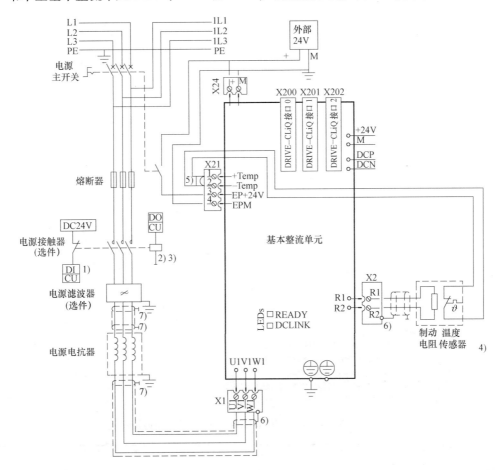

1) DI/DO,由控制单元控制。
2) 电源接触器后不允许有其它用电设备!
3) 此时请注意数字量输出(DO)的载流能力,必要时必须使用输出耦合元件。
4) 含接线的双金属开关在闭合状态下的电阻不可超过100 Ω。
5) 跳线用于关闭制动电阻的温度监控。
6) 通过连接器(20kW)或屏蔽板(40kW)接地。
7) 按照EMC安装指令通过安装后壁或屏蔽母线接地。

图 3-6　书本型基本整流单元 BLM（20kW 和 40kW）的连接示例

书本型基本整流单元 BLM（100kW）的连接示例如图 3-7 所示。

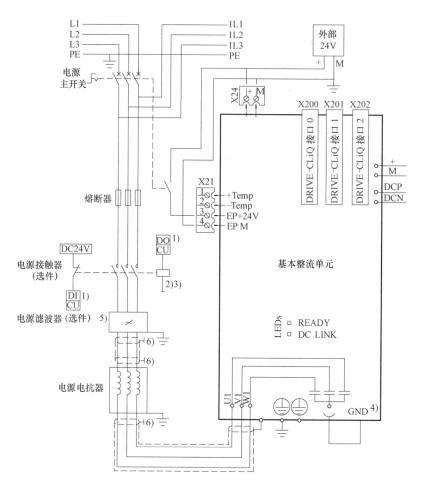

1) DI/DO,由控制单元控制。
2) 电源接触器后不允许有其它用电设备!
3) 此时请注意 DO 的载流能力,必要时必须使用输出耦合元件。
4) 在 IT 电网上运行组件时必须拆除连接片。
5) 需要使用电源滤波器,以保持 C2 类的无线电干扰电压。
6) 按照 EMC 安装指令通过安装后壁或屏蔽母线接地。

图 3-7　书本型基本整流单元 BLM（100kW）的连接示例

⚠ 警告

运行时必须在端子 X21.3 和 X21.4 上接通 EP 24V 供电。断开 EP 24V 供电时,旁路接触器被释放。如果只断开 EP 24V 供电,而没有从电网中断开整流单元(比如,没有主接触器),则直流母线保持充电状态。

说明
关于设备详细的安全说明、接口说明、外形尺寸图、安装、电气连接、技术数据等请参考相应的设备手册。

2. 书本型回馈整流单元

书本型回馈整流单元 SLM（5kW 和 10kW）的连接示例如图 3-8 所示。

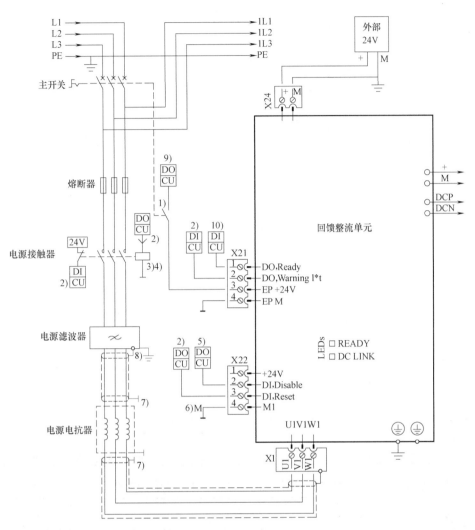

1) 提前打开的触点 $t>10ms$，连接 DC24V 和设置接地后方可运行。
2) DI/DO 由控制单元控制。
3) 电源接触器后不允许有其它用电设备。
4) 此外请注意 DO 的载流能力，必要时必须使用输出耦合元件。
5) DO 变为高电位：反馈功能被取消；需要长时间取消时 应在 X22 引脚 1 和引脚 2 之间插入跳线。
6) X22 引脚 4 必须接地（外部 24V）。
7) 按照 EMC 安装指令通过安装后壁或屏蔽母线接地。
8) 5kW 和 10kW 的电源滤波器通过屏蔽端子接地。
9) 控制系统上的信号输出，防止 DC24V 电源反作用于 EP 端子。
10) 通过 BiCo 互联至参数 p0864。

图 3-8　书本型回馈整流单元 SLM（5kW 和 10kW）的连接示例

⚠ 危险

禁用回馈功能
在不具有回馈功能的供电系统上（例如柴油发电机），必须禁用 SLM 的回馈功能。
●5kW 和 10kW 的 SLM：在端子 X22.1 和 X22.2 之间设置跳线，在端子 X22.4 上设置接地。
在这种情况下，必须为驱动系统另外配备制动单元和制动电阻，消耗制动能量。

警告

　　运行时必须在端子 X21.3 和 X21.4 上接通 EP 24V 供电。断开 EP 24V 供电时,触发脉冲被禁止,反馈被禁止,旁路接触器被释放。如果只断开 EP 24V 供电,而没有从电网中断开整流单元(比如,没有主接触器),则直流母线保持充电状态。

小心

　　在操作 5kW 和 10kW 的 SLM 时,务必遵守相应的通断顺序,否则可能会损坏模块。必须检查输出端子 X21.1 上的"Ready"信号,避免出现损坏。

注意

　　输出端子 X21.1 必须和 CU 的数字量输入连接在一起。由 SLM 供电的驱动装置必须将该信号用作"就绪"信号(BI:p0864 = 数字量输入)。这样可以确保只有在整流单元进入就绪状态后,才允许驱动的脉冲使能(电动机运行或发电机运行)。如果无法连接到 CU 的数字量输入,则采用上级控制系统的信号。出现电源的"Ready"信号时,控制系统才能将驱动设定为"运行就绪"。

注意

　　输出端子 X21.2 上的"预警"信号会对过载状况进行警告。如果该信号置位,控制系统会在"Ready"信号变为低电平之前,使驱动停机。若"Ready"信号变为低电平,则必须在 4ms 之内禁止驱动脉冲。

注意

　　如果需要用主开关断开正在运行的驱动系统,则应首先断开端子 X21.3 和 X21.4 上的 EP 24V 供电,该任务可以由一个超前动作的辅助触点完成,超前时间必须大于等于 10ms。通过这种方法可以保护在同一电源上的其它设备。

说明
关于设备详细的安全说明、接口说明、外形尺寸图、安装、电气连接、技术数据等请参考相应的设备手册。

书本型回馈整流单元 SLM(16kW 和 55kW)的连接示例如图 3-9 所示。

危险

禁用回馈功能
在不具有回馈功能的供电系统上(例如柴油发电机),必须禁用 SLM 的回馈功能。
● 16~55kW 的 SLM:通过参数 p3533
在这种情况下,必须为驱动系统另外配备制动单元和制动电阻,消耗制动能量。

警告

　　运行时必须在端子 X21.3 和 X21.4 上接通 EP 24V 供电。断开 EP 24V 供电时,触发脉冲被禁止,反馈被禁止,旁路接触器被释放。如果只断开 EP 24V 供电,而没有从电网中断开整流单元(比如,没有主接触器),则直流母线保持充电状态。

注意

　　如果需要用主开关断开正在运行的驱动系统,则应首先断开端子 X21.3 和 X21.4 上的 EP 24V 供电,该任务可以由一个超前动作的辅助触点完成,超前时间必须大于等于 10ms。通过这种方法可以保护在同一电源上的其它设备。

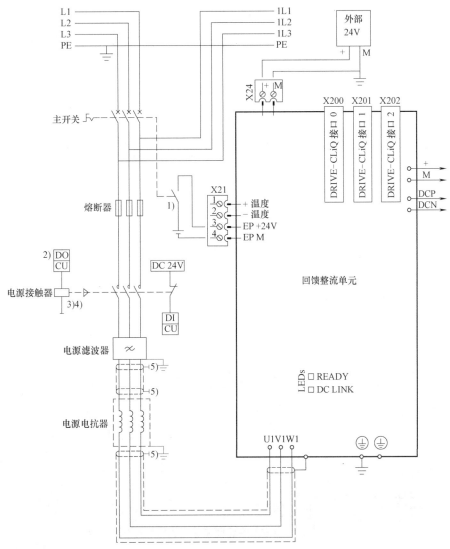

1) 提前打开的触点 $t > 10\text{ms}$。
2) DI/DO由控制单元控制。
3) 电源接触器后不允许有其它用电设备。
4) 此时请注意DO的载流能力,必要时必须使用输出耦合元件。
5) 按照EMC安装指令通过安装后壁或屏蔽母线接地。

图 3-9 书本型回馈整流单元 SLM（16kW 和 55kW）的连接示例

说明
关于设备详细的安全说明、接口说明、外形尺寸图、安装、电气连接、技术数据等请参考相应的设备手册。

3. 书本型有源整流单元

书本型有源整流单元 ALM 的连接示例如图 3-10 所示。

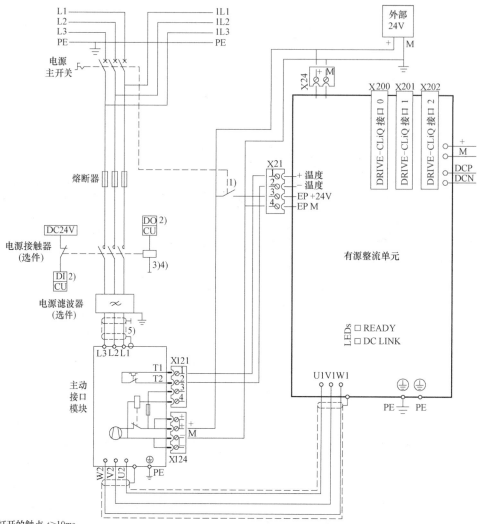

1) 提前打开的触点，$t > 10\text{ms}$。
2) DI/DO，由控制单元控制。
3) 不允许在电源接触器后面连接更多负载！
4) 注意DO的载流能力，必要时必须使用输出耦合元件。
5) 按照EMC指令通过安装背板或屏蔽母线接地。

图 3-10 书本型有源整流单元 ALM 的连接示例

⚠ 警告

运行时必须在端子 X21.3 和 X21.4 上接通 EP 24V 供电。断开 EP 24V 供电时，触发脉冲被禁止，反馈被禁止，旁路接触器被释放。如果只断开 EP 24V 供电，而没有从电网中断开整流单元（比如，没有主接触器），则直流母线保持充电状态。

小心

在连接了有源接口模块时，端子 X21 的 1 和 2 必须连接接口模块的温度输出端子 X121 的 1 和 2。

注意

如果需要用主开关断开正在运行的驱动系统，则应首先断开端子 X21.3 和 X21.4 上的 EP 24V 供电，该任务可以由一个超前动作的辅助触点完成，超前时间必须大于等于 10ms。通过这种方法可以保护在同一电源上的其它设备。

3.2.3　书本型逆变单元接线举例

单轴和双轴逆变单元

书本型逆变单元（3～30A 单轴逆变单元和 3～18A 双轴逆变单元）的连接示例如图 3-11 所示。

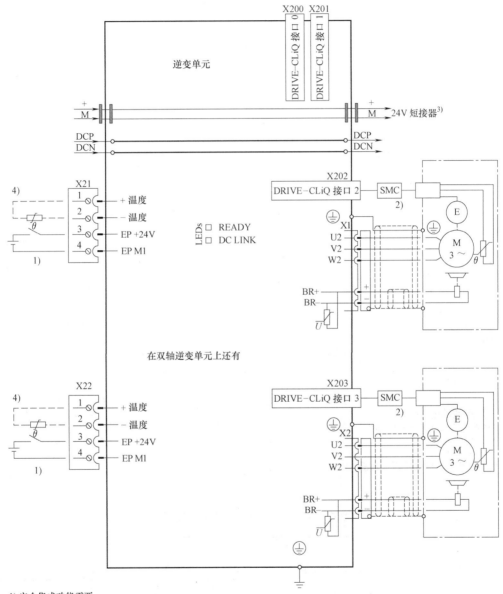

1) 安全集成功能需要。
2) 不带DRIVE-CLiQ接口的电动机需要使用SMC。
3) 24V提供给下一个模块。
4) 选件,例如用于无编码器的电动机。

图 3-11　书本型逆变单元（3～30A 单轴逆变单元和 3～18A 双轴逆变单元）的连接示例

书本型逆变单元（45-200A 单轴逆变单元）的连接示例如图 3-12 所示。

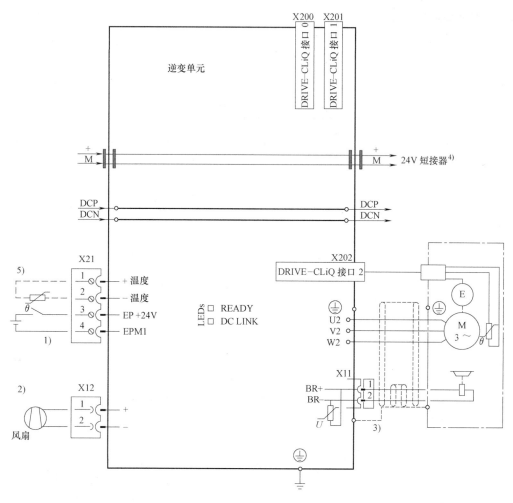

1) 安全集成功能需要。
2) 在132～200A的逆变单元上有。
3) 通过屏蔽板接地。
4) 24V提供给下一个模块。
5) 选件，例如用于无编码器的电动机。

图 3-12　书本型逆变单元（45～200A 单轴逆变单元）的连接示例

注意
仅在 Safety Integrated 基本功能使能时才有必要使用 EP 端子的脉冲禁止功能。

说明
关于设备详细的安全说明、接口说明、外形尺寸图、安装、电气连接、技术数据等请参考相应的设备手册。

书本型多机传动系统概览如图 3-13 所示。

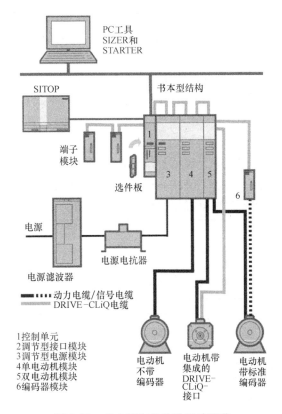

图 3-13　书本型多机传动系统概览

3.3　装机装柜型多机传动

在机械制造和工厂工程的很多应用中，都需要使用共同完成驱动任务的协调式驱动装置。例如港口起重机中的运行装置、纺织工业中的延展机、造纸设备或轧钢设备。为此需要使用共直流母线的驱动方案，这样就能在制动轴和驱动轴之间实现能量交换，以节省能源和成本。SINAMICS S120 DC/AC 多机传动拥有大功率范围的装机装柜型整流单元和逆变单元，这些模块可以进行无缝安装并节约多轴驱动配置的空间。

西门子为 SINAMICS S120 DC/AC 多机传动提供以下系统组件：

1）进线侧系统组件，如熔断器、接触器、电抗器、滤波器，用于接通电源并确保符合 EMC 的要求；

2）整流单元（Line Module），是一个整流器，由主电源供电，为直流母线集中供电；

3）直流回路组件（选件），用于稳定直流母线电压；

4）逆变单元（Motor Module），是一个逆变器，由直流母线供电，为电动机提供电源；

5）电动机侧的系统组件：比如正弦滤波器、输出电抗器、$\mathrm{d}v/\mathrm{d}t$ 滤波器等。

为了实现所需功能，SINAMICS S120 DC/AC 多机传动还包含：

1）控制单元，执行轴通用的驱动功能和工艺功能；

2）可补充的系统组件，可扩展组件功能，提供不同类型的编码器接口和过程信号接口。

　　SINAMICS S120 装机装柜型整流单元连接到主电源上时，应使用以下进线装置：

　　1）进线侧开关组件（适用于有源整流装置 ALM、基本整流装置 BLM、回馈整流装置 SLM）；

　　2）过电流保护装置（电源熔断器或断路器）；

　　3）进线接触器（在电气隔离时需要）；

　　4）进线滤波器（可选）；

　　5）进线电抗器（必选）。

　　装机装柜型多机传动的整流单元包括基本整流装置 BLM、回馈整流装置 SLM 和有源整流单元 ALM，都适合 TN 和 TT 或 IT 电网。如果在 IT 电网使用装机装柜型整流单元，必须拆除 BLM 和 SLM 整流单元或 AIM 电源接口单元中 EMC 滤波器的短接片。

　　整流单元和逆变单元的接地/保护接地,原则上模块的外壳必须接地。如未按规定进行接地可能会出现异常的危险情况,有时甚至会造成生命危险。

　　电缆屏蔽层和未使用的功率电缆芯线(比如制动芯线)必须放置在 PE 电位上,用来导出因静电感应作用而出现的感应电压。如不遵守,则可能会出现致命的接触电压。

警告
　　当整流单元在未接地的电网(IT 电网)上使用,如果没有拆除 EMC 滤波器的短接片,可能会严重损坏变频器。

3.3.1　装机装柜型整流装置接线举例

　　1. 装机装柜型基本整流装置

　　装机装柜型基本整流装置 BLM 的连接示例如图 3-14 所示。

　　基本整流装置会通过保护接地线传导高频容性放电电流。因此基本整流装置或控制柜必须有固定的 PE 连接,且保护接地线的最小截面积必须符合相关 EMC 的规定。

说明
运行时必须在端子 X41.2 和 X41.1 上接通 EP 24V 供电。断开 EP 24V 供电时会封锁脉冲。

说明
关于设备详细的安全说明、接口说明、外形尺寸图、安装、电气连接、技术数据等请参考相应的设备手册。

　　2. 装机装柜型回馈整流装置

　　装机装柜型回馈整流装置 SLM 的连接示例如图 3-15 所示。

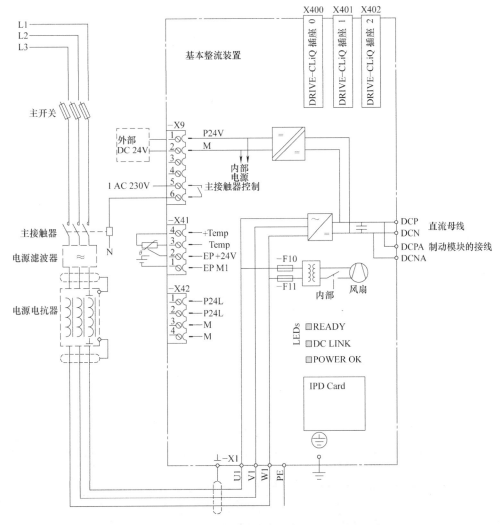

图 3-14　装机装柜型基本整流装置 BLM 的连接示例

⚠ 危险

　　回馈整流装置会通过保护接地线传导高频容性放电电流。因此,回馈整流装置或控制柜必须有固定的 PE 连接,且保护接地线的最小截面积必须符合相关 EMC 的规定。

⚠ 危险

　　在非回馈式电网上(比如柴油机发电机)必须取消回馈整流装置的回馈功能。在这种情况下,必须为驱动系统另外配备制动单元和制动电阻,消耗制动能量。

⚠ 警告

　　预充电和风扇电源端子 X9 的 L1,L2,L3 所接的供电电源必须要与主电源端子 U1,V1,W1 所接的电源具有完全相同的相位。否则会造成装置的损坏。

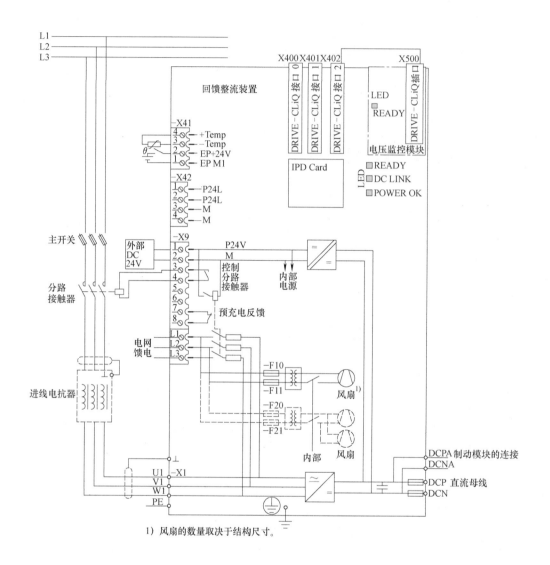

图 3-15 装机装柜型回馈整流装置 SLM 的连接示例

说明

运行时必须在端子 X41.2 和 X41.1 上接通 EP 24V 供电。断开 EP 24V 供电时会封锁脉冲。

说明

关于设备详细的安全说明、接口说明、外形尺寸图、安装、电气连接、技术数据等请参考相应的设备手册。

---

3. 装机装柜型有源整流装置

装机装柜型有源整流装置 ALM 的连接示例如图 3-16 所示。

装机装柜型有源接口模块（FI/GI 型）的连接示例如图 3-17 所示。

装机装柜型有源接口模块（HI/JI 型）的连接示例如图 3-18 所示。

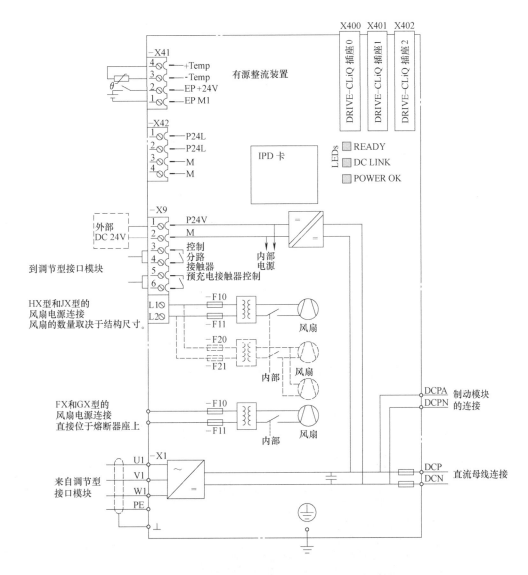

图 3-16　装机装柜型有源整流装置 ALM 的连接示例

⚠危险

　　有源整流装置会通过保护接地线传导高频容性放电电流。因此,有源整流装置或控制柜必须有固定的 PE 连接,且保护接地线的最小截面积必须符合相关 EMC 的规定。

⚠危险

　　在非回馈式电网上(比如柴油机发电机)必须取消有源整流装置的回馈功能。在这种情况下,必须为驱动系统另外配备制动单元和制动电阻,消耗制动能量。

说明
运行时必须在端子 X41.2 和 X41.1 上接通 EP 24V 供电。断开 EP 24V 供电时会封锁脉冲。

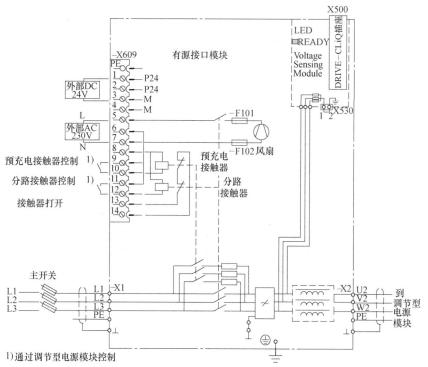

1) 通过调节型电源模块控制

图 3-17　装机装柜型有源接口模块（FI/GI 型）的连接示例

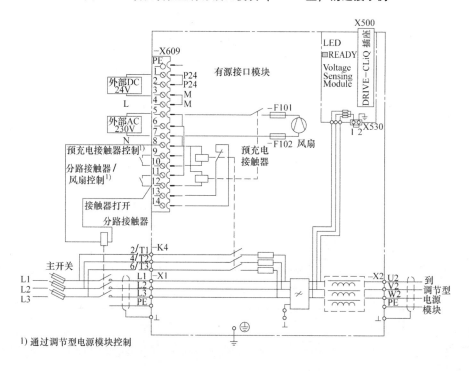

1) 通过调节型电源模块控制

图 3-18　装机装柜型有源接口模块（HI/JI 型）的连接示例

3.3.2　装机装柜型逆变单元接线举例

装机装柜型逆变单元的连接示例如图 3-19 所示。

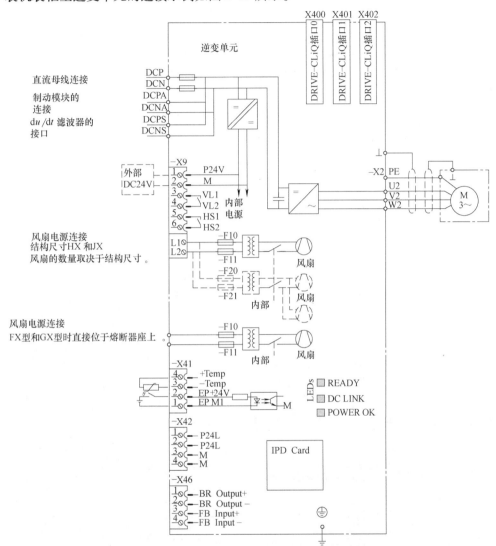

图 3-19　装机装柜型逆变单元的连接示例

 ⚠ 危险

逆变单元会通过保护接地线传导高频容性放电电流。因此,逆变单元或控制柜必须有固定的 PE 连接,且保护接地线的最小截面积必须符合相关 EMC 的规定。

注意

仅在 Safety Integrated 基本功能使能时才有必要使用 EP 端子的脉冲禁止功能。

3.4　控制单元和扩展系统组件接线举例

3.4.1　CU310-2DP/PN

控制单元 CU310-2DP/PN 是单轴驱动的控制单元，实现了驱动的闭环控制和开环控制。设计用于书本型或装机装柜型功率模块 PM340。它通过 PM-IF 接口控制书本型功率模块并且直接安装在书本型功率模块上，它通过 DRIVE-CLiQ 接口控制装机装柜型功率模块。存储卡上保存了控制单元运行所需的固件和参数预设。控制单元存储卡必须单独订购。

不带安全功能时控制单元 CU310-2PN 的连接示例如图 3-20 所示。

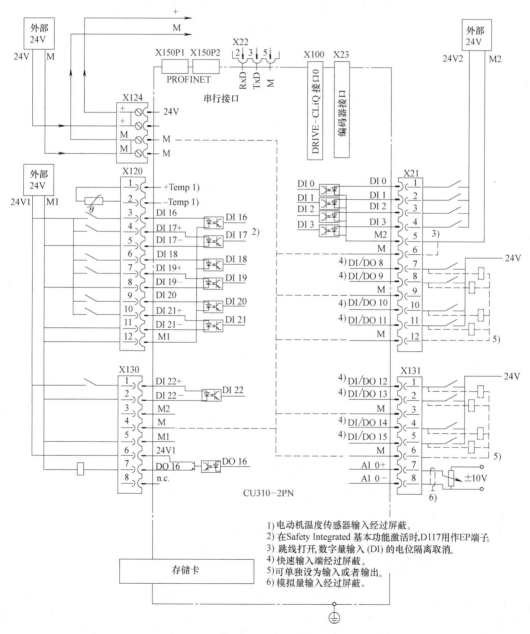

1) 电动机温度传感器输入经过屏蔽。
2) 在 Safety Integrated 基本功能激活时，DI17 用作 EP 端子。
3) 跳线打开，数字量输入 (DI) 的电位隔离取消。
4) 快速输入端经过屏蔽。
5) 可单独设为输入或者输出。
6) 模拟量输入经过屏蔽。

图 3-20　不带安全功能时控制单元 CU310-2PN 的连接示例

带安全功能时控制单元 CU310-2PN 的连接示例如图 3-21 所示。

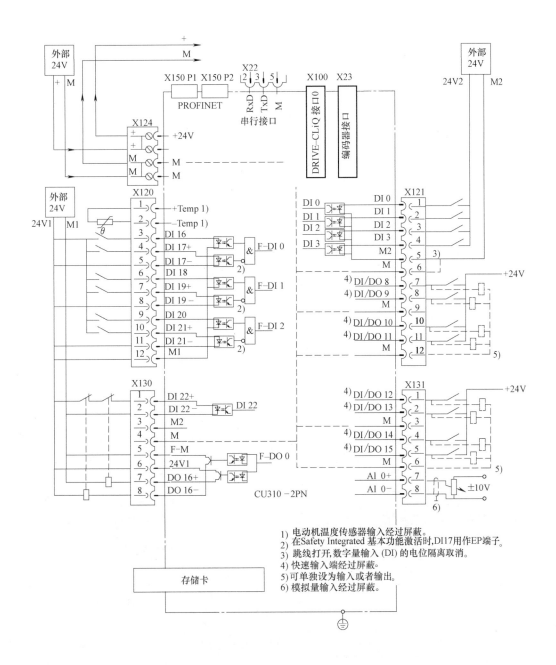

图 3-21　带安全功能时控制单元 CU310-2PN 的连接示例

不带安全功能时控制单元 CU310-2DP 的连接示例如图 3-22 所示。
带安全功能时控制单元 CU310-2DP 的连接示例如图 3-23 所示。

说明
必须在端子 X124 上连接 24V 电源,数字量输出才能工作。24V 电源出现短暂中断时,数字量输出会暂停工作。

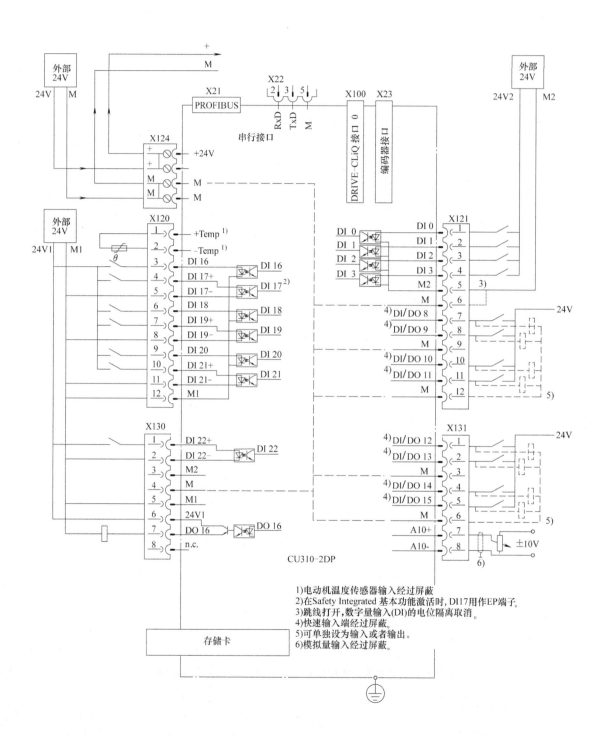

图 3-22 不带安全功能时控制单元 CU310-2DP 的连接示例

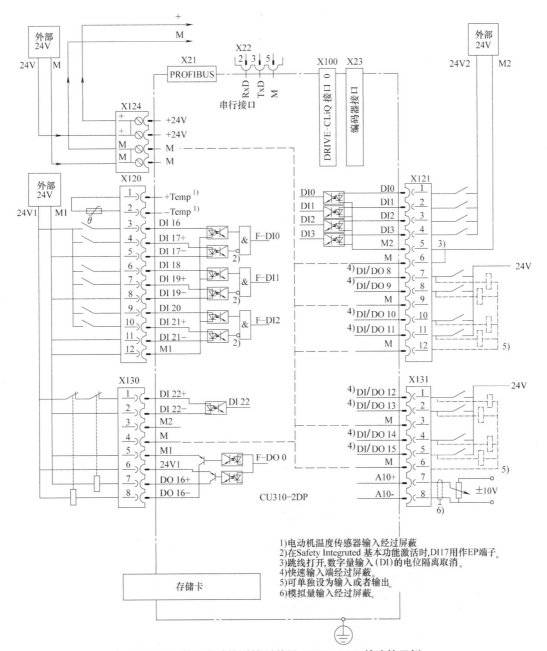

图 3-23　带安全功能时控制单元 CU310-2DP 的连接示例

说明
关于设备详细的安全说明、接口说明、外形尺寸图、安装、电气连接、技术数据等请参考相应的设备手册。

3.4.2　CU320-2DP/PN

控制单元 CU320-2PN 的连接示例如图 3-24 所示。

 小心

设备上两个隔开的组件之间必须连接等电位连接线。如果不使用该连接线，PROFINET 电缆上会流过较大的容性放电电流，从而损坏控制单元或其它 PROFINET 设备。

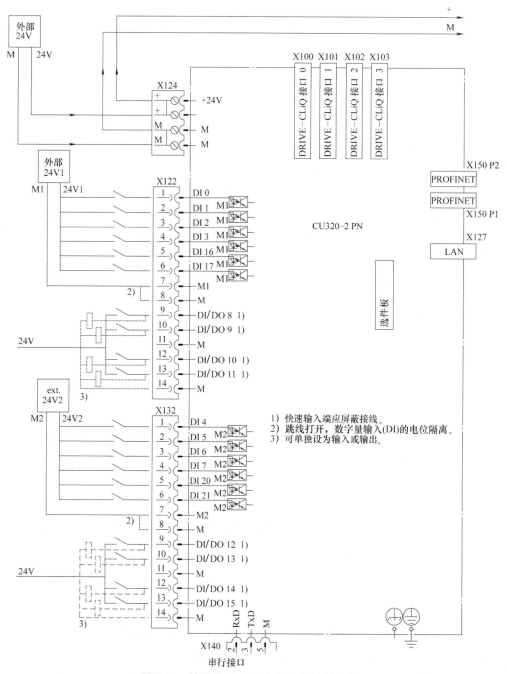

图 3-24 控制单元 CU320-2PN 的连接示例

控制单元 CU320-2DP 的连接示例如图 3-25 所示。

 小心

    设备中相互隔开的部件之间必须连接一根等电位连接线,其横截面积至少应为 25mm² 。如果不使用该连接线,PROFIBUS 电缆上会流过较大的容性放电电流,从而损坏控制单元或其它 PROFIBUS 设备。

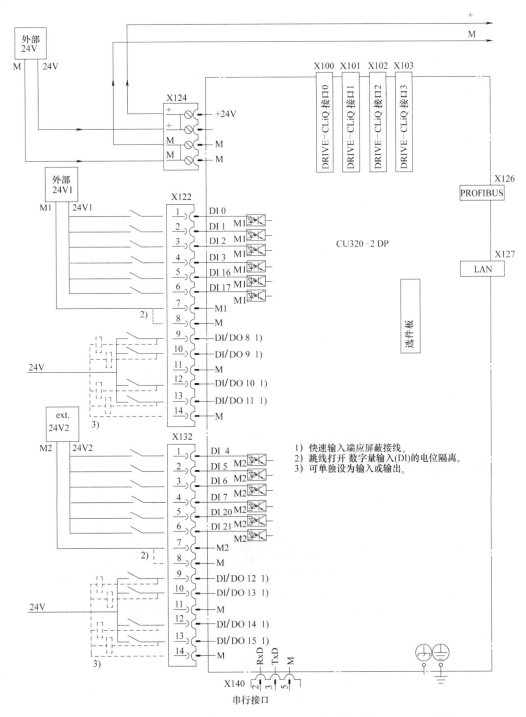

图 3-25　控制单元 CU320-2DP 的连接示例

1) 快速输入端应屏蔽接线。
2) 跳线打开数字量输入(DI)的电位隔离。
3) 可单独设为输入或输出。

⚠ 小心

　　不得在 X126 接口上连接任何 CAN 通信电缆。如不遵守,可能会导致控制单元或者其它 CAN 总线设备损毁。

说明
关于设备详细的安全说明、接口说明、外形尺寸图、安装、电气连接、技术数据等请参考相应的设备手册。

3.4.3　CUA31/32

借助控制适配器 CUA31/32，AC/AC 单轴功率模块 PM340 可以作为附加轴连接到现有的 DC/AC 驱动组上。因为该适配器是由外部控制器来控制的，所以始终要求有一个可控制多根轴的 SINAMICS、SIMOTION 或 SINUMERIK 控制器。CUA32 提供了一个额外的编码器接口（HTL/TTL/SSI）。

控制单元适配器 CUA31 的连接示例如图 3-26 所示。

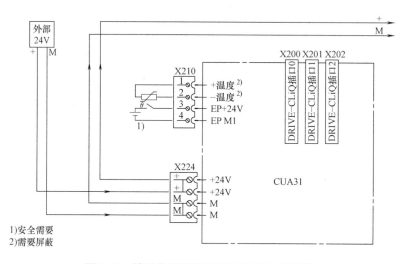

图 3-26　控制单元适配器 CUA31 的连接示例

控制单元适配器 CUA32 的连接示例如图 3-27 所示。

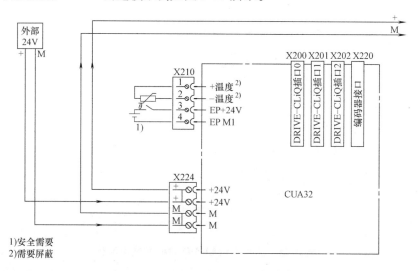

图 3-27　控制单元适配器 CUA32 的连接示例

注意
选择了"Safe Stop"功能时，才有必要使用端子 X210:3/4。电源掉电时会封锁脉冲。

说明
关于设备详细的安全说明、接口说明、外形尺寸图、安装、电气连接、技术数据等请参考相应的设备手册。

3.4.4　编码器接口模块

1. SMC10

无 DRIVE-CLiQ 接口的电动机上的编码器系统通过 SMC10 接入驱动系统的连接示例如图 3-28 所示。

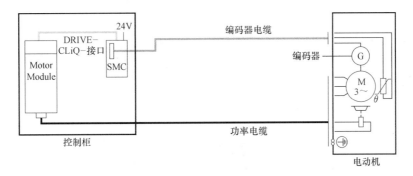

图 3-28　无 DRIVE-CLiQ 接口的电动机上的编码器系统通过 SMC10 接入驱动系统的连接示例

编码器接口模块 SMC10 用于检测旋转变压器的编码器信号，并将转速、位置实际值、转子位置和电动机温度（可选）通过 DRIVE-CLiQ 发送给控制单元。编码器电缆的最大长度为 130m。

SMC10 的接口一览如图 3-29 所示。

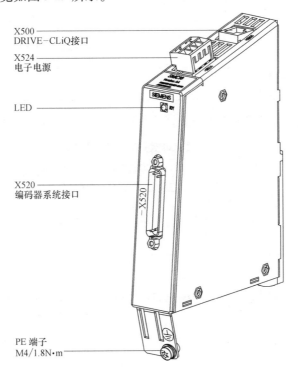

图 3-29　SMC10 的接口一览

X520：编码器系统接口见表 3-1。

表 3-1　X520：编码器系统接口

引脚	信号名称	技术参数
1	预留,未占用	
2	预留,未占用	
3	S2	旋转变压器信号 A + (sin +)
4	S4	旋转变压器信号 A - (sin -)
5	接地	接地(用于内部屏蔽)
6	S1	旋转变压器信号 B + (cos +)
7	S3	旋转变压器信号 B - (cos -)
8	接地	接地(用于内部屏蔽)
9	R1	旋转变压器激励 +
10	预留,未占用	
11	R2	旋转变压器激励 -
12	预留,未占用	
13	+ Temp	电动机温度采集 KTY84-1C130 (KTY +) 温度传感器 KTY-1C130/PTC
14	预留,未占用	
15	预留,未占用	
16	预留,未占用	
17	预留,未占用	
18	预留,未占用	
19	预留,未占用	
20	预留,未占用	
21	预留,未占用	
22	预留,未占用	
23	预留,未占用	
24	接地	接地(用于内部屏蔽)
25	- Temp	电动机温度采集 KTY84-1C130 (KTY -) 温度传感器 KTY-1C130/PTC

连接器类型：　25 针 SUB-D 插头

通过温度传感器接口的测量电流：2mA

最大可测量的频率（转速）见表 3-2。

表 3-2　最大可测量的频率（转速）

旋转变压器		旋转变压器/电动机的最大转速		
级数	极对数	8kHz/125μsec	4kHz/250μsec	2kHz/500μsec
2 极	1	120000rpm	60000rpm	30000rpm
4 极	2	60000rpm	30000rpm	15000rpm
6 极	3	40000rpm	20000rpm	10000rpm
8 极	4	30000rpm	15000rpm	7500rpm

2. SMC20

无 DRIVE-CLiQ 接口的电动机上的编码器系统通过 SMC20 接入驱动系统的连接示例如图 3-30 所示。

编码器模块 SMC20 用于检测增量式编码器 SIN/COS（1Vpp）或 EnDat2.1/SSI 绝对值编码器的信号。

SMC20 的接口一览如图 3-31 所示。

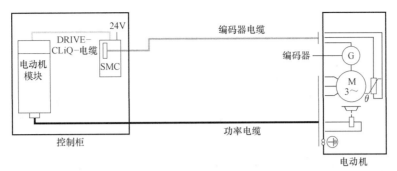

图 3-30　无 DRIVE-CLiQ 接口的电动机上的编码器系统通过 SMC20 接入驱动系统的连接示例

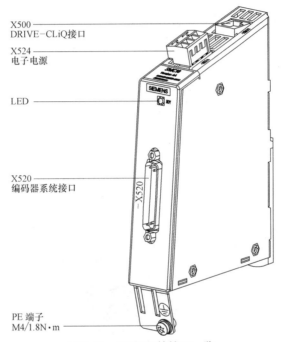

图 3-31　SMC20 的接口一览

X520：编码器系统接口见表 3-3。

表 3-3　X520：编码器系统接口

引脚	信号名称	技术参数
1	P 编码器	编码器电源
2	M 编码器	编码器电源接地
3	A	增量信号 A +
4	A*	增量信号 A −
5	接地	接地(用于内部屏蔽)
6	B	增量信号 B +
7	B*	增量信号 B −
8	接地	接地(用于内部屏蔽)
9	预留,未占用	
10	时钟*	EnDat 接口时钟,SSI 时钟
11	预留,未占用	
12	时钟*	反向的 EnDat 接口时钟,反向的 SSI 时钟

（续）

引脚	信号名称	技术参数
13	+ Temp	电动机温度采集 KTY84-1C130(KTY +) 温度传感器 KTY84-1C130/PTC
14	Sense 电源	编码器电源的信号输入
15	数据	EnDat 接口数据, SSI 数据
16	Sense 接地	编码器供电的接地信号输入
17	R	参考信号 R +
18	R*	参考信号 R -
19	C	绝对信号 C +
20	C*	绝对信号 C -
21	D	绝对信号 D +
22	D*	绝对信号 D -
23	数据*	反向 EnDat 接口数据, 反向 SSI 数据
24	接地	接地(用于内部屏蔽)
25	- Temp	电动机温度采集 KTY84-1C130 (KTY -) 温度传感器 KTY84-1C130/PTC
连接器类型:	25 针 SUB-D 插头	
通过温度传感器接口的测量电流:2mA		

3. SMC30

SMC30 的接口一览如图 3-32 所示。

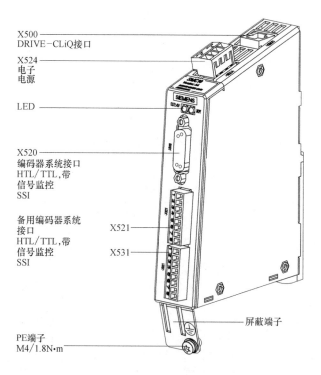

图 3-32　SMC30 的接口一览

X520：编码器系统接口见表 3-4。

表 3-4　X520：编码器系统接口

引脚	信号名称	技术参数
1	+ Temp	电动机温度采集 KTY84-1C130（KTY + ） 温度传感器 KTY84-1C130/PTC/ 带常闭触电的双金属开关
2	时钟 *	SSI 时钟 +
3	时钟 *	SSI 时钟 −
4	P 编码器 5V/24V	编码器电源
5	P 编码器 5V/24V	
6	Sense 电源	编码器电源的信号输入
7	编码器接地（M）	编码器电源接地
8	− Temp	电动机温度采集 KTY84 – 1C130（KTY − ） 温度传感器 KTY84 – 1C130/PTC/ 带常闭触电的双金属开关
9	Sense 接地	Sense 输入的接地
10	R	参考信号 R +
11	R *	参考信号 R −
12	B *	增量信号 B −
13	B	增量信号 B +
14	A * /data *	反向的增量信号 A/反向的 SSI 数据
15	A/data	增量信号 A/SSI 数据

连接器类型：	15 芯的 SUB-D 插孔

通过温度传感器接口的测量电流：2mA

X521/X523：可选的编码器系统接口见表 3-5。

表 3-5　X521/X523：可选的编码器系统接口

引脚	名称	技 术 参 数
1	A	增量信号 A +
2	A *	增量信号 A −
3	B	增量信号 B +
4	B *	增量信号 B −
5	R	参考信号 R +
6	R *	参考信号 R −
7	CTRL	控制信号
8	M	接地
1	编码器电源 5V/24V	编码器电源
2	编码器接地	编码器电源接地
3	− Temp	电动机温度采集 KTY84-1C130（KTY − ） 温度传感器 KTY84-1C130/PTC/ 带常闭触电的双金属开关
4	+ Temp	电动机温度采集 KTY84-1C130（KTY + ） 温度传感器 KTY84-1C130/PTC/ 带常闭触电的双金属开关
5	时钟 *	SSI 时钟 +
6	时钟 *	SSI 时钟 −
7	数据	SSI 数据 +
8	数据 *	SSI 数据 −

最大可连接横截面：1.5mm²
通过温度传感器接口的测量电流：2mA
在单极性 HTL 编码器运行时，M_编码器（X531）应与端子模块 A * ，B * ，R * 相连接[1]。

　1）由于物理传输更加稳固耐用，建议采用双极性连接。但如果使用的编码器类型不支持推挽信号，则使用单极性连接。

双极性，带参考信号的 HTL 编码器的连接示例如图 3-33 所示。单极性，带参考信号的 HTL 编码器的连接示例如图 3-34 所示。

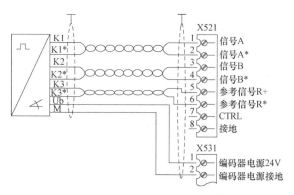

图 3-33　双极性，带参考信号的 HTL 编码器的连接示例

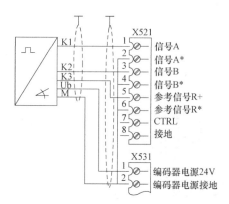

图 3-34　单极性，带参考信号的 HTL 编码器的连接示例

编码器模块 SMC30 可以检测带有 TTL、HTL 或 SSI 接口的编码器的信号。如果 TTL/HTL 信号和 SSI 绝对值信号从同一个测量值中导出，则这两个信号可以在端子 X521/X531 上加以组合。支持的最大编码器频率为 300kHz。

可连接的编码器见表 3-6。

表 3-6　可连接的编码器

	X520（SUB-D）	X520（端子）	X531（端子）	信号监控	Remote Sense[2]
HTL 双极性 24V	支持	支持		支持	否
HTL 单极性 24V[1]	支持	支持（但推荐进行双极性连接）[1]		否	否
TTL 双极性 24V	支持	支持		支持	否
TTL 双极性 5V	支持	支持		支持	在 X520 上
SSI24V/5V	支持	支持		否	否
TTL 单极性	否				

1）由于物理传输更加稳固耐用，建议采用双极性连接。但如果使用的编码器类型不支持推挽信号，则使用单极性连接。

2）系统中有一个调节器持续对比通过 Remote/Sense 电缆检测到的编码器实际电源电压与其设定电源电压，然后根据结果相应地调整驱动模块输出端上输出的编码器电源电压，直到编码器上的实际电压和设定电压相符（只针对 5V 编码器系统电源）。Remote Sense 只在 X520 上。

编码器电缆的最大长度见表 3-7。

表 3-7　编码器电缆的最大长度

编码器类型	编码器电缆的最大长度/m	编码器类型	编码器电缆的最大长度/m
TTL[1]	100	HTL 双极性	300
HTL 单极性[2]	100	SSI	100[3]

1）　TTL 编码器，在 X520 上→Remote Sense→100m。

2）　由于物理传输更加稳固耐用，建议采用双极性连接。但如果使用的编码器类型不支持推挽信号，则使用单极性连接。

3）　参见图 3-35 "最大电缆长度取决于使用 SSI 编码器的 SSI 波特率"。

4. SMC40

通过 SMC40 连接编码器系统如图 3-36 所示。

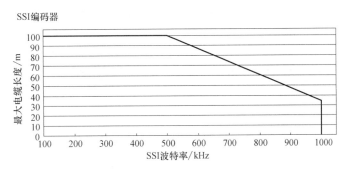

图 3-35　最大电缆长度取决于使用 SSI 编码器的 SSI 波特率

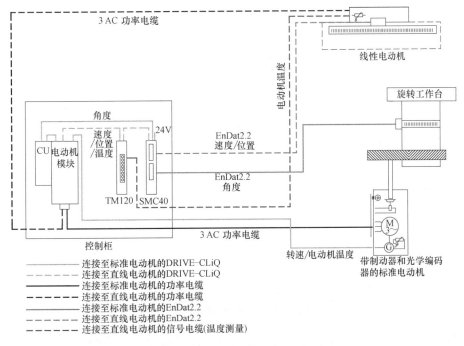

图 3-36　通过 SMC40 连接编码器系统

编码器模块 SMC40 是使用 EnDat2.2 将编码器信号从绝对值编码器转换至 DRIVE-CLiQ 并发送至控制单元。在 SMC40 上可用 EnDat2.2 连接两个编码器系统，这两个编码器系统彼此独立将信号转换为两个 DRIVE-CLiQ 编码器信号。连接到编码器系统最大的电缆长度为 100m。必须确保编码器要求的电源电压。对于 EnDat2.2 编码器信号转换为 DRIVE-CLiQ 信号都必须使用一条自身的 DRIVE-CLiQ 电缆，因为 SMC40 中各通道的电子是独立建立的。DRIVE-CLiQ 电缆不允许相互混淆。

要使机柜安装式编码器模块 SMC40 在初次调试时连接至拓扑结构，务必注意下列连接条件：

1）至少通过 DRIVE-CLiQ 连接一个 DRIVE-CLiQ 接口 X500/1 或者 X500/2 到 SMC40 上；

2）将 EnDat 编码器连接到配套的编码器接口 X520/1（到 X500/1）或 X520/2（到 X500/2）上；

3）只在星形拓扑结构中连接 SMC40。DRIVE-CLiQ 接口 X500/1 和 X500/2 不可以用于串联电路。

说明：
　如果 DRIVE-CLiQ 接口 X500/x 和配套的编码器接口 X520/x 被占用，则 SMC40 此后将接收在实际拓扑结构中。如果没有连接编码器，SMC40 此后也不会加入拓扑结构中。DRIVE-CLiQ 电缆的最大长度为 30m。

SMC40 接口一览如图 3-37 所示。

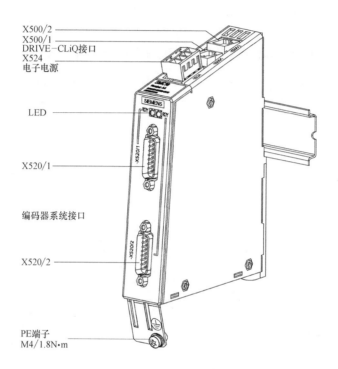

图 3-37　SMC40 接口一览

接口分布

通道 1 和通道 2 的 DRIVE-CLiQ 接口和编码器接口逻辑上是完全独立的并固定分配。插头 X524 是用来为两个通道提供电源的。24V 电源的最大电缆长度为 30m。

通道 1 和通道 2 的 DRIVE-CLiQ 接口用途见表 3-8。

表 3-8　通道 1 和通道 2 的 DRIVE-CLiQ 接口用途

		X500/1DRIVE-CLiQ 插头	X500/2DRIVE-CLiQ 插头	左边的 RDY-LED	右边的 RDY-LED
X520/1	EnDat2.2 输入	通道 1	—	通道 1	—
X520/2	EnDat2.2 输入	—	通道 2	—	通道 2

X520/1 和 X520/2：编码器系统接口见表 3-9。

说明
　关于编码器接口模块的更多安全说明、接口说明、外形尺寸图、安装、电气连接、技术数据等请参考相关的设备手册。

表 3-9　X520/1 和 X520/2：编码器系统接口

引脚		信号名称	技术参数
	1	P 编码器	编码器电源
	2	M 编码器	编码器电源接地
	3	预留,未占用	
	4	预留,未占用	
	5	数据	EnDat 接口数据
	6	预留,未占用	
	7	预留,未占用	
	8	数据 *	反向的 EnDat 接口数据
	9	P 编码器	编码器电源
	10	预留,未占用	
	11	M 编码器	编码器电源接地
	12	预留,未占用	
	13	预留,未占用	
	14	时钟 *	EnDat 接口时钟
	15	时钟 *	反向的 EnDat 接口时钟
连接器类型:	15 针 SUB-D 插头		

3.4.5　常用端子模块

1. TM15

端子模块 TM15 的连接示例如图 3-38 所示。

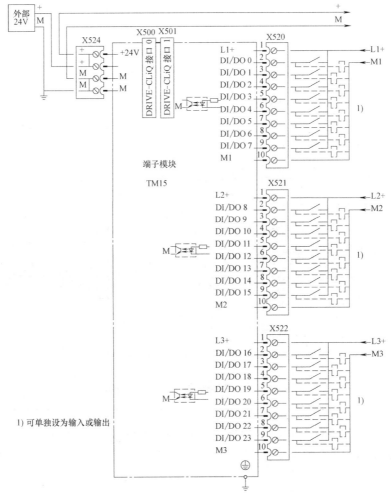

图 3-38　端子模块 TM15 的连接示例

说明：
关于设备详细的安全说明、接口说明、外形尺寸图、安装、电气连接、技术数据等请参考相应的设备手册。

2. TM31

端子模块 TM31 的连接示例如图 3-39 所示。

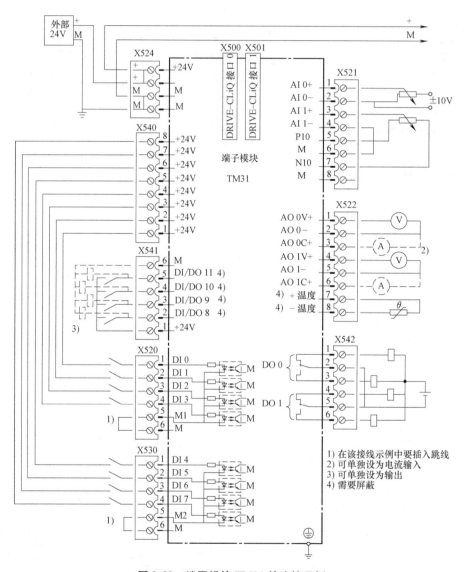

图 3-39 端子模块 TM31 的连接示例

说明：
关于设备详细的安全说明、接口说明、外形尺寸图、安装、电气连接、技术数据等请参考相应的设备手册。

3.4.6 其它常用组件

1. TB30

端子板 TB30 的连接示例如图 3-40 所示。

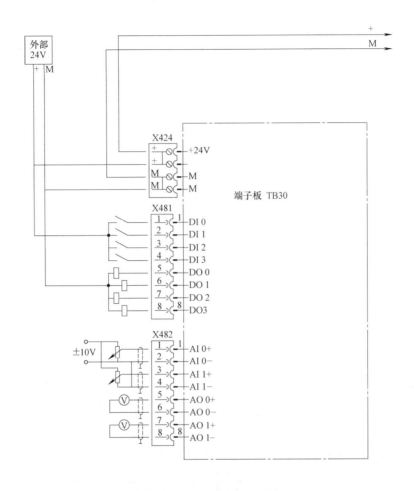

图 3-40　端子板 TB30 的连接示例

说明：
关于设备详细的安全说明、接口说明、外形尺寸图、安装、电气连接、技术数据等请参考相应的设备手册。

2. VSM10

电压测量模块 VSM10 的连接示例如图 3-41 所示。

说明：
关于设备详细的安全说明、接口说明、外形尺寸图、安装、电气连接、技术数据等请参考相应的设备手册。

注意
VSM10 提供了两个用于检测三相电源电压的端子（X521 和 X522）。端子 X521 上可连接 100V（线电压）内的电源电压（一般用于连接经过互感器变换后的电压信号）。端子 X522 上可直接连接 690V（线电压）内的电源电压。只能选择使用 X521 和 X522 其中的一个端子用于检测电源电压。未使用的端子不允许连接任何电压信号。

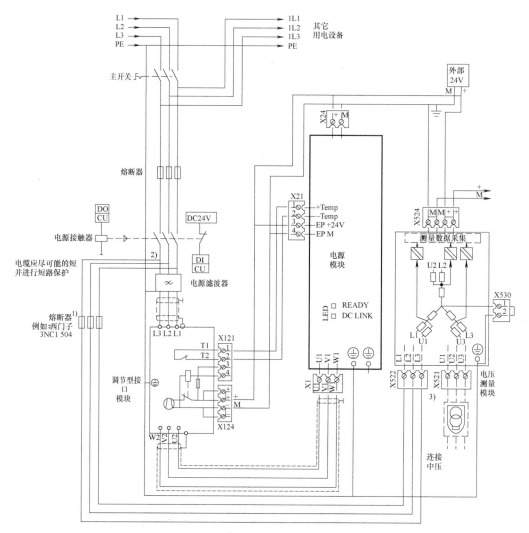

图 3-41　电压测量模块 VSM10 的连接示例

第4章 符合 EMC 规范的 S120 控制柜的设计

4.1 EMC 规范简介

4.1.1 电磁兼容性介绍

电磁兼容性（Electromagnetic Compatibility，EMC）是指电气设备在其电磁环境中能正常运行且不对该环境中的其它设备产生不能承受的电磁干扰的能力。

对于由大量集成电子设备的电力电子驱动装置构成的日益复杂的系统来讲，为保证系统能可靠工作，电磁兼容性将是设计的重要因素。

基于此，电磁兼容性的问题必须在系统与设备设计之初就应仔细考虑，其设计内容包括 EMC 区域定义、电缆类型选择及走线、滤波器设计与选型及其它相关干扰抑制措施。

此节中将针对 OEM 客户、柜机成套及系统集成商，在系统中应用 SINAMICS 驱动设备时，使设计与安装调试符合 EMC 规范，能够可靠的安全运行。

SINAMICS 模块化设计使之具有各种设备灵活组合的特点，无法也不可能在此一一描述。本章主要介绍：EMC 基本原理的概述、构建驱动系统时需考虑的电磁兼容性的一般性应用原则。

4.1.2 EC 规范

EC 规范在欧盟（EU）官方期刊发布，强制写入在欧盟（EU）成员国法律条文中，以便于欧盟成员国之间的自由贸易与物资流动。所发布的 EC 规范，同时作为欧盟法律强制执行的一部分构成欧洲经济区内的法律执行基础。

已发布的两类针对低压调速电驱系统的欧洲标准：

1）低压规范 2006/95/EC

（欧盟成员国内的电气设备的法律规范）；

2）EMC 规范 2004/108/EC

（欧盟成员国内的电磁兼容性的法律规范）。

在本节中将对 EMC 规范进行详尽的描述。

4.1.3 CE 标志

CE 标志是符合所有执行的 EC 规范的声明。获得 CE 标志是驱动设备生产商、系统集成商的职责。取得 CE 标志的前提是：设备生产商指明需要认证的设备符合全部在执行的欧洲标准的声明。此声明（工厂认证、生产商声明或兼容性声明）必须包括欧盟官方期刊所列标准。

4.1.4 EMC 规范

会引起电磁干扰或受干扰影响其运行的电气和电子设备及系统必须符合 EMC 规范。SI-

NAMICS 设备是属于此类型的电气系统。

是否符合 EMC 规范可通过相关 EMC 标准进行认证，此产品标准优于一般性标准。SINAMICS 设备必须满足 EMC 产品标准 EN 61800-3——调速电驱系统（功率驱动系统，PDS）。如果 SINAMICS 设备集成到需满足指定 EMC 产品标准的最终产品中，那么所形成的最终产品必须满足此类产品的 EMC 标准。

从整个系统或工厂来看，如果 SINAMICS 设备仅作为系统"组件"（同样，变压器、电动机及控制器等也作为系统组件），那么整个系统的 CE 标志的申请表明符合 EMC 规范的职责不在驱动设备生产商。但是，这些"组件"的生产商必须提供相关产品的电磁特性、应用与安装的完整信息。

此节中将为 OEM 客户、柜机成套商和系统集成商提供集成于系统中的 SINAMICS 设备的完整信息，以使整个系统满足 EMC 规范。

也就是说，OEM 客户、系统集成商必须对整个系统的 EMC 的兼容性负责。而此职责不能转嫁于"组件"的供应商。

4.1.5　EMC 产品标准 EN61800-3

SINAMICS 设备采用针对调速电驱系统（PDS）的 EMC 产品标准 EN 61800-3。此标准不仅针对变流器本身，而是整个调速驱动系统，除变流器外，还包括电动机及其它设备等。

根据 EMC 产品标准 EN 61800-3 的安装与驱动系统（PDS）定义如图 4-1 所示。

EMC 产品标准采用如下术语：

1）PDS = 电驱系统（完整的驱动系统包括变流器、电动机及其相关设备）；

2）CDM = 完整驱动模块（完整的变流设备，比如 SINAMICS S120 柜机）；

3）BDM = 基本驱动模块（比如 SINAMICS S120 装置型单元）。

用 EMC 产品标准定义评估干扰状态下的运行特性，同时根据应用环境条件定义了干扰抑制要求和干扰发射限制。可将驱动系统安装的位置分为"第一类"和"第二类"环境。

"第一类"和"第二类"环境的定义（见图 4-2）

1）"第一类"环境：民用环境或驱动设备状态下不通过中间变压器直接连接至公共低压电网的地点；

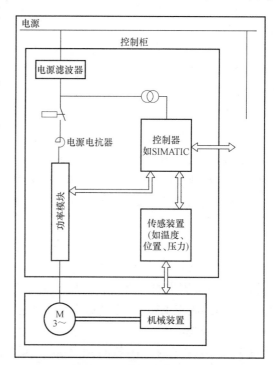

图 4-1　根据 EMC 产品标准 EN 61800-3 的安装与驱动系统（PDS）定义

2）"第二类"环境：非民用环境状态下，或通过隔离变压器连接中压电网供电的工业环境。

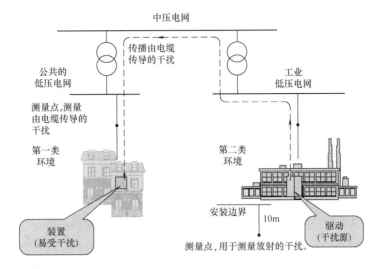

图 4-2　EMC 产品标准 EN 61800-3 定义的"第一类"环境和"第二类"环境

EN 61800-3 根据电驱系统输出电流和安装位置定义了 4 个类别，见表 4-1。

表 4-1　C1 ~ C4 类别的定义

C1 ~ C4 类别的定义	
C1 类别	额定电压小于 1000V，在"第一类"环境中的使用不受限
C2 类别	固定位置安装的驱动系统额定电压小于 1000V，仅用于"第二类"环境。经由具有资质人员安装与使用的驱动方能在"第一类"环境应用。同时必须由生产商提供警告和安装信息
C3 类别	额定电压小于 1000V，应用于"第二类"环境
C4 类别	在复杂系统中，额定电压≥1000V 或额定电流≥400A 的驱动系统应用于"第二类"环境

根据 EMC 产品标准 EN 61800-3 的 C1 ~ C4 类别概览图见表 4-2。

表 4-2　根据 EMC 产品标准 EN 61800-3 的 C1 ~ C4 类别概览图

	速度可调的电力驱动系统 PDS			
	C1	C2	C3	C4
环境	"第一类"环境 （住宅,贸易区,商业区）		"第二类"环境 （工业区）	
电压或电流	<1000V			≥1000V 或者 ≥400V
是否需要 EMC 专业知识	不需要	安装和调试工作必须由专业人员执行		

　　"第一类"环境（即民用环境）只允许很低的干扰等级。因此，应用于"第一类"环境的设备必须具有很低等级的干扰发射。这样的设备仅需相对较低等级的干扰抑制性能。

　　"第二类"环境（即工业环境）具有较高的干扰等级。这样，应用于"第二类"环境的设备允许较高的干扰发射等级，但是，对设备的抗干扰性能要求很高。

SINAMICS 设备的环境

1）C2 类别：SINAMICS S120 的设计应用在"第二类"工业环境。然而，在中性点接地的 TN 和 TT 网络中采用附加的进线或 EMC 滤波器（Radio Frequency Interference（RFI），射频干扰抑制滤波器），SINAMICS S120 可运行于符合 EMC 产品标准 EN 61800-3 中 C2 类别的"第一类"环境。为了兼容 C2 类别，电动机电缆必须是屏蔽的；

2）C3 类别：SINAMICS S120 的设计应用在"第二类"工业环境，同时依据 EMC 产品标准 EN 61800-3 的 C3 类别标配了进线或 EMC 滤波器（RFI 抑制滤波器）。为了满足 C3 类别，电动机电缆必须是屏蔽的；

3）C4 类别：SINAMICS S120 产品亦可应用于中性点不接地（IT）供电系统。此类情况下，所集成的符合 C3 类的 EMC 滤波器必须通过拆除连接滤波电容与机壳之间的金属片来断开接地（参考 SINAMICS S120 的操作手册）。若没有移除，变频器会出现故障跳闸或滤波器因过载而损坏。当标配的滤波器禁用时，SINAMICS S120 只符合 C4 类别。在复杂系统中对于 IT 供电系统仍需符合 EMC 产品标准 EN 61800-3。基于此，系统设备制造商与最终用户必须对 EMC 规划达成一致，也就是说，客户采取订制的特殊系统性措施以满足 EMC 要求。兼容于 C4 类别不再要求使用屏蔽的电动机电缆，但是对于没有安装输出电抗器或电动机滤波器的系统中，我们建议采用屏蔽电缆以降低电动机的轴电流。

图 4-3 中描述了 C1、C2 和 C3 类别允许的干扰电压等级。其中，C3 类别分 < 100A 和 > 100A。

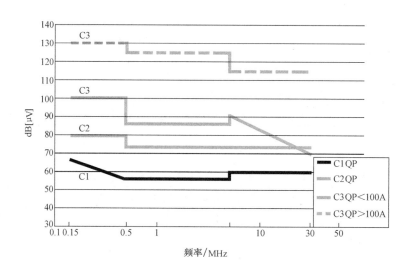

图 4-3　C1、C2 和 C3 类别允许的干扰电压等级，单位 dB（μV）（QP = 准峰值）

SINAMICS S120 适合运行的电网类型

SINAMICS S120 可以在 TT/TN/IT 电网下运行，对于装机装柜型和标准柜机的 SINAMICS S120 整流单元，当在 IT 电网中运行时，需要拆除集成的 EMC 滤波器的连接片。不同规格设备 EMC 连接片的位置略有不同，需要根据其设备手册中的描述进行拆除。

4.1.6　EMC 的定义

设备的电磁兼容性主要包括两个方面：设备噪声发射及抗扰度。电气设备可分为干扰源（发送器）和潜在的受扰设备（接收器）。电磁兼容（EMC）就是保证易受干扰设备不受干扰源的影响。一般来讲，设备既是干扰源（比如功率单元），也是潜在受扰设备（比如驱动中的控制单元）。

4.1.7　噪声发射与抗扰度

（1）噪声发射

噪声发射是一种由变频器发射至环境的噪声信号。

高频噪声发射：EMC 产品标准 EN 61800-3 规定了由变频器产生的高频噪声信号的限值。分别按：

1）供电系统连接点处的高频传导干扰（射频干扰电压）；

2）高频电磁辐射干扰（辐射干扰）。

所定义的限值依赖于环境条件而不同（"第一类"或"第二类"环境）。

低频噪声发射：由变频器产生的低频噪声（通常表现为供电系统的谐波影响或供电系统扰动）在不同情况下由不同的标准来规范。EN 610002-2-2 适用于公共低压电网，而 EN 61000-2-4 适用于工业电网。除欧洲外的其它地区参考 IEEE 519。同时，亦须遵守当地供电公司的相关规范。

（2）干扰抑制

抗扰度描述了变频器在电磁环境下的工作情况。这些噪声信号包括：

1）高频传导干扰（射频干扰电压）；

2）高频电磁辐射（辐射干扰）。

EMC 产品标准 EN 61800-3 定义了评估变频器在这些干扰的影响下工作情况的要求与标准。

4.1.8　变频器及其 EMC

1. SINAMICS S120 变频器的运行原理

SINAMICS 变频器包含网侧的整流单元和逆变器，整流单元为直流母线供电，逆变器采用脉宽调制技术斩波直流母线输出电压 V（即方波电压）。由于电动机电感的滤波作用形成正弦波电动机电流 I。SINAMICS S120 变频器运行原理及其输出电压，电动机电流波形示意图如图 4-4 所示。

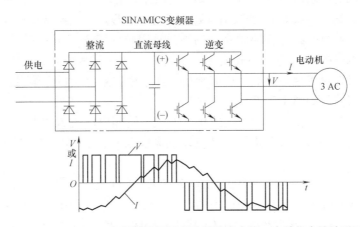

图 4-4　SINAMICS S120 变频器运行原理及其输出电压，电动机电流波形示意图

2. 变频器作为高频干扰源

高频噪声信号主要来源在于电动机侧逆变器中的 IGBT（绝缘栅双极型晶体管）的快速

通断，这种工作方式产生非常陡的电压边沿，作用于变频器输出侧的寄生电容，将会产生脉冲状的漏电流或干扰电流。逆变器输出电压与干扰电流的示意图如图 4-5 所示。

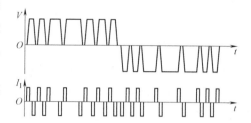

图 4-5 逆变器输出电压与干扰电流的示意图

通过电动机电缆与电动机绕组中的寄生电容 C_p 所产生的干扰电流必须通过合适的路径返回至源（变频器）。干扰电流通过接地阻抗 Z_{Ground} 及供电系统阻抗 Z_{Line}（供电系统阻抗包括变压器各相对地阻抗的并联值以及供电电缆的寄生电容对地的阻抗）回流至变频器。干扰电流以及由阻抗 Z_{Ground} 及 Z_{Line} 引起的干扰电压降将会影响到连接到同一供电系统及接地系统的其它设备。

干扰电流的产生及其流回变频器路径的示意图如图 4-6 所示。

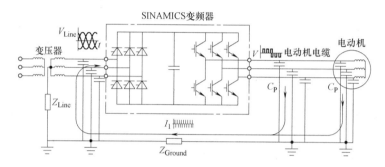

图 4-6 干扰电流的产生及其流回变频器路径的示意图

3. 高频传导噪声信号的抑制措施

在采用非屏蔽电动机电缆时，干扰电流通过电缆桥架、接地系统和供电系统阻抗回流至变频器，由于是高频信号，将在阻抗 Z_{Ground} 和 Z_{Line} 上产生较高的干扰电压。

通过采用屏蔽的电动机电缆最大程度地减小阻抗 Z_{Ground} 及 Z_{Line}，配合 SINAMICS S120 设备中标配的进线滤波器或 EMC 滤波器（RFI 抑制滤波器）（符合 EMC 产品标准 EN 61800-3 的 C3 类别），使噪声电流 I_1 在驱动系统内通过低阻抗回路流回至变频器。噪声信号的回流路径为电动机电缆的屏蔽层——PE 或 EMC 屏蔽母线——进线滤波器，从而大幅减小噪声电流和噪声信号发射对接地与供电系统的干扰。在采用屏蔽电动机电缆及变频器中的 EMC 滤波器时干扰电流路径如图 4-7 所示。

为抑制干扰必须保证整个驱动系统的正确安装，给噪声电流 I_1 提供一个连续、低阻抗的路径使其回流至变频器，这个路径（从电动机电缆至 PE 或 EMC 屏蔽排至变频器）不能中断或虚接。

为了满足 EMC 产品标准 EN 61800-3 的 C2 和 C3 类规范，要求电动机电缆采用屏蔽电缆。对于 SINAMICS S120 装置型和柜机型的大功率设备，推荐选用对称 3 芯电缆。

如图 4-8 所示。Prymian 生产的 PROTEOFLEX EMV 电缆，型号 2YSLCY-J 或 2XSLCY-J，对称的三芯 L1，L2，L3，分别集成 3 根对称的 PE 线，是理想的屏蔽电缆。

替代电缆方案：采用对称的 3 芯屏蔽电缆，比如 NYCWY 类型。此时，独立的 PE 线必须尽可能近的平行于 3 芯相线电动机电缆走线。

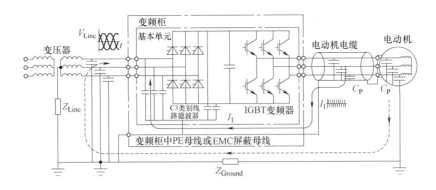

图 4-7　在采用屏蔽电动机电缆及变频器中的 EMC 滤波器时干扰电流路径

图 4-8　对称放置的 3 相导体集成了 3 芯 PE 导线的屏蔽电缆

对于书本型和紧凑型，以及输出功率很小的装置型和柜机型变频器，也可采用非对称 4 芯电缆（L1，L2，L3 及 PE），比如 MOTION-CONNECT 类型的电缆。

同轴屏蔽层的 3 相屏蔽电缆如图 4-9 所示。

图 4-9　同轴屏蔽层的 3 相屏蔽电缆

有效的屏蔽连接方式：一方面通过 EMC 电缆密封套使电缆屏蔽层与电动机端子接线盒形成 360°有效接触面；另一方面在变频柜内通过 EMC 屏蔽夹使电缆屏蔽层与 EMC 屏蔽母排形成 360°有效接触面。

电缆屏蔽层编成"猪尾辫"后连接至 PE 母线的方式，不能起到很好的屏蔽效果。较长的"猪尾辫"流过高频噪声信号时将呈高阻抗。

若电动机电缆的屏蔽层出现中断（如使用过渡端子箱），则抑制噪声信号向外传播的作用会大大削弱，所以不要这样做。屏蔽电缆双端屏蔽连接如图 4-10 所示。

带有标准的符号 C3 环境标准的输入滤波器的 SINAMICS 装机装柜式的外壳，与柜内的 PE 母线和 EMC 屏蔽排必须低阻连接。为此必须使用柜子的金属组件来保证大面积低阻连接，连接表面必须是裸露的金属而且每个接触点必须保证最小几平方厘米的接触面。或用大截面（≥95mm²）的短接地导线。必须使用扁平或圆的铜编织线为宽频率范围的噪声信号提供低感回路。

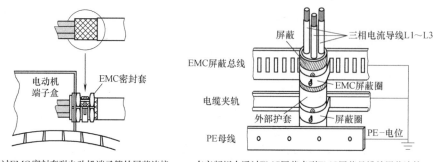

图 4-10　屏蔽电缆双端屏蔽连接

通过这样设计，实现 SINAMICS S120 柜机内装置的机壳与 PE 母排和 EMC 屏蔽母排低阻抗连接。

C2 类进线滤波器（选件）到 PE 母排和 EMC 屏蔽排的连接原则同上，且必须与进线电抗器配合使用方能实现最佳滤波效果。

4. 抑制高频、辐射电磁干扰发射的措施

SINAMICS 变频器之所以成为高频电磁干扰源是因为以下 3 个主要原因：变频器中 IGBT 的每次通断产生的陡峭电压沿；其内部的高频开关电源；控制单元的高频微处理器。

为限制干扰辐射，需采用能够形成法拉第笼效应的封闭变频器柜体，配合屏蔽的电动机电缆和信号电缆。且电缆屏蔽层双端接地以获得最优的屏蔽效果。

若 S120 装置型单元集成于开放的机架内，设备的辐射强度无法有效抑制。为满足 EMC 产品标准 EN 61800-3 中 C3 类别，安装设备的主电室必须采用相应高频屏蔽措施（如：将开放式机架置于封闭的金属壳内）以确保屏蔽效果。

若安装 SINAMICS 装置的变频柜使用涂层钢板时，为满足 EMC 产品标准 EN 61800-3 C3 类别要求，必须采取如下措施：

1）变频器柜内的所有金属机壳组件和安装底板通过很高电导率的尽可能大的接触面相互连接至柜体框架上。基于此，理想的连接方式可通过采用具有优良高频特性的接地带来实现；

2）除保护接地外，柜体必须多点、低阻抗接地以抑制高频电流。

3）机柜扣板（比如门、侧板、背板、顶板、底板）需通过具有优良高频特性的、高电导率的导体连接至柜体框架上。

4）使用螺栓连接于涂层或电镀处理的金属组件时，必须清除涂层或使用爪垫；

5）从 EMC 方面考虑，通风孔的面积尽可能的小。但从流体力学的方面考虑，为确保足够的冷却风量必须保证一定的通风孔面积。基于对此两方面的平衡考虑，在 SINAMICS S120 柜机内的典型的冷却网开口截面积面孔约为 $190mm^2$。

门板、底板、背板、顶板与柜体框架的连接如图 4-11 所示。

依照上述安装原则，当设备运行过程中关闭柜门，SINAMICS S120 柜机将自动满足 EMC 产品标准 EN 61800-3 所定义的 C3 类别的辐射干扰限值要求。

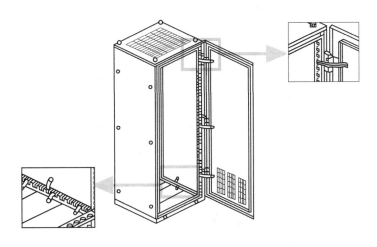

图 4-11　门板、底板、背板、顶板与柜体框架的连接

4.1.9　变频器作为低频干扰源

由于功率器件的非线性特性，在正弦波电网下，整流单元将向供电系统注入非正弦波电流，从而使公共电网接入点 PCC（Point of Common Coupling）的电压发生畸变。这种低频传导干扰对电源电压的影响称为"谐波对供电系统的影响"或"供电系统扰动"。

抑制低频噪声信号的措施：由于 SINAMICS 变频器对电源的谐波影响在很大程度上取决于所采用的整流电路结构形式。因此，通过适当选择整流器类型及使用网侧组件（如进线电抗器或进线谐波滤波器等），可改变在电源产生的谐波的幅值。

SINAMICS G130、G150、S120 的基本整流装置和回馈整流装置中采用的是 6 脉动整流桥，对供电系统产生很大的谐波。典型的 6 脉动整流电路中的进线电流如图 4-12 所示。

若给 SINAMICS G130、G150 选配进线谐波滤波器，或采用 12 脉动方式配置基本整流装置和回馈整流装置，则可大大降低对供电系统产生的谐波。带有进线谐波滤波器的 12 脉动整流电路的典型进线电流如图 4-13 所示。

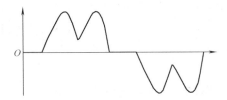

图 4-12　典型的 6 脉动整流电路中的进线电流

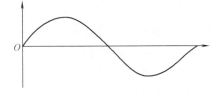

图 4-13　带有进线谐波滤波器的 12 脉动整流电路的典型进线电流

SINAMICS S150 和 S120 的有源整流装置对供电系统产生的谐波是最小的，它们的进线电压进线电流均为正弦波。

4.1.10　变频器作为潜在受扰设备

1. 受扰途径

干扰源产生的各类干扰通过不同的耦合路径影响到受扰设备。耦合路径包括：传导耦合、容性耦合、感性耦合及电磁耦合。干扰源与潜在受扰设备间的耦合路径如图 4-14 所示。

2. 传导耦合

当多个电路中存在一个共用线路时（比如公共接地母排或接地线），噪声信号会通过共用线路产生传导耦合。由电路板 1 产生的电流 I_1 将在共用电路阻抗 Z 上产生压降 ΔV_1，将会影响到电路板 2 的端电压。同样，电路板 2 上的电流 I_2 将在共用电路阻抗产生压降 ΔV_2，将影响到电路板 1 的端电压。在共用电路阻抗 Z 上形成的两电路传导耦合如图 4-15 所示。

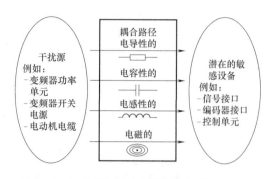

图 4-14　干扰源与潜在受扰设备间的耦合路径

举例：电压源 DC 24V 为两个电路板供电，电路板 1 是开关电源，电路板 2 是模拟量信号接口板，对干扰敏感。电路板 1 产生的干扰信号，将通过传导耦合（也就是在共用阻抗上产生电压降 ΔV），干扰电路板 2（敏感设备）的端电压。从而影响模拟信号的传输质量。

3. 抑制传导耦合干扰的措施

1) 尽量减小共用电路的长度；

2) 如果共用电路呈高阻抗，那么必须采用较大的导线截面；

3) 针对每个电路采用相对独立的供电回路。

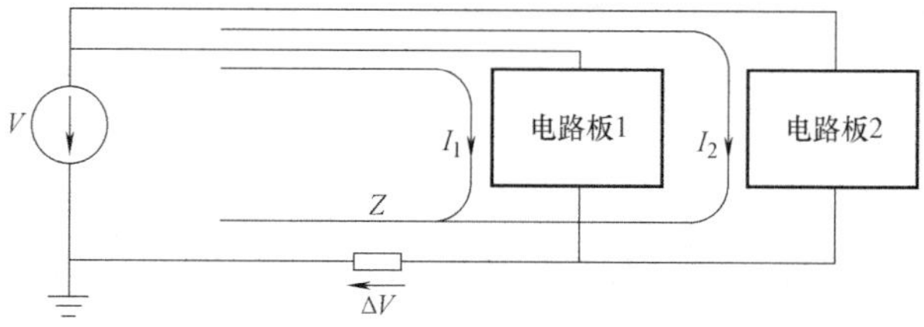

4. 电容耦合

电容耦合存在于相互绝缘，且有电位差的导体间，电位差会在导体间产生电场，电场量的描述为电容 C_C。电容 C_C 的大小取决于导体的几何形状及间距。

图 4-15　在共用电路阻抗 Z 上形成的两电路传导耦合

图 4-16 中解释了干扰源 I_I 通过电容耦合至敏感设备。干扰电流 I_I 在敏感设备的阻抗 Z_I 产生压降，成为干扰电压。

举例：若电动机电缆与非屏蔽的信号电缆在长电缆槽内相互并行且近距离走线，电缆间距离越小则两者间的耦合电容 C_C 越大。作为

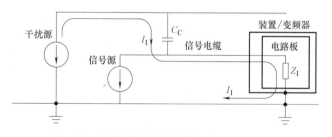

图 4-16　干扰电流通过电容耦合至信号电缆

干扰源的电动机侧逆变器，其输出的脉冲电压通过电容 C_C 产生干扰电流并耦合至信号电缆，若干扰电流通过开关量输入点耦合至变频器的控制单元，则较低电压幅值的持续几微秒的干扰脉冲就会影响到处理器的数字信号，使变频器无法正常运行。

5. 抑制电容耦合的措施

1) 尽量增加干扰源电缆与受扰电缆之间的距离；

2) 尽量减小电缆并行走线的长度；

3) 采用屏蔽的信号电缆。

最有效的方法就是保证动力电缆与信号电缆分开布线，且信号电缆采用屏蔽电缆。这样

就可确保干扰电流 I_1 耦合到屏蔽层，通过屏蔽层，设备机壳或变频器回流至大地而不会干扰到内部电路。

采用屏蔽信号电缆抑制干扰耦合至潜在受扰设备如图 4-17 所示。

为了保证更有效的屏蔽效果，必须采用尽可能大的接触面实现低阻抗屏蔽连接。对于数字量信号电缆，采

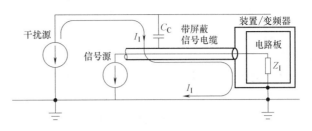

图 4-17　采用屏蔽信号电缆抑制干扰耦合至潜在受扰设备

用大截面将屏蔽层双端（即发送端和接收端）接地。对于模拟量信号电缆，屏蔽层双端接地将产生低频干扰（环路噪声），所以仅单端接地（即变频器侧），屏蔽层另一端通过 MKT 电容（10nf/100V）接地即可，对于高频干扰仍相当于双端接地。

在 SINAMICS S120 装置提供了一些屏蔽连接选项：

1）通过屏蔽夹获得最有效的信号电缆屏蔽连接；

2）通过电缆绑带将电缆屏蔽层有效固定至梳型屏蔽连接处。

SINAMICS S120 柜内屏蔽方式如图 4-18 所示。

以 EMC 的角度考虑，应尽量避免采用过渡端子，因为屏蔽层的中断将减小抑制干扰的效果。在某些情况下，如果无法避免过渡端子，那么信号电缆屏蔽层在过渡端子前后必须就近连接至屏蔽卡轨上，并保证屏蔽卡轨与机壳之间等电位连接。

在过渡端子中通过钳轨连接变频器柜内的信号电缆屏蔽层如图 4-19 所示。

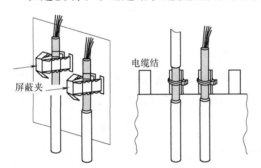

图 4-18　SINAMICS S120 柜内屏蔽方式

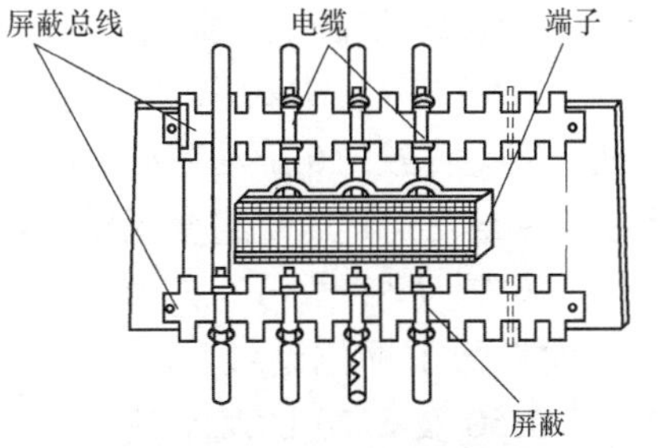

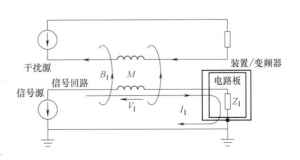

图 4-19　在过渡端子中通过钳轨连接变频器柜内的信号电缆屏蔽层

6. 感应耦合

感应耦合发生在不同的回路中。在一个闭合回路中流过的交流电流将产生交变磁场，此交变磁场影响到其它闭合回路，并感应出电压。感应耦合的幅值由互感 M 描述，其值取决于闭合回路的形状及回路间的距离。

图 4-20 中画出了一个受干扰源影响的电路。干扰源形成的干扰磁场 B_1 在信号回路中感应出干扰电压 V_1。由干扰电

![图 4-20 相关电路图]

图 4-20　干扰电压通过感应耦合至信号回路

压 V_I 产生的干扰电流 I_I 通过受扰设备阻抗 Z_I 产生压降，导致其无法正常工作。

比如，制动单元工作时产生很高的脉动电流。由于幅值及较高的电流变化率 di/dt，这个脉动电流将在信号回路中感应出电压，从而产生脉动干扰电流。干扰电流若通过数字量信号耦合至变频器接口模块，则其无法正常工作。

7. 抑制感应耦合的措施

1）尽可能地增大闭合回路间的距离；

2）确保每个闭合回路的面积尽可能小：每个回路的来去线路尽可能地靠近并行走线，对信号电缆应用双绞线；

3）采用屏蔽的信号电缆（若出现感应耦合则必须双端接地）。

8. 电磁耦合（辐射耦合）

电磁或辐射耦合是一类通过电磁场形成的干扰。典型干扰源如下：

1）蜂窝无线电设备；

2）蜂窝电话；

3）运行过程中伴随放电的设备（火花塞、焊接设备、接触器等）。

9. 抑制电磁耦合的措施

电磁场属于高频范围，为了有效抑制高频或超高频的电磁干扰，必须采取如下的屏蔽措施：

1）变频器柜体采用金属壳体，其中每个组件（柜体框架、背板、门等）必须通过金属相互连接；

2）柜内设备及电子板采用金属壳体相互连接，并接至变频器外壳；

3）采用编织屏蔽电缆抑制高频干扰。

4.1.11　SINAMICS S120 12 脉动整流对网侧谐波的影响

两个完全一致的 6 脉动整流电路分别由两路相位相差 30° 的供电系统供电就构成了 12 脉动系统。一般可通过 3 绕组变压器实现，其低压侧一组绕组接法为星形，另组绕组接法为三角形。与 6 脉动相比，12 脉动结构大大降低了网侧谐波。SINAMICS G150 及 S120 的基本整流装置和回馈整流装置可实现 12 脉动整流。

独立 3 绕组变压器下的 12 脉动整流装置如图 4-21 所示。

由于二次绕组电压相移 30°，每个 6 脉动整流装置的网侧谐波电流次数为：$h = 5$，7，

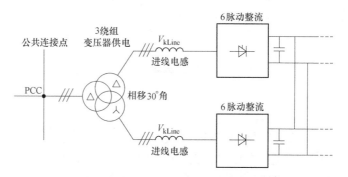

图 4-21　独立三绕组变压器下的 12 脉动整流装置

17，19，31，41，43，…，相互补偿后，理论上在三绕组变压器网侧仅有非 3 的整数倍的奇次谐波电流，次数为：

$h = n \cdot 12 \pm 1$，其中 $n = 1$，2，3，…

例如，$h = 11$，13，23，25，35，47，49，…

然而，实际的情况是两个整流装置中的负载不可能完全对称分布，所以次数为 $h = 5$，

7，17，19，29，31，41，43，…谐波电流依旧会出现在 12 脉动电路中，但其幅值很小。

12 脉动整流一般只用于大功率系统中，由独立的三绕组变压器供电，相对短路容量 RSC = 15 ~ 25，可不加进线电抗器。

典型 12 脉动整流电路中的谐波电流分量如下：

表 4-3　三绕组变压器供电且无进线电抗器时，12 脉动整流的谐波电流含量：

（相对短路容量 RSC = 15 ~ 25："弱电网"下的供电系统）

h	1	5	7	11	13	17	19	23	25	THD(I)
I_h	100%	3.7%	1.2%	6.9%	3.2%	0.3%	0.2%	1.4%	1.3%	8.8%

无进线电抗下的 12 脉动整流电路的谐波频谱如图 4-22 所示。

4.1.12　SINAMICS S120 有源整流装置对网侧谐波的影响

SINAMICS S120 有源整流装置是一种自控型整流单元（ALM），它使用 IGBT 做功率器件，通过 PWM 调制方式，将三相交流进线电压整流为稳定的直流母线电压。通过在电网与 IGBT 整流装置之间加入清洁能源滤波器（AIM），使网侧电流/电压接近于正弦。有源整流装置可 4 象限运行，即具有整流与回馈能力。三相供电系统中有源整流装置如图 4-23 所示。

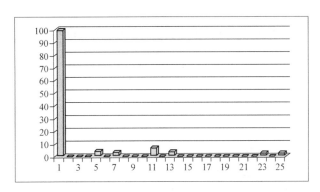

图 4-22　无进线电抗下的 12 脉动整流电路的谐波频谱

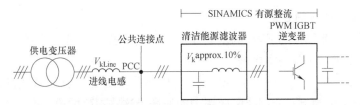

图 4-23　三相供电系统中有源整流装置（带有清洁能源滤波器，采用 IGBT 的 PWM 调制方式的整流单元）

调制频率高达几 kHz 的 IGBT 整流电路与清洁电源滤波器的配合，使有源整流装置对网侧的谐波影响非常小。其谐波电流 I_h 和谐波电压 V_h 的典型值如图 4-24、图 4-25 所示（基波电压电流为 100%，在此未做标注）。

由图可知 ALM 产生奇次和偶次谐波，谐波电流和电压远低于其额定电流和电压的 1%。

ALM 总的谐波电流畸变率 THD（i）、谐波电压畸变率 THD（v）与电网短路容量关系见表 4-4。

表 4-4　电流电压畸变率

	电流畸变率 THD(I)	电压畸变率 THD(V)
相对短路容量高的供电系统（RSC≥50）"强电网"	<4.1%	<1.8%
相对短路容量中等的供电系统（RSC = 50）	<3.0%	<2.1%
相对短路容量低的供电系统（RSC = 15）"弱电网"	<2.6%	<2.3%

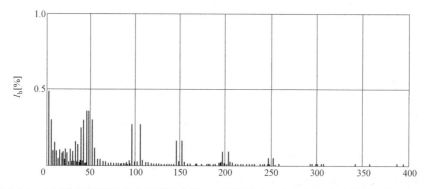

图 4-24　有源整流装置下的典型谐波电流 I_h 频谱图（%参考有源整流装置的额定电流）

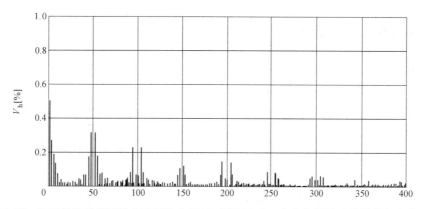

图 4-25　有源整流装置下的典型谐波电压 V_h 频谱图（%参考有源整流装置的额定电压）

4.1.13　符合 EMC 要求的安装

以上描述了有关变频器的 EMC 的基本原理，包括干扰源、潜在受扰设备、各类干扰耦合方式以及抑制干扰的一些基本措施。

基于上述基本原理，接下来将介绍符合 EMC 规范的电柜及驱动系统的设计安装规范。并以 S120 装置及柜机为例，介绍实际应用中如何满足这些规范的要求。

1. 变频器柜内的区域概念

在变频器柜内实现抑制干扰最有效的方法就是干扰源与敏感设备独立安装，这是在设计规划初期时必须考虑的。

首先，要确定所采用的设备是作为干扰源还是敏感设备：

1）典型干扰源包括变频器、制动单元、开关电源以及接触器线包等；

2）典型敏感设备包括自动化设备、编码器、传感器及其相关的电子设备。

变频柜/驱动系统分为不同的 EMC 区域，如图 4-26 所示。

在每个区域内，干扰发射和干扰抑制必须达到相关要求。不同区域之间必须是电磁解耦合的。可通过调整区域之间的间隔实现（最小间隔不低于 25cm）。然而，采用最大接触面的隔离金属框架或隔离板是比较好而又紧凑的方法，区域内可不使用屏蔽电缆。连接不同区域的电缆必须隔离，且不允许在同一电缆槽内走线。必要情况下，区域间的接口应采用滤波器或耦合模块。采用带电气隔离的耦合模块可以非常有效地防止干扰在区域间传递。柜间的

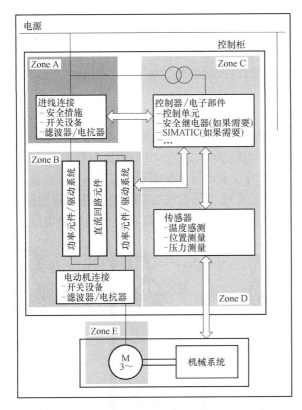

图 4-26　变频柜/驱动系统分为不同的 EMC 区域

所有通信与信号电缆必须采用屏蔽的。对于较长的传输电缆，必须采用隔离放大器。必须留有足够的空间用于连接电缆屏蔽层，电缆屏蔽层必须具有良好的导电性和较大接触面并连接至柜体接地。需注意的是不同区域之间的接地点电位要保持一致，以防止电位差产生的较高补偿电流流过电缆屏蔽层造成干扰。

2. 变频器柜体结构

1）变频器柜所有金属组件（侧板、背板、顶板及底板）必须通过较大接触面或多点螺栓连接（也就是法拉第笼）至柜体框架；

2）除保护性接地外，通过适用于高频干扰电流的低阻抗金属将柜体框架多点连接至基础接地网（网状接地网络）。在"变频驱动时电动机侧的轴电流分析"中详细描述了接地网络的连接；

3）柜门必须通过具有优良电导率的较短的扁平编织电缆进行连接，理想的连接位置为顶部、中部和底部；

4）PE 母排和 EMC 屏蔽母排必须通过大接触面连接至柜体框架；

5）柜内所有变频器及其辅助组件（装置型，进线滤波器，控制单元，I/O 模块或传感器模块）的金属机壳必须通过大接触面连接至柜体框架。可将设备与辅助组件安装在具有良好电导率的裸露金属安装底板上。此时，安装底板必须通过大接触面连接至 PE 和 EMC 屏蔽母排。对于水冷系统，循环冷却单元的所有金属管道和金属组件通过优良电导率的导体连接至柜体框架和 PE 母排。

6）所有连接需紧固连接。在涂层或电镀处理的金属组件上使用螺栓连接必须清除涂层或使用爪垫，使之具有良好的金属接触；

7）接触器线圈、继电器、电磁阀以及电动机抱闸装置必须安装干扰抑制器（RC 吸收电路，交流线圈采用的吸收电阻以及直流线圈采用的续流二极管），当触点打开时以减小高频辐射。

3. 变频器柜内的电缆

1）驱动器中的所有动力电缆（进线供电电缆、直流母线电缆、制动单元与制动电阻间的电缆以及电动机电缆）必须与信号和数据电缆独立走线。最小距离不低于 25cm。在空间距离不够的情况下，在变频器柜内可采用具有优良电导率的隔板连接安装背板以实现解耦；

2）对于连接至滤波器的低干扰等级进线电缆（即供电系统与进线滤波器之间的电缆）必须与非滤波处理的较高干扰等级的动力电缆（滤波器与整流器之间的进线电缆，直流母线电缆、制动单元与制动电阻间的电缆以及电动机电缆）分开独立走线。

滤波器前后的电缆走线如图 4-27 所示。

3）信号和数据电缆以及滤波后的进线供电电缆与非滤波动力电缆尽量垂直走线以减小耦合干扰；

4）电缆长度最小化（避免采用多余长度的电缆）；

5）所有电缆必须尽可能靠近接地的机壳组件，诸如安装板或柜体框架。通过这种方式可大大减小辐射干扰和耦合干扰；

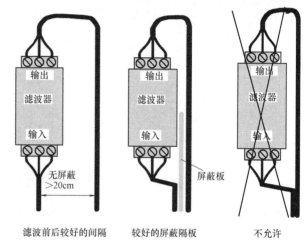

图 4-27　滤波器前后的电缆走线

6）信号与数据电缆连同相关的等电位连接电缆，须尽可能短距离并行走线；

7）同一区域内采用非屏蔽单芯电缆时，进线和出线须尽可能短距离并行走线或双绞走线；

8）信号与数据电缆中的备用线必须双端接地以形成附加的屏蔽效果；

9）信号与数据电缆应仅在一点进入柜体（比如从柜底进出）。

4. 变频器柜外电缆

1）所有动力电缆（进线供电电缆、直流母线电缆、制动单元与制动电阻之间的电缆及电动机电缆）必须与信号电缆分开走线。其间隔不低于 25cm；

2）变频器与电动机之间的动力线必须采用屏蔽电缆，以满足 EN 61800-3 所规定的 C2/C3 类别的电磁兼容性。对于更高功率输出的情况，最好采用对称配置的电缆。带有对称配置的 3 芯相线 L1、L2 及 L3，并内置对称 3 芯 PE 线的电缆是理想选择；

3）屏蔽的动力电缆必须与电动机温度传感器（PTC/KTY）以及编码器的信号电缆分开走线；

4）信号与数据必须采用屏蔽电缆传输，以有效抑制容性耦合、感性耦合以及辐射耦合

的干扰;

5）特别是易受干扰的信号电缆，比如给定与实际值电缆，诸如测速发电机、编码器及旋转变压器等信号电缆屏蔽必须采用双端可靠接地，且屏蔽层不能中断。

5. 电缆屏蔽

1）理想的屏蔽电缆应为编织双绞电缆，比如 Prysmian 生产的 PROTOFLEX EMV 2YSLCY-J/2XSLCY-J。非编织电缆比如同轴电缆，Protodur NCYWY 屏蔽效果差些。而铠装屏蔽电缆效果最差，不宜采用。

2）屏蔽层必须通过优良电导率和较大接触面双端接地，可有效抑制容性/感性/辐射耦合的干扰。

3）在电缆一进入柜体，就立即将屏蔽层连接到大地上。对于动力电缆，需连接到 EMC 屏蔽母排上。对于信号与数据电缆，应该采用变频柜内核装置上提供的可选屏蔽连接排。

4）不能因为采用了过渡端子而使电缆屏蔽中断。

5）动力电缆与信号和数据电缆的屏蔽层应通过合适的 EMC 屏蔽夹以优良电导率和最大截面连接到 EMC 屏蔽母排或屏蔽连接选件上。

6）对于接插式屏蔽数据电缆（比如 PROFIBUS 电缆）应采用外壳为金属或金属连接头的设备。

屏蔽层连接的样例如图 4-28 所示。

图 4-28　屏蔽层连接的样例

6. 变频器柜、驱动系统以及工厂的等电位连接

1）变频器柜内的等电位连接通过安装板（背板），将所有变频器机壳及其辅助组件（比如装置型变频器、线路滤波器、控制单元、端子模块、传感器模块等）连接起来。同时，安装板（背板）必须通过优良电导率和最大截面连接到柜内 PE 或 EMC 母排上。对于水冷系统，循环冷却系统中所有的金属管道及金属组件必须通过优良电导率和最大截面连接到柜内 PE 或 EMC 母排上。

2）柜机内设备间等电位连接到 PE 母排上，对于大功率输出的 SINAMICS S120 柜机，PE 母排贯通全部柜体。另外，每个柜体内设备的框架必须通过特制接触垫片以高电导率多点螺栓紧固。若长排的柜体分为两组背靠背连接，柜体组的两个 PE 母排必须连接在一起。

安装板的连接方式如图 4-29 所示。

3）工厂与驱动系统内的等电位连接通过将所有电气和机械驱动组件（变压器、变频器柜、电动机、齿轮箱、驱动机械、水冷系统中的管道和循环冷却单元等）连接到接地系统中来实现。此类连接通过标准的高功率 PE 电缆实现，而此类 PE 电缆无需特殊高频特性。

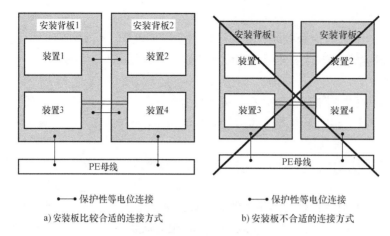

a) 安装板比较合适的连接方式　　　　　b) 安装板不合适的连接方式

图 4-29　安装板的连接方式

另外，考虑到高频干扰因素，逆变器（高频干扰源）和驱动系统中的所有其它组件（电动机、齿轮箱、驱动机械等）必须互连，采用的电缆必须具有高频特性。

图 4-30 中解释了若干个 SINAMICS S120 柜机典型的接地及高频等电位连接安装样例。

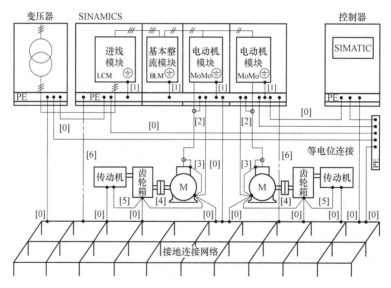

图 4-30　接地及高频等电位连接

［0］表明的接地连接为驱动组件中的传统接地系统。采用了标准高功率 PE 导体，不具备高频特性，仅保证低频等电位连接，以及防护接地。

在 SINAMICS S120 柜 ［1］ 中连接提供了柜内的装置型组件的金属机壳与柜内 PE 母排和 EMC 母排间的紧固连接。这些内部连接采用柜内非绝缘金属组件以最大面积实现。在样例中，接触面是裸露金属，接触面积不小于若干平方厘米。替代方案就是采用短的编织双绞铜质电缆以截面积（≥95mm^2）进行连接。

图中以 ［2］ 标注了电动机电缆的屏蔽，提供了逆变单元与电动机端子盒之间的高频等电位连接。对于系统采用非屏蔽电缆，或者较差的高频特性的屏蔽电缆，亦或较差的接地的情况，要采用编织双绞铜质电缆并行且尽可能地靠近电动机电缆安装。

[3]、[4] 与 [5] 所表明的连接提供了电动机端子盒与电动机机壳、齿轮箱/驱动机械与电动机机壳和传动机之间的连接方式。若电动机的端子盒和机壳之间采用了传导性高频连接，亦或电动机，齿轮箱以及驱动设备相邻很近，并且通过裸露金属结构，比如金属机械台，以最大面积连接，就没有必要采用此类连接方式。

点划线 [6] 的连接提供了柜体框架与基础接地之间通过采用编织双绞铜质电缆的连接方式，连接截面积≥95mm^2。

7. 工厂侧在电缆桥架上和电缆槽内的符合 EMC 的电缆走线

电缆走线示意图如图 4-31 所示。

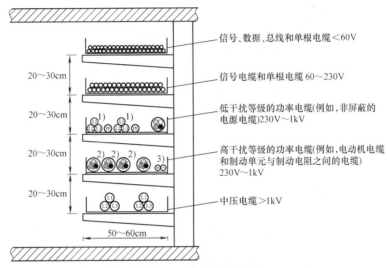

图 4-31　电缆走线示意图

1）在 3 相系统中采用单芯电缆（比如非屏蔽供电连接电缆）时，3 相线（L1、L2 和 L3）必须对称捆扎在一起，以减小漏磁场。对于输出较大电流而每相采用多根电缆并联的情况下，3 相对称捆扎布线非常重要。图 4-32 中以 3 相系统中每相两根电缆并联布线为示例。

2）对于变频器与对应电动机间需采用多根 3 相电动机电缆并联时，确保 3 相系统中的所有相在同一根电动机电缆内，以减小漏磁场。图 4-33 中以 3 根屏蔽的 3 相电动机电缆并

图 4-32　电缆捆扎示意图

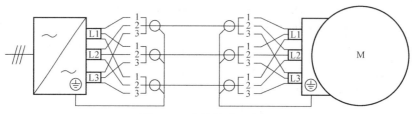

图 4-33 电缆并联示意图

联布线为示例。

3）对于直流电缆（直流母线电缆，或制动单元与对应制动电阻间的连接）布线，出线与进线必须以尽可能小的间隔并行走线，以减小漏磁场的影响。

4.1.14 变频驱动时电动机侧的轴电流分析

由逆变器功率器件 IGBT 的快速通断形成的陡峭电压边沿通过电动机内的寄生电容产生干扰电流。该干扰电流将流过电动机轴承，当轴电流达到较高值，损坏轴承，减小轴承使用寿命。

如图 4-34 所示。电动机内部寄生电容框图及其等效电路图，描述了轴电流产生的原因。

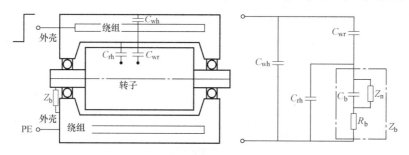

图 4-34 电动机内部寄生电容框图及其等效电路图

C_{wh} 是定子绕组对机壳的寄生电容，C_{wr} 是定子绕组对转子的寄生电容。C_{rh} 是转子对机壳的寄生电容。Z_b 定义为轴承阻抗，具有非线性特点。当润滑油膜具有绝缘作用时，轴承阻抗可表达为容性 C_b。但随着轴承电压的升高导致润滑油膜击穿，轴承阻抗表现为类似于非线性的电压相关的阻性 Z_n。电阻 R_b 为轴承滑环与滚动组件间的纯电阻性阻抗。

图 4-35 描述了电动机集成到驱动的方式以及轴电流类型。

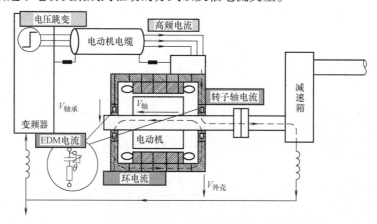

图 4-35 电动机集成到驱动系统的方式及其轴电流类型

1. 环流

正如电动机电缆上的寄生电容极性随变频器输出开关电压边沿变化而变化一样，电动机绕组与机壳之间的电容 C_{wh} 的极性也随之变化。由此将在绕组与机壳以及对地都将产生高频容性漏电流。这类漏电流将导致电动机内的磁场不均匀分布，从而感应出高频轴电压 V_{shaft}。当电动机轴承上的润滑油膜的绝缘性寄生电容不能承受轴电压而击穿形成容性环流形成，其路径：电动机轴→非驱动侧轴承（NDE 轴承）→电动机机壳→驱动侧轴承（DE 轴承）→电动机轴。这样，环流通过机壳在两轴承内形成。环流大小取决于绕组与机壳之间的寄生电容 C_{wh}，所以随电动机轴心高增加而增加，对于轴心高在 225 以上（包括 225）的电动机，此电流为轴电流主要类型。

2. EDM 电流

电动机三相定子绕组对地的电压密度通过与转子间的寄生电容 C_{wr} 对轴承寄生电容 C_b 进行充电。电动机轴和轴承上的电压时变特性将是电动机定子绕组三相对地电压的叠加镜像。此电压可通过容性轴承电压比 BVR 来进行抑制，每相的 BVR 的计算如下：

$$BVR = \frac{V_{轴承}}{V_{绕组/相-地}} = \frac{C_{wr}}{C_{wr} + C_{rh} + C_b} \tag{4-1}$$

电动机轴及轴承上的电压由加在电动机绕组上的三相对地电压与轴电压比 BVR 的乘积。一般在标准电动机中，轴及轴承上的电压为电动机绕组对地平均电压的 5%。

最严重的情况下，当轴电压 $V_{轴承}$ 高于润滑油膜的击穿电压时，C_b 和 C_{rh} 将以很短的高电流脉冲形式放电。这个电流脉冲称为 EDM 电流（静电放电加工）。

3. 转子轴电流

电动机绕组与机壳之间的寄生电容 C_{wh} 流过的高频容性"漏电流"所引起的环流必然回流至变频器。若电动机机壳对高频干扰电流不具备良好的接地，那么电动机绕组与接地系统之间，对于高频漏电流来讲呈现高阻抗，从而产生较高的电压降 $V_{外壳}$。若连接的齿轮箱或驱动机械设备对于高频干扰电流来讲具有良好的接地，那么干扰电流将通过较低的阻抗路径回流，形成回路：电动机轴承上的防护罩→电动机轴→机械耦合装置→齿轮箱或驱动机械设备到接地系统，再到变频器。通过这样的路径，对电动机轴承、齿轮箱以及机械设备的轴电流的抑制非常有效。

4. 抑制轴电流的措施

不同的物理现象产生了不同的轴电流类型，十分有必要采用相关措施抑制轴电流以防止设备损坏。下面将介绍相关措施。

对于电动机轴心高在 225 以上的 SINAMICS S120 驱动，必须采用的措施：符合 EMC 安装规范要求，且电动机非驱动侧采用绝缘轴承。这样，就提供了可能由轴电流对轴承造成损坏的保护。

所描述的其它措施尽管是非必要的，然而在极端驱动环境中非常值得采用。特别是在不能满足 EMC 安装要求的应用中。

如果在实际应用中（比如接地系统不满足要求，或没有采用屏蔽电缆）无法达到 EMC 安装的相关要求，在变频器输出侧需要加装输出滤波器或电动机两侧都采用绝缘轴承，一侧接地，一侧浮地。这些措施的有效性取决于各部分安装的薄弱点。

（1）驱动系统中满足 EMC 安装的优化等电位连接

等电位连接的目的在于使所有驱动系统的组件（变压器、变频器、电动机、齿轮箱以及机械设备）处于同一电位，也就是说在同一个接地电位上（PE），可防止由电位差造成的不期望的平衡电流，比如转子轴电流。

良好的等电位体通过将所有的驱动组件连接至设计优良的接地系统中，尽可能地构建最大程度的连接到基础地上的接地网，以提供低频范围内的等电位连接。

对于高频干扰，包括齿轮箱和机械设备在内的整个驱动系统的等电位连接依然重要。

图 4-36 描述了驱动系统中的每个组件的接地及等电位连接。

请参考等电位连接以及 EMC 基本原理小节。

（2）电动机非驱动侧采用绝缘轴承

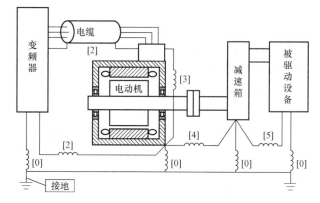

图 4-36　抑制轴电流驱动系统中采用等电位连接示意图

除采取相关满足 EMC 规范要求的安装外，电动机非驱动侧采用绝缘轴承对于抑制轴电流非常有效。

绝缘的 NDE 通过增加环流路径：电动机轴→NDE 轴承→电动机机壳→DE 轴承→电动机轴的阻抗可大大减小容性环流。由于环流大小随电动机轴高增加而增加，对于大型电动机来讲，十分有必要在非驱动侧安装绝缘轴承。

在安装编码器时，必须确保编码器与电动机轴承之间的绝缘安装。

（3）变频器输出侧采用电抗器或滤波器

请参考输出电抗器/带 VPL 的 dv/dt 滤波器 +/正弦波滤波器章节。

（4）电动机轴接地采用接地碳刷

轴接地碳刷由于缩短了轴承与地的距离，可大大减小轴电流。然而，采用轴接地碳刷会带来一些其它问题：比如较小型的电动机无法安装，易受污染，需要较大的维护等。由此，一般对于中低功率范围的低压电动机不推荐采用用轴接地碳刷。

（5）IT 系统

在 IT 系统中，变压器中性点不直接连接到地。本质上，接地连接为纯容性质的，回路阻抗对于流过的高频共模电流形成高阻抗，从而大大减小功率电流和轴电流。对于减小轴电流影响，IT 系统较之接地 TN 系统有优势。

（6）各类轴电流概述

图 4-37 根据轴高和定转子的接地条件描述了轴电流的类型。

若转子接地良好（通过与接地良好的机械设备直接连接），而定子接地不良，将导致转子轴电流变得很大，从而破坏电动机和机械设备的轴承。通过良好定子接地，以及满足 EMC 安装要求，并采用绝缘机械耦合连接来避免上述情况的发生。

满足 EMC 安装要求，同时采用绝缘耦合连接，并在定子良好接地的情况下基本可抑制转子轴电流的产生，而对于轴高不超过 100 的小型电动机，EDM 电流将占主导作用，而

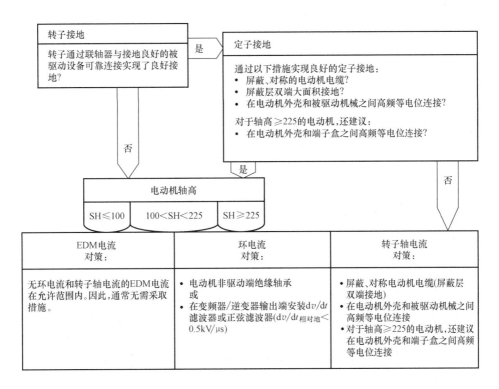

图 4-37 依据轴高与定转子接地条件下的轴电流类型描述

环流为次要因素。一般来讲，轴电流较小，无需采取进一步措施。但随着轴高增加，EDM 电流仅略微增加，而环流则连续增加。对于轴高超过 225 的电动机，环流成为主导因素，对轴承的影响很大。所以对于轴高在 225 以上的电动机推荐在非驱动侧采用绝缘轴承。

从工作原理上，在变频器输出侧采用 dv/dt 滤波器 + VPL 或正弦波滤波器，可不采用绝缘轴承。

4.2 控制柜散热说明

4.2.1 概述

组件通风最小间距必须严格遵循以下规定。在该区域内不允许走线或安装任何部件。

小心
如果违反了 SINAMICS S120 装机装柜型组件的安装规定，会明显地缩短各组件的使用寿命。可能会使组件过早地失灵。

在使用 SINAMICS S120 装机装柜型驱动组件时必须注意以下规定：

1）通风空间；

2）电缆布线；

3）导风。

组件的通风空间见表 4-5。

表 4-5　组件的通风空间

组件	结构尺寸	和前方组件的间距/mm	和上方组件的间距/mm	和下方组件的间距/mm
基本整流单元	FB，GB	40[1]	250	150
有源整流接口单元	FI	40[1]	250	150
有源整流接口单元	GI	50[1]	250	150
有源整流接口单元	HI，JI	40[1]	250	0
回馈整流单元	GX，HX，JX	40[1]	250	150
有源整流单元	FX，GX，HX，JX	40[1]	250	150
逆变单元模块	FX，GX，HX，JX	40[1]	250	150

1）该间距针对正面盖板上通风口区域。

说明

间距从组件的外边缘开始计算。

各个组件的外形尺寸图参见设备手册中相应章节。

4.2.2　通风提示

SINAMICS S120 装机装柜型组件是通过内置风扇进行强制通风的。为了确保有足够的气流，应该在控制柜柜门上切出一个较大的开口，用于进风；或者配备一个通风罩用于排风。

冷却风必须垂直于组件从下往上吹，即从较冷区域吹向由于运行温度升高的区域。

请严格遵守正确的冷却风气流方向的要求。此外还要保证热风可以从上部逸出。必须严格遵守通风空间的要求。

说明

不允许在组件上直接布线。通风口必须保持通畅。

要避免冷风直接吹向电气设备。

小心

冷却装置的导风、布局和设置必须选择合适,确保即使在最大可能出现的相对空气湿度下也不会出现结露。

如有必要,则必须安装控制柜加热装置。

各整流单元和逆变单元的通风如图 4-38 ~ 图 4-42 所示。

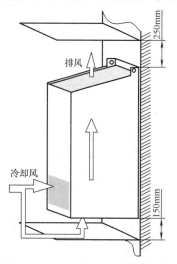

图 4-38　FI，GI 型有源整流单元的通风

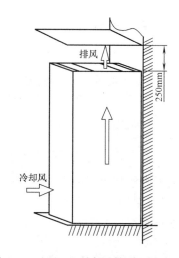

图 4-39　HI，JI 型有源整流单元的通风

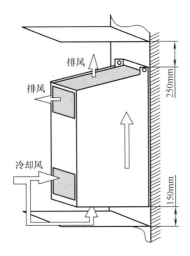
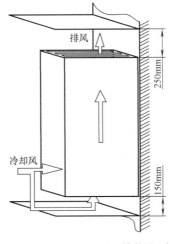
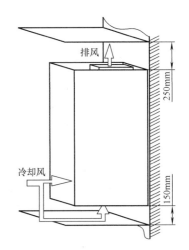

图 4-40　FX，GX 型回馈整流／有源　**图 4-41　HX，JX 型回馈整流／有**　**图 4-42　FB，GB 型基本**
**　　整流单元及逆变单元的通风**　**　　源整流单元和逆变单元的通风**　**整流单元的通风**

驱动组件不允许在直通式冷却环境下运行，否则可能导致组件失灵或损坏。

由于风扇的抽吸作用，控制柜柜体上通风口附近的气压会降低。气压降低程度受开口处的体积流量和横截面积影响。

而从组件中排出的热风会积聚在导风板或通风罩下方。从而导致该位置的气压上升。

在控制柜内，由于这两者之间存在压差，因此会形成直通气流。该气流的大小很大程度上取决于柜门开口和顶盖开口的横截面积和空气的体积流量。

若被组件内置的风扇排出的热空气再次被控制柜内的直通气流吸回，则会使组件温度明显升高，通风装置也表现出不佳的工作状态。

小心
组件不允许在直通式冷却环境下运行,否则可能导致组件失灵! 必须采取合适的隔离措施加以避免。

避免气流从上往下流动，即从热空气向冷空气流动。可使用隔离装置进行隔离。在进行隔离时，应确保组件的上方和下方不会有沿着组件而流动的外部气流。隔板应紧贴控制柜柜壁或柜门。气流不应压向控制柜的横梁，而是沿着横梁返回继续流动。在所有防护等级大于 IP20 的控制柜中，必须采取隔离措施。

与变频器柜靠近的控制柜也应考虑采取隔离措施。

为确保组件充分散热，必须遵循表 4-6 中规定的通风口最小截面积的要求。

此处规定的通风口截面积由多个小开口组成。每个小开口的截面积必须至少是 190mm^2（例如：$7.5\text{mm} \times 25\text{mm}$ 或 $9.5\text{mm} \times 20\text{mm}$），以避免压力损耗和栅格形开口处的气流阻力过大。

同时过滤网的选择还应考虑所需的防护等级和环境条件。如果控制柜的使用环境多细小的粉尘或油雾，应使用精细型过滤网，防止杂物和粉尘进入设备，确保设备持续运行，此时可以使用 DIN4189-Stvzk-1 × 0.28 型金属网或至少达到过滤等级 G2 的过滤网。

如果使用了粉尘过滤器，则可以适当提高此处规定的最小开口截面积和过滤面积。

小心
在使用粉尘过滤器时必须根据规定的替换间隔更换过滤器。

如果过滤网严重脏污，则气流阻力变大，吸入的空气体积也会相应减少。从而导致驱动组件内置的风扇过载或组件过热，甚至损坏组件本身。

表4-6 中规定的开口截面积仅是针对一个组件。如果多个组件安装在一个控制柜中，开口截面积应相应增加。如果在控制柜中无法满足要求的开口尺寸，应将组件安装到多个控制柜中，这些控制柜通过隔板连成一体。受热空气必须通过通风板或通风罩或控制柜侧面的开口向设备上方排出。此时也必须注意开口截面积的尺寸。

在保护等级大于 IP20 和使用通风罩时，可能需要使用一个"active"型的通风罩。这种类型的顶罩中装有通风装置，可以将气流向前排出。整个通风罩是密封的（出风口除外）。

在选择这种类型的通风罩时必须注意通风装置应有足够高的功率，避免控制柜中的气流聚集。气流聚集时会降低冷却功率，并可能会导致驱动组件过热并损坏。通风装置的冷却功率至少达到驱动组件内置风扇的数据。

表4-6　体积流量，开口截面积

			有源整流接口单元			
订货号	6SL3300-	7TE32-6AA0	7TE33-8AA0 7TE35-0AA0	7TE38-4AA0 7TE41-4AA0 7TG35-8AA0 7TG37-4AA0 7TG41-3AA0		
冷却空气需求	$[\text{m}^3/\text{s}]$	0,24	0,47	0,4		
控制柜进风口的最小截面积 出风口最小截面积	$[\text{m}^2]$ $[\text{m}^2]$	0,1 0,1	0,25 0,25	0,2 0,2		
			基本整流单元			
订货号	6SL3330-	1TE34-2AAx 1TE35-3AAx 1TE38-2AAx 1TG33-0AAx 1TG34-3AAx 1TG36-8AAx	1TE41-2AAx 1TE41-5AAx 1TG41-1AAx 1TG41-4AAx			
冷却空气需求	$[\text{m}^3/\text{s}]$	0,17	0,36			
控制柜进风口的最小截面积 出风口最小截面积	$[\text{m}^2]$ $[\text{m}^2]$	0,1 0,1	0,19 0,19			
			回馈整流单元			
订货号	6SL3330-	6TE35-5AAx 6TE37-3AAx 6TG35-5AAx	6TE41-1AAx 6TG38-8AAx	6TE41-3AAx 6TE41-7AAx 6TG41-2AAx 6TG41-7AAx		
冷却空气需求	$[\text{m}^3/\text{s}]$	0,36	0,78	1,08		

（续）

回馈整流单元					
控制柜进风口的最小截面积	［m²］	0,19	0,28	0,38	
出风口最小截面积	［m²］	0,19	0,28	0,38	

有源整流单元					
订货号	6SL3330-	7TE32-1AAx	7TE32-6AAx	7TE33-8AAx 7TE35-0AAx	7TE36-1AAx 7TE37-5AAx 7TE38-4AAx	7TE41-0AAx 7TE41-2AAx 7TE41-4AAx 7TG37-4AAx 7TG41-0AAx 7TG41-3AAx
冷却空气需求	［m³/s］	0,17	0,23	0,36	0,78	1,08
控制柜进风口的最小截面积	［m²］	0,1	0,1	0,19	0,28	0,38
出风口最小截面积	［m²］	0,1	0,1	0,19	0,28	0,38

逆变单元					
订货号	6SL3320-	1TE32-1AAx 1TG28-5AAx 1TG31-0AAx 1TG31-2AAx 1TG31-5AAx	1TE32-6AAx	1TE33-1AAx 1TE33-8AAx 1TE35-0AAx 1TG31-8AAx 1TG32-2AAx 1TG32-6AAx 1TG33-3AAx	1TE36-1AAx 1TE37-5AAx 1TE38-4AAx 1TG34-1AAx 1TG34-7AAx 1TG35-8AAx	1TE41-0AAx 1TE41-2AAx 1TE41-4AAx 1TG37-4AAx 1TG38-1AAx 1TG38-8AAx 1TG41-0AAx 1TG41-3AAx
冷却空气需求	［m³/s］	0,17	0,23	0,36	0,78	1,08
控制柜进风口的最小截面积	［m²］	0,1	0,1	0,19	0,28	0,38
出风口最小截面积	［m²］	0,1	0,1	0,19	0,28	0,38

4.3　柜体的安装

柜体是在高电压下运行，所有连接工作必须在无电压状态下进行！只允许合格的专业人员在设备上进行工作。

在已断开的设备上工作时要谨慎，因为可能仍存在外部供电电压。即使电动机在停机状态下，功率端子和控制端子仍可能带电。

由于使用直流母线电容器，在断电后 5min 内设备上仍会存在危险电压。因此，只有在相应的等待时间过去之后才允许打开设备。

使用人有责任遵守所在国家认可的技术规程以及其它适用的地区性规定，对电动机、机柜设备和其它组件进行安装和连接。尤其要注意有关电缆尺寸、保险装置、接地、断路、隔离和过电流保护方面的规定。

如果电流支路上的保险装置跳闸，则故障电流有可能已经切断。为了降低火灾和电击的风险，应当对柜机的导电部件和其它组件进行检查并对损坏的部件进行更换。在保险装置跳闸后，应查找并消除"断开原因"。

直流母线电容器的再充电：其内安装直流母线电容器的组件，如果存放超过两年，设备中的直流母线电容器必须在调试时进行再充电。参见第 10 章的"给直流回路电容器充电"的相关内容。

实例 1：符合 EMC 规范的柜体安装（见图 4-43）

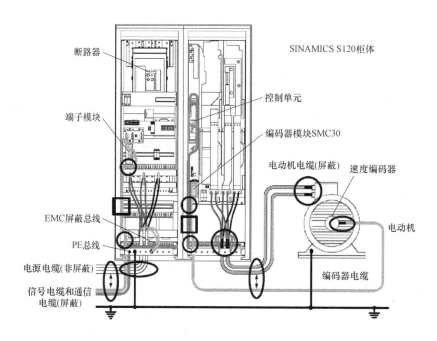

断路器

SINAMICS S120柜体

端子模块

控制单元

编码器模块SMC30

电动机电缆(屏蔽)　速度编码器

EMC屏蔽总线

PE总线

电动机

电源电缆(非屏蔽)

编码器电缆

信号电缆和通信
电缆(屏蔽)

功率电缆和信号电缆的最小距离:20～30cm。

使用EMC屏蔽夹将电动机电缆的屏蔽层连接到EMC母排上,将3相对称PE线连接到PE母排上。

使用EMC电缆密封管将电动机电缆的屏蔽层连接到电动机端子箱上。

使用EMC屏蔽夹将信号、通信和编码器电缆的屏蔽层安装到由变频器提供的屏蔽连接选件上。

将电动机编码器的屏蔽层连接到编码器的安装机架上。

功率电缆和信号电缆成90°角。

信号、总线和编码器电缆与柜壳和接地排应尽可能接近,而且与功率电缆的距离尽可能大。

图 4-43　符合 EMC 规范的柜体安装

实例 2：符合 EMC 规范的柜体安装（见图 4-44）

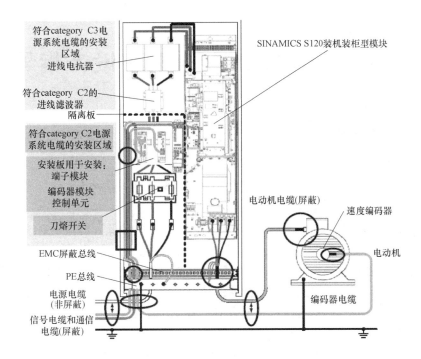

图 4-44　符合 EMC 规范的柜体安装

第 5 章　SINAMICS 系统设计指导

5.1　进线电抗器与滤波器

5.1.1　进线电抗器

对于 SINAMICS S120 的基本整流装置和回馈整流装置拓扑结构为 6 脉动或 12 脉动来说，需要加装进线电抗器的几类情况如下：

1）具有较高的短路容量（即在公共接入点 PCC 处阻抗较低）的供电系统。

进线电抗器对由变频器产生的谐波电流进行滤波，从而大大减小注入到电网的谐波电流。采用进线电抗器可减小约 5% ~ 10% 的 5 次谐波，约 2% ~ 4% 的 7 次谐波。但对于更高次谐波，电抗器作用很小。通过进线电抗器的滤波作用，一方面可以减小谐波，使整流组件的热损耗减小，从而可以降低直流母线电容值；另一方面大大减小了对电网的谐波影响，抑制电网上的谐波电流与电压。

6 脉动整流带/不带进线电抗器下典型进线电流如图 5-1 所示。

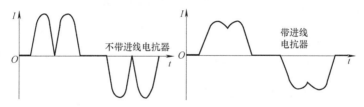

图 5-1　6 脉动整流带/不带进线电抗器下典型进线电流

当进线感抗足够高，也就是说 PCC 处的相对短路容量 RSC（Relative Short-Circuit Power）足够低时，可不采用进线电抗器。

2）多个变频器连接至同一电网公共接入点。

在此类情况中，进线电抗器具有两类功能：①谐波电流滤波；②使整流装置与电网解耦。

与电网解耦是整流装置正常运行的前提条件。所以，每台变频器配置各自的进线电抗器，而不能共用。

3）变频器配置了进线滤波器以抑制 RFI（Radio Frequency Interference）。

在变频器配置了 RFI 进线滤波器的情况下，必须安装进线电抗器以减小谐波对电网的影响。原因在于没有进线电抗器时此类滤波器无法 100% 起到滤波效果。进线电抗器必须安装在进线滤波器与变频器输入侧之间。

4）为提高输出功率，变频器并联运行。

对于在进线侧和直流母线侧并联应用时需采用进线电抗器。通过采用进线电抗器保证了并联装置之间的电流平衡，以防止由于不平衡电流造成某个整流过载。

5）进线电抗器与变频器之间的电缆长度。

尽可能将进线电抗器直接安装在变频器输入侧。但是在低频情况下，进线电抗器与变频器的连接可不必就近，但仍不能超过 100m。注意：对于变频器配置了符合 EN 61800-3 的 C2 类别的进线滤波器，进线电抗器必须就近安装。

对于基本整流装置，进线电抗器的相对短路电压 $V_k = 2\%$；对于回馈整流装置，进线电抗器的相对短路电压 $V_k = 4\%$。

5.1.2 进线滤波器

1. 概述

进线滤波器（无线频率干扰 RFI 抑制滤波器或 EMC 滤波器）抑制由调速系统产生的高频（频率范围为 150kHz ~ 30MHz）传导性干扰，从而有助于提高整个系统的 EMC。

SINAMICS S120 产品完全可应用在 C3/C4 所定义的"第二类"环境。标配的进线滤波器满足"第二类"环境的 C3 类别要求。同时，满足于 TN 或 TT 中性点接地系统。

SINAMICS S120 提供的进线滤波器选件满足"第一类"环境的 C2 类别。可满足 TN 或 TT 中性点接地系统。

由于流过进线滤波器的干扰电流或漏电流随电缆长度的增加而增加（参考进线滤波器的运行原理），所以随电缆长度的增加进线滤波器的干扰抑制能力下降。在采用进线滤波器选件时，为保证干扰等级在 C2 类别所定义的限值内，电动机电缆长度必须满足表 5-1 中要求。

表 5-1 为保证干扰等级在 C2 类别，S120 最大允许的电动机电缆/屏蔽长度

SINAMICS 变频器或整流装置	最大允许的电动机电缆/屏蔽 （比如 PROTOFLEX EMV 或 Protodur NYCWY）
S120 基本整流装置	100m
S120 回馈整流装置	300m
S120 有源整流装置	300m

在单电动机驱动系统中，一台电动机由一台变频器或一台整流 + 逆变单元供电，电动机总电缆长度为电动机与变频器或逆变单元之间走线的长度，同时对于较高功率输出的驱动装置需要考虑多个电缆并行走线。

在多电动机驱动系统中，由整流装置供电的直流母线连接多台逆变单元，电动机总电缆长度为每个逆变单元与对应电动机之间的电缆长度总和。同时对于较高功率输出的驱动装置需要考虑多个电缆并行走线。

最大电缆截面积及允许的电动机电缆并联数量参考对应的装置要求，参考《SINAMICS 低压工程师手册》及 D21.3 选型样本。

2. 进线滤波器的工作原理

逆变器中 IGBT 的高速通断造成了变速驱动系统中的高频噪声。这种高速通断产生很高的电压上升率（dv/dt）。较高的电压变化率在逆变器的输出端产生很大的高频漏电流，这些高频漏电流通过电动机电缆与电动机绕组的分布电容对地泄漏。因此，必须提供一个有效的途径，使其回到它们的"源"——逆变器。在采用屏蔽的电动机电缆时，高频漏电流或干扰电流 I_{Leak} 通过柜内屏蔽层到 PE 母排或 EMC 屏蔽母排的路径回流，如图 5-2 所示。

如果变频调速柜没有安装滤波器（为高频干扰电流提供一个流回到逆变器的低阻抗回路），那么所有的干扰电流将通过变频调速柜输入侧的 PE 母排流到变压器的中性点（$I_{PE} = I_{Leak}$），然后再通过 3 相电源返回到变频器。这些干扰电流造成的高频噪声电压会叠加在电

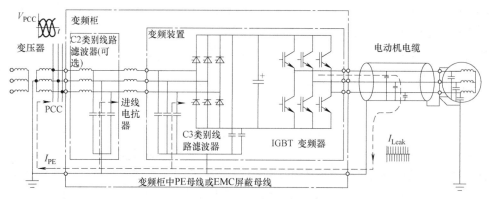

图 5-2　I_{PE} 与 I_{Leak} 的传导路径

源上，从而影响甚至损坏那些连接在公共接入点的其它设备及变频器本身。在该公共接入点的噪声电平将达到 C4 的水平。

SINAMIC 装机装柜型变频器标配进线滤波器，为高频干扰电流提供了一个低阻抗路径使其返回到噪声源。从而使大部分干扰电流 I_{Leak} 通过滤波器在装置内部流动。这样一来，电源中的干扰电流会很小（$I_{PE} < I_{Leak}$），公共接入点的噪声电平将降到 C3 的水平。

如果除了 SINAMIC 装机装柜型变频器标配的进线滤波器之外，又安装了选配的进线滤波器，那么电源的干扰电流就会进一步减小（$I_{PE} \ll I_{Leak}$），公共接入点的噪声电平将降低到 C2 的水平。

不同功能滤波器下的，在网侧 PE 连接点处的高频干扰电流如图 5-3 所示。

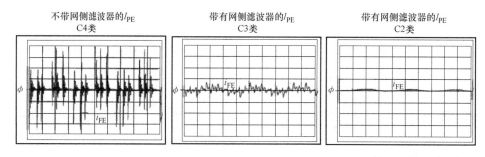

图 5-3　不同功能滤波器下的，在网侧 PE 连接点处的高频干扰电流

3. 漏电流或干扰电流的幅值

高频漏电流的大小取决于很多驱动相关参数，主要的影响因素如下：

1）进线电压等级 V_{Line}，或变频器直流母线电压 V_{DCLink}。

2）逆变器的 IGBT 高速通断产生的电压上升率 dv/dt。

3）逆变器的脉冲频率 f_p。

4）变频器的输出端是否带输出电抗器或滤波器。

5）电动机电缆的阻抗 Z_W 或电容 C。

6）接地系统、所有接地和屏蔽的电感。

通常我们不知道接地系统的电感和实际的接地情况，所以很难精确计算实际漏电流。但是，如果假定接地系统的电感可以忽略，进线滤波器也是理想的，我们就可以计算出理论上流过电动机电缆屏蔽层的漏电流 I_{Leak} 的最大值。此时可由直流母线电压 V_{DCLink} 和电动机电缆阻抗 Z_{W}，计算漏电流的峰值 $\hat{I}_{\text{Leak}}$ 如下：

$$\hat{I}_{\text{Leak}} = \frac{V_{\text{DCLink}}}{Z_{\text{W}}} \tag{5-1}$$

对于 SINAMICS 系列变频器和逆变器，假定电源为 3 相交流 400V，且电动机电缆并联数达最大值（$n_{\max}$），屏蔽电缆截面积达最大（$A_{\max}$），由上面公式可计算出流过电动机电缆屏蔽层的漏电流 $\hat{I}_{\text{Leak}}$ 的理论峰值，对不同型式装置分别为：

1）书本型 $1.5 \sim 100\text{kW}$：$\hat{I}_{\text{Leak}} = 10 \sim 30\text{A}$。

2）装机装柜型 $100 \sim 250\text{kW}$：$\hat{I}_{\text{Leak}} = 30 \sim 100\text{A}$。

3）装机装柜型 $250 \sim 800\text{kW}$：$\hat{I}_{\text{Leak}} = 100 \sim 300\text{A}$。

若符合下列条件，相应的漏电流的有效值近似为上述值的 1/10：

1）脉冲频率 f_p 等于工厂设定值。

2）300m 长的电动机屏蔽电缆（在最大并联电缆数 $n_{\max}$ 和最大导线截面 $A_{\max}$ 下）。

漏电流的峰值和有效值与直流母线电压成正比。漏电流峰值不受脉冲频率或电缆长度的影响，而漏电流的有效值与上述两个因素成正比。上述分析并没有考虑接地系统的感抗作用，所以实际的漏电流小得多。若在电动机侧安装了输出电抗或滤波器，漏电流会进一步减小。

正如上面分析，电动机电流屏蔽层承载的高频漏电流 I_{Leak} 流入进线侧 PE 线的多少决定于柜内是否安装了进线滤波器。图 5-3 为功能不同的滤波器下，在网侧 PE 连接点处的高频干扰电流的波形图，仅给出了在采用进线滤波器与否对于 PE 线路上漏电流的抑制程度的示意。尽管标配安装了符合 C2 标准的进线滤波器，书本型变频器中 PE 点处可能产生的漏电流峰值仍可达到 1A，而最大功率变频器的漏电流峰值可达 10A。

通过上述分析，即使采用了抑制 RFI 干扰措施，进线 PE 线中的高频漏电流仍不可忽视。所以，对于 SINAMICS S120 变频器的进线开关不要选用带进线漏电流保护断路器（RCCB）或一般类型 AC/DC 差动式电流监控设备。同样不能采用基于人员保护门限为 30mA 的 RCCB，和基于放火保护门限为 300mA 的 RCCB。经验表明：仅在电动机电缆长度小于 10m，功率不超过 0.5kW 的可以采用保护门限为 30mA 的 RCCB。同样，电动机电缆长度小于 10m，功率不超过 5kW 的可以采用保护门限为 300mA 的 RCCB。

4. 进线滤波器和 IT 系统

适用于 C3 环境的标准进线滤波器和适用于 C2 环境的进线滤波器选件都仅适用于接地系统（TN 或 TT 供电系统）。若 SINAMICS 装置运行在非接地供电系统（IT），则需要注意以下内容：

1）若使用标准的进线滤波器（EMC 滤波器），在设备安装或调试阶段就需把滤波器同地断开。参照相应设备手册中的操作说明，仅拆下一个金属短接片即可。

2）不能使用基于 C2 环境的进线滤波器。

如果不遵循上述规定，当电动机侧发生接地故障时，进线滤波器将过载甚至损坏。当断开 RFI 无线电抑制滤波器（EMC 滤波器）的短接片时，设备仅能满足 EN 61800-3 的 C4 类标准。

5.2　输出电抗器与滤波器

5.2.1　输出电抗器

1. 抑制电动机端电压变化率 $\mathrm{d}v/\mathrm{d}t$

由于逆变侧采用快速开关器件 IGBT，会在逆变器输出端和电动机端产生非常高的电压变化率 $\mathrm{d}v/\mathrm{d}t$，可通过使用输出电抗器降低该变化率。

不带输出电抗器的系统中，逆变器输出电压的 $\mathrm{d}v/\mathrm{d}t$ 典型值为 $3\sim6\mathrm{kV}/\mu\mathrm{s}$，它沿着电缆以几乎不变的 $\mathrm{d}v/\mathrm{d}t$ 到达电动机端子。产生的电压反射使电压尖峰可达直流母线电压的两倍，如图 5-4a 所示。

因此，与正弦波电网供电相比，此时的电动机绕组要在两方面承受高得多的电压冲击：非常陡的电压变化率 $\mathrm{d}v/\mathrm{d}t$ 和非常高的因反射引起的电压尖峰 V_{PP}。

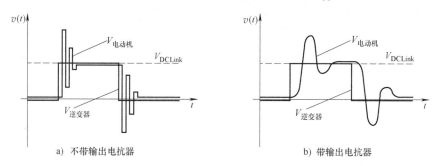

a) 不带输出电抗器　　　　　　　　　　b) 带输出电抗器

图 5-4　逆变器输出端和电动机端子处的电压 $v(t)$

安装输出电抗器后，电抗器的电感和电缆的电容形成的振荡电路可以降低电压变化率 $\mathrm{d}v/\mathrm{d}t$。电缆电容越大（即：电缆越长），电压变化率就降低得越多。对于长屏蔽电缆，电压变化率降到仅几百伏/$\mu\mathrm{s}$（见图 5-4b）。但是，由电抗器的电感和电缆的电容形成的振荡电路只有很小的阻尼，以至于仍会出现严重的电压过冲。电动机端子处的电压尖峰 V_{PP} 与不带输出电抗器时由反射产生的电压尖峰的数量级基本相同。

由于输出电抗器只降低电压变化率 $\mathrm{d}v/\mathrm{d}t$，而不降低电压尖峰 V_{PP}，所以，与不带输出电抗器的系统相比，电动机绕组所承受的电压冲击没有本质差异。因而，对于电源电压在 $500\sim690\mathrm{V}$ 之间、非特殊绝缘设计的电动机，使用输出电抗器来改善电动机电压冲击是不合适的。只能通过带 VPL 的 $\mathrm{d}v/\mathrm{d}t$ 滤波器或正弦波滤波器来改善。

尽管降低电压变化率可以减小电动机轴电流，但仍需要在电动机非驱动端加装绝缘轴承。

2. 减少长电动机电缆引起的额外电流峰值

在使用长电动机电缆时，由于快速开关 IGBT 的高电压变化率，长电动机电缆的电缆电容随着逆变器内 IGBT 的开关动作而快速改变极性，从而使逆变器承受高的额外电流尖峰。输出电抗器的电感减缓了电缆电容改变极性的速度，从而减小电流峰值。因此，合理选用输出电抗器或输出电抗器串联可使允许的电缆电容值更大，从而允许连接更长的电动机电缆。

SINAMICS S120 书本型及装机装柜型装置带输出电抗器时所允许的最大电动机电缆长度见 5.6 节。

3. 使用输出电抗器时的附加条件

对于 S120 柜式逆变单元，必须注意，如果将两个电抗器串联，可能需要一个附加柜。

考虑散热问题，安装输出电抗器就必须限制脉冲频率和输出频率：

最大脉冲频率限制为出厂值的两倍，即对于出厂值为 2kHz 的，最大脉冲频率为 4kHz；出厂值为 1.25kHz 的，最大脉冲频率为 2.5kHz。

最大输出频率被限制为 150Hz。

输出电抗器的压降约为 1%。

输出电抗器应紧邻变频器或逆变器。输出电抗器和变频器或逆变器的输出端之间的电缆长度不应超过 5m。

调试时，应设置参数 P0230 = 1 选择输出电抗器类型，并在参数 P0233 中输入电抗器的电感值，以确保在矢量控制模式下对电抗器影响的最佳补偿。

输出电抗器可以使用在接地系统（TN/TT）和非接地系统（IT）中。

5.2.2　带 VPL 的 dv/dt 滤波器及带紧凑 VPL 的 dv/dt 滤波器

1. 基本工作原理

带 VPL（Voltage Peak Limiter）电压峰值限制器的 dv/dt 滤波器及带紧凑 VPL 的 dv/dt 滤波器由两部分组成，即 dv/dt 电抗器和峰值电压抑制器。其结构框图如图 5-5 所示。

其中，dv/dt 电抗器可达到与输出电抗器相同的效果。它与电动机电缆电容和限制电路内部电容构成振荡电路，在最大电动机电缆长度允许范围内均可以将电压变化率 dv/dt 和峰值电压 V_{PP} 限制为：

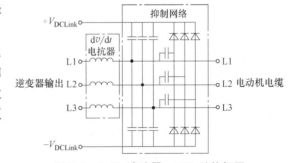

图 5-5　dv/dt 滤波器 + VPL 结构框图

带 VPL 的 dv/dt 滤波器：

电压变化率 $dv/dt < 500V/\mu s$

电压峰值 V_{PP}（典型值）$< 1000V$　对于 $V_{Line} < 575V$

电压峰值 V_{PP}（典型值）$< 1250V$　对于 $660V < V_{Line} < 690V$

带紧凑 VPL 的 dv/dt 滤波器

电压变化率 $dv/dt < 1600V/\mu s$

电压峰值 V_{PP}（典型值）$< 1150V$　对于 $V_{Line} < 575V$

电压峰值 V_{PP}（典型值）$< 1400V$　对于 $660V < V_{Line} < 690V$

逆变器输出端和电动机端子处的电压 $v(t)$ 如图 5-6 所示。

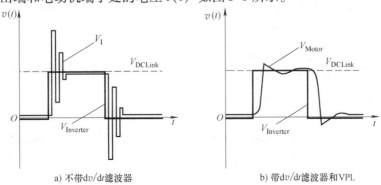

a) 不带 dv/dt 滤波器　　　　　　b) 带 dv/dt 滤波器和 VPL

图 5-6　逆变器输出端和电动机端子处的电压 $v(t)$

因此，对于电源电压为 500 ~ 690V 的电动机，使用 dv/dt 滤波器加 VPL 是减少电动机绕组电压应力的合适方法，此时可以不采用特殊绝缘措施，轴电流也会显著减小。使用该滤波器，SINAMICS 变频器可以接入 690V 电网驱动标准绝缘且不带绝缘轴承的标准电动机。这适用于西门子电动机和第三方电动机。

SINAMICS S120 装机装柜型设备配带 VPL 的 dv/dt 滤波器加时所允许的最大电动机电缆长度见 5.6 节。

2. 使用带 VPL 的 dv/dt 滤波器的补充条件

在确定额定功率后，使用带 VPL 的 dv/dt 滤波器需要增加柜子，柜子尺寸见样本。

带紧凑 VPL 型的 dv/dt 滤波器不需要增加柜子。

S120 装置装柜型安装带 VPL 的 dv/dt 滤波器或带紧凑 VPL 的 dv/dt 滤波器的时候需靠近变频器或者逆变器的输出，电缆不允许超过 5m。

考虑散热问题，安装带 VPL 的 dv/dt 滤波器就必须限制脉冲频率和输出频率：

1）最大脉冲频率限制为出厂值的两倍，即，对于出厂值为 2kHz 的，最大脉冲频率为 4kHz；出厂值为 1.25kHz 的，最大脉冲频率为 2.5kHz。

2）最大输出频率被限制为 150Hz。

3）最小连续输出频率被限制为：

① 使用带 VPL 的 dv/dt 滤波器是 0Hz；

② 使用带紧凑 VPL 的 dv/dt 滤波器是 10Hz（允许输出频率 < 10Hz 最长 5min，随后 > 10Hz 运行周期最少 5min）；

③ 使用带 VPL 的 dv/dt 滤波器对设备的调制模式没有限制，即可使用脉冲边缘调制，输出电压能达到输入电压值。

带 VPL 的 dv/dt 滤波器的压降约为 1%。

调试时，应设置参数 P0230 = 2，选择带 VPL 的 dv/dt 滤波器，以确保在矢量控制模式下实现对滤波器的最佳补偿。

在接地系统（TN/TT）和非接地系统（IT）中均可使用带 VPL 的 dv/dt 滤波器。

5.3 正弦波滤波器

正弦波滤波器是一种 LC 低通滤波器，是最为复杂的滤波器解决方案。在降低电压上升速率 dv/dt 和峰值电压 V_{PP} 方面，正弦波滤波器比带 VPL 的 dv/dt 滤波器更为有效。但是，使用正弦波滤波器会对脉冲频率设置以及逆变器的电流和电压都将有比较苛刻的约束。正弦波滤波器原理图如图 5-7 所示。

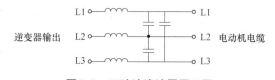

图 5-7　正弦波滤波器原理图

如图 5-8 所示，正弦波滤波器仅允许逆变器输出的基波分量通过。因此，施加到电动机端的电压近似为正弦波，仅带有极小的谐波含量。使用正弦波滤波器时逆变器输出端和电动机端子处的电压 $v(t)$ 示意图如图 5-8 所示。

正弦波滤波器可以非常有效地将电动机绕组上的电压变化率 dv/dt 和峰值电压 V_{PP} 限制为下列值：

1）电压变化率 dv/dt ≤ 50V/μs；

2）电压峰值 $V_{PP} < 1.1 \times \sqrt{2} \times V_{Line}$。

因此，电动机绕组承受的电压冲击实际上与直接连接到电网的情况相同，并可显著减少轴承电流。因此，使用这种滤波器时，SINAMICS 变频器可驱动标准绝缘和不带绝缘轴承的标准电动机。这既适用于西门子电动机也适用于第三方电动机。

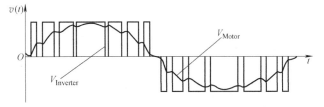

图 5-8　使用正弦波滤波器时逆变器输出端和电动机端子处的电压 $v(t)$ 示意图

由于电动机电缆上的电压变化率非常低，正弦波滤波器能有效地改善其电磁兼容性，无须通过使用屏蔽电动机电缆达到所需的 EMC 标准。

由于施加在电动机上的电压不是脉冲形式，所以与变频器相关的电动机中的杂散损耗和附加噪声大大降低，电动机的噪声等级基本等同于电源直接供电的电动机。

可用的正弦波滤波器：

1）在 380 ~ 480V 电压范围内，最大变频器额定输出功率为 250kW，400V。

2）在 500 ~ 600V 电压范围内，最大变频器额定输出功率为 132kW，400V。

SINAMICS S120 装机装柜型装置带正弦滤波器时所允许的最大电动机电缆长度见 5.7 节。

使用正弦波滤波器的附加条件

正弦波滤波器应紧邻变频器或逆变器。正弦波滤波器和变频器或逆变器的输出端之间的电缆长度不应超过 5m。

考虑到正弦波滤波器的谐振频率，脉冲频率必须设定为 4kHz（380 ~ 480V）或 2.5kHz（500 ~ 600V）。为此，变频器允许的输出电流降容至表 5-2 中提供的数值。

表 5-2　带有正弦波滤波器时的电流降额比率和允许的输出电流

电网供电电压	不带正弦波滤波器时 400V 或 500V 下的额定输出功率/kW	不带正弦波滤波器时的额定输出电流/A	带有正弦波滤波器时的电流降额因数(%)	带有正弦波滤波器时的输出电流/A
380 ~ 480V,3AC	110	210	82	172
380 ~ 480V,3AC	132	260	83	216
380 ~ 480V,3AC	160	310	88	273
380 ~ 480V,3AC	200	380	87	331
380 ~ 480V,3AC	250	490	78	382
500 ~ 600V,3AC	110	175	87	152
500 ~ 600V,3AC	132	215	87	187

此外，空间矢量调制模式 SVM（Space Vector Modulation）是唯一允许的调制模式。不允许使用脉冲边沿调制。

因此，基本整流单元或回馈整流单元供电的 S120 逆变单元的输出电压被限制为输入电压的 85%（380 ~ 480V）或 83%（500 ~ 600V）。被驱动电动机会更早进入弱磁运行。由于变频器无法提供电动机的额定电压，仅当电动机超过额定电流运行时才能输出额定功率。

通过有源整流单元供电的 S150 和 S120 逆变单元，有源整流单元的升压整流工作原理可提高直流母线电压，因此即使是在空间矢量调制模式时，施加到电动机的电压也可达到进线电源电压值。

最大输出频率被限制为 150Hz。

调试时，必须通过参数 P0230 选择正弦波滤波器。

对于 SINAMICS S120 变频器系列的正弦波滤波器，必须设参数 P0230 = 3，以确保所有与正弦波滤波器相关的参数正确。

对于第三方的正弦波滤波器，必须设参数 P0230 = 4，功率单元过载反应只可选择不带"降低脉冲频率"的反应（P290 = 0 或 1）且设置调制模式为无过调制的空间矢量模式（P1802 = 3）。另外，正弦滤波器的工艺参数 P233 和 P234 必须设置，最大频率或者最大速度（P1082）和脉冲频率（P1800）也必须根据正弦滤波器设置。

在接地系统（TN/TT）和非接地系统（IT）中均可使用正弦波滤波器。

正弦滤波器只能用在矢量模式和 V/f 模式，无法用在伺服模式。电动机侧输出电抗器和滤波器的属性比较见表 5-3。

表 5-3　电动机侧输出电抗器和滤波器的属性比较

变频器输出	没有电抗器或者滤波器	有输出电抗器	有 dv/dt 滤波器	有正弦滤波器
电动机侧 dv/dt 电压变化率	非常高	中等	低	非常低
电动机侧的峰值电压	非常高	高	低	非常低
允许的脉冲调制方式	没有限制	没有限制	没有限制	只能是 SVM 空间矢量调制方式
允许的开关频率	没有限制	≤2x 工厂设置	≤2x 工厂设置	必须是 2x 工厂设置
允许的输出频率	没有限制	≤150Hz	≤150Hz	≤150Hz
允许的控制方式	伺服控制/矢量控制/V/f 控制	伺服控制/矢量控制/V/f 控制	伺服控制/矢量控制/V/f 控制	矢量控制/V/f 控制
控制精度和动态响应	非常高	高	高	低
在额定运行时电抗器或滤波器与变频器杂散损耗比值	—	大约 10%	大约 10% ~ 15%	大约 10% ~ 15%
变频器额定运行下电动机的杂散损耗	大约 10%	大约 10%	大约 10%	非常低
减小变频器引起的电动机噪声	不能	非常小	非常小	非常大
减小电动机侧的轴电流	不能	中等	可以	可以
最大的屏蔽电缆 最大的非屏蔽电缆	300m 450m	300m 450m	100m 或 300m 150m 或 450m	300m 450m
体积	—	小	中等	中等
价格	—	低	中等偏上	高

图 5-9 中显示在电动机侧典型的电压变化率 dv/dt 和峰值电压 V_{PP}，带和不带滤波器和电抗器运行在不同电缆长度，特别是峰值电压 V_{PP} 在各种情况下的值。

说明

此图是在变频器连接整流单元，根据《SINAMICS 低压工程师手册》要求的电动机屏蔽电缆交叉方式，而且是固定方式运行，当制动运行时无论是激活 V_{DCMAX} 或者制动单元，此数值会按照直流母线电压成比例的增加，S150 和 S120 ALM 会因为直流母线电压增加而增加 10%

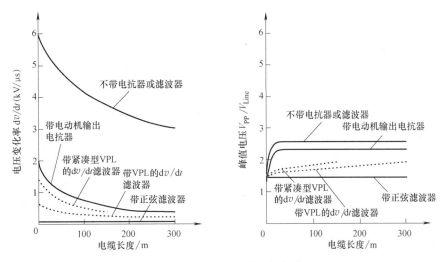

图 5-9　电压变化率和峰值电压抑制效果

图 5-9 清楚地反映出带 VPL 的滤波器、带紧凑型 VPL 的滤波器、正弦滤波器都能非常有效的降低电动机上的电压变化率和电压峰值。两种滤波器都能成功匹配绝缘未知的老电动机，或者是在进线电压达 690V，由 SINAMICS 变频器驱动且绕组无特殊绝缘的电动机。

5.4　制动单元和制动电阻

5.4.1　概述

制动单元和制动电阻的作用是在故障情况下，使传动装置可控停车（例如，紧急停车），或者在整流装置不能回馈能量的情况下，控制直流母线的电压，进行短时间的制动运行。

制动单元包括功率电子器件和其控制回路。运行期间，直流母线的过剩能量通过外部制动电阻转化为热能耗散掉。

制动单元相对独立运行。几个制动单元可以并联运行，但每个制动单元必须连接一个单独的制动电阻。

SINAMICS S120 制动单元可以同逆变单元、整流装置或 AC/AC 变频装置集成安装，并由这些功率单元内的风扇来冷却。电子线路的供电电压由直流母线提供。通过随机附送的母排或软电缆，可以将制动单元连接到直流母线，对于机座规格为 GB 的基本整流装置可通过单独的电缆连接到直流母线。制动单元和制动电阻如图 5-10 所示。

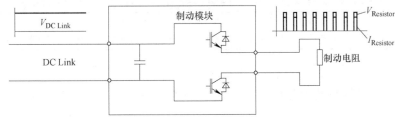

图 5-10　制动单元和制动电阻

5.4.2 装机装柜型制动单元

可将制动单元安装在装机装柜型设备中。根据不同规格的整流装置或逆变单元，最多有3个安装位置可供使用：

规格 FB，GB，FX，GX 型：1 个安装位置；

规格 HX 型：2 个安装位置；

规格 JX 型：3 个安装位置。

制动单元如图 5-11 所示。

装机装柜型制动单元的连续制动功率为 25kW 或 50kW，P_{20} 制动功率为 100kW 或 200kW。制动单元安装在装机装柜型设备的顶部通风处，在制动过程中，电动机的动能会通过外部的制动电阻转化为热

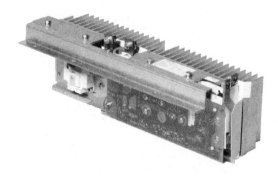

图 5-11　制动单元

能。制动单元和制动电阻之间最大允许的电缆长度为 100m。这个距离可以使得制动电阻安装在变频器的房间外，并将热量散发在外面。制动电阻与制动单元之间直接端子相连。

说明

安装制动单元时应该考虑散热问题，可以使用功率装置中的风扇来提供冷却。所以制动单元工作时，应确保对应功率装置以及相关风扇有辅助电源并处于运行状态。

制动单元的订货号不包含制动电阻。制动电阻须单独订购。

S120 柜机选件中，含有制动单元（选件 L61、L62 或 L64、L65），这些选件包括相应制动电阻、安装在柜内的制动单元以及相应的连接组件。

单个公共直流母线上可以通过并联制动单元提升制动功率，为了保证平衡功率，单个直流母线最多可以安装 4 个或者 6 个制动单元。每个制动单元须连接各自的制动电阻。

制动单元如果工作在环境温度 40℃ 以上，或安装在海拔 2000m 以上需要考虑降容系数，降容系数与所安装功率单元一致。

标准配置的制动单元有以下接口：

1）通过母排或电缆连接的直流母线接口；

2）外部制动电阻的连接端子；

3）1 个数字量输入（用高位信号禁止制动单元/用高至低的下降沿应答故障）；

4）1 个数字量输出（制动单元故障输出）；

5）1 个用于调节响应阈值的 DIP（S1）开关。

说明

将 GX 型制动单元装入 GB 型的基本整流装置时，需要使用一个成型电缆套装，订货号为 6SL3366-2NG00-0AA0。

1. 接线示例

SINAMICS S120 装机装柜型制动单元和制动电阻的接线图如图 5-12 所示。

2. X21 数字量输入/输出

端子排 X21 见表 5-4。

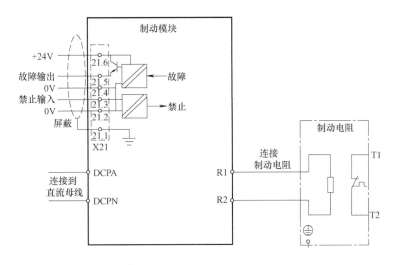

图 5-12　SINAMICS S120 装机装柜型制动单元和制动电阻的接线图

表 5-4　端子排 X21

端子	名称[1]	技术数据
1	屏蔽	用于端子 2～6 的屏蔽连接
2	0V	高位电平:15～30V 电流消耗:2～15mA
3	DI 禁止输入	低位电平:−3～5V
4	0V	高位信号:没有故障 低位信号:出现故障
5	DO 故障输出	电压:DC 24V 负载电流:0.5～0.6A
6	+24V	电压:18～30V 电流消耗,典型值(本身的电流消耗): DC 24V 时 10mA

最大的可连接横截面积 1.5mm²

注:1) DI:数字量输入;DO:数字量输出

说明

通过在端子 X21.3 上设定高位电平可以禁止制动单元。通过下降沿对存在的故障信息进行应答。

在制动单元装入设备内后,X21 各个端子的位置为:端子"1"在后方,端子"6"在前方。

3. 制动电阻的连接

制动电阻的连接见表 5-5。

表 5-5　制动电阻的连接

端子	名称
R1	制动电阻连接 R＋
R2	制动电阻连接 R－

推荐的连接截面积:25/125kW 时:35mm²,50/250kW 时:50mm²

说明

图 5-12 中端子 T1 和 T2 间为常闭；用于监控制动电阻的温度是否正常，若其出现过温报警，T1 和 T2 断开。推荐将此温控开关的触点接至控制单元 CU320-2 或类似的控制装置常闭信号接入点，作为外部系统故障点，以保证制动电阻故障时，设备无法起动。从而确保不会因系统的制动能力不足而造成事故

为了监视制动电阻的温控开关状态，需将温控开关的触点接至控制单元 CU320-2 或类似的控制装置上。或者想用这个信号控制制动单元的输出，那就必须将此信号接至相应的控制点

制动单元响应阈值可以根据现场要求通过制动单元内部的 S1 开关进行设置。表 5-6 中给出了制动单元的响应阈值、制动期间的直流电压以及拨码开关的位置关系。

表 5-6　制动单元的响应阈值

电压	响应阈值	开关位置	备　注
380 ~ 480V 3AC	673V	1	出厂设定值为 774V。当进线电压为 380 ~ 400V 3AC 时，为了减小电动机和变频器受到高电压的影响，可将响应阈值设定为 673V。但这时，可达到的最大输出功率 P15 也会相应的降低，降低系数为电压比值的二次方 $(673/774)^2 = 0.75$。
	774V	2	因此，响应阈值设定为 673V 时，可获得的最大输出功率约为 P15 的 75%
500 ~ 600V 3AC	841V	1	出厂设定值为 967V。当进线电压为 500V 3AC 时，为了减小电动机和变频器受到高电压的影响，可将响应阈值设定为 841V。但这时，可达到的最大输出功率 P15 也会相应降低，降低系数为电压比值的二次方 $(841/967)^2 = 0.75$。
	967V	2	因此，响应阈值设定为 841V 时，可获得的最大输出功率约为 P15 的 75%
660 ~ 690V 3AC	1070V	1	出厂设定值为 1158V。当进线电压为 660V 3AC 时，为了减小电动机和变频器受到高电压的影响，可将响应阈值设定为 1070V。但这时，可达到的最大输出功率 P15 也会相应降低，降低系数为电压比值的二次方 $(1070/1158)^2 = 0.85$。
	1158V	2	因此，响应阈值设定为 1070V 时，可获得的最大输出功率约为 P15 的 85%

说明

制动单元的阈值开关有两个开关位置：

用于 FX、FB、GX、GB 型的制动单元：位置"1"在上方，位置"2"在下方；

用于 HX、JX 型的制动单元：位置"1"在后方，位置"2"在前方。

4. 如何计算需要的制动单元的连续制动功率

制动单元的制动功率和负载周期如图 5-13 所示。

（1）计算所需平均功率 P_{mean}

首先，要在指定周期的基础上计算平均功率 P_{mean}

如果循环周期时间 ≤90s，制动功率的平均值要在这个工作周期内定义。

如果循环周期时间 >90s 或者制动操作不规则，要选择运行时制动功率平均值最高的 90s 作为计算依据。

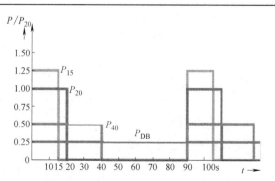

P_{DB} = 额定功率

P_{15} = 5×P_{DB} = 每 90s 进行 15s 制动时的允许功率

P_{20} = 4×P_{DB} = 每 90s 进行 20s 制动时的允许功率

P_{40} = 2×P_{DB} = 每 90s 进行 40s 制动时的允许功率

图 5-13　制动单元的制动功率和负载周期

制动单元的连续制动功率 P_{DB} 根据下面公式计算

$$P_{DB} \geqslant 1.125 \times P_{mean}$$

说明

系数 $1.125 = 1/0.888$。此系数定义为负载周期比,由 P_{20} 或者 P_{40} 允许的平均功率等于热时间常数允许的连续制动功率的 88.8% 而得出的

（2）计算所需峰值功率

除了平均制动功率之外，在选择制动单元时，还必须考虑需要的峰值制动功率 P_{peak}。如果无法满足峰值制动功率要求，则必须相应增加连续制动功率，直到可以满足所需峰值功率。制动单元和制动电阻计算流程图如图 5-14 所示。

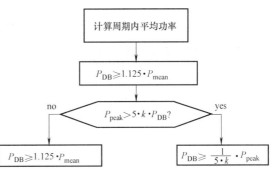

图 5-14　制动单元和制动电阻计算流程图

在进线电压为设备允许的较低值时，如：380～400V，500V 或 660V，可以减小制动单元的直流电压 V_{DClink} 响应阈值来减少电动机和变频器上的电压应力。但若减小了响应阈值，则峰值功率会相应的减少，因为 $P_{peak} \sim (V_{DC\,link})^2/R$，根据降容系数 $k = (低阈值/高阈值)^2$ 可以计算出改变阈值后的 $P'_{peak} = kP_{peak}$。

制动单元出厂默认的是高阈值，对于进线电压为 500～690V 的装置，需要在选型时确定具体的进线电压（500～600V、660～690V），以便选择合适的制动单元和响应阈值。表 5-7 给出阈值修改后的 k 值。

表 5-7　制动单元修改响应阈值前后的降容系数 k

供电电压	制动单元开通阈值及降容系数 k
380～480V,3AC	774V($k=1$)或 673V($k=0.756$)
500～600V,3AC	967V($k=1$)或 841V($k=0.756$)
660～690V,3AC	1158V($k=1$)或 1070V($k=0.853$)

5. 计算举例

在下面的例子中，我们将计算 S120 400V 450kW 功率模块，用 $P_{DB} = 50kW$ 或者 $P_{20} = 200kW$ 的制动单元是否满足图 5-15 中制动功率的要求。

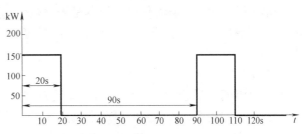

图 5-15　示例制动功率和负载周期

计算平均功率如下：

$$P_{mean} = (150kW \times 20s + 0kW \times 70s)/90s = 33.3kW$$

制动单元的连续制动功率 $\geqslant 1.125 \times P_{mean}$，即

$$P_{DB} \geqslant 1.125 \times 33.33kW = 37.5kW$$

计算高阈值 $V_{DC\,link} = 774V$，$k = 1$（出厂默认）的峰值功率为

$$P_{\text{peak}} > 5 \times k \times P_{\text{DB}}?$$

$$150\text{kW} > 5 \times 1 \times 37.5\text{kW} = 187.5\text{kW}\quad 不成立!$$

也就是说 150kW 的峰值功率没有超过连续制动功率为 37.5kW 的制动单元的峰值功率 187.5kW，因此，按公式 $P_{\text{DB}} \geqslant 1.125 \times P_{\text{mean}}$ 选择制动单元即可，即高阈值下选择 $P_{\text{DB}} = 37.5\text{kW}$ 的制动单元满足条件。

计算低阈值 $V_{DC\,\text{link}} = 673\text{V}$，$k = 0.756$ 的峰值功率为

$$P_{\text{peak}} > 5 \times k \times P_{\text{DB}}?$$

$$150\text{kW} > 5 \times 0.756 \times 37.5\text{kW} = 141.75\text{kW}\quad 成立!$$

也就是说 150kW 的峰值功率超出连续制动功率为 37.5kW 的制动单元的峰值功率 141.75kW，因此，$P_{\text{DB}} = 37.5\text{kW}$ 的制动单元不满足条件，需要把峰值功率作为选择制动单元和制动电阻的依据，按公式 $P_{\text{DB}} \geqslant [1/(5 \times k)] \times P_{\text{peak}}$ 重新计算。

低阈值下制动单元的平均功率满足:

$$P_{\text{DB}} \geqslant [1/(5 \times k)] \times P_{\text{peak}}?$$
$$P_{\text{DB}} \geqslant [1/(5 \times 0.756)] \times 150\text{kW} = 39.68\text{kW}$$

因此，低阈值下选择 $P_{\text{DB}} = 39.68\text{kW}$ 的制动单元满足条件。

综上，在高低阈值下选择 50kW（$P_{20} = 200\text{kW}$）的制动单元均可满足制动功率的要求。

5.4.3　用于装置型模块的制动电阻

制动单元与一个制动电阻相连，将直流母线中的过剩能量通过制动电阻转换为热能。制动电阻布置在柜机或变频器房间的外面，可将热量在远离装置的位置散失。这样就可降低安装空调的成本。与制动单元相连的制动电阻器如图 5-16 所示。

制动电阻器可与额定功率为 25kW 或 50kW 的制动单元相连，具体连接方法及技术参数见选型样本 D21.3。

制动电阻器内包含测温仪以监视其是否过热，如果超过了温度限值，会通过一个触点发出报警信号。

图 5-16　与制动单元相连的制动电阻器

安装

制动电阻器仅适合垂直安装，不能安装在墙壁上。在运行过程中，表面温度可能会超过 80℃。因此，必须将制动电阻器与易燃物品之间保持充分距离。一个独立式安装的电阻器在每一侧需要各留出 200mm 的自由空间用于通风。在制动电阻器的上面或上方不能放置物体。不要将电阻器安装在靠近火焰探测器的位置，因为探测器可能会因制动电阻器发出的热量而响应。必须确保在安装位置处能够将制动电阻器产生的热量散出。

制动电阻器与制动单元相连的电缆应尽可能短（最大 100m）。必须提供短路和接地故障检测电缆。

5.4.4 中央制动柜

1. 概述

说明

组件和接口的布局以及布线请见随附用户 DVD 光盘中的布置图或电路图

当电动机处于再生运行状态并无法将再生电能反馈到电网时，位于传动组中心位置的中央制动柜可对直流母线的电压进行限制。当在再生运行中直流母线的电压超过了极限值，则会接通外部制动电阻器，以限制直流母线电压的进一步升高。再生电能此时会转化成热能耗散掉。通过安装在变频调速柜中的制动模块来接通制动电阻。

中央制动柜可以在选件 L61/L62 或 L64/L65 之间进行选择，尤其是在需要高制动功率的传动组中。

中央制动柜是完全独立地运行，只需与直流母线进行连接。无需外部控制电压。

中央制动柜中的电容模块作为直流母线电容的扩展，用于制动模块的安全工作。

由于内部集成了风扇，中央制动柜也适用于持续大功率运行。

中央制动柜配有符合额定功率的制动电阻器。

对于其它的应用情况，西门子可根据用户的要求提供适合的制动电阻器。

 警告

风扇的开/关由温度控制。这样可避免风扇不必要的运行

风扇可以自行起动

制动单元集成了一个温度监视器。标配了一个冷却风扇。风扇的接通和关闭由温度监视器进行控制，这样可避免风扇连续运转。环境温度为 0～40℃时允许额定功率运行。在较高温度 40～50℃之间运行时，必须根据以下公式来考虑功率降容：

$$P = [1 - 0.025 \times (T - 40℃)] \times P_{rated}$$

安装海拔可高达 2000m。但在大于 1000m 的高度上运行时，必须考虑功率降容，每升高 100m，功率降低 1.5%。

除温度监视功能外，制动单元还采取了其它保护措施，如过电流保护和过载保护。

制动单元还配备了故障状态指示 LED 灯和故障信号输出。制动单元可通过输入一个外部控制信号来关断（停止工作）。

中央制动柜可提供以下电压和功率，见表 5-8。

表 5-8　中央制动柜的可选功率

供电电压	额定功率
380～480V,3AC	500/1000kW
500～600V,3AC	550/1100kW
660～690V,3AC	630/1200kW

中央制动柜能够应用在各种供电电网（TN、TT 及 IT）。其响应阈值（即中央制动柜开始导通时的直流电压）可通过制动单元中的一个开关来选择，与现场的要求相适应。出厂默认的是 S2 拨码开关的 1 位置，是高阈值。

2. 连接示例

中央制动柜的连接示例如图 5-17 所示。

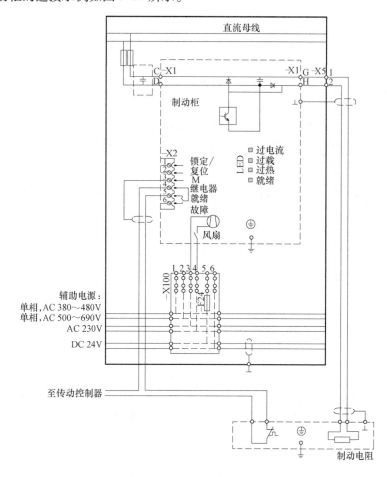

图 5-17　中央制动柜的连接示例

3. 配置

中央制动柜标配为 400mm 宽的机柜。中央制动柜与上述的直流母线连接时应使用熔断器。

中央制动柜中包含：

1）制动模块；

2）电容模块；

3）与熔断器的 AC 230V 连接；

4）保护罩；

5）制动电阻连接。

说明

中央制动柜的构造示例以图示的方式说明了出厂时各组件的布局。它展示了变频调速柜最全面的构造,包括所有可订购的选件。

组件在各具体应用中的准确位置请见随附用户 DVD 光盘上的布置图(AO)。

中央制动柜的接口一览如图 5-18 所示。

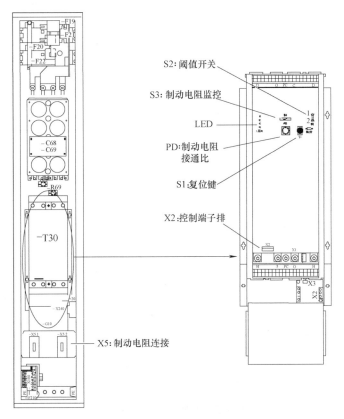

图 5-18　中央制动柜的接口一览

4. X2 控制端子

端子排 X2 控制端子见表 5-9。

表 5-9　端子排 X2 控制端子

端子	功能	含义	技术说明
1	DI 24V	0 = 正常运行 1 = 禁用,复位	24V AC/DC,输入负载约为 10mA(非必须连接)
2	接地		
3	接地	接地	
4	DO. COM[1]	公共端	总故障报告,用于: 直流母线无电压,过温,过载,短路/接地故障。 断流容量:250V,2A 250VA 交流电压
5	DO. NO[1]	0 = 故障 1 = 准备就绪	
6	DO. NC[1]	0 = 准备就绪 1 = 故障	

最大的可连接横截面积为 2.5mm²

1) NO:常开触点, NC:常闭触点, COM:公共端。

5. X5 制动电阻连接

端子排 X5 制动电阻见表 5-10。

表 5-10　端子排 X5 制动电阻

端　子	功　能	端　子	功　能
1	制动电阻连接	2	制动电阻连接

6. S1 复位键

复位键 S1 见表 5-11。

表 5-11　复位键 S1

功　能	含　义
复位键	0 = 正常运行 1 = 禁用,复位

7. S2 阈值开关

阈值开关 S2 见表 5-12。

表 5-12　阈值开关 S2

位　置	功　能	位　置	功　能
1	高开关阈(出厂设置)	2	低开关阈

在表 5-13 中给出了用于激活制动模块的响应阈值以及制动时激活的直流母线电压。

> ⚠ 警告
>
> 阈值开关只允许在断电状态下和直流母线电容器放电之后才能进行切换

表 5-13　制动模块的响应阈值

额定电压	响应阈值	开关位置	注释
380 ~ 480V	774V	1	774V 为出厂设置。当电网电压为 380 ~ 400V 时,为了降低电动机和变频器的电压应力,可以将响应阈值调节至 673V。然而,可得到的制动功率也会随电压的二次方值而下降:$(673/774)^2 = 0.75$。因此,最大可用的制动功率为 75%
	673V	2	
500 ~ 600V	967V	1	967V 为出厂设置。当电网电压为 500V 时,为了降低电动机和变频器的电压应力,可以将响应阈值调节至 841V。然而,可得到的制动功率也会随电压的二次方值而下降:$(841/967)^2 = 0.75$。因此,最大可用的制动功率为 75%
	841V	2	
660 ~ 690V	1158V	1	1158V 为出厂设置。当电网电压为 660V 时,为了降低电动机和变频器的电压应力,可以将响应阈值调节至 1070V。然而,可得到的制动功率也会随电压的二次方值而下降:$(1070/1158)^2 = 0.85$。因此,最大可用的制动功率为 85%
	1070V	2	

8. S3 制动电阻监控

制动电阻监控 S3 见表 5-14。

表 5-14　制动电阻监控 S3

功　能	含　义
制动电阻监控	0(断开) = 监控有效 1(闭合) = 监控无效

监控有效时，会对设置在电位计"PD"上的制动电阻接通比（接通时间与断开时间的比率）进行电子测定。

当超过所设置的接通比时，将激活 LED"MUL-过载报告"并会同时触发端子-X2：4/5，6 上的总故障报告。故障报告会使上一级控制系统及时执行停机，以避免损坏所连接的制动电阻。

小心
该监控只基于在电位计 PD 上所设置的接通比,不会对制动电阻的实际温度进行监控

9. PD 制动电阻接通比

通过电位计 PD 设置制动电阻的接通比（接通时间与断开时间的比率）。只有在通过开关 S3 激活时，才会对相关设置进行测定。

在电位计 PD 上可设置的接通比如图 5-19 所示。出厂设置为"40%"。

PD 设置与制动类型见表 5-15。

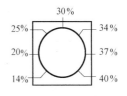

图 5-19　接通比的设置

表 5-15　PD 设置与制动类型

制动类型	说　　明	PD 设置
P_{15}	功率,每 600s 允许 15s	14%（最小）
P_{150}	功率,每 600s 允许 150s	23%
P_{270}	功率,每 600s 允许 270s	12%
P_{DB}	持续制动功率	40%（最大）

中央制动柜既可以用于偶尔制动的场合，也可用于连续制动运行。图 5-20 为中央制动柜允许的制动功率和负载周期。

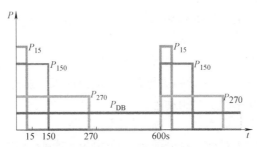

P_{DB} = 连续制动功率
P_{15} = 每 600s 进行 15s 制动时的允许功率
P_{150} = 每 600s 进行 150s 制动时的允许功率
P_{270} = 每 600s 进行 270s 制动时的允许功率

图 5-20　中央制动柜允许的制动功率和负载周期

在标准负载周期中，当工作电压选择开关拨在上部，即选择了高阈值下运行时，将得到以下额定功率输出，见表 5-16。

表 5-16　中央制动柜的制动功率

订货号	制动单元的制动功率			
	P_{15}	P_{150}	P_{270}	P_{DB}
进线电压 380~480V 3AC/直流母线电压 DC 510~720V				
6SL3700-1AE35-0AA3	730kW	500kW	300kW	200kW
6SL3700-1AE41-0AA3	1380kW	1000kW	580kW	370kW
进线电压 550~600V 3AC/直流母线电压 DC 675~900V				
6SL3700-1AF35-5AA3	830kW	550kW	340kW	220kW
6SL3700-1AF41-1AA3	1580kW	1100kW	650kW	420kW
进线电压 660~690V 3AC/直流母线电压 DC 890~1035V				
6SL3700-1AH36-3AA3	920kW	630kW	380kW	240kW
6SL3700-1AH41-2AA3	1700kW	1200kW	720kW	460kW

制动功率的计算和 S120 装机装柜型制动单元一样，但是需要注意：

S120 装机装柜型制动单元和中央制动柜以及中央制动柜和与其相匹配的制动电阻的负载周期不一致，计算的时候要注意。

10. 制动单元在直流母线中的位置

必须将制动单元直接连接在直流母线上最大功率的逆变器旁，最好能靠近整流单元。通过并联运行来增加制动功率时，不允许将几个制动单元紧靠在一起安装，必须确保将功率较大的逆变柜安装在两个制动单元之间。

如果需要进行长时制动，应避免将制动单元直接安装在具有较小内部直流电容的小逆变器旁边，因为在制动过程中所产生的直流电流可能会使小逆变器的直流电容和制动单元本身的直流电容超负载。这样的情况会造成这些单元的寿命显著缩短。

尤其要注意确保位于制动单元旁边的逆变柜上的直流侧开关（选件 37）不能与直流母线长期断开。这种断开只允许短时间存在，例如，在进行维护和维修时。如果需要较长时间的断开，则应将制动单元从直流母线上拆除。

11. 直流母线熔断器

每个制动柜都有一个直流电路熔断器。它们位于制动单元与直流母线之间的连接母线中。

12. 中央制动柜的并联

为了提高制动功率而对中央制动柜进行并联，应遵循以下前提：

1）只允许并联相同功率的中央制动柜。

2）每个中央制动柜上都应连接一个独立的制动电阻。

3）可能由公差导致的不对称负载分配会使并联的中央制动柜的总制动功率降低 10%。

4）每条直流母线上中央制动柜的最大数量应根据功率的划分限制在 4 个以内。如需更多的数量，需根据具体情况对边界条件进行检查，原则上也是可能的。

13. 制动电阻

驱动器回馈的能量由制动电阻转化为热量。制动电阻直接与制动单元相连。制动电阻必须安装在柜体的外面，而且不能放置在安装变频柜的房间里。这样就使得产生的热量不会留在变频柜附近，可帮助降低空调成本。安装在制动电阻器里的温控开关用于防止制动电阻发生过热。当超过了温度限值时，温控开关的隔离触点打开，打开温度为 120℃，这相当于大约 400℃ 的电阻表面温度。

根据制动单元（选件 L61、L62、L64、L65）的不同选择，制动电阻须分别订购。防护等级为 IP21。

提供有以下标准电阻器，见表 5-17。

表 5-17　中央制动柜和制动电阻器匹配表

制动单元订货号	相对应的制动电阻器	制动功率 P_{BR}/kW	尺寸 $W \times D \times H$/mm	制动电阻 R_{BR}/Ω
进线电压 3AC 380~480V 直流母线电压 DC 510~720V				
6SL3700-1AE35-0AA3	6SL3000-1BE35-0AA0	500	960 × 620 × 790	0.95
6SL3700-1AE41-0AA3	6SL3000-1BE41-0AA0	1000	960 × 620 × 1430	0.49
进线电压 3AC 500~600V 直流母线电压 DC 675~900V				
6SL3700-1AF35-5AA3	6SL3000-1BF35-5AA0	550	960 × 620 × 1110	1.35
6SL3700-1AF41-1AA3	6SL3000-1BF41-1BA0	1100	960 × 620 × 1430	0.69
进线电压 3AC 660~690V 直流母线电压 DC 890~1035V				
6SL3700-1AH36-3AA3	6SL3000-1BH36-3AA0	630	960 × 620 × 1110	1.80
6SL3700-1AH41-2AA3	6SL3000-1BH41-2AA0	1200	960 × 620 × 1430	0.95

制动单元能够处理的峰值制动功率，要高于标准制动电阻。

制动电阻的功率 P_{BR} 对应于制动单元的功率 P_{150}。但此功率允许的负载循环周期为 20min。

制动电阻器在设计上适用于偶尔工作。如果制动电阻器不足以满足特殊应用的需要，则必须另外设计一个适宜的制动电阻器。

制动电阻器的负载周期如图 5-21 所示。

为了监视位于制动电阻器温控开关的状态，需将温控开关的触点接至控制单元 CU320-2 或类似的控制装置上。或者用这个信号控制制动单元的输出，那就必须将此信号依照图 5-17 接至相应的控制点。为了不使制动电阻器过温损坏，必须注意以下几点：

1）不得超过制动功率。

2）打开电阻器上的温度开关时，必须确保：

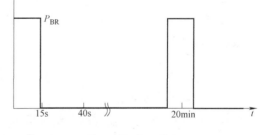

P_{BR} = 每20min进行15s制动时的允许功率

图 5-21　制动电阻的负载周期

① 停止驱动器的能量回馈—将温度开关信号连接到变频器的"外部故障"通道中；

② 只要制动电阻仍处于超温状态，就应采取控制措施以防止驱动器重新起动。

在中央制动柜与制动电阻器之间，最大允许电缆长度为 300m。必须防止电缆发生短路和接地故障。必须将制动电阻器以独立部件的形式进行安装。不得在制动电阻器的上面或上方放置物体。制动电阻器的每一侧需要 200mm 的通风空间。制动电阻器与易燃材料之间必须保持足够距离。还要确保安装的位置能够将制动电阻器生成的热量散失。不要将制动电阻器装置安装在靠近火焰探测器的位置，因为探测器可能会因制动电阻器发出的热量而产生响应。当制动电阻器在露天安装时，必须要确保采取防水措施，因为在此情况下，IP21 的防护等级不能够保护电阻器。

5.4.5　制动能量的简单计算

电动机和负载的动能等于 $0.5J\omega^2$

其中，J 为电动机和负载的总的转动惯量（Kmg²）；ω 为角速度（弧度值/秒），或者 $\dfrac{2\pi n}{60}$。

举例

总转动惯量为 10kgm² 的负载由 1500r/min 减速到静止，计算制动电阻值、额定功率。

需要的数据：

电动机及驱动：30kW；

电动机额定转矩：191N·m；

减速时间：待定；

重复周期时间：30s；

总转动惯量（J）：10kgm²；

电阻阻值（R）：未知；

电阻额定功率值（P_r）：未知；

电阻工作电压（V）：750V。

首先最基本的一步是确定减速时间（T_b）：

$$T_b = \frac{2\pi Jn}{60M_{bmax}}$$

最大减速发生在电动机额定转矩的 150%。

最大值　　　　　　　　$M_{bmax} = 1.5 \times 191\text{N}\cdot\text{m} = 286.5\text{N}\cdot\text{m}$

最快的减速时间（T_b）：

$$T_b = \frac{10 \times 1500}{9.55 \times 286.5}\text{s} = 5.48\text{s}$$

可以确定一个实际的减速时间 T_d，对于这个例子，令 $T_d = 7\text{s}$。

计算减速时间为 7s 时需要的制动转矩 M_b

$$M_b = \frac{2\pi Jn}{60T_d} = \frac{10 \times 1500}{9.55 \times 7}\text{N}\cdot\text{m} = 224.38\text{N}\cdot\text{m}$$

制动功率为

$$P_b = \frac{2\pi M_b n}{60 \times 10^3} = \frac{224.38 \times 1500}{9.55 \times 10^3}\text{kW} = 35.24\text{kW}$$

制动电阻阻值为　　　　　$R = \frac{V^2}{P_b} = \frac{750^2}{35.24 \times 10^3}\Omega = 16\Omega$

电阻的额定功率为

由于制动电阻的工作为间歇性的，其额定功率可按间歇性的功率选择而不必是连续功率。优点是可根据电阻的过载系数来充分利用电阻的过载值（O/L），这个系数可由一组冷却曲线得出，此曲线是由制动电阻器生产商或者供应商提供的。

在这个例子中，减速时间设置为 7s，循环周期时间为 30s。

所选择的电阻的额定功率为

$$P_r = \frac{P_b}{O/L_{factor}} = \frac{35}{2}kW = 17.5kW$$

实际上，在再生制动过程中，电动机和负载的机械损耗可耗散 15% ~ 20% 的制动能量。通常情况下，推荐的制动电阻器阻值是实际应用中要求的最小值，使用推荐的阻值有可能会产生额外的制动转矩。由于负载惯量的能量反馈值是由减速度决定，制动单元通过调整制动电阻器的运行/停止周期来实现随实际速率变化的消耗能量。

5.5 功率单元的并联

5.5.1 概述

变频器或其部件（整流装置、逆变单元）的并联主要基于如下原因：

1）增加变频器输出功率，如果在技术或成本上无法通过其它方式增加输出功率。例如，较多的 IGBT 模块在同一功率单元内并联运行的工艺相对比较复杂，而整体功率单元的并联则更为简单且成本较低。

2）增加可用性，在某些情况下，变频器发生故障后，需要系统降容运行于应急状态。例如，如果并联的一个功率单元出现故障，可通过变频器控制系统禁止该功率单元而不必停止仍能正常工作的功率单元。

与上述基本原则一致，SINAMICS S120 变频器的并联方案主要考虑用于增加变频器的输出功率。并联设备（整流装置或逆变单元）由同一个控制单元（CU）控制和监视，且在控制单元中会等效为一个驱动对象。并联运行所需的所有功能均存储在控制单元的固件中。因为并联设备使用同一个控制单元，所以并联设备中的任意一个发生故障都将导致整个并联系统立即停止运行。这意味着并联应用的变频器实际上可以当作是一台大功率输出的变频器。不管是从硬件角度还是软件角度，这种设计都不适用于任何程度的冗余。因此，SINAMICS S120 变频器的并联方案并不能替代冗余方案，除非系统允许中断运行并重新进行硬件配置。

SINAMICS S120 的装机装柜型以及柜机设备提供了整流装置、逆变单元并联运行的功能，书本型和模块型 S120 设备没有并联运行功能。

SINAMICS S120 逆变单元运行于矢量控制模式时可以并联运行，但在伺服控制模式时不能并联运行。

SINAMICS S120 变频器并联需注意：

1）最多 4 个并联的整流装置（进线侧整流器）。

2）最多 4 个并联的逆变单元（电动机侧逆变器）。

3）由一个控制单元控制和监视并联的功率单元；除了控制并联的进线侧和电动机侧并联外，控制单元还能额外控制一个逆变单元或矢量型驱动对象。

4）输入侧和电动机侧的系统选件用于并联功率单元的解耦并确保电流分配平衡。

下列 SINAMICS S120 装置可以并联：

1）基本整流装置，6 脉动和 12 脉动（均须带有相应的输入电抗器）。

2）回馈整流装置，6 脉动和 12 脉动（均须带有相应的输入电抗器）。

3）有源整流装置（均须带有相应的有源滤波装置）。

4）逆变单元（在矢量控制模式下）。

注意：并联应用的整流装置或逆变单元的硬件规格必须是完全一致的，包括订货号、额定电压、额定电流、固件版本和 CIM 的版本。

图 5-22 所示为 SINAMICS S120 变频器并联的基本设计。

5.5.2　基本整流装置的并联

为了提高输出功率，可以将基本整流装置进行并联。要防止因部分并联装置发生故障而造成系统停机，也可以将基本整流装置配置为冗余并联模式。如果由双绕组变压器供电，可构成 6 脉动并联，如果由三绕组变压器供电（二次绕组相移30°），则可构成12脉动并联。

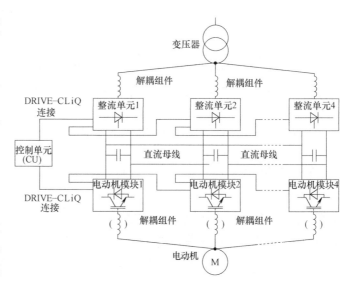

图 5-22　S120 变频器并联的基本设计

1. 基本整流装置的 6 脉动并联

最多 4 个基本整流装置并联，并由一个双绕组变压器供电，一个控制单元控制，构成 6 脉动并联，基本整流装置的 6 脉动并联如图 5-23 所示。

由于基本整流装置没有均流控制，因此必须采取下列均流措施：

1）选用相对短路压降 $V_k = 2\%$ 的输入电抗器。

2）变压器和并联的基本整流装置之间的电缆需对称布线（截面积和长度相同的同型号电缆）。

并联的每个基本整流装置需电流降容为 7.5%。

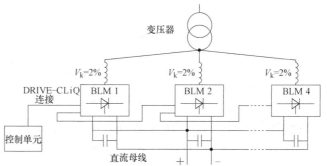

图 5-23　基本整流装置的 6 脉动并联

2. 基本整流装置的 12 脉动并联

最多 4 个基本整流装置并联，并通过三绕组变压器供电，构成 12 脉动并联。为此，基本整流装置的数量必须为偶数（二或四），并在两个二次绕组之间平均分配。尽管变压器的二次绕组有 30° 的相移，两组基本整流装置仍由一个控制单元控制。这是因为基本整流装置自身产生触发脉动触发晶闸管，触发脉冲的 30° 相位差来自于 12 脉动电路，而不由控制单元进行同步控制。基本整流装置的 12 脉动并联如图 5-24 所示。

由于基本整流装置没有均流控制，为了均衡电流，三绕组变压器、电缆布线和输入电抗器必须满足下列要求。

1）三绕组变压器必须对称，建议联结组别为 Dy5d0 或 Dy11d0。

2）三绕组变压器的相对短路压降 $V_k \geqslant 4\%$。

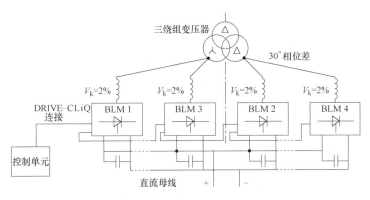

图 5-24　基本整流装置的 12 脉动并联

3）二次绕组相对短路压降之间的偏差 $\Delta V_k \leqslant 5\%$。

4）二次绕组空载电压之间的偏差 $\Delta V \leqslant 0.5\%$。

5）在变压器和基本整流装置之间的电缆对称布线（截面积和长度相同的同型号电缆）。

6）使用相对短路压降 $V_k = 2\%$ 的输入电抗器（如果使用裂解变压器，且变压器的每个二次绕组只连接一个基本整流装置，则可不使用进线电抗器）。

此外，不允许在单个二次绕组上增加不平衡负载，这将会导致两个二次绕组的负载不平衡。另外，一台三绕组变压器仅允许连接一组 12 脉动功率装置。

一般而言，使用裂解的三绕组变压器是满足该应用要求的最好方法。如果使用其它类型的三绕组变压器，则必须安装输入电抗器。若采用两个不同联结组别的独立变压器来获得 30°相移的方案，则必须保证（除了组别不同外）变压器必须完全一致，如两个变压器由同一个生产商制造。

并联的每个基本整流装置需降容 7.5%。即使是每个变压器二次绕组仅连接一个基本整流装置，构成最简单的 12 脉动并联配置也要降容 7.5%。因为在这种配置中，变压器的偏差也会导致电流分配不均衡。

三绕组变压器拥有两个二次绕组，星形联结绕组和三角形联结绕组，三角形联结绕组通常没有可以接地的中性点。所以 12 脉动并联工作的基本整流装置可视为连接到二次侧不接地电网（IT 电网），必须增加绝缘监测。

5.5.3　回馈整流装置的并联

回馈整流装置的并联：如果由双绕组变压器供电可构成 6 脉动并联配置；如果并联装置由三绕组变压器供电（二次绕组相移 30°），则可构成 12 脉动并联配置。

1. 回馈整流装置的 6 脉动并联

最多 4 个回馈整流装置并联并由一个双绕组变压器供电，一个控制单元控制，构成 6 脉动并联，回馈整流装置的 6 脉动并联如图 5-25 所示。

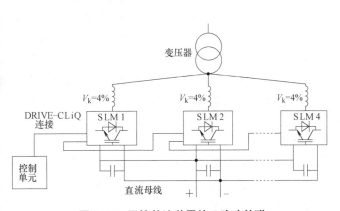

图 5-25　回馈整流装置的 6 脉动并联

由于 SLM 不具备均流控制功能，因此必须采用以下方法来平衡电流：

1）选用相对短路压降 $V_k = 4\%$ 的输入电抗器。

2）变压器和并联的回馈整流装置之间的电缆对称布线（截面积和长度相同的同型号电缆）。

并联的每个回馈整流装置需电流降容 7.5%。

2. 回馈整流装置的 12 脉动并联

最多 4 个回馈整流装置并联，并通过一台三绕组变压器供电，构成 12 脉动并联。为此，回馈整流装置数量必须为偶数（二或四），并在两个二次绕组之间平均分配。由于有 30° 的相移，因此连接到两个二次绕组的回馈整流装置必须由两个控制单元来控制。之所以使用两个控制单元，是因为与基本整流装置相比，回馈整流装置中 IGBT 的触发脉冲要由控制单元来同步。因此，由同一个控制单元控制的回馈整流装置必须连接至变压器的同一个二次绕组。回馈整流装置的 12 脉动并联如图 5-26 所示。

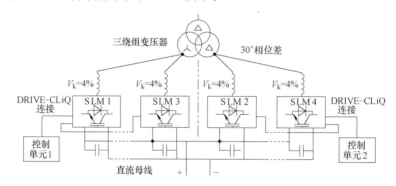

图 5-26　回馈整流装置的 12 脉动并联

由于回馈整流装置不具备均流控制功能，三绕组变压器、功率电缆和进线电抗器必须满足以下要求来提供一个相对平衡的电流。

1）三绕组变压器必须对称，推荐联结组别为 Dy5d0 或 Dy11d0。

2）三绕组变压器的相对短路阻抗 $V_k \geq 4\%$。

3）三绕组变压器二次侧相对短路阻抗差 $\Delta V_k \leq 5\%$。

4）三绕组变压器二次侧空载电压差 $\Delta V \leq 0.5\%$。

5）在变压器和回馈整流装置之间使用对称的电缆（电缆的型号、长度和截面积均一致）。

6）使用相对短路压降 $V_k = 4\%$ 的进线电抗器。

此外，不允许在单个二次绕组上增加不平衡负载，这将会导致两个二次绕组的负载不平衡。另外，一台三绕组变压器仅允许连接一组 12 脉动的功率装置。

一般而言，使用裂解的三绕组变压器是满足该应用要求的最好方法。如果使用其它类型的三绕组变压器，则必须安装输入电抗器。若采用两个不同联结组别的独立变压器来获得 30° 相移的方案，则必须保证（除了组别不同外）变压器必须完全一致，如两个变压器由同一个生产商制造。

并联的每个回馈整流装置需降容 7.5%。即使是每个变压器二次绕组仅连接一个回馈整流装置，构成最简单的 12 脉动并联配置也要降容 7.5%。因为此种配置中，变压器的偏差也会导致电流分配不均衡。

三绕组变压器拥有两个二次绕组，星形联结绕组和三角形联结绕组，三角形联结绕组通常没有可以接地的中性点。因此 12 脉动并联工作的回馈整流装置可视为连接到二次侧不接地电网（IT 电网）。必须增加绝缘监测。

由于变压器的两个二次绕组具有 30°的电角度相位差，而且 SLM 分为两个独立的控制单元控制，通常不可能保证在预充电时两个系统能提供完全一致的预充电电流。为了确保在预充电过程中单个子系统的预充电模块不发生过载，12 脉动并联应用时，每侧子系统都应设计确保能独立完成对直流母线的预充电。

5.5.4   有源整流装置的并联

有源整流装置的并联

最多 4 个有源整流装置并联连接，由一个双绕组变压器供电，并由一个控制单元控制。因为有源整流装置中 IGBT 的触发脉冲要由控制单元来同步。这样，就必须将由一个控制单元控制的所有有源整流装置连接到相位相同的同一个变压器绕组。而不允许由二次绕组有相位差的三绕组变压器供电。由于有源整流装置的谐波非常小，此配置不会进一步改善谐波。有源整流装置的并联如图 5-27 所示。

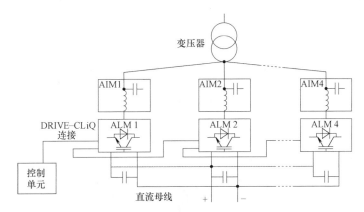

图 5-27   有源整流装置的并联

可采取下列措施确保并联的有源整流装置之间电流分配均匀：

1）均流控制（ΔI 控制）；

2）有源滤波装置内洁净进线滤波器中的电抗器；

3）变压器和并联的有源滤波装置或有源整流装置之间的电缆对称布线（使用截面积和长度相同的同型号电缆）。

并联连接中每个有源滤波装置/有源整流装置电流降容为 5%。

5.5.5   整流装置的冗余配置

在某些应用中，要求公共直流母线的电源冗余，以此来增加多电动机驱动系统或共直流母线系统的可靠性。通过在公共直流母线上并行工作多个独立的整流装置，可以满足这个要求。如果一台进线整流装置发生故障，直流母线依然可由余下的整流装置供电，不会造成运行中断。根据进线整流装置的功率大小，直流母线能继续运行在半载或满载状态。上述功能取决于系统是否满足以下要求：

1）每个进线整流装置必须拥有独立的控制单元。

2）每个用于控制进线整流装置的控制单元必须仅控制分配的进线整流装置，不能再用于其它逆变单元。

　3）连接于直流母线上的逆变单元必须采用独立控制单元的控制，而不能与进线整流装置共用控制单元。

　进线整流装置的冗余运行模式和并联运行模式的本质区别在于控制单元的分配不同。冗余模式下，每个进线整流装置都由各自独立的控制单元控制。因此，每个进线整流装置都是完全独立的。在并联运行模式下，每个控制单元控制和同步所有并联配置的功率单元，就如同一个具有更大额定功率的整流单元。

注意

　当使用多个独立的整流单元时,这个做法能大大提高直流母线的可靠性。但是,在实践中不可100%的无故障,因为某些故障依然会导致系统运行中断(比如直流母线短路)。即使这些故障在现实中极少发生,但是这些故障发生的风险无法被完全排除。

　根据冗余系统的需求：有进线整流装置的冗余或供电变压器的冗余或供电系统的冗余，有图 5-28 所示的 3 种不同的配置方案。

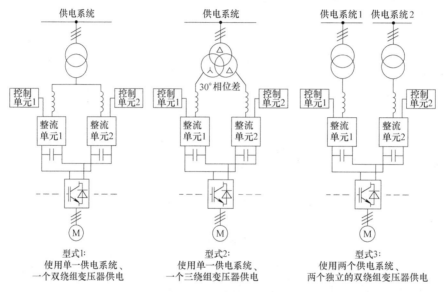

图 5-28　冗余配置方案

　在型式 1 中，由单一供电系统通过双绕组变压器为额定功率相同的两个冗余的整流装置供电。由于两个冗余的整流装置的电源电压完全一致，正常运行时，即使为不可控的整流装置，其电流的分配也很均衡。因此，在设计时基本上可按总电流的一半来选择整流装置，还应考虑均流系数。如果一个整流装置故障，只能半载运行。如果在一个整流装置故障时仍需满载运行，则每个整流装置必须按总电流选择。

　在型式 2 中，由单一供电系统通过三绕组变压器为额定功率相同的两个冗余的整流装置供电。依赖于变压器的特性，两个整流装置的输入侧电压会有约 0.5% ~ 1% 的偏差。正常运行时，对于不可控的整流装置，其电流的均衡度稍低于型式 1。此时，必须通过合适的电流均流系数进行补偿。如果在一个整流装置故障时仍需满载运行，每个整流装置必须按总电流选择。

　在型式 3 中，由两个供电系统通过两个独立的双绕组变压器为额定功率相同的两个冗余的整流装置供电。由于两个独立的电源系统的电压偏差会很大，正常运行时，对于不可控的整流装置，其电流分配就可能会很不平衡。如果两个电源系统之间的电压偏差达 5% ~ 10% ，选择不可控整流装置时，每个都必须按满载考虑。

下面介绍 SINAMICS 三种整流装置（基本整流装置、回馈整流装置、有源整流装置）能用的冗余型式（型式 1 ~ 3）及必须遵守的限制条件。

1. 基本整流装置的冗余配置

电网换相，不控整流的 SINAMICS 基本整流装置可使用所有这三种型式。

型式 1，采用 SINAMICS 基本整流装置时，要遵守的限制条件如下：

1）每个基本整流装置，都需带有 2% 相对短路压降的输入电抗器。

2）其中一个基本整流装置故障时，如果允许公共直流母线半载运行，可同基本整流装置的 6 脉冲并联连接一样，按一半的供电电流并考虑 7.5% 的降流系数来选择每个单元。如果某一基本整流装置故障时公共直流母线仍需满载运行，则每个基本整流装置都必须按总电流选择。

3）每个基本整流装置都必须能完成对整个公共直流回路电容预充电。

型式 2，采用 SINAMICS 基本整流装置时，要遵守的限制条件如下：

1）若所选的三绕组变压器符合《SINAMICS 低压工程师手册》《三绕组变压器》章节中的技术规范，则不需要输入电抗器。

2）若所选的三绕组变压器符合《SINAMICS 低压工程师手册》《三绕组变压器》章节中的技术规范，同时可以接受其中一个基本整流装置故障时，公共直流母线半载运行，可同基本整流装置的 12 脉冲并联连接一样，按一半的供电电流并考虑 7.5% 的降流系数来选择每个单元。如果某一基本整流装置故障时公共直流母线仍需满载运行，则每个基本整流装置都必须按总电流选择。

3）每个基本整流装置都必须能完成对整个公共直流回路电容预充电。

型式 3，采用 SINAMICS 基本整流装置时，要遵守的限制条件如下：

1）不需要 2% 相对短路压降的输入电抗器。

2）由于两个电源系统之间可能存在较大的电压偏差，每个基本整流装置都必须按照公共直流母线满载选择。

3）每个基本整流装置都必须能完成对整个公共直流回路电容预充电。

2. 回馈整流装置的冗余配置

对于电网换相不控整流的 SINAMICS 回馈整流装置，仅有形式 2 可以使用。

型式 2，使用 SINAMICS 回馈整流装置时，要遵守的限制条件如下：

1）每个 SLM 必须配置一个相对短路压降为 4% 的进线电抗器。

2）若所选的三绕组变压器符合《SINAMICS 低压工程师手册》《三绕组变压器》章节中的技术规范，同时可以接受其中一个回馈整流装置 SLM 故障时，公共直流母线半载运行，可同回馈整流装置的 12 脉冲并联连接一样，按一半的供电电流并考虑 7.5% 的降流系数来选择每个单元。如果某一回馈整流装置故障时公共直流母线仍需满载运行，则每个回馈整流装置都必须按总电流选择。

3. 有源整流装置的冗余配置（主-从方式）

SINAMICS 有源整流装置允许型式 2 和型式 3 两种冗余配置。每个有源整流系统包含一个有源滤波装置 AIM 模块和一个有源整流装置 ALM 模块且需要独立配置和设定，以保证其完全自主运行。有源整流装置须配置为主-从模式。独立含义是：

1）每个有源整流装置必须有其自己的控制单元。

2）每个有源整流装置的控制单元仅允许控制此有源整流装置，而不能控制其它任何额外的逆变单元。

3）基于冗余运行的需要，连接在共直流母线结构上的逆变单元必须由一个或多个与有源整流装置控制单元完全独立的控制单元控制。

有源整流主装置运行在电压方式下控制直流母线电压 V_{DC}，同时从装置运行于电流控制方式下。一个主装置允许最多同时连接 3 个从装置。

从装置的电流设定值，在有上位控制系统时，可以通过 PROFIBUS-DP V2 slave-to-slave 通信从主装置获取，也可以通过 TM31 上的模拟量通道从主装置获取。

若一台从装置故障，主装置和其它从装置仍能正常运行。若主装置故障，一台从装置须由电流控制方式切换至电压控制方式。此功能可以在运行时完成，无需停机。

型式 2，SINAMICS 有源整流装置（主-从方式），要遵守的限制条件如下：

1）两个有源整流装置（主机和从机）必须保证进线电源侧的电气隔离以防止由于两个控制单元运行不同步而导致环流。在此类应用中，由三绕组变压器来保证电气隔离。根据供电电网类型（TN 系统或 IT 系统），连接主装置星形绕组的星形联结点可以接地（TN 系统）也可以悬空（IT 系统）。推荐接不接地的 IT 系统。从装置必须确保为不接地系统。型式 2 的有源整流装置主从配置如图 5-29 所示。

2）若一台有源整流装置故障，可以允许系统半载运行，则每个有源整流装置均需要按照一半的进线电流选型，且需考虑并联时 5% 的降容系数。若一台设备故障后，系统仍需要满载运行，那么每个有源整流设备及其对应的变压器绕组均需要按照直流侧满载选型。

3）每个有源整流设备均须具备为整个直流母线电容进行预充电的能力。

型式 3，SINAMICS 有源整流装置（主从运行），要遵守的限制条件如下：

1）两个有源整流装置（主机和从机）必须保证进线电源侧的电气隔离，以防止由于两个控制单元运行不同步而导致环流。

2）根据有源整流装置是由同一个低压电网供电还有由不同的中压电网供电，可以分为如下两种配置方案：

① 由同一个低压电网供电。主装置直接接入低压电网，此电网可以是接地的 TN 系统或非接地的 IT 系统。推荐使用 IT 供电系统。

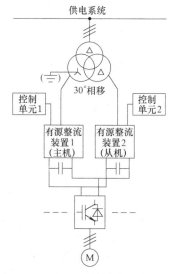

图 5-29　型式 2 的有源整流装置主从配置

从装置必须由其各自的隔离变压器供电，且变压器的二次侧绕组中性点不能接地。型式 3 的有源整流装置主从配置 a 如图 5-30 所示。

② 由不同的中压系统供电。主装置由隔离变压器 1 供电，其二次绕组可以是接地的 TN 系统或非接地的 IT 系统。推荐使用 IT 供电系统。

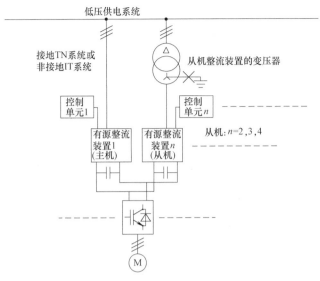

图 5-30　型式 3 的有源整流装置主从配置 a

　　从装置必须由其各自的隔离变压器供电，且变压器的二次侧绕组中性点不能接地。型式 3 的有源整流装置主从配置 b 如图 5-31 所示。

5.5.6　逆变单元的并联

　　矢量控制模式，最多允许 4 个逆变装置并联驱动单个电动机。电动机可为电气隔离绕组或公共绕组。绕组的类型决定了并联的逆变单元输出端的解耦措施。

　　有两种可能的电动机类型：

　　1）电气隔离绕组的电动机；

　　2）单绕组（共用绕组）的电动机。

　　1. 电气隔离绕组的电动机

　　约 1～4MW（变频器并联连接的常见范围）的电动机通常具有多个绕组。如果这些绕组在电动机内不是互相连接，而是分别接至接线盒，则电

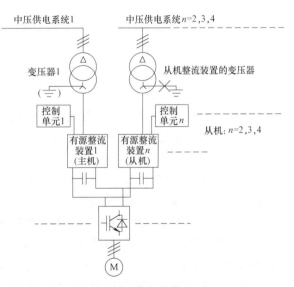

图 5-31　型式 3 的有源整流装置主从配置 b

动机绕组可分别供电。此时，每个电动机绕组分别由并联连接的 S120 逆变单元单独供电。其配置如图 5-32 所示。

　　由于绕组电气隔离，这种配置具有下列优点：

　　变频器的输出端无需解耦措施来限制并联的逆变器之间的环流（没有最小电缆长度限制，不需要输出电抗器）；两种调制方式（空间矢量调制和脉冲边缘调制）都可用。也就是说，当由基本整流装置或回馈整流装置供电时，最大输出电压几乎等于 97% 的三相输入电压。而由有源整流装置供电时，由于直流母线电压的增加，输出电压可高于三相输入电压。

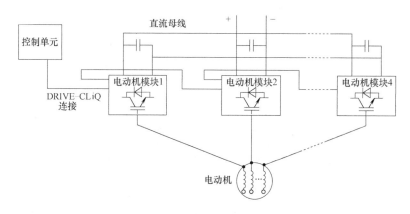

图 5-32　S120 逆变单元并联驱动电气隔离绕组电动机

并联联接中每个逆变单元需降容 5% 。

注意
电动机中隔离绕组的数量取决于电动机极数。

电动机极数与允许的隔离绕组数量关系见表 5-18。

表 5-18　电动机极数与允许的隔离绕组数量关系

电动机级数	允许的隔离绕组数量	电动机级数	允许的隔离绕组数量
2	2	6	2,3,(6)
4	2,4	8	2,4,(8)

　　有时无法在并联逆变器和电动机绕组之间实现最佳配置。例如，某一应用中从成本和容量方面考虑，3 个 1200kW 逆变模块并联可能是最佳方案，而电动机却只能设计为 2 个或 4 个绕组系统。在这种情况下，可能需要选择 4 个 900kW 的小功率逆变模块并联此电动机，或将电动机的 3 个绕组连接成普通绕组。如果选择后面的方法，需要遵守后续章节 "SI-NAMICS S120 变频器并联时允许和不允许的绕组类型" 中的描述。需要注意的是必须采取解耦措施（如最小电缆长度或输出电抗器及滤波器）。

　　通常，为了充分利用上述优点，需要评估使用隔离绕组电动机和逆变单元并联连接的可能性。如果这种方案切实可行，就要尽可能采用。

　　2. 单绕组电动机

　　许多应用中不可能使用隔离绕组电动机。例如，因电动机极数原因无法提供要求的隔离绕组数量、或非西门子电动机、或已安装有单绕组的电动机。在此情况下，并联逆变器的输出端在电动机接线盒中通过电动机电缆相互连接。其配置如图 5-33 所示。

　　由于绕组电气耦合，所以这种配置存在下列缺点：

　　为了限制并联逆变单元之间可能的环流，必须在变频器输出端采取解耦措施，通过限制逆变单元和电动机之间电缆的最小长度，或在各逆变器输出端安装输出电抗器或滤波器（有关最小电缆长度的详细信息，请参考《SINAMICS 低压工程师手册》中《SINAMICS S120 标准柜机系统》章节。用于增加输出功率的逆变器的并联联接）。

　　空间矢量调制和脉冲边缘调制都可以使用，当由基本整流柜或整流回馈柜供电时，最大

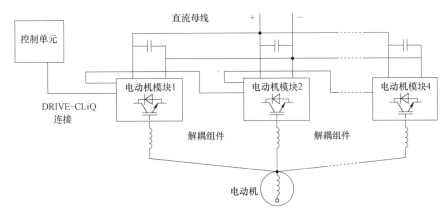

图 5-33　S120 逆变单元并联驱动单绕组电动机

输出电压限值约为 97% 的三相输入电压。由有源整流单元供电时,由于直流母线电压可增加,输出电压可高于三相输入电压。

说明:
　　对于之前使用 CIB 的逆变单元,固件版本小于 V4.3,空间矢量调制是唯一允许的调制方式,不能使用脉冲边缘调制。绕组系统之间的电气耦合意味着空间矢量调制模式和脉冲边缘调制模式之间的转换不可控,且模式转换造成的过电流停机也是不可避免的。由于不能用脉冲边缘调制模式,当由基本整流柜或整流回馈柜供电时,最大输出电压限值约为 92% 的三相输入电压。由有源整流单元供电时,由于直流母线电压可增加,即使不能用脉冲边缘调制模式,输出电压仍可高于三相输入电压。

---

3. SINAMICS S120 变频器并联时允许和不允许的绕组类型

前面的部分介绍了电气隔离绕组电动机和普通绕组电动机,根据 SINAMICS S120 变频器并联运行时的"电气隔离绕组"或"单绕组"所需特性,可分为允许和不允许的绕组类型,如图 5-34 所示。

允许的绕组类型:

1) 电气隔离绕组电动机,这类电动机中,各绕组间没有电气耦合且相互之间无相位差。

2) 单绕组电动机,这类电动机中,电动机内部的所有绕组在绕组端部或接线盒中互连,从外部看就像是电动机仅包含一个绕组。

不允许的绕组类型:

1) 电气隔离绕组电动机,绕组间有相位差。

2) 输入侧为独立绕组,但内部有公共连接点。

隔离绕组　　　　绕组内部并联　　　　隔离绕组　　　　输入端独立,带有内
无相位差　　　　　　　　　　　　有相位差　　　　部公共连接点的绕组

a) 隔离绕组系统　　b) 普通绕组系统　　c) 不允许的隔离绕组系统　　d) 不允许的普通绕组系统

图 5-34　并联时允许和不允许的绕组类型

5.6　电动机电缆长度的确定及要求

在实际应用的工业现场中，由于空间布置的设计与限制等原因，变频器与电动机的安装位置往往有一定的距离。当变频器输出到电动机的电缆长度较长时，由于电动机电缆的分布电容将明显增大等原因，如果不采取合理的解决措施，将会造成变频器过电流、加速电动机绝缘老化或烧毁、干扰被放大等不利影响。因此，在工程设计及实施阶段一定要注意核对实际的电动机电缆长度是否满足相应变频器关于最大电动机电缆长度的要求。

变频器允许的最大电动机电缆长度受限的因素很多，在这里主要分析在实际应用中较为常见的，由于电动机电缆较长而导致逆变器输出电流增加所造成不利影响的原因及其解决措施。NYCWY 三芯屏蔽电缆不同截面积对应的单位长度电容量见表 5-19。

表 5-19　NYCWY 三芯屏蔽电缆不同截面积对应的单位长度电容量

截面 A /mm²	单位长度的电容 C /(nF/m)	截面 A /mm²	单位长度的电容 C /(nF/m)
3 × 2.5	0.38	3 × 50	0.73
3 × 4.0	0.42	3 × 70	0.79
3 × 6.0	0.47	3 × 95	0.82
3 × 10	0.55	3 × 120	0.84
3 × 16	0.62	3 × 150	0.86
3 × 25	0.65	3 × 185	0.94
3 × 35	0.71	3 × 240	1.03

电动机电缆的分布电容。所谓分布电容，就是指由非电容形态形成的一种分布参数，实际上任何两个绝缘导体之间都存在电容，例如导线之间、导线与大地之间，都是被绝缘层和空气介质隔开的，所以都存在着分布电容。分布电容是一种分布参数，其数值不仅会因为电缆的不同而存在差异，也会因为电缆的敷设方式、工作状态和外界环境因素而不同，这需要在设计时综合考虑。在通常情况下，电缆单位长度的电容值很小。

电缆长度较短时，分布电容的实际影响可以忽略不计，如果电缆很长时，就必须考虑它的不利影响。较长的电动机电缆其分布电容明显增大，这会造成在 IGBT 每次通断时都将对电动机电缆分布电容产生充放电，从而在变频器实际输出的电动机负载电流上又附加了充放电电流尖峰。电动机电缆过长时逆变器输出电压和输出电流的瞬时值如图 5-35 所示。

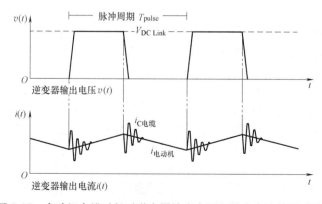

图 5-35　电动机电缆过长时逆变器输出电压和输出电流的瞬时值

这些电流尖峰的幅值与电缆的分布电容以及变频器输出的电压上升率 dv/dt 成正比,对应关系为: $I_{peak} = C_{Cable} * dv/dt$。尽管附加的电流峰值会在几微秒内衰减,但在这个极短的时间内变频器还是要提供这些峰值电流。变频器可以提供规定的最大电动机电缆长度内的电缆分布电容的充放电电流,但如果超出了允许的最大电动机电缆长度,将可能会造成变频器的过电流故障。

针对这种原因我们可以在变频器输出侧安装电抗器。在不带输出电抗器的系统中,逆变器输出电压沿的变化率 dv/dt 典型值为 $3 \sim 6kV/\mu s$,沿着电缆以几乎不变的 dv/dt 传输到电动机端子,如图 5-36a 所示。安装输出电抗器后,电抗器的电感和电缆的分布电容形成的振荡电路可以降低电动机端电压的变化率 dv/dt。电动机电缆的分布电容越大,电压变化率就降低得越多。对于长屏蔽电缆,电压变化率降到仅几百伏/μs,如图 5-36b 所示。

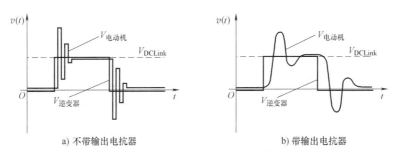

图 5-36　电动机电缆过长时逆变器输出电压和输出电流的瞬时值

输出电抗器减小了电动机端电压变化率,其电感减缓了电缆分布电容改变极性的速度,从而减小了长电动机电缆引起的附加电流峰值。因此,合理选用输出电抗器或串联两个输出电抗器可允许连接更长的电动机电缆。

SINAMICS S120 书本型及装机装柜型装置基本配置时所允许的最大电动机电缆长度见表5-20、表5-21。

表 5-20　书本型装置基本配置时允许的最大电动机电缆长度

输入电源电压	输出功率	额定输出电流	结构类型	容许电动机电缆的最大长度	
				屏蔽电缆	非屏蔽电缆
无输出电抗器或滤波器					
380 ~ 480V 3AC	1.6 ~ 4.8kW	3 ~ 9A	单	50m	75m
	2 * 1.6 ~ 2 * 9.7kW	2 * 3 ~ 2 * 18A	双	50m	75m
	9.7kW	18A	单	70m	100m
	16 ~ 107kW	30 ~ 200A	单	100m	150m

表 5-21　装机装柜型装置基本配置时允许的最大电动机电缆长度

电源电压	基本配置允许的最大电动机电缆长度	
	屏蔽电缆 例如 Protudur NYCWY	非屏蔽电缆 例如 Protudur NYY
380 ~ 480V,3AC	300m	450m
500 ~ 600V,3AC	300m	450m
660 ~ 690V,3AC	300m	450m

SINAMICS S120 书本型及装机装柜型装置带输出电抗器时所允许的最大电动机电缆长度见表5-22、表5-23。

表 5-22　书本型装置带一台输出电抗器时允许的最大电动机电缆长度

输入电源电压	额定输出功率	额定输出电流	容许电动机电缆的最大长度	
			屏蔽电缆	非屏蔽电缆
带一台输出电抗器				
380~480V 3AC	1.6~2.7kW	3~5A	100m	150m
	4.8kW	9A	135m	200m
	9.7kW	18A	160m	240m
	16kW	30A	190m	280m
	24~107kW	45~200A	200m	300m

表 5-23　装机装柜型装置带一台或两台输出电抗器时允许的最大电动机电缆长度

输入电源电压	容许电动机电缆的最大长度			
	带有 1 台电抗器		串联 2 台电抗器	
	屏蔽电缆 例如 Protudur NYCWY	非屏蔽电缆 例如 Protudur NYY	屏蔽电缆 例如 Protudur NYCWY	非屏蔽电缆 例如 Protudur NYY
380~480V,3AC	300m	450m	525m	787m
500~690V,3AC 660~690V,3AC	300m	450m	525m	787m

在实际应用中影响最大电动机电缆长度的因素还有很多，比如在实际配置中装置与电动机额定电流的比值、最大的负载电流值、实际的供电电压、载波频率、电动机电缆的类型及截面积、电缆的敷设方式、外界环境因素等。

配置功率相对较大的变频器时允许连接更长的电动机电缆，书本型装置配置功率相对较大时允许连接更长的电动机电缆见表 5-24。

表 5-24　书本型装置配置功率相对较大时允许的最大电动机电缆长度

额定输出电流	电动机电缆长度（带屏蔽）			
	>50~100m	>100~150m	>150~200m	>200m
3A/5A	使用 9A 逆变器	使用 9A 逆变器	不容许	不容许
9A	使用 18A 逆变器	使用 18A 逆变器	不容许	不容许
18A	使用 30A 逆变器 或 $I_{max} \leqslant 1.5 * I_{rated}$ $I_{contin.} \leqslant 0.95 * I_{rated}$	使用 30A 逆变器	不容许	不容许
30A	容许	$I_{max} \leqslant 1.35 * I_{rated}$ $I_{contin.} \leqslant 0.9 * I_{rated}$	$I_{max} \leqslant 1.1 * I_{rated}$ $I_{contin.} \leqslant 0.85 * I_{rated}$	不容许
45A/60A	容许	$I_{max} \leqslant 1.75 * I_{rated}$ $I_{contin.} \leqslant 0.9 * I_{rated}$	$I_{max} \leqslant 1.5 * I_{rated}$ $I_{contin.} \leqslant 0.85 * I_{rated}$	不容许
85A/132A	容许	$I_{max} \leqslant 1.35 * I_{rated}$ $I_{contin.} \leqslant 0.95 * I_{rated}$	$I_{max} \leqslant 1.1 * I_{rated}$ $I_{contin.} \leqslant 0.9 * I_{rated}$	不容许
200A	容许	$I_{max} \leqslant 1.25 * I_{rated}$ $I_{contin.} \leqslant 0.95 * I_{rated}$	$I_{max} \leqslant 1.1 * I_{rated}$ $I_{contin.} \leqslant 0.9 * I_{rated}$	不容许

另外，与工频正弦波电网直接拖动相比，由变频器拖动的电动机绕组在两方面要承受更高的电压冲击：非常陡的电压变化率 dv/dt 和非常高的因反射引起的电压尖峰 V_{pp}。安装输出电抗器后，电抗器的电感和电缆的电容形成的振荡电路可以降低电压变化率 dv/dt。但是，由电抗器的电感和电缆的电容形成的振荡电路只有很小的阻尼，以至于仍会出现严重的电压过冲。电动机端子处的电压尖峰与不带输出电抗器时由反射产生的电压尖峰的数量级基本相

同。由于输出电抗器只降低电压变化率 dv/dt，而不降低电压尖峰 V_{pp}，所以与不带输出电抗器的系统相比，电动机绕组所承受的电压冲击没有本质差异。

dv/dt 滤波器加 VPL 可以非常有效地将电动机绕组上的电压变化率和峰值电压 V_{pp} 限制为：

1）电压变化率 $dv/dt < 500V/\mu s$。

2）电压峰值 V_{pp}（典型值）$< 1000V$ 对于 $V_{Line} < 575V$。

3）电压峰值 V_{pp}（典型值）$< 1250V$ 对于 $660V < V_{Line} < 690V$。

因此，对于电源电压为 500 ~ 690V 的电动机，使用 dv/dt 滤波器加 VPL 是减少电动机绕组电压应力的合适方法，可以不采用特殊绝缘措施，轴电流也显著减小。使用该滤波器，变频器可驱动标准绝缘且不带绝缘轴承的电压达 690V 的标准电动机。这适用于西门子电动机和其它厂家的电动机。

SINAMICS S120 装机装柜型装置带 dv/dt 滤波器加 VPL 时所允许的最大电动机电缆长度见表 5-25。

表 5-25　装机装柜型装置带 dv/dt 滤波器加 VPL 时允许的最大电动机电缆长度

电 源 电 压	带 dv/dt 滤波器加 VPL 时允许的最大电动机电缆长度	
	屏蔽电缆 例如 Protodur NYCWY	非屏蔽电缆 例如 Protodur NYY
380 ~ 480V,3AC	300m	450m
500 ~ 600V,3AC	300m	450m
660 ~ 690V,3AC	300m	450m

正弦波滤波器可以非常有效地将电动机绕组上的电压变化率 dv/dt 和峰值电压 V_{pp} 限制为下列值：

1）电压变化率 $dv/dt \leqslant 50V/\mu s$。

2）电压峰值 $V_{pp} < 1.1 \times \sqrt{2} \times V_{Line}$。

因此，电动机绕组所承受的电压冲击实际上与直接连接到电网的情况相同，并可显著减少轴承电流。因此，使用这种滤波器时，变频器可驱动标准绝缘和不带绝缘轴承的标准电动机。这既适用于西门子电动机也适用于第三方电动机。

SINAMICS S120 装机装柜型装置带正弦滤波器时所允许的最大电动机电缆长度见表 5-26。

表 5-26　装机装柜型装置带正弦滤波器时允许的最大电动机电缆长度

电 源 电 压	带正弦滤波器加时允许的最大电动机电缆长度	
	屏蔽电缆 例如 Protodur NYCWY	非屏蔽电缆 例如 Protodur NYY
380 ~ 480V,3AC	300m	450m
500 ~ 600V,3AC	300m	450m

在装机装柜型装置的技术数据列表中所列出的最大电动机电缆长度，通常是指在标准配置的情况下，驱动单电动机时可连接的电动机电缆的最大连接截面积及并联的根数，见表 5-27。

表 5-27　装机装柜型装置技术数据列出的最大电动机电缆长度

最大连接截面积					
• 直流母线接口（DCP，DCN）	mm²	2×185	2×185	2×240	2×240
• 电动机接口（U2，V2，W2）	mm²	2×185	2×185	2×240	2×240
• PE 端子 PE1	mm²	2×185	2×185	2×240	2×240
• PE 端子 PE2	mm²	2×185	2×185	2×240	2×240
最大电动机电缆长度					
• 已屏蔽	m	300	300	300	300
• 未屏蔽	m	450	450	450	450

　　通常变频器输出只连接单电动机。但是，某些应用场合需要用一个变频器来驱动多个相同功率的小电动机。多电动机驱动必须安装输出电抗器。由于单个电动机的功率额定值较小，所以其电动机电缆截面积很小。这些电缆的单位长度电容明显低于单电动机驱动时所用的大截面积电缆的电容值。因此，多电动机驱动时每个变频器输出的允许电缆总长度可超过上表中规定的值。下面简单介绍多电动机驱动时允许的最大电动机电缆长度的计算方法，图5-37 为单电动机或多电动机驱动时电动机电缆相关变量和术语的示意图。

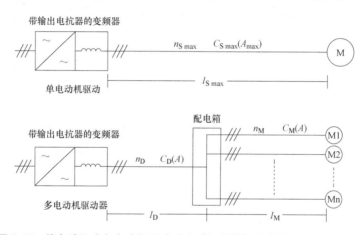

图 5-37　单电动机或多电动机驱动时电动机电缆相关变量和术语的示意图

　　多电动机驱动时每个电动机允许的电缆长度计算公式为

$$l_{M} = \frac{n_{Smax} C_{Smax}(A_{max}) l_{Smax} - n_{D} C_{D}(A) l_{D}}{n_{M} C_{M}(A)}$$

式中　　l_{M}——多电动机驱动器中每个电动机和配电箱之间允许的电缆长度；

　　　　n_{Smax}——最大允许连接的并联电动机电缆数量，该值可在相应装置的技术数据列表中可查到；

　　$C_{Smax}(A_{max})$——使用最大连接截面积 A_{max} 电动机电缆时的单位长度电容值，相关装置的技术数据列表指定了最大连接截面积 A_{max}；

　　　　l_{Smax}——允许的最大电动机电缆长度（取决于电动机电抗器的数量和电缆为屏蔽电缆还是非屏蔽电缆），可在相关装置的技术数据列表中查找；

　　　　n_{D}——多电动机驱动器时变频器和配电箱之间并联的电缆数量；

　　　$C_{D}(A)$——多电动机驱动器时变频器和配电箱之间的电缆单位长度电容，可从所采用电缆的生产厂商处查询；

　　l_D——多电动机驱动器时变频器和配电箱之间的电缆长度；

　　n_M——配电箱与电动机侧并联电缆的数量；

　　$C_M(A)$——配电箱与电动机侧单位电缆长度的电容，可从所采用电缆的生产厂商处查询。

以上提供的计算公式同时适用于有配电箱和无配电箱的情况（有配电箱时变频器和配电箱之间使用大截面积电缆，配电箱到各电动机使用小截面积电缆；无配电箱时变频器到各个电动机之间直接电缆连接）。无配电箱的系统中，$n_D C_D(A) l_D$ 等于 "0"。该公式适用于变频器输出带一个或两个输出电抗器及屏蔽或非屏蔽电动机电缆的情况。

计算示例：

带有 25 个电动机的辊道，每个电动机的输出功率额定值为 10kW，由 SINAMICS S120 变频器供电。选择电源电压为 400V、输出功率为 250kW 的变频器来驱动。辊道应用数据如下：

变频器放置在空调室中，通过两根并联屏蔽电缆（长度为 50m，横截面积为 150mm²）为配电盘供电。25 台电动机通过屏蔽电缆（平均长度为 40m，每根横截面积为 10mm²）连接到配电盘。

由于变频器同时驱动 25 台电动机，属于典型的一拖多配置，所以必须安装一个电动机电抗器。现在通过计算来检查选定的变频器及电动机电抗器是否可以满足要求。

第一步：

通过图 5-36 以及样本 D21 中的数据计算出单电动机驱动时的数据 n_{Smax}、$C_{Smax}(A_{max})$ 和 l_{Smax}：根据样本 D21.3 中的数据，最多可将两根并联电动机电缆（每根最大横截面积为 240mm²）连接到 SINAMICS S120/400V/250kW 型变频器，带一个电动机电抗器时允许连接的屏蔽电动机电缆的最大长度为 300m。

根据这些数据，我们可以计算出：

$n_{Smax} = 2$

$C_{Smax}(A_{max}) = C_{Smax}(240mm^2) = 1.03nF/m$

$l_{Smax} = 300m$

第二步：

变频器和配电盘之间电缆的数量 n_D、$C_D(A)$ 和 l_D 计算如下：

$n_D = 2$

$C_D(A) = C_D(150mm^2) = 0.86nF/m$

$l_D = 50m$

第三步：

配电盘和每台电动机之间电缆的数量 n_M、$C_M(A)$ 计算如下：

$n_M = 25$

$C_M(A) = C_M(10mm^2) = 0.55nF/m$

第四步：

使用计算公式计算配电盘和每台电动机之间允许的电动机电缆长度：

$$l_M = \frac{2 \times 1.03nF/m \times 300m - 2 \times 0.86nF/m \times 50m}{25 \times 0.55nF/m}$$

$$l_M = \frac{618nF - 86nF}{13.75nF}m = 38.7m \approx 40m$$

　　每台电动机需要的电缆长度为 40m，位于计算值 $l_M = 38.7m$ 的 10% 容差带内，这意味着原先的设计可以使用。

　　当单电动机时变频器到电动机的最大电缆长度为 600m（两根并联，每根 240mm²，300m 长）；多电动机驱动时为 1068m（连接到配电箱的两根并联电缆，每根 150mm²，50m 及连接到电动机的 25 根并联电缆，每根 10mm²，38.7m 长）。两者相比我们可以发现：多电动机驱动时，电缆截面积的减少使得最大允许的电缆长度几乎增加为单电动机驱动时的两倍，而且总电容值相同。

　　计算中选取的电缆每单位长度的电容值，参考的是图 5-36 中所列出的 NYCWY 电缆的技术数据，如果用户选择的是其它型号的电缆，请从电缆的制造商获取其单位长度的电容值，否则依据此方式计算出来的电缆长度，无法保证在应用到实际现场时系统能正常运行。

　　在实际应用的很多项目中，变频器和电动机之间需要连接较长的电缆，一定要注意核对实际的电动机电缆长度是否满足相应变频器关于最大电动机电缆长度的要求，为了避免其造成的不利影响，可以综合考虑限制电缆长度的诸多因素，采取合理的解决措施。在无法确定电缆相关参数和其它因素的情况下，请参照手册或样本中装置所允许的最大电缆长度来限制电动机电缆长度。

5.7　电动机

5.7.1　西门子交流电动机类型简介

　　在低压异步电动机的标准应用场合，通常推荐客户使用西门子 SIMOTICS 1LE、1LG 以及 1LA 系列电动机，功率范围为 0.09 ~ 315kW。关于 1LE、1LG 以及 1LA 系列电动机的详细信息，请参照样本 D81.1 SIMOTICS Low-Voltage Motors。1LE1、1LA7/9 和 1LG4/6 系列电动机，均采用自风冷技术-冷却风扇直接安装在电动机非驱动轴端，防护等级为 IP55。此种冷却设计，电动机风扇冷却效果取决于电动机转速。因此，上述电动机在未选择独立风冷选件时，无法保证在整个转速范围内连续提供额定满转矩。在电动机降速长时间运行时，需考虑降速导致的冷却风量的减少。SIMOTICS N-compact 系列 1LA8 电动机（200 ~ 1250kW）也采用自风冷技术，但在电动机内部有两个冷却回路-内部冷却回路和外部冷却回路，两种冷却回路的风扇均直接安装在电动机轴端，如图 5-38 所示。

　　对于需要更大输出功率的场合，可以考虑 SIMOTICSH-compact 系列 1LA4 电动机。1LA4 电动机的防护等级为 IP55，采用自风冷，且具有与 1LA8 电压等级一致的低压电动机。

　　SIMOTICS N-compact 系列 1PQ8 电动机（200 ~ 1000kW）采用强制风冷异步电动机，适用于在低速时或很宽的速度范围内均需要提供大扭矩的场合。此类电动机集成有外部强冷风扇，防护等级为 IP55。在整个调速范围内持续运行时，额定输出转矩没有或仅有很少的降低。

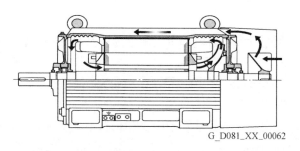

G_D081_XX_00062

图 5-38　1LA8 自风冷电动机中的内部和外部冷却回路

1PQ8 强制风冷电动机的内部和外部冷却回路如图 5-39 所示。

对于需要更大输出功率的场合，可以考虑 SIMOTICS H-compact 系列 1PQ4 电动机。1PQ4 电动机的防护等级为 IP55，采用强制风冷，且具有与 1PQ8 电压等级一致的低压电动机。

1. 1LL8 开放回路自冷却异步电动机

SIMOTICS N-compact 系列 1LL8

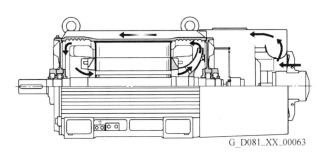

图 5-39　1PQ8 强制风冷电动机的内部和外部冷却回路

电动机具有开放自风冷回路，防护等级为 IP23。此电动机的开放式内部冷却回路设计使得内部绕组直接被外部环境空气冷却。冷却回路非常有效且功率密度比 1LA8 系列电动机增加了。但与 1LA8 相同，其冷却风扇安装在电动机的轴上，因此冷却效果与电动机转速密切相关，其冷却特性与 1LA8 类似。

1LL8 开放式自风冷电动机冷却系统如图 5-40 所示。

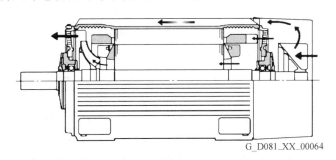

图 5-40　1LL8 开放式自风冷电动机冷却系统

SIMOTICS H-compact 以及 H-compact PLUS 异步电动机 1LA4/1PQ4 请参考样本 D84.1。

除了上述电动机外，西门子 SIMOTICS 紧凑型异步电动机 1PL6（开放风冷回路）、1PH7（表面冷却）和 1PH8 主要适用于下面应用：

1）较大调速范围以及电动机最大转速。

2）安装空间受限。

1PL6/1PH7/1PH8 系列电动机比同功率的标准异步电动机轴高平均要小两个等级。如此高的功率密度要求此类电动机变频运行时所需的脉冲频率至少设定为 2～2.5kHz 以减小其杂散损耗。更多信息请参考样本 PM21 中 "主电动机" 章节。

SINAMICSS120 中装机装柜型机柜机设备中，工厂默认设定的脉冲频率值为 1.25kHz，若要提高其脉冲频率则需要相应地减小输出电流。降容系数可参考此类设备的说明文档。1PL6/1PH7/1PH8 紧凑型异步主电动机如图 5-41 所示。

2. SIMOTICST/HT 系列 1FW3/1FW4 大扭矩永磁同步电动机

图 5-41　1PL6/1PH7/1PH8 紧凑型异步主电动机

SINAMICS S120 系列变频器除了可以驱动三相异步电动机外，还能够驱动三相永磁同步电动机。如 1FW3（中空轴）和 1FW4（实轴）系列电动机，冷却方式为风冷和水冷两种结构。

此类大扭矩永磁同步电动机的主要特点如下：

1）大扭矩；

2）低速度；

3）运行维护成本低；

4）结构精简；

5）高可用性；

6）效率高；

7）噪声低。

1FW4 风冷和水冷的永磁同步电动机如图 5-42 所示。

图 5-42　1FW4 风冷和水冷的永磁同步电动机

5.7.2　高电压供电变频运行时的特殊绝缘

SIMOTICS N-compact 系列 1LA8/1PQ8/1LL8 电动机标配的绝缘系统允许其无任何限制地使用在电源电压 500V 及以下供电的 SINAMICS 变频器中。

而对于更高的电源电压等级，变频使用时必须选择更高绝缘应力的电动机，或者在变频器的输出端添加滤波器，如 $\mathrm{d}v/\mathrm{d}t$ 滤波器或正弦波滤波器。

SIMOTICS N-compact 系列 1LA8/1PQ8/1LL8 电动机，在电源电压为 500～690V 供电的 SINAMICS 变频器下运行时，需要增加特殊绝缘。增加特殊绝缘后变频运行时无需安装滤波器。特殊绝缘的电动机其订货号第 10 位为 "M"，如 1LA8315-2P M80。

SIMOTICSH-compact 以及 H-compact PLUS 系列异步电动机 1LA4/1PQ4，电源电压在 500～690V 的低压范围为变频专用电动机，因此供货时默认就是特殊绝缘。

SIMOTICS 紧凑型异步电动机 1PL6、1PH7 和 1PH8 在机座号 280 及以上可以选择电源电压为 690V 的特殊绝缘。

SIMOTICS HT 系列 1FW4 电动机仅能通过变频器驱动，因此在电源电压为 690V 等级特殊绝缘为标准配置。

表 5-28 给出了 SIMOTICS N-compact 系列 1LA8、1PQ8 及 1LL8 电动机的电压应力极值，（A）为标准绝缘；（B）为电源电压为 690V 下变频应用时的特殊绝缘。

表 5-28　标准绝缘和特殊绝缘

绕组绝缘	进线电压 V_{Line}	允许的相间电压 $V_{\mathrm{PP permissible}}$	允许的相对地电压 $V_{\mathrm{PE\ permissible}}$
A = 标准绝缘	≤500V	1500V	1100V
B = 特殊绝缘	>500～690V	2250V	1500V

标准绝缘和特殊绝缘耐压极限如图 5-43 所示。

5.7.3　轴电流

对于轴心高 225 以上的 1LG 系列的标准电动机，可以增选 L27 选件来增加非驱动端的绝缘轴承。此类电动机若以变频器供电，建议增选此选件。

用于变频运行的 SIMOTICS N-compact 系列电动机 1LA8、1PQ8 及 1LL8（订货号第 9 位

为"P",如:1LA8315-2 PM80),在非驱
动端标配有绝缘轴承。

SIMOTICS H-compact 及 H-compact
PLUS 低压范围变频运行电动机在非驱动
端标配有绝缘轴承。

在机座号 180 及以上的 SIMOTICS 紧
凑型异步电动机 1PL6、1PH7 和 1PH8,可
以在非驱动端增加绝缘轴承选件(L27)。
对于轴高 225 以上的上述电动机,在非驱
动端标配有绝缘轴承。

在安装编码器的系统中,需要确定编
码器安装时不会跨接轴承绝缘,例如:编
码器需隔离安装或使用带绝缘轴承的编
码器。

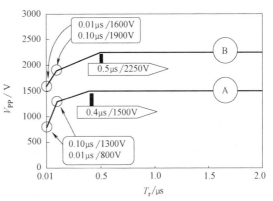

对西门子N-compact 系列电动机允许的耐压极限V_{PP}:
A=标准绝缘
B=特殊绝缘

图 5-43　标准绝缘和特殊绝缘耐压极限

5.7.4　电动机保护

通过 SINAMICS S120 系列中的 I^2t 监控功能,可以对电动机实现热过载保护。此功能用
来防止电动机在过电流情况下持续运行,且可以根据电动机热保护模型动作,不需要外部测
温元件。

更加精确的电动机热保护需要考虑环境温度的影响,使用电动机绕组内预埋的温度传感
器 KTY84、PT100 或 PTC 热电偶可以直接测得电动机温度。

在 1LE 系列电动机中,其订货号第 16 位代表电动机绕组温度保护,如:"B"代表电动
机内部安装 3 个 PTC 热电偶、"F"代表 KTY84、"H"代表 PT100。在 1LA7/9、1LG4/6、
1LA8/1LA4、1PQ8/1PQ4 系列电动机中,温度传感器 KTY84 选件代码为 A23,PT100 选件代
码为 A60(3xPT100 用于 1LA7/9、1LG4/6)、A61(6xPT100 用于 1LG4/6、1LA8/1PQ8)或
A65(6xPT100 用于 1LA4/1PQ4)。

在 1LA7/9、1LG4/6 电动机中,若需要选加 PTC 热电偶,则需要增选 A11(3 个热电
偶,均用于故障跳机)或 A12(6 个热电偶,3 个用于报警,3 个用于故障跳机)选件。
1LA8/1PQ8 电动机中标配有 6 个 PTC 热电偶,而在 1PL6、1PH7 和 1PH8 电动机中标配有
KTY84 温度传感器。

在 SINAMICS S120 装机装柜型功率单元和逆变单元中,-X41 端子可以接入 KTY84/
PTC/PT100 温度传感器;而装机装柜型整流单元中,-X41 端子可以接入 KTY84/PTC。

温度传感器还可以通过 TM 端子模块或 SMC 编码器接口模块接入到 S120 系统中。具体
内容请参照相关模块说明文档。

对于 SIMOTICS XP 1MJ 系列防爆电动机出厂时强制带有 PTB 认证的 PTC 热电偶。

第6章 驱动系统基本操作

6.1 参数

参数可分为设置参数（P…）和显示参数（r…）：

1）设置参数（可写、可读）：数值直接影响功能特性。

示例：斜坡函数发生器的斜坡上升和斜坡下降时间。

2）显示参数（只读）：用于显示内部数据。

示例：当前电动机电流。

参数类型如图6-1所示。

所有驱动参数都可以通过 PRO-FIBUS 按照 PROFIdrive 行规定义的机制进行读取或修改。

图6-1　参数类型

1. 参数分类

各个驱动对象的参数按照如下方式分成各个数据组：

（1）与数据组无关的参数

这些参数在每个驱动对象中只出现一次。

（2）与数据组相关的参数

这些参数可以多次存在于驱动对象中，并可以通过参数索引确定地址以用于读写。数据组分为不同的类型：

1）CDS：命令数据组（Command Data Set）。通过相应地设置多个命令数据组并在这些数据组之间进行切换，驱动可以使用不同的预设信号源运行。

2）DDS：驱动数据组（Drive Data Set）。驱动数据组中包含了用于切换驱动控制配置的参数。

数据组 CDS 和 DDS 可在运行时进行切换。此外还有其它的数据组类型，但只能通过 DDS 切换间接激活。

1）EDS Encoder Data Set——编码器数据组。

2）MDS Motor Data Set——电动机数据组。

参数分类如图6-2所示。

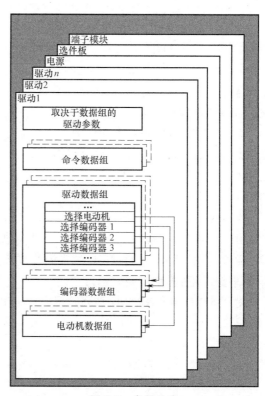

图6-2　参数分类

2. 非易失地保存参数

修改的参数值会暂时保存在工作存储器（RAM）中。一旦关闭驱动系统，这些数据便会丢失。如果需要在下一次上电时保留这些数据，以下两种方式都可以将数据保存在 CF 卡上：

1）控制单元（驱动对象 CU_*）中设置 p0977 = 1（完成后会自动恢复为 0）。

2）调试软件 STARTER 中点击图标 ，执行 "Copy RAM to ROM"。

3. 复位参数

可以按照以下方式将参数恢复为出厂设置：

1）复位某一驱动对象的参数：当前驱动对象中设置 p0970 = 1（完成后会自动恢复为 0）。

2）复位所有驱动对象的参数：控制单元（驱动对象 CU_*）中设置 p0009 = 30，p0976 = 1（完成后会自动恢复为 0）。

4. 访问级

参数设有不同的访问级别。在 SINAMICS S120/S150 参数手册中说明了哪些访问级别的参数可以显示并加以修改。可以通过 p0003（CU 特有参数）来设置所需的访问级别 0 ~ 4。访问级见表 6-1。

表 6-1　访问级

访问级	注 释
0 用户自定义	用户自定义列表中的参数(p0013)
1 标准	用于最简单操作的参数, 例如: p1120 = 斜坡函数发生器上升时间
2 扩展	用于设备基本功能操作的参数
3 专家	该参数需要专业知识, 例如: BICO 的设定
4 服务	有关带有访问级别 4(服务) 的参数的密码请垂询当地西门子办事处。必须将该密码输入到 p3950 中

5. 数据组

(1) CDS：命令数据组（Command Data Set）

在一个命令数据组中集合了 BICO 参数（二进制和模拟量互联输入）。这些参数用于连接驱动的信号源。

通过相应地设置多个命令数据组并在这些数据组之间进行切换，驱动可以使用不同的预设信号源运行。

一个命令数据组包括（示例）：

1）控制命令的二进制互联输入（数字量信号），例如：

-ON/OFF, 使能（p0844 等）；

-JOG（p1055 等）。

2）设定值的模拟量互联输入（模拟量信号），例如：

-V/f 控制的电压设定值（p1330）；

-转矩限值和比例系数（p1522，p1523，p1528，p1529）。

不同驱动对象可以管理的命令数据组数量不同，最多 4 个。命令数据组的数量由 p0170 设置。

在矢量模式中，以下参数用于选择命令数据组和显示当前的命令数据组：

二进制互联输入 p0810 ~ p0811 用于选择命令数据组。这些输入以二进制形式（最高值位为 p0811）表示命令数据组的编号（0 ~ 3）。

1）p0810 BI：命令数据组选择 CDS 位 0。

2）p0811 BI：命令数据组选择 CDS 位 1。

如果选择了不存在的命令数据组，则当前的数据组保持生效。选中的数据组由参数 r0836 显示。

示例：在命令数据组 0 和 1 之间切换，如图 6-3 所示。

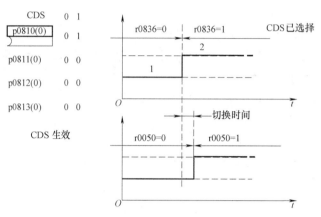

图 6-3　切换命令数据组（示例）

（2）DDS：驱动数据组（Drive Data Set）

在 SINAMICS S 参数手册中，驱动数据组中包含的参数标有"DDS 数据组"，并且具有索引 [0..n]。

驱动数据组中包含各种设置参数，用于驱动的闭环控制和开环控制：

1）分配的电动机数据组和编码器数据组的编号：

—p0186：分配的电动机数据组（MDS）；

—p0187 ~ p0189：分配相应的编码器数据组（EDS），最多 3 个编码器。

2）各种控制参数，例如：

—转速固定设定值（p1001 ~ p1015）；

—转速限值最小/最大（p1080，p1082）；

—斜坡函数发生器参数（p1120 等）；

—控制器参数（p1240 等）；

— ...

一个驱动对象可以管理最多 32 个驱动数据组。驱动数据组的数量由 p0180 设置。这样可使各种驱动配置（控制类型、电动机、编码器）之间的切换更为简易，只需要选择相应的驱动数据组。

二进制互联输入 p0820 ~ p0824 用于选择驱动数据组。这些输入以二进制形式（最高值位为 p0824）表示驱动数据组的编号（0 ~ 31）。

1）p0820 BI：驱动数据组选择 DDS 位 0。

2）p0821 BI：驱动数据组选择 DDS 位 1。

3）p0822 BI：驱动数据组选择 DDS 位 2。

4）p0823 BI：驱动数据组选择 DDS 位 3。

5）p0824 BI：驱动数据组选择 DDS 位 4。

补充条件和建议

1）一个驱动的 DDS 数量建议：一个驱动的 DDS 的数量应符合切换的需要。因此必须满足：

p0180（DDS）≥最大（p0120（PDS），p0130（MDS））。

2）驱动对象的最大 DDS 数量 = 32DDS。

（3）EDS：编码器数据组（Encoder Data Set）

在参数列表中，编码器数据组中包含的参数标有"EDS 数据组"，并且具有索引 [0…n]。

编码器数据组中包含连接的编码器的各种设置参数，用于对驱动进行配置；例如：

1）编码器接口组件号（p0141）。

2）编码器组件号（p0142）。

3）选择编码器类型（p0400）。

每个通过控制单元控制的编码器都需要一个独立的编码器数据组。通过参数 p0187、p0188 和 p0189 可为一个驱动数据组最多分配 3 个编码器数据组。

只能通过 DDS 切换进行编码器数据组切换。

如果在没有禁止脉冲，即电动机带电运行时执行编码器数据组切换，则只允许切换到经过校准的编码器上（已执行磁极位置识别，或使用绝对值编码器时已确定换向角）。

每个编码器只可以分配给一个驱动装置，并且在一个驱动内的每个驱动数据组中只可以始终是编码器 1、编码器 2 或者编码器 3。

EDS 切换可以应用在多个电动机交替运行的功率单元上。电动机间通过一个接触器回路进行切换。每个电动机都可以装配编码器或者无编码器运行。每个编码器必须连接单独的 SMx。

如果编码器 1（p0187）通过 DDS 进行了切换，则相应的 MDS 也须进行切换。

说明

多个编码器之间的切换

为了通过切换 EDS 来切换两个或多个编码器,必须将各个编码器连接到不同的编码器模块或不同的 DRIVE-CLiQ 接口上。

多个编码器使用同一个接口时,这些编码器的型号和 EDS 也必须相同。因此我们推荐切换到模拟量一侧的编码器（例如 SMC 一侧）。插拔次数有限,而且 DRIVE-CLiQ 需要花费更长的时间才能建立通信,因此只有在特定情况下,才允许切换到 DRIVE-CLiQ 上的编码器。

若电动机运行有时需采用电动机编码器 1，有时需使用电动机编码器 2，则必须为此分别创建两个包含相同电动机数据的 MDS。

一个驱动对象可以管理最多 16 个编码器数据组。配置的编码器数据组数量在 p0140 中设定。

在选择驱动数据组时，分配的编码器数据组也会自动被选择。

说明

Safety 运行中的 EDS

不允许在数据组切换时修改用于安全（Safety）功能的编码器。SI 功能会检查在数据组切换后和 SI 相关的编码器数据是否改变:如果发现改变,系统会输出故障 F01670,故障值为 10,该故障会导致无法响应的 STOPA。

不同数据组内,和 SI 相关的编码器数据必须相同。

（4）MDS：电动机数据组（Motor Data Set）

在 SINAMICS S120/S150 参数手册中，电动机数据组中包含的参数标有"MDS 数据组"，并且具有索引［0…n］。

电动机数据组中包含连接的电动机的各种设置参数，用于对驱动进行配置。此外还包含一些显示参数和计算得到的数据。

1）设置参数，例如：

—电动机组件号（p0131）；

—选择电动机型号（p0300）；

—电动机额定数据（p0304 起）；

— ...

2）显示参数，例如：

—计算得到的额定数据（r0330 起）；

— ...

每个由控制单元通过逆变单元控制的电动机都需要一个独立的电动机数据组。电动机数据组通过参数 p0186 分配至驱动数据组。

只能通过 DDS 切换进行电动机数据组切换。电动机数据组切换可用于在不同电动机间进行切换：

1）在电动机的不同绕组间进行切换（例如星形-三角形切换）。

2）电动机数据的自适配。

如果需要在一个逆变单元上交替运行多个电动机，必须设置相应数量的驱动数据组。一个驱动对象可以管理最多 16 个电动机数据组。p0130 中电动机数据组的数量不可以大于 p0180 中驱动数据组的数量。

数据组分配示例见表 6-2。

表 6-2　数据组分配示例

DDS	电动机 （p0186）	编码器 1 （p0187）	编码器 2 （p0188）	编码器 3 （p0189）
DDS 0	MDS 0	EDS 0	EDS 1	EDS 2
DDS 1	MDS 0	EDS 0	EDS 3	—
DDS 2	MDS 0	EDS 0	EDS 4	EDS 5
DDS 3	MDS 1	EDS 6	—	—

6.2　驱动对象

驱动对象（Drive Object，DO）是一种独立的自治式软件功能单元，其拥有独立的参数，某些情况下也会有独立的故障和报警。驱动对象可标准配置（例如输入/输出测量模块或模板）、一次添加（例如端子板）或多次添加（例如驱动闭环控制）。

驱动对象-Drive Objects 如图 6-4 所示。

常见的驱动对象有：

1）控制单元：CU_x。

2）整流装置：A_INF，B_INF，S_INF。

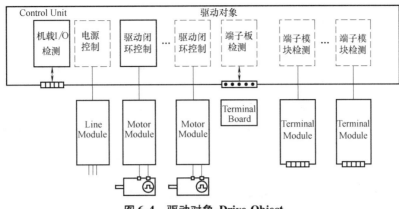

图 6-4 驱动对象-Drive Object

3）逆变单元或逆变器：VECTOR/SERVO，VECTOR_AC/SERVO_AC。

4）编码器模块。

5）端子扩展模块：TMx。

说明

驱动对象（Drive Object）

所有驱动对象的列表请参见 SINAMICS S120/S150 参数手册"参数一览"章节。

驱动对象配置

由控制单元处理的"驱动对象"在首次调试时在 STARTER 中通过配置参数创建。在控制单元内可创建不同的驱动对象。

驱动对象是可配置的功能块，用于执行特定的驱动功能。

如果在首次调试后需要添加或删除驱动对象，必须通过驱动系统的配置模式进行。只有在配置了驱动对象并且从配置模式切换至参数设置模式后，才能访问驱动对象的参数。

说明

在首次调试时每个驱动对象都会指定一个 0～63 之间的编号用于内部识别。

6.3 BICO 技术：信号互联

每个驱动设备中都包含大量可连接的输入/输出数据和内部控制数据。

利用 BICO 互联技术，可以对驱动对象功能进行调整，以满足各种应用的要求。

可通过 BICO 参数任意连接的数字量和模拟量信号，其参数名前缀为 BI、BO、CI 或 CO。这些参数在参数列表或功能图中也具有相应的标记。

说明

我们建议通过调试工具 STARTER 来使用 BICO 技术。

6.3.1 二进制接口、连接器接口

1. 二进制接口，BI：二进制互联输入，BO：二进制互联输出

二进制接口是没有单位的数字量（二进制）信号，其值可以为 0 或 1。

二进制接口分为二进制互联输入（信号接收）和二进制互联输出（信号源）。

二进制接口见表 6-3。

表 6-3　二进制接口

缩写	符号	名　称	描　述
BI	⊃▭	二进制互联输入 Binector Input （信号接收）	可与一个作为源的二进制互联输出连接 二进制互联输出的编号必须作为参数值输入
BO	▭⊃	二进制互联输出 Binector Output （信号源）	可用作二进制互联输入的信号源

2. 连接器接口，CI：连接器互联输入，CO：连接器互联输出

连接器接口是数字量信号，可用于单字（16 位）、双字（32 位）或者模拟量信号。连接器接口分为连接器互联输入（信号接收）和连接器互联输出（信号源）。

模拟量接口见表 6-4。

表 6-4　模拟量接口

缩写	符号	名　称	描　述
CI	⊃▭	连接器互联输入 Connector Input （信号接收）	可与一个作为源的连接器互联输出连接 连接器互联输出的编号必须作为参数值输入
CO	▭⊃	连接器互联输出 Connector Output （信号源）	可用作连接器互联输入的信号源

6.3.2　使用 BICO 技术互联信号

必须将 BICO 输入参数（信号接收）分配给所需的 BICO 输出参数（信号源），用于连接两个信号。

连接二进制/连接器互联输入和二进制/连接器互联输出时，需要以下信息：

1）二进制接口：参数编号，位编号和驱动对象 ID。

2）无索引的连接器接口：参数编号和驱动对象 ID。

3）有索引的连接器接口：参数编号，索引和驱动对象 ID。

使用 BICO 技术互联信号如图 6-5 所示。

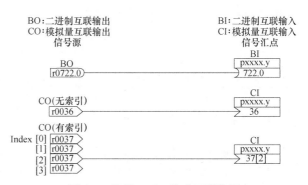

图 6-5　使用 BICO 技术互联信号

说明

连接器互联输入（CI）不能与任意连接器互联输出（CO，信号源）连接。这同样适用于二进制互联输入（BI）和输出（BO）。

可在不同的命令数据组（CDS）中执行 BICO 参数互联。切换数据组可以使命令数据组中的不同互联生效。也可进行驱动对象之间的互联。

6.3.3　二进制/连接器互联输出参数的内部编码

例如，内部编码可用于通过 PROFIBUS 写入 BICO 输入参数。

二进制/连接器互联输出参数的内部编码如图 6-6 所示。

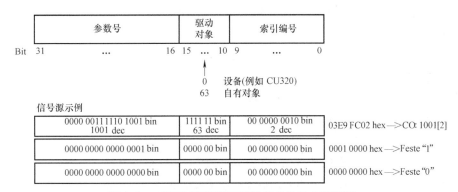

图 6-6　二进制/连接器互联输出参数的内部编码

6.3.4　互联示例

示例 1：互联数字量信号

假设驱动需要通过控制单元的端子 DI0 和 DI1，以 JOG1 和 JOG2 方式运行。

互联数字量信号（示例）如图 6-7 所示。

示例 2：将 OFF3 连接至多个驱动

假设需要将 "OFF3" 信号通过控制单元的端子 DI2 连接到两个驱动上。

每个驱动都有 "1st OFF3" 和 "2nd OFF3" 两个二进制互联输入。两个信号都连接到控制字 1.2（OFF3）的逻辑 "AND" 门的输入。

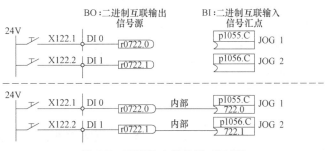

图 6-7　互联数字量信号（示例）

"OFF3" 互联到多个驱动（示例）如图 6-8 所示。

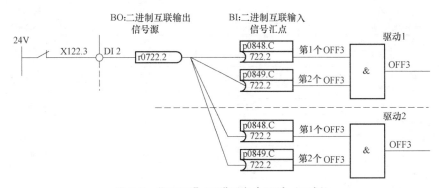

图 6-8　"OFF3" 互联到多个驱动（示例）

6.3.5　BICO 技术的说明

1. 与其它驱动的 BICO 互联

以下参数用于执行与其它驱动的 BICO 互联：

1）r9490 与其它驱动的 BICO 互联的数量。

2）r9491〔0...15〕与其它驱动的 BICO 互联 BI/CI。

3）r9492〔0...15〕与其它驱动的 BICO 互联 BO/CO。

4）p9493〔0...15〕复位与其它驱动的 BICO 互联。

2. 复制驱动

在复制一个驱动时，也会一同复制它的互联。

3. 二进制-连接器转换器和连接器-二进制转换器

二进制-连接器转换器：

1）将多个数字量信号转换为 32 位整型双字或者 16 位整型单字。

2）p2080〔0...15〕BI：PROFIdrivePZD 位方式发送。

连接器-二进制转换器：

1）将 32 位整型双字或 16 位整型单字转换为单个数字量信号。

2）p2099〔0...1〕CI：PROFIdrive PZD 位方式接收。

4. 用于 BICO 互联的固定值

以下连接器互联输出可用于连接任意可设置固定值：

1）p2900〔0...n〕CO：固定值_%_1。

2）p2901〔0...n〕CO：固定值_%_2。

3）p2930〔0...n〕CO：固定值_M_1。

6.3.6　标定

1. 模拟量输出的信号

模拟量输出的信号表见表 6-5。

表 6-5　模拟量输出的信号表

信　　号	参　数	单　　位	标定 (100% =...)
设定值滤波器前的转速设定值	r0060	r/min	p2000
编码生成的转速实际值	r0061	r/min	p2000
转速实际值	r0063	r/min	p2000
驱动输出频率	r0066	Hz	基准频率
电流实际值	r0068	Aeff	p2002
直流母线电压实际值	r0070	V	p2001
总转矩设定值	r0079	N·m	p2003
有功功率实际值	r0082	kW	p2004
控制偏差	r0064	r/min	p2000
调制深度	r0074	%	基准调制深度
转矩电流的设定值	r0077	A	p2002
转矩电流的实际值	r0078	A	p2002
磁通设定值	r0083	%	基准磁通量
磁通实际值	r0084	%	基准磁通量
速度控制器 PI 转矩输出	r1480	N·m	p2003
速度控制器 I 转矩输出	r1482	N·m	p2003

2. 修改标定参数 p2000 ~ p2007 时的注意事项

说明

如果选择了百分比单位，而之后又修改了基准参数，例如 p2000，为保持控制性能，某些控制参数的基准值也会自动调整。

6.4　输入/输出

可用的数字量输入/输出和模拟量输入/输出见表 6-6。

表 6-6　输入/输出一览

组件	数字量			模拟量	
	输入	双向输入/输出	输出	输入	输出
CU320-2	$12^{1)}$	$8^{2)}$	—	—	
CU310-2	$5 + 3^{3)}$	$8 + 1^{3)}$	—	1	
TB30	4	—	4	2	
TM15DI_DO	—	24	—	—	
TM31	8	4	—	2	
	继电器输出:2 温度传感器输入:1				
TM41	4	4	—	1	
	增量编码器仿真:1				
TM120	温度传感器输入:4				

1) 可设定：非隔离或隔离。
2) 其中有 6 个快速输入。
3) Safety Integrated 基本安全功能的输入。

6.4.1　数字量输入/输出

1. 特性

1) 数字量输入是"高电平"有效。

2) 未占用的输入视为"低电平"。

3) 固定的防抖动设置，延迟时间 = 1 ~ 2 个电流控制器周期（p0115 [0]）。

4) 用于互联的输入信号。

—可用作取反和不取反的二进制互联输出；

—可用作连接器互联输出。

5) 可参数化设置的模拟方式。

6) 通过跳线可以逐个端子地设置电位隔离。

—跳线打开：电位隔离；

只有在连接了基准地时数字量输入才生效。

—跳线闭合：电位相连；

数字量输入的基准电位是控制单元的地。

7) 数字量输入/输出的可设定采样时间（p0799）。

2. 数字量输出特性

1) 数字量输出使用单独的电源。

2) 输出信号源可通过参数设定。

3) 信号可通过参数取反。

4) 输出信号的状态可显示：

—可用作二进制互联输出；

—可用作连接器互联输出。

说明
数字量输出必须连接单独的电源,才能生效。

3. 双向数字量输入输出特性

1）可设为数字量输入或数字量输出。

2）设为数字量输入时：

—控制单元上 6 个"高速输入"：如果这些输入用于"快速测量"功能，在存储实际值时它们可以像高速输入一样生效，几乎没有延时；

—其它特性和纯粹的数字量输入一样。

3）设为数字量输出时，其它特性和纯粹的数字量输出一样。

4）双向输入/输出可以共享 CU 和上级控制器之间的资源。

6.4.2　使用 CU 上的双向数字量输入/输出

CU（DO1）上 X122 和 X132 的双向输入/输出既可以由驱动对象使用，也可以由上级控制器使用，即资源共享。

在 BICO 互联中，选择通过 DO1 报文 p0922 = 39x 将端子连接到一个控制器，或连接到一个驱动对象，便可以定义端子的分配。

可以通过参数 r0729 查看控制单元上数字量输出的分配情况，也就是：CU 端子 X122/X132 上的输出是直接分配给了控制单元，还是通过 PROFIBUS 连接到了上级控制器。

1）r0729 = 0：输出分配给了驱动控制单元，或者没有端子输出。

2）r0729 = 1：输出分配给了上级控制器（PROFIBUS 连接）。

分配给控制器表明：

1）端子可设为输出 x（p0728. x = 1）。

2）端子通过 BICO 和 p2901 互联，即控制器通过 DO1 报文使用该输出（p0922 = 39x）。

3）端子的输出信号可通过控制器的快速旁路通道用于集成的平台（通过 DO1 报文的标准通道总是一同写入）。

在以下情况下，参数 r0729 会更新：

1）在 CU 端子上切换了方向（p0728）。

2）输出端（p0738 起）的信号源发生改变。

1. 访问优先级

（1）通过从 p0738 开始的一系列参数改变设置：控制器输出→驱动输出

在采用 DO1 报文时，驱动输出的优先级高于控制器的标准输出，但是在直接访问（旁路）时，控制器的优先级高于驱动输出。

在切换到驱动输出时，控制器必须取消原先在端子上设置的旁路，以便使新的设置生效。

（2）改变设置：驱动输入→控制器输出

控制器输出具有更高的优先级。属性和标准属性相同。

设置修改会传送给驱动，以便正在使用的应用程序可以发出报警。

（3）改变设置：驱动输出→控制器输出

控制器输出具有更高的优先级。属性和标准属性相同。

设置修改会传送给驱动，以便正在使用的应用程序可以发出报警或故障信息。读取输出信息可能会导致驱动出错，也就是：驱动应用程序检查它的端子的互联条件。如果端子根据驱动功能分配给了一个驱动外设，但是它的状态仍为"控制器端子"，则无法确保驱动功能正常工作。

2. 控制器失灵时的故障响应

在出现故障时，分配给控制器的 CU 输入/输出会进入安全状态。

一些信号正在通过控制器旁路通道的端子也是如此。该状态可以从 DO1 报文故障（生命符号故障）看出。

6.4.3　模拟量输入

1. 特性

1）硬件输入滤波器固定设置。

2）可参数化的模拟运行模式。

3）偏移可设定。

4）信号可通过 BI 取反。

5）求值可设定。

6）噪声抑制（p4068）。

7）可通过 BI 使能输入。

8）输出信号可用于 CO。

9）标定。

10）平滑。

说明

p4057 ~ p4060 的比例系数参数不会限制电压值/电流值，在 TM31 上，该输入可用作电流输入。

---

2. 控制单元 CU310-2 的模拟量输入

控制单元 CU310-2 有一个端子排 X131 上集成的模拟量输入、端子 7 和 8。输入通过 DIP 开关 S5 预设为电流或电压输入。该输入可通过 p0756［x］进一步设置。p0756 的设置见表 6-7。

表 6-7　p0756 的设置

p0756［x］	输入功能	p0756［x］	输入功能
0	0 ~ 10V	4	− 10 ~ + 10V
2	0 ~ 20mA	5	− 20 ~ + 20mA
3	4 ~ 20mA		

可通过参数 p0757 ~ p0760 对模拟量输入特性曲线定标。

模拟量输入的值可在 r0755 中读取。

6.4.4　模拟量输出

特性

1）可设定的绝对值输出。

2）可通过 BI 取反。

3）可调整的滤波时间。

4）可调整的传输特性曲线。

5）输出信号可通过显示参数显示。

说明

p4077 ~ p4080 的比例系数参数不会限制电压值/电流值，在 TM31 上，该输出可用作电流输出。

6.5　数据备份

6.5.1　备份非易失性存储器

CU320-2 和 CU310-2 具有一个用于运行相关数据的非易失性存储器，即 NVRAM（Non-Volatile Random Access Memory）。此存储器中存储了故障缓存数据、诊断缓存数据和信息缓存数据等。

在特定状况下（例如控制单元中出现损坏，或更换控制单元），需要对这些数据进行备份。更换硬件后，将备份的数据重新传输至控制单元的 NVRAM。使用参数 p7775 执行这些步骤：

1）p7775 = 1 用于将 NVRAM 数据备份在存储卡上。

2）p7775 = 2 用于将存储卡上的 NVRAM 数据复制到 NVRAM。

3）p7775 = 3 用于清除 NVRAM 中的数据。

数据成功清除后自动执行上电。

若该过程完成后，则会自动设置 p7775 = 0。若该过程没有成功完成，则 p7775 会显示相应的故障值。更多有关故障值的详细信息请见 SINAMICS S120/150 参数手册。

说明

修改 NVRAM 数据

仅在设置了脉冲禁止时，才可对 NVRAM 中的数据执行恢复和删除。

---

1. 备份 NVRAM 数据

通过 p7775 = 1 将独立控制单元的 NVRAM 数据保存在存储卡上的 "... \ USER \ SINAMICS \ NVRAM \ PMEMORY. ACX" 子目录下。存储卡的文件夹中之前已存在此名称的文件，则会重命名为 "... \ PMEMORY. BAK"。

若控制单元集成在控制系统中，NVRAM 数据会被保存至存储卡上的 "... \ USER \ SINAMICS \ NVRAM \ xx \ PMEMORY. ACX" 子目录中。此时 "xx" 对应 DRIVE-CLiQ 端口。

在存储过程中对 NVRAM 的所有数据进行备份。

说明

备份 NVRAM 数据

也可在脉冲使能期间将 NVRAM 数据备份至存储卡。但是，若在 NVRAM 数据传输期间驱动运行，那么备份的数据可能会与 NVRAM 数据不一致。

---

2. 恢复 NVRAM 数据

通过 p7775 = 2 将存储卡上的 NVRAM 数据传输回控制单元。在恢复时决定需要复制哪些数据。

执行 NVRAM 数据恢复的原因有两种：

1）更换控制单元。

2）怀疑存在数据错误，有针对性地进行 NVRAM 数据恢复。

恢复过程中控制单元一般会先搜索 "PMEMORY. ACX" 文件。若存在该文件且其校验和有效，则会将其载入；若未找到 "PMEMORY. ACX" 文件，则控制单元会寻找 "PMEMORY. BAK" 文件作为替代，并在其校验和有效的情况下执行载入。

更换控制单元：SINAMICS 会根据控制单元序列号的变化识别出控制单元的更换。上电后首先清除控制单元的 NVRAM。之后载入新的 NVRAM 数据。

NVRAM 恢复：通过设置 p7775 = 2 对所存储的 NVRAM 数据进行有针对性的恢复。先将 NVRAM 的原始文件删除。若存在 "PMEMORY. ACX" 文件且其校验和有效，则会将其载入 NVRAM。

以下数据不会重新恢复：

1）控制单元运行计数器。

2）控制单元温度。

3）安全日志。

4）崩溃时的诊断数据。

3. 删除 NVRAM 数据

通过 p7775 = 3 删除 NVRAM 数据。

此时以下数据不会被删除：

1）控制单元运行计数器。

2）控制单元温度。

3）安全日志。

4）崩溃时的诊断数据。

说明

NVRAM 和专有技术保护

参数 p7775 受专有技术保护和写保护。若需在保护机制激活的情况下读取此参数，必须将 p7775 添加到例外列表中。

说明

NVRAM 和写保护

在写保护激活时，只能由上级控制系统通过循环通信对 p7775 进行赋值。

故障缓存、诊断缓存和信息缓存的更多相关信息请见 SINAMICS S120 调试手册。

6.5.2　存储卡的冗余数据备份

"CF 上冗余数据备份"、"通过网络服务器下载固件" 与远程访问相结合可在连接中断或断电时再次对设备进行安全访问。

固件版本 V4.6 以上的存储卡除了正常的工作区外还有一个备份区。CU 起动时，在该备份区中可进行重要数据备份，这样就能确保在进行存储卡上的数据更新时即使断电也不会丢失数据。只有 "系统" 级权限才能访问该备份区。"用户" 级权限无法看到该分区。

如果系统识别出存储卡上文件系统有损坏，系统会在下次 CU 起动时从备份区中恢复工作区中的数据。这时会输出故障信息 "F01072：从备份数据中恢复存储卡"。数据恢复过程会通过 LED（固件下载）显示，该过程通常持续 1min。

起动时，将修改的项目数据复制到备份区这一过程持续时间较短。在工作区进行写入过程后（例如：RAM to ROM）系统会自动识别是否需要在备份区进行备份复制更新并输出信息 "A01073：需要上电，以进行存储卡上的备份复制"。在该情况下执行控制单元上电或硬件复位（通过 p0972）。

固件版本 V4.6 以上带存储卡的控制单元在首次起动时会进行全面的数据备份。该数据备份过程通常只需要 1min 并通过 LED（固件下载）显示。在固件升级或通过读卡器进行存储卡补丁修补（V4.6 以上）时也会进行一次这样的数据备份。

说明

最低需求

在旧的固件版本上(例如:V4.5,带存储卡)不能使用该特性。如果希望自动进行备份复制,需要满足以下前提条件:

1)带正确功能版本的控制单元(参见"读取功能版本")。

2)固件版本 V4.6 原装存储卡。

说明

通过网络服务器进行固件下载时的特殊性

特殊情况下,在通过网络服务器进行固件下载时也可以使用旧的固件版本,但是这不能确保电源掉电安全性。

读取功能版本

表 6-8 中列出了每个控制单元进行"存储卡上冗余数据备份"所需要的功能版本,从控制单元的铭牌上可获取相关数据

表 6-8　控制单元数据备份所需的功能版本

控制单元	功能版本(PRODIS 版本)	控制单元	功能版本(PRODIS 版本)
CU310-2 DP	≥E	CU320-2 DP	≥G
CU310-2 PN	≥E	CU320-2 PN	≥D

6.6　DRIVE-CLiQ 拓扑结构的说明

在 SINAMICS 中,DRIVE-CLiQ(Drive Component Link with IQ)是连接 SINAMICS 不同组件的通信系统,这些组件有:控制单元、整流装置、逆变单元、电动机和编码器。拓扑结构指的是 DRIVE-CLiQ 电缆的连接树形图。每个组件起动时,都会分配到一个组件号。

DRIVE-CLiQ 具备以下属性:

1)通过控制单元自动识别组件。

2)所有组件具有统一的接口。

3)可对组件进行诊断。

4)可对组件进行维护。

1. 电子铭牌

电子铭牌包含以下数据:

1)组件类型,例如:SMC20。

2)订货号,例如:6SL3055-0AA0-5BA0。

3)制造商,例如:西门子。

4)硬件版本,例如 A。

5)序列号,例如:T-PD3005049。

6)技术数据,例如:额定电流。

2. 实际拓扑结构

实际拓扑结构对应实际的 DRIVE-CLiQ 连接树形图。

在驱动系统的组件起动时,DRIVE-CLiQ 会自动识别实际拓扑结构。

3. 设定拓扑结构

设定拓扑结构保存在控制单元的 CF 卡上,在控制单元起动时会和实际拓扑结构相比较。

有两种方式可以定义设定拓扑结构,并将它保存到 CF 卡上:

1）通过 STARTER，创建设置并载入到驱动装置中。

2）通过快速调试（自动设置），读取实际拓扑结构，并将设定拓扑结构写入到存储卡上。

4. 上电时的拓扑结构比较

拓扑结构比较可以防止组件被错误的控制/检测，例如：驱动 1 和 2。

在驱动系统起动时，控制单元会比较存储卡中保存的设定拓扑结构和识别出的实际拓扑结构、电子铭牌。

通过参数 p9906 可以为一个控制单元上的所有组件设定电子铭牌的比较方式。也可以通过 p9908 或右击 STARTER 中的拓扑结构视图，单独修改每个组件的比较方式。默认设置中会比较电子铭牌的所有数据。

设定和实际拓扑结构中数据的比较范围取决于 p9906/9908 的设置：

1）p9906/p9908 = 0 组件类型、订货号、制造商、序列号。

2）p9906/p9908 = 1 组件类型、订货号。

3）p9906/p9908 = 2 组件类型。

4）p9906/p9908 = 3 组件类别，例如：编码器模块或逆变单元。

说明

控制单元和选件板不受监控。这些组件的更换会自动接收，不会加以显示。

进行 DRIVE-CLiQ 组件的布线时须遵循特定规则。其中可区分为强制性遵循 DRIVE-CLiQ 规则和建议性遵循 DRIVE-CLiQ 规则，这样便不必再对 STARTER 中离线创建的拓扑结构进行修改。

DRIVE-CLiQ 组件的最大数量以及布线方式取决于以下系数：

1）约束性 DRIVE-CLiQ 布线规则。

2）所激活驱动的数量和类型以及相应控制单元的功能。

3）相应控制单元的计算效率。

4）所设置的处理周期和通信周期。

如果实际的拓扑与在 STARTER 离线模式下创建的拓扑不一致，则应在下载前对离线拓扑进行调整。

6.6.1 在调试工具 STARTER 中修改离线拓扑

设备拓扑可以在 STARTER 中通过移动拓扑树中的组件来进行修改（拖放）。

拓扑树选项如图 6-9 所示。

示例：修改 DRIVE-CLiQ 拓扑

1）选中 DRIVE-CLiQ 组件。

DRIVE-CLiQ 组件如图 6-10 所示。

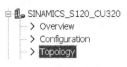

图 6-9　拓扑树选项

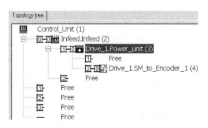

图 6-10　DRIVE-CLiQ 组件

2）按住鼠标键将组件拖动到需要的 DRIVE-CLiQ 接口处，松开鼠标。

调整 DRIVE-CLiQ 组件如图 6-11 所示。

调试工具 STARTER 中的拓扑已经修改。

修改后的拓扑结构如图 6-12 所示。

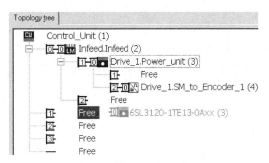

图 6-11　调整 DRIVE-CLiQ 组件

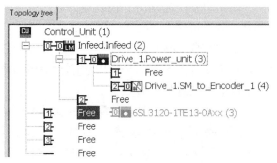

图 6-12　修改后的拓扑结构

6.6.2　DRIVE-CLiQ 布线的强制规定

下列的布线规定针对的是标准周期（矢量 $250\mu s$）。如果比该标准周期短，控制单元的计算性能会产生其它限制（使用选型工具 SIZER 进行选型配置）。

说明

每个双轴逆变单元、DMC20、DME20、TM54F 和 CUA32 都相当于两个 DRIVE-CLiQ 节点。只配置了一个驱动的双轴逆变单元也是如此。

以下通用 DRIVE-CLiQ 布线规定是强制规定，以确保驱动的安全运行。

1）控制单元的一条 DRIVE-CLiQ 支路上禁止连接超过 14 个 DRIVE-CLiQ 节点（例如 12 个 V/f 轴 +1 个整流装置 +1 个附加模块）。

2）一个控制单元上禁止连接超过 8 个逆变单元。双轴逆变单元上，一根轴相当于一个模块（1 个双轴逆变单元 =2 个逆变单元）。特例：采用 V/f 控制时最多允许连接 12 个逆变单元。

3）矢量 V/f 控制中，控制单元上仅允许一个 DRIVE-CLiQ 口连接超过 4 个节点。

4）组件禁止环形布线。

5）组件禁止重复布线。

示例：控制单元 DRIVE-CLiQ 接口 X103 上的 DRIVE-CLiQ 支路如图 6-13 所示。

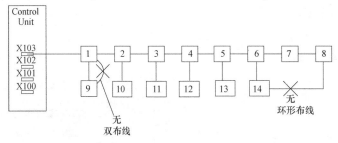

图 6-13　示例：控制单元 DRIVE-CLiQ 接口 X103 上的 DRIVE-CLiQ 支路

6）拓扑结构中禁止接入类型未知的 DRIVE-CLiQ 组件。

以下标准用于界定未知类型：

—组件特性不可用；

—未定义驱动对象；

—未将组件指定给已知驱动对象（DO）。

7）在包含一个 CU Link 以及 DRIVE-CLiQ 连接的拓扑结构中，只有一个控制单元允许用作 CU Link 主站/DRIVE-CLiQ 主站。

8）若检测到一个 CU Link 连接，则 DRIVE-CLiQ 基本周期 0（r0110［0］）会被设置为125μs，并被指定给该 DRIVE-CLiQ 接口。

9）针对书本型组件：

—在矢量 V/f 控制运行中，控制单元上只允许连接一个整流装置；

—在矢量控制方式中，一个整流装置和若干逆变单元必须连接到不同的 DRIVE-CLiQ 支路上；

—使用书本型组件时，禁止并联整流装置或逆变单元。

10）针对装机装柜型组件，整流装置（基本型、有源整流、回馈整流）和逆变单元必须连接到分离的 DRIVE-CLiQ 支路上。

11）针对装机装柜型功率单元的并联运行：

—只在矢量控制和 V/f 控制中允许并联整流装置或者并联逆变单元；

—一条并联回路内禁止连接超过 4 个整流装置；

—一条并联回路内禁止连接超过 4 个逆变单元；

—只允许一条逆变单元并联回路，它在拓扑结构中只有一个驱动对象。

12）并联逆变单元时，每个逆变单元仅允许配备一个集成 DRIVE-CLiQ 接口（SI-NAMICS 集成编码器模块）。

13）并联时禁止在不同的电动机间进行切换。

14）针对不同整流装置的混用或不同逆变单元的混用：

—一条并联回路中禁止连接性能不同的整流装置或逆变单元；

—装机装柜型整流装置允许有两条并联回路，用于回馈整流装置和基本整流装置的混用；

—禁止采用以下整流装置组合：

有源整流装置（ALM）+ 基本整流装置（BLM）；

有源整流装置（ALM）+ 回馈整流装置（SLM）。

15）针对不同结构类型的混用，DRIVE-CLiQ 支路上小功率单元（400V；> 250kW）和大功率单元（500 ~ 690V）的混用会因脉冲频率调整导致电流降容。所以装机装柜型逆变单元和书本型逆变单元必须连接到不同的 DRIVE-CLiQ 支路上。

16）针对不同控制模式的混用，允许混合使用矢量控制和 V/f 控制。

17）针对不同控制周期的混用，允许采用 250μs 的矢量周期 + 500μs 的矢量周期的组合。

18）针对带电压监控模块（VSM）的运行：

—当电源功能模块激活时，可以在整流装置上连接第二个或第三个电压监控模块（VSM）；

—VSM 必须连接到相应整流装置或逆变单元的空置 DRIVE-CLiQ 接口上（以支持 VSM

的自动分配）。

19）最多可连接 24 个驱动对象（Drive Objects = DOs）。

20）CU320-2 上最多可连接 16 个端子模块。

注：若连接了 TM15、TM31、TM54F 或 TM41，则必须减少相连标准轴的数量。

21）控制单元 CU310-2 上最多可连接 8 个类型为 TM15Base 和 TM31 的端子模块。

22）控制单元 CU310-2 上最多可连接 3 个类型为 TM15、TM17 或 TM41 的端子模块。

23）使用 TM31 时的周期时间：时间片为 2ms 时，最多可连接 3 个端子模块 TM31。

24）DRIVE-CLiQ 支路上所有组件的通信基本周期（p0115［0］和 p4099）必须可以相互整除，最小通信基本周期为 125μs。

25）矢量控制中驱动对象的最快采样时间如下：

—Ti = 250μs：矢量控制中最多 3 个驱动对象；

—Ti = 400μs：矢量控制中最多 5 个驱动对象；

—Ti = 500μs：矢量控制中最多 6 个驱动对象。

26）V/f 控制中驱动对象的最快采样时间如下：

Ti = 500μs：V/f 控制中最多 12 个驱动对象。

27）控制单元 CU320-2 一条 DRIVE-CLiQ 支路上可连接的 DRIVE-CLiQ 节点的最大数量取决于 DRIVE-CLiQ 支路的基本周期：

—电流控制器周期为 125μs 时最多允许连接 14 个 DRIVE-CLiQ 节点；

—电流控制器周期为 250μs 时最多允许连接 20 个 DRIVE-CLiQ 节点；

—电流控制器周期为 500μs 时最多允许连接 30 个 DRIVE-CLiQ 节点。

28）控制单元 CU310-2 一条 DRIVE-CLiQ 支路上可连接的 DRIVE-CLiQ 节点的最大数量取决于 DRIVE-CLiQ 支路的基本周期：电流控制器周期为 125μs 时最多允许连接 8 个 DRIVE-CLiQ 节点。

29）若在一个驱动对象上须更改电流控制器采样时间 Ti，而更改值又与同一条 DRIVE-CLiQ 支路上其它驱动对象采样时间不匹配，则可采用以下解决方案：

—将经过修改的驱动对象插入到一条单独的 DRIVE-CLiQ 支路中；

—同时修改电流控制器采样时间以及其它驱动对象输入/输出的采样时间，使其与修改过的采样时间匹配。

30）使用 TM54F 时的规定：

—TM54F 必须通过 DRIVE-CLiQ 直接连接到控制单元上；

—一个控制单元只能连接一个 TM54F；

—在 TM54F 上可以连接更多的 DRIVE-CLiQ 节点，例如：编码器模块 SM 或端子模块 TM，但是不能连接更多的 TM54F 模块；

—在使用控制单元 CU310-2 时，TM54F 不允许连接到功率模块所在的 DRIVE-CLiQ 支路上，TM54F 只能连接到控制单元上唯一的 DRIVE-CLiQ 插口 X100 上。

31）一条 DRIVE-CLiQ 支路上禁止运行超过 4 个带扩展安全集成功能的逆变单元（仅针对 Ti = 125μs）。在此 DRIVE-CLiQ 支路上禁止连接其它 DRIVE-CLiQ 组件。

32）若一根轴只有一个编码器，且该轴激活了安全集成功能，则此编码器只可连接至逆变单元或集线器模块 DMC20。

33）针对控制单元 CX/NX 模块上 DRIVE-CLiQ 接口，连接至控制单元的接口由 CX/NX 的总线地址得出：

（10→X100，11→X101，12→X102，13→X103，14→X104，15→X105）。

34）禁止混用 SIMOTION 主站控制单元和 SINUMERIK 从站控制单元。

35）禁止混用 SINUMERIK 主站控制单元和 SIMOTION 从站控制单元。

36）对于控制单元 CU310-2：

—CU310-2 为单轴控制模块，插装在功率模块 PM340 上；

—连接装机装柜型功率模块通过 DRIVE-CLiQ 接口 X100；

—不管是在插装模式中，还是通过 DRIVE-CLiQ 接口 X100 都可选择最小 62.5μs 的电流控制器周期。

6.6.3　推荐 DRIVE-CLiQ 规则

为了使用"自动配置"功能将编码器分配给驱动，推荐采用以下布线建议：

1）针对 DRIVE-CLiQ 组件（控制单元除外）：DRIVE-CLiQ 接口 Xx00 为 DRIVE-CLiQ 输入端，其它 DRIVE-CLiQ 接口为输出端。

2）单独的整流装置应直接连接至控制单元的 DRIVE-CLiQ 接口 X100。

—存在多个整流装置时应采用线性拓扑结构；

—若 DRIVE-CLiQ 接口 X100 不可用，应选择下一个编号较高的接口。

3）结构类型为装机装柜型时，电流控制器周期为 250μs 的逆变单元应连接至控制单元的 DRIVE-CLiQ 接口 X101。必要时应采用线性拓扑结构。若 DRIVE-CLiQ 接口 X101 不可用，则应为此逆变单元选择下一个编号较高的 DRIVE-CLiQ 接口。

4）结构类型为装机装柜型时，电流控制器周期为 400μs 的逆变单元应连接至控制单元的 DRIVE-CLiQ 接口 X102。必要时应采用线性拓扑结构。若 DRIVE-CLiQ 接口 X102 不可用，则应为此逆变单元选择下一个编号较高的 DRIVE-CLiQ 接口。

5）脉冲频率不同的装机装柜型逆变单元（结构尺寸 FX、GX、HX、JX）应连接至不同的 DRIVE-CLiQ 支路。

6）装机装柜型逆变单元和装机装柜型整流装置应连接至不同的 DRIVE-CLiQ 支路。

7）接口组件（例如端子模块 TM）应以线性拓扑连接至控制单元的 DRIVE-CLiQ 接口 X103。若 DRIVE-CLiQ 接口 X103 不可用，则可以为接口组件选择任意一个空置的 DRIVE-CLiQ 接口。

8）双轴逆变单元首个驱动的电动机编码器应连接至相应的 DRIVE-CLiQ 接口 X202。

9）双轴逆变单元第二个驱动的电动机编码器应连接至相应的 DRIVE-CLiQ 接口 X203。

10）电动机编码器应连接至相应逆变单元。

通过 DRIVE-CLiQ 连接电动机编码器：

—书本型单轴逆变单元连接至端子 X202；

—书本型双轴逆变单元，电动机 X1 连接至端子 X202，电动机 X2 连接至端子 X203；

—装机装柜型单轴逆变单元连接至端子 X402；

—配备 CUA31 的模块型功率模块：编码器连接至端子 X202；

—配备 CU310-2 的模块型功率模块：编码器连接至端子 X100，或通过 TM31 连接至 X501；

—装机装柜型功率模块连接至端子 X402。

说明
自动分配额外的编码器
如果在逆变单元上连接了一个额外的编码器,则应将它作为编码器 2 自动分配给该驱动。

11）应尽可能对称地对 DRIVE-CLiQ 接口进行布线。

示例：需要连接 8 个 DRIVE-CLiQ 节点时，不要将其批量连接至控制单元的一个 DRIVE-CLiQ 接口，而是连接至 4 个 DRIVE-CLiQ 接口，即每个 DRIVE-CLiQ 接口连接 2 个节点。

12）控制单元的 DRIVE-CLiQ 电缆应连接至第一个书本型功率单元的 DRIVE-CLiQ 接口 X200，或第一个装机装柜型功率单元的接口 X400。

13）功率单元间的 DRIVE-CLiQ 电缆应从 DRIVE-CLiQ 接口 X201 连接到下一个组件的接口 X200 上，或者从 X401 连接到 X400 上。

14）带有 CUA31 的功率模块应连接到 DRIVE-CLiQ 支路的末端。DRIVE-CLiQ 支路示例如图 6-14 所示。

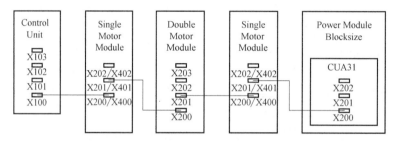

图 6-14　DRIVE-CLiQ 支路示例

15）在一条 DRIVE-CLiQ 支路中，组件的一个空置 DRIVE-CLiQ 接口上始终只能连接一个终端节点，例如编码器模块或端子模块，此时不再继续连接额外的组件。

16）如果可能，请不要将端子模块和直接测量系统的编码器模块连接到逆变单元的 DRIVE-CLiQ 支路上，而是连接至控制单元的空置 DRIVE-CLiQ 接口。

提示：采用星形连接时无此限制。

17）TM54F 不应与逆变单元在一条 DRIVE-CLiQ 支路上运行。

18）端子模块 TM15、TM17 和 TM41 的采样周期比 TM31 和 TM54F 短。因此应将这两个端子模块组连接在不同的 DRIVE-CLiQ 支路上。

19）若混用伺服控制和矢量 V/f 控制，则逆变单元应连接至不同的 DRIVE-CLiQ 支路在双轴逆变单元上不允许混用控制方式。

20）电压监控模块（VSM）应连接至整流装置的 DRIVE-CLiQ 接口 X202（书本型）或 X402（装机装柜型）。若 DRIVE-CLiQ 接口 X202/X402 不可用，则应在整流装置上选择一个空置 DRIVE-CLiQ 接口。

书本型和装机装柜型组件带有 VSM 的拓扑示例如图 6-15 所示。

6.6.4　拓扑示例：采用矢量控制的驱动

示例

驱动组中包含 3 个脉冲频率相同的装机装柜型逆变单元，或 3 个采用矢量控制的书本型

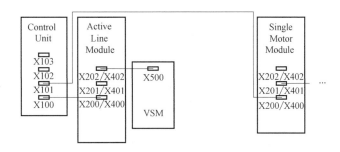

图 6-15　书本型和装机装柜型组件带有 VSM 的拓扑示例

逆变单元。

脉冲频率相同的装机装柜型逆变单元，或采用矢量控制的书本型逆变单元可连接在控制单元的一个 DRIVE-CLiQ 接口上。

图 6-16 所显示的是将 3 个逆变单元连接至 DRIVE-CLiQ 接口 X101 的方案。

说明

在调试工具 STARTER 中自动创建的离线拓扑（如果该拓扑已经进行了布线）必须手动进行修改。

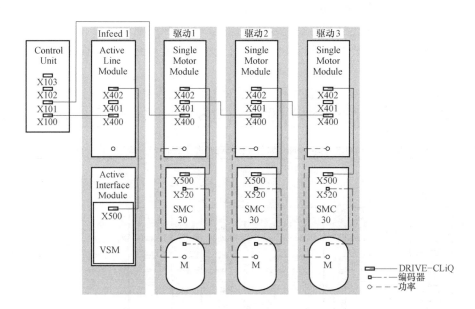

图 6-16　脉冲频率相同的驱动组（装机装柜型）

由 4 个脉冲频率不同的装机装柜型逆变单元组成的驱动组

脉冲频率不同的逆变单元最好连接至控制单元上的不同的 DRIVE-CLiQ 支路上，当然也可以连接到相同的 DRIVE-CLiQ 支路上。

在图 6-17 中，两个逆变单元（400V，功率≤250kW，脉冲频率 2kHz）连接在 X101 接口上，另外两个逆变单元（400V，功率 >250kW，脉冲频率 1.25kHz）连接在 X102 接口上。

说明

在调试工具 STARTER 中自动创建的离线拓扑（如果该拓扑已经进行了布线）必须手动进行修改。

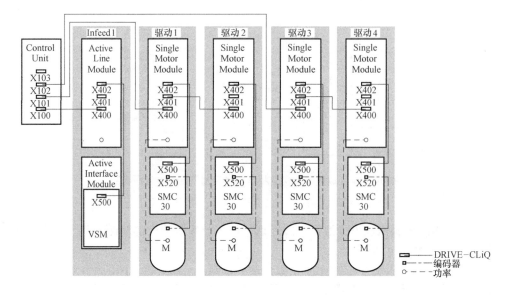

图 6-17 脉冲频率不同的驱动组（装机装柜型）

6.6.5 拓扑示例：采用矢量控制的并联逆变单元

相同类型的两个并联装机型的整流装置和逆变单元组成的驱动组

相同类型的并联装机装柜型整流装置和装机装柜型逆变单元可分别连接在控制单元的一个 DRIVE-CLiQ 插口上。

在图 6-18 中，两个有源整流装置和两个逆变单元分别连接在插口 X100 和 X101 上。

有关并联的其它信息请参见 SINAMICS S120 功能手册中"功率单元的并联"一章。

说明

在调试工具 STARTER 中自动创建的离线拓扑（如果该拓扑已经进行了布线）必须手动进行修改。

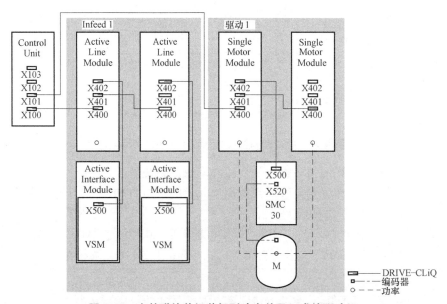

图 6-18 由并联的装机装柜型功率单元组成的驱动组

6.6.6　拓扑示例：功率模块

1. 模块型

模块型功率模块构成的驱动系统如图 6-19 所示。

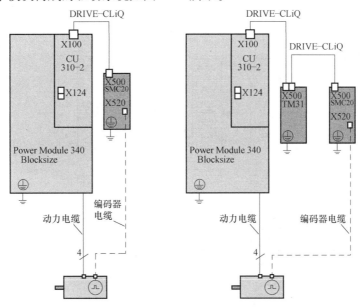

图 6-19　模块型功率模块构成的驱动系统

2. 装机装柜型

装机装柜型功率模块构成的驱动系统如图 6-20 所示。

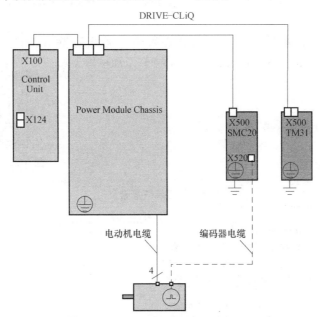

图 6-20　装机装柜型功率模块构成的驱动系统

6.6.7　拓扑示例：采用 V/f 控制（矢量控制）的驱动

图 6-21 显示了控制单元能控制的矢量 V/f 驱动和附加组件的最大数量。各组件的采样

时间为：

1）有源整流装置：p0115〔0〕= 250μs。

2）逆变单元：p0115〔0〕= 500μs。

端子模块/端子板 p4099 = 2ms。

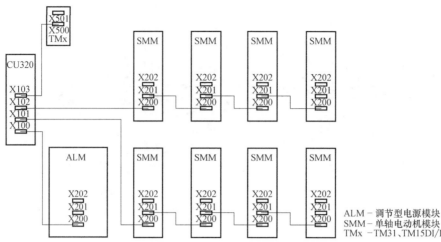

图 6-21　V/f 控制中矢量驱动系统的拓扑示例

6.7　通过 BOP20 设定参数

6.7.1　BOP20 概述

使用 BOP20（Basic Operator Panel 20）能够在调试时投切驱动以及显示和修改参数。可以诊断并应答故障。

BOP20 是嵌入到控制单元中的，为此必须将空盖板移除（有关安装的其它说明请见 SINAMICS S120 控制单元和扩展系统组件手册）。

1. 显示屏与按键

显示屏与按键一览如图 6-22 所示。

2. 显示信息

显示信息含义见表 6-9。

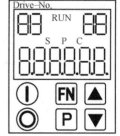

图 6-22　显示屏与按键一览

表 6-9　显示信息含义

显示	含　义
左上 2 位	这里显示 BOP 激活的驱动对象 显示与按键操作始终是针对该驱动对象
RUN	当驱动组中至少有一个驱动的状态为 RUN(运行中)时,显示 也可以通过各驱动的位 r0899.2 来显示 RUN
右上 2 位	在此区域中显示以下内容: ● 超过 6 个数字:存在但没有显示的字符 （例如:"r2"→右边有 2 个字符没有显示,"L1"→左边有 1 个字符没有显示） ● 故障:选择/显示其它有故障的驱动 ● BICO 输入的标识(bi,ci) ● BICO 输出的标识(bo,co) ● 与另一个驱动对象(与当前激活的驱动对象不同)进行 BICO 互联连接的源对象

（续）

显示	含　义
S	在至少有一个参数被修改并且参数值还未保存进非易失存储器中时,显示
P	当参数值在按下 P 按键之后才会生效时,显示
C	在至少有一个参数被修改并且用于一致性数据管理的计算尚未起动时,显示
下方,6 位	显示,如参数、索引、故障和报警

3. 按键信息

按键信息见表 6-10。

表 6-10　按键信息

按键	名称	含　义
⊙(I)	ON	收到 BOP“ON/OFF1”指令以投入驱动 BO r0019.0 用该键设置
⊙(O)	OFF	收到 BOP“ON/OFF1”,“OFF2”或“OFF3”指令以切除驱动 按住该键会同时复位 BO r0019.0,.1 和 .2。松开该键后,BO r0019.1 和 .2 会重新设为“1”信号 提示: 可以通过 BICO 参数设置来定义这些按键的有效性(比如:可通过这些按键同时控制现有的全部轴)
FN	功能	该按键的含义取决于当前的显示 提示: 可以通过 BICO 参数设置来定义这些按键是否能在发生故障时进行有效应答
P	参数	该按键的含义取决于当前的显示 如果按住该键 3s,将执行功能“从 RAM 向 ROM 复制”。“S”从 BOP 显示屏中消失
▲	上	按键的含义与当前的显示相关,用来增加或减小数值
▼	下	

4. BOP20 的功能

BOP20 的功能见表 6-11。

表 6-11　BOP20 的功能

名　称	描　述
背光	可以通过 p0007 进行设置:当未使用 BOP 超过设定的时间后,背光自动熄灭
切换到激活的驱动	在 BOP 上通过 p0008 或者通过按键“FN”和“向上箭头”选择有效驱动对象
单位	单位不在 BOP 上显示
访问级	通过 p0003 设置 BOP 的访问级。访问级越高,可通过 BOP 选择的参数就越多
参数过滤器	通过 p0004 中的参数过滤器,可以根据特定功能过滤可用的参数
选择运行显示	实际值和设定值会显示在运行显示中。可以通过 p0006 来设置运行显示
用户参数列表	通过 p0013 中的用户参数列表,可以选出需要访问的参数
带电插拔	可以对 BOP 进行带电插拔: ● 按键 ON 和 OFF 有效时 在插拔时,驱动会停机;再次插入 BOP 后,需要重新接通驱动 ● 按键 ON 和 OFF 无效时 插拔不会对驱动有任何影响
按键控制	适用于按键“P”和“FN”: ● 在与其它键组合使用时,总要首先按下“P”或“FN”,接着再按其它的键

6.7.2　BOP20 的显示和操作

1. 特性

1）运行显示。

2）修改有效驱动对象。

3）显示/修改参数。

4）显示/应答故障和报警。

5）通过 BOP20 控制驱动。

2. 运行显示

可以通过 p0005 和 p0006 来设置各个驱动对象的运行显示。通过运行显示可以切换到参数显示或其它的驱动对象。可以有下列功能：

（1）修改有效驱动对象

1）按下按键 "FN" 和 "向上箭头"，左上方的驱动对象编号闪烁。

2）使用箭头键选择需要的驱动对象。

3）按 "P" 键确认。

（2）参数显示

1）按下 "P" 键。

2）使用箭头键选择需要的参数。

3）按下 "FN" 键，显示参数 "r00000"。

4）按下 "P" 键，返回到运行显示。

3. 参数显示

通过编号在 BOP20 中选择参数。按 "P" 键可以从运行显示切换到参数显示。使用箭头键选择参数。再次按下 "P" 键将会显示参数的值。同时按下 "FN" 键和一个箭头键可以在驱动对象之间进行选择。在参数显示中按下 "FN" 键可以在 "r00000" 和上一个显示的参数之间进行切换。

参数显示如图 6-23 所示。

4. 数值显示

使用 "P" 键可以从参数显示切换到数值显示。在数值显示中可以通过箭头键将可调参数的值增大或减小。可以通过 "FN" 键选择光标。数值显示如图 6-24 所示。

示例：修改参数

前提条件：相应的访问级已设置（本例中为 p0003 = 3）。

示例：将 p0013［4］从 0 修改到 300 如图 6-25 所示。

示例：修改 BI 和 CI 参数

对于驱动对象 2 的 BI p0840［0］（OFF1），控制单元（驱动对象 1）的 BO r0019.0 已进行了互联连接。示例：修改带索引的二进制互联参数如图 6-26 所示。

6.7.3　故障和报警的显示

1. 故障的显示

故障显示如图 6-27 所示。

2. 报警的显示

报警显示如图 6-28 所示。

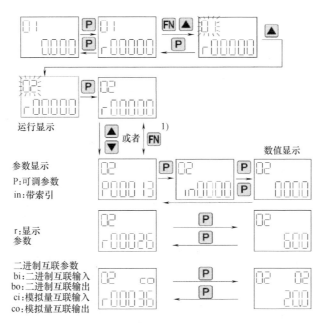

1) 在参数显示中按下"FN"键可以在"r00000"和上一个显示的参数之间进行切换。

图 6-23　参数显示

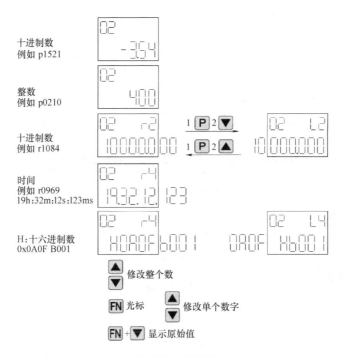

图 6-24　数值显示

6.7.4　通过 BOP20 控制驱动

在调试时可以通过 BOP20 来控制驱动。在控制单元驱动对象上可使用一个控制字（r0019），能实现与相应的 BI（如驱动的）进行互联连接。

参数显示

数值显示

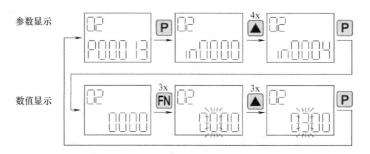

图 6-25　示例：将 p0013 [4] 从 0 修改到 300

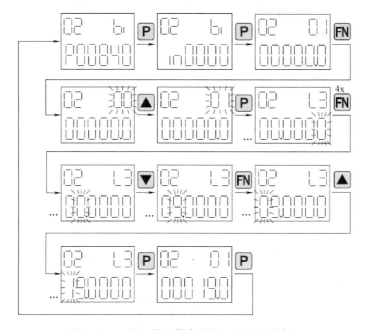

图 6-26　示例：修改带索引的二进制互联参数

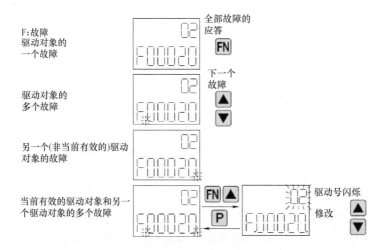

图 6-27　故障显示

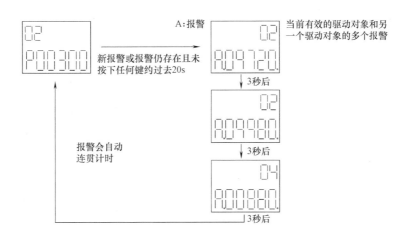

图 6-28 报警显示

如果选择了标准 PROFIdrive 报文,那么该互联连接将不会生效,因为报文的互联无法断开。BOP20 控制字见表 6-12。

表 6-12 BOP20 控制字

位(r0019)	名 称	互联参数示例	位(r0019)	名 称	互联参数示例
0	ON/OFF(OFF1)	p0840	7	应答故障(0→1)	p2102
1	无自由停止/自由停止(OFF2)	p0844	13	电动电位器,升高	p1035
2	无快速停止/快速停止(OFF3)	p0848	14	电动电位器,降低	p1036

说明
在调试工具 STARTER 中自动创建的离线拓扑(如果该拓扑已经进行了布线)必须手动进行修改。

6.8 通过 AOP30 设定参数

6.8.1 AOP30 概述

AOP30(Advanced Operator Panel 30)高级操作面板是 SINAMICS 系列的一种输入/输出设备,更适合于柜门安装。

高级操作面板 AOP30 如图 6-29 所示。

这种用户友好型的高级操作面板(AOP30)是可选购的输入/输出设备,用于调试、操作和诊断。

AOP30 和控制单元 CU320-2 之间通过串行接口 RS232 进行 PPI 协议通信,如图 6-30 所示。

1. 功能和特点

1)图形液晶显示器,分辨率为 240 × 64 像素,带背光,可以显示纯文本格式,并通过状态条来显示过程变量。

2)配有 26 个按键的薄膜键盘。

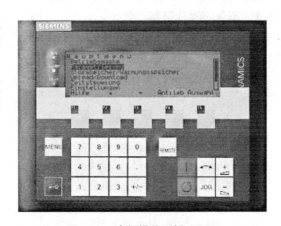

图 6-29 高级操作面板 AOP30

3）连接 DC 24V 电源的接口。

4）RS232 接口。

5）时间和数据存储器由内部缓冲电池供电。

6）4 个 LED 显示工作状态：

—RUN（运行）绿色；

—ALARM（报警）黄色；

—FAULT（故障）红色；

—LOCAL/REMOTE 绿色。

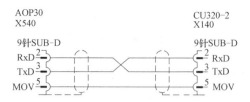

图 6-30　AOP30 和控制单元 CU320-2 的连接

2. 描述

操作面板用于：

1）设定参数（调试）。

2）状态值监控。

3）控制传动。

4）诊断故障/报警。

所有功能都可以通过一个菜单访问。

按下黄色的"MENU"键，便可以进入主菜单，AOP30 面板如图 6-31 所示。访问功能如下：

按下"MENU"键始终可以进入屏幕。

按下"F2"和"F3"键可以在主菜单的各个菜单项内切换。

当存在超过一个的传动对象（DO）时，可使用"F4"键在各个 DO 之间切换。

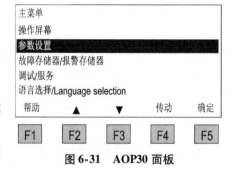

图 6-31　AOP30 面板

说明

AOP 复位

如果 AOP 无响应，可以同时按下钥匙键和 OFF 键（2s 以上）然后松开 OFF 键，以此触发 AOP 复位。

---

3. 操作面板的菜单结构

操作面板的菜单结构如图 6-32 所示。

6.8.2　菜单：操作屏幕

1. 描述

操作屏幕显示了传动设备的关键状态值。在交付状态下，它会显示传动系统的运行状态、旋转方向、时间以及用于持续监控的传动系统参数，其中 4 个以数值显示，其它两个以状态条显示。

进入操作屏幕的方式如下：

在接通供电电压并起动完成后，两次按下"MENU"键并按下"F5"确定。

操作屏幕示例如图 6-33、图 6-34 所示。

在出现故障时，会自动切换到故障屏幕。

在 LOCAL 控制模式下，可以选择进行设定值的输入（F2：设定值）。

用 F3"修改"可以直接选择"定义操作屏幕"菜单。

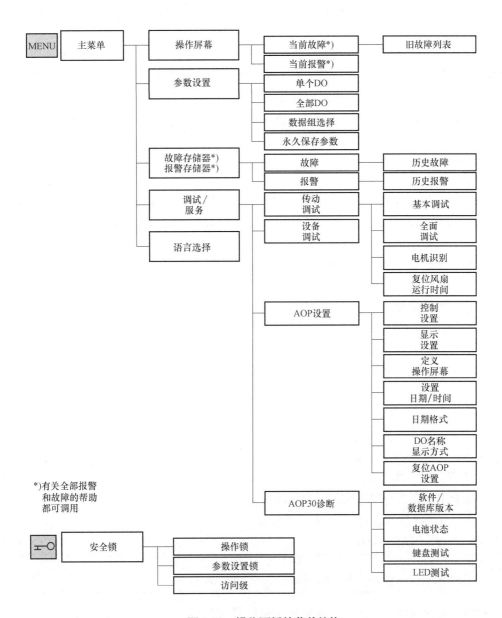

图 6-32　操作面板的菜单结构

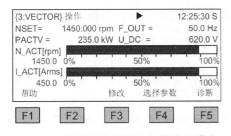

图 6-33　操作屏幕示例：矢量控制模式
下的传动系统

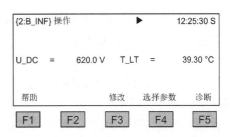

图 6-34　操作屏幕示例：通过基本整流柜供电

用 F4 "选择参数" 可以选择操作屏幕中单个的参数。用 F1 "帮助 ＋" 可以显示缩写名称对应的参数号并可以调用参数的描述。

2. 选择 "当前传动"

AOP30 在控制多于一个传动对象的设备时，所显示的视图为 "当前传动"。传动对象的切换既可以在操作屏幕中进行，也可以在主菜单中进行。对应的功能键为 "传动"。主菜单-传动选择如图 6-35 所示。

当前传动确定以下内容：

1) 操作屏幕。

2) 故障和报警的显示。

3) 传动控制（ON，OFF，...）。

3. 设置

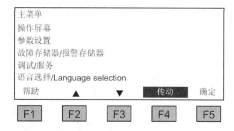

图 6-35　主菜单-传动选择（"F4" 键）

在菜单 "调试/服务" → "AOP 设置" → "定义操作屏幕" 中可以根据需要调整显示形式和所显示的值。

6.8.3　菜单：参数设置

在参数设置菜单中可以调整设备的设置。

传动系统软件为模块式的结构。各模块称为 DO（"drive object"）。

根据设备的配置，在一个 SINAMICS S120 变频调速柜组中可以存在以下 DO（一个或多个）：

1) CU_S：控制单元的常规参数（CU320）。

2) B_INF：基本整流装置。

3) S_INF：整流/回馈装置。

4) A_INF：有源整流装置。

5) VECTOR：在矢量闭环控制下的传动装置。

6) SERVO：在伺服闭环控制下的传动装置。

7) TM31：端子模块 TM31。

说明

功能相同的参数可以使用相同的参数号出现在多个 DO 中（例如：P0002）。

在 AOP 中有两种显示方式，可根据需要选择。

（1）DO 选择

在该显示方式下，可以先选择一个 DO，然后就会只列出该 DO 的参数（在 STARTER 的专家列表中只会显示该 DO 的视图）。

（2）全部参数

此时会列出设备中存在的所有参数。当前选中的参数（反色显示）所属的 DO 会显示在屏幕左上方的花括号中。

在这两种情况下，所显示参数的范围取决于所设置的访问级。访问级可在 "安全锁" 菜单中设置，通过按下 "钥匙键" 打开该菜单。

访问级 1 和 2 的参数足以满足简单的应用。

在访问级 3 "专家级"中，可以通过 BICO 参数的互连改变功能的结构。

在"数据组选择"菜单中，可以选择操作面板当前显示的数据组。

数据组参数用位于参数号和参数名称之间的 c, d, m, e, p 表示。

当修改数据组参数时，会切换到数据组选择屏幕。

数据组选择如图 6-36 所示。

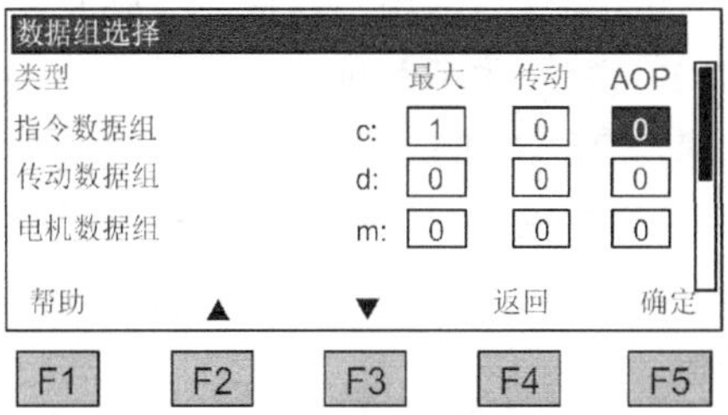

操作屏幕的说明：

1) 在"最大"下显示可在传动系统中设置和选择的数据组的最大数量。

2) 在"传动"下显示传动系统中当前有效的数据组。

3) 在"AOP"下显示操作面板中当前所显示的数据组。

图 6-36　数据组选择

说明

永久保存参数

通过操作面板更改参数时，即在参数编辑器中按下"确定"时，新输入的值会首先保存到变频器易失存储器（RAM）中。在永久保存前，AOP 显示屏的右上方会显示一个"S"。这表明，至少 1 个参数被修改，并且没有永久性保存。

有两种方法可永久保存所修改的参数：

1）通过 <MENU> <参数设定> <确定> <永久保存参数>来激活永久保存。

2）在按下"确定"键确认一项参数设定时，应长按"确定"键（>1s）。此时会弹出一条询问"是否保存在 EEPROM 中?"。按下"是"则执行保存。按下"否"则不永久保存参数，此时"S"闪烁。

采用这两种永久保存方法时，所有未永久保存的修改都将存入 EEPROM。

6.8.4　菜单：故障存储器/报警存储器

选择该菜单时，屏幕中会显示当前存在的故障和报警一览。

会针对每个传动对象，显示当前是否存在故障或报警。因此会在相关的传动对象旁边显示"故障"或"报警"。

从图 6-37 中可以看出传动对象"VECTOR"中当前至少存在一个激活的故障或报警。其它两个传动对象没有发生故障或报警。

1. 故障存储器/报警存储器

选中有效报警或故障所在的行并按下"F5" <诊断>键，就会出现对当前或曾经的故障报警进行选择的屏幕。

2. 显示诊断

选中需要的行并按下"F5" <确定>键就会显示相应的故障或报警。图中选择了当前故障列表。

3. 显示当前故障

最多可以显示 8 条故障记录，带有故障代码和故障名称。使用"F1" <帮助>键会显示有关故障原因和排除方法的补充帮助信息。使用"F5" <应答>键

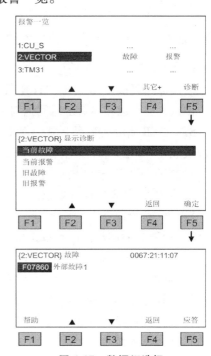

图 6-37　数据组选择

可以对这些故障进行应答。

如果无法对故障进行应答，则表示故障一直存在。

6.8.5　调试/服务菜单

1. 传动调试

选择该菜单可以从主菜单中重新起动传动调试。

1）如果"当前传动"的操作屏幕位于整流视图下，则会直接进入"首次整流调试"屏幕。

2）如果操作屏幕位于还未进行调试的 VECTOR 的视图下，则会直接进入电动机的基本调试屏幕。

如果已经执行了调试，则会出现下列可选择的菜单项。

（1）基本调试

仅访问并永久保存基本调试的参数。

（2）全面调试

使用输入的电动机和编码器数据进行一次全面的调试，并从电动机数据中重新计算关键的电动机参数。此时，前一次调试期间计算出的参数值将会丢失。

在接下来进行电动机识别时，会覆盖这些已计算出的值。

（3）电动机识别

会出现电动机识别的选择屏幕。

（4）复位风扇运行时间

在更换风扇之后，应对用于监控风扇运行时间的计时器进行复位。

2. 设备调试

此菜单可以直接进入设备调试状态。例如，这是恢复出厂参数设置的唯一方式。

6.9　通过 STARTER 软件设置参数

6.9.1　STARTER 软件概述

使用标准调试工具—STARTER 软件可以实现针对 SINAMICS 传动系统快速而轻松地调试。调试人员可以在极短的时间内对一套复杂的传动系统进行调试。

STARTER 有三种安装形式：独立安装；集成在 Drive ES 软件中，用于 SIMATIC 应用；以及集成在 SCOUT 软件中，用于 SIMOTION 的应用。

目前 STARTER 软件最新版本为 4.3.2，对系统的要求如下。

安装 STARTER 的硬件要求：

1）PG 或 PC。

2）处理器 1GHz（推荐 >1GHz）。

3）内存 1GB（推荐 2GB）。

4）显示器分辨率 1024×768 像素，16 位色彩深度。

5）磁盘空间 >3GB。

安装 STARTER 的软件要求：

32 位操作系统：

1）Microsoft Windows 2003 Server SP2。

2）Microsoft Windows 2008 Server。

3）Microsoft Windows XP Professional SP3。

4）Microsoft Windows 7 Professional incl. SP1。

5）Microsoft Windows 7 Ultimate incl. SP1。

6）Microsoft Windows 7 Enterprise incl. SP1（Standard Installation）。

64 位操作系统：

1）Microsoft Windows 7 Professional SP1。

2）Microsoft Windows 7 Ultimate SP1。

3）Microsoft Windows 7 Enterprise SP1（Standard Installation）。

4）Microsoft Windows Server 2008 R2。

最新版 STARTER 的下载地址如下：

http：//support. automation. siemens. com/CN/view/zh/26233208。

6.9.2　操作界面说明

调用 STARTER

1）点击用户界面上的 STARTER 图标。

2）在 Windows 开始菜单中选择"Start→SIMATIC→STEP 7→STARTER"来起动 STARTER。

可使用调试工具 STARTER 创建项目。在执行不同的配置操作时需要使用到界面的不同区域（见图 6-38）。

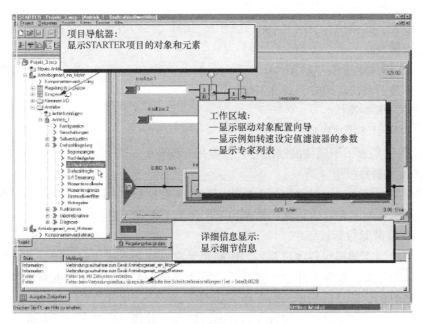

图 6-38　STARTER 操作界面的区域

3）项目导航器：在该区域可显示插入到项目中的各种单元和对象。

4）工作区域：在该区域可执行创建项目的任务。

—对驱动进行配置时，此区域中包含用于配置驱动对象的向导；

—可以设置转速设定值滤波器的参数；

—切换到专家列表后，便会显示一张所有参数的列表，可查看或修改。

5）详细信息显示：该区域包含了详细的信息，比如故障和警告。

6.9.3　调试工具 STARTER 中的重要功能

STARTER 为支持项目的操作提供以下功能：

1）恢复出厂设置。

2）不同的操作向导。

3）配置驱动器并为驱动器设置参数。

4）虚拟控制面板，用于运转电动机。

5）执行跟踪（Trace）功能，用于驱动控制器的优化。

6）创建和复制数据组。

7）将项目从编程器中装载到目标设备中。

8）将易失数据从 RAM 中复制到 ROM。

9）将项目从目标设备中装载到编程器中。

10）设置并激活安全功能。

11）激活写保护。

12）激活专有技术保护。

下文将编程器称为"PG/PC"。SINAMICS 驱动系统的控制单元称作"目标设备"。

1. 恢复出厂设置

该功能可将控制单元工作存储器中的全部参数恢复到出厂设置。为使存储卡上的数据也恢复为出厂设置，必须执行一次"Copy RAM to ROM"。该功能只可在在线模式下激活。激活该功能的步骤为：

1）调用右键菜单中的"Drive unit→Target device→Restore factory settings"。在出现的询问窗口中选择是否将出厂设置另存在 ROM 中。

2）点击"OK"确认。

2. 通过向导引导用户操作

STARTER 中集成了不同功能的向导，引导用户操作。

3. 创建和复制数据组（离线）

在驱动配置窗口中，可以添加驱动数据组和命令数据组（DDS 和 CDS）。应点击相应的按钮。在复制数据组之前，应对两个数据组进行所有必要的互连。

4. 将项目装载到目标设备中

该功能可将当前的编程器项目载入到控制单元中。首先系统会检查项目的一致性。一旦发现有不一致的地方，便发出相应的报告。必须在加载之前去除不一致的地方。一旦数据一致，系统便将数据传送至控制单元的工作存储器中。

在在线模式下，可通过以下四种方式将离线项目装载到目标设备（控制单元）中：

1）勾选驱动设备，调用菜单"Project→Download to target system"。

2）勾选驱动设备，调用右键菜单"Target Device→Download. . ."。

3）勾选驱动设备，调用菜单"Target system→Load→Download to target system. . ."。

4）驱动设备灰显时，点击图标 ▓▓ "Download CPU/Drive unit to target device. . ."。

5. 对数据进行非易失性存储

该功能将控制单元中的易失数据备份到非易失存储器中（存储卡）。这样数据在断开控制单元的 24V 电源后就不会丢失。

在在线模式下，可通过以下四种方式将控制单元中的数据存储在非易失性存储器（存储卡）中：

1）勾选驱动设备，调用菜单"Target system→Copy RAM to ROM"。

2）勾选驱动设备，调用右键菜单"Target device→Copy RAM to ROM..."。

3）驱动设备灰显时，点击图标 "Copy RAM to ROM"。

每次数据装载到目标设备后，都会一同保存到非易失存储器中。

4）调用菜单"Options→Settings"。点击选项卡"Download"，激活"After the load Copy from RAM to ROM"。点击"OK"完成。

6. 将项目载入 PG/PC

该功能可将控制单元中的当前项目载入到 STARTER 中。该功能只可在在线模式下激活。也可按照以下步骤在在线模式下执行该功能：

1）勾选驱动设备，调用右键菜单"Target device→Load CPU/ Drive unit to PG..."。

2）勾选驱动设备，调用菜单"Target system→Load→Load CPU/Drive unit to PG..."。

3）驱动设备灰显时，点击图标 "Load CPU/Drive unit to PG/PC..."。

7. 设置并激活安全功能

STARTER 中提供向导和各种窗口用于设置、激活和操作 Safety Integrated 功能。可以从项目树形图中在线和离线调用 Safety Integrated 功能。

1）在项目树形图中打开以下结构："Drive unit xy→Drive→Drive xy→Function→Safety Integrated"。

2）双击功能条目"Safety Integrated"。

说明

有关使用 Safety Integrated 功能的其它信息可以从 SINAMICS S120 Safety Integrated 功能手册中获取。

---

8. 激活写保护

写保护功能可避免设置受到非自愿的修改。写保护不需要口令。该功能只可在在线模式下激活。

1）在 STARTER 项目的导航窗口中选择所需的驱动设备。

2）调用右键菜单中的"Drive unit write protection→Activate"。

这样就激活了写保护功能。此时专家参数表中所有设置参数的输入栏都会以灰色阴影显示，这表示写保护功能生效。

为了持续地传输设置，必须在修改写保护功能后执行"Copy RAM to ROM"进行保存。

9. 激活专有技术保护

专有技术保护（KHP）功能可防止公司关于配置和参数设置方面的绝密技术知识被读取。专有技术保护功能需要口令。口令最少包含 1 个字符，最多可包含 30 个字符。

6.9.4 使用 STARTER 激活在线操作

1. 通过 PROFIBUS 激活

安装了调试工具 STARTER 的编程器（PG/PC）通过一个 PROFIBUS 适配器接入 PROFI-BUS。

（1）STARTER 接入 PROFIBUS（以两个 CU320-2 DP 为例）

通过 PROFIBUS 将 PG/PC 和目标设备连接在一起如图 6-39 所示。

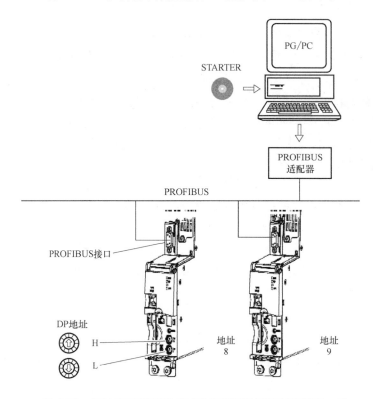

图 6-39　通过 PROFIBUS 将 PG/PC 和目标设备连接在一起

（2）STARTER 在 PROFIBUS 中进行设置

在调试工具 STARTER 中设置 PROFIBUS 通信的方式如下：

1）调用菜单 "Options→SetPG/PC interface"。

2）如果还未安装接口，点击按钮 "Select"。

3）在左边的选择列表中选择需要用作接口的模块。

4）点击按钮 "Install"。

5）点击 "Close"。

6）调用菜单 "Options→Set PG/PC interface"，点击按钮 "Properties"。

7）勾选或不勾选选项 "PG/PC is the only master on the bus"。

说明

PROFIBUS 设置

1）通信速率：设置为 SINAMICS 所使用的 PROFIBUS 波特率，可采用默认设置 1.5Mbit/s。

2）PROFIBUS 地址：各个驱动设备的 PROFIBUS 地址可以通过两种方法进行设定：控制单元上的 PROFIBUS 资质设定开关和 p0918 参数：

——当控制单元上的 DP 地址设定开关处于 00 或者 7F 的位置时，地址由控制单元参数 p0918 决定；

——当控制单元上的 DP 地址设定开关处于 01～7E 的位置时，地址由控制单元上的地址设定开关决定。

2. 通过以太网激活

编程器（PG/PC）可通过控制单元内集成的以太网接口对控制单元进行调试。该接口只设计用于调试，而不是用于对驱动器进行控制。无法通过插入扩展卡 CBE20 实现路由。

前提条件：

1）STARTER 版本为 4.1.5 或更高。

2）控制单元 CU320-2DP 版本为 "C" 以上或 CU320-2PN。

（1）STARTER 接入以太网（示例）

通过以太网将编程器和目标设备连接在一起如图 6-40 所示。

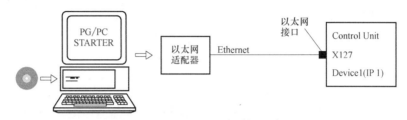

图 6-40　通过以太网将编程器和目标设备连接在一起

（2）进入以太网在线模式

1）在编程器中按照厂商规定安装以太网接口。

2）在 Windows XP 系统中设置以太网接口的 IP 地址：

—向编程器分配任意一个 IP 地址（如：169.254.11.1）；

—控制单元出厂时，集成的以太网接口 X127 的 IP 地址是 169.254.11.22。

3）设置 STARTER 的访问点。

4）在 STARTER 中为控制单元的接口命名。

（3）在 Windows XP 系统中设置 IP 地址

1）点击桌面上的图标 "网络环境"，右击调用右键菜单下的 "属性"。

2）双击相应的网卡，然后点击 "属性" 按钮。

3）选择 Internet Protocol（TCP/IP）并点击 "属性" 按钮。

4）输入 IP 地址和子网掩码。

设置 PG/PC 的 IP 地址如图 6-41 所示。

（4）在调试工具 STARTER 中的设置

在 STARTER 中按以下方式设置以太网通信（本例采用的是以太网接口 "Belkin F5D 5055"）：

1）调用菜单 "Options→Set PG/PC interface"。

2）选择 "Access point of the application" 和接口参数（本例采用访问点 "S7ONLINE（STEP7）" 和接口参数 "TCP/IP（Auto）↗Belkin F5D 5055"）。

选择编程器上的以太网接口如图 6-42 所示。

当前选项中没有需要的接口时，可自行创建。

1）点击 "Select" 按钮。

设置接口如图 6-43 所示。

图 6-41　设置 PG/PC 的 IP 地址　　　　　图 6-42　选择编程器上的以太网接口

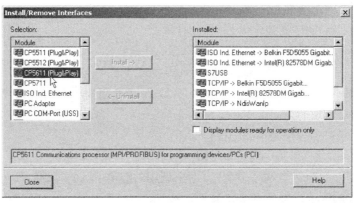

图 6-43　设置接口

2）在左边的选择列表中选择需要用作接口的模块。

3）点击按钮"Install"。所选的模块便在"Installed"列表中列出。

4）点击"Close"。然后可以查看集成的以太网接口的 IP 地址。

5）选择驱动设备，调用右键菜单"Target device→Online access. . ."。

6）点击选项卡"Module address"。

设置在线访问如图 6-44 所示。

（5）分配 IP 地址和名称

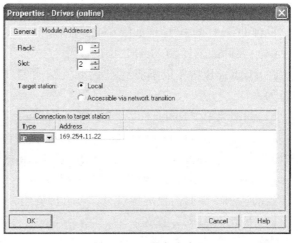

图 6-44　设置在线访问

（6）通过"Accessible nodes"（可访问节点）功能分配 IP 地址

可以在 STARTER 中为以太网接口设置 IP 地址和名称。

1）将控制单元和编程设备连接。

2）接通控制单元。

3）打开 STARTER。

4）装载项目或创建一个新的项目。

5）调用菜单"Project→Accessible nodes"或点击图标 📇 "Accessible nodes"来查找以太网中的可访问节点。SINAMICS 驱动设备作为总线节点驱动设备 1 显示在对话框中，IP 地址为 169.254.11.22，未命名。

6）勾选总线节点，选择右键菜单"Edit Ethernet node..."。

7）在对话框"Edit Ethernet node"中输入以太网接口的设备名称。

—点击"Assign name"按钮；

—如果子网掩码中无任何输入项，请在 IP 配置中输入子网掩码 255.255.0.0；

—点击"Assign IP configuration"按钮；

—关闭信息窗口"参数传送成功"；

—点击"Close"按钮。

8）点击"View/update（F5）"按钮来显示总线节点的 IP 地址和名称。

9）如果以太网接口显示为总线节点，则选中该项并点击"Accept"按钮。SINAMICS 变频器在项目树形图中作为新建的驱动设备显示。现在可以对新建的驱动设备进行配置。

10）点击"Connect to selected target device"按钮，接着调用菜单"Target system→Load→Download project to target system"将项目载入到控制单元的存储卡上。

IP 地址和设备名称保存在控制单元的存储卡上（非易失存储）。

（7）通过专家参数表中的参数分配接口

1）使用参数 p8900 来分配"Name of Station"。

2）使用参数 p8901 来分配"IP Address of Station"（出厂设置为 169.254.11.22）。

3）使用参数 p8902 来分配"Default Gateway of Station"（出厂设置为 0.0.0.0）。

4）使用参数 p8903 来分配"Subnet Mask of Station"（出厂设置为 255.255.0.0）。

5）使用参数 p8905 = 1 来激活配置。

6）使用参数 p8905 = 2 来激活和存储配置。

3. 通过 PROFINET IO 激活

STARTER 的 PROFINET IO 在线运行通过 TCP/IP 实现。

前提条件:

1) 调试工具 STARTER 固件版本为 4. 1. 5 或更高。

2) 控制单元 CU320-2 PN 或控制单元中装有通信板 CBE20。

(1) STARTER 接入 PROFINET IO (示例)

通过 PROFINET 将 PG/PC 和目标设备连接在一起如图 6-45 所示。

图 6-45　通过 PROFINET 将 PG/PC 和目标设备连接在一起

(2) 建立 PROFINET 在线运行的步骤

1) 在 Windows XP 系统中设置 IP 地址。向 PG/PC 分配一个未占用的固定 IP 地址。集成以太网接口 X127 的默认地址是 169. 254. 11. 22,因此本例中的 IP 地址是 169. 254. 11. 1,子网掩码设置为 255. 255. 0. 0。

2) 调试工具 STARTER 中的设置。

3) 在调试工具 STARTER 中选择在线运行模式。

(3) 在 Windows XP 系统中设置 IP 地址

(4) 调试工具 STARTER 中的接口设置

(5) 为驱动设备分配 IP 地址和名称

通过 STARTER 可以为驱动设备的 PROFINET 接口 (例如 CBE20) 分配一个 IP 地址和一个名称。为此需要下列步骤:

1) 用一条交叉以太网电缆连接 PG/PC 和 CU320-2 中插入的 CBE20。

2) 接通控制单元。

3) 起动调试工具 STARTER。

4) 调用菜单 "Project→Accessible node" 或点击图标 "Accessible node"。

—查找 PROFINET 中的可用节点。

—在 "Accessible nodes" 下,控制单元作为总线节点显示在对话框中,IP 地址为 0. 0. 0. 0,没有类型信息。

找到的总线节点如图 6-46 所示。

5) 点击总线节点条目,调用右键菜单 "Edit Ethernet node..."。从自动弹出的选择窗口 "Edit Ethernet node" 中也可以看到 Mac 地址。

6) 在 "Assign IP configuration" 下输入选中的 IP 地址 (例如: 169. 254. 11. 33) 和子网掩码 (例如: 255. 255. 0. 0)。

7) 点击 "Assign IP configuration" 按钮。确认数据传送。

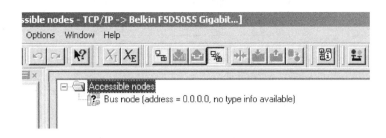

图 6-46　找到的总线节点

8）点击"Update"按钮。

—总线节点会作为驱动设备显示；

—地址和类型也会给出。

也可以在选择窗口"Edit Ethernet node"中为识别出的驱动设备分配一个设备名。

9）在"Device name"栏中输入希望的设备名。

说明

PROFINET IO 设备（SINAMICS 组件）的命名必须符合 ST（Structured Text）惯例。

名称在 PROFINET 中必须是唯一的。

不得在 IO 设备的名称中使用符号"-"和"."。

10）点击"Assign name"按钮。确认数据传送。

11）点击"Update"按钮。

—总线节点会作为驱动设备显示并分配到一个流水号；

—地址、设备名和类型也会给出。

12）关闭窗口"Edit Ethernet node"。

13）勾选识别出的驱动设备前的复选框，点击"Accept"按钮。SINAMICS 驱动以及 CBE20 将作为驱动对象传送到项目树形图中。现在可以进行驱动对象的后续配置。

14）点击"Connect to target device"按钮，接着调用菜单"Target system→Download→to target device"将项目载入到控制单元的存储卡上。

控制单元的 IP 地址和设备名称保存在存储卡上（非易失存储）。

6.9.5　在调试工具 STARTER 中创建项目

1. 离线创建项目

（1）PROFIBUS

在离线创建项目时需要提供 PROFIBUS 地址、设备类型以及设备版本（例如固件版本 4.5 或更高版本）。在 STARTER 中创建项目的步骤见表 6-13。

（2）PROFINET

在离线创建项目时需要提供 PROFINET 地址、设备类型以及设备版本（例如固件版本 4.5 或更高版本）。在 STARTER 中创建项目的步骤见表 6-14。

2. 在线创建项目

如需在线查找 PROFIBUS 或 PROFINET 总线节点，必须将驱动设备和 PG/PC 通过 PRO-FIBUS 或 PROFINET 连接在一起。在调试工具 STARTER 中在线创建项目步骤见表 6-15。

表 6-13　在 STARTER 中创建项目的步骤

	做什么？	如何做？	注释
1	创建新项目	1）调用菜单"Project→New" 显示有以下标准设置： —"User projects"窗口打开。显示目标目录中已存在的项目 —名称：Project_1（可自由地选择） —Type：Project —Storage location（保存路径）：默认（可自由地设置） 2）根据需要修改"Name"和"Storage location" 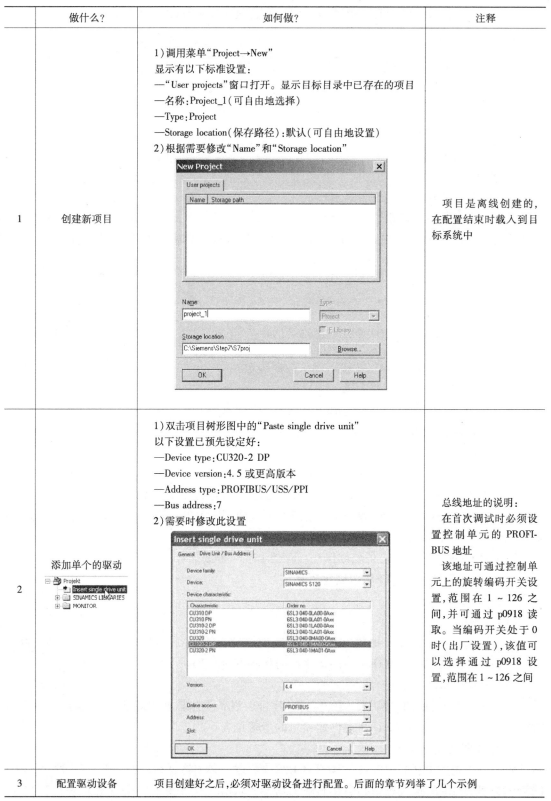	项目是离线创建的，在配置结束时载入到目标系统中
2	添加单个的驱动	1）双击项目树形图中的"Paste single drive unit" 以下设置已预先设定好： —Device type：CU320-2 DP —Device version：4.5 或更高版本 —Address type：PROFIBUS/USS/PPI —Bus address：7 2）需要时修改此设置	总线地址的说明： 在首次调试时必须设置控制单元的 PROFI-BUS 地址 该地址可通过控制单元上的旋转编码开关设置，范围在 1 ~ 126 之间，并可通过 p0918 读取。当编码开关处于 0 时（出厂设置），该值可以选择通过 p0918 设置，范围在 1 ~ 126 之间
3	配置驱动设备	项目创建好之后，必须对驱动设备进行配置。后面的章节列举了几个示例	

表 6-14　在 STARTER 中创建项目的步骤

	做什么？	如何做？	注释
1	创建新项目	1）调用菜单"Project→New" 显示有以下标准设置： —"User projects"窗口打开。显示目标目录中已存在的项目 —名称：Project_1（可自由地选择） —Type：Project —Storage location（保存路径）：默认（可自由设置） 2）根据需要修改"Name"和"Storage location" 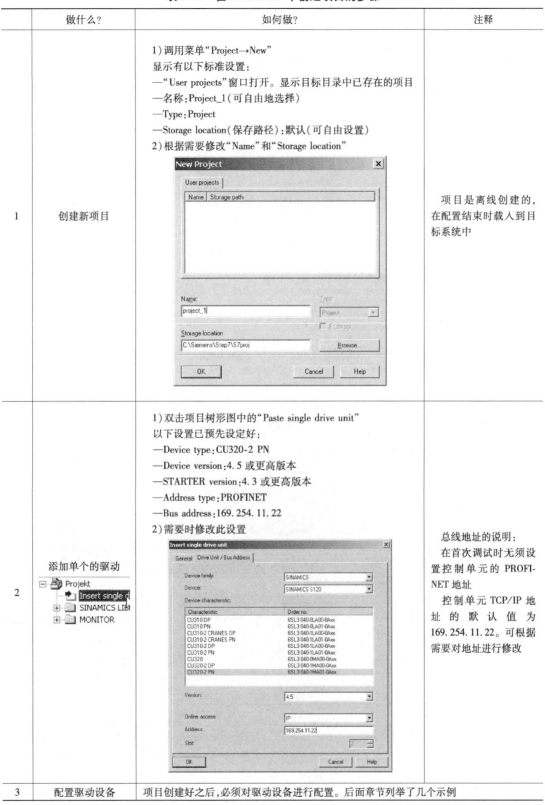	项目是离线创建的，在配置结束时载入到目标系统中
2	添加单个的驱动	1）双击项目树形图中的"Paste single drive unit" 以下设置已预先设定好： —Device type：CU320-2 PN —Device version：4.5 或更高版本 —STARTER version：4.3 或更高版本 —Address type：PROFINET —Bus address：169.254.11.22 2）需要时修改此设置	总线地址的说明： 在首次调试时无须设置控制单元的 PROFI-NET 地址 控制单元 TCP/IP 地址的默认值为169.254.11.22。可根据需要对地址进行修改
3	配置驱动设备	项目创建好之后，必须对驱动设备进行配置。后面章节列举了几个示例	

表 6-15　在调试工具 STARTER 中在线创建项目步骤

	做什么?	如何做?
1	创建新项目	1) 调用菜单"Project→New with wizard" 2) 点击"Find drive units online" 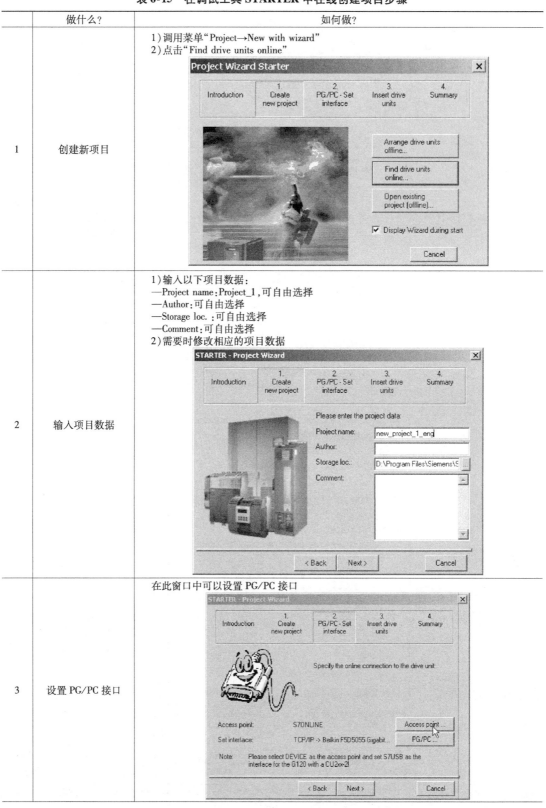
2	输入项目数据	1) 输入以下项目数据: —Project name:Project_1,可自由选择 —Author:可自由选择 —Storage loc.:可自由选择 —Comment:可自由选择 2) 需要时修改相应的项目数据
3	设置 PG/PC 接口	在此窗口中可以设置 PG/PC 接口

（续）

	做什么？	如何做？
4	选择访问点	可以通过 STARTER 或 STEP7 来访问设备 第 2 步时点击"Access point" 选择可访问节点的访问点
5	选择 PG/PC 接口	可以在该窗口中选择、设置和测试接口： 1）第 2 步时点击"PG/PC"； 2）选择"Access point of the application"和接口设置参数 当前选项中没有需要的接口时，可通过按钮"Select"创建其它接口
6	添加驱动设备	此处搜索到的节点将在预览窗口显现 使用按钮"Update View"可更新预览

（续）

	做什么?	如何做?
7	摘要	项目现已创建 点击"Complete" 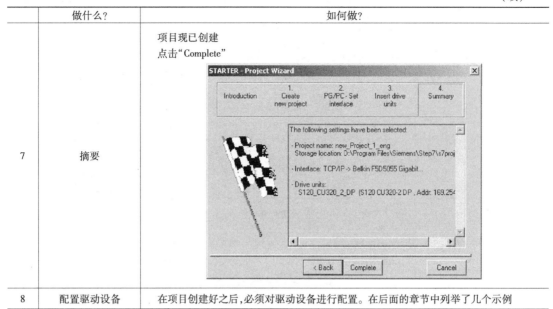
8	配置驱动设备	在项目创建好之后,必须对驱动设备进行配置。在后面的章节中列举了几个示例

6.10　系统采样时间和可控制的驱动数量

6.10.1　系统采样时间

系统中具有的软件功能会以不同的采样时间（p0115，p0799，p4099）循环式执行。

在配置驱动装置时会自动设定各个功能的采样时间默认设置。

这些设置由所选的控制模式（矢量控制/伺服控制）、相连的组件数量和激活的功能而定。通过参数 p0112（采样时间默认设置 p0115）、p0113（最小脉冲频率选择）或直接通过 p0115 可以修改该设置。

在 p0092 = 1 时，采样时间的默认设置可以实现和控制系统等时同步运行。如果由于采样时间设置错误而不能进行等时同步运行，会输出相应的信息（A01223，A01224）。在自动配置前必须将参数 p0092 设为"1"，从而使采样时间分配到相应的默认设置。

说明

只推荐由专家来修改采样时间的默认设置。

---

1. 采样时间设置

对于以下列出的功能通过 p0112 中的选择以 μs 为单位设置采样时间，以便适用于各自的控制配置，并根据性能要求设置到 p0115 [0...6] 中。

功能的采样时间如下：

1）电流控制器（p0115 [0]）。

2）速度控制器（p0115 [1]）。

3）磁通控制器（p0115 [2]）。

4）设定值通道（p0115 [3]）。

5）位置控制器（p0115 [4]）。

6）定位器（p0115 [5]）。

7）工艺控制器（p0115 [6]）。

性能等级从"x 低"到"x 高"。采样时间设置的详细说明请参见 SINAMICS S120/S150 参数手册。

2. 在 STARTER 的在线模式中设置脉冲频率

在 p0113 中输入最小脉冲频率。对于等时同步运行（p0092 = 1），必须确保参数设置后得到的电流控制器周期为 125μs 的整数倍。调试（p0009 = p0010 = 1）后可在 p1800 中设置所需的脉冲频率。等时同步运行时的脉冲频率见表 6-16。

表 6-16　等时同步运行时的脉冲频率

控制模式	p0115[0] 电流控制器周期/μs	p0113 脉冲频率/kHz
矢量控制	500	1
	250	2

在退出调试（p0009 = p0010 = 0）时，生效的脉冲频率（p1800）会依据 p0113 进行预设，随后可以修改该参数。

3. 采样时间设置

如果需要的采样时间无法通过 p0112 > 1 设置，则可以直接通过 p0115 设置。为此必须将 p0112 设为　"0"（专家级）。

如果在线更改了 p0115，更高索引的数值会自动匹配。

我们不推荐在 STARTER 离线运行中修改 p0115，因为设置错误会中断项目下载过程。

4. 设置采样时间的规定

在设置采样时间时，应注意以下规定：

1）驱动对象（DO）的电流控制器采样时间、控制单元/端子模块/端子板的输入/输出端的采样时间都必须是 125μs 的整数倍值。

2）TB30 上输入/输出端的采样时间（p4099 [0...2]）必须是 DRIVE-CLiQ 支路上所连接驱动对象的电流控制器采样时间（p0115 [0]）的整数倍。输入/输出端采样时间 p4099 [0...2]：用于 TB30。

3）使用 Safety Integrated 扩展功能（参见 Safety Integrated 功能手册）时，电流控制器的采样时间（p0115 [0]）可为 31.25μs、62.5μs、125μs、250μs、375μs、400μs 或 500μs。

4）在装机装柜型有源整流装置（ALM）上，只允许设置 250.0μs 或 400.0μs/375.0μs（375μs，p0092 = 1 时）的电流控制器采样时间。

5）在基本整流装置（BLM）上只允许设置 2000μs 的电流控制器采样时间。

6）在装机装柜型逆变单元上，可以设置最小为 125μs 的电流控制器采样时间（125μs ≤ p0115 [0] ≤ 500μs）。此规定适用于伺服和矢量控制模式。

7）在模块型逆变单元上，可以设置 62.5μs、125.0μs、250.0μs 或者 500.0μs 的电流控制器采样时间，它只适用于最小单位为 2kHz 的脉冲频率。

8）在矢量驱动上，可以设置 125.0μs 和 500.0μs 之间的电流控制器采样时间（125.0μs ≤ p0115 [0] ≤ 500.0μs）。

9）等时同步 PROFIBUS 运行（设置 p0092 = 1）：电流控制器采样时间必须是 125.0μs

的倍数、62.5μs 或 31.25μs。

10）在矢量和矢量 V/f 控制模式中，以及使用了正弦滤波器（p0230 > 0）时，只允许按照整数倍的默认值修改相应 DO 的电流控制器采样时间。

11）对于装机装柜型适用：

——在 3 个采用矢量控制的驱动上（转速控制：r0108.2 = 1）可设置 250.0μs 的最小电流控制器采样时间（250.0μs ≤ p0115 [0] ≤ 500μs）。此规定也适用于最多 4 个逆变单元并联的状况。

——在 4 个采用矢量控制的驱动上（转速控制：r0108.2 = 1）可设置 375.0μs 的最小电流控制器采样时间（375.0μs ≤ p0115 [0] ≤ 500μs）。

说明
采用矢量控制时对装机装柜型的轴数限制
在脉冲边缘调制功能以及摆动功能激活时,轴数须削减一半

12）在矢量和 V/f 控制混用时，最多允许 11 个轴（另外还允许采用 ALM、TB 和 TM）。

13）在控制单元上最多允许有两条最小采样时间不能相互整除的 DRIVE-CLiQ 支路。

示例：

控制单元 X100 接口上：采样时间为 250μs 的有源整流装置。

控制单元 X101 接口上：1 个采样周期为 455μs 的 VECTOR 驱动对象（p0113 = 1.098kHz）。

允许采用此设置。

其它 DRIVE-CLiQ 支路的最小采样时间须为 250μs 或 455μs。

5. 采样时间的默认设置

在首次调试时电流控制器采样时间（p0115 [0]）会自动预设为出厂设置值，见表 6-17。

表 6-17　出厂设置

结构形式	数量	p0112	p0115[0]	p1800
有源整流装置				
书本型	1	2(低)	250μs	
装机装柜型				
400V/ ≤300kW	1	2(低)	250μs	—
690V/ ≤330kW	1	2(低)	250μs	—
装机装柜型				
400V/ >300kW	1	0(专家级)	375μs(p0092 = 1)	—
690V/ >330kW	1	1(x 低)	400μs(p0092 = 0)	—
回馈整流装置				
书本型	1	2(低)	250μs	
装机装柜型				
400V/ ≤355kW	1	2(低)	250μs	—
690V/ ≤450kW	1	2(低)	250μs	—
装机装柜型				
400V/ >355kW	1	0(专家级)	250μs	—
690V/ >450kW	1	1(低)	250μs	—

（续）

结构形式	数量	p0112	p0115[0]	p1800
基本整流装置				
书本型	1	4（高）	250μs	
装机装柜型	1	2（低）	2000μs	—
矢量				
书本型	1~3 仅转速控制	3（标准）	250μs	4kHz
装机装柜型 400V/≤250kW	1~6 仅 V/f			2kHz
书本型	4~12	0（专家级）	500μs	4kHz
装机装柜型 400V/≤250kW				2kHz
装机装柜型 >250kW 690V	1~4 仅转速控制 1~5 仅 V/f 1~6 仅转速控制	0（专家级） 1（x 低） 0（专家级）	375μs（p0092=1） 400μs（p0092=0） 500μs（p0092=1）	1.333kHz 1.25kHz 2kHz

小心

如果控制单元上连接了一个模块型功率模块,所有矢量驱动的采样时间都会依据规定设为和模块型功率模块匹配的值(只允许 250μs 或 500μs)。

6.10.2　可控驱动数量的说明

驱动数量和类型以及项目中额外激活的功能可通过固件配置来增减。特别是在对配置要求较高,例如驱动具备高动态特性或额外使用特殊功能时轴数量较大的情况下,建议使用选型工具 SIZER 进行检查。SIZER 会计算项目的可执行性。

可实现的最大功能性取决于所使用的控制单元的计算功率以及所配置的组件。

此章节中列出了使用控制单元可控制的轴的数量。轴数取决于周期时间和控制模式。剩余计算时间可用于选件（例如 DCC）。

1. 矢量控制中的周期时间

表 6-18 中列出了矢量控制中控制单元可控制的轴的数量。轴数同样取决于控制器的周期时间。

表 6-18　矢量控制中的采样时间设置

周期时间/μs		数量		电动机/直接测量系统	TM[1]/TB
电流控制器	速度控制器	轴	整流[2]		
500	2000	6	1[500μs]	6/6	3[2000μs]
400[3]	1600	5	1[500μs]	5/5	3[2000μs]
250	1000	3	1[500μs]	3/3	3[2000μs]

1）适用于 TM31 或 TM15IO;对于 TM54F、TM41、TM15、TM17、TM120 和 TM150 可根据所设置的采样时间进行限制。

2）对于装机装柜型功率单元,整流装置的电流环周期取决于模块功率,可达到 400μs、375μs 或 250μs。

3）此设置会导致剩余计算时间减少。

在矢量控制模式中可混用 250μs 和 500μs 的电流控制器周期。

说明

在装机装柜型组件上的限制条件

若通过 p1802≥7 激活脉冲边缘调制的同时也通过 p1810.2=1 激活了摆动功能,则矢量控制的组态范围会减半。之后例如在电流控制器周期为 500μs 时最多可使用 3 个轴,400μs 时为 2 个轴,250μs 时为 1 个轴。

2. V/f 控制的周期时间

表 6-19 中列出了 V/f 控制中控制单元可控制的轴的数量。轴数取决于电流控制器周期。

表 6-19　V/f 控制的采样时间设置

周期时间/μs		数量		电动机/直接测量系统	TM/TB
电流控制器	速度控制器	驱动	整流		
500	2000	12	1 [250μs]	—/—	3 [2000μs]

3. 矢量控制和 V/f 控制混用

在矢量控制和 V/f 控制混用时，周期为 250μs 时 1 个矢量轴消耗的计算性能与周期为 500μs 时两个 V/f 轴的消耗完全相同。在矢量控制和 V/f 控制混用时最多允许 11 个轴（1 矢量 + 10V/f）。矢量控制和 V/f 控制混用时的轴数见表 6-20。

表 6-20　矢量控制和 V/f 控制混用时的轴数

采用矢量控制的轴数量				采用 V/f 控制的轴数量	
6	500μs	3	250μs	0	
5	500μs			2	500μs
4	500μs	2	250μs	4	500μs
3	500μs			6	500μs
2	500μs	1	250μs	8	500μs
1	500μs			10	500μs
0		0		12	500μs

4. 使用 DCC

可用的剩余计算时间可用于 DCC 模块。此时以下边界条件适用：

1）时间片为 2ms 时，每省去一个周期为 125μs 的伺服轴（相当于两个周期为 500μs 的 V/f 轴）则可配置最多 75 个 DCC 模块。

2）时间片为 2ms 时 50 个 DCC 模块对应 1.5 个周期为 500μs 的 V/f 轴。

有关 DCC 标准模块的详细信息参见 "SINAMICS/SIMOTION DCC 编辑器描述" 手册。

5. 使用 EPOS

使用基本定位系统（EPOS）功能模块时的（1ms 位置控制器/4ms 定位器）的计算消耗相当于 0.5 个周期为 500μs 的 V/f 轴的消耗。

6.11　组件更换示例

说明
建议一个驱动组合中的所有组件应采用相同的固件版本，这样便可以使用该版本的所有功能。

描述
比较方式设为最高级时，请遵照以下示例。
分为以下情况：
1）组件订货号不同。
2）组件订货号相同：
一组件更换时拓扑结构比较激活（p9909 = 1）；
一组件更换时拓扑结构比较不激活（p9909 = 0）。
p9909 = 1 时，会自动从实际拓扑结构中将新换入组件的序列号、硬件版本自动传送到设定拓扑结构中，并非易失地加以保存。

p9909 = 0 时不会自动传送序列号和硬件版本。此时,当电子功率铭牌中的数据一致时,必须由 p9904 = 1 或 p9905 = 1 激活传送。

新换入组件的电子额定铭牌上的以下数据必须和旧组件相同:

1)组件类型,例如:SMC20。

2)订货号,例如:6SL3055-0AA00-5Bxx。

示例:更换订货号不同的组件(见表 6-21)

前提条件:新换入组件的订货号不同。

表 6-21　示例:更换订货号不同的组件

处　理	响应	注　释
● 切断电源 ● 更换损坏的组件,并正确连接 ● 重新接通电源	● 报警 A01420	
● 将控制单元中的项目载入 STARTER(编程装置) ● 选择当前组件,重新设置新换入的驱动 ● 将项目载入控制单元(目标装置)	● 报警消失	新的订货号暂时保存在控制单元的工作控制器中,必须通过 p0977 = 1 和 p0971 = 1 存入非易失的存储器中。此时还可在 STARTER 中执行从 RAM 到 ROM 的数据备份
组件更换完成		

示例:(p9909 = 1)更换订货号相同的损坏组件

前提条件:

1)新换入组件的订货号相同。

2)新换入组件的序列号不允许包含在控制单元中保存的设定拓扑结构中。

3)组件更换时的拓扑结构比较激活 p9909 = 1。

过程:在控制单元起动时,新组件的序列号会自动传送到设定拓扑结构中,并保存在其中。

示例:(p9909 = 0)更换订货号相同的损坏组件

前提条件:

1)新换入组件的订货号相同。

2)组件更换时的拓扑结构比较未激活 p9909 = 0。

示例:更换逆变单元见表 6-22。

表 6-22　示例:更换逆变单元

处　理	响应	注　释
● 切断电源 ● 更换损坏的组件,并正确连接 ● 重新接通电源	● 报警 A01425	
● 将 p9905 设为"1"	● 报警消失 ● 序列号传送到设定拓扑结构中	新的订货号暂时保存在控制单元的工作控制器中,必须通过 p0977 = 1 和 p0971 = 1 存入非易失的存储器中。此时还可在 STARTER 中执行从 RAM 到 ROM 的数据备份
组件更换完成		

示例：更换不同功率的逆变单元/功率模块

前提条件：

1）新旧功率单元的功率不同。

2）矢量：逆变单元/功率模块的功率不能超过 4 倍的电动机电流。

示例：更换不同功率的功率单元见表 6-23。

表 6-23　示例：更换不同功率的功率单元

处　　理	响　应	注　　释
• 切断电源 • 更换损坏的组件，并正确连接 • 重新接通电源	• 报警 A01420	
• 驱动对象 CU —p0009 = 1 —p9906 = 2 —p0009 = 0 —p0977 = 1	• 设备配置 • 组件比较 • 结束配置 • 数据备份	p9906 = 2 时，注意：所有组件的拓扑结构监控功能会大大弱化！不慎误插 DRIVE-CLiQ 电缆的状况可能不会被发现
• 驱动对象组件 —p0201 = r0200 —p0010 = 0 —p0971 = 1	• 传送代码 • 结束调试 • 数据备份	新的订货号暂时保存在控制单元的工作控制器中，还必须通过 p0977 = 1 和 p0971 = 1 存入非易失的存储器中。此时还可在 STARTER 中执行从 RAM 到 ROM 的数据备份
组件更换完成		

更换带 SINAMICS 集成编码器模块（SMI）或 DRIVE-CLiQ 集成编码器（DQI）的电动机

若集成了 DRIVE-CLiQ 接口（SINAMICS 集成编码器模块）的电动机出现损坏，请联系您所在地区的西门子办事处进行维修。

6. 12　授权

使用 SINAMICSS120 驱动系统和激活的选件时，要求分配为此购买的硬件许可。在分配时用户会获得一个 License Key（许可证密钥），这些密钥使相应选件和硬件电气相连。

许可证密钥用作电子许可证，它表明具有一个或多个软件许可证。

需要授权的软件的真正书面证明称为 "Certificate of License"（许可证）。

说明

基本功能和需要授权的功能的信息请参见订货资料，例如：产品样本。

许可证密钥的属性：

1）指定用于特定的存储卡。

2）非易失地保存在存储卡上。

3）不能传送。

4）可以使用 "WEB 许可证管理器" 从许可证数据库中获取。

1. 系统响应

（1）选件许可不充分时的系统响应

如果没有获得充分的选件许可，会通过以下报警和控制单元的 LED 加以显示：

1) A13000 许可不充分。

2) LED RDY 以 0.5Hz 的频率红/绿闪烁。

说明

驱动系统没有获得充分的选件许可时，只能在调试和维修中运行。

只有获得充分许可后，驱动才能正常运行。

（2）功能模块许可不充分时的系统响应

如果没有获得充分的功能模块许可，会通过以下故障和控制单元的 LED 加以显示：

1) F13010 功能模块未获许可。

2) 驱动会通过 OFF1 响应停机。

3) LED RDY 以红色常亮。

说明

无法在未获得充分功能模块许可的情况下运行驱动系统。

只有获得充分许可后，驱动才能正常运行。

（3）OA 应用许可不充分时的系统响应

如果没有获得充分的 OA 应用许可，会通过以下故障和控制单元的 LED 加以显示：

1) F13009OA 应用未获许可。

2) 驱动会通过 OFF1 响应停机。

3) LED READY 以红色常亮。

无法在未获得充分 OA 应用许可的情况下运行驱动系统。只有获得充分许可后，驱动才能正常运行。

2. 性能扩展的提示

伺服/矢量控制需要控制的轴超过 4 个或 V/f 控制需要控制的轴超过 7 个，CU320-2 上需要使用“性能”选件，订货号：6SL3074-0AA01-0AA0，见软件功能的可用性。

一旦超出轴数限制，会输出报警 A13000，而控制单元上 LEDREADY 灯会以 0.5Hz 的频率、绿色/红色交替闪烁。

使用扩展的安全功能时，每个轴都需要一份许可。

3. 通过“网络许可证管理器”生成或显示许可证密钥

通过网络许可证管理器可以得知存储卡上有多少许可证以及有哪些许可证。如果还需要其它许可证，可以借助该管理器生成新的许可证密钥。

说明

更新无需新的许可证。因此在进行更新时，请勿删除存储卡上的许可证密钥

(..\KEYS\SINAMICS\KEYS. txt)。

使用网络许可证管理器时需要提供以下信息：

1) 存储卡的序列号（位于存储卡上）。

2) 许可证编号、送货单号（在许可证上）。

3) 产品标识。

（1）生成许可证密钥

1) 通过以下链接起动网络许可证管理器：

http：//www. siemens. com/automation/license。

2）选择链接"Direct access"。在许可证管理器中，滚动条位于"Login"。

3）输入许可证编号及其送货单号，接着点击"Next"。

进度条滚动到"Identify product"。

4）输入存储卡的序列号。

5）选择使用的产品，如"SINAMICS S CU320-2 DP"。接着点击"Next"。

进度条滚动到"Select license"。此处可以在"Already assigned license"列中查看选中的送货单的哪些许可证已经使用或使用频率。

在"Additionally license to be assigned"列中可以激活所需的许可证，也可以确定需要多少额外的许可证。

6）激活额外许可证后，接着点击"Next"。进度条滚动到"Assign license"。此处列出了所有选中的许可证，以便检查。

7）点击"Assign"，分配许可证。随后弹出一个安全询问。

8）如果确保许可证已经正确分配，点击"OK"。

现在许可证分配给指定的硬件。进度条滚动到"Generate license key"上。许可证密钥显示在屏幕上，可保存为文本文件或 PDF 文件。

（2）显示许可证密钥

如果不小心删除了存储卡上的许可证密钥，可以通过网络许可证管理器再次获取该密钥。

1）起动网络许可证管理器。

2）在浏览区"User"下点击条目"Display license key"。

3）点击右侧下拉菜单中的"License number"。

4）在下方的输入栏中输入许可证号，接着点击按钮"Display license key"。接着当前许可证密钥会显示在屏幕上。

可以通过电子邮件获得报告形式的许可证密钥。在该报告中会列出所有为该存储卡订购的许可证。可以从中查看缺少哪些许可证，然后补充订购。

5）在输入栏"Email address"中输入地址，接着点击按钮"Request license report"。

4. 在 STARTER 中输入许可证密钥

在调试工具 STARTER 中可以直接输入许可证密钥的字母以及数字，如同在网络许可证管理器中一样。在参数 p9920 中请始终输入大写字母。

此时 STARTER 会在后台执行 ASCII 编码。

许可证密钥示例："E1MQ-4BEA"

说明

为一块存储卡订购了多个许可证时，许可证密钥会比示例更长。

在补订许可证时，必须在网络许可证管理器中重新生成许可证密钥，然后重新输入该密钥。

输入许可证密钥时的步骤，参见示例：

p9920［0］= E 第 1 个字符；

p9920［8］= A 第 9 个字符。

说明

如果将 p9920[x]改为 0,则所有后面的索引也变为 0。

在 STARTER 中删除 p9920[x]即可。

输入许可证密钥后按照以下方式激活密钥:

p9921 =1 激活许可证密钥,参数再次自动复位为 0。

5. 通过 BOP 20 输入许可证密钥

在通过 BOP 20 输入许可证密钥时,必须使用密钥的 ASCII 码,见上例。在表 6-24 中可以输入许可证密钥的字符和相应的十进制数。

表 6-24　许可证密钥表格

字符												
十进制												

6. ASCII 码

ASCII 码选段见表 6-25。

表 6-25　ASCII 码选段

字符	十进制	字符	十进制
—	45	I	73
0	48	J	74
1	49	K	75
2	50	L	76
3	51	M	77
4	52	N	78
5	53	O	79
6	54	P	80
7	55	Q	81
8	56	R	82
9	57	S	83
A	65	T	84
B	66	U	85
C	67	V	86
D	68	W	87
E	69	X	88
F	70	Y	89
G	71	Z	90
H	72	空格键	32

6.13　写保护与专有技术保护

为了防止项目受到修改、未经授权的查看或复制,SINAMICS S120 提供写保护和专有技术保护(Know-how-protection,简称 KHP)功能。KHP 功能见表 6-26。

表 6-26　KHP 功能

保护	有效性	目　标	结　果
写保护	在线	写保护用于防止用户误改参数	此时 p 参数可读,但不可写
专有技术保护	在线	专有技术保护用于保护知识产权,尤其是可防止 OEM 的专有技术被擅自使用或复制	此时 p 参数既不可读也不可写

6.13.1　写保护

写保护功能可避免设置受到非自愿的修改。写保护不需要口令。

1. 创建和激活写保护

1）将控制单元和编程设备连接。

2）打开 STARTER。

3）载入项目。

4）创建与目标设备之间的连接。

5）在 STARTER 项目的导航窗口中选择所需的驱动设备。

6）在右键菜单中选择"Drive unit write protection→Activate"。

激活写保护如图 6-47 所示。

这样便激活了写保护功能。此时专家参数表中所有设置参数的输入栏都会以灰色阴影显示，这表示写保护功能生效。

为了持续地传输设置，必须在修改写保护功能后执行"RAM to ROM"进行保存。

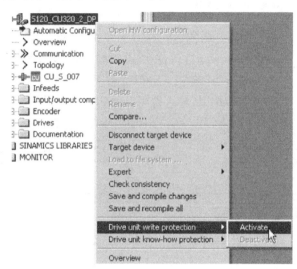

图 6-47　激活写保护

说明

写保护激活时的专有技术保护

若写保护功能生效，则无法对专有技术保护功能的设置进行修改。

说明

通过现场总线访问

在出厂设置中，写保护激活的情况下仍可通过现场总线使用非循环访问修改参数。若需要使写保护对通过现场总线进行的访问同样生效，则须在专家参数表中设置 p7762 = 1。

---

2. 取消写保护

1）将控制单元和编程设备连接。

2）打开 STARTER。

3）载入项目。

4）创建与目标设备之间的连接。

5）在 STARTER 项目的导航窗口中选择所需的驱动设备。

6）调用右键菜单中的"Drive unit write protection→Deactivate"。

禁用后专家参数表中的阴影会消失。这样便可重新对参数进行设置。

3. 无写保护功能的参数

为了防止驱动的功能性和可操作性受到影响，某些参数不具备写保护功能。这些参数的列表请见 SINAMICS S120/150 参数手册，"写保护和专有技术保护参数"一章中的子章节"WRITE_NO_LOCK 参数"。

"恢复出厂设置"功能在写保护激活时同样不被禁用。

6.13.2　专有技术保护

专有技术保护（KHP）功能可防止公司关于配置和参数设置方面的绝密技术知识被读取。

专有技术保护功能需要口令。口令最少须包含 1 个字符，最多可包含 30 个字符。

说明

密码安全

必须自行确保密码的安全性。请尽量使用长密码，最少 8 个字符，其中要包含大写字母、小写字母以及特殊字符。

专有技术保护是在线功能。因此在设置密码前必须和控制单元相连。

1. 专有技术保护激活时的特性

1）除了少数一些系统参数和在指定列表中列出的参数外，所有其它参数都被禁用。这些参数的值无法在专家参数表中读取或修改。

2）在 STARTER 的专家参数表中，被禁用的参数标有文字"Knowhow protected"，而不再显示参数值。

3）此类参数可通过"Online value of Control Unit"下拉菜单中的条目"Without know-howprotected"加以隐藏。

4）显示参数的值仍保持可见。

5）专有技术保护功能生效时相应的屏幕区域被隐藏。

6）专有技术保护功能可与复制保护功能组合使用。

2. 通过专有技术保护禁用的功能

下列功能在专有技术保护生效时被禁用：

1）下载。

2）导出/导入。

3）跟踪（Trace）功能。

4）函数发生器。

5）测量功能。

6）控制器自动设置。

7）静止/旋转测量。

8）删除报警日志。

9）创建验收文档。

3. 采用专有技术保护时可执行的功能

专有技术保护激活时仍可执行下列功能：

1）恢复出厂设置。

2）应答报警。

3）显示报警和警告。

4）显示报警记录。

5）读取诊断缓存。

6）切换至控制面板（控制权获取，所有按钮和设置参数）。

7）显示创建的验收文档。

4. 专有技术保护生效时可修改的参数。

专有技术保护生效时，特定参数仍可修改和读取。这些参数的列表请见 SINAMICS S120/150 参数手册，"写保护和专有技术保护参数"一章中的子章节"写保护和专有技术保护参数/KHP_WRITE_NO_LOCK 参数"。

5. 专有技术保护生效时可读取的参数

还有一些参数在专有技术保护生效时仍可读取，但被禁止修改。这些参数的列表请见 SINAMICS S120/150 参数手册，"写保护和专有技术保护参数"一章中的子章节"KHP_ACTIVE_READ 参数"。

说明

专有技术保护的密码验证

请注意，在专有技术保护激活后修改 Windows 语言设置可能会导致之后的密码验证中出错。如果需要使用某语言中的特殊字符，请确保在稍后输入该字符时将 PC 切换到对应语言。

说明

存储卡的数据安全

在创建和激活专有技术保护后，执行到存储卡的加密数据备份时，之前备份的未加密数据可能会被 SINAMICS 软件删除。此为标准删除进程，只删除存储卡上的记录。数据本身仍可重构。

为了实现专有技术保护，建议在使用前将存储卡上的相关数据安全删除。

为了将存储卡上之前的数据完全清除，必须在激活专有技术保护前使用合适的 PC 工具将这些数据安全删除。数据位于存储卡上的以下目录中：

—\\USER\SINAMICS\DATA.

说明

专有技术保护下的诊断

若需在专有技术保护生效的情况下进行维修或诊断，则西门子公司只能与 OEM 伙伴合作提供支持。

---

6. 复制保护

复制保护用于防止项目设置被复制并传输至其它控制单元。该功能的其它特性包括：

1）复制保护只能与专有技术保护一同激活。

2）复制保护激活时，存储卡与控制单元相关联并只能一同生效。

3）因此可避免带有复制数据的存储卡在另一个控制单元上工作。

4）无法读取或复制存储卡上经过复制保护的数据（DCC 库例外）。使用复制的存储卡时会显示复制保护错误并脉冲禁止。

7. 使用专有技术保护

在激活专有技术保护前必须满足以下条件：

1）驱动设备已经经过完整调试。

（配置、下载至驱动设备，完整调试。之后执行上传，将由驱动计算出的参数上载至 STARTER 项目）。

2）创建了 OEM 例外列表。

3）为了实现专有技术保护，必须确保最终用户处无文件形式的项目。

8. 创建 OEM 例外列表

在此例外列表中输入需要在专有技术保护激活的情况下仍可读取和写入的参数。例外列表仅可通过专家参数表创建。例外列表对 STARTER 中的输入界面不会产生影响。

在 p7763 中定义所需的例外列表参数的数量。在例外列表中最多可输入 500 个参数。在 p7764［0...n］中将所需的参数编号指定给 p7763 的索引。之后将修改传输至控制单元使其生效。

例外列表的出厂设置：

1）p7763 = 1（例外列表只包含一个参数）。

2）p7764［0］= 7766（口令输入的参数编号）。

步骤：

1）在 p7763 中定义例外列表中参数的数量。在例外列表中最多可输入 500 个参数。

2）执行功能"载入 PG"。在专家参数列表中，参数 p7764 会根据 p7763 的设置自动调整。索引按设置自动插入或删除。

3）在 p7764［0...n］中将所需的参数编号指定给 p7764 的各个索引。

4）之后将修改传输至控制单元使其生效。

说明

不检查例外列表中的参数

控制单元不会检查在例外列表中加入和删除了哪些参数。

---

9. 绝对专有技术保护

将参数 p7766 从 p7764［0］= 0 的例外列表删除，则可防止任何对控制单元数据及其项目设置数据的访问。之后无法读取或修改受保护数据。专有技术保护和复制保护将无法再撤销。

10. 激活专有技术保护

1）将控制单元和编程设备连接。

2）打开 STARTER。

3）打开项目。

4）创建与目标设备之间的连接（进入在线模式）。

5）在 STARTER 项目的项目导航器中选择所需的驱动设备。

6）在右键菜单中选择"Drive unit know-how protection→Activate"。

"Activate know-how Protection for Drive Unit"对话框打开。

激活如图 6-48 所示。

默认设置下，选项"Know-how protection without copy protection"激活。

7）如果除了专有技术保护外，还想激活复制保护，可以点击选项"Know-how protection with copy protection"。

8）点击"OK"。"Drive unit know-how protection - specify password"对话框打开。

设置密码如图 6-49 所示。

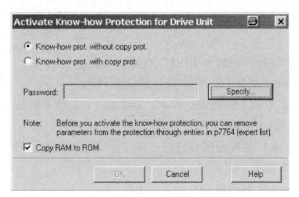

图 6-48　激活

9）在输入栏"New password"中输入新密码，1~30 个字符。注意区分大小写。

10）在输入栏"Confirm password"中再次输入密码，点击"OK"，确认输入对话框关闭，密码在"Activate the know-how protection of drive object"对话框中加密显示。

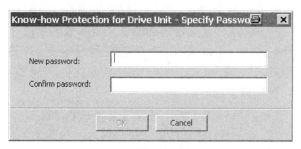

图 6-49　设置密码

默认设置中，选项"Copy RAM to ROM"激活，会在控制单元中永久保存专有技术保护。如果只是想临时激活该保护，可以不勾选该选项。

11）点击"OK"。这样便激活了专有技术保护功能。专家参数表中所有受保护参数都不再显示内容，而是显示"Know-how-protected"文本。

11. 取消专有技术保护

1）将控制单元和编程设备连接。

2）打开 STARTER。

3）打开项目。

4）创建与目标设备之间的连接。

5）在 STARTER 项目的导航窗口中选择所需的驱动设备。

6）在右键菜单中选择"Drive unit know-how protection→Deactivate"。

"Deactivate the know-how protection for drive object"对话框打开。

禁用如图 6-50 所示。

7）点击复选框"Temporarily"或"Permanently"，选择临时还是永久取消专有技术保护。

——"Temporarily"：临时取消保护，系统重启后专有技术保护将重新生效；

——"Permanently"：永久取消保护，系统重启后专有技术保护也将保持无效状。

选择了"Permanently"时，还可通过"Copy RAM to ROM"在控制单元上执行数据备份。此时同名复选框激活。

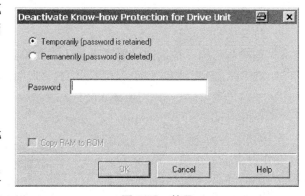

图 6-50　禁用

如果取消了该控制选件框，在断电/上电后专有技术保护仍处于取消状态时，必须手动进行"Copy RAM to ROM"数据备份。

8）输入密码并点击"OK"。现在便取消了专有技术保护功能。所有参数再次显示在专家参数表中。

12. 修改密码

只能修改激活的专有技术保护的密码。

按照以下步骤，修改专有技术保护的密码：

1）将控制单元和编程设备连接。

2）打开 STARTER。

3）打开项目。

4）在 STARTER 项目的导航窗口中选择所需的驱动设备。

5）调用右键菜单中的"Drive unit know-how protection→Change password"。

"Change password"对话框打开。

修改密码如图 6-51 所示。

6）在最上方的输入栏中输入旧密码。

7）在下方的输入栏中输入新口令，并在最下方的输入栏中再次输入新口令。

默认设置中，选项"Copy RAM to ROM"激活，会在控制单元中永久保存专有技术保护的新密码。如果只是想临时修改密码，可以不激活该选项。

8）点击"OK"，关闭对话框。

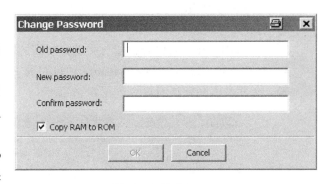

图 6-51　修改密码

13. 将数据设置专有技术保护后载入文件系统

数据可以在设置专业技术保护后直接从驱动设备载入文件系统或保存在其中。专有技术保护可防止将数据传送给未经授权的第三方。

最终用户可以考虑在以下情形下使用该保护：

1）需要修改加密的 SINAMICS 数据。

2）存储卡损坏。

3）驱动的控制单元损坏。

在上述情形下 OEM 可以通过 STARTER 生成新的加密子项目。在这些加密数据组中，已经预先保存了新存储卡或新控制单元的序列号。

14. 应用示例：控制单元损坏

情形：最终用户的控制单元损坏。OEM 有最终用户机器的 STARTER 项目文件。

过程：

1）最终用户向 OEM 发送新控制单元（r7758）和新存储卡（r7843）的序列号，并注明安装了新控制单元的设备。

2）OEM 载入最终用户的 STARTER 项目数据。

3）OEM 执行 STARTER 功能"载入文件系统"。

—OEM 可决定是压缩还是不压缩数据；

—OEM 进行必要的专有技术保护设置；

—然后输入存储卡以及新控制单元的目标序列号。

4）OEM 将存储的数据发送给最终用户，例如通过电子邮件。

5）最终用户把目录"User"复制到新存储卡上，并将其插入新的控制单元。

6）最终用户起动驱动。

控制单元在起动时检验序列号，若一致则删除 p7759 和 p7769 的值。

正常起动后控制单元运行就绪。专有技术保护生效。

若序列号不一致，单元则会输出故障 F13100。

必要时，最终用户要在 OEM 例外列表中重新输入被他修改的参数。

15. 调用"Load to File System"对话框

1）打开 STARTER。

2）打开目标项目。

3）在 STARTER 项目的导航窗口中选择所需的驱动设备。

4）起动功能"Load to File System"。"Load to File System"对话框打开。

载入文件系统（默认设置）如图 6-52 所示。

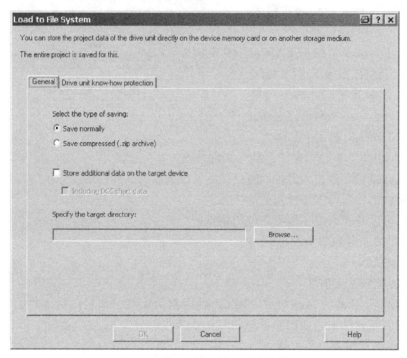

图 6-52　载入文件系统（默认设置）

16. 确定常规存储器数据

在打开该对话框时会自动显示标签"General"。选项"Save normally"自动激活。

1）如果希望数据经过电压缩后再保存，点击选项"Save compressed（. zip archive）"。
在默认设置中，选项"Store additional data on the target device"不激活。

2）如果希望将附加数据（比如：程序来源）保存在目标设备上，可激活该选项。
也可以激活选项"Including DCC chart data"，然后便可以保存图形数据。

3）接着在输入栏中指定保存目录的路径，或点击"Browse"，选中文件系统中的一个
目录。

17. 配置专有技术保护

专有技术保护的设置在标签"Drive unit know-how protection"下进行。

1）点击标签"Drive unit know-how protection"。

"载入文件系统"中的专有技术保护如图 6-53 所示。

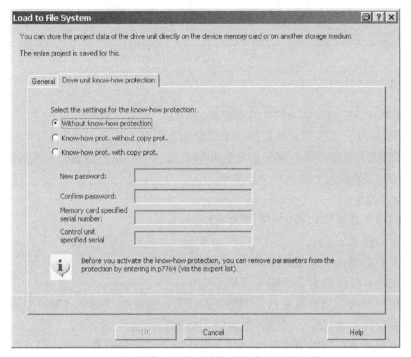

图 6-53　"载入文件系统"中的专有技术保护

默认设置下,选项"Without know-how protection"激活。如果确实希望不加保护地保存数据,可点击"OK"或"Cancel"关闭对话框,但我们不建议这样做。

2）如果希望设置保护,点击选项"Know-how protection without copy protection"或"Know-how protection with copy protection"。

激活载入文件系统中的专有技术保护如图 6-54 所示。

输入栏随即激活。没有复制保护时,只有密码输入栏激活。有复制保护时,还有两栏序列号输入栏激活。输入栏中的输入都加密显示。

3）在输入栏"New password"中输入密码,在输入栏"Confirm password"中再次输入密码。

4）接着输入新存储卡的序列号。

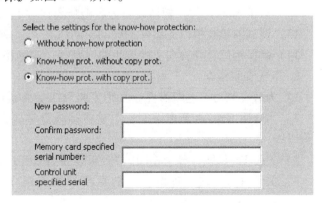

图 6-54　激活载入文件系统中的专有技术保护

如果选择了选件"Know-how protection with copy protection",则必须输入控制单元的设定序列号。

5）该情况下在相应的输入区输入控制单元的序列号。

第7章　调　　试

7.1　调试准备

S120 变频器支持连接 3AC 690V 的交流进线电压，最高直流母线电压会大于 1000V，远远超出了安全电压范围。如果安装或操作不当难免会引起人身和设备事故。特别是针对装机装柜和柜机类型的大容量设备，在设备安装和调试过程中必须严格遵循相关的操作规范。下列规范可以作为安装调试过程中的一个参考。

1. 机械安装检查

1）安装前检查运输指示器，包括振动和倾斜指示。

2）检查重心标识。

3）检查安装环境是否满足相应设备手册规范。

4）检查接地体载流能力是否满足规范要求。

5）针对柜机结构，当设备安放于最终安装位置后拆除顶部吊装（M90 选件）。

6）在设备最终安装之前，正确拆除运输用的木制托盘。

7）保证柜顶距天花板的最小高度，继而保证冷却风道畅通和冷却风量。

8）柜体底部必须固定牢靠。

9）由于运输原因单独交付的下列选件需要现场安装：

① IP21 防护等级的遮蓬（M21 选件）；

② IP23/43/54 防护等级的防护罩或滤网。

10）如果柜体底部位于非实体结构之上，需采取必要的防振措施。

11）如带 L37 选件，其手柄需正确安装。

12）对于 M26 选件，柜体设备为右侧封闭；对于 M27 选件，柜体设备为左侧封闭。

13）调试前检查柜内元器件的振动松动情况。

14）确保柜门打开方向上的逃生路线顺畅，遵循相关的安装规范。

2. 电气安装检查

1）为减轻张力，电缆需要在 C 形安装母线上夹紧安装。

2）当应用 EMC 屏蔽电缆时，电动机接线盒端要大面积有效接地，柜内要安全地连接屏蔽母线。

3）关于 PE 母线，各个柜间的 PE 母线要有效连接，整个系统要建立有效接地。

4）关于直流母线，各设备间的直流母线要建立可靠连接，严禁将操作工具放于母排上。

5）关于辅助供电系统，各柜机间要建立可靠连接，并确保电压连接正确。

6）如果单个柜机设备独立发货运输，现场需要按照电路图进行正确的柜间电气连接。

7）在无线电干扰抑制滤波器的电容接地连接片处贴有黄色警告标签：

① 对于接地电网（TN/TT），保留连接片，拆除黄标签；

② 对于不接地电网（IT），拆除连接片和黄标签。

8）电缆需按要求的力矩固定在端子上，电动机电缆不能超出允许的最大长度，该长度因电缆类型（是否屏蔽）而异。

9）制动单元到制动电阻的连接电缆不能超出允许的最大长度，制动电阻的热触点信号需要连接到 CU 或其它上位控制器中。

10）对于装机装柜设备，当并联应用驱动单绕组电动机时，确保电动机电缆不小于最小长度或配备输出电抗器。

11）直流母线耦合开关（包括附带预充电功能的 L37 选件）必须正确接线，并核查熔断器配置、信号接线和参数设置。

12）根据实际应用情况，正确设置断路器电流整定。

13）根据实际电网电压调节各模块的风机（及辅助供电模块）变压器跳线，确保变压器二次侧 230V 供电正常。

14）从功率设备的铭牌可以看到出厂时间，如果设备从出厂到初次调试（或停机时间）超过两年，则需要对直流母线电容进行充电。

15）如果远程控制变频器工作，需遵循相关 EMC 规范，控制电缆需采用屏蔽电缆，并且要与动力电缆分开布线。

16）DRIVE-CLiQ 电缆必须按照推荐规则连接，且不超过最大允许长度。

17）不要带电插拔 CF 卡、选件板等设备，以免引起损坏。

18）上电之前一定要仔细检查接线及各电压等级回路是否存在短路情况。

7.2 调试流程

S120 的简单调试流程如图 7-1 所示。

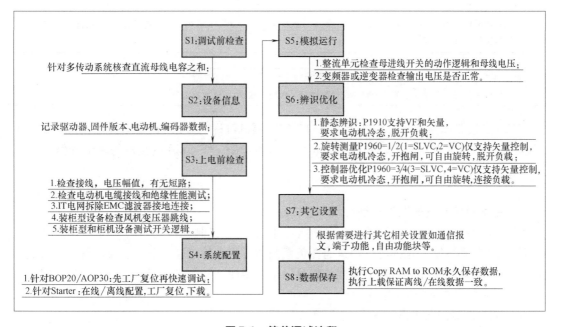

图 7-1 简单调试流程

说明

S1：针对共母线结构的多传动设备，整流装置的预充电能力限定了整个共母线系统的总电容量，在选型样本中可以查到整流装置自身的电容量和允许的最大电容量以及其它共母线模块的电容量。

S2：在进行配置之前，需要知道驱动器、CU 类型、CF 卡固件版本、电动机和编码器数据。

S3：上电前检查

- 检查设备接线是否正确，特别注意装机装柜型整流装置的预充电回路接线和供电相序，严禁手动合闸旁路接触器或断路器，检查柜机设备的柜间母线及辅助供电连接；检查各级供电回路是否有短路情况；检查各级供电电源容量和电压幅值，特别注意 24V 电源容量和电压，在选型样本中有各个模块对于 24V 电源容量的要求；
- 检查电动机电缆接线，特别注意电缆并联应用情况，测量电动机电缆及电动机绕组绝缘强度；
- 针对不接地供电系统（IT 电网），需要拆除驱动器进线端的 EMC 滤波器对地连接片；
- 针对装机装柜型设备，需要检查和调节风机变压器跳线，上电后还要检查风机转向；
- 针对装机装柜和柜机类设备，建议先上控制电，检查预充电和主回路的开关动作逻辑是否正常。

S4：系统配置

S120 支持用基本操作面板 BOP20、高级操作面板 AOP30 及调试软件 STARTER（推荐使用）三种工具进行调试。

- 面板调试：先进行工厂复位，然后进行快速调试，保存数据；
- 软件调试：首次在线后先进行工厂复位，可以在线自动配置或离线手动配置，配置完成后下载并保存数据。

S5：模拟运行

- 针对整流装置，通过模拟运行查看开关动作逻辑和直流母线电压；
- 针对逆变单元和单传动设备，断开进线主电源和电动机电缆连接，直流母线连接 24V 电源，执行模拟运行，查看是否有报警、输出电压变化。

S6：辨识优化

- 静态辨识 P1910 = 1，支持矢量和 V/f 控制，辨识条件：电动机冷态，脱开机械负载；
- 动态测量 P1960 = 1/2（1 = 无编码器，2 = 带编码器），仅支持矢量控制方式。旋转测量条件：电动机冷态，开抱闸，脱开机械负载，电动机可自由旋转，对于带编码器的矢量控制，先用 V/f 工作方式测定编码器反馈 R61 的大小和方向是否正确；
- 速度控制器优化 P1960 = 3/4（3 = 无编码器，4 = 带编码器），仅支持矢量控制方式。速度控制器优化需连接机械负载，开抱闸，并保证在优化过程中的电动机转动不会造成危险。

S7：其它设置

接下来可设置其它相关的功能，比如通信报文、端子功能、自由功能块等。

S8：保存数据

完成上述设置后，需要执行 Copy RAM to ROM 进行数据永久保存，对于用软件调试的应用，还需要执行上载，以保存离线项目数据和装置在线数据一致。

建议

实际应用中最好每完成一个关键步骤的配置都进行一次数据保存，以免数据意外丢失。

　　S120 变频器包括多传动和单传动结构，实际调试过程中多采用 STARTER 软件调试，下面以多传动系统为例（单传动系统与之相似）详细介绍一下 S120 变频器的调试过程。

7.3　整流装置的调试步骤

7.3.1　基本整流装置的调试步骤

　　基本整流装置（BLM）不具有回馈功能，因此在频繁制动或要求停车受控时需要配置制动单元和制动电阻。这样可以快速消耗负载制动时回馈的电能，防止直流母线电压过高而造成系统停机和设备损坏。基本整流装置可以用于接地（TT，TN）和非接地（IT）电网。

　　1. 基本整流装置的离线配置

　　1）插入驱动对象 Drive Unit，如图 7-2 所示。

　　2）选择控制单元类型，如图 7-3 所示。

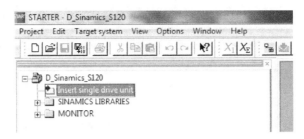

图 7-2 插入驱动对象 Drive Unit

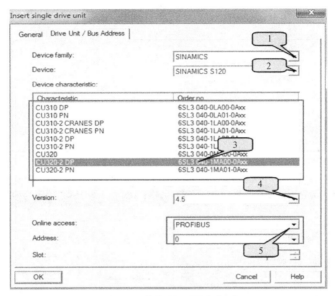

图 7-3 选择控制单元类型

说明

1）选择产品系列。

2）选择设备类型。

3）针对 S120 需要指定 CU 类型。

4）选择 CF 卡固件版本，可以从 CF 订货号或 CF 标识上获取。

5）设置访问接口信息。

3）插入并配置驱动对象后，双击"Insert infeed"添加整流装置，如图 7-4 所示。

4）选择整流装置类型为"Basic infeed"并进行命名，选择"Next"，如图 7-5 所示。

5）选择电源电压范围、冷却方式、类型，然后在设备列表中选择与实际设备对应的模块，然后单击"Next"，如图 7-6 所示。

6）进行整流装置的相关参数设置，设置完成后点击"Next"，如图 7-7 所示。

① 设置实际的进线连接电压。

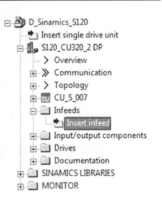

图 7-4 插入整流装置

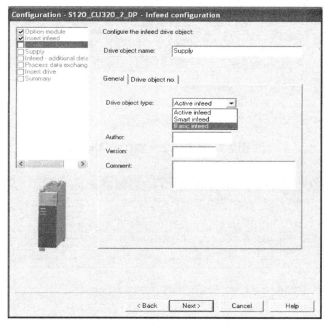

图 7-5　选择整流装置类型

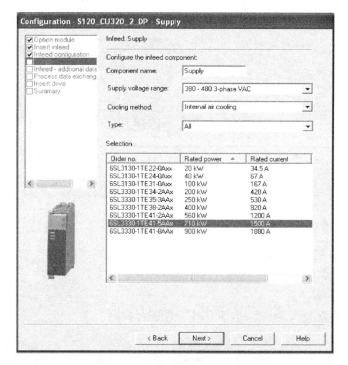

图 7-6　选择基本整流装置

② 选择整流装置是否并联（仅支持装机装柜型模块）及设置并联装置数量。

③ 外部制动单元设置，激活后制动单元受整流装置监控。

说明

20kW 和 40kW 的 BLM 内部集成有制动单元。

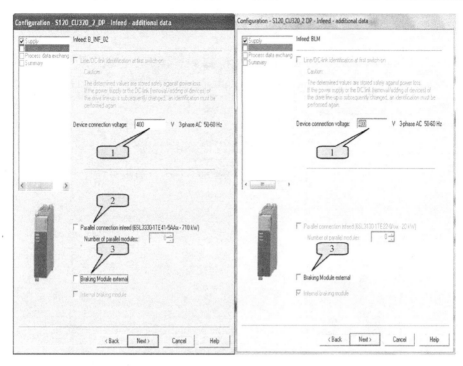

图 7-7 基本整流装置参数设置（装机装柜型左侧/书本型右侧）

7）选择通信报文类型，此处也可以不做设置而之后在"Communication"中进行通信配置，单击"Next"，如图 7-8 所示。

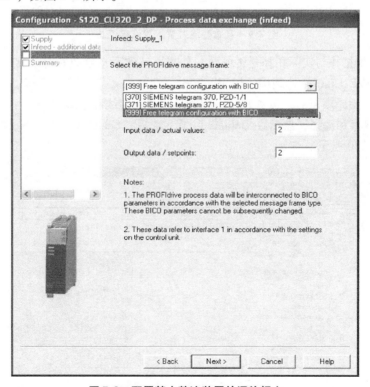

图 7-8 配置基本整流装置的通信报文

8）整流装置配置信息汇总，确认无误后，点击"Finish"完成整流装置配置，如图 7-9 所示。

图 7-9 基本整流装置配置信息汇总

9）检查离线拓扑与实际拓扑是否一致，如果不一致手动修改拓扑连接，推荐的拓扑连接请参考"DRIVE-CLiQ 拓扑结构的说明"部分。

10）保存并编译项目后，设置在线访问接口，进行在线和下载操作。

首先执行保存和编译，然后在 Options 目录下选择"Set PG/PC Interface"，设置在线访问接口，如图 7-10 所示。

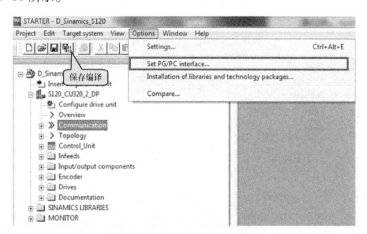

图 7-10 选择 Set PG/PC 接口

11）选择连接目标设备"Connect target device"，如图 7-11 所示。

12）在线后，执行下载，将离线配置数据下载到 CU 的 RAM 区。勾选"Copy RAM to ROM"可以实现下载后自动保存到 CF 卡，否则要在退出在线之前手动执行"Copy RAM to ROM"进行数据永久保存。

2. 基本整流装置的模拟运行

（1）上电前检查

1）上电前一定要核查母线上所有模块的电容值之和，确保其不超过该整流单元所允许的最大电容值。否则可能导致预充电无法完成甚至损坏预充电回路。

2）上电前一定要仔细检查设备接线是否正确，各电压等级供电回路是否存在短路，电压幅值是否正常；EP 端子需要进行有效连接；针对柜机还要检查柜间连接是否正常。

3）针对装机装柜及对应柜机型风冷设备，要根据实际供电电压调整风机变压器跳线，以保证风机正常工作。

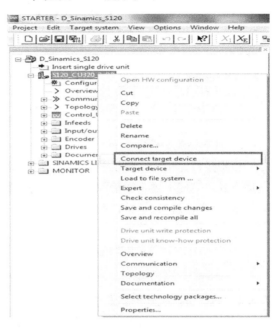

图 7-11 连接目标设备

4）如果整流装置工作于 IT 电网，需要拆除 RFI 滤波器的接地连接片。

（2）模拟运行

完成上电前检查后，在线连接已经配置好的项目，若无故障和报警则可进行模拟运行测试。

打开 CU320-2 中 Input/output 接口界面，在隔离的数字量输入中使用 Simulation 仿真功能。将 Digital input0 作为基本整流装置的运行命令源，连接到 P0840 参数，手动起动基本整流装置。利用 DI 仿真功能进行整流装置模拟运行如图 7-12 所示。

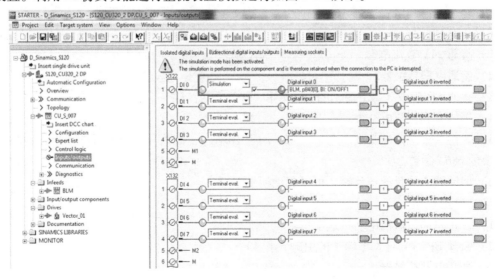

图 7-12 利用 DI 仿真功能进行整流装置模拟运行

检查母线电压是否正常（空载运行时基本整流装置的母线电压为 1.35 ~ 1.4 倍的进线电压），对于风冷设备查看风机转向和转速是否正常（针对装机装柜设备）。

说明

针对 GD 尺寸的基本整流装置（BLM）装机装柜及柜机设备，其采用二极管整流并具有单独的预充电电路，建议采取以下方式模拟运行：

1）先上 24V 和 230V 控制电，检查预充电接触器是否正常动作。因未上主电会出现相关故障或报警，属正常现象。

2）上控制电和主电，检查预充电接触器和旁路接触器动作时序、母线电压、风机转向和转速是否正常。

3. 基本整流装置的运行

模拟运行完毕后，建议再次检查主电路和控制电路接线，并正确连接和设置整流单元的起动方式。完成上述工作后可以给基本整流装置上电，包括主电和控制电。如果上电过程一切正常，就可以进行正常运行了。

说明

电动机运行前，需要通过参数 P840 起动基本整流装置。否则不能建立直流母线电压或导致预充电回路过载而损坏。

7.3.2　回馈整流装置的调试步骤

回馈整流装置（SLM）母线电压不受控，但具有 100% 能量回馈功能。回馈功能可以通过参数设置（带 DRIVE-CLiQ 接口的设备）或端子控制（不带 DRIVE-CLiQ 接口的设备）来禁止和激活。连接在直流母线上的电容通过预充电电阻进行预充电。使用回馈整流装置时，需要安装与其型号相匹配的进线电抗器。回馈整流装置可以用于接地（TT，TN）和非接地（IT）电网。

1. 不带 DRIVE-CLiQ 接口的回馈整流装置调试步骤

书本型 5kW 和 10kW 的回馈整流装置不带 DRIVE-CLiQ 接口，需要通过相关端子对其进行监视和控制。其端子接线如图 7-13 所示。

在操作 5kW 和 10kW 的回馈整流装置时，需要遵守相应的操作顺序，否则有可能会损坏设备。

（1）上电顺序

1）接通 24V 直流电源。

2）接通电源接触器。

3）接通 EP 信号（X21 端子的引脚 3 和 4）。

4）等待直到预充电结束。

5）等待 Ready 信号变成高电平（X21 端子引脚 1），该信号需要通过硬线连接关联到逆变模块的 p864 参数。

6）回馈整流装置准备就绪，可以起动逆变单元。

（2）断电顺序

1）停止驱动，取消电动机起动信号。

2）断开 EP 信号（X21 端子的引脚 3 和 4）。

3）断开电源接触器。

4）断开 24V 直流电源。

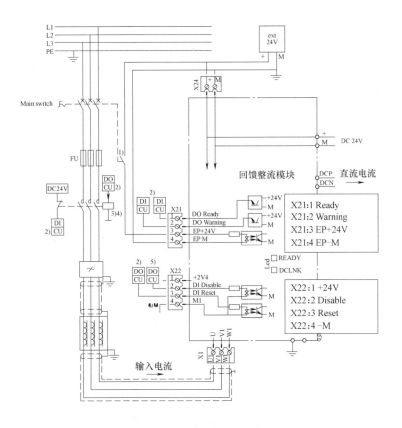

图 7-13 5kW 和 10kW 回馈整流装置端子接线

注意
1）上电前要严格按照要求进行接线，并仔细检查设备接线、连接电压、线路是否存在短路等。
2）整流相关的信号需要通过硬线连接并关联到相关参数。
3）设备运行过程中，如果报警信号变为低电平或 Ready 信号变为低电平都需要停止与该整流装置关联的逆变单元。

2. 带 DRIVE-CLiQ 接口的回馈整流装置的离线配置

回馈整流装置的离线配置与基本整流装置的配置过程基本相同。

1）选择整流装置类型为 "Smart infeed"，并进行命名，然后单击 "Next"，如图 7-14 所示。

2）选择电源电压范围、冷却方式，在设备列表中选择与实际设备对应的模块，然后单击 "Next"，如图 7-15 所示。

3）对回馈整流装置进行参数设置，如图 7-16 所示。

说明
1）设置电路识别功能(仅支持书本型回馈整流装置)。
2）设置实际的进线连接电压。
3）设置回馈整流装置是否并联及并联装置数量(仅支持装机装柜型模块)。
4）设置是否有电压检测模块选件(仅针对书本型，装柜型装置为标配)。
5）设置外部制动单元，与基本整流装置相同(回馈整流装置具有回馈功能，一般不需要外接制动单元，可根据需要进行配置)，然后单击 "Next"。

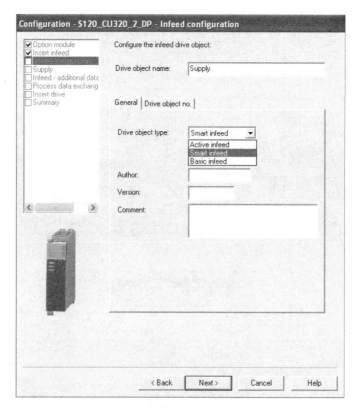

图 7-14　选择整流装置类型

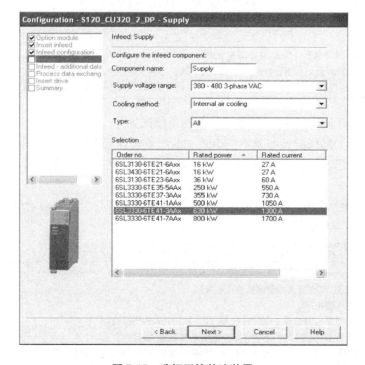

图 7-15　选择回馈整流装置

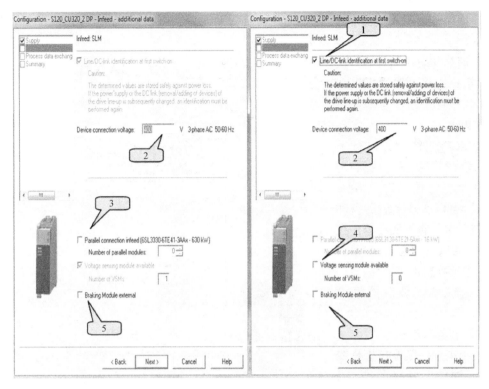

图7-16 回馈整流装置设置（左侧装机装柜型/右侧书本型）

4）选择通信报文类型，此处也可以不作设置而在"Communication"中进行通信配置，单击"Next"，如图7-17所示。

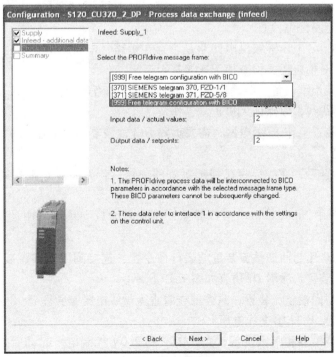

图7-17 配置通信报文

5）回馈整流装置配置信息汇总，确认配置无误后，点击"Finish"完成配置，如图7-18所示。

6）储存并编译项目后，检查实际拓扑连接，然后可以在线和下载配置，过程与基本整流装置相同。

7）成功在线后，执行下载，将离线配置数据下载到 CU 的 RAM 区。勾选"Copy RAM to ROM"可以实现下载后自动保存到 CF 卡，否则要在退出在线之前手动执行"Copy RAM to ROM"进行数据永久保存。

3. 回馈整流装置的模拟运行

（1）上电前检查

1）上电前一定要核查母线上所有模块的电容值之和，确保其不超过该回馈整流单元所允许的最大电容值。否则可能导致预充电无法完成甚至损坏预充电回路。

图7-18 回馈整流装置配置信息汇总

2）上电前一定要仔细检查设备接线是否正确，各电压等级供电回路是否存在短路，电压幅值是否正常；EP 端子需要进行有效连接；针对柜机还要检查柜间连接是否正常。

3）针对装机装柜型设备，要确保预充电电路和主电路进线相序一致；根据实际供电电压调整风机变压器跳线，以保证风机正常工作。

4）如果整流装置工作于 IT 电网，需要拆除 RFI 滤波器的接地连接片。

（2）模拟运行

完成上电前检查后，在线连接已经配置好的项目，若无故障和报警则可进行模拟运行测试。

打开 CU320-2 中 Input/output 接口界面，在隔离的数字量输入中使用 Simulation 仿真功能。

将 Digital input0 作为回馈整流装置的运行命令源，连接到回馈整流装置的 P0840 参数，手动起动回馈整流装置。激活 DI 仿真如图7-19 所示。

1）针对书本型回馈整流装置，只需要查看直流母线电压是否正常（空载运行时回馈整流装置的母线电压为 1.32 倍进线电压）。

2）针对装机装柜型和柜机设备，先上 24V 和 230V 控制电，起动后查看预充电接触器是否正常动作；然后给设备上主电和控制电，检查预充电和旁路接触器动作是否正常，查看

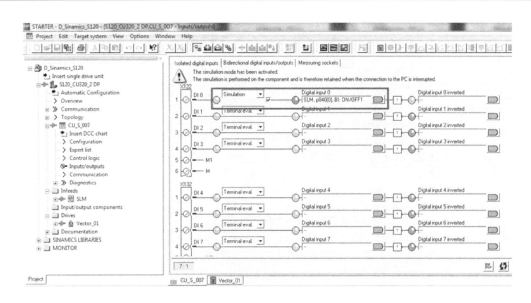

图 7-19 激活 DI 仿真

直流母线电压（空载运行时回馈整流装置的母线电压为 1.32 倍进线电压），查看风机转向和转速是否正常。

4. 回馈整流装置的运行

模拟运行完毕后，建议再次检查主电路和控制电路接线，并正确连接和设置整流单元的起动方式。完成上述工作后可以给回馈整流单元上电，包括主电和控制电。如果上电过程一切正常，就可以进行正常运行了。

注意

电动机运行前，需要通过参数 P840 起动回馈整流装置。否则可能导致预充电回路过载而损坏。

7.3.3 有源整流装置的调试步骤

有源整流装置具有回馈功能，可以实现系统的四象限运行。采用脉宽调制技术进行整流，辅以配套的 AIM 接口模块（包括滤波器和其它组件）可以实现对直流母线电压和网侧功率因数的调节。在允许的网测电压波动范围内，直流母线电压可以维持恒定。母线电压设定值可以达到 1.42 ~ 2 倍的进线电压，默认设置为 1.5 倍进线电压。另外，其进线侧的谐波很小，电流波形近似正弦波。有源整流装置可以用于接地（TT，TN）和非接地（IT）电网。

1. 有源整流装置的离线配置

有源整流装置的离线配置与基本整流装置的配置过程基本相同。

1）选择整流装置类型为"Active infeed"，并进行命名，然后单击"Next"，如图 7-20 所示。

2）选择电源电压范围、冷却方式，在设备列表中选择与实际设备对应的模块，然后单击"Next"，如图 7-21 所示。

3）对有源整流装置进行参数设置，设置完成后点击"Next"，如图 7-22 所示。

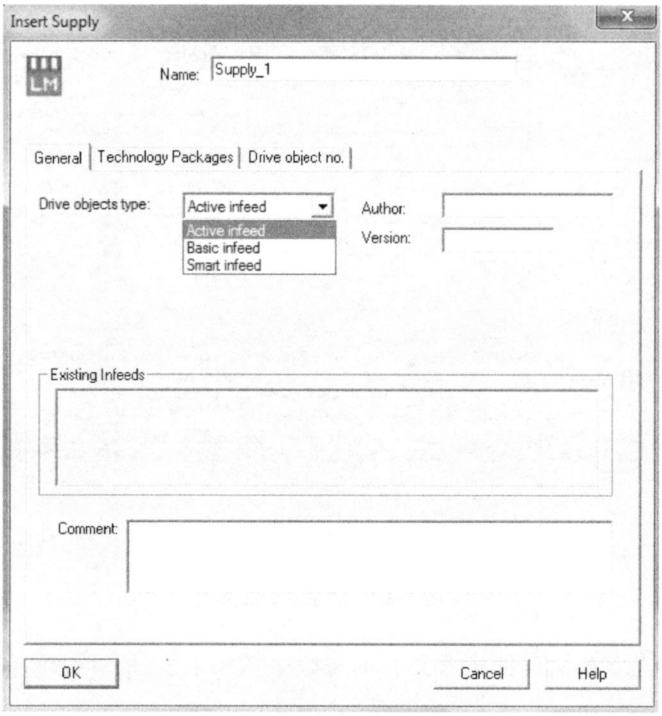

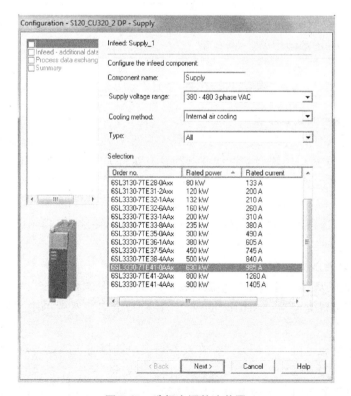

图 7-20　选择整流装置类型

图 7-21　选择有源整流装置

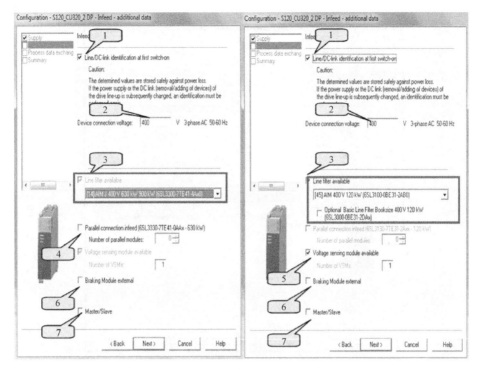

图 7-22 有源整流装置设置（左侧装机装柜型/右侧书本型）

说明
1　设置电路识别功能。
2　设置实际的进线连接电压。
3　设置 AIM 接口模块（书本型为可选件）。
4　设置并联应用和并联模块数量（仅支持装机装柜型）。
5　设置是否有电压检测模块选件（仅针对书本型，装柜型装置为标配）。
6　设置外部制动单元（有源整流装置具有回馈功能，一般不需要外接制动单元，可根据实际情况进行配置）。
7　设置有源整流装置的主从应用（冗余应用）。

4）选择通信报文类型，此处也可以不作设置而在"Communication"中进行通信配置，单击"Next"，如图 7-23 所示。

5）有源整流装置配置信息汇总，确认配置无误后，点击"Finish"完成配置，如图 7-24所示。

6）保存并编译项目，检查拓扑结构后，可以在线和下载配置，过程与基本整流装置相同。

7）成功在线后，执行下载，将离线配置数据下载到 CU 的 RAM 区。勾选"Copy RAM to ROM"可以实现下载后自动保存到 CF 卡，否则要在退出在线之前手动执行"Copy RAM to ROM"进行数据永久保存。

2. 有源整流装置的模拟运行

（1）上电前检查

1）上电前一定要核查母线上所有模块的电容值之和，确保其不超过该整流单元所允许的最大电容值。否则可能导致预充电无法完成甚至损坏预充电回路。

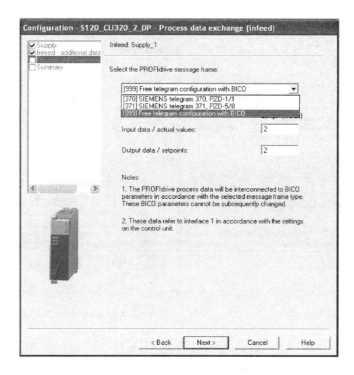

图 7-23　配置通信报文

图 7-24　有源整流装置配置信息汇总

2）上电前一定要仔细检查设备接线是否正确，各电压等级供电回路是否存在短路，电压幅值是否正常；EP 端子需要进行有效连接；针对柜机还要检查柜间连接是否正常，检查有源整流装置与有源接口模块之间的接线。

3）针对装机装柜型设备，要确保预充电电路和主电路进线相序一致；根据实际供电电压调整风机变压器跳线，以保证风机正常工作。

4）如果整流装置工作于 IT 电网，需要拆除 RFI 滤波器的接地连接片。

（2）模拟运行

完成上电前检查后，在线连接已经配置好的项目，若无故障和报警则可进行模拟运行测试。

打开 CU320-2 中 Input/output 接口界面，在隔离的数字量输入中使用 Simulation 仿真功能。

将 Digital input 0 作为有源整流装置的运行命令源，连接到有源整流装置的 P0840 参数，手动起动有源整流装置。激活 DI 仿真如图 7-25 所示。

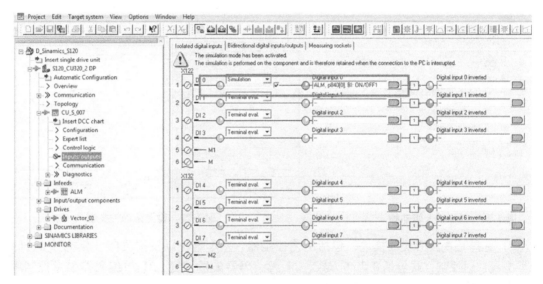

图 7-25　激活 DI 仿真

1）针对书本型有源整流装置，只需要查看直流母线电压是否正常（有源整流装置的母线电压默认设置为 1.5 倍进线电压）。

2）针对装机装柜型和柜机设备，先上 24V 和 230V 控制电，起动后查看预充电接触器是否正常动作；然后给设备上主电和控制电，检查预充电和旁路接触器动作是否正常，查看直流母线电压（有源整流装置的母线电压默认设置为 1.5 倍进线电压）、风机转向和转速是否正常。

3. 有源整流装置的运行

模拟运行完毕后，建议再次检查主电路和控制电路接线，并正确连接和设置整流单元的起动方式。完成上述工作后可以给回馈整流单元上电，包括主电和控制电。如果上电过程一切正常，就可以进行正常运行了。

注意

电动机运行前，需要通过参数 P840 起动有源整流装置。否则可能导致预充电电路过载而损坏。

7.4　逆变单元及功率模块的调试步骤

7.4.1　逆变单元的离线基本配置

1）在 Drives 下面插入驱动轴 Insert drive，如图 7-26 所示。

2）设置驱动轴名称，并选择驱动对象类型，此例中选择矢量轴 Vector，单击"OK"，如图 7-27 所示。

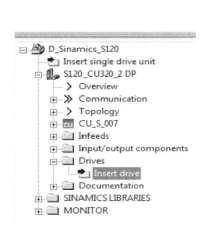

图 7-26　选择插入驱动轴　　　　　　　　图 7-27　设置驱动轴类型

3）选择是否激活功能模块，包括工艺控制器、基本定位以及扩展信号/监视；选择控制类型，常用控制方式包括 0-V/f 方式，20-无编码器矢量控制，21-带编码器矢量控制等，设置完成后单击"Next"，如图 7-28 所示。

4）填写功率组件名称，选择其连接电压、冷却方式以及对应设备，单击"Next"，如图 7-29 所示。

5）选择是否带有输出选件，如输出电抗器、带 VPL 的 dv/dt 滤波器、电压检测模块 VSM，是否并联及并联模块数量（最多 4 个，仅支持装机装柜型设备并联）；设置完成后点击"Next"，如图 7-30 所示。

6）选择电动机标准 IEC 或 NEMA、直流侧进线电压值（p0210 参数）、功率组件应用类型（p0205），点击"Next"，如图 7-31 所示。

7）填写电动机名称，对于西门子带 DRIVE-CLiQ 接口电动机和列表电动机可以直接选择，对于西门子非列表电动机和第三方电动机需要选择输入电动机数据并选择电动机类型；若一台逆变器带多个电动机时需选择电动机并联，并输入并联电动机数目；单击"Next"，如图 7-32 所示。

8）如果选择非 DRIVE-CLiQ 和非列表电动机，则需要按照电动机铭牌填写电动机参数，单击"Next"，如图 7-33 所示。

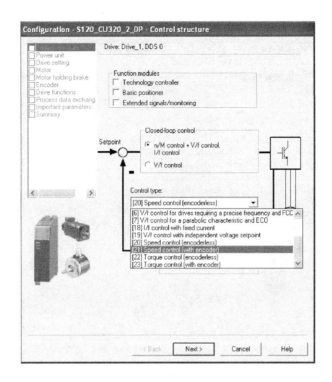

图7-28 选择控制方式

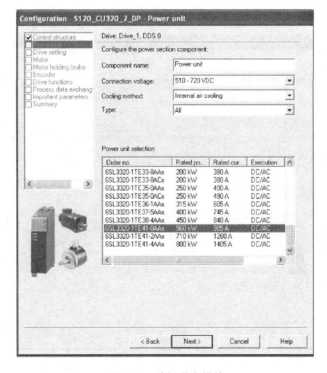

图7-29 选择逆变模块

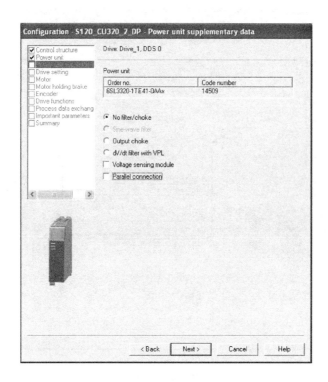

图 7-30　选择输出侧选件

图 7-31　选择电动机电压和负载类型

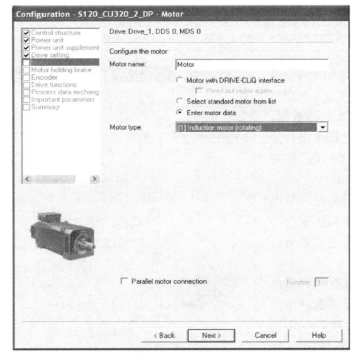

图 7-32 选择电动机类型

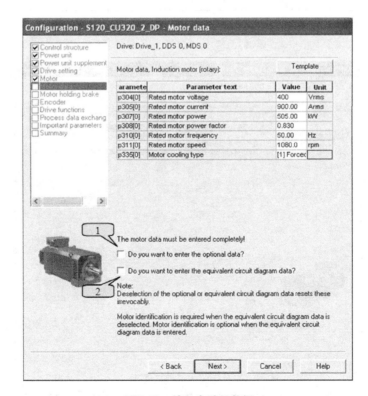

图 7-33 输入电动机数据

9) 选择计算电动机模型参数的方法,对于第三方电动机如果没有输入等效电路数据,则需要选择第三个选项进行完全计算;单击"Next",如图7-34所示。

10) 选择电动机是否带电磁抱闸(通过变频器控制电动机抱闸装置),单击"Next",如图7-35所示。

11) 如果选择带编码器的控制方式,此处需要选择使用的编码器,默认为 Encoder1;编码器模块及名称;根据实际配置可直接选择带 DRIVE-CLiQ 和列表编码器,也可以根据编码器数据手动输入,如图7-36、图7-37所示。

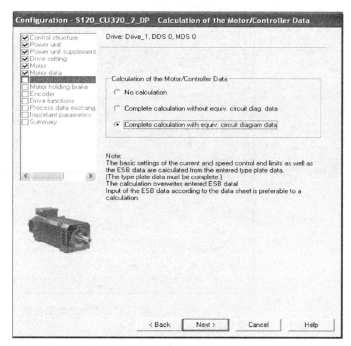

图7-34　选择模型计算方法

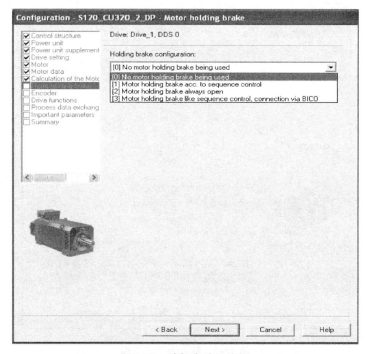

图7-35　选择电动机抱闸

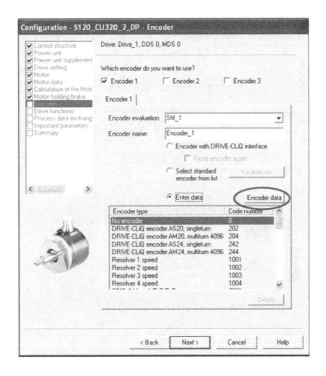

图 7-36 选择编码器类型

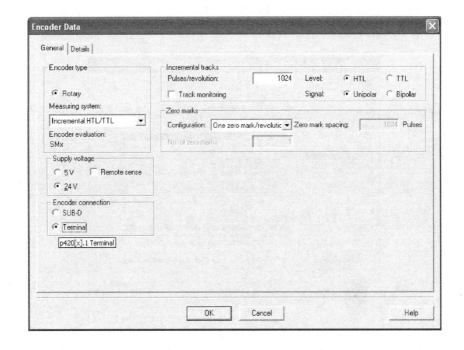

图 7-37 手动设置编码器数据（以 SMC30 连接 HTL 单极性编码器为例）

12）选择应用类型，禁止电动机辨识（电动机静、动态辨识之后通过参数激活），单击"Next"，如图 7-38 所示。

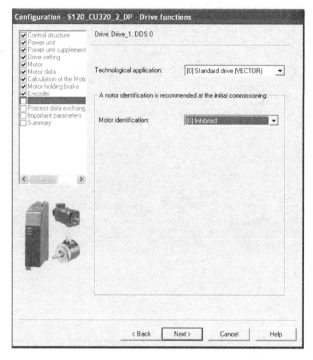

图 7-38　应用类型和电动机辨识选择

13）选择 PROFIdrive 通信报文，此处可以暂不设置，之后通过 "communication" 选项进行设置，单击 "Next"，如图 7-39 所示。

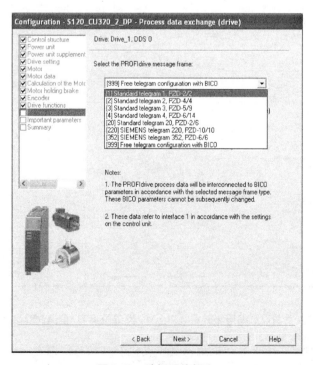

图 7-39　选择通信报文

14）设置电流限幅、速度限幅、OFF1 斜坡时间以及 OFF3 停车时间，单击"Next"，如图 7-40 所示。

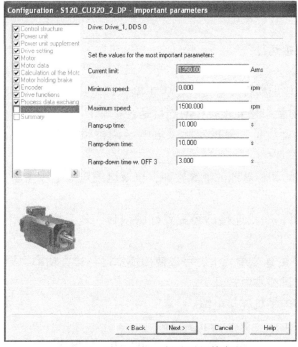

图 7-40 输入限幅、斜坡时间等参数

15）查看配置列表无误后，单击"Finish"完成逆变模块配置，如图 7-41 所示。

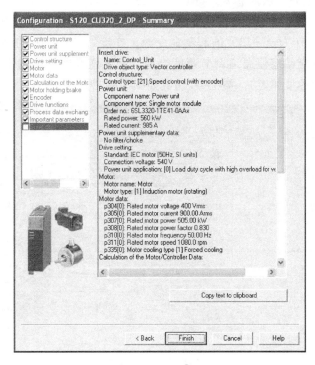

图 7-41 配置列表

16）保存并编译此配置，检查拓扑结构与实际连接是否一致，然后在线并下载配置。首次成功在线后，先执行工厂复位，再执行下载，将离线配置数据下载到 CU320-2 的 RAM 区，若勾选 Copy RAM to ROM 可以实现下载完毕后自动将此配置数据存储到 CF 卡中。

7.4.2　逆变单元的模拟运行

1. 上电前检查

1）上电前一定要仔细检查设备接线是否正确，各电压等级供电回路是否存在短路，电压幅值是否正常；针对柜机还要检查柜间连接是否正常。

2）针对装机装柜型设备，根据实际供电电压调整风机变压器跳线，以保证风机正常工作。

3）测试电动机相间和相对地的绝缘性能，以及电缆对地绝缘性能。

2. 模拟运行

完成上电前检查后，在线连接已经配置好的项目，若无故障和报警则可进行模拟运行测试。

在功率大于 75kW 的逆变单元上，可以使用模拟运行检查功率半导体的控制性能：

1）断开整流装置进线主电源开关。

2）断开逆变器与电动机连接电缆。

3）给直流母线接上小于 40V 的直流电源。

4）设置参数 p1272 = 1 激活模拟运行，P1300 = 0，设置运行方式为 V/f。

5）起动变频器，调节给定速度，查看装置运行状态，测量输出电压是否正常。

6）模拟运行结束后，恢复 p1272 = 0。

打开 CU320-2 中 Input/output 接口界面，在隔离的数字量输入中使用 Simulation 仿真功能。将 Digital input 0 作为逆变单元的起动命令源，连接到逆变单元的 P0840 参数，手动起动逆变单元。通过固定给定值通道调节速度给定，测试逆变器输出电压（也可以用其它方式起动变频器，设置速度给定）。激活 DI 仿真如图 7-42 所示。

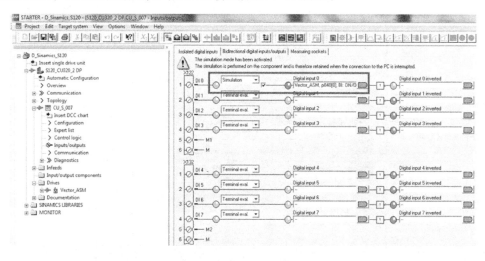

图 7-42　激活 DI 仿真

针对带有 L37 选件的逆变柜，在起动逆变器之前，需要先将 L37 开关拨到 1 位置，起动逆变器，当其完成预充电后会自动拨到 2 位置。若模拟运行没有问题，接下来可以对电动机进行辨识和优化。

7.4.3　异步电动机的优化

1. 电动机辨识：p1910 = 1

电动机辨识的条件：电动机冷态，脱开机械负载。

电动机辨识是指电动机在相对静止的情况下，用 p1910 = 1 进行静态测量。主要是完成对异步感应电动机的等效电路的测量、IGBT 的通态压降、IGBT 的死区时间。电动机辨识修改以下参数：p0350：定子电阻；p0354：转子电阻；p0356：定子漏感；p0358：转子漏感；p0360：主电感；p1825：IGBT 的通态电压；p1828…p1830：IGBT 的死区时间。

异步电动机的等效电路如 7-43 所示。

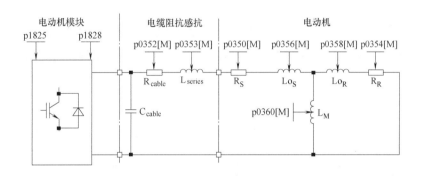

图 7-43　异步电动机等效电路

饱和磁化曲线测量 p1910 = 3：饱和磁化曲线可以较为准确地计算电动机在弱磁区的励磁电流，主要测量参数为 p0362…p0369，饱和特性曲线如图 7-44 所示。

电动机辨识步骤：

首先设置 p1910 = 1，CU 报警 A07991 提示已激活电动机辨识；然后起动变频器，自动执行电动机辨识，电动机辨识过程完成后，p1910 自动恢复为 0。r0047 可显示测量电流状态（p1910 = 3 的辨识步骤与 P1910 = 1 相同）。

2. 旋转测量：p1960

（1）旋转测量 P1960 = 1/2（1 = 无编码器/2 = 带编码器）

旋转测量的条件：电动机冷态，抱闸装置打开，脱开机械负载。

对于带编码器应用，先通过 V/f 方式起动电动机，查看编码器反馈速度 R61 与设定速度的方向、大小是否一致。

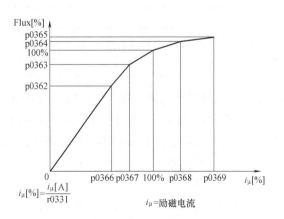

图 7-44　饱和特性曲线

旋转测量主要用于对异步感应电动机的励磁电流、磁化曲线以及电动机转动惯量的测量。执行旋转测量时电动机空载转动，此时可以测得更加准确的额定励磁电流和磁化曲线数据。

旋转测量步骤：

电动机空载下，设定 p1960 = 1/2 后，CU 报警 A07980 提示已激活旋转测量；然后起动变频器，电动机旋转并自动执行旋转测量，旋转测量完成后电动机停转，p1960 自动恢复为 0。

（2）速度控制器优化：P1960 = 3/4（3 = 无编码器/4 = 带编码器）

速度控制器优化的条件：电动机冷态，抱闸装置没有闭合，连接机械负载（需确保电动机转动过程中机械系统无危险）。

对于带编码器应用，先通过 V/f 方式起动电动机，查看编码器反馈速度 R61 与设定速度的方向、大小是否一致。

电动机连接可以自由旋转的有效负载后，需要用 p1960 = 3（不带编码器）或 p1960 = 4（带编码器）来激活速度控制器优化，该过程可以测量整个系统的转动惯量并优化速度控制器。

注意

在速度控制器优化之前，需要设定 p1967 动态性能参数。若此参数设置过大会造成运行不稳定和转矩波动较大，因此建议在工艺条件允许的情况下，尽量减小 p1967 的值，以保证驱动系统在整个调速范围内的稳态精度。

速度控制器优化步骤：

电动机轴端连接可以自由旋转的负载后，设定 p1967，p1960 = 3/4 等参数，CU 报警 A07980 提示已激活旋转测量；然后起动变频器，电动机旋转并自动优化速度调节器参数，优化完毕后电动机停转，p1960 自动恢复为 0。

注意

执行完优化后，需要执行 Copy RAM to Rom 对参数进行永久保存，并执行一次上载。确保 CF 卡、RAM 和离线项目数据保持一致。

7.4.4 逆变单元的调试步骤——永磁同步电动机

永磁同步电动机较三相交流异步电动机具有响应快、起动转矩大、控制简单和功率因数高的优点。其能够在低速下输出大转矩并且具有较高的动态响应能力。目前 S120 驱动永磁同步电动机方案已获得广泛应用。

1. 离线基本配置

永磁同步电动机离线配置流程和方法与异步电动机配置过程基本一致，仅在选择电动机类型和输入电动机数据时略有不同，如图 7-45，图 7-46 所示。

永磁同步电动机多采用带编码器的矢量控制，下面仅以带 Zero Mark 的 HTL 增量式编码器为例进行介绍，通过 Zero Mark 还可对转子的磁极位置精确测量。其配置如图 7-47，图 7-48 所示。

图 7-45 选择永磁同步电动机

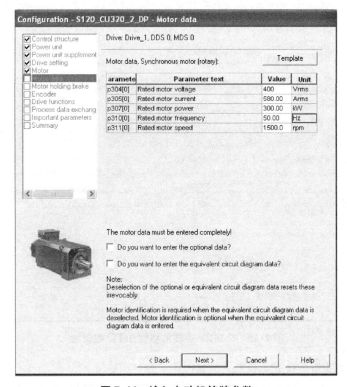

图 7-46 输入电动机铭牌参数

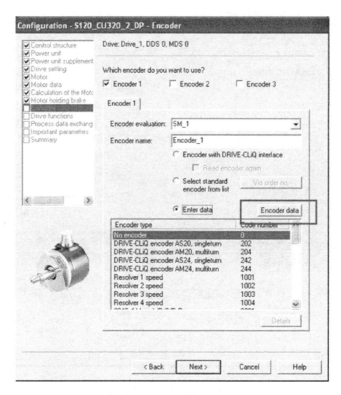

图 7-47　选择编码器类型

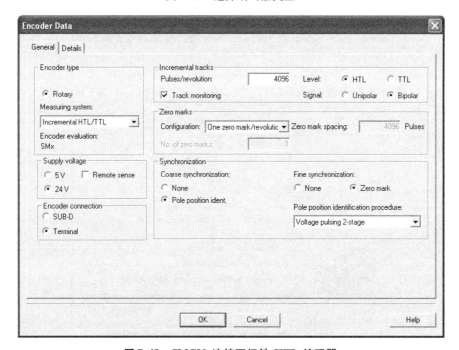

图 7-48　SMC30 连接双极性 HTL 编码器

2. 永磁同步电动机的优化

在完成上述步骤后，可以进行逆变模块的模拟运行，过程与异步电动机相同。

在模拟运行完毕且电动机侧接线完毕后，可以给变频器上电，上电无误后可以对永磁同步电动机进行优化。

1. 电动机辨识：p1910 = 1

电动机辨识的条件：电动机冷态，脱开机械负载。

永磁同步电动机的电动机辨识也是用来确定电动机等效电路参数的，因此与异步电动机的辨识激活过程一致。逆变单元与永磁同步电动机的等效电路如图 7-49 所示。

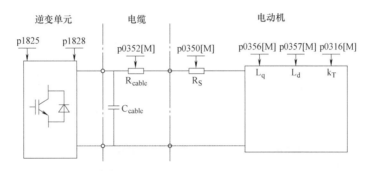

图 7-49　逆变单元与永磁同步电动机等效电路

电动机辨识步骤：

首先设置 p1910 = 1，CU 报警 A07991 提示已激活电动机辨识；然后起动变频器，自动执行电动机辨识，电动机辨识完成后，p1910 自动恢复为 0。r0047 可显示测量电流状态，电动机辨识在线修改如下参数：p0350，p0356，p0357，p1825，p1828…p1830。

2. 磁极位置辨识与自动编码器校准

对于永磁同步电动机，为了实现磁场定向控制，需要在起动时通过磁极位置辨识测量出电气上的磁极位置。因此在完成电动机辨识之后，需要进行转子磁极位置辨识。通常情况电气上的磁极位置可以通过对编码器（此编码器必须能够获得绝对的位置信息，如带 C/D-、R-track 的 Sin/Cos 编码器、旋转变压器以及绝对值编码器）进行机械调整而获得，这种情况下就不需要进行磁极位置的辨识。对于带 Zero mark 的 HTL 增量式编码器，在电动机起动时必须进行转子磁极位置的辨识，否则在重载的情况下，无法保证电动机能正常起动。通过磁极位置辨识可以测出电气上的磁极位置从而决定在电动机起动时转子的位置。

磁极位置辨识需要设置参数 p1982 = 1（使能磁极位置的辨识），p1980 = 4（voltage pulsing，2-stage），然后起动逆变单元，设备自动检测磁极位置，在测量期间电动机必须保持静止，以保证转子磁极位置不变。在检测到转子磁极位置以后，系统就将 d 轴定在转子磁极的实际位置，这时转矩电流的频率和相位完全通过编码器信号来计算得出，逆变单元只需要控制电流的大小就可以实现对电动机转矩的控制，从而实现对永磁同步电动机的精确控制。

对转子磁极位置的精确测量，直接影响对同步电动机的控制效果和电动机电流的大小，但是转子磁极位置辨识方式并不能实现对转子位置的精确测量。为了实现对转子磁极位置的精确测量和修正，对于上述编码器，可以对电动机编码器的零脉冲与转子磁极位置之间的角度进行检测，因为电动机编码器一旦安装好以后，编码器零脉冲与转子磁极位置的角度关系就是唯一的确定值。

因此需要执行自动编码器校准：设置 p1990 = 1（电动机抱闸，此时必须打开，以保证电动机可以自由转动），然后通过控制面板起动逆变单元，将速度给定设置的小一些，速度越低，辨识的效果越好。辨识的结果写入到参数 p431（零脉冲与转子磁极位置之间的角度）。

3. 旋转测量

永磁同步电动机的旋转测量与异步电动机的旋转测量步骤相同。

（1）旋转测量 p1960 = 1/2（1 = 无编码器，2 = 带编码器）

旋转测量的条件：电动机冷态，抱闸装置没有闭合，脱开机械负载。

对于带编码器应用，先通过 V/f 方式起动电动机，查看编码器反馈速度 R61 与设定速度的方向、大小是否一致。

电动机连接负载前，用 p1960 = 1（不带编码器）或 p1960 = 2（带编码器）来激活"旋转测量"，旋转测量可以用来计算电动机转动惯量、转矩常数等相关参数。

旋转测量步骤：

电动机空载下，设定 p1960 = 1/2 后，CU 报警 A07980 提示已激活旋转测量；然后起动变频器，电动机自动旋转，旋转测量完毕后电动机停转，p1960 自动恢复为 0。

（2）速度控制器优化：p1960 = 3/4（3 = 无编码器/4 = 带编码器）

速度控制器优化的条件：电动机冷态，抱闸装置没有闭合，电动机转动过程中机械系统无危险。

对于带编码器应用，先通过 V/f 方式起动电动机，查看编码器反馈速度 R61 与设定速度的方向、大小是否一致。

电动机连接可以自由旋转的有效负载后，需要用 p1960 = 3（不带编码器）或 p1960 = 4（带编码器）来激活速度控制器优化。

注意：在速度控制器优化之前，需要设定 p1967 动态性能参数。若此参数设置过大会造成运行不稳定和转矩波动较大，因此建议在工艺条件允许的情况下，尽量减小 p1967 的值，以保证驱动系统在整个调速范围内的稳态精度。

速度控制器优化步骤：

电动机轴端连接可以自由旋转的负载后，设定 p1967，p1960 = 3/4 等参数，CU 报警 A07980 提示已激活旋转测量；然后起动变频器，电动机旋转并自动优化速度调节器参数，优化完毕后电动机停转，p1960 自动恢复为 0。

注意

执行完优化后，需要执行"Copy RAM to Rom"对参数进行永久保存，并执行一次上载。确保 CF 卡、RAM 和离线项目数据保持一致。

7.4.5　永磁同步电动机使用中的注意事项

永磁同步电动机由转子中的磁体产生永久磁场。因此，一旦转子开始转动，电动机就会产生电压。定子绕组中因转子转动而感应出的 EMF（电磁力）与转子转速成正比。在额定转速 n_{rated} 范围内，变频器的输出电压与转速成正比，EMF 也与转速成正比，变频器的输出电压与电动机的 EMF 之间保持平衡。

电动机弱磁运行时会产生很高的 EMF 值，为了不超过最大允许直流母线电压，并且变频器在弱磁运行过程中发生跳闸时不会将直流母线的电容损坏，必须对电动机转速加以限制，或者采取其它的措施来确保不超过最大允许直流母线电压。弱磁范围内的保护措施有以下三种方式。

1. 限制弱磁范围内的转速

当 SINAMICS S120 CM 在矢量控制模式下运行时，为保护变频器，出厂设定将弱磁范围内的转速限制到 n_{max}。

$$n_{max} = n_{rated}\sqrt{\frac{3}{2}\frac{V_{DCmax}I_{rated}}{P_{rated}}}$$

说明

n_{max}——用于对变频器进行保护的弱磁范围内的最大允许转速；

n_{rated}——电动机额定转速；

I_{rated}——电动机额定电流；

P_{rated}——电动机额定输出功率；

V_{DCmax}——最大允许的直流母线电压：

820V，当装置的输入电源电压为 380～480V 3AC 时；

1220V，当装置的输入电源电压为 500～690V 3AC 时。

对于西门子 SIMOTICS HT-direct 1FW4 系列同步电动机，最大允许弱磁转速被限制到额定转速的 1.2 倍。这样，它就位于由上述公式确定的限值范围之内。对于其它厂商的同步电动机，通常允许使用高得多的弱磁转速，此时就可能选择更大功率等级的变频器，以提供弱磁所需的无功电流。

因为在电动机的额定转速 n_{rated} 以上时，变频器输出电压受输入电源电压的限制，变频器输出电压保持最大时，电动机的 EMF 仍随转速成正比增加。为了保持变频器输出电压与弱磁范围内较高的电动机 EMF 之间的平衡，除了产生转矩的有功电流之外，还必须通过变频器向定子绕组补充无功电流。这是为了削弱由转子感应而生成的磁场，弱磁范围内的转速越高，需要的弱磁无功电流就必须越大。在选择变频器时必须要考虑到这一无功电流。在较高弱磁范围内运行时，可能选择更大功率等级的变频器。

2. 使用制动单元

在固件版本 V2.5 以后，可提高限制转速。此时，变频器必须配备一个合适的制动单元，以便在变频器发生跳闸时对直流母线电压加以限制。在采取这种措施后，可达到最高为2.5 倍额定转速的弱磁转速。在更高的弱磁转速下，当变频器发生跳闸时会有冲击电流从电动机流向直流母线，这样会有损坏功率组件的危险。因此，即使在使用合适制动单元的前提下，超过 2.5 倍额定转速的弱磁转速也是应该避免的。

3. 增加输出侧断路器

旋转的永磁同步电动机是一个有源电源，它产生的电压与速度成正比，因此，简单地切断变频器的进线电源，等待直流母线电容放电完毕再开始进行维护或维修工作也并不安全。因此必须采取其它措施，确保正在旋转的同步电动机不会在变频器输出端产生任何电压。机械地制动电动机可以做到这一点，在无法彻底停止电动机转动的场合，通过变频器输出端的开关，断开变频器与电动机的连接，也可以做到这一点。只有采取了措施，杜绝电动机转动的危险，可靠地断开变频器的进线电源，并且在变频器直流母线放电完毕等条件满足以后，才能安全地对电动机接线端子盒或电动机电缆进行维护。

4. 内部电枢回路的保护

S120 具有内部电枢回路保护功能。设置参数 p1231 = 4，并通过参数 p1230 = 1 或故障信号来触发此功能，可以实现对永磁同步电动机在弱磁范围内的保护。对于大功率永磁同步电动机使用此种方式来进行弱磁范围内的保护，还需要进行单独的测试。

第8章 功 能

8.1 基本功能

8.1.1 进线接触器控制

通过该功能可以控制外部的进线接触器。进线接触器的闭合/断开可以通过分析进线接触器的反馈触点加以监控。

通过以下方式可以控制进线接触器：

1）书本型整流装置的驱动对象 INFEED 或 SERVO/VECTOR 上的位 r0863.1。

2）装机装柜型整流装置，内部逻辑控制的端子 X9.5/6（基本整流装置）和 X9.3/4（回馈整流装置和有源整流装置）。

监控进线接触器的闭合/断开，需要进行以下设置：

1）驱动对象 INFEED 或 SERVO/VECTOR 上的参数 p0860 设置反馈信号源。

2）参数 p0861 设置电源接触器监控时间。

预充电监控是从 r0863.1 =1 开始，如果在 p0861 设置的监控时间内 p0860 所连接的反馈信号源没有收到进线接触器闭合的信号（高电平），会触发故障 F07300 "缺少进线接触器反馈信息"。

说明

进线接触器的监控不是必须的

p0860 的默认设置为进线接触器控制信号 r0863.1，即没有反馈监控。当 r0863.1 =1 但是进线接触器由于故障没有闭合时，由于整流装置或 AC/AC 变频装置无法完成预充电，将会触发预充电故障（F30027 "功率单元：直流母线预充电时间监控"，F6000 "电源：预充电监控时间届满"），从而反映进线接触器的故障。

8.1.2 装机装柜型预充电和旁路接触器控制

SINAMICS S120 系列为电压源型变频器，因此调速装置投入运行前，必须要对直流母线电容器进行预充电。

装机装柜型设备共有 3 种整流装置：基本整流装置、回馈整流装置和有源整流装置，3 种整流装置全部使用三相桥式整流电路，由于采用的功率器件不同，需要通过不同的方式对预充电电流进行控制，下面将对它们的预充电方式逐一介绍。

1. 基本整流装置

基本整流装置为 6 脉冲不可控整流单元，装机装柜型装置的功率器件采用晶闸管。

通过改变晶闸管导通角对直流母线电容器进行预充电：主回路接通后，装置控制晶闸管导通角逐渐减小，直至完全导通完成预充电，进入运行状态。因此无需额外的预充电回路。

说明

400V/900kW 和 690V/1500kW 的基本整流装置采用二极管作为功率器件，需要通过预充电电阻进行限流来完成预充电，其过程可参见回馈整流装置的预充电。

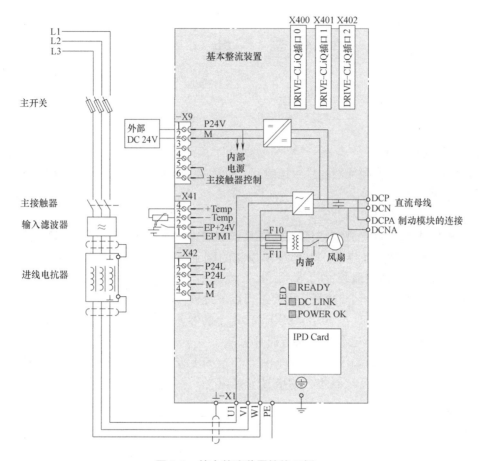

图 8-1　基本整流装置接线示例

装机装柜型基本整流装置的接线示例如图 8-1 所示，推荐的预充电过程为：

1）主开关/主断路器合闸的同时，通过辅助触点闭合 X41.1/2 使能装置。

2）通过控制单元的 DI 或者通信报文给 p0840 发送上升沿起动装置。

3）经过 p0862 中设置的延时后，内部逻辑控制的端子 X9.5/6 的常开触点自动闭合，通过这个信号来控制进线接触器合闸。

4）进线接触器的辅助触点可连接至控制单元一个 DI 端子，作为合闸的反馈信号。

5）装置通过相角控制进行直流回路的预充电，持续约 1~2s，预充电完成后装置进入运行状态（r899.2 = 1）。

2. 回馈整流装置

回馈整流装置为 6 脉冲不可控整流/回馈模块，装机装柜型装置的功率器件采用 IGBT 模块，通过与 IGBT 反并联的二极管进行整流运行。

回馈整流装置需要额外的预充电回路（预充电电阻和接触器），在预充电过程中，通过电阻限制预充电电流，电阻以热能的方式消耗能量，因此为避免预充电电阻过热损坏，要求每两次预充电的最小间隔时间为 3min。

装机装柜型回馈整流装置的接线示例如图 8-2 所示，预充电过程为：

1）主开关/主断路器合闸的同时，通过辅助触点闭合 X41.1/2 使能装置。

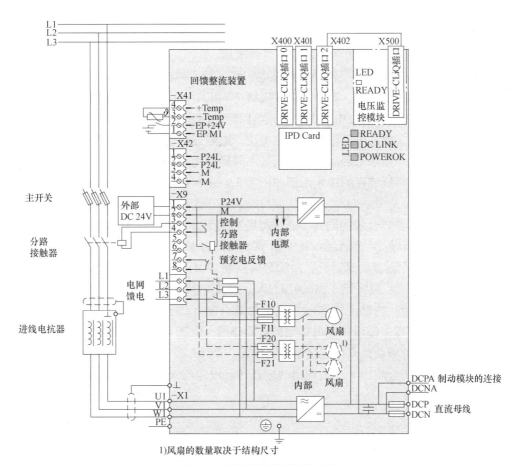

图 8-2　回馈整流装置接线示例

2）通过控制单元的 DI 或者通信报文给 p0840 发送上升沿起动装置。

3）经过 p0862 中设置的延时后，内部逻辑控制装置中的预充电接触器合闸，其中端子 X9.7/8 为预充电接触器合闸的反馈信号，可以连接至上位的控制器（非必须），预充电过程持续 1~2s。

4）预充电完成后，内部逻辑控制的端子 X9.3/4 的常开触点自动闭合，通过这个信号来控制进线接触器合闸，随后预充电接触器自动分闸，电流从主回路流入。

5）进线接触器的辅助触点可连接至控制单元一个 DI 端子，作为合闸的反馈信号。

6）进线接触器闭合约 1s，装置即进入运行状态（r899.2 = 1）。

注意

X9 端子排上 L1/L2/L3 为预充电回路电源端子（接线位置：主开关/主断路器之后，进线接触器之前），接线时务必确保相序，否则在充电时会产生相间短路，造成装置损坏。

注意

进线接触器的控制

进线接触器的断开/闭合必须通过回馈整流装置内部逻辑（端子 X9.3/4）来控制。

不得使用上位控制器或手动控制来闭合进线接触器，否则所有由于预充电时序不正确造成的设备损坏，将由用户承担相应责任。

---

3. 有源整流装置

有源整流装置为可控整流/回馈模块，装机装柜型装置的功率器件采用 IGBT 模块，通过 IGBT 进行整流运行，产生可调节的直流母线电压。

有源整流装置（ALM）需要额外的预充电回路（预充电电阻和接触器），它位于装机装柜型有源滤波装置（AIM）内。其中，机座规格 FI 和 GI 的 AIM 内置预充电回路和进线接触器，机座规格 HI 和 JI 的 AIM 仅内置预充电回路，用户需要在外部自行加装进线接触器。

在预充电过程中，通过电阻限制预充电电流，电阻以热能的方式消耗能量，因此为避免预充电电阻过热损坏，要求每两次预充电的最小间隔时间为 3min。

装机装柜型有源整流装置的接线示例如图 8-3，图 8-4 所示，预充电过程与回馈整流装置类似：

1）主开关/主断路器合闸的同时，通过辅助触点闭合 X41.1/2 使能装置。

2）通过控制单元的 DI 或者通信报文给 p0840 发送上升沿起动装置。

3）经过 p0862 中设置的延时后，内部逻辑控制 AIM 中的预充电接触器合闸（需连接：ALM 端子 X9.5/6 < - > AIM 端子 X609.9/10），预充电过程持续 1~2s。

4）预充电完成后，内部逻辑控制进线接触器合闸（需连接：ALM 端子 X9.3/4 < - > AIM 端子 X609.11/12），随后预充电接触器自动分闸，电流从主回路流入。

5）进线接触器的辅助触点可连接至控制单元一个 DI 端子，作为合闸的反馈信号。

6）进线接触器闭合后约 1s，直流母线电压达到设定值（p3510），装置即进入运行状态（r899.2 = 1）。

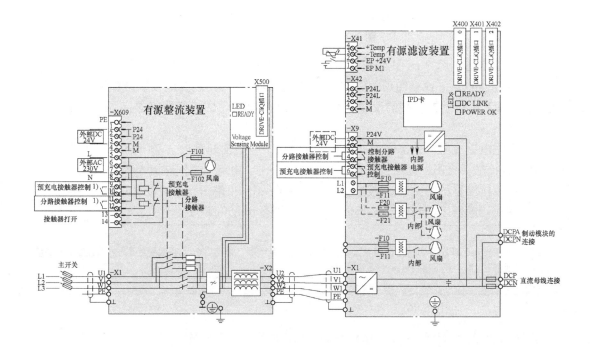

图 8-3　机座规格 FI 和 GI 的有源整流装置和有源滤波装置的接线示例

注意

对于机座规格 HI 和 JI 的有源整流装置和有源滤波装置

进线接触器需要用户自行加装,请务必确保有源滤波装置的端子排 L1/L2/L3 和 T1/T2/T3 接线时相序正确,否则在充电时会产生相间短路,造成装置损坏。

注意

预充电接触器/进线接触器的控制

必须正确连接 ALM 和 AIM 之间的接触器控制端子,通过 ALM 内部逻辑来控制 AIM 中的预充电接触器和进线接触器的闭合 / 断开。

不得使用上位控制器或手动控制来闭合进线接触器,否则所有由于预充电时序不正确造成的设备损坏,将由用户承担相应责任。

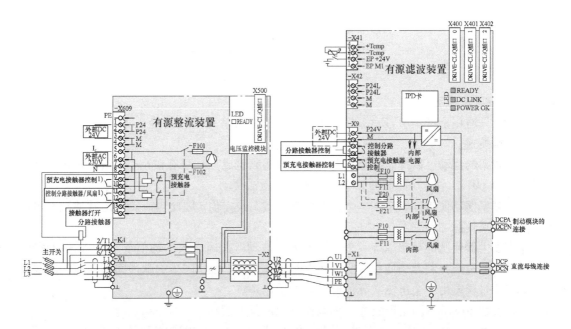

图 8-4　机座规格 HI 和 JI 的有源整流装置和有源滤波装置的接线示例

8.1.3　旋转方向限制和旋转方向反向

逆变单元输出的电压矢量的旋转方向可通过以下参数进行设置:

1) p1113 [C] 实现设定值通道内的旋转方向反转。

2) p1110 [C] 或 p1111 [C] 实现禁止设定值通道给定一个负值或正值。

在调试工具"STARTER"中,可以按下功能栏中的图标"🔧"选择"转速设定值"设置窗口。

旋转方向限制,旋转方向反向如图 8-5 所示。

注意

方向反转时位置基准丢失

如果在数据组配置中定义了方向反转,例如:p1821[0] = 0 和 p1821[1] = 1,在功能模块"简单定位器"或"位置控制"激活时,每次系统起动后或在执行反向时都会复位绝对值校准 (p2507),因为在反向时位置基准丢失。

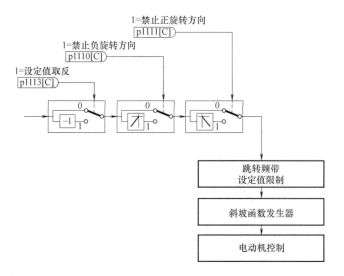

图 8-5　旋转方向限制，旋转方向反转

8.1.4　脉冲频率摆动

该功能只适用于带 DRIVE-CLiQ 的装机装柜型逆变单元（订货号：6SL3xxx-xxxxxxxx <u>3</u>）的矢量控制模式。

脉冲频率的摆动可以抑制易导致电动机噪声的频谱成分。只有在小于或等于电流控制器频率（参见 p0115 [0]）的脉冲频率上，才可以激活摆动。

脉冲频率摆动使脉冲频率在一个调制周期内偏离设定值。因此当前实际的脉冲频率可能大于需要的平均脉冲频率。

噪声发生器使脉冲频率围绕一个平均值上下波动。此时，该平均值等于设定脉冲频率。在每个恒定的电流控制器周期中，脉冲频率都可被改变。由非同步的脉冲间隔和控制间隔产生的电流测量误差由一个电流实际值补偿量加以修正。

通过参数 p1810 "调制器配置"可以使能脉冲频率摆动。

通过参数 "p1811 [0...n] 脉冲频率摆动幅度"可以在 0～20% 范围内设定脉冲频率摆动的程度。出厂设置为 0 %。在摆动幅度 p1811 = 0 % 时，可能的最大脉冲频率 p1800 = 2 x 1/电流控制器周期（1000/p0115 [0]）。在摆动幅度 p1811 > 0 时，可能的最大脉冲频率 p1800 = 1/电流控制器周期（1000/p0115 [0]）。该条件针对所有下标生效。

说明

如果取消了脉冲频率摆动，参数 p1811 的所有下标都置为 0。

8.1.5　设定值不变的方向反转

1. 描述

在矢量控制模式中，变频器的输出转向可以通过 p1820 切换，这样无需调换变频器的动力电缆即可改变旋转磁场方向。

在带编码器运行中，编码器反馈值可以通过 p0410 进行方向的切换。

通过 p1821 可以同时实现 p1820 和 p0410 的功能，它完成的反向可以从电动机的旋转方向或通过相电压（r0089）识别出，而转速设定值/实际值、转矩设定值/实际值以及相对的位置变化都保持不变。

2. 特性

1）不改变转速设定值/实际值、转矩设定值/实际值和相对的位置变化。

2）只允许在脉冲禁止条件下执行。

注意

方向反转时位置基准丢失

如果在数据组配置中定义了方向反转，例如：p1821[0] = 0 和 p1821[1] = 1，在功能模块"简单定位器"或"位置控制"激活时，每次系统起动后或在执行反向时都会复位绝对值校准（p2507），因为在反向时位置基准丢失。

8.1.6　电枢短路制动，直流制动

可通过参数 p1231 [0..n] 对电枢短路制动或直流制动进行设置。电枢短路制动或直流制动的当前状态在 r1239 中可见。

1. 电枢短路制动

可使用此功能制动永磁同步电动机。此时同步电动机的定子绕组发生短路。这会在旋转的同步电动机中产生电动机制动电流。

在以下情况下优先采用电枢短路制动：

1）需要进行无反馈的制动。

2）需要在电源断电时进行制动。

3）使用无反馈能力的电源时。

4）在存在定位偏差（例如出现编码器故障）却仍需制动电动机时。

可在内部通过逆变单元或在外部通过带制动电阻的接触器回路接通电枢短路制动。

电枢短路制动相比机械制动的优势在于：内部电枢短路制动的响应时间仅为数毫秒。而机械制动的响应时间约为 40ms。对于外部电枢短路制动，接触器的滞后使得其响应时间超过 60ms。

2. 直流制动

可使用此功能将异步电动机制动至静止状态。在直流制动中会将直流电注入异步电动机的定子绕组。

在具有危险的情况下优先使用直流制动，例如：

1）无法在闭环控制中关闭驱动时。

2）未使用具有反馈能力的电源时。

3）未使用制动电阻时。

3. 永磁同步电动机的电枢短路制动

（1）前提条件

1）此功能适用于书本型和装机装柜型逆变单元。

2）使用短路安全的电动机（p0320 < p0323）。

3）使用的是以下电动机类型中的一种：

—旋转永磁同步电动机（p0300 = 2xx）；

—直线永磁同步电动机（p0300 = 4xx）。

4）逆变单元的最大电流（r0209.0）必须至少为电动机短路电流（r0331）的 1.8 倍。

说明

电源中断情况下的内部短路制动

若在电源中断时仍需保持电枢短路制动，则必须对逆变单元的 24V 电源进行缓冲。为此可为逆变单元使用独立的 SITOP，或使用控制整流装置（CSM）。

（2）内部电枢短路制动

在使用内部电枢短路制动时，电动机绕组通过逆变单元短路。

1）设置：通过 p1231 = 4 设置内部电枢短路制动。

2）激活：若 p1230 的信号源被设置为 "1" 信号，则会激活并触发此功能。

3）禁用：若 p1230 的信号源被设置为 "0" 信号，则会取消激活此功能。在由故障触发此功能的情况下，必须消除故障并进行应答。

（3）外部电枢短路制动

该功能通过输出端子控制一个外部接触器，该接触器通过电阻使电动机绕组发生短路。

1）设置：外部电枢短路制动可以由 p1231 = 1（带接触器反馈）或 p1231 = 2（无接触器反馈）激活。

2）激活。在以下情况下会激活此功能：

① p1230 的信号源被设置为 "1" 信号；

② 设置了脉冲禁止。

首先会激活脉冲清除，之后进行外部电枢短路制动。触发此功能时，r0046.4 会显示 "1"。脉冲使能-使用无接触器反馈的外部电枢短路制动时的信号特性如图 8-6 所示。

激活示例：

p1230 的信号源被设置为 "1" 信号。

① 这样一来逆变单元驱动对象的显示参数 r1239.0 和 r0046.4 也会显示 "1"；

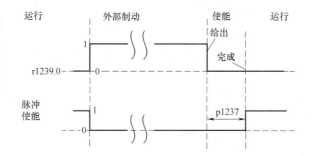

图 8-6　脉冲使能-使用无接触器反馈的外部
电枢短路制动时的信号特性

② 此时会清除脉冲使能并触发用于外部制动的接触器；

③ 触发电枢短路后开始制动；

④ p1230 的信号源被设置为 "0" 信号后制动完成（r1239.0 也会显示 "0" 信号）；

⑤ 等待时间 p1237 届满后会重新进行脉冲使能。

外部制动电阻的计算

为了达到最高的制动效果，请使用以下公式计算电阻的数值：

$$R_{ext} = 5.2882 \times 10^{-5} \times p0314 \times p0356 \times n_{max} - p0350$$

$$n_{max} = 使用的最大转速$$

参数设置

可使用调试工具 STARTER 对逆变单元和控制单元进行参数设置。为此可使用驱动对象的专家列表和数字量输入/输出（DI/DO）的输入窗口。

数字量输入/输出（DI/DO）8~15 的控制单元输入窗口位于"Control Unit / Bidirectional digital inputs/outputs"标签下。

端子排 X122 和 X132 的端子 11 和 14 接地。

端子排 X122 和 X132 的端子 9、10、12 和 13 为数字量输入/输出（DI/DO）8~15，使用参数 p0728 [8...15] 可将以上 8 个端子分别定义为输入端或输出端。

作为数字量输入端，DI 8~15 与参数 p0722 [8...15] 互联，或与 p0723 [8...15] 取反互联。

输出端则与参数 p0738~p0745 互联。

输出端可通过 p0748 [8...15] =1 取反。

参数 p0722~p0748 为控制单元参数。

参数 p123x、r1239 和 r0046 为驱动参数。

外部电枢短路制动示例

在对外部电枢短路制动进行参数设置前，已创建了包含逆变单元和电动机的新项目。需满足以下条件：

1）使用了含反馈触点的短路接触器（p1231 =1）。

2）DI 14 被定义为短路接触器的反馈信号输入端。电动机在电源中断或断线的情况下可在安全状态下运行。为此会通过 p0723.14 对 DI 14 的反馈信号进行取反。数字量输入 DI 14 与端子排 X132 的端子 12 连接。

3）DO 15 被用作短路接触器的通断输出。电动机在电源中断或断线的情况下可在安全状态下运行。为此会对 DO 15 的接通信号进行取反。数字量输出 DO 15 与端子排 X132 的端子 13 连接。参数 r1239.0 显示制动状态，并为接触器给出信号。外部电枢短路制动示例如图 8-7 所示。

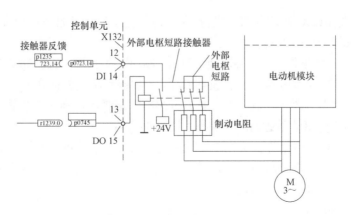

图 8-7　外部电枢短路制动示例

该示例的参数设置：

1）设置 p1231 =1。

2）通过 p0728.14 = 0 将 DI 14 定义为输入端。

3）将外部电枢短路制接触器的反馈信号与端子排 X132 的端子 12（DI 14）连接。

4）将 p1235 与 r0723.14 互联。

5）通过 p0728.15 = 1 将 DO 15 定义为输出端。

6）将外部电枢短路制接触器的控制信号与端子排 X132 的端子 13（DO 15）连接。

7）将 p0745 与 r1239.0 互联。

8）设置 p0748.15 = 1 对 p0745 的输出进行取反。

这样便完成了对外部电枢短路制动的参数设置。

4. 直流制动

（1）前提条件

1）此功能适用于书本型、模块型和装机装柜型逆变单元。

2）必须使用异步电动机。

3）在使用"直流制动"功能时，去磁时间结束后会对异步电动机的定子绕组注入直流电。此直流电会制动电动机。

（2）通过参数激活

1）设置：通过参数 p1231 = 4 设置直流制动。

① 使用 p1232 [0..n] 设置直流制动的制动电流；

② 使用 p1233 [0..n] 设置直流制动电流的持续时间；

③ 使用 p1234 [0..n] 设置直流制动的起动转速。

2）激活：若 p1230 的信号源被设置为"1"，则会激活此功能。之后首先为电动机去磁时间 p0347 [0...n] 设置脉冲禁止，直至电动机去磁。在激活时不考虑直流制动起动转速参数 p1234。

在 p1230 的输入保持为"1"的状态下会向电动机注入制动直流电流 p1232 [0...n]，电动机可制动至静止状态。

若在驱动停止运行的情况下激活了直流制动，则驱动会被接通。之后向定子绕组注入直流电。

3）禁用：当将 p1230 的信号源设置为"0"取消直流制动，且驱动仍存在 ON 命令时，驱动会恢复为所选择的运行方式。此时：

① 伺服控制（带编码器）：在去磁时间结束后，驱动恢复为闭环控制（p0347 也可设为 0）；

② 矢量控制（带/无编码器）："捕捉再起动"功能激活时逆变单元会与电动机当前转速同步，之后驱动恢复为闭环控制。若"捕捉再起动"未激活，则只能从静止状态再次起动电动机，为此必须等待驱动器达到静止状态才能再次起动；

③ V/f 运行："捕捉再起动"功能激活时逆变单元会和电动机当前转速同步，之后驱动恢复为 V/f 运行。若"捕捉再起动"不可用，则只能从静止状态再次起动电动机，为此必须等待驱动器达到静止状态才能再次起动。

（3）通过故障响应激活

若通过故障响应激活直流制动，则会执行以下响应：

1）电动机通过制动斜坡被制动至 p1234 中设定的阈值。制动斜坡的斜率对应减速时间的斜率（可通过 p1121 设置）。

2）在电动机去磁时间（p0347）内会执行脉冲禁止，直至电动机中的磁场消除。

3）在 p0347 届满后，会在通过 p1233 设置的时间内进行直流制动。

若配备了编码器，则制动会持续到转速降至静态阈值 p1226 以下。若未配备编码器，则制动会持续至 p1233 中设定的时间届满。

说明
在无编码器伺服控制中可能会出现直流制动结束后无法继续运行的状况。此时会输出 OFF2 故障信息。

（4）通过 OFF 指令激活

设置为对 OFF 故障信息的响应：设置 p1231 = 5 设置 OFF1 或 OFF3 的响应为直流制动，参数 p1230 不会对 OFF1/OFF3 时的响应产生影响。通过 p1234 设置转速阈值，低于此阈值直流制动将被激活。

（5）通过 OFF1/OFF3 激活

通过 OFF1 或 OFF3 激活直流制动。

1）当电动机转速≥p1234，会对其进行制动使其转速降至 p1234。一旦电动机转速 < p1234，则会进行脉冲禁止和电动机去磁。

2）若在 OFF1/OFF3 的情况下电动机转速已 < p1234，则会立即进行脉冲禁止和电动机去磁。

之后会在 p1233 中设定的时间内激活直流制动，之后取消制动。

若提前取消了 OFF1/OFF3，则会恢复为正常运行。

此时直流制动作为故障响应的紧急制动保持生效。

（6）通过转速阈值激活

1）设置：若设置了 p1231 = 14，则在实际转速降至 p1234 以下时会激活直流制动作为响应。

2）激活：在激活前实际转速必须 > p1234。之后若满足以下两个条件，则可激活直流制动：

① 实际转速降至 p1234 以下；

② p1230 的信号源被设置为"1"。

首先封锁脉冲，从而对电动机进行去磁。之后直流制动会以 p1232 中设定的制动电流进行制动，持续时间通过 p1233 进行设定。

若 p1230 的信号源被设置为"0"，则会取消制动指令并切换为之前的运行方式。

对于 OFF1 或 OFF3，仅在 p1230 的信号源被设置为"1"时才会执行直流制动。

此时直流制动作为故障响应的紧急制动保持生效。

5. 故障响应的配置

（1）修改故障响应

通过参数 p2118 和 p2119 可修改故障、报警的报告类型。通过参数 p2100 和 p2101 可将响应设置为选择的故障。仅可设置针对相应故障预设的响应。修改故障、报警的报告类型和响应示例见表 8-1。

表 8-1　修改故障、报警的报告类型和响应示例

修改报告类型（示例）	
选择故障、报警号	设置报告类型
p2118[5] = 1001	p2119[5] = 1：故障（F，Fault） 　　　　　　　= 2：报警（A，Alarm） 　　　　　　　= 3：不报告（N，No Report）
修改故障响应（示例）	
选择故障、报警号	设置故障响应
p2100[3] = 1002	p2101[3] = 0：无
	= 1：OFF1
	= 2：OFF2
	= 3：OFF3
	= 5：STOP2
	= 6：内部电枢短路或直流制动　IASC/DC brake
	= 7：编码器 ENCODER（p0491）

通过参数 p0491 可对电动机编码器故障响应进行设置（F07412 和多个 F3yxxx，y = 1，2 或3）。

说明

电动机型号切换

若在电动机型号切换（参见 p0300）后不再满足电枢短路制动或直流制动的前提条件，则将电枢短路制动或直流制动设为响应的相关参数（例如 p2100、p2101 或 p0491）会恢复为出厂设置。

说明

取消电枢短路制动或直流制动

若通过 p2100、p2101 或 p0491 设置的故障响应仍存在，则无法通过参数 p1231 取消激活电枢短路制动或直流制动。

8.1.7　逆变单元用作制动单元

SINAMICS S120 装机装柜型逆变单元可以用作制动单元运行，为此会将 3 个电阻代替电动机连接至逆变单元。

SINAMICS S120 逆变单元用作制动单元连接在直流母线侧，保护以及预充电方式和标准的逆变单元一样。它们应该尽可能安装在回馈能量最大的逆变单元旁边。例如：下一个逆变单元回馈能量最大。逆变单元用作制动单元如图 8-8 所示。

将逆变单元用作制动单元的前提条件：

1）需要使用 3 个相同的电阻采用星形或三角形的对称连接。

2）逆变单元与电阻之间的电缆长度至少为 10m，如果满足不了，必须加装出线电抗器，从逆变单元至电阻的电

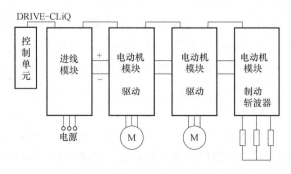

图 8-8　逆变单元用作制动单元

缆：屏蔽线最长 300m，非屏蔽线最长为 450m。

3）STARTER　中的配置：

—驱动对象　VECTOR；

—V/f 控制　（p1300 = 15）。

说明

此功能适用于：

1）SINAMICS S120　机柜型逆变单元。

2）SINAMICS S120　装机装柜型逆变单元（500～690V）。

3）SINAMICS S120　装机装柜型逆变单元（380～480V）>250kW。

4）SINAMICS S120　液冷装机装柜型逆变单元（380～480V）>250kW。

5）SINAMICS S120　液冷装机装柜型逆变单元（500～690V）。

1. 逆变单元的选型

逆变单元用作制动单元的制动功率（P_{Brake}）在运行中和直流母线电压成正比。直流母线电压制动的响应阈值是可以设定的。一方面设置的阈值至少应该大于最大直流母线电压（包括进线电压的容差）50～70V，确保制动单元工作在回馈状态；一方面设置的阈值最大值不能高于表 8-2 中的范围，防止直流母线过电压而故障。

表 8-2　制动单元阈值范围

进线电压	允许设置的阈值的范围
380～480V　3AC	673～774V
500～690V　3AC	841～1158V

连续制动功率（$P_{rated-Brake}$）和峰值功率（$P_{max-Brake}$）的技术参数，以及逆变单元的额定电流 I_{rated} 和制动电流 $I_{rated-Brake}$ 罗列在表 8-3 中。电压阈值范围是最小与最大阈值。其它阈值的制动功率和与直流电压成比例。

表 8-3　电阻与功率表（380～480V 电源电压）

逆变单元结构型号	额定电压 /V	额定电流 /A	制动电流 /A	U_{dc} 斩波器阈值 /V	持续制动功率 /kW	峰值制动功率 /kW	持续制动功率下的电阻 /Ω	峰值制动功率下的电阻 /Ω
G	400	490	450	667	368	551	0.605	0.403
	480	490	450	774	427	640	0.702	0.466
H	400	605	545	667	445	668	0.500	0.333
	480	605	545	774	517	775	0.580	0.387
H	400	745	680	667	555	833	0.400	0.267
	480	745	680	774	645	967	0.465	0.310
H	400	840	800	667	654	980	0.340	0.277
	480	840	800	774	758	1138	0.395	0.263
J	400	985	900	667	735	1103	0.303	0.202
	480	985	900	774	853	1280	0.351	0.234
J	400	1260	1215	667	93	1489	0.224	0.149
	480	1260	1215	774	1152	1728	0.260	0.173
J	400	1405	1365	667	1115	1673	0.199	0.133
	480	1405	1365	774	1294	1941	0.231	0.154

电阻与功率表见表 8-4。

表 8-4 电阻与功率表（500~690V 电源电压）

逆变单元结构型号	额定电压	额定电流	制动电流	U_{de}斩波器阀值	持续制动功率	峰值制动功率	持续制动功率下的电阻	峰值制动功率下的电阻
	/V	/A	/A	/V	/kW	/kW	/Ω	/Ω
F	500	85	85	841	87.6	131.3	4.039	2.693
	600	85	85	967	100.7	151.0	4.644	3.096
	660	85	85	1070	111.4	167.1	5.139	3.426
	690	85	85	1158	120.6	180.8	5.562	3.708
F	500	100	100	841	103.0	154.5	3.433	2.289
	600	100	100	967	118.4	177.6	3.948	2.632
	660	100	100	1070	131.0	196.6	4.368	2.912
	690	100	100	1158	141.8	212.7	4.728	3.152
F	500	120	115	841	118.5	177.7	2.986	1.990
	600	120	115	967	136.2	204.3	3.433	2.289
	660	120	115	1070	150.7	226.1	3.798	2.532
	690	120	115	1158	163.1	244.6	4.111	2.741
F	500	150	144	841	148.3	222.5	2.384	1.590
	600	150	144	967	170.5	255.8	2.742	1.828
	660	150	144	1070	188.7	283.1	3.034	2.022
	690	150	144	1158	204.2	306.3	3.283	2.189
G	500	175	175	841	180.3	270.4	1.962	1.308
	600	175	175	967	207.3	310.9	2.256	1.504
	660	175	175	1070	229.3	344.0	2.496	1.664
	690	175	175	1158	248.2	372.3	2.701	1.801
G	500	215	215	841	221.5	332.2	1.597	1.065
	600	215	215	967	254.6	381.9	1.836	1.224
	660	215	215	1070	281.8	422.6	2.032	1.354
	690	215	215	1158	304.9	457.4	2.199	1.466
G	500	260	255	841	262.7	394.0	1.346	0.898
	600	260	255	967	302.0	453.0	1.548	1.032
	660	260	255	1070	334.2	501.3	1.713	1.142
	690	260	255	1158	361.7	542.5	1.854	1.236
G	500	330	290	841	298.7	448.1	1.184	0.789
	600	330	290	967	343.5	515.2	1.361	0.908
	660	330	290	1070	380.0	570.1	1.506	1.004
	690	330	290	1158	441.3	616.9	1.630	1.087
H	500	410	400	841	412.0	618.0	0.858	0.572
	600	410	400	967	473.7	710.6	0.987	0.658
	660	410	400	1070	524.2	786.3	1.092	0.728
	690	410	400	1158	567.3	851.0	1.182	0.788
H	500	465	450	841	463.5	695.3	0.763	0.509
	600	465	450	967	532.9	799.4	0.877	0.585
	660	465	450	1070	589.7	884.6	0.971	0.647
	690	465	450	1158	638.2	957.3	1.051	0.700
H	500	575	515	841	530.5	795.7	0.667	0.444
	600	575	515	967	609.9	914.9	0.767	0.511
	660	575	515	1070	674.9	1012.3	0.848	0.565
	690	575	515	1158	730.4	1095.6	0.918	0.612
J	500	735	680	841	700.4	1050.6	0.505	0.337
	600	735	680	967	805.3	1208.0	0.581	0.387
	660	735	680	1070	891.1	1336.7	0.642	0.428
	690	735	680	1158	964.4	1446.6	0.695	0.463

（续）

逆变单元结构型号	额定电压	额定电流	制动电流	U_{dc}斩波器阈值	持续制动功率	峰值制动功率	持续制动功率下的电阻	峰值制动功率下的电阻
	/V	/A	/A	/V	/kW	/kW	/Ω	/Ω
J	500	810	805	841	829.2	1243.7	0.427	0.284
	600	810	805	967	953.4	1430.1	0.490	0.327
	660	810	805	1070	1054.9	1582.4	0.543	0.362
	690	810	805	1158	1141.7	1712.5	0.587	0.392
J	500	910	905	841	932.2	1398.2	0.379	0.253
	600	910	905	967	1071.8	1607.7	0.436	0.291
	660	910	905	1070	1186.0	1779.0	0.483	0.322
	690	910	905	1158	1283.5	1925.3	0.522	0.348
J	500	1025	1020	841	1050.6	1575.9	0.337	0.224
	600	1025	1020	967	1280.0	1812.0	0.387	0.258
	660	1025	1020	1070	1336.7	2005.0	0.428	0.286
	690	1025	1020	1158	1446.6	2169.9	0.463	0.309
J	500	1270	1230	841	1266.9	1900.4	0.279	0.186
	600	1270	1230	967	1456.7	2185.1	0.321	0.214
	660	1270	1230	1070	1611.9	2417.8	0.355	0.237
	690	1270	1230	1158	1744.5	2616.7	0.384	0.256

2. 电阻的选型

1）任何情况下都不得低于上表中列出的用于峰值制动功率的电阻值。

2）表中列出的阻值为冷态下星形连接的 3 个电阻中每个电阻的电阻值。

3）每个电阻需要承担 1/3 的总制动功率。请务必考虑电阻的相应功率。

4）对于三角形连接，请将电阻值乘以系数 3。

3. 制动电阻计算

下面公式列出了三相星形连接制动电阻的电阻值 R_{BR} 的限制。负载电阻会发热，阻值增加（最大到 30%）在计算中也需要考虑。

$$R_{BR\text{-}min} < R_{BR} < R_{BR\text{-}max}$$

$R_{BR\text{-}min}$：冷态最小电阻值；

$R_{BR\text{-}max}$：在运行温度下的最大制动电阻阻值，允许 10% 的波动。

制动电阻值不能小于最小值 $R_{BR\text{-}min}$，确保制动电流在设定的直流母线电压 $V_{DC\text{-}Brake}$ 响应时，不超过最大制动电流 $I_{max\text{-}Brake} = 1.5I_{L\text{-}Brake}$，从而避免过电流。在个别单元和应用下，最小制动电阻值是精确的，可以用下面公式计算：

$$R_{BR\text{-}min}（冷态）= \frac{V_{R_{RR}}}{I_{max\text{-}Brake}} = \frac{\frac{0.7V_{DC\text{-}Broke}}{\sqrt{3}}}{I_{max\text{-}Brake}} = \frac{0.40415V_{DC\text{-}Brake}}{I_{max\text{-}Brake}}$$

表 S120 逆变单元用作三相制动单元技术数据中，列出的是高阈值的任何情况下的最小电阈值。对于其它阈值，最小制动电阻值 $R_{BR\text{-}min}$ 能够按照上面公式进行计算。

制动电阻值不能大于最大值 $R_{BR\text{-}max}$，为了确保在选择的动作阈值 $V_{DC\text{-}Brake}$ 的任何情况下，确保能够达到最大制动功率 $P_{max\text{-}Brake}$，在个别单元和应用中，最大制动电阻值是精确的，可以用下面公式计算：

$$R_{BR-max}(运行温度) = \frac{3V_{RBR}^2}{P_{max-Brake}} = \frac{3 \cdot \left(\dfrac{0.7V_{DC-Brake}}{\sqrt{3}}\right)}{P_{max-Brake}} = \frac{0.49V_{DC-Brake}^2}{P_{max-Brake}}$$

为了保证制动功率，同时留出控制的余量，实际电阻的阻值 R_{BR}（运行温度），应该尽可能的比计算的值 R_{BR-max}（运行温度）小。

4. 制动电阻的连接

对制动电阻优先采用星形连接，如图 8-9 所示。

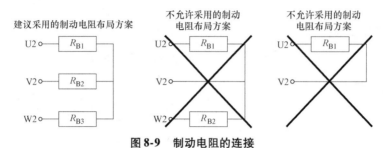

图 8-9　制动电阻的连接

5. 激活功能

调试工具 STARTER 已打开，并创建了新项目。

1）按照通常步骤对控制单元和整流装置进行配置。

2）将驱动对象类型设置为"VECTOR"。

3）将控制结构设置为"V/f control"。

4）在控制方式下选择"(15) Operation with braking resistor"，如图 8-10 所示。

5）在配置窗口中选择输入电压。

6）在配置窗口中选择"Chassis"作为结构形式。

7）在配置窗口中选择所需的功率单元。

8）完成逆变单元和电阻的配置。

9）在调试向导中点击"Continue >"直至"Complete"。

在拓扑结构会显示带组件号的逆变单元。

6. 参数设置

P1360：设置制动单元冷态制动电阻。

P1362 [0]：设置制动单元响应阈值（根据电压类型会按照 P210 的出厂设置对参数进行预设）。

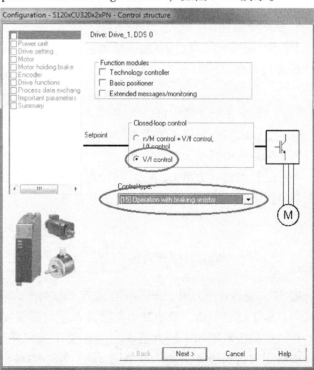

图 8-10　控制方式设置

P1362 [1]：设置制动单元回差。

P1364：设置制动单元电阻不均衡度。

响应阈值见表8-5。

表8-5　响应阈值

电源电压	V	380～480	500～600	660～690
公差	%	+/－10%，－15%(60s)	+/－10%，－15%(60s)	+/－10%，－15%(60s)
$U_{d最大}$	V	820	1022	1220
U_{dc} 制动模块响应阈值 p1362[0]	$V_{最小}$	759	948	1137
	$V_{测定}$	774	967	1159
	$V_{最大}$	789	986	1179
硬件断路阈值	$V_{最小}$	803	1003	1198
	$V_{测定}$	819	1022	1220
	$V_{最大}$	835	1041	1244

7. 激活并联

用作制动单元的逆变单元可并联运行。为此在通过 START-ER 进行配置时执行以下设置：

1）在配置对话框 "Power unit supplementary data" 中（第7步）勾选复选框 "Parallel connection"。此时会显示下拉列表 "Number of parallel modules"，如图 8-11 所示。

2）选择所需的逆变单元数量。

3）之后一直点击 "Continue"，直至 "Complete"。从而退出逆变单元的配置向导。

4）在拓扑结构中可检查所设置的逆变单元数量。

对于每个逆变单元，必须根据上面的电阻图配置制动电阻。并联用作制动单元的逆变单元如图 8-12 所示。

5）可在导航列表中双击 ".../Drives/Drive_ 1→Configuration"。这会打开一个窗口，在其中可对当前配置进行检查。在按钮 "Current power unit operating values" 下列出了按组件号排序的逆变单元。在运行中会显示当前电气值。

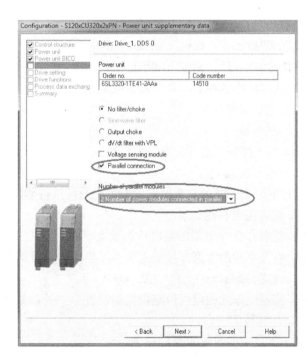

图 8-11　选择制动单元并联

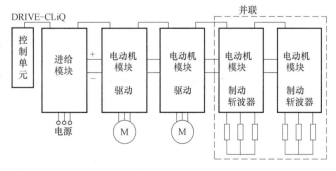

图 8-12　并联用作制动单元的逆变单元

8. 并联逆变单元以主从方式运行

逆变单元并联也可在主从运行中使用。

通过参数 p1330 将 V/f 特性曲线的输入设置至后续功率单元。

从站仅会取得 V/f 特性曲线的电压设定值。

9. 保护装置

保护功能在"电动机热监控"一章中有详细的介绍。其它保护装置包括：

（1）接地

相电流总和监控。

（2）断线

20% 或更多的负载失衡会导致电流失衡，电流失衡由 I * T 监控检测。

1）在检测出相位失衡时驱动会输出报警 A06921。

参数 r0949 指明了发生故障的相位：

参数 r0949 = 11，相位 U 断线；

参数 r0949 = 12，相位 V 断线；

参数 r0949 = 13，相位 W 断线。

2）在检测出缺相时驱动会输出故障 F06922。

（3）电动机热监控

（4）过电流

最大电流控制器生效，设定值保存在参数 p0067 中。

（5）电阻超温

通过电阻上安装的双金属温度开关对温度进行监控。

10. 配置温度检测触点

1）将所有 3 个电阻的温度检测触点串联。

2）将温度检测触点连接至逆变单元温度传感器检测（端子 X41.3 和 X41.4）。

3）设置参数 p0600 = 11 以及 p0601 = 4。

4）将逆变单元的温度传感器检测设置为"外部故障"。

11. 计算举例

功率负载周期曲线如图 8-13 所示。

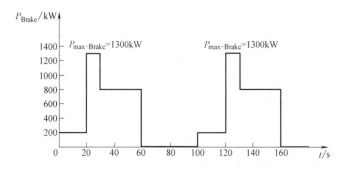

图 8-13　功率负载周期曲线

如图所示，负载周期为 100s，最大峰值功率为 1300kW，进线电压为 400V。

（1）选择 S120 逆变单元

选择最大制动电压 $V_{\text{DC-max}} = 774\text{V}$，峰值功率达到 1300kW 的最小的逆变单元，从技术数据表中可以看到输出 710kW，额定电流 1260A 的逆变单元。

下一步需要确认制动周期内它的连续制动功率是否能满足逆变单元允许的范围。

$$P_{\text{mean-Brake}} = (200\text{kW} \times 20\text{s} + 1300\text{kW} \times 10\text{s} + 800\text{kW} \times 30\text{s} + 0\text{kW} \times 40\text{s})/100\text{s} = 410\text{kW} < 1140\text{kW}$$

因此选择的逆变单元可以满足这个系统的峰值制动功率和持续制动功率。

（2）选择制动电阻

从技术数据表（见《工程师手册》）中可以看到最小冷态电阻

$$R_{\text{BR-min}}(\text{冷态}) = 0.18\Omega$$

最大电阻值通过电压阈值 $V_{\text{DC-max}} = 774\text{V}$ 和峰值制动功率 $P_{\text{max-Brake}} = 1300\text{kW}$ 可以计算得到：

$$R_{\text{BR-max}}(\text{运行温度}) = [0.49(V_{\text{DC-max}})^2]/P_{\text{max-Brake}} = [0.49(774\text{V})^2]/1300\text{kW} = 0.2258\Omega$$

电阻的阻值应该满足如下要求：

$$0.18\Omega(\text{冷态}) < R_{\text{BR}} < 0.2258\Omega(\text{运行温度})$$

3 个制动电阻一起运行可以满足周期为 100s、410kW 连续制动功率和周期为 10s、1300kW 峰值制动功率。每个电阻必须分担制动功率的 1/3。

8.1.8 OFF3 转矩限幅

如果外部（如张力控制器）给定了转矩极限，则驱动只能采用降低的转矩停机。如果在电源 p3490 中设置的时间内没有完成停机，则切断电源，驱动按惯性自由停机。

为避免该情况，二进制互联输入端 p1551 会在出现"低"信号时激活转矩极限 p1520 和 p1521。将 OFF3（r0899.5）信号连接到该输入端，便可以采用最大转矩完成制动。转矩限幅如图 8-14 所示。

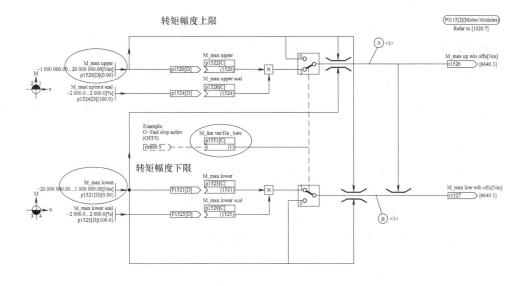

图 8-14 转矩限幅

8.1.9　简单抱闸控制

在驱动停机状态下，电动机抱闸可以保持电动机停止状态，以免出现不希望的运动，如位能性的负载或垂直运行的负载出现的危险。

S120 抱闸控制主要分为简单抱闸控制和扩展抱闸控制，可根据应用场合不同而灵活选用。抱闸开闭的控制信号由控制单元（CU）通过 DRIVE-CLiQ 直接传送给逆变单元；此时，控制单元会将这些信号逻辑连接到系统内部逻辑，并对信号进行监控。然后逆变单元执行动作，并相应地激活抱闸控制的输出端。

1. 简单抱闸控制特点

1）通过顺序控制自动激活。

2）静态 p1227（零速 p1228）检测。

3）强制释放抱闸（p0855，p1215），包括有条件或无条件释放抱闸。

4）无条件关闭抱闸（p0858 = 1）。

5）在取消信号"速度控制器使能"后闭合制动（p0856）。

2. 抱闸的时序图

简单制动控制的时序图如图 8-15 所示。

3. 打开抱闸过程

1）当负载起动后，控制单元发出 ON 命令，接触器开始闭合，设备开始预充电。完成后，开始建立励磁。

2）励磁完成后，打开抱闸的输出信号为 1。

3）此处还可以通过 P0855 = 1 强制释放抱闸命令。

4）打开抱闸的输出信号为 1，r0899.12 = 1，可以控制抱闸装置。此时电动机并不会立即加速，否则会出现溜钩现象。

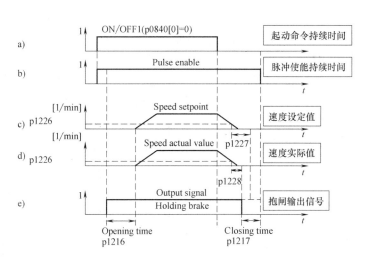

图 8-15　简单制动控制的时序图

5）延迟时间 P1216 到达之后，电动机立即加速，直到稳定状态。P1216 的时间根据现场情况调节。

4. 关闭抱闸过程

1）当控制单元发出 OFF 命令以后，电动机速度开始下降。

2）电动机实际速度或设定速度小于 P1226 所设定的值。

3）延迟 P1227 或 P1228 时间后，关闭抱闸信号为 1。

4）此处还可以通过 P0858 = 1 强制输出关闭抱闸命令。

5）关闭抱闸的输出信号为 1，r0899.13 = 1，可以控制抱闸装置。此时变频器输出电流仍存在，否则会出现溜钩现象。

6）延迟时间 P1217 到达之后，变频器脉冲封锁，输出电流立即降到 0。P1217 的时间需根据现场情况调节。

5. 抱闸配置

在 STARTER 或 SCOUT 配置一个驱动，然后配置驱动参数，抱闸配置页面中根据实际情况选择 1 或者 3。配置时激活抱闸功能如图 8-16 所示。

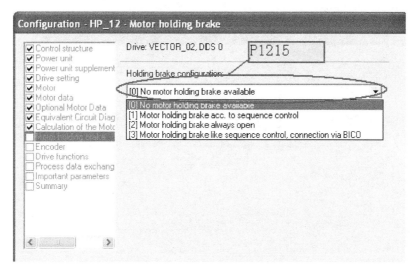

图 8-16　配置时激活抱闸功能

在驱动目录下选择"Function→Brake control"，打开抱闸界面。功能列表中激活抱闸功能如图 8-17 所示。

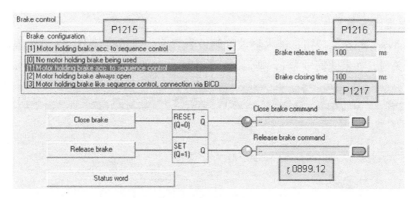

图 8-17　功能列表中激活抱闸功能

（1）参数设置

对于参数 P1215，可以有以下几种配置方式：

P1215 =0，不使用抱闸功能。

P1215 =1，基本抱闸控制模块集成的抱闸。

P1215 =2，抱闸一直打开。

P1215 =3，外部抱闸控制装置。

P1216 为抱闸释放时间，P1217 为关闭抱闸时间。一般地，关闭抱闸和打开抱闸连接同一个 BICO 量，通常连接 r0899.12 即可。

（2）关闭抱闸配置

点击"Close brake"按钮，进入关闭抱闸设置界面。可以设置零速检测阈值（P1266）、零速检测监控时间（P1277）和脉冲抑制延迟时间（P1288）。

通过参数 P0858 设置强制关闭抱闸，可连接至一个开关量，如果此信号为 1，则强制关闭抱闸。释放抱闸参数如图 8-18 所示。

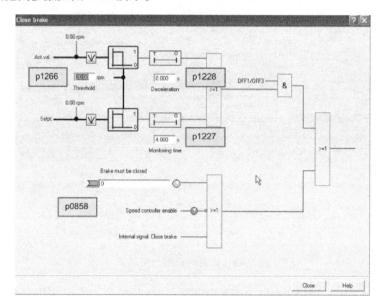

图 8-18　释放抱闸参数

（3）释放抱闸配置

点击"Release brake"按钮，进入释放抱闸设置界面。通过参数 P0855 设置强制释放抱闸，可连接一个开关量，如果此信号为 1，则强制释放抱闸。无条件释放抱闸接口如图 8-19 所示。

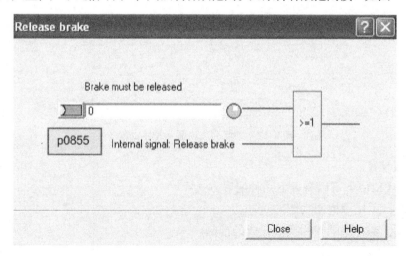

图 8-19　无条件释放抱闸接口

6. 功能图

简单制动控制功能图如图 8-20 所示。

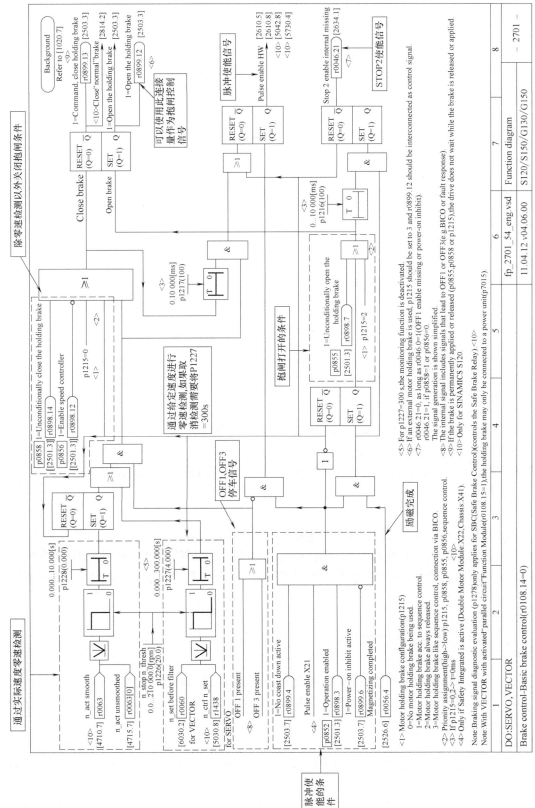

图 8-20　简单制动控制功能图

8.1.10　运行时间

1. 系统总运行时间

系统总运行时间在 r2114（控制单元）中显示：

r2114［0］以毫秒显示系统运行时间，达到 86400000ms 即 24h 后便复位，r2114［1］增加 1。r2114［1］以天数显示系统运行时间。

在断电时会保存计时值。

驱动装置上电后，计时器会以上次断电时保存的值继续计时。

2. 相对系统运行时间

从上一次上电开始计算的相对系统运行时间显示在 p0969（控制单元）中。该值单位为毫秒，满 49 天后计时器溢出。

3. 当前电机运行时间

电动机运行时间计时器 p0650（驱动）在每次出现脉冲使能时计时。脉冲使能取消后，计时器停止，时间值被保存。

如果 p0651 为 0，则计时器被禁用。

达到 p0651 中设定的维护间隔时，会输出报警 A01590。完成电动机的维护工作后，请重新设置维护间隔。

说明

如果切换了电动机数据组（MDS）的连接方式，即星形/三角形连接，而没有切换电动机，则 p0650 中的两个相应（MDS）的值必须相加，才能得到此电动机准确的运行时间。

---

4. 风扇运行时间

功率单元中风扇的运行时间显示在 p0251（驱动）中。

该参数中的运行时间只能复位为 0，例如：在更换风扇后。风扇的使用寿命输入在 p0252（驱动）中。在离使用寿命还有 500h 时会输出报警 A30042。p0252 = 0 时，监控取消。

8.1.11　节能显示

相比传统的闭环过程控制，采用转速精调的闭环控制可显著降低能耗。特别是对于负载特性曲线为抛物线的连续流动负载驱动设备，例如离心泵和鼓风机。使用 SINAMICS S120 系统可通过调整转速来调节此类设备的流量或压力，从而在整个调速范围内使设备维持在近似最大效率的水平。

1. 节能显示

参数 r0041 会显示所节省的能源。

2. 节能潜力较低的设备

与负载特性曲线为抛物线型的驱动设备相比，负载特性曲线为线性或恒定的驱动设备，其节能潜力相对较低，例如传送设备或往复泵。因此，此功能更适宜用于连续流动负载驱动设备。

3. 传统情形

在传统的闭环控制设备中，输送介质的流量通过滑阀或节流阀控制。此时电动机以其额定转速恒速运行。若通过滑阀或节流阀减少了流量，则设备整体效率会大幅降低。设备中的压力会提升。即使在滑阀 / 节流阀完全闭合的情况下，即流量 $Q = 0$ 时电动机也会消耗能源。此外该设计还会造成不期望的状况，例如负载连续流动设备中的空化现象，或者出现加热设备及介质的升温情况。

4. 系统优化方案

在使用转速闭环控制时，会通过调节转速对连续流动负载驱动设备的输出流量进行控制。流量会根据设备的转速成比例地变化。此时可能存在节流阀或滑阀会保持完全开启的状态。转速闭环控制会对整体的设备特性曲线进行调节，从而调整到所需的流量。因此整个设备都会以接近最优的效率运行。相比通过节流阀或滑阀进行调节的控制方案，此种控制方式的能耗要低出很多。节能潜力如图 8-21 所示。

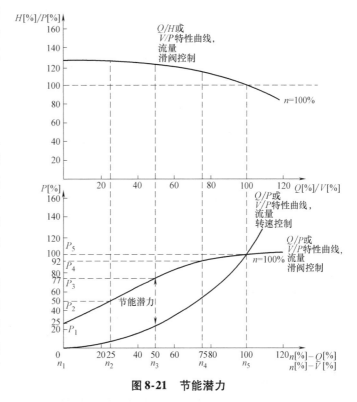

图 8-21　节能潜力

特性曲线（上）的图例：

H [%]——输送高度　　P [%]——输送压力　　Q [%]——流量　　V [%]——体积流量

特性曲线（下）的图例：

P [%]——输送设备的接收功率　　n [%]——输送设备的转速

p3320 ~ p3329——$n = 100\%$ 时设备曲线的支点

$P_1 ~ P_5$——接收功率　　$n_1 ~ n_5$——对应转速闭环控制设备的转速

5. 节能功能

此功能用于获取能量消耗信息，并将其与使用传统节流阀控制时的能源需求（计算值）进行比较。而后对过去 100 个工作小时所节省的能源进行计算，并以 kW 为单位显示。在工作小时低于 100h 时，则会推算出 100 工作小时的潜在节能。为此必须手动输入采用传统节流阀控制时的设备特性曲线。

6. 设备特性曲线

若未输入设备特性曲线的支点，则会采用出厂设置进行计算。出厂设置值可能会与设备特性曲线有偏差，这会导致计算结果的不精确。

可为每根轴单独配置计算。

7. 激活功能

此功能仅适用于矢量运行方式。

1）在脉冲使能后会自动激活此功能。

2）在参数 p3320 ~ p3329 中为负载特性曲线输入 5 个支点，见表 8-6。

表 8-6　设备特性曲线支点

支　　点	参　　数	出厂设置: P—功率,以%设定 n—转速,以%设定
1	p3320	$P_1 = 25.00$
	p3321	$n_1 = 0.00$
2	p3322	$P_2 = 50.00$
	p3323	$n_2 = 25.00$
3	p3324	$P_3 = 77.00$
	p3325	$n_3 = 50.00$
4	p3326	$P_4 = 92.00$
	p3327	$n_4 = 75.00$
5	p3328	$P_5 = 100.00$
	p3329	$n_5 = 100.00$

复位节能显示:设置 p0040 = 1,将参数 r0041 的值复位为 0。之后 p0040 会自动恢复为 0 值。

8.1.12　编码器诊断

1. 编码器信号故障

某些编码器会包含一个额外的输出端,当编码器内部的检测回路无法准确获取转子位置信息时,此输出端会从"高电平"切换至"低电平"。

只有在使用 SMC30 时才有此功能,当出现此类故障时,驱动会输出报警 A3x470。

注释:x = 编码器编号(x = 1,2 或 3)

调试方法:将编码器的相应信号与设备的 CTRL 输入(控制信号)相连。不需要进行参数设置。

注意
断线时此输入会自动设置为高电平信号,因此编码器在断线时会被视作"良好"。

2. 编码器监控扩展

"编码器监控扩展功能"支持本节 3 ~ 12 描述的编码器信号检测相关的功能扩展,通过参数 p0437 和 r0459 来激活。r0458.12 = 1 可显示硬件是否支持扩展的编码器监控功能。

注意
1)仅可在编码器调试方法期间对"编码器监控扩展"的功能进行参数设置。在运行期间不能修改其相关参数!
2)相关功能的参数设置只能通过 STARTER 的专家列表进行修改。
3)如下功能适用于 SMC30 模块和采用内部编码器检测的控制单元,针对信号波形如图 8-22 所示。

3. 编码器信号监控

此功能是在使用推挽信号的方波编码器中监控编码器信号 A/B ←→ − A/B,以及 R ←→ − R。编码器信号监控用于检测最重要的信号特性,如:振幅、偏移、相位。

激活编码器信号监控功能必须设置以下参数:

1)p0404.3 = 1,切换到方波编

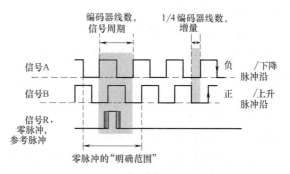

图 8-22　HTL. TTL 信号波形图

码器。

2）p0405.0 =1，切换到双极性信号。

设置 p0405.2 =1 以激活编码器信号监控功能。

若已从参数 p0400 的列表中选择了编码器，则 p0405.2 =1 为预设值且无法进行修改。若自行配置编码器参数，可以在图 8-23 中找到 p0405.2 参数。

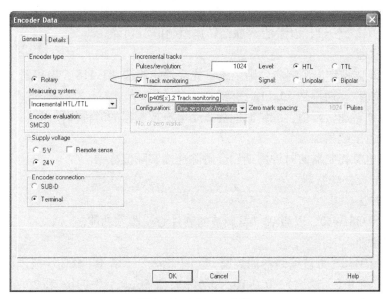

图 8-23　p0405.2 参数

在编码器信号监控激活时，可设置 p0437.26 =1 取消激活此功能。对所有信号监控都可单独进行计算。此时即可使用 HTL 编码器，也可使用 TTL 编码器。识别出故障时会输出故障信息 F3x117，故障信号以位编码记录在故障值中。

说明

在 CU310-2、CUA32、D410-2 和 SMC30（仅订货号为 6SL3055-0AA00-5CA0 和 6SL3055-0AA00-5CA1）模块中连接了无 R 信号的方波编码器，则会在激活信号监控时输出 F3x117 故障。

为了避免此故障，必须在编码器接口上将"编码器电源接地"（引脚 7）和"参考信号 R"（引脚 10）相连，并将"编码器电源"（引脚 4）和"反向参考信号 R"（引脚 11）相连。

---

4. 零脉冲容差

此功能用于忽略与两个零脉冲之间与检测到的编码器脉冲个数相关的偶发故障。

（1）调试方法

设置参数 p0430.21 =1，以激活"零脉冲容差"功能。

（2）工作原理

1）在检测到第 2 个有效零脉冲后，"零脉冲容差"功能开始生效。

2）此后两个零脉冲间的脉冲数量首次与所配置的脉冲数量（旋转编码器 p0425，直线编码器 p0424）出现不一致时，先不会输出 F3x100（零脉冲间脉冲个数错误）或 Fx3101（零脉冲标记故障），而是会先输出报警 A3x400（零脉冲间脉冲个数报警）或 A3x401（零脉冲标记报警）。

3）若下一个零脉冲重新在正确的位置出现，则消除报警。

4）再次识别出错误的零脉冲位置，则会输出故障 F3x100 或 Fx3101。

5. 冻结转速原始值

若在反馈的转速实际值变化率较大的情况下，dn/dt 监控报出了故障（见参数 p0492 参数说明），此时可通过"冻结转速原始值"功能在短时间内将反馈的转速实际值信号设为某一固定值，从而对转速实际值的变化进行均衡。

（1）调试方法

设置参数 p0437.6 = 1，以激活"冻结转速原始值"功能。

（2）工作原理

1）若 dn/dt 监控作出了响应，则系统首先会输出报警 A3x418"编码器 x：超出了每个采样率的转速差值"，而不是 F3x118 故障。

2）此时冻结转速实际值，冻结时间为 2 个电流控制器的时钟周期。

3）转子位置继续累加。

4）在 2 个电流控制器的时钟周期后会解除速度实际值冻结。

6. 可调节的硬件滤波器

（1）调试方法

设置参数 p0438 ≠ 0，以激活"可调节的硬件滤波器"功能。

（2）工作原理

1）在参数 p0438（方波编码器滤波时间）中输入一个在 0 ~ 100μs 范围内的滤波时间。硬件滤波器仅支持 0（无滤波）、0.04μs、0.64μs、2.56μs、10.24μs 和 20.48μs 这些赋值。若输入的数值不是上述固定值时，则会自动将硬件滤波时间 r0452 设置成比较大的接近值。p0438 设置为 10.24μs 以上时，r0452 会自动设定为 20.48μs。

2）激活生效的滤波时间可在参数 r0452 中查看。

3）滤波时间会对电动机允许运行的最大转速有影响，其计算方法如下：

$n_{\_max}$ [rpm] = 60/(p0408 · 2 · r0452)；p0408：旋转编码器的脉冲数。

示例

若 p0408 = 2048. r0452 = 10.24 [μs]；

此时　$n_{\_max}$ = 60/(2048 · 2 · 10.24 · 10^{-6}) = 1430 [rpm]

也就是说，此滤波时间内电动机的最大运行转速可达 1430r/min，超过此速度运行则正常的编码器脉冲信号也会被滤除掉，造成设备故障停机。

7. 零脉冲的脉冲沿分析

此功能适用于零脉冲宽度≥1 个脉冲宽度的编码器。此类编码器在使用时激活零脉冲边沿监控会引发故障。

正向旋转时检测零脉冲的上升沿，反向旋转时检测其下降沿。这样便可将零脉冲宽度大于一个脉冲的编码器当作等距零脉冲编码器（p0404.12 = 1）进行参数设置，也就是说此时可以激活零脉冲监控，系统不会误报 F3x100，F3x101。

（1）调试方法

设置参数 p0437.1 = 1 以激活"零脉冲沿有效"功能。出厂设置 p0437.1 = 0 表示运行时激活零脉冲监控。

（2）工作原理

1) 在极端情况下，若电动机以 1 转速度在零脉冲宽度范围内摆动，零脉冲宽度监控可能会出现数量级上的错误。

2) 上述问题可通过对参数"p4686 零脉冲最小长度"赋值来解决。可将参数 p4686 设为零脉冲宽度的 3/4，以尽可能地减少上述错误。

3) 为了能在有稍许不精确时，驱动设备不会输出故障 F3x100（N，A）"编码器 x：零脉冲间脉冲个数故障"，可以允许调节零脉冲间脉冲个数的偏差：

"p4680 允许零脉冲监控公差"在设置了 p0430.22 = 0（无磁极位置适配）和 p0437.2 = 0（故障时不进行脉冲数量补偿）时，此参数可减少故障 F3x100 的触发几率。

8. 故障时的脉冲数补偿

电流或其它 EMC 问题可能会使编码器检测的结果出现偏差。此时可以通过零脉冲对所测得的编码器信号进行补偿。

(1) 调试方法

1) 设置 p0437.2 = 1 以激活"故障时的脉冲数补偿"功能。

2) 用零脉冲间脉冲个数（p4680）参数定义允许的公差（编码器脉冲个数）。

3) 用参数 p4681、p4682 定义驱动设备中脉冲数量补偿的公差带范围。

4) 通过 p4686 定义零脉冲的最小宽度。

(2) 工作原理

此功能用于在公差带内（p4681、p4682）对两个零脉冲间错误的编码器脉冲进行完全补偿。补偿速度为每个电流控制器的时钟周期最多可以补偿编码器脉冲个数的¼。这样便可对缺少的编码器脉冲（例如由于编码器码盘脏污）进行持续补偿。p4681 设置正向偏差上限脉冲个数，p4682 设置负向偏差上限脉冲个数。若检测到两个零脉冲偏差超出了公差带，则会输出故障 F3x131。

1) 通过 p4686 设置零脉冲的最小长度。采用出厂设置 1 可防止 EMC 问题导致零脉冲故障。仅在设置参数 p0437.1 = 1"零脉冲沿有效"时，才可以在小范围内抑制零脉冲故障。

2) 若零脉冲偏差小于零脉冲最小长度（p4686），则不会进行补偿。

3) 零脉冲持续出错的情况下会显示故障 F3x101 或报警 A3x401。

注意

在"带零脉冲的换向"功能激活时（p0404.15 = 1），系统会等待精同步完成后（r1992.8 = 1）才进行补偿。

对用于换向用的磁极位置同样也会进行补偿。因此不必激活磁极位置适配（p0430.22 = 1）功能。在转速检测中此功能不会执行补偿。

---

9. 公差带脉冲数量监控

此功能用于监控两个零脉冲间的编码器脉冲数量。若此数量位于可设置的公差带外，则会输出报警。

(1) 调试方法

1) 设置参数 p0437.2 = 1 以激活监控功能。

2) 通过参数 p4683 和 p4684 设置公差带的上限和下限。在此公差带内识别出的脉冲数量被视作正确。

(2) 工作原理

1) 在每个零脉冲后都会检测，直到下一个零脉冲为止脉冲数量是否位于公差带以内。

若非此状况，并且设置了"故障时的脉冲数量补偿"（p0437.2 = 1），则会输出报警 A3x4225s。

2）若其中一个限值为 0，则报警 A3x422 被禁用。

3）显示未经过补偿的编码器脉冲。p0437.7 = 1 时，经过补偿的错误脉冲的数量会以正确的符号显示在 r4688 中。设置 p0437.7 = 0，以在 r4688 中显示每个零脉冲距离进行过补偿的错误脉冲数量。若旋转一周后的偏移未达到公差带限值，则不会触发报警。若超出了零脉冲，则会重新进行测量。

4）脉冲数量超出公差带。若超出了公差带，除了输出报警 A3x422 外还会设置 r4689.1 = 1。此数值至少会保持 100ms，这样控制系统即便在驱动高速旋转状态下也能检测到数个连续的、间隙很小的过限值。可通过 PROFIBUS / PROFINET 将参数 r4689 的信息位作为过程数据发送至上级控制系统。

5）可将累计的补偿值通过 PROFIBUS 发送至上位控制系统（例如：p2051［x］= r4688）。控制系统可将计数器的内容设置为特定值。

注意

"公差带脉冲数量监控"功能也适用于在驱动组中作为主编码器运行的外部编码器（对来源于直接测量系统的位置值 XIST1 进行监控）。

---

10. 脉冲信号沿有效（1x，4x）

"脉冲信号沿有效"功能让驱动器可以使用加工公差较高的方波编码器或者较旧的编码器。使用此功能可在编码器信号脉冲负载系数不均匀的脉冲编码器上计算出较为"平稳"的转速实际值。从而在设备更新时便可保留旧电动机以及旧编码器。

（1）调试方法

设置参数 p0437 位 4 和位 5 以激活"脉冲信号沿有效"功能，见表 8-7。

表 8-7　激活脉冲信号沿有效功能

p0437.4	p0437.5	有效计算
0	0	4x(工厂设定)
0	1	保留
1	0	1x
1	1	保留

（2）工作原理

在 4x（4 倍）计算中，会对 A 信号和 B 信号上一对脉冲的两个上升沿和两个下降沿分别进行计算。在 1x（1 倍）计算中，只会对 A 信号和 B 信号上一对脉冲的第一个或最后一个脉冲沿进行计算。

与 1x 计算相比，4x 计算可以检测的最小速度是 1x 计算的 1/4。但在编码器信号脉冲负载系数不均匀，编码器信号偏移非精确 90° 的增量编码器中，4x 计算可能会导致转速实际值的"不稳定"。

下列公式描述了不等于 0 的最小转速：

$n\_min = 60/(x * p0408)$［rpm］，其中 x = 1 或 4（x 为计算次数）。

11. "0"转速检测时间的设置

此功能适用于低速（额定转速 40r/min 以下）时，正确反馈接近于 0 的实际转速。这样可避免驱动系统在静止状态下速度控制器的积分（Ⅰ）分量缓慢增加，从而产生不必要的转矩。

调试方法：在参数 p0453 中输入所需的测量时间；若在此时间内未识别出 A/B 信号的脉冲，则反馈的转速实际值为"0"。

12. 转速实际值的滑动平均值计算

在使用低速电动机（＜40r/min）和每转脉冲个数为 1024 的标准编码器时会碰到问题：每个电流控制器的时钟周期中检测到的编码器脉冲数量并不完全相同（p0430.20＝1：不采用脉冲沿时间计算转速，采用增量差值法计算转速）。检测到的编码器脉冲数量的不同会导致转速实际值的跃变，尽管编码器以恒定转速运行。

调试方法：

1）设置参数 p0430.20＝0（工厂设置：脉冲沿时间计算转速）用于计算滑动平均值。

2）在参数 p4685 中输入电流控制器的时钟周期的数量，通过此数值计算转速平均值。通过求平均值可根据给定的周期数量对偶发的故障脉冲进行平滑。p4685 最大可以设置到 20，即对 20 个电流控制器的时钟周期中的检测值取平均，作为转速实际值。

编码器故障排除见表 8-8。

表 8-8　编码器故障排除

编码器信号故障图	可能故障描述	解决方法
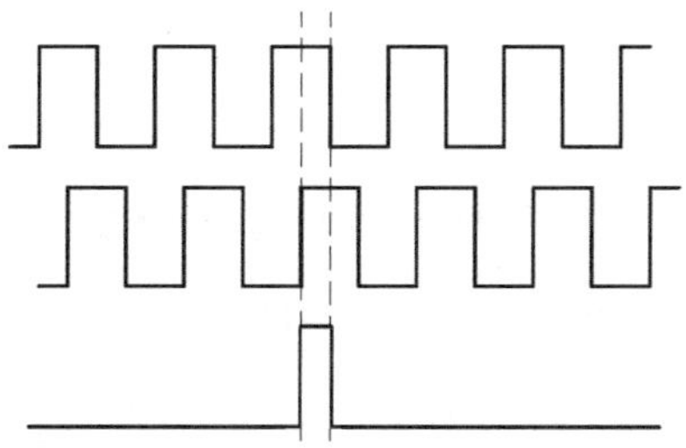	无故障	无
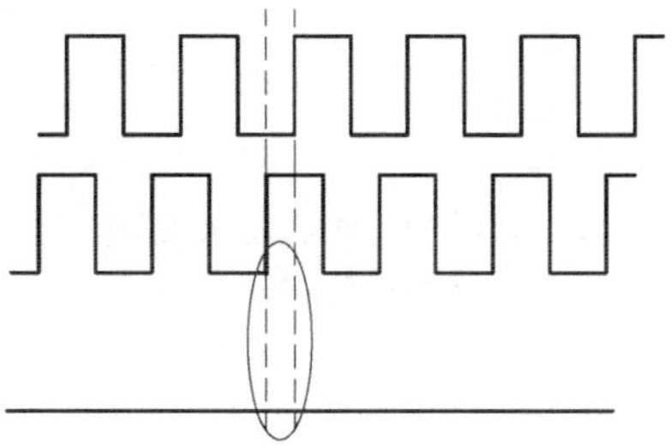	F3x101,零脉冲标记故障	检查接口分配是否正确(是否将 A 与－A 混淆,或 B 与－B 混淆)
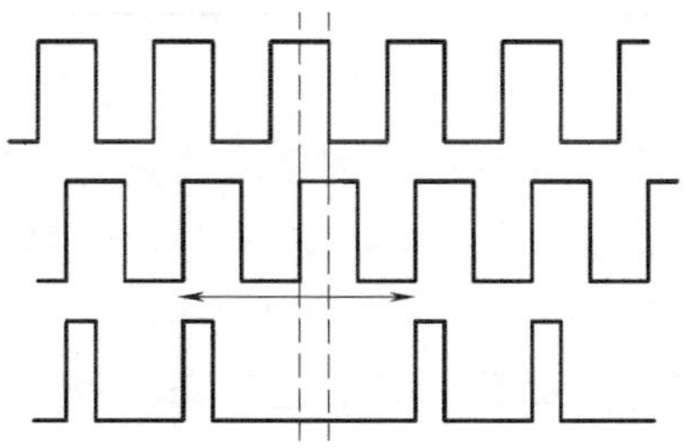	零脉冲信号受到干扰,F3x100（零脉冲距离出错）	检查接口分配是否正确(是否将 R 和－R 混淆);使用"零脉冲容差"功能

（续）

编码器信号故障图	可能故障描述	解决方法
	零脉冲信号或编码器脉冲信号受到干扰	使用"零脉冲容差"功能或"故障时的脉冲数补偿"功能
	零脉冲过宽	使用"零脉冲沿有效"
	EMC 故障	使用"可设置的硬件滤波器"
	零脉冲过早/过晚（A/B 信号上存在干扰脉冲或脉冲损失）	使用"故障时的脉冲数补偿"功能及"磁极位置适配"

8.1.13　装机装柜上的降容函数

通过合适的降容函数可以大大降低装机装柜型功率单元（逆变单元和整流装置）产生的噪声等级，并可在额定电流左右以多倍的额定脉冲频率运行。为此需要使用温度传感器，监控散热器和芯片之间的温差。一旦超出工作温度阈值，脉冲频率或允许的电流极限会自动降低。即使在较高的脉冲频率下，功率单元也能因此达到最大输出电流。之后降容曲线生效。降容函数作用于装机装柜型逆变单元和功率模块。并联设备的属性和单个设备一样。

装机装柜型功率单元上输出电流和脉冲频率的相互关系见表 8-9，表 8-10。

表 8-9 2kHz 额定脉冲频率的设备上，各个脉冲频率下的输出电流降容系数

订货号	额定功率	2kHz 时的输出电流	各种脉冲频率下的降容系数				
6SL3320-...	/kW	/A	2.5kHz	4kHz	5kHz	7.5kHz	8kHz
输入电压 DC 510...750V							
1TE31-1AAx	110	210	95%	82%	74%	54%	50%
1TE31-6AAx	132	260	95%	83%	74%	54%	50%
1TE33-1AAx	160	310	97%	88%	78%	54%	50%
1TE33-8AAx	200	380	96%	87%	77%	54%	50%
1TE35-0AAx	250	490	94%	78%	71%	53%	50%

表 8-10 1.25 kHz 额定脉冲频率的设备上，各个脉冲频率下的输出电流降容系数

订货号	额定功率	1.25kHz 时的输出电流	各种脉冲频率下的降容系数				
6SL3320-...	/kW	/A	2kHz	2.5kHz	4kHz	5kHz	7.5kHz
输入电压 DC510...750V							
1TE36-1AAx	315	605	83%	72%	64%	60%	40%
1TE37-5AAx	400	745	83%	72%	64%	60%	40%
1TE38-4AAx	450	840	87%	79%	64%	55%	40%
1TE41-0AAx	560	985	92%	87%	70%	60%	50%
1TE41-2AAx	710	1260	92%	87%	70%	60%	50%
1TE41-4AAx	800	1405	97%	95%	74%	64%	50%
输入电压 DC 675~1080V							
1TG28-5AAx	75	85	93%	89%	71%	60%	40%
1TG31-0AAx	90	100	92%	88%	71%	60%	40%
1TG31-2AAx	110	120	92%	88%	71%	60%	40%
1TG31-5AAx	132	150	90%	84%	66%	55%	35%
1TG31-8AAx	160	175	92%	87%	70%	60%	40%
1TG32-2AAx	200	215	92%	87%	70%	60%	40%
1TG32-6AAx	250	260	92%	88%	71%	60%	40%
1TG33-3AAx	315	330	89%	82%	65%	55%	40%
1TG34-1AAx	400	410	89%	82%	65%	55%	35%
1TG34-7AAx	450	465	92%	87%	67%	55%	35%
1TG35-8AAx	560	575	92%	85%	64%	50%	35%
1TG37-4AAx	710	735	87%	79%	64%	55%	35%
1TG38-1AAx	800	810	97%	95%	71%	55%	35%
1TG38-8AAx	900	910	92%	87%	67%	55%	33%
1TG41-0AAx	1000	1025	91%	86%	64%	50%	30%
1TG41-3AAx	1200	1270	87%	79%	55%	40%	25%

工作原理

为了确保在低于最大允许环境温度下能最佳地使用功率单元，系统使用运行温度的函数来控制最大输出电流。该功率同时考虑了温度的动态变化，即工作温度的上升和下降。

首先会将报警阈值和当前的环境温度进行比较。如果结果是环境温度较低，则功率单元会允许输出较高的电流，接近额定电流。一旦达到报警阈值，驱动会根据参数 p0290 "功率单元过载响应"的设置降低脉冲频率或电流，或根本不降低。即使没有任何响应，也会生成报警，例如：A07805"电源：功率单元过载"。

以下数值会影响热过载响应：

1）散热器温度　r0037［0］；

2）芯片温度　r0037［1］；

3）I^2t 检测出的功率单元过载 r0036。

可以采取以下措施，防止热过载：

1）V/f　控制时降低输出频率；

2）矢量控制时降低脉冲频率。

参数 r0293"功率单元模型温度报警阈值"中显示了芯片和散热器之间温度差的报警阈值。

8.1.14　电动机的并联（多电动机成组传动）

为简化成组驱动的调试，即同一变频器上接有多个相同电动机的情况，可在 STARTER 中或通过专家列表，在参数 p0306 中设置并联电动机的数量。

根据设置的电动机数量，系统内部会自动计算等效电动机。电动机数据识别功能可以确定等效电动机的数据。电动机并联时也可使用编码器（仅在第 1 个电动机上）。

1. 特性

1）在同一变频器上可以最多允许并联 50 台电动机。

2）原始电动机数据组（p0300 等参数）保持不变，仅会根据并联电动机的数量在闭环控制中改变传送的数据组。

3）电动机并联时可以执行电动机数据静态识别。

4）在电动机旋转没有任何限制时，可以执行动态识别（旋转测量）。在动态识别中，电动机负载不均，齿轮箱间隙太大等都会对测量结果产生不利影响。

5）在电动机并联时，应尽量确保电缆长度均匀分布，使各个电动机的电流分布尽量相同。

2. 矢量控制模式下通过 STARTER 调试

在 STARTER 调试窗口中有参数 p0306。在后续的设定中，p0306 会计入电流极限 p0640 和基准电流 p2002。参数 p0306 的取值范围为 1～50，且会受电动机数据组（MDS）影响。

3. 电动机并联时的设置方法

1）电动机需要并联时，首先在下拉菜单中选中需要的电动机，然后激活选项"Parallel connection of motor"。

2）在输入栏"Number"中输入并联电动机的数量。

集成了 DRIVE-CLiQ 接口（SINAMICS 集成编码器模块）的电动机也可并联。第一个电动机通过其编码器上的 DRIVE-CLiQ 接入系统。其它参与并联的其它电动机型号必须相同。根据参数 p0306 的设置以及 DRIVE-CLiQ 接口传送上来的信息可以确定所有需要的电动机数据。矢量控制模式下的并联电动机选择如图 8-24 所示。

4. S120 中电动机并联的功能特性

1）铭牌参数和等效电路图参数为单个驱动的数据。

2）并联数据组没有代码号。总电动机数据由 p0306 和单个电动机的代码计算得出。并联的每个电动机的互锁机制相同。

3）"Motor data"窗口中只显示已选单个电动机的数据。

3. 电动机并联的限制

并联的前提是，各个电动机已经通过负载机械相连。如果需要断开某个电动机，必须通过 DDS/MDS 切换在 p0306 中减少电动机数量。得出的等效电路图会因此发生改变，并可能需要重新运行数据组，例如：在电动机数量减少后，重新识别电动机数据。否则功率单元会使用错误的电动机数据。

如果需要在编码器运行时使电动机和编码器断开，则可以使用 EDS 切换，或使用两个 SMC。

若驱动通过负载相连且电动机转速相同而又不超过失步转速，在带编码器的矢量控制模式下，并联驱动控制相当于单台驱动控制。

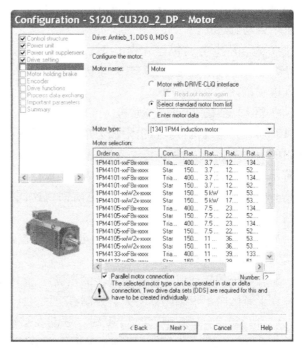

图 8-24　矢量控制模式下的并联电动机选择

反例：

几台电动机的转速通过一具有较大传动比的齿轮箱传导到负载上，此时存在较大的齿轮间隙和较高的弹性形变。若负载带动某个电动机旋转，而另一些仍保持静止，则没有编码器的驱动出现失步。

如果一台电动机出现故障，此电动机保护开关会因过电动机电流而断开。此时功率单元被控制器关断；电动机出现匝间短路故障时，功率单元进入故障状态。然后必须从并联回路中删除该电动机。参数 p0306 可以通过 DDS/MDS 切换修改。

8.2　矢量控制功能

8.2.1　无编码器矢量控制（p1300 = 20）

在不带编码器的矢量控制中（Sensorless Vector Control，SLVC），实际磁通或电动机的实际转速原则上须通过电动机电气模型计算得出，该模型借助电流或电压进行计算。

而在 0 Hz 左右的低频区内，模型无法精确地计算出电动机实际转速。因此在低频范围内矢量控制会从闭环切换为开环。

开闭环切换条件

开环控制和闭环控制之间的切换是由时间条件和频率条件（p1755、p1756 和 p1758）控制的。如果斜坡函数发生器输入端的设定频率和实际频率同时低于"p1755 x（1 −（p1756/100%））"的乘积，则时间条件无效。SLVC 的切换条件如图 8-25 所示。

在开环控制中，模型计算出的转速实际值与设定值相同。为使电动机在重载起动时（如起重应用）立即输出静态或动态的转矩，必须依据负载所需的最大转矩来设置增加输出转矩参数：p1610—设置增强静态转矩；p1611—
设置增强动态转矩。

　　在驱动异步电动机（ASM）时，p1610 设
为 0% 时只注入励磁电流 r0331；设为 100% 时
注入电动机额定电流 p0305。

　　在驱动永磁同步电动机（PEM）时，
p1610 = 0% 时电动机将获得由附加力矩 r1515 推
导出的前馈电流值，而不是注入励磁电流。为
了防止电动机在加速过程中堵转（失步），可以

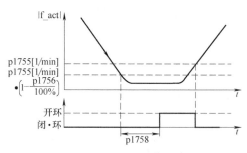

图 8-25　SLVC 的切换条件

提高 p1611 或使能速度控制器的加速前馈，这同时也可以有效地防止电动机在低速区内
过热。

　　如果驱动的转动惯量几乎保持恒定，请优先使用 p1496 加速前馈控制这种方法，而不
是增大动态附加转矩 p1611。

　　驱动系统的转动惯量可通过旋转测量确定：p1900 = 3 且 p1960 = 1。

　　在低频区内不带编码器的矢量控制有下面几个特点：

　　1）p1750. 2 = 1 和 p1750. 3 = 1 时，驱动在被动负载条件下处于闭环控制，直至输出频
率约为 0Hz（p0500 = 2，该运行方式只适用于被动负载）。

　　2）当斜坡函数发生器前的速度设定值大于 p1755 时，异步电动机完全励磁后在闭环控
制中起动。

　　3）如果驱动超过闭环/开环切换转速 p1755 运行的时间比 p1758 中设置的等待时间段，
且斜坡函数发生器前的速度设定值超出 p1755，电动机不用切换到开环控制也可以反向。

　　4）在转矩控制模式下，电动机原则上会在低速区切换到开环控制。

　　被动负载是指只能被电动机驱动而不能驱动电动机的负载，例如：惰性质量、泵、风
扇、离心机、挤出机、运行驱动、水平输送装置等。此类负载的电动机可长时间处于静止状
态，无需保持电流。在静止状态下运行时仅会向电动机注入励磁电流，且负载自身不生成有
效转矩并且因此只对异步电动机的驱动力矩做出反应。

　　无编码器的矢量控制方式驱动被动负载时，可进行以下设置：

　　1）p0500 = 2（工艺应用 = 无编码器闭环控制中的被动负载，直至 f = 0）。

　　2）之后设置 p0578 = 1（计算工艺相关参数）。

　　此时会自动设置以下参数：

　　—p1574 = 2 V（使用他励同步电动机时 = 4V）；

　　—p1750. 2 = 1，被动负载条件下在 0Hz 前一直在闭环控制中运行；

　　—p1802 = 4（RZM/FLB，不进行过调制）；

　　—p1803 = 106 %（出厂设置）。

　　经过这些设置后，被动负载功能自动激活。

注意

　　当负载转矩大于无编码矢量控制时的转矩限制时，电动机会制动直到停机状态。当使用异步电动机驱动被动负载
时，可以设置 p1750. 6 = 1，在超出时间 p1758 后不切换到开环控制；当使用同步电动机驱动被动负载时，也可以设置
p1750. 6 = 1，在超出时间 p1758 后不切换到闭环控制。如有必要时可延长 p2177"电动机堵转延时"以防止频繁的堵转故
障。驱动主动负载时不允许使用此功能！

如果在电动机调试内设置了 p0500，就可以通过 p0340 和 p3900 自动计算。p0578 因此自动设置。在此运行方式中，频率接近为 0 Hz 时不可进行静态再生运行。

无编码器的矢量闭环控制如图 8-26 所示。

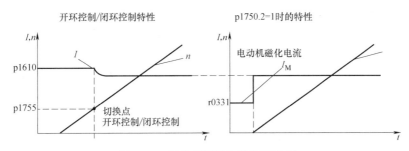

图 8-26　无编码器的矢量闭环控制

主动负载是指可以使电动机反向的负载（例如提升机构上的负载），电动机在这种负载条件下必须在转速开环控制中起动。为此必须设置 p1750.6 = 0（电动机堵转时进入开环控制）。此时静态转矩设定值 p1610 必须大于最大可能出现的负载转矩。

> 注意
>
> 针对低速区内再生负载转矩比较高的应用，可以额外设置 p1750.7 = 1。电动机模型的开环/闭环切换转速因此提高，电动机可以更快地进入开环控制。

8.2.2　带编码器矢量控制（p1300 = 21）

带编码器矢量控制的优点：

1）可闭环控制转速直至 0Hz（静止状态）。

2）可控制电动机在额定转速范围内保持恒定转矩。

3）由于直接测量转速并用于电流分量的建模，相对于无编码器的矢量控制，其动态特性显著提升。

4）转速精度更高

切换电动机模型

在 p1752 × (100% − p1753) 和 p1752 的速度范围内会进行电流模型和观测器模型之间的切换。在电流模型范围内（如低速下），转矩精度取决于转子电阻的热跟踪是否正确计算。在观测器模型范围内及速度小于 20% 左右的电动机额定转速时，转矩精度主要取决于定子电阻的热跟踪是否正确计算。如果电源电缆的电阻大于总电阻的 20% ~ 30%，那么在做电动机数据识别（p1900/p1910）前，应在参数 p0352 中输入电缆的电阻值。

当热模型自适应不能准确工作时，则需要取消热模型的自适应，P620 = 0。

不准确工作的可能原因有：

1）未使用 KTY 传感器进行温度检测，而且环境温度剧烈波动。

2）电动机结构与工厂默认值相差巨大导致电动机过热（p0626 ~ p0628）。

8.2.3　速度控制器自适应

速度控制器自适应功能用于抑制可能出现的速度控制器的振荡。此功能在工厂设置中默认为激活状态。在调试和旋转测量时可自动计算所需值。

如果仍然出现转速振荡，还可以通过激活自由连接 Kp_n 自适应信号（在 p1455 上连接一个信号源）来优化 Kp_n 分量。由此得出的系数再与转速相关的 Kp_n 适配值相乘，得到新的 Kp_n。参数 p1456 ~ p1459 用于设置自由 Kp_n 适配的作用范围。

此外可以设置 p1400.6 = 1 优化和转速相关的 Tn_n 适配分量。该 Tn_n 值除以自由适配的系数，得到新的 Tn_n。

设置 p1400.5 = 0 可以禁用 Kp_n/Tn_n 自适应功能。以此来取消自动下调速度控制器的动态特性。

Kp_n/Tn_n 自适应如图 8-27 所示。

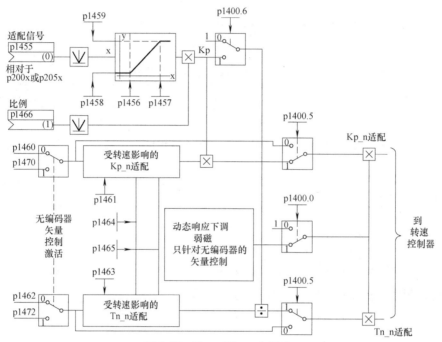

图 8-27　Kp_n/Tn_n 自适应

速度控制器 Kp_n/Tn_n 的自动调整如图 8-28 所示。

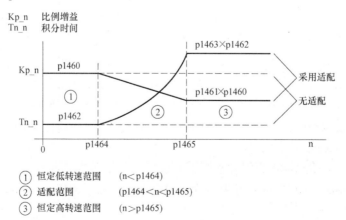

① 恒定低转速范围　　（n < p1464）
② 适配范围　　　　　　（p1464 < n < p1465）
③ 恒定高转速范围　　（n > p1465）

图 8-28　速度控制器 Kp_n/Tn_n 的自动调整

无编码器运行中弱磁范围内的特例

在无编码器运行中 p1464 的值大于 p1465 的值，因此特性相反：提速时 Kp 上升，而 Tn

下降，随着转速上升动态性能会上调。

在无编码器运行模式下，设置 p1400.0 = 1 可激活弱磁区域的动态响应特性下调。

Kp/Tn ~ 磁通设定值

Kp/Tn 随磁通设定值成比例降低（最小系数 0.25）。

激活该功能可以降低控制器在弱磁区域内的动态特性。速度控制器在弱磁区域前都保持较高的动态特性。

8.2.4 开放式速度实际值

在某些特殊应用中，需要将预设的转速实际值替换为外部的转速实际值信号，此类应用可以通过参数 p1440（CI：速度控制器转速实际值）重新设定速度控制器的反馈信号源。参数 r1443 用于显示 p1440 上的转速实际值。

> 注意
>
> 在提供外部转速实际值时请注意，监控功能仍通过电动机模型推导出。

1. 无编码器的转速闭环控制中的特性（p1300 = 20）

根据外部转速信号的传输方式可能会出现时滞，可能会导致相应的动态特性损失，在速度控制器的参数设置（p1470，p1472）中必须考虑到这一点。因此须保持尽可能小的信号传输时间。

为了确保速度控制器在静止状态下也是闭环运行，必须设置 p1750.2 = 1（被动负载，闭环运行直至频率为零）。否则在转速较低的情况下会自动切换至转速开环运行，此时速度控制器反馈源不是来自 p1440 参数，因此所测得的实际转速不再生效。

2. 带编码器的转速闭环控制中的特性（p1300 = 21）

必须确保有用于电动机模型转速信号或位置信号的电动机编码器（例如源自 SMC 模块，参见 p0400）。电动机的实际转速（r0061）以及同步电动机的位置信息同样来自此电动机编码器，且不受 p1440 参数设置的影响。

p1440 设置注意事项：在内部连接器输入 p1440 与外部的转速实际值互联时，必须确保外部信号与内部信号采用了相同的转速定标（p2000）。外部转速信号应与电动机编码器转速的平均值（r0061）相一致。

3. 电动机模型和外部转速反馈间的速差监控

将外部实际转速（r1443）与电动机模型实际转速（r2169）进行比较。若差值大于 p3236 中设置的公差范围，则在 p3238 中设置的延时时间到达后会生成故障 F07937（驱动：电动机模型和外部转速间存在转速差），变频器会根据响应设置执行（出厂设置：OFF2）。"模型/外部转速差"公差监控如图 8-29 所示。

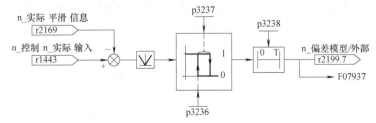

图 8-29 "模型/外部转速差"公差监控

8.2.5　软化功能

软化功能（通过 p1492 使能）可以确保在负载力矩增加时速度设定值按比例降低。带有软化功能的速度控制器如图 8-30 所示。

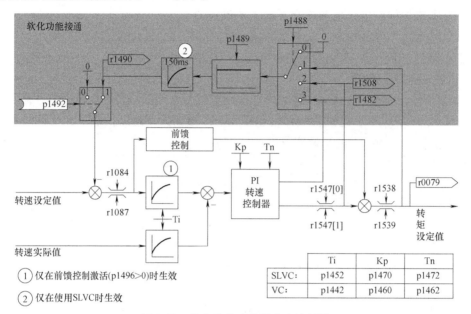

① 仅在前馈控制激活(p1496>0)时生效

② 仅在使用 SLVC 时生效

	Ti	Kp	Tn
SLVC:	p1452	p1470	p1472
VC:	p1442	p1460	p1462

图 8-30　带有软化功能的速度控制器

软化功能可以限制输出转矩以使驱动的机械设备与转速不同的机械设备相耦合。当它与转速受控驱动设备的转矩设定结合使用时，也能够实现有效的负荷分配。与转矩控制或速度环饱和加转矩限幅两种负荷分配方式相比，该功能在设置合理时甚至可"平滑"机械连接，控制滑差。

该方法仅适用于加速、制动等转速急剧变化的驱动设备。

例如：软化功能可以用在两个或多个电动机共同连接在机械设备上或者在一根轴上的情况。该功能会相应地调节单个电动机设备的给定转速，从而限制机械上的转矩差值，并且在转矩偏差过大时能进行平衡。

前提条件：

1）所有机械耦合的驱动设备必须为矢量控制和闭环速度控制（带或不带编码器运行）。

2）所有机械耦合的驱动设备仅允许使用同一个斜坡函数发生器。

8.2.6　转矩控制

一般情况下，转矩控制模式用于需要准确控制电动机输出转矩的场合。例如：电动机或齿轮箱测试台应用时电动机提供可控的转矩负载；多台电动机共同驱动一个负载时需要实现多台设备间的负荷平衡分配等。转矩控制可以在无编码器的矢量控制 SLVC（p1300 = 20）和带编码器的矢量控制 VC（p1300 = 21）中使用。仅需通过 BICO 参数 p1501 切换至转矩控制（从动设备）。而当通过 p1300 = 22 或 23 直接选择了转矩控制时，则不可在转矩控制和速度控制间进行切换。此种转矩控制（转速自动设置）仅能运行在闭环控制中，在不带编码器的矢量控制（SLVC）模式下不可行。转矩设定值或转矩附加设定值可通过 BICO 参数 p1503（CI：转矩设定值）或 p1511（CI：转矩附加设定值）输入。

附加转矩在转矩控制和速度控制模式下均生效。据此特性，可在速度控制中通过转矩附加设定值实现转矩的前馈控制。

注意
出于安全考虑，目前不允许转矩设定值源来自固定设定值点。

转矩控制模式下，电动机很可能处于发电运行状态，因此须将此电能回馈到电网或直流母线中去，或通过制动电阻将该电能转化为热能。转速/转矩控制如图 8-31 所示。

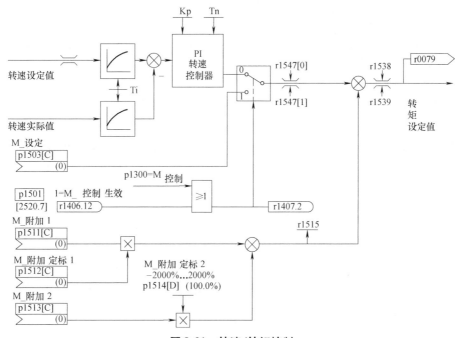

图 8-31 转速/转矩控制

两个转矩设定值总和的受限方式和速度控制中的转矩设定值一样。超出最大转速（p1082）时，转速限制控制器会降低转矩限值，防止驱动继续加速。

在开环控制中，转矩设定值通过起动积分器改变速度设定值（积分时间 ~ p1499 × p0341 × p0342）。因此接近静止状态范围的无编码器转矩控制只适用于需要加速转矩而不需要负载转矩的应用场合（例如，牵引传动）。对于带编码器的转矩控制则无此限制。

"OFF"响应

● OFF1 和 p1300 = 22，23

——响应同 OFF2。

● OFF1，p1501 = "1"信号且 p1300 ≠ 22，23

——无单独抱闸响应，抱闸响应由指定转矩的驱动提供。

——在电动机抱闸闭合时间（p1217）到达后，脉冲禁止。当转速实际值低于转速阈值（p1226），或者从速度设定值小于等于转速阈值（p1226）起开始，监控时间（p1227）到达后，驱动被认为"静止"。

——接通禁止被激活。

● OFF2

—立即脉冲禁止，驱动按惯性停车。

—可能设置的电动机抱闸立即闭合。

—接通禁止被激活。

- OFF3

—切换至速度控制运行。

—速度给定 n_设定立即 = 0，使驱动沿着 OFF3 下降斜坡（p1135）减速。

—在识别出驱动静止后便闭合设置的电动机抱闸。

—在电动机抱闸的闭合时间（p1217）结束时，脉冲禁止。当转速实际值低于转速阈值（p1226），或者从速度设定值小于等于速度阈值（p1226）起开始的监控时间（p1227）到达后，驱动被认为"静止"。

—接通禁止被激活。

8.2.7 转矩限制

转矩限幅可以用来限制电动机轴上的输出转矩，以达到所希望的控制目标，也可以用来保证机械设备的安全。为了实现转矩的限幅，有 3 种实现方式：电流限幅、转矩限幅、功率限幅。针对电动运行状态和发电运行状态可设置不同的转矩极限值。转矩限制如图 8-32 所示。

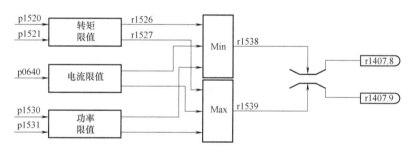

图 8-32   转矩限制

电流限幅中的电流值经过矢量变换后，实时计算出允许的转矩限幅作用于转矩限幅。电流限幅 p0640 在电动机配置时输入，如果没有手动修改，电流限幅自动设置为 1.5 倍的电动机额定电流 p0305，如图 8-33 所示。

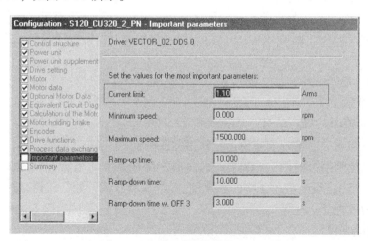

图 8-33   在配置电动机时设置电流限幅

　　转矩限幅功能中可以直接设置所需的转矩限幅值。如图 8-34 所示，p1522、p1523 可以连接外部的连接器来设定转矩限幅，p1520、p1521 为固定设定值，可以设置电动机允许的最大转矩。默认情况下 p1522 设为 p1520，p1523 设为 p1521；p1520、p1521 在自动配置时自动设置。转矩参考值 p2003 在自动配置时自动设置为电动机额定转矩的 2 倍。转矩限幅允许设置的最大转矩为电动机额定转矩的 4 倍。

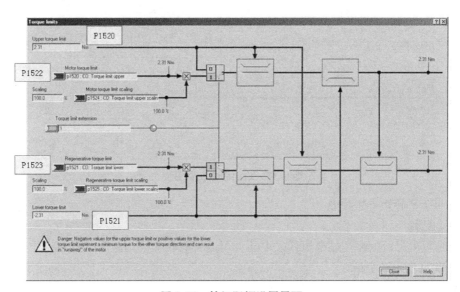

图 8-34　转矩限幅设置界面

　　功率限幅是限制电动机的输出功率，根据电动机的实际转速实时计算所允许的转矩，以使得电动机的实际输出功率不超过功率限幅值。这里的功率是指电动机输出的机械轴功率。

　　在电动机配置过程中，功率限幅会自动设置。

注意

　　p1531（再生方式功率极限）——在无回馈能力的功率单元上（包括 PM340、G130、G150 等）回馈工况中的功率极限自动设置，如果电动工况功率限幅 p1530 不超过装置额定功率的 30%，则 p1531 会按照电动工况下的功率限幅设置；如果电动工况功率限幅 p1530 超过装置额定功率的 30%，则 p1531 会被设定为装置额定功率的 30%。当在直流母线上使用了制动单元和制动电阻时，需相应提高再生功率极限，否则可能导致电动机无法按照设定曲线减速或导致下放时的溜车现象。

　　p1555[0...n]——CI：功率极限设定源，为电动方式（正值）和再生方式（电动限幅值取反）功率极限设置的信号源。实际的电动功率限幅是 p1530 和 p1555 之间的较小值；实际的再生功率极限是 p1531 和 P1555 取负值之间的较大值。

　　p1556[0...n]——功率极限的比例系数。设置电动方式和再生方式的功率极限信号源的比例系数。P1556[0...n]=0 表示 p1555[0...n]支路的限幅设置不生效。功率极限最大可设置为三倍的电动机额定功率。

　　功率限幅设置界面如图 8-35 所示。

　　当前实际转矩限值在以下参数中显示：

　　1）r0067 最大驱动输出电流；

　　2）r1526 转矩上限；

　　3）r1527 转矩下限。

　　如果逆变单元内对转矩设定值进行了限制，该限制由以下诊断参数显示：

　　1）r1407.8 转矩上限生效；

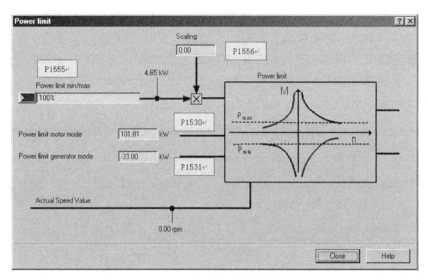

图 8-35　功率限幅设置界面

2) r1407.9 转矩下限生效。

8.2.8　V_{dc} 控制

如果在直流母线中存在过电压或欠电压，可以采取相应措施激活 "V_{dc} 控制" 功能。

1. 直流母线中的欠电压

（1）典型原因

电源断电或直流母线电源断电。

（2）解决办法

为正在运行的驱动规定一个再生转矩，以补偿现有的电能损耗，从而稳定直流母线中的电压。该方法称为动能缓冲。

2. 直流母线中的过电压

（1）典型原因

驱动回馈式运行，供给直流母线的电能过多。

（2）解决办法

降低再生转矩，将直流母线电压限制在允许值范围内。

注意

在系统中有制动单元时需注意以下事项：

1) 设置的制动单元阈值必须低于最大 Vdc 阈值。

2) 必须禁用最大 Vdc 控制器。

---

3. 特性

（1）V_{dc} 控制

1) 它由 "最大 V_{dc} 控制" 和 "最小 V_{dc} 控制（动能缓冲）" 组成。这两个功能可相互独立的设置和激活。

2) 有一个共同的 PID 控制器。借助动态系数可以单独设置最大 V_{dc} 控制和最小 V_{dc} 控制。

（2）最小 V_{dc} 控制（动能缓冲）

在出现短暂的电源断电时，电动机中的动能会用于缓冲直流母线电压，因此驱动延迟关机。

4. 最小 V_{dc} 控制

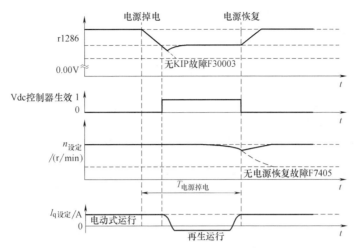

图 8-36 最小 V_{dc} 控制（动能缓冲）的激活/取消

电源断电时，一旦低出最小 V_{dc} 接通电平，最小 V_{dc} 控制便激活。此时会控制直流母线电压，使它保持稳定。电动机转速不断降低。电源一旦恢复，直流母线电压会重新提升。超出最小 V_{dc} 接通电平 5% 时，最小 V_{dc} 控制会被重新取消激活电动机继续运行。如果电源没有恢复，电动机转速会继续降低。一旦达到 p1257 中的阈值，便根据 p1256 的设定做出响应。如果在时间阈值 p1255 到达后电源电压还没有恢复，会触发故障 F07406，在该故障中可以设定所需响应，出厂设置为 OFF3。

注意

如果希望等待电网恢复，必须确保变频器没有与电网断开。因此进线侧需要由接触器控制分合，且进线接触器须由不间断电源（UPS）供电。

---

5. 最大 V_{dc} 控制

最大 V_{dc} 控制的激活/取消如图 8-37 所示。

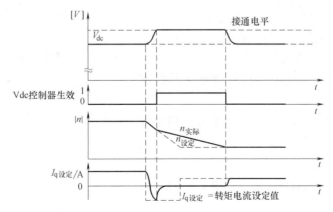

图 8-37 最大 V_{dc} 控制的激活 / 取消

最大 V_{dc} 控制的接通电平（r1242）是按照以下方式计算的：

1）自动采集接通电平的功能关闭时（p1254 = 0），r1242 = 1.15 × p0210（设备输入电压，直流母线）。

2）自动采集接通电平的功能启用时（p1254 = 1），r1242 = Vdc_max − 50 V（Vdc_max：逆变单元的过电压阈值）。

注意

单个驱动意外加速

当通过一个无电能回馈能力的整流单元（例如整流单元）或在电网故障时或过载（回馈整流单元/有源整流单元）时对多个逆变单元进行供电。此时，只能在驱动转动惯量较大的电动机上激活最大 Vdc 控制功能。

在其它逆变单元上必须禁用此功能，或设置为监控。

在多个逆变单元上激活最大 Vdc 控制会导致参数设置冲突，这可能会使控制器间相互产生影响，各驱动可能会不按计划加减速。

激活最大 V_{dc} 控制：

矢量控制：p1240 = 1（出厂设置）；

伺服控制：p1240 = 1；

V/f 控制：p1280 = 1（出厂设置）。

禁用最大 V_{dc} 控制：

矢量控制：p1240 = 0；

—伺服控制：p1240 = 0（出厂设置）；

—V/f 控制：p1280 = 0。

激活最大 V_{dc} 监控：

—矢量控制：p1240 = 4 或 6；

—伺服控制：p1240 = 4 或 6；

—V/f 控制：p1280 = 4 或 6。

8.2.9　效率优化

通过 p1580 进行效率优化可以：

1）降低部分负载下的电动机损耗。

2）减少电动机发出的噪声。

效率优化如图 8-38 所示。

仅在动态响应要求较低的场合中，例如：水泵和风机，才推荐使用该功能。

p1580 = 100 %，空载电动机的磁通降低到磁通设定值 p1570 的一半。

当电动机驱动负载运行时，设定磁通就随负载线性升高，在大约 r0077 = r0331 × p1570 时达到 p1570 中给定的设定值。

在弱磁区域内，磁通设定值会按照当前的弱磁系数降低。

将平滑时间（p1582）设为 100 ~ 200ms。磁通偏差（见 p1401.1）会在励磁结束后自动取消。

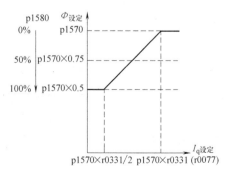

图 8-38　效率优化

8.2.10　异步电动机的快速励磁

1. 描述

"异步电动机快速励磁"功能的应用示例：

在起重机应用中，常会将一台变频器交替连接至不同的电动机。在连接到另一台电动机后必须在变频器中载入新的数据组，然后开始给电动机励磁。这样会产生多余的等待时间，使用快速励磁功能后可大大缩短该时间。

2. 特性

1）应用在矢量控制中的异步电动机上。

2）通过注入达到电流极限的励磁电流来快速建立磁场，从而大大缩短充磁时间。

3）"捕捉再起动"功能继续以参数 p0346（励磁时间）运行。

4）和伺服驱动不同的是，励磁过程不受制动配置（p1215）的影响

3. 调试

设置参数 p1401.6 = 1（磁通控制的配置）可以激活快速励磁。

在电动机起动时便会执行以下步骤：

1）励磁电流设定值跃升到极限值：0.9 * r0067（I 最大）。

2）磁通随着设定电流尽快上升。

3）同时引入磁通设定值 r0083。

4）一旦达到由 p1573 设定的磁通阈值（最小值：10%；最大值：200%；出厂设置为100%），便结束励磁并释放转速设定值。在负载较大时，设置的磁通阈值不能太小，因为在励磁期间，转矩电流一直受限。

说明

只有当励磁时、磁通实际值达到磁通阈值 p1573 的时间小于 p0346 中设置的时间时，参数 p1573 中的磁通阈值才产生作用。

5）在达到磁通设定值 p1570 前会继续形成磁通。

6）励磁电流设定值由具有比例增益（p1590）的磁通控制器和可设定的平滑因子（p1616）控制，逐步减小。

快速励磁的特性曲线如图 8-39 所示。

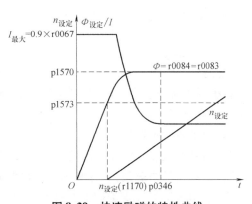

图 8-39　快速励磁的特性曲线

4. 提示

在选中了快速励磁（p1401.6 = 1）时，内部会取消软起动，并输出报警 A07416。定子电阻识别功能激活时（参见 p0621 "重启后识别定子电阻"），内部会取消快速励磁功能并显示报警 A07416。

在"捕捉再起动"功能中，该参数没有作用，即：不会执行快速励磁，参见 p1200。

5. 报警和故障

（1）磁通控制器配置

在激活由参数 p1401（磁通控制配置）和 p0621（重启后识别定子电阻）控制的功能后，

会检查是否选中了和它冲突的功能。如果有，便显示报警 A07416，报警中会指出和配置冲突的参数号，如：p0621 或 p1401。

这些参数和数据组相关：p1401 和 DDS 相关；p0621 和 MDS 相关，所以在报警值中也指出了数据组编号。

磁通控制器配置（p1401）存在冲突。

故障码：

1 = 快速励磁（p1401.6）和软起动（p1401.0）冲突；

2 = 快速励磁（p1401.6）和磁场建立控制（p1401.2）冲突；

3 = 快速励磁（p1401.6）和重启后的 Rs 识别（p0621 = 2）冲突。

解决办法：

● 故障码 1：

—取消软起动：p1401.0 = 0；

—取消快速励磁：p1401.6 = 0。

● 故障码 2：

—关闭磁场建立控制：p1401.2 = 0；

—取消快速励磁：p1401.6 = 0。

● 故障码 3：

– 重新设置 Rs 识别：p0621 = 0，1；

—取消快速励磁：p1401.6 = 0。

（2）磁通控制器输出限制

如果设置的电流极限 p0640 [D] 太小，如低于额定励磁电流 p0320 [M]，可能永远都不会达到给定的磁通设定值 p1570 [D]。

一旦超出 p0346（冲刺时间）中设置的时间便会立即输出故障 F07411。该励磁时间一般明显大于快速励磁时的磁场建立时间。

响应：OFF2；

应答：立即。

原因：

在配置了快速励磁（p1401.6 = 1）时，虽然设定了 90% 的最大电流，但还是没有达到给定的磁通设定值。

1）电动机数据错误。

2）电动机数据和电动机连接方式（星形/三角形）不匹配。

3）电动机的电流限幅　p0640　设得太低。

4）异步电动机（无编码器开环）达到 I^2t 限制。

5）逆变单元太小。

解决办法：

1）正确设置电动机数据。

2）检查电动机的连接方式。

3）正确设置电流限幅（p0640，p0323）。

4）减轻异步电动机的负载。

5）可能的话，设置更大的逆变单元。

6）检查电动机动力线。

（3）重要参数一览（参见 SINAMICS S120/S150 参数手册）

1）p0320 [0…n]：电动机额定励磁电流/短路电流。

2）p0346：电动机励磁时间。

3）p0621 [0…n]：重启后识别定子电阻。

4）p0640 [0…n]：电流极幅。

5）p1401 [0…n]：磁通控制配置。

6）p1570 [0…n]：CO：磁通设定值。

7）p1573 [0…n]：励磁磁通阈值。

8）p1590 [0…n]：磁通控制器比例增益。

9）p1616 [0…n]：电流设定值平滑时间。

8.2.11　异步电动机调试的说明

1. 异步电动机（ASM）和电缆的等效电路图。

异步电动机和电缆的等效电路图如图 8-40 所示。

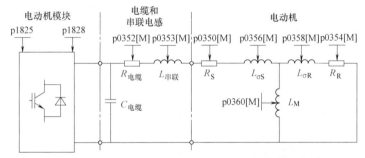

图 8-40　异步电动机和电缆的等效电路图

2. 旋转式异步电动机

在使用 STARTER 中的调试时可以输入以下参数，见表 8-11。

表 8-11　电动机铭牌数据

参数	描述	注释	参数	描述	注释
p0304	电动机额定电压	如果该值未知，可输入"0"值。但输入该值可以更加精确地计算定子漏电感（p0356，p0357）	p0305	电动机额定电流	—
			p0307	电动机额定功率	—
			p0308	电动机额定功率因数	—
			p0310	电动机额定频率	—
			p0311	电动机额定转速	—
			p0335	电动机冷却方式	—

以下参数为可选输入，见表 8-12

表 8-12　可选电动机数据

参数	描述	注释
p0320	电动机的额定励磁电流/短路电流	—
p0322	电动机最大转速	—
p0341	电动机转动惯量	—
p0342	总转动惯量和电动机转动惯量的比例	—
P0344	电动机重量	—

（续）

参数	描 述	注 释
P0352	电缆电阻（定子电阻的一部分）	1）对于无编码器矢量控制（SLVC），此参数会对转速较低时的闭环控制质量产生巨大影响 2）确保"捕捉再起动"运行方式功能正常生效，也有必要设置此参数
p0353	电动机串联电缆	—

电动机电路图等效数据见表 8-13。

表 8-13　电动机电路图等效数据

参数	描述	注释	参数	描述	注释
p0350	电动机定子冷态电阻	—	P0358	电动机转子电感	—
p0354	电动机转子冷态电阻	—	P0360	电动机主电感	—
P0356	电动机定子电感	—			

3. 特性

1）最高大约 1.2 倍额定转速范围内的弱磁（取决于变频器的输入电压和电动机数据，参见前提条件）。

2）捕捉再起动。

3）矢量转速控制和转矩控制。

4）矢量 V/f 控制。

5）电动机识别。

6）速度控制器优化（旋转测量）。

7）通过温度传感器（PTC/KTY）进行热保护。

8）支持所有可以连接到 SMC10、SMC20 或 SMC30 的编码器。

9）允许带和不带编码器的运行。

4. 前提条件

最大转矩取决于端子电压和负载周期，可参见电动机数据表/配置说明。

5. 调试

推荐执行以下调试步骤：

1）STARTER 中的调试向导。在使用 STARTER 中的调试向导时，可以激活电动机识别和"旋转测量"（p1900）。

2）电动机识别（静态测量，p1910）。

3）旋转测量（p1910）。

如果可选数据已知，也可以输入。否则系统会根据铭牌数据进行估算，或者通过电动机识别或速度控制器优化获取这些值。

更多关于异步电动机调试的信息，请参考调试章节。

8.2.12　永磁同步电动机调试的说明

1. 同步电动机和电缆的等效电路图

同步电动机和电缆的等效电路图如图 8-41 所示。

2. 旋转式永磁同步电动机

永磁同步电动机可以带或不带编码器运行。

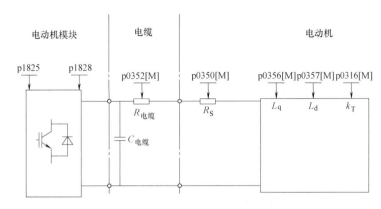

图 8-41　同步电动机和电缆的等效电路图

可以使用以下类型的编码器：

1）有位置信息的编码器，例如：没有 CD 信号或参考信号。

2）没有位置信息的编码器。

电动机不带编码器运行，或者电动机带编码器运行，而该编码器不提供位置信息时，必须执行磁极位置识别，详细信息请参见磁极位置识别。

典型应用：采用扭矩电动机的直接驱动。扭矩电动机的出色之处在于，低转速区仍能保持高转矩。使用这些驱动可以省去减速器和易磨损的机械组件。

使用一个温度传感器（KTY/PTC）可以实现温度保护。为达到高转矩精度，我们推荐使用 KTY 温度传感器。

电动机数据见表 8-14。

表 8-14　电动机数据

参数	描述	注　释
p0304	电动机额定电压	如果该值未知,可输入"0"值。但输入该值可以更加精确地计算定子漏电感(p0356,p0357)
p0305	电动机额定电流	—
p0307	电动机额定功率	—
p0310	电动机额定频率	—
p0311	电动机额定转速	—

如果铭牌上和数据表中都未注明转矩常量 K_T，则可通过电动机额定数据（下标 N ）或者通过堵转电流 I_0 和堵转转矩 M_0 计算：

$$K_T = \frac{M_N}{I_N} = \frac{P_N}{2\pi \frac{\min}{60} n_N I_N} \text{或者} K_T = \frac{M_0}{I_0}$$

可选数据见表 8-15。

表 8-15　可选数据

参数	描　述	注　释
p0314	电动机极对数	—
p0316	电动机转矩常量	—
p0320	电动机的额定励磁电流/短路电流	用于弱磁特性曲线
p0322	电动机最大转速	最大机械转速

（续）

参数	描 述	注 释
p0323	电动机最大电流	退磁保护
p0325	电动机磁极位置信息	—
p0327	电动机最佳转子起动角	—
p0328	永磁主轴磁阻转矩常数	—
p0329	电动机磁极位置识别，电流	—
p0341	电动机转动惯量	用于速度控制器前馈控制
p0342	总转动惯量和电动机转动惯量的比例	—

电动机数据等效电路数据。

表 8-16　电动机数据等效电路数据

参数	描 述	注 释
p0350	电动机定子冷态电阻	—
p0356	电动机定子电感	—
p0357	d 轴电动机定子电感	—

警告

一旦电动机旋转就会产生电压。用户在变频器上工作时，必须安全断开电动机。如果无法断开，则可通过抱闸确保电动机停转。

3. 特性

1）最大约 1.2 倍额定转速范围内的弱磁（取决于变频器的输入电压和电动机数据，参见"前提条件"）。

2）捕捉再起动（在无编码器运行中，只允许通过附加的 VSM 才可以执行）。

3）矢量转速控制和转矩控制。

4）矢量 V/f 控制，用于诊断。

5）电动机识别。

6）自动的旋转编码器校准（校准编码器的零位置）。

7）速度控制器优化（旋转测量）。

8）通过温度传感器（PTC/KTY）进行热保护。

9）支持所有可以连接到 SMC10、SMC20 或 SMC30 的编码器。

10）允许带和不带编码器的运行。

4. 前提条件

1）最大转速或最大转矩取决于变频器的输出电压和电动机的反电动势（计算规定：EMF 不可超出变频器的额定电压）。

2）计算最大转速：

$$n_{\max} = n_{\mathrm{N}} \sqrt{\frac{3}{2} \frac{V_{\mathrm{DClim}} I_{\mathrm{N}}}{P_{\mathrm{N}}}} \text{或者 } n_{\max} = \frac{60s}{\min} \sqrt{\frac{3}{2} \frac{V_{\mathrm{DClim}}}{2\pi K_{\mathrm{T}}}}$$

其中，V_{DClim} = 1220V（690V 进线电压）/1022V（500V 进线电压）/820V（400V 进线电压）。

说明

在变频器给出脉冲禁止时，例如：出现故障或 OFF2，同步电动机可能会在弱磁运行范围内产生较高的端子电压，从而导致直流母线的过电压。可以采用以下方法，防止驱动系统因过电压而损坏：

1）限制最大转速（p1082）（p0643 = 0）。

2）采用外部电压限制方法、斩波器或其它适合于实际应用的措施。

小心

p0643 = 1 时应确保具有足够的并且适合的过电压保护措施。必要时应在系统侧采取防护措施。

3) 最大转矩取决于端子电压和负载循环, 可参见电动机数据表/配置说明。

5. 调试

推荐执行以下调试步骤:

1) STARTER 中的调试向导。在使用 STARTER 中的向导对驱动进行调试时, 可以激活电动机识别和 "旋转测量" (p1900), 编码器校准 (p1990) 会自动通过电动机识别激活。

2) 电动机识别 (静态测量, p1910)。

3) 编码器校准 (p1990)。

4) 旋转测量 (p1960)。

在使用 STARTER 中的调试向导时可以输入以下参数: 如果可选数据已知, 也可以输入。否则系统会根据铭牌数据进行估算, 或者通过电动机识别或速度控制器优化获取这些值。

警告

在首次调试、更换编码器时必须校准编码器 (p1990)。

6. 运行中的编码器校准

此功能仅可在永磁同步电动机的矢量控制运行方式中使能。通过此功能可在运行中对新更换的编码器进行校准。编码器可在电动机组内部进行校准。此校准也可在电动机带载时进行。

(1) 新编码器的校准

安装编码器后, 设置参数 p1990 = 3 (编码器校准)。下一次通电后驱动会自动起动编码器的校准, 在此过程中首先会执行磁极位置识别。校准结束后驱动会设置 p1990 = 0 , 封锁脉冲。得出的换向角偏移输入到参数 p0431 中。测量结束, 测量结果保存在 RAM 中。

此时编码器模块会检测编码器线数和零脉冲的一致性。通过此步骤可达到约 ±15° 的电气精度。在以最大为 95% 的额定转矩起动时, 此精度已可满足要求。若需要采用更高的起动转矩, 则必须进行精校准。

若在电动机旋转两圈后仍未识别出零脉冲, 驱动会输出故障 F07970 并关机。

(2) 精校准

1) 设置 p1905 = 90 在正在旋转的电动机上起动精校准。校准会持续约 1min。当前的编码器校准步骤会通过报警 A07976 显示。在测量中会得到编码器与 EMF 模型的差值, 精校准也可在空载运行中进行。

小心

旋转测量
旋转测量期间电动机转速必须超出额定转速的 40%, 且转矩必须低于额定转矩的一半。

2）测量结束后会设置 p1905 = 0。此时还会显示另一条报警用于提示操作者：下一次脉冲禁止时将 p0431 中的测量结果写入 RAM。

说明

从 RAM 写入 ROM

在校准后执行"从 RAM 写入 ROM"功能，以保存新的数值。

若在设备起动时电动机通过耦合由电动机组中的其它电动机带动，校准结果同样生效。控制单元可通过编码器的正确检测识别磁极位置及电动机转速。

说明

1FW4 永磁同步电动机

1FW4 型号的电动机已针对采用此功能的运行进行了优化。在使用调试工具 STARTER 进行调试时，所需的所有数据都会自动传输至控制单元（参见 SINAMICS 120 调试手册）。

---

7. 自动编码器校准

（1）描述

同步电动机以凸极转子为导向的控制需要凸极转子位置角的信息。在以下条件下必须执行自动编码器校准：

1）凸极转子编码器没有被机械校准。

2）装入了新编码器。

只在能够提供绝对位置信息和/或有零脉冲的编码器上执行自动校准。可以支持以下编码器：

1）Sin/Cos 编码器，有 A/B 信号、R 信号以及 A/B 信号、C/D 信号、R 信号。

2）旋转变压器。

3）绝对值编码器（例如：EnDat、DRIVE-CLiQ 编码器，SSI）。

4）有零脉冲的增量编码器。

（2）通过零脉冲校准编码器

如果使用了有零脉冲的增量编码器，可以在越过零脉冲后校准它的位置。带零脉冲的换向由 p0404.15 激活。

（3）编码器的调试

自动编码器校准由 p1990 = 1 激活。在给出下一个脉冲使能信号时会执行测量，并将测出的角度差（p1984）记录在 p0431 中。在 p1990 = 2 时，测出的角度差（p1984）不会记录到 p0431 中，不会对电动机控制产生影响。通过该功能可以检查 p0431 中记录的角度差。在惯量很大时，可以通过 p1999 设置较高的运行时间比例系数。

警告

该测量会引起电动机旋转。电动机至少会完整地旋转一圈。

（4）重要参数一览（参见 SINAMICS S120/S150 参数手册）。

1）p0404.15：激活编码器配置，带零脉冲的换向。

2）p0431 [0...n]：换向角偏移。

3）p1990：编码器校准选择。

4）p1999 [0...n]：换向角偏移校准和磁极位置识别比例。

8. 磁极位置识别

磁极位置识别用于确定起动时的转子位置。不具备磁极位置信息时，需要执行该识别。

例如使用了增量编码器时或无编码器运行中会自动起动磁极位置识别。在带编码器运行中，可以设置 p1982 = 1 起动磁极位置识别；在无编码器运行中，设置 p1780.6 = 1 起动。

应该尽量在电动机和负载机械断开的条件下执行磁极位置识别。若不存在较大的转动惯量，且摩擦力也可忽略，则也可在连接状态下执行识别。

如果存在较大的转动惯量，摩擦力可忽略，则可以提高 p1999 的值，使旋转编码器校准的动态特性和转动惯量相匹配。

如果摩擦力矩较大或者负载机械会作用于驱动，则只能在和负载机械断开的状态下执行识别。

可以选择 4 种磁极位置识别方法：

1）p1980 = 1，电压脉冲一次谐波。

只有能够达到足够的铁心饱和度，该方法也适用于磁各向同性的电动机。

2）p1980 = 4，电压脉冲，二级式。

该方法适用于磁各向异性的电动机。在测量期间，电动机必须静止。在下一次给出脉冲使能信号时执行测量。

说明
在这种识别方法下，电动机会产生较大噪声。

3）p1980 = 6，电压脉冲，二级式。

4）p1980 = 10，注入直流电。

该方法适用于所有电动机，但和 p1980 = 4 测量相比，会占用更多时间。在测量时电动机必须能够自由地旋转。在下一次给出脉冲使能信号时执行测量。在惯量很大时，可以通过 p1999 设置较高的运行时间比例系数。

警告
测量可能会引起电动机移动或在半圈的范围内旋转。

（1）重要参数一览（参见 SINAMICS S120/S150 参数手册）

1）p0325：电动机磁极位置识别第 1 相电流。

2）p0329：电动机磁极位置识别，电流。

3）p1780.6：选择磁极位置识别，无编码器的 PEM。

4）p1980：磁极位置识别方法。

5）p1982：选择磁极位置识别。

6）r1984：磁极位置识别角度差。

7）r1985：磁极位置识别饱和特性曲线。

8）r1987：磁极位置识别触发特性曲线。

9）p1999：换向角偏移校准比例系数。

（2）重要参数一览（参见 SINAMICS S120/S150 参数手册）

1）p0300 [0...n]：选择电动机型号。

2）p0301［0…n］：选择电动机代码。

3）p0304［0…n］：电动机额定电压。

4）p0305［0…n］：电动机额定电流。

5）p0307［0…n］：电动机额定功率。

6）p0311［0…n］：电动机额定转速。

7）p0312［0…n］：电动机额定转矩。

8）p0314［0…n］：电动机极对数。

9）p0322：电动机最大转速。

10）p0323：电动机最大电流。

11）p0324：绕组最大转速。

12）p0431［0…n］：换向角偏移。

13）p1905：选择调谐参数。

14）p1990：编码器校准确定换向角偏移。

8.2.13　捕捉再起动

1. 描述

在上电后，"捕捉再起动"功能将逆变单元自行切换到一个正在旋转的电动机上。此功能可在带/无编码器运行中激活。

如果有负载继续运行，应通过 p1200 激活"捕捉再起动"。这样可以避免整个机械装置的负载发生剧烈变化。

如果使用的是异步电动机，必须在执行前等待一段去磁时间。此时会计算内部的去磁时间。此外，也可以在 p0347 中输入时间。这两个时间中的较大值用作等待时间。

在无编码器运行中，首先搜索当前转速。搜索从最大转速的 125% 开始。使用永磁同步电动机时，需要使用一个电压监控模块（VSM），详细说明请参见文档：SINAMICS S120 控制单元手册。

在带编码器运行中，即采集转速实际值，会省略搜索过程。

使用异步电动机时，确定转速后首先会进行励磁（p0346）。接着会将斜坡功能发生器中的当前转速设定值设为当前的转速实际值。驱动从该值起向最终的转速设定值运行。

示例：在电源断电后，风扇驱动会通过"捕捉再起动"功能尽快再次切换到正在旋转的风扇电动机上，如图 8-42，图 8-43 所示。

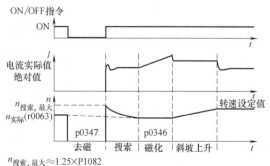

$n_{搜索, 最大} \approx 1.25 \times P1082$

图 8-42　示例：捕捉再起动，用于
无编码器控制异步电动机

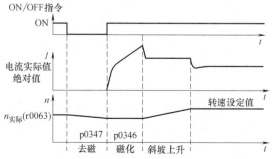

图 8-43　示例：捕捉再起动，用
于带编码器控制异步电动机

警告

在捕捉再起动功能(p1200)激活时,尽管驱动处于静止状态,而且设定值为0,但驱动仍可能会由于搜索电流而加速。如果电动机处于该状态,若进入它的工作范围,可能会造成人员伤亡或财产损失。

说明

使用异步电动机时,执行捕捉再起动前会首先等待去磁时间结束,在这段时间内电动机端子电压会逐渐降低。否则可能会在脉冲使能时,由于相位短路而出现过高的电流。

2. 电缆较长时无编码器运行中的捕捉再起动功能

总体而言,电缆电阻是需要加以考虑的重要因素。在热电动机模型计算中就需要此数值。

执行电动机识别前,在参数 p0352 中输入电缆电阻。将参数 p1203 [0...n] 设为至少300% 。这样一来过程会比出厂设置(100%)持续得更长一些。通过修改捕捉再起动算法,可在电缆较长时对该功能进行优化。

说明

电缆较长时的捕捉再起动

为了对捕捉再起动功能进行优化,请通过跟踪(Trace)记录检查该功能。必要时对参数 p1202 和 p1203 的设置进行优化。

3. 重要参数一览(参见 SINAMICS S120/S150 参数手册)

1)p0352 [0...n]:电缆电阻。

2)p1082 [0...n]:最大转速。

3)p1200 [0...n]:捕捉再起动运行方式。

4)p1202 [0...n]:捕捉再起动搜索电流。

5)p1203 [0...n]:捕捉再起动搜索速度系数。

6)r1204.0...13 CO/BO:捕捉再起动 V/f 控制状态。

7)r1205.0...15 CO/BO:捕捉再起动矢量控制状态。

8.2.14　同步

1. 前提条件

1)驱动采用矢量控制,带有电压监控模块(VSM10)。

2)异步电动机无编码器。

3)矢量控制。

2. 特性

1)模拟量互联输入,用于传送由 VSM10 采集的电动机实际电压(r3661,r3662)。

2)相位差(p3809)设置。

3)可以通过参数(p3802)激活。

3. 描述

通过"同步"功能可以使逆变单元和当前电网同步,同步的用途有向电网输入再生电能。另一个用途是使电动机暂时切换到电网上工作(旁路),这样可以在设备不停机的状态下进行变频器维护。

通过参数 p3800 可以激活同步,并且可以选择外部或内部实际电压采集。在选择内部采集实际电压（p3800 = 1）时，电气电动机模型的电压设定值用于同步。而选择了外部采集实际电压（p3800 = 0）时，电压由 VSM 采集，该模块连接到电源相位上。该电压值必须由模拟量接口 r3661 和 r3662 传送给同步。

4. 功能图（参见 SINAMICS S120/S150 参数手册）

工艺功能，同步。

5. 重要参数一览（参见 SINAMICS S120/S150 参数手册）

1）p3800 [0...n]：激活"电网-驱动同步"。

2）p3801 [0...n]："电网-驱动同步"驱动对象号。

3）p3802 [0...n] BI："电网-驱动同步"使能。

4）r3803 CO/BO："电网-驱动同步"控制字。

5）r3804 CO："电网-驱动同步"目标频率。

6）r3805 CO："电网-驱动同步"频率差。

7）p3806 [0...n]："电网-驱动同步"频率差阈值。

8）r3808 CO：同步电网驱动的相位差别。

9）p3809 [0...n]："电网-驱动同步"相位设定值。

10）p3811 [0...n]："电网-驱动同步"频率限制。

11）r3812 CO："电网-驱动同步"修正频率。

12）p3813 [0...n]："电网-驱动同步"相位同步性阈值。

13）r3814 CO："电网-驱动同步"电压差。

14）p3815 [0...n]："电网-驱动同步"电压差阈值。

15）r3819.0...7 CO/BO：同步状态字。

8.2.15 电压监控模块

1. 描述

在矢量控制和"V/f"控制中使用以下功能时，需要使用电压监控模块（VSM）：

（1）同步

通过"同步"功能可以使驱动和当前电源/电网同步，同步后便可以直接切换到电网上（旁路）。另一个用途是电动机在电网上暂时工作，这样可以在设备不停机的状态下进行变频器维护。选择了外部采集实际电压（p3800 = 1）时，电压由 VSM 采集，该模块连接到电源相位上。该电压值必须由模拟量接口 r3661 和 r3662 传送给同步。

（2）捕捉再起动

在上电后，"捕捉再起动"功能将逆变单元自行切换到一个正在旋转的电动机上。

在无编码器运行中，首先搜索当前电动机转速。

使用永磁同步电动机时，需要使用一个电压测量模块（VSM），详细说明请参见文献：SINAMICS 控制单元手册。

2. 拓扑结构视图

在 SINAMICS 120 驱动上，VSM 应用在编码器侧。在驱动对象"VECTOR"上，VSM 只在无编码器运行方式中使用。VSM 连接到拓扑结构中电动机编码器的位置上。

3. 通过 STARTER 调试 VSM

在 STARTER 的调试向导中可以选择 VSM 用于驱动对象"VECTOR"。由于 VSM 没有分配到编码器数据组（EDS），因此不能在编码器侧选择。在参数 p0151 ［0，1］中必须输入 VSM 在当前拓扑结构中的组件号。该参数会向 VSM 检测环节分配 VSM 数据组。通过参数 p0155 ［0...n］"激活/取消激活电压监控模块"，可以将 VSM 作为拓扑结构中的组件明确地激活或取消激活。

VSM 参数不受 SINAMICS 数据组模型影响。每个驱动对象"矢量"最多允许两个 VSM，即有两个 VSM 数据组。

说明

两个 VSM 的使用

如果把两个 VSM 连接到一个逆变单元上，则第一个 VSM（p0151［0］）用于测量电源电压（p3801），第二个 VSM 用于测量电动机电压（p1200）。

---

4. 通过 LED 识别 VSM 和 VSM 固件版本

"通过 LED 识别 VSM"的功能由驱动对象"矢量"上的参数 p0154 激活。

在 p0154 = 1 时，对应 VSM 上的"LED RDY"灯变为绿色/橙色或红色/橙色，以 2Hz 的频率不断闪烁。

VSM 固件版本可以参见驱动对象"矢量"上的参数 p0158 ［0，1］。

5. 功能图（参见 SINAMICSS120/S150 参数手册）

1）F020 工艺功能-同步。

2）9880VSM 模拟量输入。

3）9886VSM 温度检测。

6. 重要参数一览（参见 SINAMICS S120/S150 参数手册）

1）p3800 ［0...n］激活"电网-驱动同步"。

2）p3801 ［0...n］"电网-驱动同步"驱动对象号。

驱动对象 A_INF

1）p0140：VSM 数据组数量。

2）p0141 ［0...n］：VSM 组件号。

3）p0144 ［0...n］：电压监控模块，通过 LED 识别。

4）p0145 ［0...n］：激活/取消激活电压监控模块。

5）r0146 ［0...n］：电压监控模块生效/无效。

6）r0147 ［0...n］：电压监控模块，EPROM 数据版本。

7）r0148 ［0...n］：电压监控模块固件版本。

驱动对象 VECTOR

1）p0151 ［0...n］：电压监控模块组件号。

2）p0154 ［0...n］：电压监控模块，通过 LED 识别。

3）p0155 ［0...n］：激活/取消激活电压监控模块。

4）p0158 ［0...n］：电压监控模块固件版本。

8.2.16 模拟运行

1. 描述

模拟运行主要是模拟驱动在没有连接电动机和直流母线电压下的运行。此时应注意，只有真正具备低于 40V 直流母线电压时，才可以启用模拟运行。一旦电压超出该阈值，模拟运行便取消，并发出故障信息 F07826。

借助模拟运行可以测试设备和上级自动化控制系统之间的通信。如果需要驱动同时返回实际值，应在模拟运行期间将驱动切换到没有编码器的工作模式。这样便可以在不接入电动机的情况下预先测试 SINAMICS 软件中的功能，如：设定值通道、顺序控制、通信、工艺功能等。

在功率大于 75kW 的设备上我们建议，在结束维修后检查功率半导体的控制性能。检查时，首先给直流母线注入小于 40V 的直流电，然后通过控制软件测试存在的脉冲样本。软件必须能够使能脉冲并输出不同的频率。V/f 控制或者无编码器的转速控制能够满足上述要求。

说明

模拟运行中必须保持与功率单元的连接。因此必须通过 DRIVE-CLiQ 连接功率单元。

---

2. 特性

1）直流母线电压大于 40V（测量公差 ±4V）时仿真功能会自动取消，驱动输出故障 F07826 并立即封锁脉冲（OFF2）。

2）由参数 p1272 激活。

3）在模拟运行期间会取消激活电源接触器控制。

4）在较低的直流母线电压上且不带电动机时，可以测试功率半导体的控制性能。

5）可以在不连接电动机的条件下模拟功率部件和闭环控制。

3. 调试

可通过 p1272 = 1 激活模拟运行。为此必须满足下列前提条件：

1）首次调试已结束（默认配置：标准异步电动机）。

2）直流母线电压低于 40V（注意直流母线电压测量误差）。

8.2.17 旁路

1. 特性

1）适用于"矢量"控制模式。

2）适用于无编码器的异步电动机。

2. 描述

旁路功能通过变频器的数字量输出控制两个接触器，并通过数字量输入检测接触器的反馈信息（例如通过 TM31）。这种线路既可以使得电动机通过变频运行，也可以使得电动机直接在电网上运行。接触器由变频器控制，接触器状态的反馈信号也必须发送回变频器。

可以通过两种方式实现旁路线路：

1）电动机和电网不同步。

2）电动机和电网同步。

对于这两种旁路方式：

1）当撤销控制字信号 OFF2 和 OFF3 时，旁路功能关闭。

2）例外：必要时可以由一个上一级控制器锁定旁路开关，这样当电动机在电网下工作时，变频器就可以完全（也就是说包括电子装置）关闭。接触器的锁定工作必须由用户自行实施。

3）在上电后变频器重新起动时会首先检测旁路接触器的状态。由此变频器可以在起动后直接转换至"接通就绪和旁路"状态。只有当通过控制信号激活旁路、控制信号（p1266）在起动后仍然存在、"自动重启"功能激活（p1200 = 4）时，才能实现该操作。

4）和自动重启相比，起动后会优先将变频器切换到"接通就绪和旁路"状态。

5）在变频器处于"接通就绪和旁路"或"运行就绪和旁路"中某个状态时，由温度传感器执行的电动机温度监控会生效。

6）必须选用能够带载接通的两个电动机接触器。

说明

下面只列举了一些基本线路示例，用于说明旁路功能的基本工作方式。具体的线路布置（接触器、保护装置）等应根据生产现场实际情况进行设计。

---

3. 前提条件

旁路功能只能应用在没有编码器的转速控制（p1300 = 20）、V/f 控制（p1300 = 0...19）和异步电动机上。

4. 激活旁路功能

旁路功能属于"工艺控制器"功能模块，该模块可以在运行调试向导时激活。通过参数 r0108.16 可以检查模块是否激活。

带同步和重叠的旁路

1. 描述

在"带同步和重叠的旁路"激活后（p1260 = 1），电动机经过同步后切换到电网运行并可退出电网返回变频运行。在切换变频运行和工频运行时，两个接触器 K1 和 K2 会同时闭合一段时间（phase lock synchronization 相位锁定同步）。此时，电抗器用于变频器与电网电压之间的退耦，电抗器的 uk 值为 10（±2）%。

线路示例：带同步和重叠的旁路如图 8-44 所示。

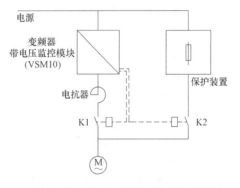

图 8-44 线路示例：带同步和重叠的旁路

2. 激活

只有控制信号才可以激活带同步和重叠的旁路（p1260 = 1），转速阈值或故障都不能激活该功能。

3. 示例

在激活带同步和重叠的旁路（p1260 = 1）后，需设置如下参数，见表 8-17。

表 8-17 带同步和重叠的旁路的参数设置

参数	描述	参数	描述
r1261.0 =	接触器 K1 的控制信号	p1269[0] =	接触器 K1 发出反馈的信号源
r1261.1 =	接触器 K2 的控制信号	p1269[1] =	接触器 K2 发出反馈的信号源
p1266 =	p1267.0 = 1 时的控制信号设定	p3800 = 1	使用内部电压用于同步
p1267.0 = 1 p1267.1 = 0	旁路功能由控制信号激活	p3802 = r1261.2	同步由旁路功能激活

信号图：带同步和重叠的旁路如图 8-45 所示。

电动机投入电网工频运行（接触器 K1 和 K2 由变频器控制）：

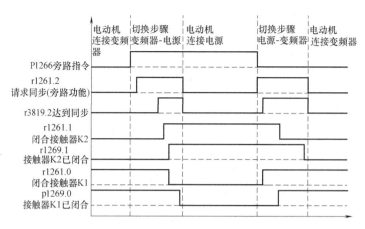

图 8-45　信号图：带同步和重叠的旁路

1) 初始状态：接触器 K1 闭合，K2 打开且电动机通过变频器工作。

2) 置位控制位"旁路指令"（p1266，例如通过上位自动化系统）。

3) 接着旁路功能会置位控制字位"同步"（r1261.2）。

4) 因为该位是在变频运行中被置位，所以同步过程"电动机投入电网工频运行"开始。

5) 当电动机与电网频率、电压、相位成功同步后，同步计算报告状态（r3819.2）。

6) 旁路机械装置分析该信号并关闭接触器 K2（r1261.1 = 1）。信号的分析在内部进行，无需采用 BICO 互联。

7) 当接触器 K2 反馈"闭合"状态后（r1269 [1] = 1），K1 打开且变频器封锁脉冲。现在变频器处于"Hot Stand By"（热待机）状态下。

8) 如果在这个阶段取消"ON"指令，变频器将切换到简单的"待机"状态。存在相应的进线接触器时，变频器会与电网分离，直流母线开始放电。

依照相反顺序使电动机退出电网工频运行：

1) 退出前，接触器 K2 闭合；接触器 K1 打开。

2) 撤销控制位"旁路指令"（例如通过上级自动化系统）。

3) 接着旁路功能使控制字位"同步"置位。

4) 脉冲使能。因为"同步"在"脉冲使能"前置位，所以变频器会将此指令理解为使电动机退出电网运行，恢复变频运行。

5) 当电动机与变频器频率、电压、相位成功同步后，同步计算报告状态。

6) 旁路机械装置分析此信号，并关闭接触器 K1。信号的分析在内部进行，无需采用 BICO 互联。

7) 当接触器 K1 反馈"闭合"状态后，K2 打开且电动机重新在变频器上工作。

带同步、不带重叠的旁路

1. 描述

在"带同步、不带重叠的旁路（p1260 = 2）"激活时，只有接触器 K1 打开时，才会闭合接触器 K2（anticipatory type synchronization 先行同步）。在此时间内电动机未连接至电网，因此其转速由负载和摩擦确定。在同步前必须设置合适的电动机电压相位，如通过给定同步设定值（p3809），使电动机电压相位超出待同步的电网。在两个接触器同时打开的短时间内，电动机制动，因此当接触器 K2 闭合时，相位差和频率差接近零。

该功能正常实现的前提条件是：驱动转动惯量和负载足够大。

说明

足够高的转动惯量

若接触器 K1 和 K2 分离后电动机转速变化幅度比额定滑差的值小，则表示转动惯量足够高。在对电动机与电网相位差之间的电气角度差进行设置时，必须确保仍可通过 p3809 对其进行补偿。

由于确定了同步设定值（p3809），因此可以不使用限流电抗器。

线路示例：带同步、不带重叠的旁路如图 8-46 所示。

2. 激活

带同步、不带重叠的旁路功能（p1260 = 2）可通过一个控制信号激活。不可通过转速阈值或故障激活。

3. 示例

在激活带同步、不带重叠的旁路（p1260 = 2）后，仍需设置如下参数，见表 8-18。

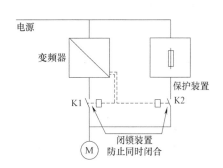

图 8-46　线路示例：带同步、不带重叠的旁路

表 8-18　带同步、不带重叠的旁路功能的参数设置

参数	描述	参数	描述
p1266 =	p1267. 0 = 1 时的控制信号设定	p1269[1] =	接触器 K2 发出反馈的信号源
p1267. 0 = 1	旁路功能由控制信号激活	p3800 = 1	同步时会使用内部电压
p1267. 1 = 0		p3802 = r1261. 2	同步由旁路功能激活
p1269[0] =	接触器 K1 发出反馈的信号源	p3809 =	电网驱动同步的相位设定值设置

不带同步的旁路

1. 描述

在电动机投入电网运行时，首先在变频器的脉冲禁止后打开接触器 K1，然后等待电动机的去磁时间结束，接着闭合接触器 K2，使电动机直接在电网上运行。

由于电动机未经同步便在电网上运行，在通电时会产生补偿电流，在保护装置选型设计时应注意到这一点。

在从电网工频运行返回到变频运行时，首先打开接触器 K2，在去磁时间结束后闭合接触器 K1。接着变频器搜索旋转中的电动机，电动机恢复变频运行。

为此必须选用能够在电感负载下执行通断的接触器 K2。

必须防止接触器 K1 和 K2 同时闭合。

必须激活"捕捉再起动"功能（p1200）。

线路示例：不带同步的旁路如图 8-47 所示。

2. 激活

通过下列信号（p1267）可以激活不带同步的旁路（p1260 = 3）：

1）旁路由控制信号激活（p1267. 0 = 1）：旁路功能可以由一个数字量信号（p1266）触

发，例如通过上级控制系统。一旦数字量信号被取
消，在解除旁路延时（p1263）结束后会切换到变
频运行。

2）旁路由转速阈值激活（p1267.1 = 1）：一旦
达到特定转速，便切换到旁路运行，即：变频器用
作起动变频器。接通旁路的前提是，转速设定值大
于旁路转速阈值（p1265）。而一旦斜坡函数发生器
输入、r1119 上的设定值低于旁路转速阈值
（p1265）后，便恢复到变频运行。恢复变频运行
后，为避免因为实际转速超出旁路转速阈值
（p1265）而再次激活旁路，可以设置条件"设定值 > 比较值"。

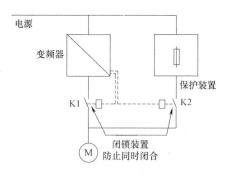

图 8-47　线路示例：不带同步的旁路

旁路时间、解除旁路时间、旁路转速和用于切换的指令源都可以通过参数设定。

3. 示例

在激活不带同步的旁路（p1260 = 3）后，仍需设置如下参数，见表 8-19。

表 8-19　带重叠的非同步旁路功能的参数设置

参数	描述	参数	描述
p1262 =	非同步旁路的时滞设置	p1267.0 =	用于激活旁路功能的信号的设置
p1263 =	非同步旁路中恢复至变频运行的延时设置	p1267.1 =	
p1264 =	非同步旁路中切换至电网工频运行的延时设置	p1268 =	反馈信息"同步已完成"的信号源设置
		p1269[0] =	接触器 K1 反馈信息的信号源设置
p1265 =	用于激活旁路的转速阈值设置（p1267.1 = 1）	p1269[1] =	接触器 K2 反馈信息的信号源设置
		p3800 = 1	同步时会使用内部电压
p1266 =	用于旁路控制指令的信号源设置（p1267.0 = 1）	p3802 = r1261.2	同步由旁路功能激活

4. 重要参数一览（参见 SINAMICS S120/S150 参数手册）

（1）旁路功能

1）p1260：旁路配置。

2）r1261.0...9CO/BO：旁路控制字/状态字。

3）p1262 [0...n]：旁路时滞。

4）p1263：解除旁路延迟时间。

5）p1264：旁路延迟时间。

6）p1265：旁路转速阈值。

7）p1266 BI：旁路控制指令。

8）p1267：旁路切换指令源的配置。

9）p1268 BI：旁路反馈"同步已结束"。

10）p1269 [0...1] BI：旁路开关反馈。

（2）同步

1）p3800 [0...n]：激活"电网-驱动同步"。

2）p3801 [0...n]："电网-驱动同步"驱动对象号。

3）p3802 [0...n]：BI："电网-驱动同步"使能。

4）r3803.0 CO/BO："电网-驱动同步"控制字。

5）r3804 CO："电网-驱动同步"目标频率。

6）r3805 CO："电网-驱动同步"频率差。

7）p3806［0...n］："电网-驱动同步"频率差阈值。

8）r3808 CO：同步电网驱动的相位差别。

9）p3809［0...n］："电网-驱动同步"相位设定值。

10）p3811［0...n］："电网-驱动同步"频率限制。

11）r3812 CO："电网-驱动同步"修正频率。

12）p3813［0...n］："电网-驱动同步"相位同步性阈值。

13）r3814 CO："电网-驱动同步"电压差。

14）p3815［0...n］："电网-驱动同步"电压差阈值。

15）p3816 CI："电网-驱动同步"电压实际值 $U_{12} = U_1 - U_2$。

16）p3817 CI："电网-驱动同步"电压实际值 $U_{23} = U_2 - U_3$。

17）r3819.0...7 CO/BO：同步电网驱动的状态指令。

8.2.18　功率部件的冗余运行

1. 特性

1）冗余运行最多适用于 4 个装机装柜型功率单元。

2）可由参数（p0125）取消激活功率单元。

3）可由二进制互联输入端（p0895）取消激活功率单元。

2. 描述

冗余运行可以在一个并联功率单元出现故障时继续保持运行。

说明

但即使存在冗余回路,功率单元中的故障还是可能引起整个设备停机,因为反馈信号丢失。

此时为了更换故障的功率单元，必须星形连接 DRIVE-CLiQ 电缆，为此可能需要一个 DRIVE-CLiQHUB 模块（DMC20 或 DME20）。拆下故障的功率单元前，必须首先通过 p0125 或二进制互联输入 p0895 取消激活该部件。在装入备用件后，同样也必须激活该部件。

3. 前提条件

1）并联只适用于相同的装机装柜型功率单元。

2）最多 4 个并联的功率单元。

3）并联的功率单元有相应的功率余量。

4）DRIVE-CLiQ 星形拓扑结构（可能需要一个 DMC20 或 DME20，参见手册 GH1）。

5）电动机带单绕组系统（p7003 = 0）。

6）无 Safe Torque Off（STO）。

4. 重要参数一览（参见 SINAMICS S120/S150 参数手册）

1）p0125：激活/取消激活功率单元组件。

2）r0126：功率单元有效/无效。

3）p0895 BI：激活/取消激活功率单元组件。

4）p7003：并联绕组系统。

8.2.19　异步脉冲频率

1. 异步脉冲频率

脉冲频率与电流控制器周期相关，只能设为该周期的整数倍值。该设置方式适用于大多数的标准应用，请勿擅自修改。

但在某些应用中，独立于电流控制器周期设置脉冲频率更有优势。这种设置的优点有：

1）逆变单元或功率模块配置更优。

2）某些电动机型号可以用更适合的脉冲频率运行。

3）不同大小的逆变单元可以用不同的脉冲频率运行。

4）可为 DCC 和自由功能块设置更快的采样时间。

5）可从上级控制系统更快地接收设定值。

6）电流控制器周期不同情况下的自动调试得到简化。

此功能在装机装柜型逆变单元或功率模块的矢量控制中使能。

2. 激活功能

1）设置 p1810.12 = 1 激活此功能。

2）在 p1800 中以 50Hz 为步距设置所需的脉冲频率，可设置的最大脉冲频率为电流控制器周期的两倍。

3）设置 p1840 = 0，激活电流实际值补偿。

3. 应用示例

（1）条件

需要将功率较大（大于 250kW）的装机装柜型逆变单元和功率较小的逆变单元（小于 250kW，例如为书本型）连接到一条 DRIVE CLiQ 支路上。

功率较小的逆变单元的电流控制器周期出厂设置为 250μs，相应的其脉冲频率为 2kHz。

功率较大的逆变单元的电流控制器周期出厂设置为 400μs，相应的其脉冲频率为 1.25kHz。

（2）问题

在标准应用中会将功率较大的逆变单元的电流控制器周期提升至 500μs，使其成为 250μs 的整数倍。这样一来功率较大的逆变单元的脉冲频率达到了 1kHz。此时无法实现装机装柜型逆变单元的最优利用率。

（3）解决方案

为功率较大的逆变单元激活异步脉冲频率（即独立于电流控制器周期设置）。

书本型逆变单元会继续以 250μs 的电流控制器周期和 2kHz 脉冲频率同步运行。

为了提升装机装柜型逆变单元的利用率，设置 p1800.12 = 1 激活异步脉冲频率。然后通过 p1800 把装机装柜型逆变单元的脉冲频率提高到 1.25kHz，而电流控制器周期保持 500μs 不变。提高上述脉冲频率后，装机装柜型逆变单元的利用率也得以提高。

4. 异步脉冲频率的边界条件

1）异步脉冲频率激活（p1810.12 = 1）和电流实际值补偿激活（p1840 = 1）后，系统负载率增大，进而导致：

—最大可用轴数量减少一半；

—电流控制器动态响应降低。

2）可设置的最大脉冲频率被限制在电流控制器周期的两倍以内。

3）具有可自由地调整脉冲频率的脉冲模式不再适用于无编码器永磁同步电动机。

4）若在装机装柜型功率单元上连接了输出电抗器或输出滤波器，必须在配置电抗器时考虑最大脉冲频率，在配置正弦滤波器时考虑最小脉冲频率。

5）在电流控制器周期为 $250\mu s$ 或 $500\mu s$，而脉冲频率为 2kHz 时，必须执行电动机数据识别。

5. 重要参数一览（参见 SINAMICS S120/S150 参数手册）

1）p0115［0...6］：内部控制环的采样时间。

2）p1810：调制器配置。

3）p1840［0...n］：实际值补偿配置。

8.3　V/f 控制功能

8.3.1　电压提升

根据 V/f 特性曲线进行的控制在输出频率为 0Hz 时会提供 0V 的输出电压。电动机在 0V 时可能无法产生转矩。"电压提升"功能的使用有多种原因：

1）在 $n=0r/min$ 的情况下进行异步电动机的励磁。

2）在 $n=0r/min$ 的情况下产生转矩，例如用于保持负载。

3）产生起动转矩、加速转矩或制动转矩。

4）对绕组和电源电缆中的欧姆损耗进行补偿。

1. 电压提升方式

可在以下三种电压提升方式中进行选择：

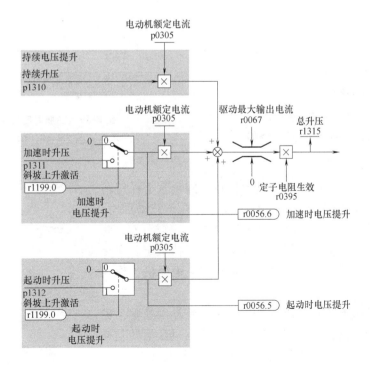

图 8-48　电压提升总和

1）使用 p1310 进行持续电压提升。

2）使用 p1311，仅在加速时进行电压提升。

3）使用 p1312，仅在首次起动时进行电压提升。

电压提升总和如图 8-48 所示。

说明

电压提升对所有 V/f 特性曲线（p1300）生效。

注意

电压提升过高会导致电动机绕组过载

电压提升过高可能会导致电动机绕组的热过载

持续电压提升如图 8-49 所示。

2. 加速时电压提升

当斜坡功能发生器反馈"加速生效"（r1199.0 = 1）后，"加速时电压提升"功能生效，如图 8-50 所示。

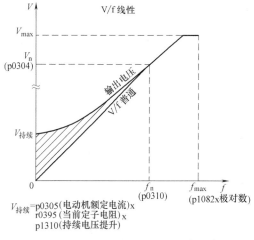

图 8-49　持续电压提升

（示例：**p1300 = 0，p1310 > 0**）

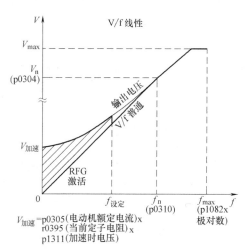

图 8-50　加速时电压提升

（示例：**p1300 = 0，p1311 > 0**）

8.3.2　滑差补偿

使用滑差补偿功能可使异步电动机在不同负载下保持转速恒定，且不受负载影响。如图 8-51 所示，在负载增加时，系统会自动提升设定频率使电动机工作点从 M_1 移至 M_2，此时变频器输出的频率提高以保证电动机转速保持恒定。在负载减小时，系统会相应地自动减小设定频率使电动机工作点从 M_2 移回 M_1。

在使用电动机抱闸时可通过 p1351 在滑差补偿基础上输出给定设置值。当设置参数 p1351 > 0 时，会自动激活转差补偿（p1335 = 100%）。100% 对应电动机额定滑差（r0330）；p1335 = 0.0% 代表禁用转差补偿。

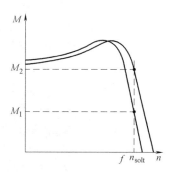

图 8-51　转差补偿

8.3.3　谐振抑制

谐振抑制功能可抑制空载运行中可能出现的有功电流波动。该功能在 5% ~ 90% 的电动机额定频率（p0310）范围内生效，最高有效频率为 45Hz。

谐振抑制如图 8-52 所示。

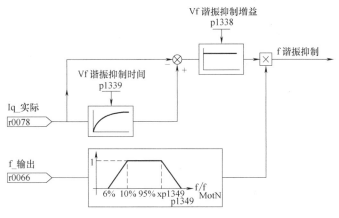

图 8-52　谐振抑制

注意
谐振抑制最大频率
在 p1349 = 0 时切换限值会自动设置为电动机额定频率的 95% ，最高有效频率为 45Hz。

8.3.4　Vdc 控制

如果在直流母线中存在过电压或欠电压，可以采取相应措施激活"Vdc 控制"功能。

直流母线中的欠电压

—典型原因：

电源断电或直流母线电源断电。

—解决办法：

为正在运行的驱动规定一个再生转矩，以补偿现有的电能损耗，从而稳定直流母线中的电压。该方法称为动能缓冲。

直流母线中的过电压

—典型原因：

驱动回馈式运行，供给直流母线的电能过多。

—解决办法：

降低再生转矩，将直流母线电压限制在允许值范围内。

1. 特性

（1）Vdc 控制

1）它由"最大 Vdc 控制"和"最小 Vdc 控制（动能缓冲）"组成。这两个功能可相互独立的设置和激活。

2）有一个共同的 PID 控制器。借助动态系数可以单独设置最大 Vdc 控制和最小 Vdc 控制。

（2）最小 Vdc 控制（动能缓冲）

V/f 模式下的 Vdc 控制如图 8-53 的示。

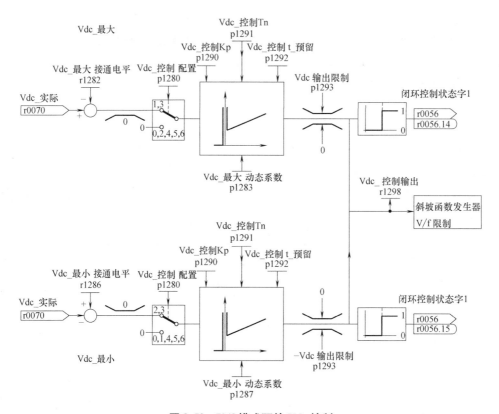

图 8-53 V/f 模式下的 Vdc 控制

在出现短暂的电源断电时，电动机中的动能会用于缓冲直流母线电压，并因此延迟驱动关机。最小 Vdc 控制（动能缓冲）的激活/取消如图 8-54 所示。

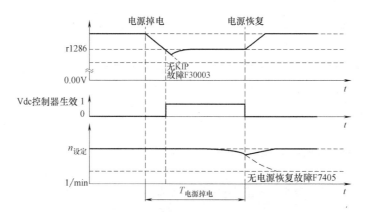

图 8-54 最小 Vdc 控制（动能缓冲）的激活/取消

电源断电时，一旦低出最小 Vdc 接通电平，最小 Vdc 控制便激活。此时会控制直流母线电压，使它保持稳定。电动机转速不断降低。

电源一旦恢复，直流母线电压会重新提升。超出最小 Vdc 接通电平 5 % 时，最小 Vdc 控制会被重新取消激活，电动机继续运行。

如果电源没有恢复，电动机转速会继续降低。一旦达到 p1297 中的阈值，便根据 p1296

的设定作出响应。

如果在时间阈值 p1295 到达后电源电压还没有恢复，会触发故障 F07406 ，在该故障中可以设定所需响应，出厂设置为 OFF3。

注意

如果希望等待电网恢复，必须确保变频器没有与电网断开。因此进线侧需要由接触器控制分合，且进线接触器须由不间断电源(UPS)供电。

（3）最大 Vdc 控制

1）在出现短时的回馈式负载时，通过该功能可以使得驱动不会因 " 直流母线过电压 " 断电。

2）只有在电源没有激活直流母线控制并且没有馈电的情况下，才建议使用最大 Vdc 控制功能。最大 Vdc 控制的激活/取消如图 8-55 所示。

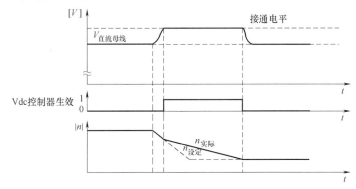

图 8-55　最大 Vdc 控制的激活/取消

最大 Vdc 控制的接通电平（r1282）是按照表 8-20 计算的。

表 8-20　接通电平 r1282 的计算

p1294(ON 电平的自动采集(V/f))		最大 Vdc 控制的接通电平(r1282)	注释
值	含义		
=0	OFF	$r1282 = 1.15 \times p0210$	p0210 ≙ 设备输入电压
=1	ON	$r1282 = Vdc\_最大 - 50V$	Vdc_最大 ≙ 逆变单元的过电压阈值

注意

单个驱动意外加速

当通过一个无电能回馈能力的整流单元(例如整流单元)或在电网故障时或过载(回馈整流单元/有源整流单元)时对多个逆变单元进行供电。此时，只能在驱动转动惯量较大的电动机上激活最大 Vdc 控制功能。

在其它逆变单元上必须禁用此功能，或设置为监控。

在多个逆变单元上激活最大 Vdc 控制会导致参数设置冲突，这可能会使控制器间相互产生影响，各驱动可能会不按计划加减速。

（4）激活最大 Vdc 控制

1）矢量控制：p1240 = 1 （出厂设置）。

2）伺服控制：p1240 = 1。

3）V/f 控制：p1280 = 1 （出厂设置）。

（5）禁用最大 Vdc 控制

1）矢量控制：p1240 = 0。

2）伺服控制：p1240 = 0（出厂设置）。

3）V/f 控制：p1280 = 0。

（6）激活最大 Vdc 监控

1）矢量控制：p1240 = 4 或 6。

2）伺服控制：p1240 = 4 或 6。

3）V/f 控制：p1280 = 4 或 6。

8.4　功能模块

8.4.1　工艺控制器

使用功能模块"工艺控制器"可以实现一些简单的控制功能，例如：

1）液位控制；

2）温度控制；

3）浮动辊位置控制；

4）压力控制；

5）流量控制。

没有上级控制系统的简单控制：

● 拉力控制。

工艺控制器具备以下属性：

1）两个可缩放的设定值。

2）可缩放的输出信号。

3）固定值。

4）电动电位器。

5）输出限制由斜坡函数发生器激活和取消。

6）微分可以接入控制差通道或实际值通道。

7）只有在驱动具备脉冲使能时，工艺控制器的电动电位器才生效。

1. 描述

工艺控制器是 PID 控制器。微分可以接入控制差通道中或实际值通道（出厂设置）中。比例、积分和微分可以单独设定，值为 0 时将断开相应部分。通过两个模拟量互联输入可以规定设定值。通过参数（p2255 和 p2256）可以缩放设定值。通过设定值通道内的斜坡函数发生器以及参数 p2257 和 p2258 可以规定设定值的加速和减速时间。设定值通道和实际值通道各有一个平滑滤波器，平滑时间可通过参数 p2261 和 p2265 设定。

设定值可由固定设定值（p2201 ~ p2215）、电动电位器或现场总线如 PROFIBUS 给定。

前馈可以由一个模拟量互联输入提供。

输出可以通过参数 p2295 缩放，调节方向也可改变。该输出可以通过参数 p2291 和 p2292 限制，并可以通过一个模拟量互联输出 r2294 自由地接入。

实际值可以由 TB30 的模拟量输入端提供。

如果从控制技术的角度出发，需要使用 PID 控制器，与出厂设置不同的是，微分会接入"设定-实际-差值"通道中（p2263 = 1）。如果在控制量更改时微分也生效，便需要使用上述设置。只有当 p2274 > 0 时才会激活微分。

工艺调节器如图 8-56 所示。

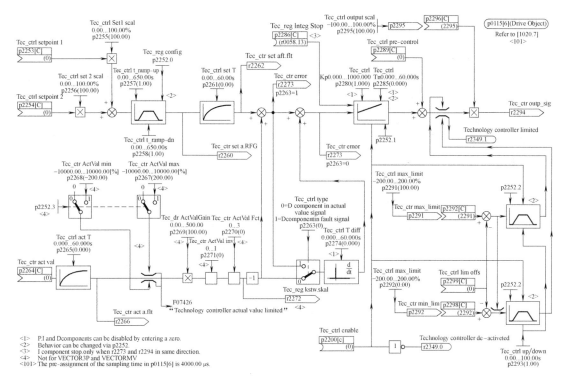

图 8-56 工艺调节器

2. 使用 STARTER 调试

通过调试向导或驱动配置（DDS 配置）可以激活功能模块"工艺控制器"。在参数 r0108.16 中可以检查当前的配置。

激活工艺控制器如图 8-57 所示。

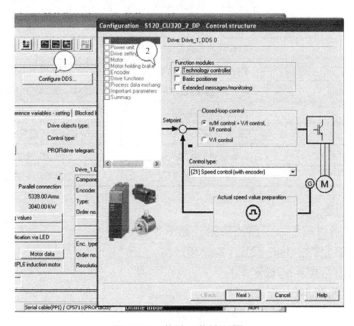

图 8-57 激活工艺控制器

3. 应用示例：液位控制

现在需要使容器内的液位保持恒定。

这一任务由转速闭环控制中的水泵和用于测定液位的传感器共同实现。

液位由模拟量输入端（如：TM30 的模拟量输入 AI0）识别，并继续传给工艺控制器。

液位设定值在固定设定值中定义。由此得出的控制值，将用作速度控制器的设定值。

在本示例中使用端子板 30（TB30）作为实际测量通道。液位控制应用如图 8-58 所示。

液位控制原理框图如图 8-59 所示。

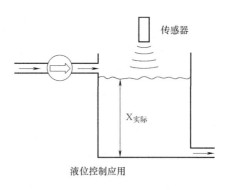

图 8-58　液位控制应用

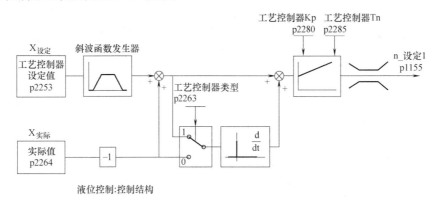

图 8-59　液位控制原理框图

液位控制的重要参数见表 8-21。

表 8-21　液位控制的重要参数

参　数	名　称	示　例
p1155	RFG 后的转速设定 1	p1155 = r2294 工艺控制输出信号［3080］
p2200	BI:工艺控制器使能	p2200 = 1 工艺控制器使能
p2253	CI:工艺控制器设定值 1	p2253 = r2224 固定设定值生效［7950］
p2263	工艺控制器类型	p2263 = 1 故障信号中的微分［7958］
p2264	CI:工艺控制器实际值($X_{实际}$)	p2264 = r4055［1］TB30 的模拟量输入 AI1
p2280	工艺控制器比例增益	p2280 通过优化来确定
p2285	工艺控制器积分时间	p2285 通过优化来确定

8.4.2　扩展监控功能

通过激活扩展可以增加以下监控功能（见图 8-60）。

1）转速设定值监控：| n_设定 | ≤ p2161

2）转速设定值监控：n_设定 > 0。

转速设定监控如图 8-61 所示。

3）负载监控。

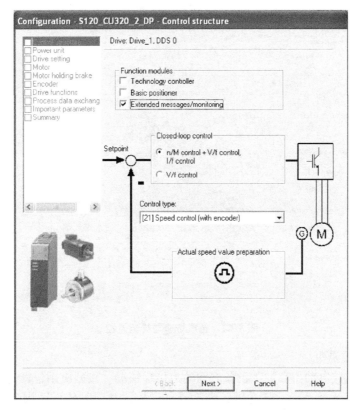

图 8-60　激活扩展监控功能

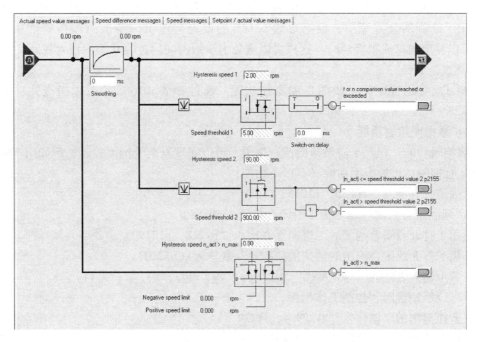

图 8-61　转速设定监控

负载转速与转矩监控如图 8-62 所示。

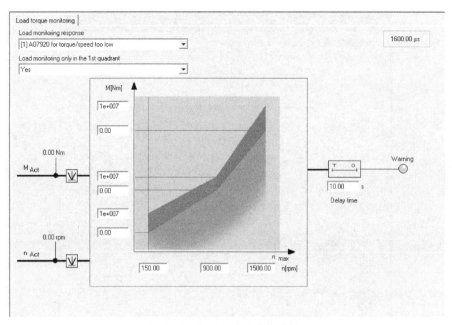

图 8-62　负载转速与转矩监控

1. 负载监控的说明

该功能可以监控电动机和加工设备之间的力传递情况。典型应用包括：卷取驱动轴和传送轴上的 V 带、扁平传动带、传送链；带轮或星形轮；并同时传送圆周速度和圆周力。此时负载监控不仅可以检查工作电动机是否堵转，也可以检查功率传递过程是否中断。在负载监控期间，当前转速/转矩曲线会和编程的转速/转矩曲线（p2182 ~ p2190）比较。如果当前值超出了编程的公差范围，根据参数 p2181 的设定会输出一条故障或报警信息。通过 p2192 可以设定故障或报警延时。这样可以避免由于短时间的过渡状态而报告故障。

2. 调试

在调试向导运行期间可激活扩展监控功能。通过参数 r0108. 17 可以检查此功能是否激活。

8.4.3　扩展抱闸控制功能

扩展抱闸功能，相对于简单抱闸控制来说，可以实现复杂的抱闸控制，例如用于电动机抱闸和运行抱闸。扩展抱闸功能具有以下功能：

1）强制打开抱闸（p0855，p1215）。

2）"强制闭合抱闸"信号为 1 时闭合抱闸（p0858）。

3）用于打开或闭合抱闸的二进制互联输入（p1218，p1219）。

4）用于打开或闭合抱闸的阈值的模拟量互联输入（p1220）。

5）两个输入之间的"OR/AND"模块（p1279，r1229. 10，r1229. 11）。

6）可以控制抱闸和控制工作抱闸。

7）监控抱闸的反馈信号（r1229. 4，r1229. 5）。

8）可配置的响应（A07931，A07932）。

9）在取消信号"速度控制器使能"后闭合抱闸（p0856）。

抱闸控制有以下几种方式，顺序按优先级排列：

1）参数 p1215。

2）二进制互联参数 p1219［0...3］和 p0855。

3）静止状态检测逻辑的控制指令。

4）通过模拟量互联，使用阈值判断的控制指令。

1. 激活扩展抱闸功能

（1）使用 STARTER 软件激活

在离线状态下进行驱动轴的配置，进入配置页面如图 8-63 所示。

点击右侧界面选择配置驱动数据组（Configure DDS），激活离线配置如图 8-64 所示。

进入配置界面，在抱闸配置界面中激活扩展抱闸控制（Extended brake control），如图 8-65 所示。

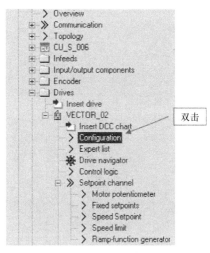

图 8-63 进入配置页面

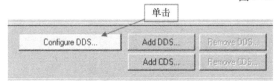

图 8-64 激活离线配置

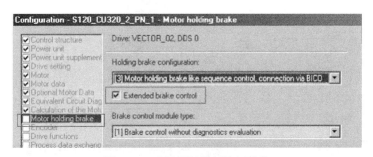

图 8-65 选择激活扩展抱闸功能

然后配置完保存，在线后下装。

确认已激活扩展抱闸功能，查看驱动轴参数 r108.14，如图 8-66 所示。

（2）使用 BOP20 激活扩展抱闸功能

第一步，修改 CU 参数 p0009 = 2。

第二步，修改 CU 参数 p0108［1］. 14 = 1（假设 p0108［1］对应所需的驱动轴）。

第三步，修改 CU 参数 p0009 = 0，装置激活扩展抱闸功能。

第四步，检查驱动轴参数 r0108. 14 = 1。

-r108	Drive objects, function module	4104H
-r108.2	Closed-loop speed/torque control	Activated
-r108.3	Cl-loop pos ctrl	Not activated
-r108.4	Basic positioner	Not activated
-r108.8	Extended setpoint channel	Activated
-r108.13	Safety rotary axis	Not activated
-r108.14	Extended brake control	Activated
-r108.15	Parallel connection	Not activated

图 8-66 确认激活扩展抱闸功能

注意

没有修改出厂设置时，扩展抱闸控制作为"简单抱闸控制"工作。

如果书本型逆变单元和带"SafeBrake Relay"的模块型功率单元检测到已连接抱闸（BR + ，BR – 之间有阻值），则在自动配置时，简单抱闸控制自动激活（p1215 = 1），并自动激活抱闸状态诊断功能（p1278 = 0）。

在不具备内部抱闸控制时，可以由参数（p1215 = 3）激活控制。

只有启用"带诊断分析的抱闸控制"功能，即 p1278 = 0，才能使用安全功能"Safe Brake Control"。

只有书本型逆变单元和带"Safe Brake Relay"的模块型功率单元才可以激活抱闸控制监控（p1278 = 0）。

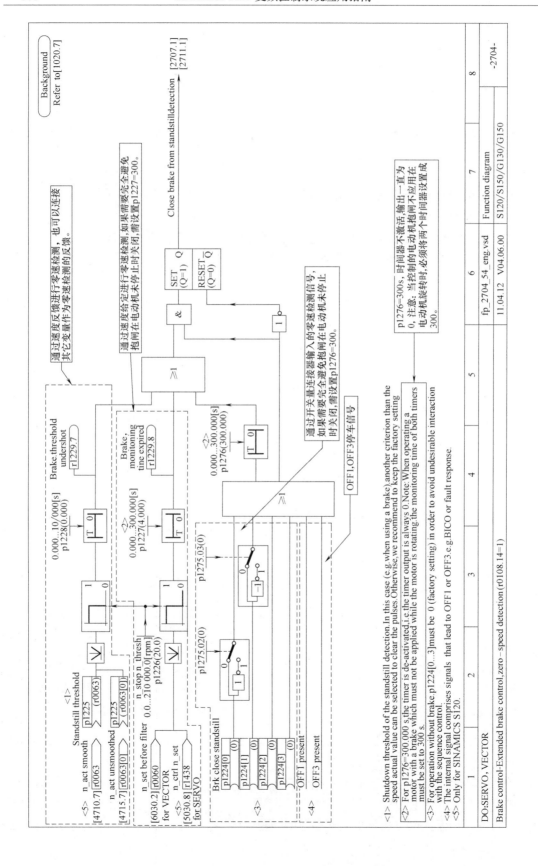

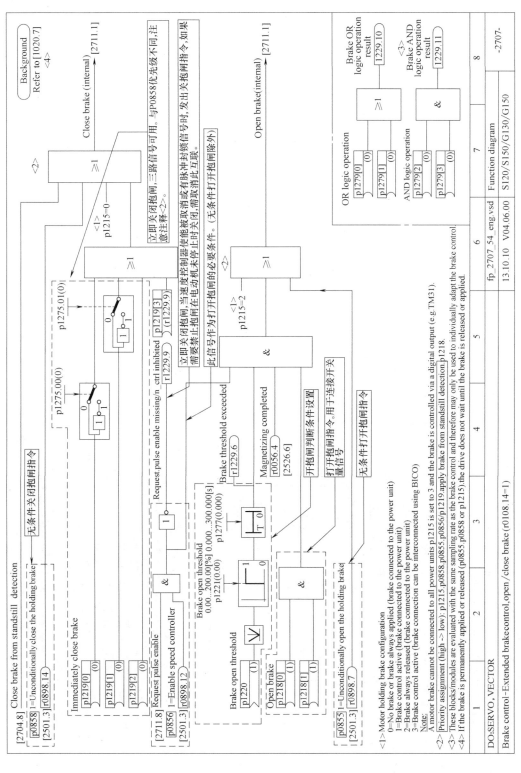

图 8-67 功能图

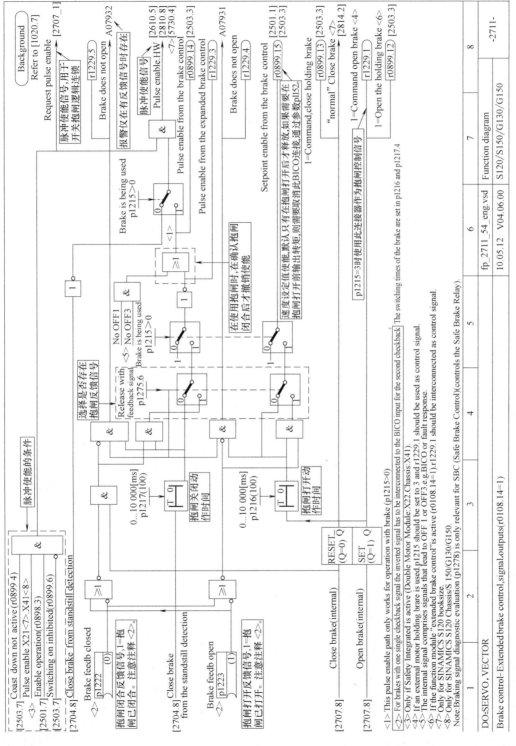

图 8-67　功能图 (续)

2. 功能图

功能图如图8-67所示。

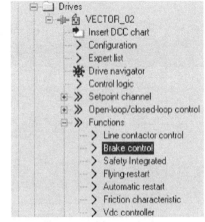

3. 使用STARTER配置扩展抱闸功能

1）打开抱闸功能界面，如图8-68所示。

2）抱闸配置，界面如图8-69所示。

参数设置

p1215可以有以下几种设置：

p1215 = 0，不使用抱闸功能。

p1215 = 1，基本抱闸模块集成的抱闸。

p1215 = 2，抱闸一直打开。

p1215 = 3，外部抱闸控制装置，使用BICO连接。

p1216，抱闸打开动作时间。

图8-68　打开抱闸功能界面

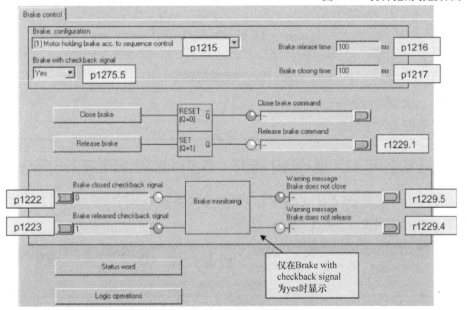

图8-69　抱闸配置界面

p1217，抱闸关闭动作时间。

p1222，抱闸已闭合反馈信号。

p1223，抱闸已打开反馈信号。

一般地，关闭抱闸和释放抱闸命令使用同一个连接器即可，推荐使用连接器r1229.1。

3）关闭抱闸，界面如图8-70所示。

参数设置

p1276：电动机静止时关闭抱闸信号的延时时间，设置300s时取消p1224的关闭抱闸功能。

p1224：电动机静止时关闭抱闸信号，可由外部开关量连接器控制，p1276 = 300时无效。

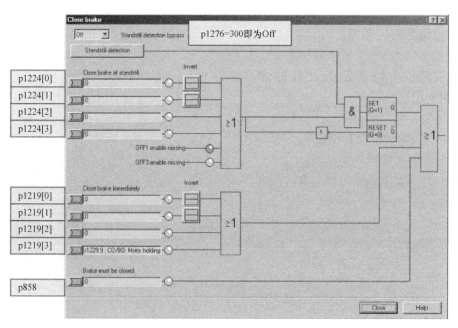

图 8-70 关闭抱闸界面

p1219: 立即关闭抱闸指令。

p0858: 强制关闭抱闸指令。

注意

p1219[3]默认设置为 r1229.9,即当取消使能时立即发出关抱闸指令,如果需要禁止抱闸在电动机未停止时关闭,请取消此互联。

各参数的优先级为(从高到低):p1215,p0858,p0855,p0856/p1219;来自静止状态检测的关抱闸信号:p1218。

---

4) 静止状态检测设置, 界面如图 8-71 所示。

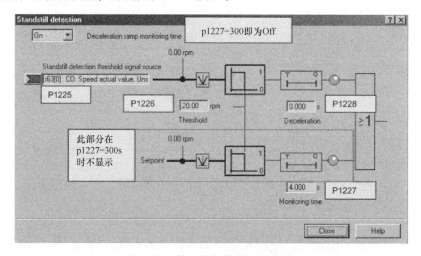

图 8-71 静止状态检测设置界面

参数设置

p1225: 设置静止状态检测的信号源, 默认为速度实际值 r0063。

p1226：设置检测阈值，默认为 20r/min。

p1228：零速检测延时时间，单位为 s。

p1227：设置通过速度给定进行零速检测时的时间延时，当设置为 300s 时，取消此功能。

5）开抱闸设置，界面如图 8-72 所示。

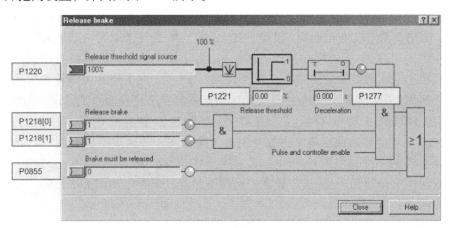

图 8-72　开抱闸设置界面

参数设置

p1220：设置释放抱闸状态检测的信号源。

p1221：设置检测阈值。

p1277：零速检测延时时间，单位为 s。

p1218：连接开抱闸控制信号，可使用外部 BICO 开关量打开抱闸。

p0855：连接强制打开抱闸信号。

> 注意
>
> 　在抱闸打开的时间 p1216 内，装置处于 STOP2 状态。变频器已经使能，无论设定值通道有没有使能，此时电流和转矩的曲线会发生变化，不会保持在阈值，所以如果采用电流或者力矩作为抱闸打开阈值时需要考虑装置在 STOP2 状态时变化的量。建议使用 r1482 作为打开抱闸的阈值。此值在 STOP2 状态中，变化可以忽略不计。
>
> 　如果想形成一定转矩再打开抱闸，且不撤销出厂设置 p1152 = r0899.15，可以通过附加转矩的方式进行设置。例如在 p1511.0 中设置附加转矩的曲线，设置附加转矩的曲线可以通过 DCC 或者 PLC 实现，根据实际情况进行附加转矩曲线设置。

4. 示例

（1）电动机在带抱闸情况下起动

通电后，如果希望给出所需使能后，设定值就立即使能，即使抱闸还没有打开（p1152 = 1）。此时必须撤销出厂设置 p1152 = r0899.15。驱动会在抱闸力相反的方向上形成转矩。如果电动机转矩或电动机电流（p1220）超过了阈值 1（p1221），抱闸便打开。抱闸完全打开的时间长短不一，取决于抱闸的类型和规格。此时应注意，超出制动转矩阈值后，装置进入 STOP2 状态（r0899.2 = 0，r0046.21 = 1），从而使电动机电流不超出允许的极限值，或避免产生的电动机转矩损坏制动，经过制动打开时间（p1216）后恢复。应根据抱闸松开实际需要的时间设置 p1216。

（2）紧急制动

在紧急制动情况下需要同时达到电气制动和机械制动。此时可以将 OFF3 用作紧急制动的触发信号 p1219 ［0］= r0898.2 和 p1275.00 = 1（OFF3 设置为"立即闭合抱闸"，并取反）。应将 OFF3 减速时间（p1135）设为 0，防止变频器在抱闸闭合时运行。电动机抱闸回馈的能量需要反馈回电网或通过制动电阻消耗。

（3）起重机驱动上的运行抱闸

在带手动控制装置的起重机上，驱动必须能够立即对控制杆即主控开关的动作做出响应。此时，设置参数 p1276 = 300s，驱动通过"ON"指令（p0840）上电（脉冲已使能）。而转速设定值（p1142）和速度控制器（p0856）处于锁定状态。电动机已励磁，因而省去了交流电动机上通常需要的励磁时间，大约 1 ~ 2s。现在，在主控开关偏转和电动机旋转之间只间隔了抱闸打开时间。一旦主控开关偏转，便发出"来自控制系统的设定值使能"（该位和 p1142、p1279 ［1］、p1224 ［0］互联），立即使能速度控制器。在抱闸打开时间（p1216）到后，使能转速设定值。主控开关处于零位时，转速设定值被锁定，驱动会沿着斜坡函数发生器的下降斜坡减速，一旦低过静止状态检测阈值（p1226），抱闸立即闭合。在抱闸闭合时间（p1217）结束后，速度控制器被锁定，现在电动机无法旋转。此处使用的是扩展抱闸控制。

用于起重的扩展抱闸控制设置界面如图 8-73 所示。

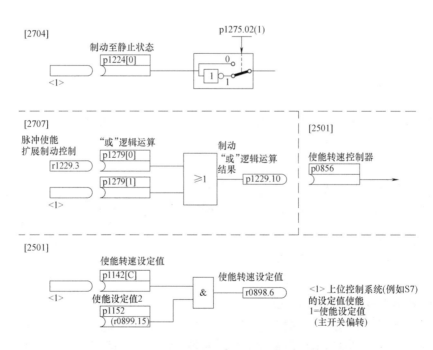

图 8-73　用于起重的扩展抱闸控制设置界面

8.4.4　位置控制

S120 矢量轴支持基本定位功能，在激活基本定位功能时"位置控制"功能被自动激活（r0108.3 = 1），并且只有对位置控制进行正确的配置才能保证基本定位器的正常工作。

1. 一般特性

位置控制器主要包括以下部分：

1）位置实际值处理。

2）位置控制器。

3）监控。

2. 位置实际值处理

位置实际值处理可将位置实际值转换为中性长度单位 LU（LengthUnit）。通过编码器接口 Gn_XIST1、Gn_XIST2、Gn_STW 和 Gn_ZSW 进行位置信息采集。而这些接口提供包含编码器线数和细分分辨率（增量）的位置信息。

不管位置控制器是否使能，一旦系统起动并通过编码器接口获得有效值后，便立即开始处理位置实际值。通过参数 p2502（编码器分配）可以指定由哪个编码器（1、2 或 3）来采集位置实际值。

在分配编码器后会自动执行以下互联：

1）p0480［0］（G1_STW）=编码器控制字 r2520［0］。

2）p0480［1］（G2_STW）=编码器控制字 r2520［1］。

3）p0480［2］（G3_STW）=编码器控制字 r2520［2］。

p2502 =1 电动机编码器 1 用作位置控制如图 8-74 所示。

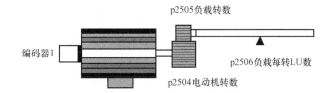

图 8-74　p2502 =1 电动机编码器 1 用作位置控制

p2502 =2 外部编码器 2 用作位置控制如图 8-75 所示。

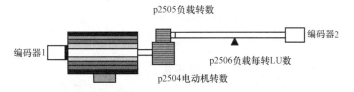

图 8-75　p2502 =2 外部编码器 2 用作位置控制

在使用旋转编码器时，物理量和中性长度单位 LU 的关系由参数 p2506（负载每转的 LU 数）确定。参数 p2506 和 p2504、p2505 共同确定了编码器增量和中性长度单位 LU 之间的关系。

示例：

旋转编码器、滚珠丝杠螺距为 10mm/rev。要求每 10mm 的分辨率为 1μm，即：1LU = 1μm。则：p2506 = 10mm/1μm = 10000LU。

3. 位置控制器

位置控制器是一个比例积分控制器（默认采用纯比例控制）。比例增益可以由模拟量互联输入 p2537（位置控制器适配）和参数 p2538（Kp）的乘积加以调节。没有前馈的位置控制器，转速设定值由模拟量互联输入 p2541（限制）设定极限。这个模拟量互联输入已经和输出 p2540 预联。位置控制器的使能信号可通过二进制互联输入 p2549（位置控制器 1 使能）和 p2550（位置控制器 2 使能）相与来激活。位置控制器如图 8-76 所示。

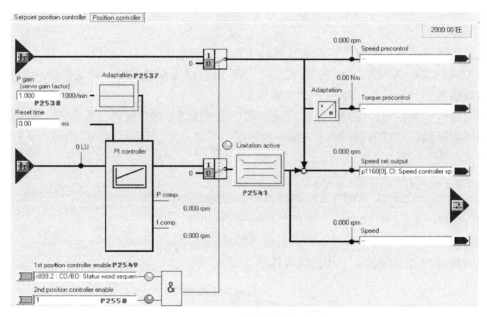

图 8-76　位置控制器

4. 监控

位置控制器可以监控静态、定位状态和跟随误差。静态监控由二进制互联输入 p2551（设定值静止）和 p2542（静态窗口）激活。如果在监控时间（p2543）到达后没有进入静态窗口，则输出故障 F07450。定位监控由二进制互联输入 p2551（设定值静止）、p2554 = 0（运动指令不生效）以及 p2544（定位窗口）激活。在监控时间（p2545）到达后会检查定位窗口。如果没有进入该窗口，则输出故障 F07451。

位置监控如图 8-77 所示。

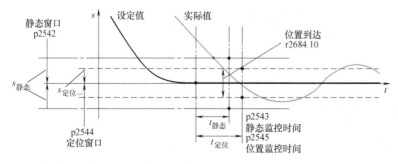

图 8-77　位置监控

8.4.5　基本定位器

基本定位器（EPOS）用于线性轴和回转轴（模数轴）的绝对式或相对式定位，这些轴需带有电动机编码器（间接测量系统）或负载机械编码器（直接测量系统）。EPOS 可以用于伺服和矢量两种控制模式。STARTER 提供了直观的图形来指导基本定位器的配置、调试和诊断。通过 STARTER 的控制面板可以进行基本定位和转速闭环控制。

在 STARTER 的调试向导中激活基本定位器（r0108.4 = 1）后，即可自动激活位置控制（r0108.3 = 1），同时所需的 BICO 互联也自动进行。

基本定位功能主要包括下列子功能：

1）限幅。

2）点动。

3）回参考点。

4）程序段。

5）设定值直接给定（MDI）。

1. 限幅功能

该功能可以为速度、加速度和减速度、加加速度设置限幅，或设置软限位和硬限位开关。

（1）最大速度

轴的最大速度由参数 p2571 确定。设置的速度不允许大于 r1084 和 r1087 中的最大转速。如果在回参考点时的倍率（p2646）设定，或在运动程序段中的速度设定超过该限幅，轴速度会被限制在该最大速度内。参数 p2571（最大速度）可以确定最大运行速度，单位为 1000LU/min。最大速度的更改也会影响正在执行的运行任务的速度。该限制针对定位运行的以下方式：

1）点动 JOG。

2）运动程序段执行。

3）用于定位/设置的设定值直接给定/MDI。

4）主动回参考点。

（2）最大加速度/减速度

参数 p2572 和 p2573 可以确定最大加速度和最大减速度。这两个参数的单位都是 $1000LU/s^2$。这两个值和以下运行方式相关：

1）点动 JOG。

2）运动程序段执行。

3）用于定位/设置的设定值直接给定/MDI。

4）主动回参考点。

在出现响应为 OFF1/OFF2/OFF3 的故障时，这些参数失效。

在"运动程序段执行"运行方式中，可以按照最大加速度和减速度的整数百分比（1%，2%...100%）设置加速度或减速度。在"用于定位和调整的设定值直接给定/MDI"运行方式中，可以给定加速度或减速度倍率（赋值十六进制 4000 = 100%）。

（3）加加速度限幅

没有加加速度限制时，驱动的加速度和减速度会出现剧烈变化。图 8-78 中展示了没有加加速度限制时的运动属性。此时加速度和减速度设定值立即生效。驱动开始加速，达到设定速度，然后便进入恒速阶段。

通过加加速度限制可以实现加速度和减速度的平缓变化。如图 8-79 所示，这样可以获得一个比较"平滑"的加速过程。在理想情况下，加速度或减速度应呈线性。

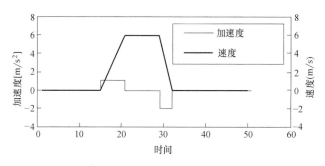

图 8-78　没有激活加加速度限制

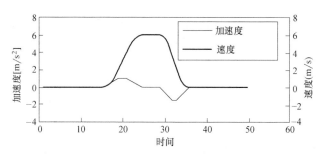

图 8-79　激活加加速度限幅

在参数 p2574（加加速度限制）中，可以共同为加速和减速过程设置一个最大斜率 r_k，单位为 LU/s³。分辨率为 1000LU/s³。为了永久激活加加速度限制，应将参数 p2575（激活加加速度限制）设为 1。此时，在"运动程序段执行"运行方式下，不能通过指令"JERK"激活或取消该限制。而是应将参数 p2575 设为零来激活或取消限制。状态信号 r2684.6（加加速度限制生效）可以显示该限制是否激活。在以下运行方式中，加加速度限制生效：

1）JOG。

2）运动程序段执行。

3）用于定位和设置的设定值直接给定/MDI。

4）主动回参考点。

5）由报警引起的停止响应。

在出现响应为 OFF1/OFF2/OFF3 的信息时，加加速度限制失效。

（4）软限位开关

在满足了以下条件时，模拟量互联输入 p2578（负向软限位开关）和 p2579（正向软限位开关）会限制位置设定值：

1）软限位开关激活（p2582 = 1）。

2）参考点已设置（r2684.11 = 1）。

3）模态补偿没有激活（p2577 = 0）。

在出厂设置中，模拟量互联输入已经和模拟量输出 p2580（负向软限位开关）或 p2581（正向软限位开关）相连。

（5）硬限位开关

轴的运动范围既可以采用软件方法，即软限位开关加以限制，也可以采用硬件方法加以限制。硬件上可以使用硬限位开关（STOP Cam）。当二进制互联输入 p2568（激活硬限位开关）给出 1 信号后，硬限位开关的功能激活。

一旦给出使能，便会检查二进制互联输入 p2569（负向硬限位开关）和 p2570（正向硬限位开关）是否激活。如果 p2569 或 p2570 给出的是 0 信号，即低电平信号，则表示这些输入已经激活。在硬限位开关（p2569 或 p2570）激活后，当前运动以 OFF3 停止，r2684.13（负向硬限位开关激活）或 r2684.14（正向硬限位开关激活）置位。在激活硬限位开关时只允许执行离开硬限位开关的动作，当两个硬限位开关都响应时不允许任何运动。

轴反向离开硬限位开关且经过限位开关 0/1 上升沿变化后，相应的状态位（r2684.13 或 r2684.14）随即复位。

2. 点动功能（JOG）

通过参数 p2591 可以在增量式点动（位置模式）和速度式点动之间切换。

通过点动信号 p2589 和 p2590 可以设定运行距离（p2587、p2588）和速度（p2585、p2586）。只有在 p2591（增量式点动）给出 1 信号时，运行距离才生效。p2591 = 0 时，轴会按设定的速度移动。

3. 回参考点

在给机械系统上电后，必须建立机械零点的绝对位置基准以进行定位。这一过程被称为回参考点（回零）。

可以采用以下回参考点模式：

（1）设置参考点（所有编码器类型）

（2）增量编码器

1）主动回参考点 p2597 = 0：

■减速挡块和编码器零脉冲（p2607 = 1）；

■编码器零脉冲（p0495 = 0 或 p0494 = 0）；

■外部零脉冲（p0495 ≠ 0 或 p0494 ≠ 0）。

2）被动回参考点：p2597 = 1。

（3）绝对值编码器

1）绝对值编码器校准。

2）被动回参考点：p2597 = 1

在所有的上述模式中，都有一个模拟量互联输入 p2598，用于给定参考点坐标，以便可以通过上级控制系统修改或设定坐标值。在默认设置中，通过设置参数 p2599 来修改坐标，并且该参数已经连接到模拟量互联输入 p2598 上。

（1）设置参考点

如果没有任何运动指令生效，且位置实际值为有效值（p2658 = 1），则可以由二进制互联输入 p2596 给出的 0/1 上升沿设置参考点。

在暂停时也可设置参考点。

此时，驱动的当前实际位置变为参考点，它的坐标是模拟量互联输入 p2598 给定的坐标。设定值（r2665）会相应地做出更改。

（2）绝对值编码器校准

在调试期间必须校准绝对值编码器。在机械系统断电后，编码器的位置信息被保存。设置 p2507 = 2 后，可以借助 p2599 中的参考点坐标确定偏移值（p2525）。在计算位置实际值（r2521）时会使用该偏移。参数 p2507 会给出 3，报告编码器已校准；另外，位 r2684.11（参考点已设置）也置为 1。为永久采用数据，应保存编码器校准的偏移值（p2525），即执行"CopyRAMtoROM"。

（3）增量编码器回参考点

在使用增量编码器回参考点时，驱动会运行到它的参考点。整个的回参考点循环由驱动自行控制和监控。使用增量编码器时，必须在给机械系统上电后建立机械零点的绝对位置基准。在没有回参考点时，上电后位置实际值 x_0 会被设为 $x_0 = 0$。回参考点后，驱动可以多次运行到参考点。开始方向为正（p2604 = 0）的回参考点过程如图 8-80 所示。

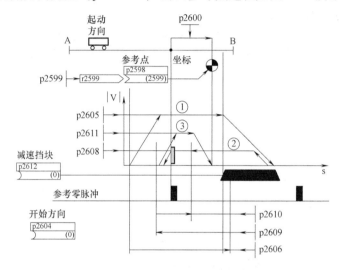

图 8-80　带减速挡块的回参考点

如果二进制互联输入 p2595（开始回参考点）给出信号，并同时选择了回参考点模式（p2597 状态为 0），便触发轴运行到减速挡块（p2607 = 1）。p2595 上的信号必须在整个回参考点过程中保持置位，否则会中断该过程。回参考点开始后，状态信号 r2684.11（参考点已设置）被复位。

在整个回参考点期间，软限位开关监控失效，只检查最大运动范围。必要时，可在该过程结束后重新激活监控。

只有在搜索减速挡块（步骤 1）期间，设置的速度倍率才起作用。这样可以确保始终以相同的速度越过"挡块末端"和"零脉冲"位置。

p2607 = 0 即没有减速挡块，表示在整个运动范围或模态范围内轴只有一个零脉冲。一旦在这种类型的轴上开始回参考点，会立即开始和参考零脉冲同步，参见步骤 2。

1）步骤 1：运行到减速挡块。

如果没有减速挡块（p2607 = 0），进入步骤 2。

在开始回参考点后，驱动以最大加速度（p2572）加速到减速挡块搜索速度（p2605）。搜索方向由二进制互联输入 p2604 的信号确定。

到达减速挡块后，二进制互联输入 p2612（减速挡块）会向驱动发出信号，接着驱动便以最大减速度（p2573）减速停止。

如果在回参考点期间发现二进制互联输入 p2613（负反向挡块）或 p2614（正反向挡块）上的信号激活，则反转搜索方向。

如果从正向逼近"负反向挡块"，或从负向逼近"正反向挡块"，驱动会输出故障信息 F07499（EPOS：从错误的运行方向逼近反向挡块）。此时必须检查反向挡块的互联端子，即 BI：p2613 和 BI：p2614，或检查逼近反向挡块的运行方向。

反向挡块为低电平有效。如果这两个反向挡块都激活，即 p2613 = "0" 且 p2614 = "0"，则驱动保持静止。一旦发现减速挡块，便立即和参考零脉冲同步，参见步骤 2。

如果轴从起始位置出发，朝着减速挡块运行了一段由参数 p2606（到减速挡块的最大距离）确定的位移后，没有找到减速挡块，则轴停止运行，并输出故障信息 F07458"没有发现减速挡块"。

如果在回参考点开始时轴已经位于挡块上，则立即开始和参考零脉冲同步，参见步骤 2。

2）步骤 2：与参考零脉冲同步（编码器零脉冲或外部零脉冲）。

编码器零脉冲带减速挡块（p2607 = 1）：

在步骤 2 中，轴朝二进制互联输入 p2604（回参考点开始方向）设置的相反方向，加速到 p2608（零脉冲搜索速度）中设定的速度。然后在距离 p2609（到零脉冲的最大距离）范围内搜索零脉冲。一旦轴离开减速挡块（p2612 = 0），并进入赋值的公差带（p2609-p2610），则开始搜索零脉冲，此时状态位 r2684.0 = 1（回参考点激活）。如果零脉冲位置已知（编码器赋值），则轴的实际位置会和零脉冲同步。轴开始回参考点，参见步骤 3。挡块末端和零脉冲之间的距离由参数 r2680 显示。

存在编码器零脉冲（p0495 = 0 或 p0494 = 0），无减速挡块（p2607 = 0）：

一旦检测到二进制互联输入 p2595 上发出的信号，便立即和参考零脉冲同步。轴沿着 p2604 给定的方向加速到参数 p2608 中设定的速度。然后和第一个零脉冲同步。接着开始运行到参考点，参见步骤 3。

存在外部零脉冲（p0494 ≠ 0 或 p0495 ≠ 0），无减速挡块（p2607 = 0）：

一旦检测到二进制互联输入 p2595 上发出的信号，便立即和外部零脉冲同步。轴沿着 p2604 给定的方向加速到参数 p2608 中设定的速度。驱动和第一个外部零脉冲（p0494 或 p0495）同步。接着驱动以相同的速度继续运行，开始回参考点，参见步骤 3。

3）步骤 3：运行到参考点。

如果轴成功和参考零脉冲同步，便开始运行到参考点，参见步骤 2。一旦发现参考零脉冲，轴便加速到参数 p2611 中设置的参考点搜索速度。并运行一段参考点偏移（p2600），即零脉冲和参考点之间的距离。轴到达参考点后，位置实际值和设定值会变为模拟量互联输入 p2598（参考点坐标）给定的值；在默认设置中，模拟量互联输入 p2598 已经连接到设置参数 p2599 上。轴随后回到参考点，状态信号 r2684.11（参考点已设置）置位。

（4）被动回参考点

被动回参考点用于补偿实际值采集的不精确性。可借此提升轴的定位精度。被动回参考点模式也称重新回参考点、位置监控，它由二进制互联输入 p2597 上发出的 1 信号选中；可以在每种运行方式下使用，被当前生效的运行方式覆盖（JOG、运动程序段执行、用于定位/设置的设定值直接给定）。不管是在增量式测量系统还是绝对式测量系统上，都可以选择被动回参考点。

在被动回参考点中进行增量式定位时，可以选择是否要为运动位移设置补偿值（p2603）。被动回参考点由二进制互联输入 p2595 上发出的 0/1 上升沿激活。p2595 上的信号必须在整个回参考点过程中保持置位，否则会中断该过程。

状态位 r2684.1（被动回参考点激活）和二进制互联输入 p2509（激活测头赋值）相连，它激活了测头赋值。通过二进制互联输入 p2510（测头选择）和 p2511（测头脉冲沿赋值）可以设置，此时需要使用的测头（1 或 2）以及使用的测量脉冲沿（0/1 或 1/0）。

测头脉冲通过参数 r2523 为模拟量互联输入 p2660 提供测量值。测量值的有效性经过 r2526.2 反馈给二进制互联输入 p2661（测量值有效的反馈）。接着会出现以下动作：

1）驱动还没有回参考点时，状态位 r2684.11 置为 1。

2）驱动已经回参考点，此时状态位 r2684.11 不会因被动回参考点的开始而复位。

3）驱动已经回参考点，而位置差值小于小窗口（p2601），则保留旧的位置实际值。

4）驱动已经回参考点，而位置差值大于大窗口（p2602），则输出报警 A07489 "参考点补偿超出窗口 2"，状态位 r2684.3（压力标记超出窗口 2）置位。此时不会执行位置实际值的补偿。

5）驱动已经回参考点，而位置差值大于小窗口（p2601）而小于大窗口（p2602），则补偿位置实际值。

说明

被动回参考点会被主动运行方式叠加，其不是一种主动运行方式。和主动回参考点相比，它不会影响加工过程。在默认设置中，被动回参考点会使用测头赋值，它由选择测头（p2510）和选择脉冲沿赋值（p2511）激活；默认设置中始终为测头 1，脉冲沿赋值为 0/1 上升沿。

---

4. 运动程序段

驱动系统中最多可以保存 64 个不同的运动任务。最大数量可以由参数 p2615 设置。在以下情况下，程序段切换时所有描述一个运动任务的参数都生效：

1）通过二进制互联输入 p2625 ~ p2630（程序段选择，位 0...5）以二进制代码选择了运动程序段编号，并通过 p2531（激活运动任务）上的信号激活。

2）在运动任务后切换了程序段。

3）触发了外部程序段切换 p2632。

运动程序段由具有固定结构的参数组设置。

4）运动程序段编号（p2616 [0...63]）：每个运动程序段必须具有一个指定的编号，也就是 STARTER 中的 "No."。该编号决定了程序段的执行顺序。编号为 " - 1" 的程序段被省略，以便为其它程序段留出位置。

5）任务（p2621 [0...63]）：

1：POSITIONING：该任务用于相对或绝对定位（p2623），p2627 为位置设定值。

2：FIXEDSTOP：该任务可以激活转矩降低的固定停止点运行，用于夹紧物件。

3：ENDLESS_POS：该任务可使驱动正向加速到设定值一直运行，直到限位/停步命令/任务改变。

4：ENDLESS_NEG：该任务可使驱动反向加速到设定值一直运行，直到限位/停步命令/任务改变。

5：WAITING：等待命令，等待时间由 p2622 设定（单位 ms），并修正到 p0115［5］的整数倍。

6：GOTO：跳转到 P2622 指定的块号。

7：SET_O：该任务可通过 P2622 最多置位两个二进制信号（r2683.10，r2683.11）。

8：RESET_O：该任务可通过 P2622 最多复位两个二进制信号（r2683.10，r2683.11）。

9：JERK：该任务可以激活或取消急动限制。

暂停和拒绝执行任务：

暂停由 p2640 给出的 0 信号激活。暂停激活后，驱动以设置的减速度（p2620 或 p2645）减速停机。

当前的运动任务可以由 p2641 上给出的 0 信号拒绝。拒绝后，驱动以最大减速度（p2573）减速停机。

只有在运行方式"运动程序段"和"设定值直接给定/MDI"中，"暂停"和"拒绝执行任务"功能才生效。

6）运动参数：

■目标位置和运动距离（p2617［0...63］）；

■速度（p2618［0...63］）；

■加速度倍率（p2619［0...63］）；

■减速度倍率（p2620［0...63］）。

7）任务模式（p2623［0...63］）：运动任务的执行模式可以由参数 p2623 设置。在 STARTER 中编写运动程序段时，该模式会自动写入。值 = 0000ccccbbbbaaaa。

■aaaa：标识。

000x→显示/隐藏程序段（x = 0：显示，x = 1：隐藏）隐藏的程序段无法通过二进制互联输入 p2625 ~ p2630 以二进制编码选取，若尝试此操作则会触发报警。

■bbbb：继续条件。

0000，END：p2631 上的 0/1 上升沿。

0001，CONTINUE_WITH_STOP：继续执行程序段前，首先精确逼近程序段中设定的位置：驱动减速停止并执行定位窗口监控。

0010，CONTINUE_ON-THE-FLY：一旦达到当前程序段中的制动动作点，会立即切换到下一个程序段中；在需要换向时，首先在定位窗口中停止，然后才切换程序段。

0011，CONTINUE_EXTERNAL：和"CONTINUE_ON-THE-FLY"类似，但在到达制动动作点前，可以通过一个 0/1 上升沿立即切换程序段。p2632 = 1 时，该 0/1 上升沿可以由二进制互联输入 p2633 触发；p2632 = 0 时，可以由测头输入 p2661 触发，该测头输入和功能模块"位置控制"的参数 r2526.2 相连。由测头采集的位置可以用作相对定位中精确的输出位置。如果没有触发外部程序段切换，则程序段在制动动作点上切换。

0100，CONTINUE_EXTERNAL_WAIT：在整个运动阶段，都可以通过控制信号"外部程序段切换"立即切换到下一个任务。如果没有触发"外部程序段切换"，则轴停止在设定的目标位置上，直到给出信号。和 CONTINUE_EXTERNAL 不同的是，此时轴会在目标位置上等待信号，而在 CONTINUE_EXTERNAL 中，如果没有触发"外部程序段切换"，程序段会立即在制动动作点上切换。

0101，CONTINUE_ EXTERNAL_ ALARM：和 "CONTINUE_ EXTERNAL_ WAIT" 类似，但如果在驱动停止前还没有触发 "外部程序段切换"，则输出报警 A07463 "运动程序段 x 中没有请求外部切换"。该报警可以转变为一个带停止响应的故障，以便在没有给出控制信号时中断程序段执行。

■cccc：定位模式。

它确定了 POSITIONING 任务（p2621 = 1）中驱动逼近设定位置的方式。

0000，ABSOLUTE：逼近 p2617 中设定的位置。

0001，RELATIVE：轴移动 p2617 中设定的距离。

0010，ABS_POS：只用于带模态补偿的回转轴。正向逼近 p2617 中设定的位置。

0011，ABS_NEG：只用于带模态补偿的回转轴。负向逼近 p2617 中设定的位置。

8）任务参数（不同指令，不同含义）：（p2622 [0...63]）。

5. 设定值直接给定（MDI）

使用 "设定值直接给定" 功能，可以通过直接给定设定值（例如：通过 PLC 过程数据）进行绝对、相对定位或在位置环中调整。

此外，还可以在运行期间控制运动参数，即迅速传输设定值，并可以在 "定位模式" 和 "速度模式" 之间迅速切换。即使轴没有回参考点，也可以在 "速度模式" 和 "相对定位" 模式中进行 "设定值直接给定"（MDI），此时借助 "被动回参考点" 可以迅速同步并重新回零，参见 "被动回参考点" 部分。

p2647 = 1 时，MDI 功能激活。此时分两种模式执行，即定位（p2653 = 0）和速度（p2653 = 1）。

在定位模式中，p2648 = 1 时，轴按照参数（位置、速度、加速度/减速度）实现绝对定位；p2648 = 0 时，轴按照参数 p2642 设定的距离实现相对定位。

在速度模式中，轴按照参数设定的速度、加速度和减速度运行。

这两个模式之间可以实现快速切换。

连续传输激活时（p2649 = 1），MDI 参数的修改会立即生效。否则只有在二进制互联输入 p2650 上发出上升沿后，数值的修改才生效。

6. 暂停和拒绝执行任务

暂停由 p2640 给出的 0 信号激活。暂停激活后，驱动以设置的减速度（p2620 或 p2645）减速停机。

当前的运动任务可以由 p2641 上给出的 0 信号拒绝。拒绝后驱动以最大减速度（p2573）减速停机。

关于基本定位的更多信息可参考下载中心文档：

S120 的基本定位功能

http：//www. ad. siemens. com. cn/download/docMessage. aspx？ID = 1300

S120 通过 111 报文来实现 BasicPosition 功能

http：//www. ad. siemens. com. cn/download/docMessage. aspx？ID = 4063

SINAMICS 120 驱动功能手册

http：//www. ad. siemens. com. cn/download/docMessage. aspx？ID = 7112

8.4.6　有源整流单元的主从功能

1. 功能原理

通过此功能可以实现逆变单元的冗余运行。冗余运行只适用于逆变单元、逆变单元和控制单元。在以下应用场合可以采用该功能：

1）提升装置，在紧急模式下设备仍需要继续运行，以便下放负载。

2）造纸机和轧机要求线性驱动仍能以降低的线速度继续运行。

3）输油平台，一旦一台整流单元出现故障，仍需要继续输油，即实现系统的冗余运行。

4）为扩展设备的输出功率，使用不同功率范围的整流单元。

5）供电系统或变压器上存在相位偏移、同一直流母线上存在电压差。

在主从逆变单元的运行中，每个逆变单元都必须由一个单独的控制单元控制。另外还需要一个上级控制器，例如 SIMATIC S7，它可以通过 PROFIBUS 从-从通信传送电流设定值，或者通过 TM31 模块的模拟信号给出电流设定值。在逆变单元选型合适时，一个逆变单元失效后，整个系统会继续运行，而不会降低输出功率。主装置由控制系统选定，并具有 Vdc 电压控制（参数 p3513 = 0）、电流控制功能。从装置直接从主装置获得设定值，只具有电流控制功能（参数 p3513 = 1）。

电源侧需要通过隔离变压器实现安全电气隔离，以避免在两台装置之间产生环流。

逆变单元可以通过一个直流断路器与直流母线隔开。

2. 基本结构

（1）描述

每个有源逆变单元（ALM）和一个控制单元（CU）、一个电压测量模块（VSM）通过 DRIVE-CLiQ 连接在一起，构成一条驱动支路。一个逆变单元和一个机柜安装式编码器模块（SMC）或外部编码器模块（SME）构成了一条驱动支路。一个控制单元控制整个驱动系统。一旦其中一个模块出现故障，最多只有该模块所在的支路失效。该故障情况可以通过可读参数 r0863. 0 作为故障信息传送给上位控制器。在上级控制器的用户程序中会对该故障加以分析评估，并发送相应的信号给其余的逆变单元。没有使用上级控制器时，也可以借助各个有源逆变单元中的 DCC 图分析故障。所有其它支路的功能完全正常，继续运行。

（2）特性

1）主从运行只用于有源逆变单元。

2）一个主装置，最多三个从装置。

3）主装置出现故障时，一个从装置会变为主装置。

4）一个整流支路失效时，其它整流单元会继续运行。

5）各个整流支路应通过电网实现电气隔离，防止由于不同步的触发而形成环流。

6）所有逆变单元都汇入一条共用的 DC 母排，即 DC 直流母线。

7）由于 ALM 不能识别直流母线是否被切断、直流母线熔断器是否熔断，为此必须装入其它的监控部件，即：DC 开关的反馈或熔断器反馈触点。

8）上位控制器通过 PROFIBUS/PROFINET 或模拟数据和 CU 以及 ALM 通信。如果不需要使用上位控制器，则必须在硬件上连接控制信号，例如：通过 TM31。

9）不同功率的整流支路可以组合在一起。

（3）拓扑结构

拓扑结构和 PROFIBUS 通信网络如图 8-81 所示。

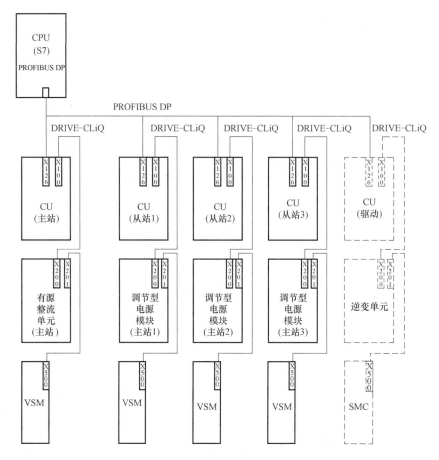

图 8-81　拓扑结构和 PROFIBUS 通信网络（带冗余电源模块的主从运行，4 条电源支路）

拓扑结构和 PROFIBUS 通信网络：带冗余的整流单元的主从运行（4 条整流支路），主从运行中最多可以采用 4 个 ALM。

（4）整流装置的电气隔离

在上述结构中，除了 SINAMICS 组件外，还需要实现和电网的电气隔离，避免由于有源整流单元 ALM 脉冲不同步而形成环流。

有两种电气隔离方案：

1）从装置回路使用各自的隔离变压器。隔离变压器的一次侧应与接地/不接地的电源变压器连接。二次侧不允许接地。

2）主装置和从装置各自连接到三绕组变压器的一个二次侧绕组。其中，只有星形绕组的公共点可以接地。

在采用这两种方案时应注意，每个 ALM（从装置 1~3 个）应使用单独的变压器。其配置方案可以参考，有源整流装置的冗余电源配置。

（5）DC 断路器

说明
失效的整流单元在电网侧由电源接触器断开；在直流母线侧由 DC 断路器断开。整流单元不允许连接到已经充电的直流母线上。在切换到另一个整流支路前，直流母线必须放电。只有 DC 断路器回路中配置了预充电回路时，才可以将整流单元连接到已经充电的直流母线上。

3. 通信类型

主从整流装置运行中需要 CU 之间相互通信。此时，有功电流设定值从主装置传送到从装置。

为优化 Vdc 控制（直流母线电压），通信时的时滞应尽可能短。

（1）PROFIBUS 从 - 从通信

数据直接在 CU 之间传送，无需通过 DP 主站。此时需要一个 PROFIBUS 主站（上位控制器），例如：S7-CPU。PROFIBUS 最小可设置的循环时间由 PROFIBUS 主站的性能决定。

在 PROFIBUS 上应设置等时同步模式。PROFIBUS 循环时间最大不能超过 2ms，如果超出该时间，可能会引起控制回路的振荡。为防止一个 CU 失效同时引起其它整流单元失效，必须屏蔽可能会输出的故障信息 F01946 "与 Publisher 的连接中断"。

在 p2100［0..19］的某个参数中设置 "1946"，并设置 p2101［x］= 0，便可以锁定故障信息 F01946。这样从 - 从通信中的某个节点失效时，驱动不会停机。

主从整流单元运行时，通常应设置相同的电流控制器周期，特别是整流单元功率不同时。

PROFIBUS 节点或驱动的数量增加时，总线循环时间或电流控制器的采样时间也会受到影响。

（2）通过模拟设定值进行通信

除了总线通信外，也可以在控制单元和端子模块 31（TM31）之间传送模拟设定值给定。模拟量输入/输出的采样时间在出厂时为 4ms，参数为 p4099［1/2］TM31 输入/输出采样时间。该采样时间必须设为基本采样时间（r0110）的整数倍值。为了实现整流单元的主从运行，整流单元的电流控制器周期必须设置相同的最小分母。模拟量输入/输出的采样时间必须设为和电流控制器周期相同的值，例如：250μs。这样从装置便可以在第二个电流控制器周期中循环接收模拟量设定值。此时死区时间为一个电流控制器周期。

这种方式的优点在于，通信系统的配置不受总线和主站的影响。

缺点是需要额外的硬件（接线），并且每个 CU 都要配备一个 TM31。而且 EMC 干扰也可能增加。在这种方式下，上位控制器如 SIMATIC S7 不是必需的。可以选择采用单个 CU 中的 DCC 图来实现控制。

4. 功能说明

"主从" 功能并不是在上位控制器中实现，而是直接在 CU 的固件和有源整流单元中实现，并通过信号 r0108.19 = 1 即 "在 STARTER 中选中了主从功能" 加以显示。在该功能模块内，Vdc 控制带和电流设定值给定是由 ALM 控制回路的多路选择器来确定。

所有有源整流单元的设置必须确保，整流单元既可以用作主装置，也可以用作从装置。在整流单元运行时，可以自由地切换主装置和从装置，切换由上级控制器通过参数 p3513 执行。

主装置可以采用 Vdc 控制（p3513 = 0）和电流控制，而从装置只能采用电流控制

（p3513＝1）。由主装置给定的有功电流设定值 $I_{有功}$（设定）经过控制单元的通信回路传送到从装置。

如果在有源整流单元（ALM）上为了补偿无功功率而使用了外部无功电流设定值，该值也必须接入，以便传送给从装置。主从运行的设定值只给出了有功电流。在某个 ALM 失效后，通电时请注意，直流母线电容 C_{dc} 不能超出剩下的 ALM 的最大允许的充电能力的要求，否则可能会使预充电电阻过载。

在运行中可修改参数 p3422（C_{dc} 电容）。这样在主从切换时便可以直接通过该参数调节控制，而不再需要调节 Vdc 控制器的比例增益（p3560）。修改参数 p3422 后，固件会自动重新计算参数 p3560。

主从整流运行的框图如图 8-82 所示。

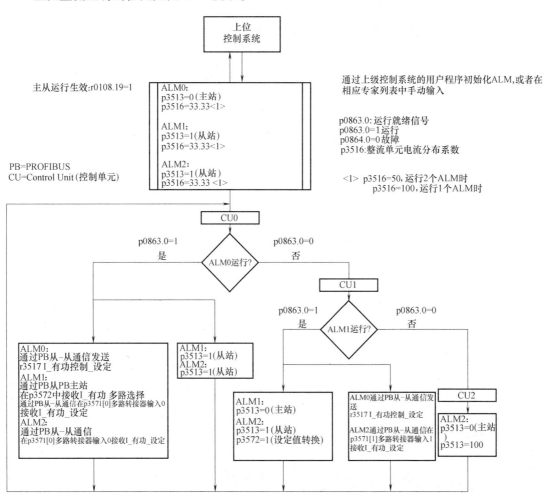

图 8-82　主从整流运行的框图（3 个功率相同的 ALM，通信类型 PROFIBUS）

功能图

功能模块"主从整流"的工作方式请见功能图 8940 和 8948（参见 SINAMICSS120/S150 参数手册）。

对功能图的解释

1）电流设定值的连接：参数 p3570 用于接入电流控制的设定值，即来自主装置的有功电流的设定值。主装置和从装置之间的切换由上位控制器通过参数 p3513 实现：p3513 = 0 时为采用 Vdc 控制的主装置，p3513 = 1 时为采用电流控制的从装置；该参数可以在"运行就绪"状态下修改。

2）电流设定值的选择：电流设定值由一个带 4 个输入端的多路选择器（X0 ~ X3）（p3571.0 ~ p3571.3）、控制字（XCS）（p3572）选择。因此，在主装置失效时，仍可以选择新的主装置的电流设定值。

3）电流分布系数的选择：为了在负载比例不均衡的情况下，避免直流母线电压控制器动态特性降低，必须在一个整流单元故障或激活时立即更新电流分布系数。电流分布系数由当前有效的整流单元数量和额定数据计算得出。所有生效的整流单元的电流分布系数总和必须始终是 100%。可采用含 6 个输入端（X0 ~ X5）（p3576.0 ~ 5）的多路选择器通过控制字（XCS）（p3577）选择电流分布系数。或者可以在上位控制系统中计算新的电流分布系数，通过循环 PROFIBUS-PZD 报文发送，并直接与模拟量互联输入"整流：附加电流分布系数"（p3579）互联。还有一种方案是通过参数 p3516 的非循环 PROFIBUS 参数写入任务对电流分布系数进行更新。不过此时会存在时滞。对于无多路选择器的方案，此系数可用于其它功能。

4）Vdc 控制带：在主从整流运行时，如果直流母线的负载突然变化，例如：负载冲击或紧急停止，可能会超出 Vdc 极限值。因此通过 Vdc 控制带对直流母线电压进行监控。通过 Vdc 控制带可以设定一个带回差的特定电压范围，其中，参数 p3574.0/1 用于设置 Vdc 电压带的上限和下限；参数 p3574.2/3 用于设置电压上限和下限的回差。若直流母线电压离开此电压范围，则会产生一个信号。通过分析此信号，从装置从电流控制转换为电压控制。直流母线电压重新回到该范围内时，从装置再次切换至电流控制。此时 Vdc 控制一直处于"待机"状态并在必要的状况下被重新激活。

5. 调试

（1）电源识别和直流母线识别

在 STARTER 中选中"主从"运行选项前，必须在调试时在每个整流支路上执行电源识别和直流母线识别。在每个整流单元识别结束后会正确设置用于电流控制的电感、用于电压控制的直流母线电容。如果使用了一个 DC 断路器将整流单元从直流母线上断开，在一个整流单元被切断后，必须重新在所有生效的整流单元上执行直流母线识别，因此必须重新采集直流母线电容。如果没有重新执行识别，发生改变的直流母线电容会影响 Vdc 控制的动态响应。

说明

直流母线电压设定值的校准为了确保 Vdc 公差带监控生效，需要将 p3510 中的主装置和从装置直流母线电压 Vdc 设定值设为相同的数值。

（2）激活主从功能

"主从"功能可以通过复选框/选项"主从"激活，该选项位于整流单元的 STARTER 向导中。可以通过参数 r0108.19 查看 CU 或有源整流单元（ALM）中的该功能是否生效，生效时 r0108.19 = 1。所有其它必需的参数可以通过相应的整流单元的专家参数表来设置。

说明

在 ALM 的主从运行中，总线循环时间最大允许为 2ms。若总线循环时间更长，则必须大幅削减动态特性（p3560）。此时不再能确保对负载冲击的控制。

总线循环时间增大时，可能会出现直流母线电压振荡，但通过降低动态响应（p3560）还能够对振荡加以控制。而当总线循环时间超出 2ms 时，便无法确保运行安全。

选择的 Vdc 设定值 p3510 必须足够大，确保即使在电源过电压下备用控制器也不会响应，必要时可以提高调制模式的响应阈值，但在过调制时会出现谐波电流和谐波电压。

如果没有采取上述方法，而确实需要调用备用控制器响应时，请务必选择足够大的公差带。

（3）主从切换

一旦运行中某个功率部件失效，上位控制系统可以将任一条整流支路从电流控制（从装置模式）切换到直流母线电压控制（主装置模式），反之亦然，或返回到从装置模式（主装置的参数设置为 p3513 = 0；从装置为 p3513 = 1）。

（4）运行中接入 ALM

在主从运行中首先必须将有源整流单元（ALM）作为从装置。

（5）运行中断开 ALM

需要在从装置状态下通过 OFF2（脉冲禁止）将有源整流装置（ALM）从主从运行组中断开。若主装置由于故障（OFF2 响应，脉冲禁止）断开，则必须立即将一个从装置切换作为主装置。

在一个整流主从控制组中不可同时运行两个主装置。

8.4.7 功率部件的并联

SINAMICS S120 支持相同功率单元（例如：整流单元和/或逆变单元）的并联，用于增大功率。功率单元并联的前提如下：

1）型号相同。

2）额定功率相同。

3）额定电压相同。

4）固件版本相同。

5）装机装柜型或机柜型。

6）逆变单元必须采用矢量控制运行。

在以下情况下，我们推荐并联整流单元和逆变单元：

1）需要提高变频器功率，但无法通过其它技术措施或以经济的方式达到所需功率。

2）需要提高变频器可用性，比如一个功率单元故障时仍可以使变频器以紧急模式（功率可能有所降低）工作。

在以下情况下不允许使能并联运行：

1）并联不同类型的整流单元（例如：基本整流单元和回馈整流单元混用，基本整流单元和有源整流单元混用）。

2）采用伺服控制的逆变单元。

3）书本型和模块型整流单元和逆变单元。

1. 特性

并联的主要特性包括：

1）一个电动机上最多可以并联 4 个逆变单元：

－带多绕组系统的电动机（p7003 = 1）上可以并联多个逆变单元；

－带单绕组系统的电动机（p7003 = 0）上可以并联多个逆变单元。

说明
建议使用具有多绕组系统的电动机。

小心

必须考虑 SINAMICS S120 装机装柜型功率单元手册中的附加提示。

2）闭环/开环控制的整流单元上可以最多 4 个并联。

3）一个用于控制整流侧和电动机侧并联功率单元的控制单元可以对一个附加驱动进行控制，例如辅助驱动。

4）冗余运行：两个用于控制整流侧和电动机侧并联功率单元的控制单元不可对附加驱动进行控制。

5）并联功率单元必须连接至相同的控制单元。

6）一个 CU320-2 控制单元最多可同时对一个整流侧并联和一个电动机侧并联进行控制。

7）建议在整流和电动机侧采用相应组件，用于并联功率单元之间的解耦，确保电流均匀分布。

8）调试方便，无需专门设定参数。

9）单个功率单元可以通过 p7000 设置或诊断。

8.5　监控和保护

8.5.1　一般功率部件保护

SINAMICS 功率单元具有全面的功率单元保护功能。一般功率单元保护见表 8-22。

表 8-22　一般功率单元保护

保护类型	保护措施	反　应
过电流保护[1]	采用两个阈值监控： ● 超出第一个阈值	A30031，A30032，A30033 各相的电流限制功能响应 出错相中的脉冲会被禁止一个脉冲周期 频繁出现过电流时会输出 F30017→OFF2
	● 超出第二个阈值	F30001"过电流"→OFF2
过电压保护[1]	比较直流母线电压和硬件断路阈值	F30002："过电压"→OFF2
欠电压保护[1]	比较直流母线电压和硬件断路阈值	F30003"欠电压"→OFF2
短路保护[1]	● 监控过电流的第二个阈值	F30001"过电流"→OFF2
	● IGBT 模块的 U_{ce} 监控（只针对装机装柜型）	F30022"U_{ce}监控"→OFF2（只针对装机装柜型）
接地	相电流总和监控	超出 p0287 中的阈值后： F30021"功率单元：接地" →OFF2 说明： 所有相电流的总和显示在 r0069[6]中，p0287[1]应设为大于隔离完好时相电流总和的值
电源缺相识别[1]		F30011"主电路中电源缺相"→OFF2

1）监控阈值在变频器中固定设定，无法改变。

8.5.2　热监控和过载响应

功率单元热监控的任务是识别出临界状态。用户可以设定超出报警阈值后的响应方式，允许驱动继续以降低的功率运行，避免立即切断。然而，这些设定的响应方式只在低于关断阈值时生效，用户无法修改这些阈值。

1. 热监控

1）I^2t 监控-A07805-F30005。

I^2t 监控用于保护某些热时间常数大于半导体的部件。一旦变频器负载率 r0036 显示出大于 100% 的值（负载率相对于额定运行），I^2t 便认为变频器过载。

2）散热器温度-A05000-F30004。

用于对功率半导体上的散热器温度 r0037.0 进行监控（IGBT）。

3）芯片温度-A05001-F30025。

在 IGBT 阻挡层和散热器之间可能会存在明显的温差。在 r0037［13...18］中显示计算出的阻挡层温度；监控用于确保不超出所给定的阻挡层温度最大值。

在这三种监控功能下一旦出现过载，都会首先输出一条报警。可以相对于关断阈值设定报警阈值 p0294（I^2t 监控）。

4）示例

两个传感器之间的温度差值不可大于 15K；对于散热器和进风的温度监控，温度差值被设为 5K。也就是说，在低于关断阈值 15K 或 5K 时会触发超温报警。通过 p0294 只能修改报警阈值，从而更早地获取报警，并在必要时对驱动过程进行干预（例如减少负载、降低环境温度）。

2. 过载响应

功率单元会进行响应，并输出报警 A07805。同时控制单元也会通过 p0290 进行所设置的响应，并输出报警。此时可能出现的响应有：

1）降低脉冲频率（p0290 = 2，3）

由于开关损耗在总损耗中所占比例很大，所以这是一种可以有效降低功率单元损耗的方法。在很多应用中，为了继续运行会允许暂时降低脉冲频率。

缺点：

降低脉冲频率会使电流脉动增加，同样也会使低转动惯量的电动机轴上转矩脉动增加，从而增大噪声等级。但降低脉冲频率不会影响电流环的动态响应性能，因为电流环的采样时间保持不变。

2）降低输出频率（p0290 = 0，2）

如果不希望降低脉冲频率，或脉冲频率已设为最低频率，建议采用这种方法。此外，负载也应具有和风机类似的特性曲线，即降速时的二次方转矩特性曲线。降低输出频率会明显降低变频器的输出电流，同样也会降低功率单元损耗。

3）不降低（p0290 = 1）

如果没有必要降低脉冲频率或输出电流，可以采用该选项。超出报警阈值后，变频器不会改变它的工作点，使得驱动继续运行，达到关断阈值。在达到关断阈值后变频器断开，并输出故障 A05000（功率单元：变频器散热器超温）、A05001（功率单元：芯片超温）或 A07850（驱动：功率单元 I^2t 过载）。但自行关断的时间没有定义，而是取决于过载程度。

4）控制单元 CU310-2 配备了一个电子控制的风扇。装入式传感器识别出超温时，起动集成风扇对控制单元进行冷却。

8.5.3 堵转保护

只有当驱动转速低于可设定的转速阈值（p2175）时，才触发"电动机堵转"故障。而在矢量控制中，速度控制器达到极限时才会触发该故障信息；在 V/f 控制中，必须达到电流极限。

在接通延时（p2177）结束后，会生成信息"电动机堵转"和故障 F07900。

通过 p2144 可取消堵转监控使能。

堵转保护功能图如图 8-83 所示。

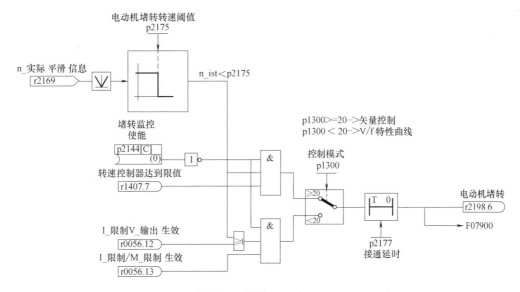

图 8-83　堵转保护功能图

8.5.4 失步保护（仅适用于矢量控制）

在带编码器的闭环转速控制中，如果超出了 p1744 中设定的、用于识别电动机失步的转速阈值，则 r1408.11（速度适配，转速差）置位。

如果在低速区，即低于 p1755*（100% - p1756）的转速范围，超出了 p1745 中设定的故障阈值，则 r1408.12（电动机失步）置位。

一旦两个信号中的某个信号置位，在 p2178 中的延迟时间经过后便触发故障信息 F7902（电动机失步）。

失步保护功能图如图 8-84 所示。

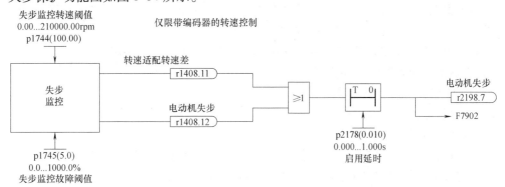

图 8-84　失步保护功能图

8.6 电动机热保护

电动机热保护功能用于监控电动机温度，在电动机过热时发出报警或故障信息。电动机温度既可以通过电动机上的传感器检测，也可以不用传感器而是借助温度模型从电动机运行数据中计算得出。传感器检测和电动机温度模型这两种方式也可以组合使用。一旦该功能检测出或计算出临界电动机温度，便立即触发电动机保护措施。

在用温度传感器进行电动机热保护时，温度传感器直接检测电动机绕组的温度。温度传感器可连接到控制单元上，也可连接到逆变单元或附加模块上。传感器检测出的温度值会传输到控制单元，控制单元随后根据参数设置发出对应的响应。驱动电源断电再上电时当前电动机温度可立即使用。

在用电动机热模型实现的电动机热保护中，有多种电动机热模型可使用。电动机温度是根据电动机的运行数据计算出的，各个电动机热模型使用的运行数据不同：3 质量块模型时使用电动机部件的质量和冷却方式；I^2t 模型（用于同步电动机）使用各个运行时间点上的电动机电流。设置 p0600 [0...n] = 0、p0612.00 = 1 和 p0612.01 = 1 可激活电动机热模型。其它信息参见"温度模型"。

如果使用的电动机是标准电动机列表中的电动机或者带有 DRIVE-CLiQ 接口，相关的电动机数据会自动传送给控制单元。

在矢量控制中，可通过 p0610 设置驱动检测出电动机过热时的响应方式。电动机可以立即关机或者继续工作，但功率降低、负载降低或其它条件下。

8.6.1 电动机热模型

电动机热模型用于在无温度传感器或温度传感器断开（p0600 = 0）的情况下实现电动机热保护。也可同时使用温度传感器和电动机热模型，例如针对传感器无法及时识别的、可能会造成电动机损坏的急速升温。在热容较低的电动机上可能会出现此状况。

不同热模型的计算依据不同，有的是将电动机分成各个部件（定子和转子），有的是依据电动机电流和热时间常数。当然，也可以组合使用电动机热模型和温度传感器来实现电动机热保护。

1. 电动机热模型 1

电动机热模型 1 仅适用于同步电动机。其以持续电流测量为基础。在该模型中，电动机的动态负载由电动机电流和电动机模型时间常数计算得出。也可以组合使用温度传感器来测量电动机绕组温度，以及将这一因素考虑在内。

设置 p0612.00 = 1 激活 I^2t 电动机热模型。

参数 r0034 会显示电动机负载率。参数 r0034 通过以下值计算得出：

1) 电流实际值绝对值 r0068。

2) I^2t 电动机热模型时间常量 p0611。

3) 电动机静止电流 p0318。

4) 测得的电动机温度 r0035。

在超出报警阈值 p0605 时会触发报警 A07012 "电动机温度模型超温"。

在超出报警阈值 p0615 时会触发故障 F07011 "电动机超温"。

2. 电动机热模型 2

电动机热模型 2 适用于异步电动机。其为 3 质量块热模型。

设置 p0612.01 = 1 激活 3 质量块热模型。请在 p0344 中输入电动机总质量。3 质量块模型把电动机总质量分成以下几块：

1）p0617：会发热的铁的质量（定子叠片铁芯和外壳），p0344 的% 值。

2）p0618：会发热的铜的质量（定子绕组），p0344 的% 值。

3）p0619：会发热的转子质量，p0344 的% 值。

4）p0625：环境温度。

5）p0626：定子铁芯过热。

6）p0627：定子绕组超温。

7）p0628：转子绕组超温。

电动机超温以电动机测量值为基础计算。计算出的超温在以下参数中显示：

1）r0630：电动机温度模型环境温度。

2）r0631：电动机温度模型定子铁芯温度。

3）r0632：电动机温度模型定子绕组温度。

4）r0633：电动机温度模型转子温度。

在电动机热模型 2 和 KTY84 温度传感器组合使用时，模型计算出的温度值会一直跟踪传感器实测出的温度值。在通过 p0600 = 0 关闭温度传感器后，驱动采用关闭前最后测得的温度值继续计算。

3. 电动机热模型 3

电动机热模型 3 仅适用于 1FK7Basis 型电动机。此电动机结构类型为内置温度传感器。电动机热模型 3 是 3 质量块热模型。其通过 p0612.02 = 1 激活。所需参数会在调试期间自动通过 DRIVE-CLiQ 传送给电动机模型。

电动机过热以电动机测量值为基础计算。计算出的过热在以下参数中显示：

1）r0034：电动机负载率。

2）r0630：电动机温度模型环境温度。

3）r0631：电动机温度模型定子铁芯温度。

4）r0632：电动机温度模型定子绕组温度。

5）r0633：电动机温度模型转子温度。

电动机列表见表 8-23。

表 8-23　电动机列表

	电动机型号		电动机型号
1	1FK7041-8GF71	5	1FK7100-8FC71
2	1FK7042-8GF71	6	1FK7101-8FC71
3	1FK7060-8GF71	7	1FK7103-8FB71
4	1FK7063-8GF71	8	1FK7105-8FB71

8.6.2　电动机温度检测

1. 温度传感器

电动机温度由埋在电动机绕组内的温度传感器检测出。S120 中可以接入的温度传感器有以下四种型号可供选择：

1）PTC。

2）KTY84。

3）PT100/PT1000。

4）带常闭触点的双金属传感器（简称"双金属常闭触点"）。

2. PTC 的功能

温度传感器应连接到编码器模块的端子" + 温度"和" − 温度"上，参见 SINAMICS S120 控制单元和扩展系统组件设备手册中的相应章节。发出报警或故障的阈值为 1650Ω 。

通常 PTC 具有强烈的非线性，因此它可以作为开关使用。超出额定动作温度时，电阻值会急剧增加。其动作电阻大于等于 1650Ω 。

1）p0600 = 1：激活温度传感器"编码器 1"。

2）p0601 = 1：激活温度传感器 PTC。

3. KTY 的功能

温度传感器应连接到编码器模块的端子" + 温度"和" − 温度"上，参见 SINAMICS S120 控制单元和扩展系统组件设备手册中的相应章节。

KTY84/1C130 温度传感器具有一条几乎呈线性的特性曲线，因此也适用于电动机温度的长时间测量和显示。KTY 用于测量 − 140 ~ 188.6℃ 范围内的电动机温度，超出该范围的温度值不会被考虑。

1）p0600 = 1：激活温度传感器"编码器 1"。

2）p0601 = 2：激活温度传感器 KTY。

4. PT100/PT1000 的功能

PT100 或 PT1000 从工作原理上讲就是具有线性特性曲线的 PTC，可进行长时间的温度精确测量。但不是每个传感器输入都支持 PT100/PT1000。

1）p0600 = 1：激活温度传感器"编码器 1"。

2）p0601 = 5：激活温度传感器 PT100。

5. 双金属常闭触点的功能

在达到某一额定动作温度时，双金属传感器就会操作一个开关。其动作电阻小于 100Ω。但不是每个传感器输入都支持双金属传感器。

1）p0600 = 1：激活温度传感器"编码器 1"。

2）p0601 = 4：设置编码器类型"双金属常闭触点"。

6. 采用多温度通道时的温度传感器类型

使用多个温度通道时，设置 p0601 = 10。之后通过 BICO 互联传感器信号。

8.7　集成的安全功能

8.7.1　概述

说明

本书介绍的是 Safety Integrated Basic Functions，即 SI 基本功能。

Safety Integrated Extended Functions（SI 扩展功能）及具体安全功能的详细调试步骤请参见：

文献:/FHS/SINAMICS S120 Safety Integrated 功能手册。

1．说明

（1）Safety Integrated

使用"Safety Integrated"安全功能可在实际生产中实现对人员和设备的高效保护。

通过此新型的安全技术可以获得：

1）高度安全性。

2）更低的成本投入。

3）更高的灵活性。

4）更高的设备利用率。

（2）标准和指令

必须遵守各种涉及安全技术的标准和指令。生产商和设备操作人员都必须遵守这些指令。

标准是通常情况下技术的标准规范，并可在实施安全方案时作为参考，但与指令不同，标准没有强制约束力。

下面的列表显示了几条选出的、涉及安全技术的标准和指令。

1）欧盟机械指令 2006/42/EC：定义了安全技术的基本保护目标。

2）EN 292-1：基本概念、设计通则。

3）EN 954-1/ISO 13849-1：与控制系统部件有关的安全。

4）EN 1050：风险评估。

5）EN 60204-1：2006：机械安全-机械电气设备-第 1 部分：机械电气设备的一般要求。

6）IEC 61508：电气和电子系统的功能安全。

该标准规定了安全集成等级（Safety Integrity Levels，SIL），该等级表明了和安全相关的软件的特定集成等级、硬件故障率的数量范围。

7）IEC 61800-5-2：可调速的电驱动系统；安全要求-功能要求。

（3）双通道式监控结构

所有对于 Safety Integrated 非常重要的硬件功能和软件功能分成两条独立的监控通道，例如：关断路径、数据管理、数据比较。

驱动的这两条监控通道由以下组件实现：

1）控制单元。

2）属于驱动的逆变单元/功率模块。

每条监控通道的基本工作原理是：在某个动作出现前必须控制特定状态，在动作出现后必须反馈特定信息。

如果一条监控通道不满足这些要求，驱动会在两个通道中停止，并输出相应的信息。

（4）关断路径

一共有两条相互独立的关断路径。这两条路径都是低位有效。这样当某组件失灵或者断线时，便可以切换到安全状态。

如果发现关断路径中有故障，"Safe Torque Off"会激活，并锁定自动重启功能。

（5）监控周期

用于驱动的、和安全相关的功能会在监控周期内循环执行。

Safety 监控周期至少为 4ms。Safety 周期随电流控制器周期（p0115）的提高而提高。

（6）交叉数据校验

两条监控通道中和安全相关的数据会不断循环、交叉地进行比较。

发现数据不一致时，每个 Safety 功能都会触发停止响应。

2. 支持功能

SINAMICS S 驱动系统的安全功能满足以下要求：

1）DIN EN ISO 13849-1 3 类。

2）DIN EN ISO 13849-1 性能等级（Performance Level，PL）。

3）IEC 61508 的安全集成等级 2（SIL 2）。

4）EN 61800-5-2。

此外 SINAMICS 安全功能通常经过独立机构认证。可从当地的西门子办事处获取已经过认证的组件的列表。

Safety Integrated 功能（简称为 SI 功能或安全功能）包含：

（1）Safety Integrated 基本功能

以下功能为驱动的标配功能，不需要额外的授权便可使用。

—Safe Torque Off（STO）

STO 是用于避免意外起动的安全功能（根据 EN 60204-1：2006 章节 5.4）。

—Safe Stop 1（SS1，时间受控停车）

"Safe Stop 1" 以 "Safe Torque Off" 功能为基础。使用此功能可实现 EN 60204-1：2006 1 类停机。

—Safe Brake Control（SBC）

SBC 功能用于对抱闸的安全控制。

特殊要求见表 8-24。

表 8-24　SBC 的特殊要求

硬件	功能的局限性
书本型功率模块/逆变单元	—
装机装柜型功率模块/逆变单元	订货号 × × ×3 或以上
模块型功率模块	需要附加的安全制动继电器(Safe Brake Relay)

（2）Safety Integrated Extended Functions（SI 扩展功能，也包含基本功能）

以下 Safety Integrated 扩展功能的使用需要购买附加许可权限才能正常使用：

—Safe Torque Off（STO）；

—Safe Stop 1（SS1，时间和加速度受控停车）；

—Safe Brake Control（SBC）；

—Safe Stop 2（SS2）；

—Safe Operating Stop（SOS）；

—Safe Limited Speed（SLS）；

—Safe Speed Monitor（SSM）；

—Safe Acceleration Monitor（SAM）；

—Safe Brake Ramp（SBR）；

—Safe Direction（SDI）；

—Safety Info Channel（SIC）；

—Safe Limited Position（SLP）；

—安全回参考点；

—安全位置的传送（SP）；

Safety Integrated Extended Functions（SI 扩展功能）的详细描述请参见：

光盘文档：SINAMICS S120 Safety Integrated 功能手册。

3. Safety Integrated 功能的控制方式

Safety Integrated 功能的控制方式有以下几种，见表 8-25。

表 8-25　Safety Integrated 功能的控制方式

	通过控制单元和逆变单元/功率模块上的端子控制	通过基于 PROFIBUS 或 PROFINET 的 PROFIsafe 控制	TM54F	自动生效控制	机载 F-DI/F-DO（CU310-2）
基本功能	是	是	否	否	否
扩展功能	否	是	是	仅 SLS 和 SDI	是

注意

PROFIsafe 或 TM54F

在驱动器上配备了一个控制单元式，可以选择通过 PROFIsafe 或 TM54F 控制安全功能，但这两种控制方式不能同时选中！

8.7.2　参数、校验和、版本、口令

Safety Integrated 参数有以下属性：

1）独立用于每个监控通道。

2）在起动时会生成 Safety 参数的校验和（Cyclic Redundancy Check，CRC），并对其进行检查。显示参数不包含在 CRC 中。

3）数据管理：参数永久性保存在存储卡上。

4）恢复 Safety 参数出厂设置：

—通过设置 p3900 和 p0010 = 30 可以将驱动器专用的 SI 参数复位为出厂设置，前提是没有 SI 功能被激活（即 p9301 = p9501 = p9601 = p9801 = p10010 = 0）；

—可通过 p0970 = 5 将 Safety 参数恢复为出厂设置。前提条件是为 SafetyIntegrated 设置了口令。在 Safety Integrated 使能的情况下这可能会触发故障信息，其会要求进行验收测试。接着需要保存参数，并给驱动器重新上电。

在安全功能已激活时（p9301 = p9501 = p9601 = p9801 = p10010 ≠ 0），可将所有参数完全复位为出厂设置（p0976 = 1 且 p0009 = 30，控制单元上）。

5）具有口令保护，防止意外或未经授权的修改。

1. 检查校验和

在 Safety 参数范围内，每个监控通道都有一个实际校验和参数，实际校验和属于某个经过校验和检查的 Safety 参数。

调试时必须将实际校验和传输至设定校验和的相应参数中。通过参数 p9701 可以同时传输一个驱动对象上的所有校验和。

2. 基本功能

1）r9798 SI 参数实际校验和（控制单元）。

2）p9799 SI 参数设定校验和（控制单元）。

3）r9898 SI 参数实际校验和（逆变单元）。

4）p9899 SI 参数设定校验和（逆变单元）。

每次起动时都会计算 Safety 参数的实际校验和，并且与设定校验和进行比较。

如果实际校验和与设定校验和不同，则输出故障 F01650/F30650 或 F01680/F30680 并要求进行验收测试。

3. Safety Integrated 版本

控制单元和逆变单元上的 Safety 固件有各自的版本标识。

对于基本功能：

1）r9770 SI 驱动中独立运行的安全功能的版本（控制单元）。

2）r9870 SI 版本（逆变单元）。

4. 口令

使用 Safety 口令可以防止 Safety 参数受到意外或未经授权的访问。

在 Safety Integrated 的调试模式中（p0010 = 95），只有在 p9761 中输入了驱动的有效 Safety 口令后，才可对 Safety 参数进行修改。

1）在 Safety Integrated 首次调试时：

—Safety 口令 = 0；

—p9761 默认设置 = 0，

即：首次调试时不需设置 Safety 口令。

2）在 Safety 批量调试或者更换备件时：

—Safety 口令保存在存储卡和 STARTER 项目中；

—更换备件时不需要 Safety 口令。

3）修改驱动的口令：

—p0010 = 95 调试模式；

—p9761 = 输入"旧的 Safety 口令"；

—p9762 = 输入"新口令"；

—p9763 = 确认"新口令"；

—自此新的口令开始生效。

当需要更改 Safety 参数但是不知道 Safety 口令时，执行以下步骤：

1）将全部驱动设备（控制单元与所有连接的驱动/组件）恢复为出厂设置。

2）重新调试驱动设备和驱动。

3）重新调试 Safety Integrated。

或者联系当地的西门子办事处删除口令（必须提供完整的驱动项目）。

5. 强制潜在故障检查

（1）Safety Integrated 基本功能的强制潜在故障检查或关机路径测试

关断路径的强制潜在故障检查可以及时识别出两个监控通道中的硬件和软件故障，该功能在选择/取消"Safe Torque Off"时自动执行。

为满足标准 ISO 13849-1 中关于及时发现故障的要求，每隔一段时间就要检查两条关断路径能否正常工作，为此，必须手动或通过过程自动化触发强制检查。

定时器可确保强制检查及时执行。

（2）p9659 SI 强制潜在故障检查定时器

在此参数中设置的时间内，至少须执行一次关断路径的强制检查。

此时间届满后驱动器会一直输出相应的报警，只有完成检查后才会消失。

每次取消选择 STO 时定时器都会复位为设置的值。

假设在运行的设备上已通过相应的安全设施（例如防护门）排除了危险性。因此用户只会收到强制检查到期的报警提示，并被要求在今后的适宜时间执行检查。此报警不会影响设备的运行。

用户必须根据实际应用将强制检查的时间间隔设置为 0.00～9000.00h 之间的值（出厂设置：8.00h）。

执行强制检查的时间示例：

1）设备上电后驱动器静止时。

2）在防护门打开时。

3）已设定周期（比如8h周期）。

4）在自动运行中，根据时间和事件。

6. Safe Torque Off（STO）

"Safe Torque Off"（STO）功能可以和设备功能一起协同工作，在故障情况下安全封锁电动机的扭矩输出。

选择此功能后，驱动器便处于"安全状态"，被"接通禁止"锁住，无法重新起动。

该功能的基础是逆变单元/功率模块中集成的双通道脉冲禁止。

（1）STO 的功能特性

1）该功能为驱动集成功能，即不需要上一级控制。

2）该功能为驱动专用功能，即每个驱动设备都具有该功能，并需要单独调试。

3）该功能需要通过参数使能。

4）在选择 STO 功能后：

—可以避免电动机意外起动；

—通过安全脉冲禁止可以安全切断电动机扭矩；

—在功率单元和电动机之间无电气隔离。

5）扩展应答方式：在设置了 p9307.0/p9507.0 = 1 时，选择/撤销 STO 会自动应答安全信息。

如果除了"扩展功能"外还使能了"由端子控制的 SI 基本功能"，那么除了通过 PROFIsafe 或 TM54F 选择/撤销 STO 来应答信息外，还可以通过端子选择/撤销 STO 来应答信息。在端子应答方式中，只要没有触发 STOP A 或 STOP B，无论在何种情况下这种方式只能应答停止响应 STOP C、STOP D、STOP E 和 STOP F 的信息。

6）STO 的状态由参数 r9772、r9872、r9773 和 r9774 显示。

警告

　　为防止电动机在电流封锁后意外转动，需要采取一些措施，例如：使能"Safe Brake Control"（SBC）功能来防止电动机缓慢停转或防止电动机上悬挂的负载拖动电动机转动，参见"Safe Brake Control"一章。

小心

逆变器中两个晶闸管(一个在上桥臂,一个在下桥臂)同时故障时会引起电动机短时间运动。
运动最大可以达到:
1)同步旋转电动机:最大转动角度 = 180°/极对数;
2)同步直线电动机:最大移动距离 = 极宽。

（2）STO 的使能

STO 可通过以下参数使能:

1）通过端子使能 STO: p9601.0 = 1, p9801.0 = 1。

2）STO 由 PROFIsafe 控制时:

—设置 p9601.0 = 0, p9801.0 = 0;

—设置 p9601.2 = 0, p9801.2 = 0;

—设置 p9601.3 = 1, p9801.3 = 1。

3）STO 由"PROFIsafe + 端子"控制时:

—设置 p9601.0 = 1, p9801.0 = 1;

—设置 p9601.2 = 0, p9801.2 = 0;

—设置 p9601.3 = 1, p9801.3 = 1。

（3）选择/撤销 STO

选择 STO 后会触发以下动作:

1）每个监控通道都通过其关断路径禁止脉冲。

2）闭合电动机抱闸（如果连接并配置了抱闸）。

撤销 STO 相当于一次内部安全应答。如果故障已被排除,会触发以下动作:

1）每个监控通道通过其关断路径撤销脉冲禁止。

2）撤销"闭合电动机抱闸"。

说明

如果 STO 是在 p9650/p9850 设置的时间内以单通道方式选中并被撤销的,驱动器会禁止脉冲而不输出任何信息。
如需在此情况下显示信息,须通过 p2118 和 p2119 将信息 N01620/N30620 改设为"报警"或"故障"。

（4）选择 STO 后的驱动器重启

1）取消功能。

2）给出驱动器使能。

3）取消"接通禁止"并且重新接通。

—输入信号"ON/OFF1"上输出 1/0 脉冲沿（取消"接通禁止"）;

—输入信号"ON/OFF1"上输出 0/1 脉冲沿（接通驱动器）。

（5）"Safe Torque Off"的状态

STO 的状态由参数 r9772、r9872、r9773 和 r9774 显示。

也可通过可配置信息 N01620 和 N30620 显示该功能的状态（通过 p2118 和 p2119 配置）。

（6）STO 的响应时间

通过输入端子选择/取消选择功能时的响应时间请参见"响应时间"章节中的表格。

（7）使用"Safe Torque Off"功能时的内部电枢短路功能

STO 和内部电枢短路功能可以同时配置，但是不能同时选中，因为一旦选中 STO，便会触发 OFF2，而 OFF2 又会关闭内部电枢短路功能。

同时选中这两个功能时，STO 的优先级较高。一旦触发 STO，当前激活的内部电枢短路功能便会关闭。

8.7.3 时间受控停车

1. OFF3 的时间受控停车（Safe Stop 1，SS1）

使用"Safe Stop 1"（SS1）功能可以实现符合 EN 60204-1 的 1 类停机。在选择"Safe Stop 1"后驱动将沿着 OFF3 斜坡（p1135）制动，并在 p9652/p9852 中设置的延迟时间届满后进入"Safe Torque Off"（STO）状态。

说明

通过端子选择

如果功能 SS1（时间受控停车）是通过在 p9652/p9852 中设置的延时选择时，STO 不能再通过端子直接选择。

---

2. "Safe Stop 1"的功能特性

将 p9652 和 p9852（延迟时间）设为不为 0 的值，便使能了 SS1。

1）p9652/p9852 各种设置的作用如下：

—p9652 = p9852 = 0

SS1 未使能，STO 通过端子或 PROFIsafe 选择；

—p9652 = p9852 > 0

SS1 使能，通过端子只能选择 SS1，通过 PROFIsafe 可以选择 SS1 和 STO。

2）选择 SS1 后驱动器会沿着 OFF3 斜坡（p1135）制动，并在延迟时间（p9652/p9852）届满后自动触发 STO/SBC。

延迟时间从选择该功能的时间点开始计时，即使在此期间撤销该功能也不会中止计时。延迟时间届满后，STO/SBC 先被选中再被撤销。

说明

延迟时间的设置

请按照下面的公式来设置合适的延迟时间，确保驱动器沿着完整的 OFF3 斜坡制动，可能存在的电动机抱闸在一定时间内闭合。

1）配置了抱闸时：延迟时间 ≥ p1135 + p1228 + p1217。

2）没有配置抱闸时：延迟时间 ≥ p1135 + p1228。

该功能的选择为双通道选择，但是 OFF3 斜坡却以单通道的方式执行。

3. 前提条件

通过端子和/或 PROFIsafe 使能了基本功能或 STO。

1）设置 p9601.0/p9801.0 = 1（通过端子使能）。

2）设置 p9601.3/p9801.3 = 1（通过 PROFIsafe 使能）。

为了在确保单通道选择该功能时驱动器也可以制动到静态，p9652/p9852 中的时间必须小于交叉数据比较的参数总和（p9650/p9850 和 p9658/p9858），否则在"p9650 + p9658"时间届满后，驱动器会自由停转。

4. "Safe Stop 1"的状态

"Safe Stop 1"（SS1）的状态由参数 r9772、r9872、r9773 和 r9774 显示。

也可通过可配置信息 N01621 和 N30621 显示功能状态（通过 p2118 和 p2119 配置）。

5. 带外部停止的 SS1（时间受控停车）

注意
功能不符合 EN 60204-1
"带外部停止（SS1E）的 Safe Stop 1（时间受控）"功能不符合 EN 60204-1 中的 1 类停机。

注意
可能有任意轴运动
使用"带外部停止的 Safe Stop 1（时间受控）"功能时，延时（p9652/p9852）期间位置控制器可能会使轴运动。

6. 带 OFF3 与带外部停止的"Safe Stop 1（时间受控停车）"功能的区别

带外部停止的"Safe Stop 1（时间受控停车）"功能的生效方式基本与上一章节"带 OFF3 的 Safe Stop 1（时间受控停车）"中所描述的相同。注意以下区别：

1）为了激活"带外部停止的 Safe Stop 1（时间受控停车）"，需额外设置 p9653 = 1。

2）选择 SS1 后驱动器不会沿着 OFF3 斜坡制动，仅会在延迟时间（p9652/p9852）届满后自动触发 STO/SBC。延迟时间从选择该功能的时间点开始计时，即使在此期间撤销该功能也不会中止计时。延迟时间届满后，STO/SBC 先被选中再被撤销。

关于安全功能的详细信息，请参见光盘文档 SINAMICS S120 Safety Integrated 功能手册。

第9章 通 信

9.1 PROFIdrive 通信

PROFIdrive 是应用在驱动技术上的 PROFIBUS 和 PROFINET 行规，它广泛应用在生产和过程自动化领域。

PROFIdrive 不受使用的总线系统（PROFIBUS, PROFINET）的影响。

说明

适用于驱动技术的 PROFINET 在以下文档中确定了标准并加以说明：

应用在驱动技术的 PROFIBUS 行规 PROFIdrive，版本 V4.1，PROFIBUS 用户组织（已注册登记的组织）于 2006 年 5 月出版。

Haid-und-Neu-StraBe 7，D-76131 Karlsruhe，http://www.profibus.com 订货号 3.172，规格参见第 6 章 IEC 61800-7。

1. PROFIdrive 设备等级

PROFIdrive 设备等级见表 9-1。

表 9-1 PROFIdrive 设备等级

PROFIdrive 设备	PROFIBUS DP	PROFINET IO
I/O 设备	DP 从站（I 从站）	IO 设备
控制器（上级控制系统或自动化系统主机）	DP 主站，等级 1	IO 控制器
监视器（工程设计站）	DP 主站，等级 2	IO 监视器

2. 控制器、监视器和驱动设备的特性

控制器、监视器和驱动设备的特性见表 9-2。

表 9-2 控制器、监视器和驱动设备的特性

特性	控制器/监视器	驱动设备
作为总线节点	激活	未激活
发送消息	不发出外部请求	只能询问控制器
接收消息	无限制	只能接收消息和应答

（1）驱动设备（PROFIBUS：从站，PROFINET IO：IO 设备）

示例：控制单元 CU320-2。

（2）控制器（PROFIBUS：主站等级 1，PROFINET IO：IO 控制器）

这是一个典型的上级控制器，其中运行了自动化程序。

示例：SIMATIC S7 和 SIMOTION。

（3）监视器（PROFIBUS：主站等级 2，PROFINET IO：IO 监视器）

在总线持续运行中，用于配置、调试、操作和显示的装置，以及与驱动设备、控制器非循环通信的装置。

示例：编程装置、操作和显示装置。

3. 通信服务

在 PROFIdrive 协议中定义了"循环数据交换"和"非循环数据交换"这两种通信服务。

（1）通过循环数据通道进行循环数据交换

运动控制系统运行中需要循环更新的数据用于开环和闭环控制。这些数据必须作为设定值发送至驱动设备，或作为驱动设备实际值传输。通常对此类数据传输有苛刻的时间要求。

（2）通过非循环通道进行非循环数据传输

除此之外，也可使用非循环参数通道进行控制系统/监视器和驱动设备之间的数据交换。对此类数据的存取无苛刻时间要求。

（3）报警通道

报警以事件控制的方式输出，并会显示故障状态的出现和消除。

4. 接口 IF1 和 IF2

控制单元 CU320-2 可通过两个独立的接口（IF1 和 IF2）通信。IF1 和 IF2 的特性见表9-3。

表 9-3　IF1 和 IF2 的特性

	IF1	IF2
PROFIdrive	支持	不支持
标准报文	支持	不支持
等时同步	支持	支持
驱动对象类型	所有	所有
适用于	PROFINET IO，PROFIBUS DP	PROFINET IO，PROFIBUS DP，CANopen
可循环运行	支持	支持
可采用 PROFIsafe	支持	支持

说明

接口 IF1 和 IF2 的详细信息请参见本书"通信接口同时运行"章节。

5. 应用等级

针对实际应用流程的不同范围和类型，提供了不同应用等级的 PROFIdrive。在 PROFIdrive 中一共分 6 个应用等级，下文会介绍其中的 4 个。

（1）应用等级 1（标准驱动）

在最简单的应用中，驱动装置由 PROFIBUS/PROFINET 传送的转速设定值控制。整个转速控制在驱动控制器中进行。典型应用：控制水泵和风扇的简易变频器。

应用等级 1 如图 9-1 所示，

（2）应用等级 2（带工艺功能的标准驱动）

此处整个流程被分为多个子流程，并分布在驱动装置上。自动化功能不再仅仅由中央自动化设备执行，各个驱动控制器也负责执行。

当然这种结构的前提是各个方向都能够进行通信，其中包括各个驱动控制器之间工艺功能的相互通信。实际应用有：设定值级联、物料连续运行的卷取机驱动和转速同步应用。

应用等级 2 如图 9-2 所示。

（3）应用等级 3（定位运行）

此处，除了驱动闭环控制外，驱动装置还具有位置闭环控制。因此，在上级控制系统上

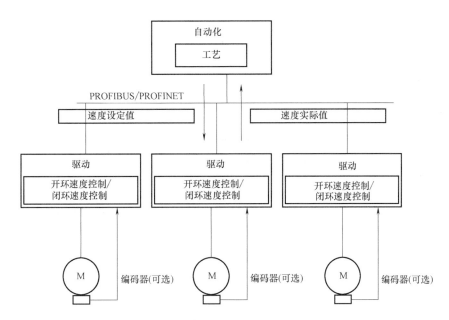

图 9-1 应用等级 1

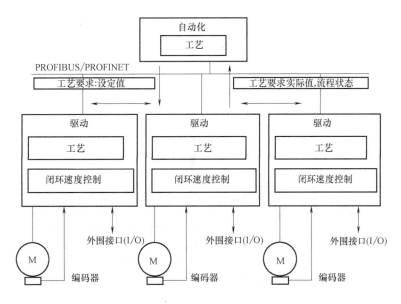

图 9-2 应用等级 2

运行工艺流程时,驱动装置可以作为自控的简易定位驱动工作。定位任务可以通过 PROFI-BUS/PROFINET 传送到该驱动控制器并起动。定位驱动的应用非常广泛,例如:在向瓶中注入液体时拧紧或松开瓶盖,或在薄膜切割机上定位刀片。

应用等级 3 如图 9-3 所示。

(4) 应用等级 4(中央运动控制)

该应用等级定义了一种转速设定值接口:转速控制在驱动装置中,位置控制在控制系统中,它通常应用在机器人和机床上,此时需要多个驱动装置协调运行。

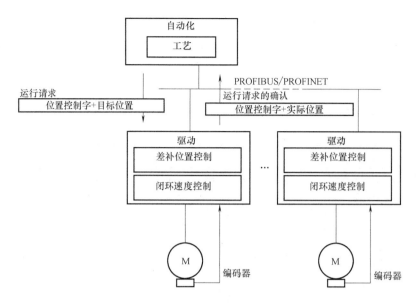

图 9-3　应用等级 3

运动控制主要由中央数控系统 CNC 实现。位置环通过总线连接。控制系统中的位置控制周期和驱动装置中的控制器周期需要实现等时同步，PROFIBUS DP 和 PROFINET IO IRT 可提供该功能。

应用等级 4 如图 9-4 所示。

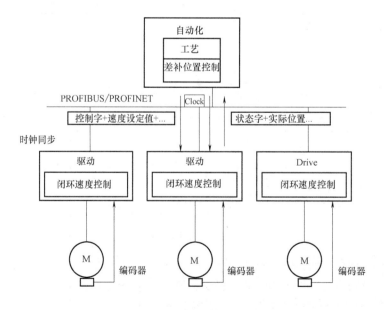

图 9-4　应用等级 4

6. 根据应用等级选择报文

可以根据应用等级选择表 9-4 中列出的报文，标准报文根据 PROFIdrive 协议构建。过程数据的内部互连根据设置的报文编号自动进行。通过参数 p0922 可设置以下标准报文。

表 9-4　根据应用等级选择报文

报文（p0922 = x）	描　　述	等级 1	等级 2	等级 3	等级 4
1	转速设定值 16 位	x	x		
2	转速设定值 32 位	x	x		
3	转速设定值 32 位，1 个位置编码器		x		x
4	转速设定值 32 位，2 个位置编码器				x
5	转速设定值 32 位，1 个位置编码器和 DSC				x
6	转速设定值 32 位，2 个位置编码器和 DSC				x
7	定位，标准报文 7（基本定位器）			x	
9	定位，标准报文 9（带直接输入的基本定位器）			x	
20	转速设定值 16 位 VIK-NAMUR	x	x		
81	编码器报文，1 个编码器通道				x
82	扩展的编码器报文，1 个编码器通道 + 转速实际值 16 位				x
83	扩展的编码器报文，1 个编码器通道 + 转速实际值 32 位				x
102	转速设定值 32 位，1 个位置编码器和转矩降低				x
103	转速设定值 32 位，2 个位置编码器和转矩降低				x
105	转速设定值 32 位，1 个位置编码器、转矩降低和 DSC				x
106	转速设定值 32 位，2 个位置编码器、转矩降低和 DSC				x
110	基本定位器带 MDI、override 和 XIST_A			x	
111	使用 MDI 模式的基本定位器			x	
116	转速设定值 32 位，2 个位置编码器（编码器 1 和编码器 2）、转矩降低和 DSC，另外还有负载转矩、功率和电流实际值				x
118	转速设定值 32 位，2 个外部位置编码器（编码器 2 和编码器 3）、转矩降低和 DSC，另外还有负载转矩、功率和电流实际值				x
125	带转矩降低的 DSC，1 个位置编码器（编码器 1）				x
126	带转矩预控的 DSC，2 个位置编码器（编码器 1 和编码器 2）				x
136	带转矩预控的 DSC，2 个位置编码器（编码器 1 和编码器 2），4 个 trace 信号				x
138	带转矩预控的 DSC，2 个外部位置编码器（编码器 2 和编码器 3），4 个 trace 信号				x
139	带 DSC 和转矩预控的闭环转速/位置控制，1 个位置编码器，钳位状态，附加实际值				x
220	转速设定值 32 位金属工业	x			
352	转速设定值 16 位 PCS7	x	x		
370	整流单元	x	x	x	x
371	整流单元金属工业	x			
390	控制单元，带数字量输入输出	x	x	x	x
391	控制单元，带数字量输入输出和 2 个快速输入测量	x	x	x	x
392	控制单元，带数字量输入输出和 6 个快速输入测量	x	x	x	x
393	控制单元，带数字量输入输出，8 个快速输入测量和模拟量输入	x	x	x	x
394	控制单元，带数字量输入输出	x	x	x	x
395	控制单元，带输入输出和 16 个快速输入测量	x	x	x	x
999	自由报文	x	x	x	x

9.1.1　循环通信

通过循环通信可以交换时间要求苛刻的过程数据。

1. PROFIdrive 报文

通过 p0922 选择一个报文后，可以确定需要传输的驱动设备（控制单元）的过程数据。标准报文根据 PROFIdrive 协议构建。过程数据的内部互联根据设置的报文编号自动进行。

从驱动设备的角度看，接收到的过程数据是接收字，发送的过程数据是发送字。

接收字和发送字由下列元素构成：

1）接收字：控制字或设定值。

2）发送字：状态字或实际值。

接收和发送报文也可通过 BICO 技术的接收/发送过程数据互连自由配置。PROFIdrive 报文的互连见表 9-5。

表 9-5　PROFIdrive 报文的互连

	伺服，TM41	矢量	CU_S	A_INF，B_INF，S_INF	TB30，TM31，TM15DI_DO，TM120，TM150	ENCODER
接收过程数据						
模拟量互连输出 DWORD	r2060[0...18]	r2060[0...30]	—	—	—	r2060[0...2]
模拟量互连输出 WORD	r2050[0...19]	r2050[0...31]	r2050[0...19]	r2050[0...9]	r2050[0...4]	r2050[0...3]
二进制互连输出	r2090.0...15 r2091.0...15 r2092.0...15 r2093.0...15			r2090.0...15 r2091.0...15		r2090.0...15 r2091.0...15 r2092.0...15 r2093.0...15
自由二进制-模拟量转换器	p2080[0...15]，p2081[0...15]，p2082[0...15]，p2083[0...15]，p2084[0...15] / r2089[0...4]					
发送过程数据						
模拟量互连输入 DWORD	p2061[0...26]	p2061[0...30]	—	—	—	p2061[0...10]
模拟量互连输入 WORD	p2051[0...27]	p2051[0...31]	p2051[0...24]	p2051[0...9]	p2051[0...4]	p2051[0...11]
自由模拟量-二进制转换器	p2099[0...1] / r2094.0...15，r2095.0...15					

2. 报文互连提示

1）在从 p0922 = 999（出厂设置）变更为 p0922 ≠ 999 后，报文互连会自动执行和禁用。

2）但报文 20，111，220，352 例外。在它们的接收或发送报文中可以自由地互连选中的 PZD。

3）在从 p0922 ≠ 999 更改为 p0922 = 999 时，之前的报文互连保留并可对它进行修改。如果 p0922 = 999，可在 p2079 中选择报文。报文互连会自动执行和禁用。

另外还可以扩展报文。这样就可以在已有报文的基础上非常方便地扩展报文互连。

3. 报文结构

报文结构可以参见如下功能图：

1）2415：PROFIdrive 标准报文和过程数据 1。

2）2416：PROFIdrive 标准报文和过程数据 2。

3）2419：PROFIdrive 制造商专用的报文和过程数据 1。

4）2420：PROFIdrive 制造商专用的报文和过程数据 2。

5）2421：PROFIdrive 制造商专用的报文和过程数据 3。

6）2422：PROFIdrive 制造商专用的报文和过程数据 4。

7）2423：PROFIdrive 制造商专用/自由报文和过程数据。

各个驱动对象适用的报文见表 9-6。

表 9-6 各个驱动对象适用的报文

驱动对象	报文（p0922）
ALM	370,371,999
BLM	370,371,999
SLM	370,371,999
伺服	1,2,3,4,5,6,102,103,105,106,116,118,125,126,136,138,139,220,999
伺服（EPOS）	7,9,110,111,999
伺服（位置控制）	139,999
矢量	1,2,20,220,352,999
矢量（EPOS）	7,9,110,111,999
编码器	81,82,83,999
TM15DI_DO	没有定义默认报文
TM31	没有定义默认报文
TM41	3,999
TM120	没有定义默认报文
TM150	没有定义默认报文
TB30	没有定义默认报文
CU_S	390,391,392,393,394,395,396,999

4. 最大过程数据数量

各个驱动对象适用的 PZD 的最大数目见表 9-7。

表 9-7 各个驱动对象适用的 PZD 的最大数目

驱动对象	PZD 的最大数量		驱动对象	PZD 的最大数量	
	发送	接收		发送	接收
ALM	10	10	TM31	5	5
BLM	10	10	TM41	28	20
SLM	10	10	TM120	5	5
伺服	28	20	TM150	5	5
矢量	32	32	TB30	5	5
编码器	12	4	CU-S	25	20
TM15DI_DO	5	5			

9.1.2 非循环通信

1. 非循环通信概述

与循环通信不同，非循环通信中仅在执行了相应请求后才进行数据传输（例如读取和写入参数）。

在非循环通信中可使用"读取数据"服务和"写入数据"服务。

可通过以下方式读取和写入参数：

1）S7 协议。此协议使用例如通过 PROFIBUS 在线运行的调试工具 STARTER。

2）包含以下数据组的 PROFIdrive 参数通道：

—PROFIBUS：数据组 47（0x002F）。

  DPV1 服务用于主站等级 1 和等级 2。

—PROFINET：数据组 47 和 0xB02F 作为全局访问，数据组 0xB02E 作为局部访问。

说明

非循环通信的详细信息请参见以下文档：

文档：PROFIdrive Profile V4.1，May 2006，订货号：3.172

1）PROFIBUS DP，寻址可通过逻辑地址或诊断地址进行。

2）PROFINET IO，寻址只能通过分配给了模块的槽 1 或以上的诊断地址进行。不可通过槽号 0 访问参数。

读取和写入数据如图 9-5 所示。

2. 参数通道特性

1）参数编号和子索引各有一个 16 位地址。

2）通过其它 PROFIBUS 主站（主站等级 2）或者 PROFINET IO 监视器（例如调试工具）同步访问。

3）在一次访问中传输不同数据（多参数请求）。

4）可传输整个数组或数组的一部分。

5）一次只处理一个参数请求（非流水线操作）。

6）一个参数请求/应答必须匹配至一个数据组（最大 240 字节）。

7）请求或应答标题属于有效载荷数据。

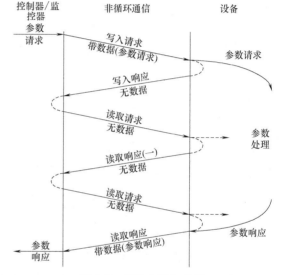

图 9-5　读取和写入数据

3. 请求和应答结构

参数请求的结构见表 9-8。

表 9-8　参数请求的结构

		参数请求		偏移
仅用于写入的值	请求标题	请求参考	请求 ID	0
		轴	参数数量	2
	1. 参数地址	属性	元素数量	4
		参数号		6
		子索引		8
	……			
	第 n 个参数地址	属性	元素数量	
		参数号		
		子索引		
	1. 参数值	格式	值的数量	
		值		
		…		

（续）

仅用于 写入的值		参数请求		偏移
		…		
	第 n 个参数值	格式	值的数量	
		值		
		…		

参数应答的结构见表 9-9。

表 9-9　参数应答的结构

仅用于读取的值 仅用于应答的 故障值		参数应答		偏移
	应答标题	对应的请求参考	应答 ID	0
		对应的轴	参数数量	2
	1. 参数值	格式	值的数量	4
		值的故障值		6
		…		
	……			
	第 n 个参数值	格式	值的数量	
		值或故障值		
		…		

DPV1 参数请求和应答中的数组描述见表 9-10。

表 9-10　DPV1 参数请求和应答中的数组描述

数组	数据类型	值	注释
请求参考	Unsigned8	0x01…0xFF	
	主站的任务/应答组的唯一标识符。主站会为每个新的请求修改请求参考。从站在它的应答中反映该请求参考		
请求 ID	Unsigned8	0x01	读取请求
		0x02	写入请求
	表明请求类型。写入请求中，修改保存在易失性存储器（RAM）。必须执行保存操作（p0971，p0977）将修改的数据接收到非易失性存储器		
应答 ID	Unsigned8	0x01	读取请求（+）
		0x02	写入请求（+）
		0x81	读取请求（−）
		0x82	写入请求（−）
	反映了请求 ID，并指出任务请求执行情况是否良好 错误表示：任务无法完全或部分执行。会传输故障值而不是每个子应答的值		
驱动对象 编号	Unsigned8	0x00 … 0xFF	编号
	指出带多个驱动对象的驱动设备上的驱动对象号。可通过相同的 DPV1 连接访问不同的、有独立参数编号区域的驱动对象		
参数数量	Unsigned8	0x01 … 0x27	数量 1 … 39 受 DPV1 报文长度限制
	定义多参数任务中参数地址和/或参数值的连续区域的数量。对于简单请求，参数数量 = 1		
属性	Unsigned8	0x10	值
		0x20	描述
		0x30	文本（未执行）
	访问的数组单元的类型		
元素数量	Unsigned8	0x00	特殊功能
		0x01 … 0x75	数量 1 … 117 受 DPV1 长度限制
	访问的数组单元的类型		

（续）

数组	数据类型	值	注释
参数号	Unsigned16	0x0001...0xFFFF	编号 1...65535
	访问的参数的地址		
子索引	Unsigned16	0x0001...0xFFFF	编号 0...65535
	访问的第一个参数数组单元的地址		
格式	Unsigned8	0x02	数据类型 Integer8
		0x03	数据类型 Integer16
		0x04	数据类型 Integer32
		0x05	数据类型 Unsigned8
		0x06	数据类型 Unsigned16
		0x07	数据类型 Unsigned32
		0x08	数据类型 FloatingPoint
		其它值	参见 PROFIdrive Profile V3.1
		0x40	零（写入请求的子应答不正确）
		0x41	字节
		0x42	字
		0x43	双字
		0x44	错误
	根据 PROFIdrive Profile，在写入时必须设定优先的数据类型。可设定字节、字和双字		
值的数量	Unsigned8	0x00...0xEA	数量 0...234 受 DPV1 报文长度限制
	定义连续值的数量		
故障值	Unsigned16	0x0000...0x00FF	故障值的含义 →参见表 9-11"DPV1 参数应答中的故障值"
	错误应答中的故障值 如果值由奇数数量的字节组成，则会添加一个零字节。从而保证报文的字结构		
值	Unsigned16	0x0000...0x00FF	
	读取或写入参数的值 如果值由奇数数量的字节组成，则会添加一个零字节。从而保证报文的字结构		

DPV1 参数应答中的故障值见表 9-11。

表 9-11　DPV1 参数应答中的故障值

故障值	含义	注释	附加信息
0x00	不允许的参数编号	访问的参数不存在	—
0x01	参数值不可修改	尝试访问不可修改的参数值	子索引
0x02	超出上限值或下限值	试图写入的修改值超出了限值范围	子索引
0x03	错误的子索引	访问的子索引不存在	子索引
0x04	无数组	访问的参数未编入索引	—
0x05	错误的数据类型	尝试写入的数值和参数的数据类型不相符	—
0x06	不允许置位（只可复位）	尝试写入一个不等于 0 的非法值	子索引
0x07	描述单元不可修改	尝试访问不可修改的描述单元	子索引
0x09	描述数据不存在	访问的描述不存在（参数值存在）	—
0x10	未执行读取请求	专有技术保护功能生效，因此读取请求被拒绝	
0x0B	无操作权限	没有修改的操作权限	—
0x0F	无文本数组	访问的文本数组不存在（参数值存在）	—
0x11	因运行状态无法执行任务	由于不明的临时原因，无法进行访问	—

（续）

故障值	含义	注释	附加信息
0x14	不允许的值	尝试写入的修改值虽然在限值范围内,但是由于其它持久原因不被允许(参数定义为独立值)	子索引
0x15	应答过长	当前应答的长度超出了最大可传输的长度	—
0x16	不允许的参数地址	属性、元素数量、参数号、子索引或组合的值不被允许或不被支持	—
0x17	不允许的格式	写入请求:不允许或不支持的参数数据格式	—
0x18	值数量不一致	写入请求:参数数据值数量与参数地址中单元的数量不一致	—
0x19	驱动对象不存在	访问的驱动对象不存在	—
0x65	参数当前未激活	访问的参数尽管存在,但在访问的时间点未生效(例如设置了闭环转速控制并访问 V/f 控制参数)	—
0x6B	参数%s[%s]:控制器使能时无访问权限	—	—
0x6C	参数%s[%s]:未知单位	—	—
0x6D	参数%s[%s]:仅能在编码器调试状态下(p0010=4)进行写入访问	—	—
0x6E	参数%s[%s]:仅能在电动机调试状态下(p0010=3)进行写入访问	—	—
0x6F	参数%s[%s]:仅能在功率单元调试状态下(p0010=2)进行写入访问	—	—
0x70	参数%s[%s]:仅能在快速调试状态下(p0010=1)进行写入访问	—	—
0x71	参数%s[%s]:仅能在就绪状态下(p0010=0)进行写入访问	—	—
0x72	参数%s[%s]:仅能在参数复位调试状态下(p0010=30)进行写入访问	—	—
0x73	参数%s[%s]:仅能在 Safety 调试状态下(p0010=95)进行写入访问	—	—
0x74	参数%s[%s]:仅能在工艺应用/单元调试状态下进行写入访问(p0010=5)	—	—
0x75	参数%s[%s]:仅能在调试状态下(p0010不等于0)进行写入访问	—	—
0x76	参数%s[%s]:仅能在下载调试状态下(p0010=29)进行写入访问	—	—
0x77	参数%s[%s]在下载时不可写入	—	—
0x78	参数%s[%s]:仅能在驱动配置调试状态下(设备:p0009=3)进行写入访问	—	—
0x79	参数%s[%s]:仅能在"确定驱动类型"调试状态下(设备:p0009=2)写入数值	—	—
0x7A	参数%s[%s]:仅能在"基本数据组配置"调试状态下(设备:p0009=4)写入数值	—	—
0x7B	参数%s[%s]:仅能在"设备配置"调试状态下(设备:p0009=1)写入数值	—	—
0x7C	参数%s[%s]:仅能在"设备下载"调试状态下(设备:p0009=29)写入数值	—	—
0x7D	参数%s[%s]:仅能在"设备参数复位"调试状态下(设备:p0009=30)写入数值	—	—

（续）

故障值	含义	注释	附加信息
0x7E	参数%s[%s]：仅能在"设备就绪"调试状态下（设备：p0009 = 0）写入数值	—	—
0x7F	参数%s[%s]：仅能在"设备"调试状态下（设备：p0009 不等于0）写入数值	—	—
0x81	参数%s[%s]在下载时不可写入	—	—
0x82	控制权限接收通过 BI：p0806 被禁止	—	—
0x83	参数%s[%s]：所需 BICO 互连非法	—	—
0x84	参数%s[%s]：参数修改被禁止（参见 p0300、p0400、p0922）	—	—
0x85	参数%s[%s]：未定义访问方式	—	—
0x87	未执行写入请求	专有技术保护功能生效，因此写入请求被拒绝	—
0xC8	在当前生效的限值以下	进行修改访问的值在"绝对"限值范围内，但在当前生效的限值以下	—
0xC9	在当前生效的限值以上	进行修改访问的值在"绝对"限值范围内，但在当前生效的限值以上（例如通过现有的变频器功率给定）	—
0xCC	不允许的写入访问	写入访问不被允许，访问密钥不存在	—

4. 示例1：读取参数

（1）任务说明

驱动对象2，也就是驱动对象号2上至少出现一个故障（ZSW1.3 = "1"）后，应从故障缓冲器中读出 r0945 [0] ~ r0945 [7] 中的故障码。

该请求应通过一个请求数据块和应答数据块处理。

（2）创建请求

读取参数见表9-12。

表 9-12　读取参数

参数请求			偏移
请求标题	请求参考 = 25hex	请求 ID = 01hex	0 + 1
	轴 = 02hex	参数数量 = 01hex	2 + 3
参数地址	属性 = 10hex	元素数量 = 08hex	4 + 5
	参数号 = 945dec		6
	子索引 = 0dec		8

参数请求的说明：

1）请求参考：该值是从有效值域中任意选取的。它建立了请求和应答之间的关联性。

2）请求 ID：01hex→每个读取请求都需要一个标识。

3）轴：02hex→驱动对象2，故障缓冲器中存在驱动专有和设备专有的故障。

4）参数数量：01hex→读取一个参数。

5）属性：10hex→读取该参数的值。

6）元素数量：08hex→读取当前驱动对象的 8 条故障代码。

7）参数号：945dec→读取 r0945（故障码）。

8）子索引：0dec→从索引 0 开始读取。

（3）检测参数应答

参数应答见表9-13。

表9-13 参数应答

参 数 请 求			偏移
应答标题	对应的请求参考 = 25hex	应答 ID = 01hex	0 + 1
	对应的轴 = 02hex	参数数量 = 01hex	2 + 3
参数值	格式 = 06hex	值的数量 = 08hex	4 + 5
	1. 值 = 1355dec		6
	2. 值 = 0dec		8
	...		...
	8. 值 = 0dec		20

参数应答的说明：

1）对应的请求参考：该应答针对的是参考值为25的请求。

2）应答 ID：01hex→读取请求有效，值从第1个值开始。

3）对应的轴，参数数量：该值和请求中的值相同。

4）格式：06hex→参数值格式为 Unsigned16 。

5）值的数量：08hex→一共有8个参数值。

6）第1个值~第8个值：在驱动2的故障缓冲器中，只有第1个值记录了故障信息。

5. 示例2：写入参数（多参数请求）

（1）任务说明

需要通过控制单元的输入端子为驱动2，也就是驱动对象号2设置 JOG 1 和 JOG 2 运行。为此应通过一个参数请求写入以下参数：

1）BI：p1055 = r0722.4 JOG 位 0。

2）BI：p1056 = r0722.5 JOG 位 1。

3）p1058 = 300rpm JOG 1 转速设定值。

4）p1059 = 600rpm JOG 2 转速设定值。

该请求应通过一个请求数据块和应答数据块处理。

（2）创建请求

写入参数见表9-14。

表9-14 写入参数

参数请求			偏移
请求标题	请求参考 = 40hex	请求 ID = 02hex	0 + 1
	轴 = 02hex	参数数量 = 04hex	2 + 3
1. 参数地址	属性 = 10hex	元素数量 = 01hex	4 + 5
	参数号 = 1055dec		6
	子索引 = 0dec		8
2. 参数地址	属性 = 10hex	元素数量 = 01hex	10 + 11
	参数号 = 1056dec		12
	子索引 = 0dec		14
3. 参数地址	属性 = 10hex	元素数量 = 01hex	16 + 17
	参数号 = 1058dec		18
	子索引 = 0dec		20

（续）

参数请求				偏移
4. 参数地址	属性 = 10hex		元素数量 = 01hex	22 + 23
	参数号 = 1059dec			24
	子索引 = 0dec			26
1. 参数值	格式 = 07hex		值的数量 = 01hex	28 + 29
	值 = 02D2hex			30
	值 = 0404hex			32
2. 参数值	格式 = 07hex		值的数量 = 01hex	34 + 35
	值 = 02D2hex			36
	值 = 0405hex			38
3. 参数值	格式 = 08hex		值的数量 = 01hex	40 + 41
	值 = 4396hex			42
	值 = 0000hex			44
4. 参数值	格式 = 08hex		值的数量 = 01hex	46 + 47
	值 = 4416hex			48
	值 = 0000hex			50

多参数请求的说明：

1）请求参考：该值是从有效值域中任意选取的。它建立了请求和应答之间的关联性。

2）请求 ID：02hex→每个写入请求都需要一个标识。

3）轴：02hex→该参数写入到驱动对象 2 中。

4）参数数量：04hex→该多参数请求包含 4 个单独的参数请求。

第 1 个参数地址 ~ 第 4 个参数地址

1）属性：10hex→写入该参数的值。

2）元素数量：01hex→写入 1 个数组元素。

3）参数号：需要写入的参数的编号（p1055，p1056，p1058，p1059）。

4）子索引：0dec→第一个数组元素的 ID 。

第 1 个参数值 ~ 第 4 个参数值

1）格式：

07hex→数据类型 Unsigned32；

08hex→数据类型 FloatingPoint。

2）值的数量：01hex→每个参数中写入一个规定格式的数值。

3）值：

BICO 输入参数：输入信号源；

设置参数：输入数值。

（3）检测参数应答

参数应答见表 9-15。

表 9-15　参数应答

参数请求				偏移
应答标题	对应的请求参考 = 40hex		应答 ID = 02hex	0
	对应的轴 = 02hex		参数数量 = 04hex	2

参数应答的说明：

1）对应的请求参考：该应答针对的是参考值为 40 的请求。

2）应答 ID：02hex→写入请求有效。

3）对应的轴，参数数量：02hex→该值和请求中的值一样。

4）格式：04hex→该值和请求中的值一样。

9.2 PROFIBUS DP 通信技术

9.2.1 PROFIBUS 概述

1. 应用在 SINAMICS 上的 PROFIBUS 技术概述

PROFIBUS 是开放式的国际现场总线标准，广泛应用在生产和过程自动化领域。

通过以下标准确保厂商独立性和开放性：

1）国际标准 EN 50170。

2）国际标准 IEC 61158。

PROFIBUS 最适宜应用于时间紧迫的现场快速数据传输。

说明

适用于驱动技术的 PROFIBUS 在以下文档中确定了标准并加以说明：/P5/ PROFIdrive Profile Drive Technology。

说明

在和等时同步的 PROFIBUS 实现同步前,必须确保所有的驱动对象都处于脉冲禁止状态,其中也包括不受 PROFI-
BUS 控制的驱动对象。

插入 CBE20 后,循环 PZD 通道失效!

说明

不得在 X126 接口上连接任何 CAN 导线。违反该规定可能会导致 CU320-2 或者其它 CAN 总线节点损坏。

---

2. 主站和从站

主站和从站的特性见表 9-16。

表 9-16 主站和从站的特性

特性	主站	从站
作为总线节点	激活	未激活
发送消息	不发出外部请求	只能询问主站
接收消息	无限制	只能接收消息和应答

（1）主站

主站分两个等级：

1）主站等级 1（DPMC1）：中央自动化控制站，和从站循环或非循环地交换数据。同样，主站之间也可以通信。

示例：SIMATIC S7, SIMOTION。

2）主站等级 2（DPMC2）：在总线持续运行中，用于配置、调试、操作和显示的装置。只能和从站/主站非循环地交换数据的装置。

示例：编程装置、操作和显示装置。

（2）从站

SINAMICS 驱动装置在 PROFIBUS 中相当于一个从站。

3. 报文中驱动对象的顺序

在驱动上，报文中驱动对象的顺序通过 p0978 [0...24] 中的列表显示，并且可以进行修改。

使用调试工具 STARTER，选择在线模式，点击 "Drive unit→Communication→Telegram configuration" 命令，可以显示经过调试的驱动系统上各个驱动对象的顺序。

如果已经在控制器（Controller）上通过 "HW-Config" 创建了配置，而驱动对象也支持该应用程序提供的过程数据，则驱动对象会按照此顺序添加到报文中。

说明

HW-Config 中驱动对象的顺序必须与驱动中（p0978）一致。

示例：用于循环数据传输的报文结构

1. 任务说明

驱动系统由以下驱动对象构成：

1）控制单元（CU_S）。

2）有源整流装置（A_INF）。

3）伺服 1（由单逆变单元和其它组件组成）。

4）伺服 2（由双逆变单元接口 X1 和其它组件组成）。

5）伺服 3（由双逆变单元接口 X2 和其它组件组成）。

6）端子板 30（TB30）。

驱动对象和上级自动化系统之间应交换过程数据。

可以使用的报文：

1）报文 370，用于有源整流装置。

2）标准报文 6，用于伺服。

3）用户自定义报文，用于端子板 30。

2. 组件结构和报文结构

图 9-6 展示的报文结构根据指定的组件结构产生。

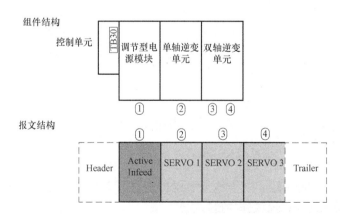

图 9-6　组件结构和报文结构（有源整流单元）

报文顺序可以通过 p0978 [0...15] 检查并修改。

3. 设置配置（例如：采用 SIMATIC S7 的 "HW-Config"）

在设计时，各个组件对应一个对象。

根据图 9-6 展示的报文结构，按照如下方式配置 DP 从站属性一览中的对象：

1）有源整流装置（A_INF）：报文 370。

2）伺服 1：标准报文 6。

3）伺服 2：标准报文 6。

4）伺服 3：标准报文 6。

5）端子板 30（TB30）：用户自定义。

DP 从站属性-概览如图 9-7 所示。

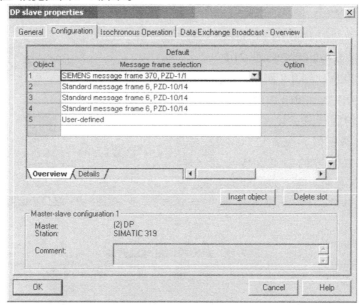

图 9-7 从站属性-概览

点击"Details"，显示已经配置的报文结构的属性，例如：I/O 地址、轴分隔符等。
DP 从站属性-详细信息如图 9-8 所示。

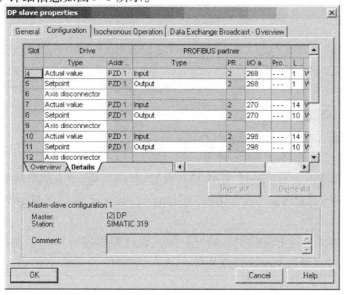

图 9-8 从站属性-详细信息

轴分隔符按照以下方式隔开报文中的对象：

1）插槽（Slot）4 和 5：对象 1→有源整流装置（A_INF）。

2）插槽（Slot）7 和 8：对象 2→伺服 1。

3）插槽（Slot）10 和 11：对象 3→伺服 2。

9.2.2　PROFIBUS 通信调试

1. 设置 PROFIBUS 接口

（1）接口和诊断 LED

在标准配置下，带 LED 的 PROFIBUS 接口和地址开关位于控制单元和 CU320-2DP 上。

接口和诊断 LED 如图 9-9 所示。

在 CU320-2 DP 上，PROFIBUS 地址通过两个十六进制编码的旋转开关设置。地址可以是 0～127 之间的十进制值，或者是 00～7F 之间的十六进制值。在上方的编码旋转开关（H）设置 16^1 的十六进制值，在下方的开关（L）设置 16^0 的十六进制值。PROFIBUS 地址开关见表 9-17。

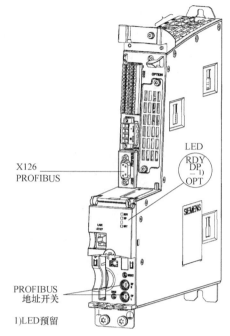

图 9-9　接口和诊断 LED

表 9-17　PROFIBUS 地址开关

编码旋转开关	有效位	示例		
		21 dec	35 dec	126 dec
		15 hex	23 hex	7E hex
DP H	$16^1 = 16$	1	2	7
DP L	$16^0 = 1$	5	3	E

（2）设置 PROFIBUS 地址

编码旋转开关的出厂设置为：0dec（00hex）。

有两种方法可以设置 PROFIBUS 地址：

1）通过参数 p0918：为了通过 STARTER 设置 PROFIBUS 节点的总线地址，首先将编码旋转开关设置为 0dec（00hex）及 127dec（7Fhex）；接下来通过参数 p0918 将地址设置为 1～126之间的值。

2）通过控制单元上的 PROFIBUS 地址开关：通过编码旋转开关手动将地址设置为 1～126 之间的值。此时只通过 p0918 读取地址。

说明

用于设置 PROFIBUS 的旋转编码开关位于保护盖下。

2. PROFIBUS 接口运行

（1）设备主数据文件

在设备主数据文件（GSD）中明确并完整地说明了 PROFIBUS 从站的特性。

GSD 文件获取方式如下：

1）网站：http：//support. automation. siemens. com/WW/view/en/49216293。

2）调试工具 STARTER 的 CD 光盘：订货号：6SL3072-0AA00-0AGx。

3）CF 卡的目录：\\ SIEMENS \ SINAMICS \ DATA \ CFG \ 。

SINAMICS S DXB-GSD 文件包含标准报文、自由报文和"从站-从站"通信报文。必须借助该报文部分和一个轴分隔符为每个驱动对象组合出一条驱动设备报文。

"HW-Config"中的 GSD 文件的处理说明请参见 SIMATIC 资料。PROFIBUS 组件的供应商可能会自行提供总线配置工具。对相关总线配置工具的说明请参见相应文档。

（2）调试 VIK-NAMUR 的说明

必须首先设置标准报文 20，并通过 p2042 = 1 激活 VIK-NAMUR ID，才可以将 SINAMICS 驱动装置用作 VIK-NAMUR 驱动装置。

（3）设备数据

每个从站都有一个数据参数，它简要地显示 PROFIBUS 所有节点的信息，方便诊断。

每个从站的信息位于 CU 专用的参数"r0964 [0...6] 设备数据"中。

（4）总线终端电阻和屏蔽

只有总线终端电阻正确设置、PROFIBUS 电缆充分屏蔽后，PROFIBUS 才能安全可靠地传输数据。

1）总线终端电阻。

请按照以下方式设置 PROFIBUS 插头中配备的总线终端电阻：

—支路中的第一个节点和最后一个节点：接通终端电阻；

—支路中的其它节点：断开终端电阻。

2）PROFIBUS 电缆的屏蔽。电缆屏蔽层必须在插头中大面积、两端接地。

3. S7-300/400 通过 PROFIBUS DP 与 S120 通信（示例1）

（1）系统构成

示例系统由一台 S7-300PLC、一个 CU320-2 DP 和一个书本型逆变单元和一台三相异步电动机组成，逆变单元由单独的直流电源供电。

PROFIBUS 接线图如图 9-10 所示。

（2）CU320-2 配置

1）设置 PROFIBUS 从站（CU320-2）的地址，请参考第 9.2.2 节。

2）使用 STARTER 设置驱动对象的报文。

配置报文如图 9-11 所示。

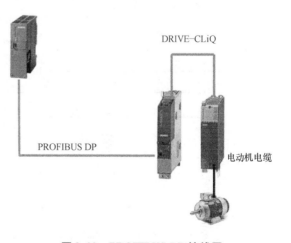

图 9-10　PROFIBUS DP 接线图

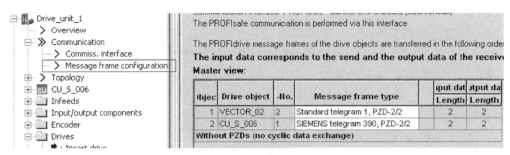

图 9-11　配置报文

（3）S7-300/400 硬件组态

1）安装 GSD 文件，PROFIBUS GSD 文件下载地址请参考第 9.2.2 节，如图 9-12 所示。

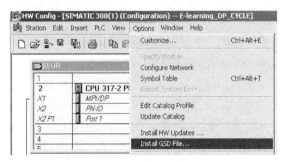

图 9-12　安装 GSD 文件

2）系统组态；在 PLC 总线上插入设备对象，如图 9-13 所示。在 S7-300/400 的硬件组态中设定的 PROFIBUS 地址应与驱动装置的 PROFIBUS 地址一致。

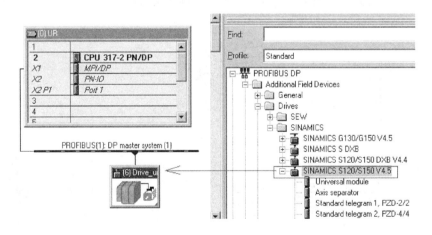

图 9-13　插入设备对象

3）报文配置。PLC 中配置的报文应与 STARTER 中配置的报文一致，两个驱动对象报文之间需要输入轴分隔符（Axis separator），如图 9-14 所示。

4）保存、编译并下载至 PLC，如图 9-15 所示。

（4）周期通信

通过标准报文 1 控制电动机启停及速度：S7-300/400 通过 PROFIBUS 通信方式将控制字

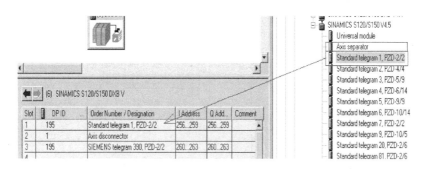

图 9-14 配置报文

图 9-15 硬件编译和下载

1（STW1）和主设定值（NSOLL_A）周期性的发送至变频器，变频器将状态字 1（ZSW1）和实际转速（NIST_A_GLATT）发送到 S7-300/400。

1）常用控制字如下。

有关控制字 1（STW1）详细定义请参考附录 B：控制字与状态字的说明。

- 047E（16 进制）-OFF1 停车；
- 047F（16 进制）-正转起动；
- 0C7F（16 进制）-反转起动；
- 04FE（16 进制）-故障复位。

2）主设定值。速度设定值要经过标准化，变频器接收十进制有符号整数 16384（4000H 十六进制）对应于 100% 的速度，接收的最大速度为 32767（200%）。参数 P2000 中设置 100% 对应的参考转速。

3）反馈状态字详细定义请参考附录 B：控制字与状态字的说明。

4）反馈实际转速同样需要经过标准化，方法同主设定值。

编写通信程序：

使用 PLC 系统功能块 SFC14（"DPRD_DAT"）读取 PROFIBUS 从站的过程数据，SFC15（"DPWR_DAT"）将过程数据写入 PROFIBUS 从站。

这两个功能块可以在 " \ \ Libraries \ Standard Library \ System Function Blocks \ " 中找到。

读写命令插入 SFC14，SFC15 如图 9-16 所示。周期通信读写程序示例如图 9-17 所示插入 DB、块程序。

LADDR 设置如图 9-18 所示。

1）起动变频器。

2）首次起动变频器需将控制字 1（STW1）16#047E 写入 DB11. DBW0 使变频器运行准备就绪，然后将 16#047F 写入 DB11. DBW0 起动变频器。

3）停止变频器。

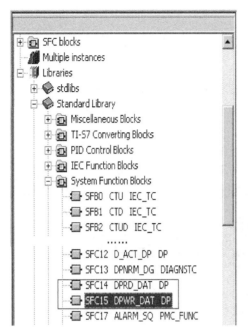

图 9-16 读写命令插入

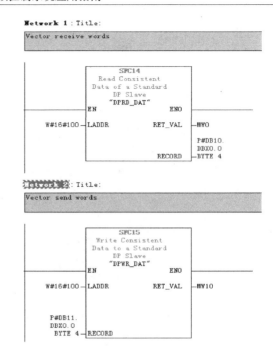

图 9-17 周期通信读写程序示例

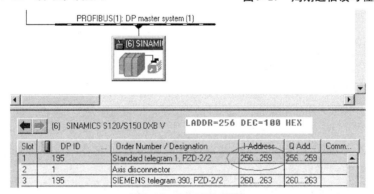

图 9-18 LADDR 设置

4）将 16#047E 写入 DB11. DBW0 停止变频器。

5）调整电动机转速。

6）将主设定值（NSOLL_A）十进制 16384 写入 DB11. DBW2，设定电动机转速为 100%的参考转速，如图 9-19 所示。

7）读取 DB10. DBW0 和 DB10. DBW2 分别可以监视变频器状态字和电动机实际转速。监控表如图 9-19 所示。

	Address		Symbol	Display format	Status value	Modify value
1	//Vector Received					
2	DB10.DBW	0		HEX		W#16#047E
3	DB10.DBW	2		DEC		16384
4	//Vector Send					
5	DB11.DBW	0		HEX		
6	DB11.DBW	2		DEC		
7						

图 9-19 监控表

（5）非周期通信

编写通信程序：PLC 读取驱动器参数时必须使用功能块 SFC58（WR_REC）写入读写请求报文，使用 SFC59（RD_REC）读取返回报文。示例中使用 DB100 作为发送报文数据块，DB111 作为接收报文数据块。

任务 1：

发送报文格式如图 9-20 所示。

+0.0	TASK_1	STRUCT		example for task1
+0.0	RequestReference	BYTE	B#16#1	请求参考
+1.0	RequestID	BYTE	B#16#1	请求ID
+2.0	Axis	BYTE	B#16#2	轴号
+3.0	NumberOfParameters	BYTE	B#16#1	参数数量
+4.0	Attribute	BYTE	B#16#10	属性
+5.0	NumberOfElements	BYTE	B#16#8	元素数量
+6.0	ParaNumber	WORD	W#16#3B1	参数号
+8.0	Subindex	WORD	W#16#0	参数索引

图 9-20　TASK1 发送报文示例

接收报文格式如图 9-21 所示。

+0.0	TASK_1	STRUCT		example of task1
+0.0	RequestReferenceMirrored	BYTE	B#16#0	对应的请求参考
+1.0	ResponseID	BYTE	B#16#0	应答ID
+2.0	AxisMirrored	BYTE	B#16#0	对应的轴
+3.0	NumberOfParameters	BYTE	B#16#0	参数数量
+4.0	Format	BYTE	B#16#0	格式
+5.0	NumberOfValues	BYTE	B#16#0	值的数量
+6.0	Value01	WORD	W#16#0	参数值
+8.0	Value02	WORD	W#16#0	
+10.0	Value03	WORD	W#16#0	
+12.0	value04	WORD	W#16#0	
+14.0	value05	WORD	W#16#0	
+16.0	value06	WORD	W#16#0	
+18.0	value07	WORD	W#16#0	
+20.0	value08	WORD	W#16#0	

图 9-21　TASK1 接收报文示例

SFC58，SFC59 中 LADDR 项设置：PROFIBUS DP 寻址可通过逻辑地址或诊断地址进行，如图 9-22 所示。

读写程序如下：

1）使用功能块"WRREC_DB"（SFB58）将写请求发送至 CU。

M10.0 为 1 时起动写请求，当写请求完成后或确认收到反馈报文后必须将该请求置 0，结束该请求。

2）使用功能块"RDREC_DB"（SFC59）读取 CU 的响应，并将 CU 返回的响应报文保存在数据块 DB111 中。M11.0 为 1 时起动读请求，当读请求完成后或确认收到反馈报文后必须将该请求置 0，结束该请求。

TASK1 程序示例如图 9-23 所示。

DP 周期通信参见链接：

http：//www. ad. siemens. com. cn/service/elearning/cn/Course. aspx？CourseID = 1127。

DP 非周期通信参见链接：

http：//www. ad. siemens. com. cn/service/elearning/cn/Course. aspx？CourseID = 1126。

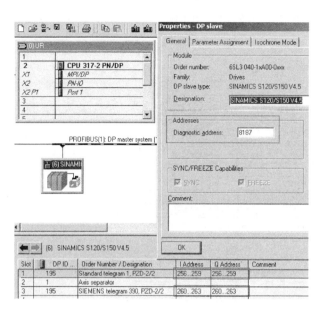

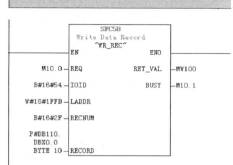

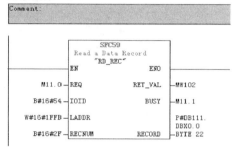

图 9-22 **PROFIBUS DP 诊断地址与 LADDR 地址**   图 9-23 **TASK1 程序示例**

4. S7-1200 通过 PROFIBUS DP 与 S120 通信（示例 2）

（1）系统构成

示例系统由一台 S7-1200PLC、一块 CM1243-5 PROFIBUS DP-MASTER 模块、一个 CU320-2 DP、一个书本型逆变单元和一台异步电动机组成，逆变单元由单独的直流电源供电。PROFIBUS 接线图如图 9-24 所示。

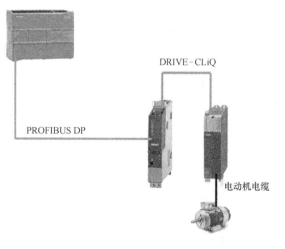

图 9-24 **PROFIBUS DP 接线图**

（2）CU320-2 配置

1）设置 PROFIBUS 从站（CU320-2）的地址。

2）使用 STARTER 设置驱动对象的报文。

（3）S7-1200 硬件组态

1）安装 GSD 文件如图 9-25 所示。

2）系统组态。插入驱动单元，所在目录：//其它现场设备/PROFIBUS DP/驱动器/Siemens AG/SINAMICS/SINAMICS S120/S150 V4.5（请按照实际的 firmware 版本选择），如图 9-26所示。

3）设置 PROFIBUS 地址。在 S7-1200 的硬件组态中设定的 PROFIBUS 地址应与驱动装置上设置的 PROFIBUS 地址一致，如图 9-27 所示。

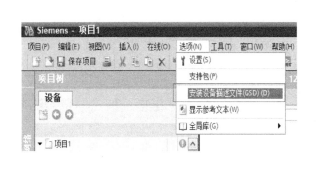

图 9-25 TIA GSD 文件安装   图 9-26 选择硬件设备

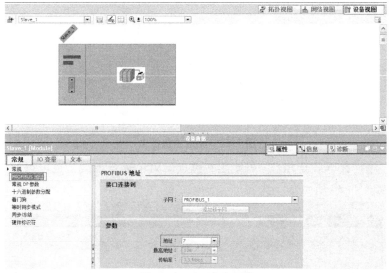

图 9-27 DP 地址设置

4）网络配置。在"//设备组态/网络视图"中，将插入的 CU320-2 DP 加入 S7-1200 的
DP 网络，如图 9-28 所示。

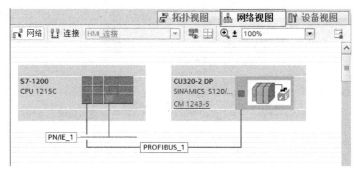

图 9-28 PROFIBUS 网络配置

5）报文配置。PLC 中配置的报文应与 STARTER 中配置的报文一致。打开"//设备组

态/设备视图",插入报文,如图 9-29 所示。

注意:两个驱动对象报文之间需要插入轴分隔符(Axis separator)。

图 9-29　配置通信报文

6)保存、编译并下载至 PLC。可使用右键点击菜单进行下载,也可以使用工具栏的快捷方式执行,如图 9-30 所示。

图 9-30　硬件编译和下载

（4）周期通信

以标准报文 1 为例讲述。

通过标准报文 1 控制电动机启停及速度：

根据标准报文 1 中定义的报文的内容，S7-1200 通过 PROFIBUS 通信方式将控制字 1（STW1）和主设定值（NSOLL_A）周期性的发送至变频器，变频器将状态字 1（ZSW1）和速度反馈（NIST_A）发送到 S7-1200。

使用 PLC 系统功能块 SFC14（"DPRD_DAT"）读取 PROFIBUS 从站的过程数据，SFC15（"DPWR_DAT"）将过程数据写入 PROFIBUS 从站。

这两个功能块可以在"\\扩展指令\分布式 I/O\其它"中找到。

读写命令插入如图 9-31 所示。

DB 块设置

使用 DB 块作为存储发送和接收数据区时，请取消 DB 块的"优化的块访问"属性，以便使用绝对地址。DB 块属性设置如图 9-32 所示。

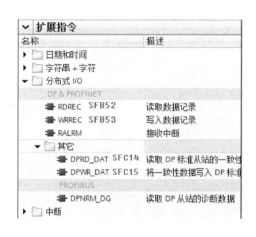

图 9-31　读写命令插入

图 9-32　DB 块属性设置

通信程序示例如图 9-33 所示。

LADDR 设置

LADDR 变量类型 HW_IO，可在系统变量表中查到各个通信报文的地址，如图 9-34 所示，然后填入 LADDR 内即可。

建立监控表，可以监控各个对象的通信情况，同时也可以用来进行通信测试。监控表如图 9-35 所示。

（5）非周期通信

编写通信程序

S7-1200 读取驱动器参数时必须使用功能块 SFB53（WRREC）写入读写请求报文，使用 SFB52（RDREC）读取返回报文。

这两个功能块可以在"\\扩展指令\分布式 I/O"中找到。

示例中使用数据块 DB110 作为发送报文数据块，数据块 DB111 作为接收报文数据块。读写命令插入如图 9-36 所示。

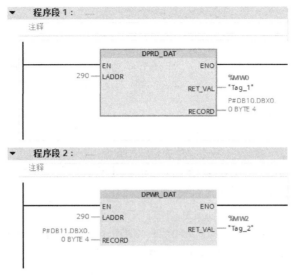

图 9-33　周期通信程序编写

	名称	数据类型	值
1	端口_1[PN]	Hw_Interface	65
2	端口_2[PN]	Hw_Interface	66
3	CM_1241_(RS485)_1	Port	270
4	DP_接口	Hw_Interface	271
5	CM_1243-5	Hw_SubModule	273
6	DP-Mastersystem[IOSystem]	Hw_IoSystem	281
7	Standard_telegram_1, PZD-2_2_1[AI/AO]	Hw_SubModule	290
8	OB_Main	OB_PCYCLE	1
9	SIEMENS_telegram_390, PZD-2_2_1[AI/AO]	Hw_SubModule	276
10	Axis_separator_1	Hw_SubModule	274
11	CU320-2_DP[Head]	Hw_Interface	289
12	CU320-2_DP[DPSlave]	Hw_DpSlave	287

图 9-34　LADDR 地址确认

i	名称	地址	显示格式	监视值	修改值
1	"DP_SEND_CYC"."Vector.STW1"	%DB10.DBW0	十六进制		16#047E
2	"DP_SEND_CYC"."Vector.NSOLL_A"	%DB10.DBW2	带符号十进制		10000
3	"DP_RCV_CYC"."Vector.ZSW1"	%DB11.DBW0	十六进制		
4	"DP_RCV_CYC"."Vector.NIST_A"	%DB11.DBW2	带符号十进制		
5	"DP_SEND_CYC"."CU.STW1"	%DB10.DBW4	十六进制		16#0400
6	"DP_SEND_CYC"."CU.A_DIGITAL"	%DB10.DBW6	带符号十进制		0
7	"DP_RCV_CYC"."CU.ZSW1"	%DB11.DBW4	十六进制		
8	"DP_RCV_CYC"."CU.E_DIGITAL"	%DB11.DBW6	十六进制		

图 9-35　监控表

任务 1

发送报文保存在数据块 DB110 中，任务 1 发送报文的格式如图 9-37 所示。

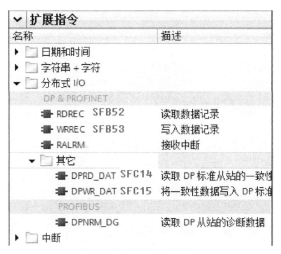

图 9-36 读写命令插入

接收报文保存在数据块 DB111 中，任务 1 接收报文的格式如图 9-38 所示。

		名称	数据类型	偏移量	启动值
1		▼ Static			
2		▼ TASK_1	Struct	0.0	
3		RequestReference	Byte	0.0	16#1
4		RequestID	Byte	1.0	16#1
5		Axis	Byte	2.0	16#2
6		NumberOfParamet...	Byte	3.0	16#1
7		Attribute	Byte	4.0	16#10
8		NumberOfElements	Byte	5.0	16#8
9		ParaNumber	Word	6.0	16#3b1
10		Subindex	Word	8.0	16#0
11		▶ TASK_2	Struct	10.0	

DP_SEND_AC

图 9-37 任务 1 发送报文

		名称	数据类型	偏移量	启动
1		▼ Static			
2		▼ TASK_1	Struct	0.0	
3		RequestReferenceMirrored	Byte	0.0	16#
4		ResponseID	Byte	1.0	16#
5		AxisMirrored	Byte	2.0	16#
6		NumberOfParameters	Byte	3.0	16#
7		Format	Byte	4.0	16#
8		NumberOfValues	Byte	5.0	16#
9		Value1	Word	6.0	16#0
10		Value2	Word	8.0	16#0
11		Value3	Word	10.0	16#0
12		Value4	Word	12.0	16#0
13		Value5	Word	14.0	16#0
14		Value6	Word	16.0	16#0
15		Value7	Word	18.0	16#0
16		Value8	Word	20.0	16#0
17		▶ TASK_2	Struct	22.0	

DP_RCV_AC

图 9-38 任务 1 接收报文

读写程序如下：

1）使用功能块"WRREC_DB"（SFB53）将写请求发送至 CU 。

M10.0 为 1 时起动写请求，当写请求完成后或确认收到反馈报文后必须将该请求置 0，结束该请求。TASK_1 读写程序如图 9-39 所示。"STATUS"显示块状态或错误代码，有关错误的描述参见"系统功能/功能块帮助"。

2）使用功能块"RDREC_DB"（SFC52）将读请求发送至 CU，并将 CU 返回的响应报文保存在数据块 DB111 中。

M11.0 为 1 时起动读请求，当读请求完成后或确认收到反馈报文后必须将该请求置 0，结束该请求。"STATUS"显示块状态或错误代码，有关错误的描述参见"系统功能/功能块帮助"。

相关视频：S120（CU320-2DP）与 S7-1200 的 DP 通信

视频地址：http：//www. ad. siemens. com. cn/service/elearning/cn/Course. aspx？ CourseID = 1067

5. HMI 通过 PROFIBUS DP 与 S120 通信

SIMATIC HMI 可作为 PROFIBUS 主站（主站等级 2），直接访问 SINAMICS。

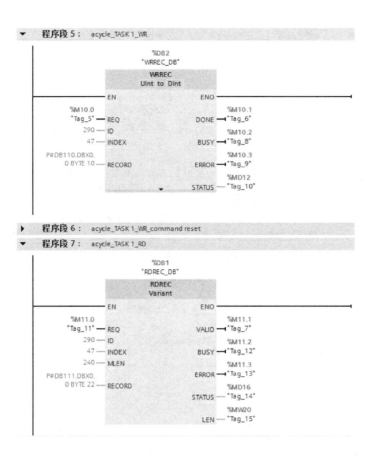

图 9-39　TASK_1 读写程序

在使用 SIMATIC HMI 时，SINAMICS 相当于一个 SIMATIC S7。在访问驱动对象参数时，请依据以下简单对应关系：

1）参数号 = 数据块号。

2）参数子索引 = 数据块偏移的位 0 ~ 9。

3）驱动对象号 = 数据块偏移的位 10 ~ 15。

（1）Pro Tool 和 WinCC flexible

SIMATIC HMI 可以通过"Pro Tool"或"WinCC flexible"配置。

在使用这两个工具配置时，请注意以下驱动的专有设置。

控制器：协议始终是"SIMATIC S7-300/400"。

其它参数见表 9-18。

表 9-18　其它参数

数组	值	数组	值
网络参数:协议	DP	通信伙伴	don't care
网络参数:波特率	可自由选择	插接位置/模块接口	0
通信伙伴地址	驱动设备的 PROFIBUS 地址		

变量：标签"常规"见表 9-19。

表 9-19　变量：标签"常规"

数组	值
名称	可自由选择
控制	可自由选择
类型	根据各个已经定址的参数值,例如: INT:表示整型 16 位 DINT:表示整型 32 位 WORD:表示 Unsigned 16 位 REAL:表示浮点数 32 位
范围	DB
DB (数据块号)	参数号 1 ... 65535
DBB, DBW, DBD (数据块偏移)	驱动对象号和子索引 位 15 … 10 :驱动对象号 0 ... 63 位 9…0 :子索引 0 ... 1023 或者其它表达式: DBW = 1024 * 驱动对象号 + 子索引
长度	未激活
采样循环	可自由选择
元素数量	1
小数点后位数	可自由选择

说明

1)SIMATIC HMI 可以和驱动设备一同运行,而不受当前控制器的影响。只需要简单地"点到点"地连接两个节点。

2)HMI 的功能"变量"仍可用于驱动设备。其它功能则无法使用,例如:"信息"或"处方"。

3)可以访问到单个参数值。但是不能访问整个数组、说明或文本。

（2）示例

任务说明：使用触摸屏直接与 S120 进行通信，读出其中的参数 p2900 和参数 p1070 [0] 的数值并显示在触摸屏上。

预先设置变频器参数：

驱动对象号（DO）为 2；

p2900 = 20.00，格式为浮点数 32 位；

p1070 [0] = r2050 [1]，格式为无符号 32 位。

步骤如下：

1）新建项目，在 WinCC flecxible 中设置连接；通信连接设为 SIMATIC S7-300/400；配置文件选为 DP；

PLC 设备的地址设置为 S120 CU 的 DP 地址；需将触摸屏设为"总线上的唯一主站"，如图 9-40 所示。

2）在 WinCC flecxible 中添加变量；

依据参数号定义规则：

p2900 的地址为 DB2900，DBD（2 * 1024 + 0），其中 2 为驱动对象号；p1070 [0] 的地址为 DB1070，DBD（2 * 1024 + 0），其中 2 为驱动对象号，如图 9-41 所示。

3）在 WinCC flecxible 中添加显示栏，并配置。在画面 1 中插入 2 个 IO 域，并配置其分别连接到变量 p2900 和变量 p1070；同时，配置 IO 域的数据格式，如图 9-42 所示。

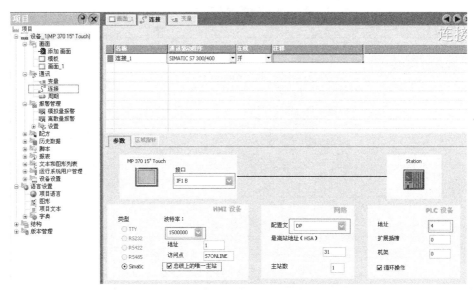

图 9-40　在 WinCC flecxible 中设置连接

图 9-41　定义变量

图 9-42　p2900 显示 IO 域配置

4）测试通信效果。p1070 显示 IO 域配置如图 9-43 所示。

参数的数据格式可查阅参数列表。

p1070 [0] 为 BICO 连接，其数据内容的含义，请参考图例：创建多参数请求（示例）。

模拟运行时显示参数如图 9-44 所示。

9.2.3　PROFIBUS DP 从站-从站通信

在 PROFIBUS DP 上，主站会在一个 DP 周期内依次询问所有从站。此时，主站会向各从站发送自己的输出数据（设定值），并读取各从站反馈的输入数据（实际值）。使用"从

图 9-43　p1070 显示 IO 域配置

图 9-44　模拟运行时显示参数

站-从站"通信功能后,各个驱动装置(从站)之间可以更快地分散式交换数据,无需主站直接参与。

本节中说明的功能会涉及以下术语:

1)"从站-从站"通信。

2)数据交换广播(DXB. req)。

采用的"从站-从站"通信如图 9-45 所示。

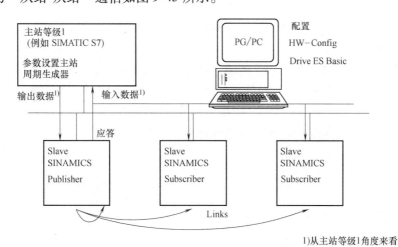

图 9-45　采用发布订阅模型的"从站-从站"通信

(1)分配器

在"从站-从站"通信功能中,必须至少有一个从站用作"Publisher",即分配器。在主站传送输出数据时，它会通过不同的第 2 层功能码（DXB. req）响应分配器。接着分配器会通过广播报文向总线节点发送对主站的输入数据。

（2）接收器

接收器（Subscriber）会分析由分配器发送的广播报文，并将接收到的数据用作设定值。这些分配器设定值的使用情况取决于报文设计（p0922），或者也可以使用从主站接收的设定值。

（3）前提条件

在使用"从站-从站"通信功能时应遵循以下前提条件：

1）STARTER 版本 4.2 或以上。

2）配置（两种方式皆可实现）：

—Drive ES Basic，Drive ES SIMATIC，或 Drive ES PCS7 Version 5.3 SP3 及更高版本；

—含 GSD 文件的替代方案。

3）固件版本 4.3 或以上。

4）每个驱动对象的最大过程数据数量可如下计算：r2050 中的数值减去已使用的源。

5）最多 16 个至分配器的链接。

说明

"从站-从站"通信功能不适用于 CU310-2 PN。

（4）应用

通过"从站-从站"通信功能实现的应用有：

1）轴耦合（推荐用于等时同步运行）。

2）使用来自另一个从站的开关量连接器。

1. 激活/设置从-从通信

无论是在分配器中还是在接收器中，都需要激活"从站-从站"通信功能，但只需要在接收器中设置该功能。在总线起动时，分配器自动激活。

（1）在分配器中激活

借助订阅者上配置的链接，主站可以了解它需要响应的从站分配器，响应通过不同的第 2 层功能码（DXB 请求）进行。

接着分配器不仅会向主站发送自己的输入数据，而且会向所有总线节点发送广播报文。

该设置通过总线配置工具（如 HW-Config）自动进行。发布方的报文设置如图 9-46 所示。

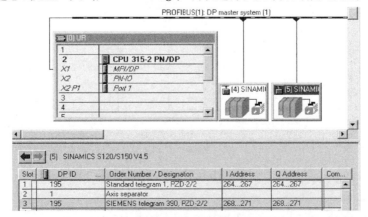

图 9-46　分配器 CU 的报文设置

（2）在接收器中激活

应成为接收器的从站需要使用一张筛选表。该从站必须知道哪些设定值是来自主站，哪些来自分配器。

筛选表通过总线配置工具（如 HW-Config）创建。

筛选表中包含的信息见图 9-47 。

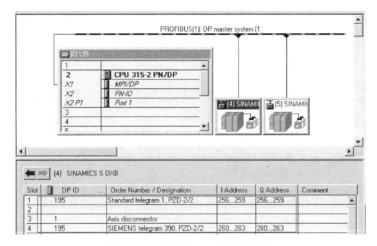

图 9-47　接收器 CU 的报文设置

2. 调试 PROFIBUS 从-从通信

下文说明了如何调试两个 SINAMICS 驱动设备之间的"从站-从站"通信。

（1）"HW-Config"中的设置

在以下项目示例中将对 HW-Config 中的设置进行说明，使用标准报文。步骤如下：

1）已使用例如 SIMATIC Manager 和 HW-Config 创建了项目。在示例项目中已将 CPU 定义为控制系统和主站，并将两个 SINAMICS S120 控制单元定义为从站。从站中一个 CU320-2 DP 为分配器，一个 CU310 DP 为接收器。

2）在 HW-Config 中对驱动对象的报文进行配置。

3）为接收器增加订阅链接。插入的从站-从站通信 PZD 的数据长度必须与需要从发送方接收的数据长度对应。因此也受到发送方报文长度的影响。

此处发送方的报文长度均为 2 个字，因此接收器能选择的从站-从站通信报文为"Slave-to-slave，PZD-1"和"Slave-to-slave，PZD-2"，如图 9-48 所示。

4）配置"slave to slave"报文。双击槽 2，弹出报文配置窗口，选择"Address configuration"页面，单击"edit"按钮，弹出"Address configuration"页面，选择模式（Mode）为"DX"，选择"DP Partner：sender"中的"DP address"，此处由于仅有 2 个从站，因此此处不可选。然后选择分配器的数据来源（Address）。Slave to slave 属性界面如图 9-49 所示，设置数据来源界面如图 9-50 所示，配置完成后的界面如图 9-51 所示。

5）这样就完成了 PLC 中的硬件配置，保存并编译，下载至 PLC。

（2）STARTER 中的调试

在"HW-Config"中的"从站-从站"通信组态只是扩展了当前的报文。STARTER 支持报文扩展功能。

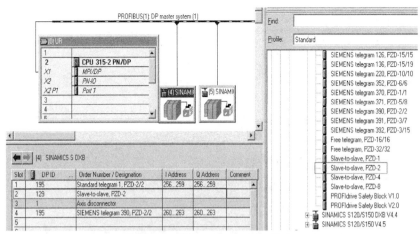

图 9-48　插入 slave to slave 报文

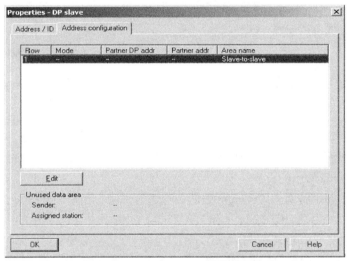

图 9-49　Slave to slave 属性界面

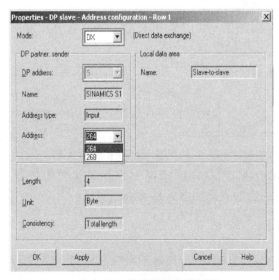

图 9-50　设置数据来源界面

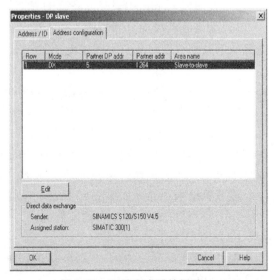

图 9-51　配置完成后的界面

STARTER 中根据之前的配置修改并扩展驱动对象的报文部分，这样才能完成驱动对象的"从站-从站"通信配置。

步骤如下：

1）在 PROFIBUS 报文一览中可访问驱动对象的报文部分，配置各个驱动对象（Drive object）的报文，首先配置标准报文，与 PLC 的配置对应。

CU310、CU320 初始报文配置如图 9-52，图 9-53 所示。

Object	Drive object	-No.	Message frame type	Input data Length	Output data Length
1	VECTOR_cu310	2	Standard telegram 1, PZD-2/2 ▼	2	2
2	CU_310	1	SIEMENS telegram 390, PZD-2/2	2	2
Without PZDs (no cyclic data exchange)					

图 9-52　CU310 初始报文配置

Object	Drive object	-No.	Message frame type	Input data Length	Output data Length
1	VECTOR_cu320	2	Standard telegram 1, PZD-2/2	2	2
2	CU_320	1	SIEMENS telegram 390, PZD-2/2	2	2
Without PZDs (no cyclic data exchange)					

图 9-53　CU320 初始报文配置

2）将分配器 CU310 中 VECTOR_cu310 的报文修改为"Free telegram configuration with BICO"，并修改"Output data"长度为 4，如图 9-54 所示。然后再将报文设置改回标准报文 1"Standard telegram 1，PZD-2/2"，如图 9-55 所示。

Object	Drive object	-No.	Message frame type	Input data Length	Output data Length
1	VECTOR_cu310	2	Free telegram configuration with BICO	2	4
2	CU_310	1	SIEMENS telegram 390, PZD-2/2	2	2
Without PZDs (no cyclic data exchange)					

图 9-54　修改报文长度

Object	Drive object	-No.	Message frame type	Input data Length	Output data Length
1	VECTOR_cu310	2	Standard telegram 1, PZD-2/2	2	2
			Message frame extension	0	2
2	CU_310	1	SIEMENS telegram 390, PZD-2/2	2	2
Without PZDs (no cyclic data exchange)					

图 9-55　完成报文配置

3）保存，然后将配置下载至 CU，并执行 copy RAM to ROM。

在线查看通信状态，如图 9-56 所示。扩展的报文内容显示为"user-defined"，此时接收器显示接收的数据均为 0 。

4）在 PLC 中设置发送给接收器的控制字 bit10 位。CU 只有在接收到控制字 1 的 bit10 位为 1 后，才能接收到数据，包括来自 PLC 的报文和从站-从站通信报文。

设置控制字 bit10 如图 9-57 所示。

5）接收器已接收到来自分配器的数据。"从站-从站"通信 PZD 与标准报文的数据接收如图 9-58 所示。

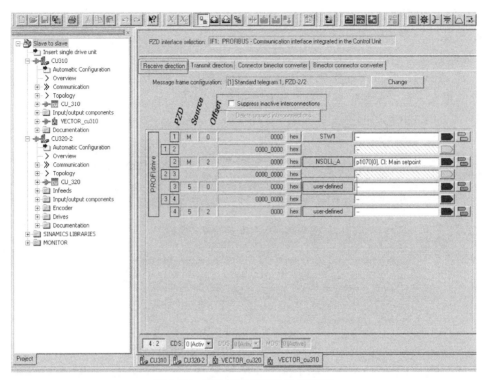

图 9-56　接收器通信接收数据界面

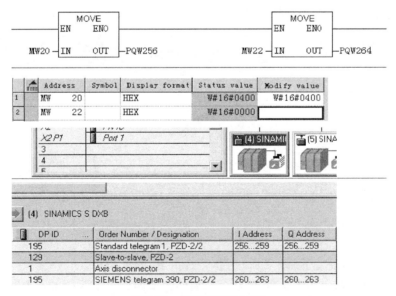

图 9-57　设置控制字 bit10

3. GSD 运行

在特定设备主数据文件（GSD）中必须对 PROFIBUS 从站特性进行唯一且完整的描述，以便使用 SINAMICS 的 PROFIBUS "从站-从站" 通信。

GSD 文件获取方式如下：

1）网站：http：//support. automation. siemens. com/WW/view/en/49216293。

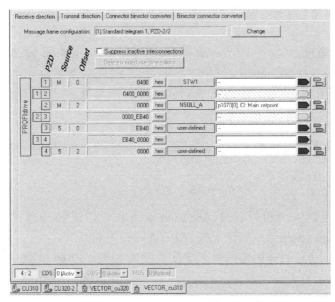

图 9-58 "从站-从站"通信 PZD 与标准报文的数据接收

2）调试工具 STARTER 的 CD 光盘：订货号：6SL3072-0AA00-0AGx。

3）CF 卡的目录：\\SIEMENS\SINAMICS\DATA\CFG\。

SINAMICS S DXB-GSD 文件包含标准报文、自由报文和"从站-从站"通信报文。用户必须组合这些报文部分并在每个驱动对象后加一个轴分隔符，才能建立自己的驱动对象报文。

"HW-Config"中的 GSD 文件的处理说明请参见 SIMATIC 资料。PROFIBUS 组件的供应商可能会自行提供总线配置工具。对相关总线配置工具的说明请参见相应文档。

设备数据每个从站都有一个数据参数，它简要地显示 PROFIBUS 所有节点的信息，方便诊断。每个从站的信息位于控制单元参数 r0964［0...6］设备数据中。

4. STARTER 中 PROFIBUS 从站-从站通信的诊断

PROFIBUS "从站-从站"通信采用的是广播报文，因此只有接收器才能识别连接错误或数据错误，例如：通过分配器的数据长度识别，参见"配置报文"。

而分配器只能检测到它和 DP 主站之间的循环通信中断故障，并输出 A01920 和 F01910。发送给接收器的广播报文不会发出反馈。接收器的故障必须由"从站-从站"通信反馈。但是，在 1：n 配置的"主驱动"上，必须要注意组态范围的限制。n 个接收器不能直接向"主驱动"（分配器）反馈自己的状态！可通过诊断参数 r2075（"PROFIBUS 诊断：接收报文的PZD 偏移"）和 r2076（PROFIBUS 诊断：发送报文的 PZD 偏移）进行诊断。参数 r2074（"PROFIBUS 诊断：接收 PZD 的总线地址"）显示了相应 PZD 设定值源 DP 地址。

借助 r2074 和 r2075 可以验证"从站-从站"通信中接收器的数据源。

说明
接收器不会监控是否存在等时同步的分配器生命信号。

5. PROFIBUS "从站-从站"通信中的故障和报警

报警 A01945 表示至少和一个驱动对象的分配器之间的连接发生故障或失灵。另外，相应 DO 上还会输出故障 F01946，表明和该驱动对象的连接中断。分配器故障只会影响相应的驱动对象。

参考文档下载地址：http：//www. ad. siemens. com. cn/download/docMessage. aspx？ID = 6182&loginID = &srno = &sendtime = 。

该文档介绍了用两台 SINAMICS G120 变频器通过主站 S7-300 实现了 Slave to Slave 通信。

9.3　PROFINET IO 通信技术

9.3.1　PROFINET IO 概述

1. 概述

PROFINET IO 是在生产和过程自动化领域应用非常广泛的开放式工业以太网标准。PROFINET IO 以工业以太网为基础且支持 TCP/IP 和 IT 标准。

在工业网络中，信号处理的实时性和确定性非常重要。PROFINET IO 可以满足这两点要求。

通过以下标准确保厂商的独立性和开放性：

● 国际标准 IEC 61158。

PROFINET IO 最适宜应用于时间紧迫的现场快速数据传输。

2. PROFINET IO

在全集成自动化（Totally Integrated Automation，TIA）范围内，PROFINET IO 是以下通信技术的延伸和发展：

1）PROFIBUS DP，现有现场总线。

2）工业以太网，单元级别的通信主线。

PROFINET IO 融合了这两个系统的优点。PROFINET IO 由 PROFIBUS International（PROFIBUS 用户组织）推出，是基于以太网技术的自动化总线标准，是一种跨供应商的通信和工程设计模型。

PROFINET IO 不仅定义了 IO 控制器（具有主站功能的设备）和 IO 设备（具有从站功能的设备）之间的整个数据交换过程，也定义了设置和诊断过程。PROFINET IO 系统几乎保留了和 PROFIBUS 系统一致的配置。

一个 PROFINET IO 系统由以下设备组成：

1）IO-Controller，即 IO 控制器，是一台负责管理自动化任务的控制装置。

2）IO-Device，即 IO 设备，是由 IO 控制器调控的设备。一个 IO 设备由多个模块和子模块组成。

3）IO-Supervisor，即 IO 监视器，是一个通常基于 PC 的设计工具，通过其可设置和诊断单个 IO 设备（驱动设备）。

3. IO 设备：带 PROFINET 接口的驱动设备

1）配备 CU320-2 DP、插上 CBE20 的 SINAMICS S120。

2）配备 CU320-2 PN 的 SINAMICS S120。

3）配备 CU310-2 PN 的 SINAMICS S120。

在所有带 PROFINET 接口的驱动设备上，都可以通过 PROFINET IO RT 或 IRT 进行循环通信。这样可确保同一网络中可通过其它标准协议实现通信。

说明

适用于驱动技术的 PROFINET 在以下文档中确定了标准并加以说明：

PROFIBUS-Profil PROFIdrive-Profile Drive Technology

Version V4.1，May 2006，

PROFIBUS User Organization e.V.

Haid-und-Neu-Straβe 7，

D-76131 Karlsruhe

http://www.profibus.com，

订货号 3.172，规格参见第 6 章

λ 配备 CU310-2 PN 的 SINAMICS S120

说明

对于插入了 CBE20 的 CU320-2 DP，PROFIBUS DP 的循环 PZD 通道首先失效。可设置参数 p8839 = 1 重新激活 PZD 通道。

4. 实时（RT）通信和等时同步实时（IRT）通信

（1）实时通信

TCP/IP 通信中的传输时间可能太长，无法满足生产自动化领域的要求，并且该时间具有不确定性。因此，在进行时间要求苛刻的 IO 有效载荷数据通信时，PROFINET IO 不使用 TCP/IP，而是使用自己的实时通道。

（2）确定性

确定性表示，系统以可预测（确定）的方式进行响应。

PROFINET IO 上可精确确定（预测）数据传输时间。

（3）PROFINET IO RT（Real Time）

Real Time（实时）表示，系统以定义的时间处理外部事件。

在 PROFINET IO 内，过程数据和报警总是实时传送。实时通信是 PROFINET IO 数据交换的基础。实时数据比 TCP（UDP）/IP 数据优先处理。时间要求苛刻的数据以确定的时间间隔进行传输。

（4）PROFINET IO IRT（Isochronous Real Time）

Isochronous Real Time Ethernet（等时同步实时以太网）：PROFINET IO 的实时属性，即 IRT 报文通过计划的通信路径以固定的顺序进行传输，IO 控制器和 IO 设备（驱动设备）之间的通信因此达到了最佳的同步性和性能。这也被称为时间计划通信，它充分利用了网络结构的相关知识。IRT 需要使用支持计划性数据传输的专用网络组件。在采用该传输方式后，可以达到最小为 500μs 的循环时间和小于 1μs 的抖动精度。宽带分配/预留，如图 9-59 所示。

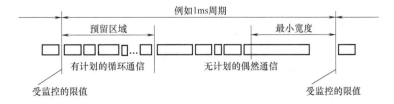

图 9-59　宽带分配/预留

5. 地址

（1）MAC 地址

每个以太网接口和 PROFINET 接口在工厂中就已指定了一个世界范围内唯一的设备标识。这个长度为 6 字节的设备标识就是 MAC 地址。MAC 地址分为：

1）3 字节的生产商标识。

2）3 字节的设备代码（连续编号）。

MAC 地址位于标签（CBE20）或铭牌（CU320-2 PN 和 CU310-2 PN）上，例如：08-00-06-6B-80-C0 。

控制单元 CU320-2 PN 及 CU310-2 PN 有两个机载接口：

1）一个以太网接口。

2）一个带两个端口的 PROFINET 接口。

以太网接口和 PROFINET 接口的 MAC 地址位于铭牌上。

（2）IP 地址

TCP/IP 是建立连接和进行参数设置的前提条件。为了使 PROFINET 设备在工业以太网中可以用作节点，其还需要一个网络中唯一的 IP 地址。IP 地址由 4 个十进制数组成，数字的取值范围是 0 ~ 255 。十进制数之间通过点隔开。IP 地址由以下部分组成：

1）节点地址（也称为主机或网络节点）。

2）（子）网络地址。

（3）IP 地址分配

IO 设备的 IP 地址可通过 IO 控制器分配，并且其子网掩码总是与 IO 控制器相同。此时，IP 地址不会持久保存。重新上电后，IP 地址丢失。IP 地址可通过 STARTER 功能 "Accessible nodes" 永久分配（参见 SINAMICS S120 调试手册）。该功能也可通过 STEP 7 的 "HW-Config" 执行，功能名称为 "Edit Ethernet node"。

说明

机载接口的 IP 地址：以太网接口和 PROFINET 接口的 IP 地址带不可相同。以太网接口 X127 IP 地址的出厂设置是 169.254.11.22 ，子网掩码是 255.255.0.0 。

说明

如果网络是以太网公司网络的一部分，请向网络管理员获取这些数据（IP 地址）。

（4）设备名称（NameOfStation）

在供货状态下 IO 设备无名称。只有在使用 IO 监视器分配了设备名称后，才能通过 IO 控制器对 IO 设备进行寻址，例如用于在起动时传输项目数据（以及 IP 地址）或在循环运行中进行用户数据交换。

说明

设备名称必须通过 STARTER、Primary Setup Tool（PST）或 STEP 7 的 "HW-Config" 进行非易失性存储。

说明

可在 STARTER 专家列表中通过参数 p8920、p8921、p8922 和 p8923 输入内部 PROFINET 端口 X150 P1 和 P2 的地址。

可在 STARTER 专家列表中通过参数 p8940、p8941、p8942 和 p8943 输入可选模块 CBE20 的地址。

（5）控制单元 CU320-2 DP/PN 和 CU310-2 PN（IO 设备）的更换

如果 IP 地址和设备名称进行了非易失性存储，则这些数据会传输到控制单元的存储卡中。

如果在设备或模块损坏时需要更换整个控制单元，新的控制单元会根据存储卡中的数据自动设置和组态。接着会重新建立循环有效载荷数据交换。PROFINET 设备发生故障时，使用存储卡便可以更换模块，无需使用 IO 监视器。

6. 数据传输

（1）特性

驱动设备的 PROFINET 接口上可以同时执行以下通信：

1）IRT-isochronous realtime Ethernet：等时同步实时以太网。

2）RT-realtime Ethernet：实时以太网。

3）标准以太网通信（TCP/IP，LLDP，UDP 和 DCP）。

（2）用于循环数据传输和非循环通信的 PROFIdrive 报文

对于每个进行循环过程数据交换的驱动设备的驱动对象，都有报文用于发送和接收过程数据。

除去循环数据传输，也可使用非循环通信用于设置和组态驱动。非循环通信可由 IO 监视器或 IO 控制器使用。

7. 使用 PROFINET 时的通信通道

（1）PROFINET 连接通道

1）控制单元包含一个内置以太网接口 X127 。

2）对于 PROFINET 版本 CU320-2 PN 和 CU310-2 PN，每个 PROFINET 接口（X150）都有两个机载端口：P1 和 P2。

3）控制单元 CU320-2 PN 或 CU310-2 PN 可通过 PROFINET 接口同时建立最多 8 个通信连接。

（2）带 CBE20 的控制单元

在控制单元 CU320-2 PN/DP 中可插入一块通信板（选件）：通信板 CBE20 是一个有 4 个 PROFINET 端口的 PROFINET 交换机。

说明

PROFINET 布线：机载接口 X127 和 X150 之间不可以布线，控制单元 CU320-2 PN 机载接口和插入的 CBE20 之间也不可以布线。

9.3.2 通过 PROFINET 进行驱动控制

1. 文档

1）关于如何将配备 CU310-2 PN/CU320-2 DP/CU320-2PN 的 SINAMICS S120 连接到 PROFINET IO 系统中，请参见系统手册"SIMOTION SCOUT 通信"。

2）控制单元通过 PROFINET IO 连接到 SIMATIC S7 的示例，请参见互联网上 FAQ "S7-CPU 和 SINAMICS S120 之间的 PROFINET IO 通信"。

相关视频：http：//www. ad. siemens. com. cn/service/elearning/cn/Course. aspx？ CourseID = 1068。

2. 通过等时同步 PROFINET IO 生成周期

CU320-2 DP/CU320-2 PN 配备了 CBE20 模块时：

1）传输类型为 IRT，IO 设备是同步从站并等时同步，发送周期在总线上：控制单元和总线同步，发送周期规定了控制单元的周期。

2）配置了 RT 或 IRT（驱动设备选项"不等时同步"）。SINAMICS 使用在 SINAMICS 中配置的本地周期。

3）SINAMICS 使用本地周期，即 SINAMICS 中设计的周期；不通过 PROFINET 交换数据；发出报警 A01487（"拓扑结构：与设定拓扑相比实际拓扑中缺少选件槽组件"）。无法通过 PROFINET 访问数据。

3. 报文

在 PROFINET IO 循环通信中，可以选择符合 PROFIdrive 的报文，参见"PROFIdrive 通信"的"循环通信"部分。

4. DCP 闪烁

该功能用于检查模块和接口是否正确分配。CU310-2 PN 和 CU320-2 DP/PN 插入 CBE20 后支持此功能。

1）请在"HW-Config"或 STEP 7 管理器中选择菜单"Target system→Ethernet→Edit Ethernet node"命令。打开"Edit Ethernet node"对话框。

2）点击快捷键"Browse"。打开"Browse Network"对话框，相连的节点显示在画面中。

3）选择节点：配备 CBE20 的 CU310-2 PN 或 CU320-2 DP。接着点击按钮"DCP flashing"，激活 DCP 闪烁功能。

DCP 闪烁现在切换到 CU310-2 PN/CU320-2 DP 上的 READY-LED（2Hz，绿色/橙色或红色/橙色）。

只要对话框打开，LED 就持续闪烁。对话框关闭后，LED 自动关闭。该功能自 STEP 7 V5.3 SP1 起由以太网提供。

5. 包含 CBE20 的 STEP 7 路由

CBE20 不支持 PROFIBUS 和 PROFINET IO 之间的 STEP7 路由。

6. 连接 PG/PC 与调试工具 STARTER

若需使用安装了调试工具 STARTER 的 PG/PC 调试控制单元，可使用 PROFIBUS、PROINET 或以太网进行连接。以太网接口 X127 适用于调试和诊断。以太网接口的 IP 地址固定设置为 169. 254. 11. 22。PG/PC 通过以太网电缆与控制单元连接。根据所选择的集成接口，可通过 PROFIBUS 或 PROFINET 与控制系统进行通信。可采用的拓扑结构示例如图 9-60 所示。

7. 媒体冗余运行

为了提升 PROFINET 的可用性，可以设置一个环形拓扑结构用于冗余运行。如果环形拓扑结构上的某个位置中断，设备之间的数据传送路径就会自动重新配置。在重新配置后可再次访问新拓扑结构中的设备。

需要建立一个带媒体冗余的环形拓扑结构时，使线性 PROFINET 拓扑结构的两端汇合在一个设备（Scalance）中。线性拓扑结构通过 SCALANCE 的两个端口（环形端口）变为环形拓扑结构。Scalance 就是冗余管理器。冗余管理器用来监控 PROFINET 环形结构中的数据报文。所有其它相连的 PROFINET 节点都是冗余客户端。

媒体冗余协议（MRP）规定了标准的媒体冗余方式。在该冗余中，每个环形拓扑结构上可以最多接入50个设备。出现断线故障时，数据传送可能会出现短暂的中断，随后切换到冗余数据传送。

如果不允许出现这种短暂中断，必须将数据传送方式设为"高性能IRT"，然后就会自动设置"无中断MRPD"。

控制单元CU320-2 PN和CU310-2 PN的两个内置PROFINET IO接口都可以设为冗余客户端。而CBBE20中只有前两个端口可以接入环形结构。PROFINET IO接口和CBE20之间不允许布线。

8. 媒体冗余的配置

在STEP 7中单独配置各个节点设备，即可完成环形拓扑结构的配置。

9.3.3 PROFINET IO 的实时类别

PROFINET IO是一个基于以太网技术

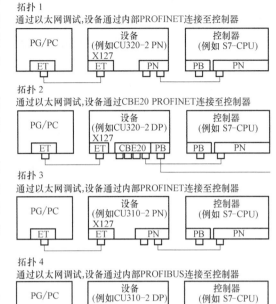

图9-60 含PG/PC的以太网/PROFINET拓扑结构

的灵活实时通信系统。它的灵活性主要表现在三种实时类别上。

1. RT

RT通信基于标准以太网，数据由分等级的以太网报文传送。标准以太网不支持同步机制，因此PROFINET IO RT无法实现等时同步运行。

循环数据交换的实际刷新时间取决于总线负载率、使用的设备和I/O数据的组态范围。该时间是整数倍的发送周期。

2. IRT

这种实时类别分为两种：

1）高灵活IRT。

2）高性能IRT。

设置IRT的软件条件：STEP 7 5.4 SP4（HW-Config）。

说明

配置I/O控制器和I/O设备上PROFINET接口的详细信息请参见文档：SIMOTION SCOUT通信系统手册。

---

3. 高灵活IRT

报文在一个确定的周期（Isochrones Real Time；IRT等时同步实时）内循环地发送。报文在一个由硬件预留的带宽内交换。每个周期会产生一个IRT时间间隔和标准以太网时间间隔。

说明

高灵活IRT不适合用于等时同步通信。

---

4. 高性能IRT

除了预留带宽外，还可以通过设计时确定的报文通信拓扑结构继续优化。这样就可以提高数据交换和确定机制的性能。IRT 时间间隔因而会比高灵活 IRT 中的间隔更短。IRT 中除了数据传输等时同步外，设备中的应用周期，如位置控制周期和 IPO 周期等，也可以等时同步。这些都是轴控制、与总线实现同步的必要前提条件。在等时同步数据传输中，周期时间远小于 1ms 和周期开始的偏差（抖动）小于 $1\mu s$ 时，能够为要求苛刻的运动控制应用提供充足的效率余量。高灵活 IRT 和高性能 IRT 是"HW-Config"中同步设置的选项。在下面的说明中，这两种方式统称为"IRT"。和标准以太网和 PROFINET IO RT 相比，PROFINET IO IRT 能够按照时间计划传送报文。

5. 模块

以下 S110/S120 模块支持"高性能"IRT：

1) S120 CU320 与 CBE20 连接。

2) S120 CU320-2 DP 与 CBE20 连接。

3) S120 CU320-2 PN。

4) S120 CU310 PN。

5) S120 CU310-2 PN。

6) S110 CU305 PN。

6. RT 和 IRT 的比较

RT 和 IRT 的比较见表 9-20。

表 9-20　RT 和 IRT 的比较

参数请求	RT	高灵活 IRT	高性能 IRT
传输方式	根据 MAC 地址交换；按照以太网 Prio（VLAN-Tag）划分 RT 报文的优先级	根据 MAC 地址交换；宽带预留，例如：通过预留出一个高灵活 IRT 间隔，在该间隔内只传送高灵活 IRT 数据帧，而不允许 TCP/IP 数据帧	基于拓扑结构计划的路径式交换；在高性能 IRT 间隔内不允许传送 TCP/IP 数据帧和高灵活 IRT 数据帧
等时同步应用在 IO 控制器中	不支持	不支持	支持
确定性	TCP/IP 报文开始后传输时间会发生变化	预留的带宽确保了当前周期中高灵活 IRT 报文的传输	精确计划的传输，确保了任意拓扑结构中精确的发送和接收时间点
修改后重新载入网络配置	不相关	只有在必须修改高灵活 IRT 间隔的大小时（可以预留出空间）	拓扑结构或通信连接改变时，经常重新载入
最大交换深度（一条线上的网络交换器数量）	1ms，10 个	61	64

注：允许的发送周期参见"可以设置的发送周期和刷新时间"表格中的"不同实时类别的发送周期和刷新时间"。

7. 设置实时类别

进入 IO 控制器接口的属性画面，设置实时类别。如果其中已经设置了高性能 IRT，则不能在 IO 控制器上运行或切换到高灵活 IRT。而不管设置了哪种 IRT，IO 设备始终可以以实时方式运行。

可以在"HW-Config"中设置单个 PROFINET 设备的实时类别。

1) 在"HW-Config"中双击模块 PROFINET 接口的条目。调用"Properties"对话框。

2）在标签"Synchronization"的"RT class"下选择需要的类别。

3）选择"IRT"后，还可以选择"high flexibility"或"high performance"选项。

4）按下"OK"按钮。

8. 同步组

所有需要同步的设备构成了一个同步组。整个组必须设置相同的同步实时类别。两个不同同步组之间可以实时通信。在 IRT 中，所有设备包括 IO 设备、IO 控制器等必须和一个共同的同步主站同步。IO 控制器可以通过 RT 和同步组之外的驱动设备通信，或者穿过另一个同步组和驱动设备通信。STEP 7 从 5.4 SP1 起，支持以太网子网上的多个同步组通信。

示例：

1）同步组 IRT：包含 SINAMICS 的 SIMOTION2。

2）在拓扑结构中，指定给 SIMOTION1 IO 系统的 SINAMICS 必须能够穿过 IRT 同步组实现实时通信。

超出同步组极限实现实时同步如图 9-16 所示。

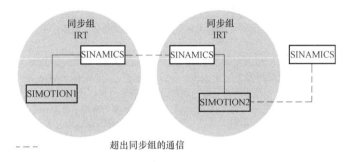

图 9-61　超出同步组极限实现实时同步

9. 不同实时类别的刷新时间

刷新时间/发送周期的定义：观察 PROFINET IO 系统中的一个 IO 设备，会发现在刷新时间内该 IO 设备会从 IO 控制器接收到新数据（输出），并且向 IO 控制器发送新数据（输入）。发送周期是最短的刷新时间。在该发送周期内会传输所有循环数据。实际可以设置的发送周期受以下因素影响：

1）总线负载率。

2）使用设备的类型。

3）IO 控制器中可以使用的计算性能。

4）一个同步组内 PROFINET 设备支持的发送周期。例如典型的发送周期是 1ms。

下面显示了不同实时类别中（即高性能 IRT、高灵活 IRT 和 RT），刷新时间和发送周期之间可以设置的缩小倍数，见表 9-21。

10. SINAMICS 驱动设备上的发送周期

带 PROFINET 接口、支持 IRT 的 SINAMICS 驱动设备上，允许设置 0.25 ~ 4.0ms、时帧为 250μs 的发送周期。

11. 拓扑结构规则

RT 的拓扑结构规则：

1）STEP 7 V5.4 SP4 中不允许混合使用，即：一个同步组中不允许同时设置高性能 IRT

和高灵活 IRT。

表 9-21　可以设置的发送周期和刷新时间

发送周期		刷新时间和发送周期之间的缩小倍数	
		RT 高灵活 IRT[4]	高性能 IRT
"偶数" 范围[1]	250μs, 500μs, 1000μs	1,2,4,8,16,32,64,128,256,512	1,2,4,8,16[2]
	2000μs	1,2,4,8,16,32,64,128,256	1,2,4,8,16[2]
	4000μs	1,2,4,8,16,32,64,128	1,2,4,8,16[2]
"奇数" 范围[3]	375μs, 625μs, 750μs, 875μs, 1125μs, 1250μs … 3875μs （增量 125μs）	不支持[5]	1

说明

"偶数"和"奇数"范围的发送周期没有交集！

1) 如果一个同步组中的 IO 设备设为"RT"实时类别，则只能设置"偶数"范围中的发送周期。同时，也只能设置"偶数"范围中的缩小倍数。

2) 如果 IO 设备（ET200S IM151-3 PN HS，SINAMICS S）等时同步运行，通常只能设置 1∶1 的刷新时间和发送时间比例。此时，应始终将刷新时间的模式设为"fixed factor"，打开"I/O device properties"，点击标签"IO"，选择下拉菜单"Mode"。这样 STEP 7 便不会自动匹配刷新时间。刷新时间会始终等于发送周期。

3) 如果一个同步组中没有 IO 设备设为"RT"实时类别，则只能设置"奇数"范围中的发送周期。同时，也只能设置"奇数"范围中的缩小倍数。

4) 高灵活 IRT 不支持等时同步。

5) 如果同步组的 IO 系统中没有设备设为"RT"或"高灵活 IRT"实时类别，则只能使用奇数的发送周期。另外，实际可以设置的发送周期从同步组中所有设备支持的发送周期的交集中产生。进入 IO 设备 PROFINET 接口的"Properties"，便可以设置该设备刷新时间和发送周期之间的缩小倍数。

2) 一个设置了高性能 IRT 的同步组最多只能包含一个高性能 IRT 环路。环路表示，这些设备必须按照定义的拓扑结构连接。同步主站必须位于对应的环路中。

3) 高灵活 IRT 的拓扑结构规则和高性能 IRT 一样，不同的是，不强制要求定义一个拓扑结构。但是如果定义了拓扑结构，就必须按照拓扑结构来连接各个设备。

12. "HW-Config"中的设备选择

硬件目录：必须从硬件目录中各个设备系列选择驱动设备。从固件版本 V2.5 起都是支持 IRT 的设备。

GSD：所有包含 IRT 设备的 GSD 文件，固件版本为 V2.5。

9.3.4　PROFINET GSDML

SINAMICS S120 提供两种不同的 PROFINET GSDML（设备主数据文件），用于将 SINAMICS S 接入 PROFINET 网络中：

1) 适用于紧凑型模块的 PROFINET GSDML。

2) 含子插槽配置的 PROFINET GSDML。

1. 适用于紧凑型模块的 PROFINET GSDML

PROFINET GSDML 用于配置一个整体模块，该整体模块相当于一个驱动对象（Drive Objekt = DO）。每个此类模块包含两个子插槽：参数访问点（Parameter Access Point，PAP）和

用于传输过程数据的 PZD 报文。从文件名称结构可辨认出"适用于紧凑型模块的 PROFINET GSDML":

GSDML-V2. 2-Siemens-SINAMICS_S_CU3x0-20090101. xml(示例)。

2. 含子插槽配置的 PROFINET GSDML

"含子插槽配置的 PROFINET GSDML"允许将标准报文和一个 PROFIsafe 报文组合使用,必要时还可采用报文扩展。每个模块包含 4 个子插槽:模块访问点(Module Access Point,MAP)、PROFIsafe 报文、用于传输过程数据的 PZD 报文,必要时还包括一条 PZD 扩展报文。从文件名称中多出的"SL"可辨认出"含子插槽配置的 PROFINET GSDML":

GSDML-V2. 2-Siemens-SINAMICS_S_CU3x0_SL-20090101. xml(示例)。

表 9-22 显示了根据相应驱动对象可使用的子模块。

表 9-22 根据相应驱动对象的子模块

模块	子槽 1 MAP	子槽 2 PROFIsafe	子槽 3 PZD 报文	子槽 4 PZD 扩展	最大 PZD 数量
伺服	MAP	报文 30/31/901/902	报文:1...220 自由 PZD-16/16	PZD-2/2, -2/4, -2/6	20/28
矢量	MAP	报文 30/31/901/902	报文:1...352 自由 PZD-16/16, 32/32	PZD-2/2, -2/4, -2/6	32/32
电源	MAP	预留	报文:370, 371 自由 PZD-4/4	PZD-2/2, -2/4, -2/6	10/10
编码器	MAP	预留	报文:81, 82, 83 自由 PZD-4/4	PZD-2/2, -2/4, -2/6	4/12
TB30,TM31, TM15DI_DO, TM120	MAP	预留	报文:无 自由 PZD-4/4	预留	5/5
TM150	MAP	预留	报文:无 自由 PZD-4/4	预留	7/7
TM41	MAP	预留	报文:3 自由 PZD-4/4, 16/16	预留	20/28
控制单元	MAP	预留	报文:390, 391,392, 393, 394, 395 自由 PZD-4/4	预留	5/21
TM15/TM17	不支持				

子槽 2、3 和 4 中的报文可自由配置,也就是说可以为空。

3. 配置

下面简要介绍三种方案的配置方法。

紧凑型模块(如上文所述):

1)插入一个"DO Servo/Vector/..."模块。

2)设定 I/O 地址。

无新功能的子插槽配置:

1)插入一个"DO with telegram xyz"模块。

2）插入一个"PZD telegram xyz"子模块。

3）设定 I/O 地址。

包含可选 PROFIsafe 及 PZD 扩展的子插槽配置：

1）插入一个"DO Servo/Vector/..."模块。

2）插入可选子模块"PROFIsafe telegram 30"。

3）插入一个"PZD telegram xyz"子模块。

4）插入可选子模块"PZD extension"。

5）设定模块和子模块的 I/O 地址。

"HW-Config"中的 GSDML 文件的处理说明详见 SIMATIC 文档。

9.3.5 通过 CBE20 进行通信

CBE20 是一块可灵活使用的通信板，该通信板支持多个通信协议。通常它只载入通信协议的固件。含通信协议的固件文件保存在控制单元存储卡的 UFW 文件上。通过参数 p8835 选择所需文件。选出需要的 UFW 数据后必须执行上电操作。在之后的起动中会载入相应的 UFW 文件。然后该选择生效。UFW 文件和指示文件中的选择见表 9-23。

表 9-23　UFW 文件和指示文件中的选择

存储卡的 UFW 文件和文件夹	功能（p8835）	指示文件的内容
/SIEMENS/SINAMICS/CODE/CB/CBE20_1. UFW	PROFINET 设备	1
/SIEMENS/SINAMICS/CODE/CB/CBE20_2. UFW	PN_Gate	2
/SIEMENS/SINAMICS/CODE/CB/CBE20_3. UFW	SINAMICS Link	3
/SIEMENS/SINAMICS/CODE/CB/CBE20_4. UFW	EtherNet/IP	4
/OEM/SINAMICS/CODE/CB/CBE20. UFW	用户专有	99

固件版本识别

通过参数 r8858 可明确识别载入的 PROFINET 接口固件版本。

1. EtherNet/IP

SINAMICS S120 支持现场总线 EtherNet 工业以太网协议（EtherNet/IP 或者 EIP）。EtherNet/IP 是一个基于以太网的开放式标准，主要用于自动化工业。EtherNet/IP 由开放式网络设备供应商协会（ODVA）发布。

驱动安装以太网通信板 CBE20（选件）后，即可接入 EtherNet/IP。设置 p8835 = 4，选择通信协议"EtherNet/IP"。重新上电后该协议激活。

2. PN Gate

SINAMICS PN GATE 是一种 PROFINET 方案，其适用于期望将 PROFINET 网络接口以简单的方式集成到其控制系统中的控制系统生产商或带自生控制系统的机械生产商。PROFINET 通信是通过控制器标准以太网接口实现的，如果没有该接口就必须使用通信板或选件模块。

　　SINAMICS PN GATE 能使任意带标准以太网接口的控制器通过带 IRT 的 PROFINET 连接至 SINAMICS S120 并实现带 SINAMICS S120 的运动控制、机器人技术或 CNC 应用。除了 SINAMICS S120之外还可以连接其它任意 PROFINET 设备（驱动、分布式外设等）。

　　此时选件板 CBE20 用作 PROFINET 和客户控制系统网络之间的接口。控制单元 CU320-2 PN 通过 CBE20 与客户网络进行通信。

　　SINAMICS PN Gate 原理如图 9-62 所示。

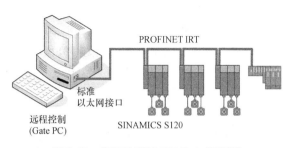

图 9-62　SINAMICS PN Gate 原理图

　　（1）从 PN Gate 传输的功能

　　从 PN Gate 传输的功能见表 9-24。

表 9-24　从 PN Gate 传输的功能

功　　能	描　　述
通信通道	● 循环数据通信： —IRT —RT ● 非循环数据通信： —PROFINET 报警 —读取/写入数据组 —TCP/IP
PROFINET 基本服务	● LLDP ● DC ● SNMP
过程数据访问	过程映像访问： ● 子槽 ● 设备
循环数据的一致性	● 直线 ● 星形 ● 树形
PN Gate 中的信息	● 设备编号 ● 槽编号，以及所属子槽编号 ● IO 地址 ● 诊断地址 ● 模块标识（供应商 ID 和模块 ID） ● 发送周期和更新时间
激活/取消激活	通过 API 激活/取消激活设备，不触发报警
自动地址分配	基于拓扑的命名
IO 设备数量	最多 64 个设备
控制器中的 IO 范围	● In 和 Out 各 4096 字节 ● 最大槽数：2048 ● 每个槽/模块的最大字节数：254 个字节
发送周期：	● 实时通信：1ms 　RT 更新时间为 2n，其中 n = 0 ~ 9 乘以发送周期 ● IRT 通信 　1 ~ 4ms，步距为 250μs；32 个设备的最小发送 　周期为 1ms。此时可降低每个设备的数据

（2）使用 PN Gate 的前提条件

硬件：

1）固件版本 4.5 或更高的 SINAMICS CU320-2 PN。

2）以太网通信板（CBE20）。

3）短的以太网电缆，用于连接 CBE20 和 CU320-2 PN（X 150）。

建议使用的以太网电缆的订货号：6SL3060-4AB00-0AA0。

4）包含以太网（传输速率 100Mbit/s 或更高）的控制系统硬件，例如 SIMATIC-Box IPC 427C。

说明

Gate PC 必须确保用于 PN Gate 运行所必须的短暂等待时间。影响较大的是 CPU 电缆、主板硬件（以太网配套芯片组）及 BIOS 和相关的软件组件（运行系统组件，如：存储映射、以太网驱动、中断连接、配置）。

软件：

1）SIMATIC STEP 7，固件版本 5.5 SP2 或更高。

2）STARTER 固件版本 4.3。

3）SIMOTION SCOUT 固件版本 4.3 或更高。

PROFINET 版本：

SINAMICS PN Gate V2 与 PROFINET V2.2 兼容。

PN Gate DevKit（开发包）供货范围：

PN Gate 开发包以 DVD 介质供货，其包含以下组件：

1）STEP 7-Addon Setup（STEP 7 扩展安装程序）

—CD1

STEP 7 V5.2 SP2（最低需求）。

一般采用 STEP 7 V5.5 SP2、STARTER 4.3、SINAMICS V4.5 释放。

2）PN Gate Driver

—Bin

Tar 格式的二进制驱动文件。

—Src

源文件作为 Zip 文件，并且解压。

—Doc

Doxygen 文档压缩为 Zip 文件。Doxygen 文档为 HTML 和 PDF 格式。

3）Example Application

—PROFIdrive Basic。

—完成的示例应用程序（PROFIdrive）的二进制代码。

—STEP 7 HW-Config 示例项目：

1 个 CU320-2 PN 项目，包含 3 根仿真轴；

1 个 CU320-2 PN 项目，包含 3 根仿真轴以及 ET200S。

—示例应用程序（PROFIdrive），源代码形式。

—Doxygen 文档。

4）文档

—German

德语版 PN Gate 文档。

—English

PN Gate 文档是英文版的。

更多详细信息请参见"SINAMICS S120 PN Gate 选型手册"。

9.3.6 含两个控制器的 PROFINET

1. 设置控制单元

> 说明
> 只有连接了安全 CPU 后才能运行两个控制器。

SINAMICS S120 支持通过 PROFINET 同时连接两个控制系统，例如一个自动化控制系统（A-CPU）和一个安全控制系统（F-CPU）。

在该通信方式中，SINAMICS S 支持报文 30 和 31，也支持安全控制系统的西门子报文 901 和 902。

图 9-63 以 CU320-2 PN 或 CU310-2 PN 为例显示此连接方案的原理结构。

（1）示例

图 9-64 显示了含 3 轴驱动的配置示例。A-CPU 为轴 1 发送标准报文 105，并为轴 2 发送标准报文 102；F-CPU 分别为轴 1 和轴 3 发送 PROFIsafe 报文 30。

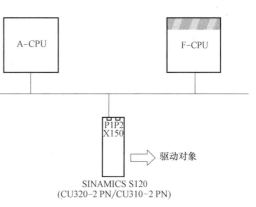

图 9-63　PROFINET 拓扑结构概览

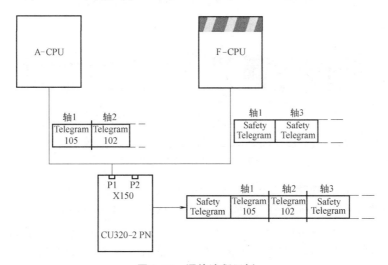

图 9-64　通信流程示例

（2）配置

按以下步骤对连接进行配置：

1）设置参数 p8929 = 2，定义从两个控制系统接收 PROFINET 接口数据。

2）设置参数 p9601.3 = p9801.3 = 1，为轴 1 和轴 2 使能 PROFIsafe。

3）在 HW-Config 中配置 PROFINET 通信。

系统起动时，驱动系统通过 p8929 = 2 识别出将从两个控制系统接收 PROFINET 报文，并根据 HW-Config 中的配置建立通信。

说明

在起动中驱动系统首先会需要 A-CPU 的配置数据，然后建立与此 CPU 的循环通信，并且考虑到 PROFIsafe 报文因素。接下来驱动系统接收到 F-CPU 的配置后会立即建立与此 CPU 的循环通信，并且同样会考虑到 PROFIsafe 报文因素。

注意

通信通过两条通道相互独立地进行。一台 CPU 故障时，与另一台 CPU 的通信不会中断，其将不受干扰地继续生效。此时会输出涉及相应故障组件的故障信息。消除故障并对信息进行应答，之后将自动重新建立与故障 CPU 的通信。

---

2. 共享设备配置

在 HW-Config 中有以下两种方案可用于配置 A-CPU 和 F-CPU 这两个控制系统：

1）使用共享设备（Shared Device）功能，在一个共同的项目中对两个控制系统进行配置。

2）通过 GDSML 分别在独立的项目中配置各控制系统。

在下面的示例中我们将对第一种配置方案进行说明。

说明

使用 HW-Config 进行配置的详细信息请参见 STEP 7 文档。

（1）示例：在同一项目中一并配置

起动 STEP 7：

1）在 S7 下为新项目创建一个包括 SIMATIC 300 的驱动控制系统，例如命名为 A-CPU，如图 9-65 所示。

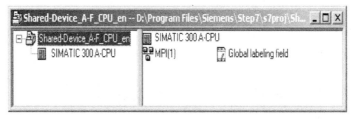

图 9-65　创建新 S7 项目

2）在 HW-Config 中选择 CPU 315-2 PN/DP V3.2，并连接 PROFINET IO 作为通信网络。选择一个 S120 作为驱动控制系统（例如 CU320-2 PN），如图 9-66 所示。

3）点击 "Station\Save and compile"（Ctrl + S）保存配置到当前阶段的项目。

4）打开 S120 驱动的右键菜单，点击 "Open Object with STARTER"，以在 STARTER 中配置驱动。

将新项目从 HW-Config 传输至 STARTER 如图 9-67 所示。

（2）STARTER 窗口自动打开

项目显示在导航窗口中。

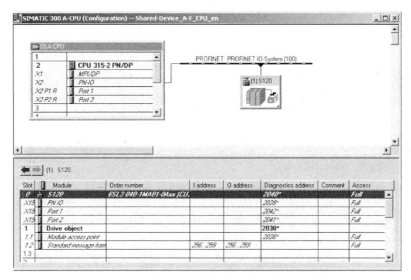

图 9-66 已在 HW-Config 中创建驱动控制系统

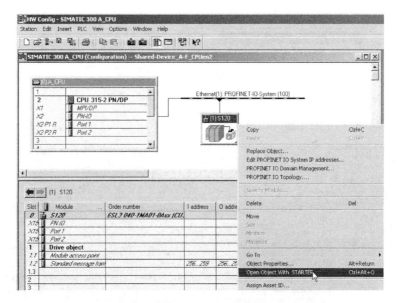

图 9-67 将新项目从 HW-Config 传输至 STARTER

1）在控制单元的专家列表中设置参数 p8929 = 2，如图 9-68 所示。

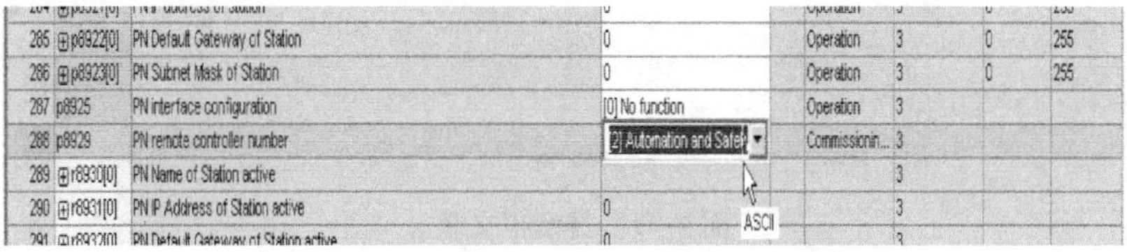

284	p8921[0]	PN address of Station					
285	p8922[0]	PN Default Gateway of Station	0		Operation	3	0	255
286	p8923[0]	PN Subnet Mask of Station	0		Operation	3	0	255
287	p8925	PN interface configuration	[0] No function		Operation	3		
288	p8929	PN remote controller number	[2] Automation and Safet		Commissionin	3		
289	r8930[0]	PN Name of Station active				3		
290	r8931[0]	PN IP Address of Station active	0			3		
291	r8932[0]	PN Default Gateway of Station active						

图 9-68 控制单元专家列表中的 p8929

2）在伺服控制中配置一个整流和 3 个驱动。选择报文 370 用于整流通信，选择标准报文 1、2 和 3 用于驱动。

之后点击 "Save and REcompile all"。

在导航窗口中点击 "Communication\Message frame configuration"。

PROFIdrive 通道 IF1 报文概览如图 9-69 所示。

Object	Drive object	-No.	Assigned controller	Message frame type		Input data		Output data	
						Length	Address	Length	Address
1	Supply_1	2		SIEMENS telegram 370, PZD-1/1		1	???..???	1	???..???
2	Drive_1	3		Standard telegram 1, PZD-2/2		2	???..???	2	???..???
3	Drive_2	4		Standard telegram 2, PZD-4/4		4	???..???	4	???..???
4	Drive_3	5		Standard telegram 3, PZD-5/9		9	???..???	5	???..???
5	Control_Unit	1	PN-IO	Free telegram configuration with BICO		2	256..259	2	256..259
Without PZDs (no cyclic data exchange)									

图 9-69　PROFIdrive 通道 IF1 报文概览

3）在 "……" 下为驱动 1 和驱动 3 添加 Safety 报文 30：

—在表中点击需要通过 PROFIsafe 监控的驱动设备。

—点击按钮 "Adapt message frame configuration"，选择 "Add PROFIsafe"。

为驱动添加 PROFIsafe 报文如图 9-70 所示。

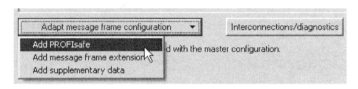

图 9-70　为驱动添加 PROFIsafe 报文

在 PROFIdrive 表格中已添加 PROFIsafe 报文，显示报文状态如图 9-71 所示。

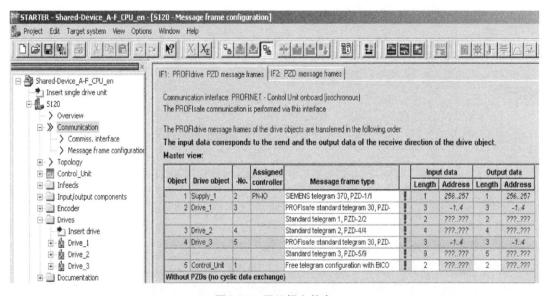

图 9-71　显示报文状态

4）点击 "Set up addresses" 将报文修改传输至 HW-Config。

报文已通过 HW-Config 调整如图 9-72 所示。

在成功将报文传输至 HW-Config 后，红色的叹号被钩号替代。

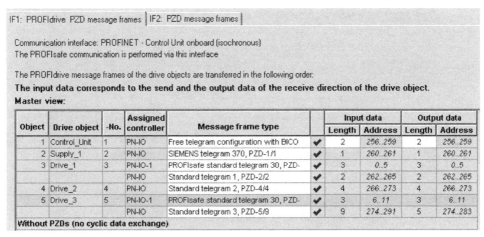

图 9-72　报文已通过 HW-Config 调整

配置安全控制系统：

1）在 HW-Config 窗口中点击"S120"组件。

2）所有报文的访问均为"full"，为了使 PROFIsafe 控制系统能够访问报文 30，必须使能该报文。右击 S120 组件打开右键菜单，点击"Object Properties..."命令。

3）在随后的窗口中禁用 A-CPU 的 PROFIsafe 报文访问值。

HW-Config 中更新过的项目如图 9-73 所示。

使能 A-CPU 的 Safety 报文如图 9-74 所示。

图 9-73　HW-Config 中更新过的项目

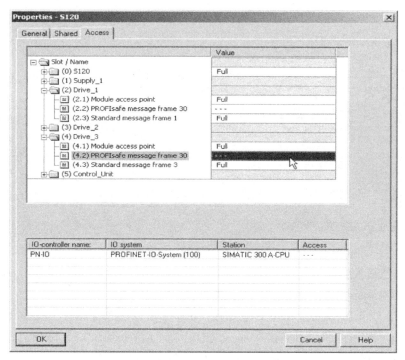

图 9-74　使能 A-CPU 的 Safety 报文

在 STEP 7 中添加 PROFIsafe 控制系统。

按照 STEP 7 下驱动控制系统的配置步骤进行 PROFIsafe 控制系统的配置，如图 9-75 所示。

HW-Config 中 F-CPU 的配置：

1）与驱动控制系统不同，此处请选择具备 PROFIsafe 功能的控制系统，例如 CPU 317F-2 PN/DP V3.2。将 PROFIsafe 控制系统手动更名为"F-CPU"。

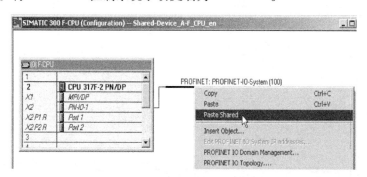

图 9-75　PROFIsafe 控制系统配置

2）再次选择 PROFINET IO 用于通信。

3）在 HW-Config 中点击"Station\Save and compile"。

4）在驱动控制系统的窗口中点击 S120 组件。

5）通过"Edit\Copy"起动复制。

6）返回 PROFIsafe 控制系统的 HW-Config 窗口。

7）右击 PROFINET 支路。

8）在右键菜单中选择"Paste Shared"命令。

S120 驱动系统被连接至 PROFIsafe 控制系统的 PROFINET。表中的 PROFIsafe 控制系统自动获取了 PROFIsafe 报文 30 的完全访问权限。

9）在 HW-Config 中点击"Station\Save and compile"。

10）点击"Open Object with STARTER"保存结束后，可在 STARTER 窗口中看到 PROFIsafe 报文被指定给 PN-IO-1，驱动报文则被指定给 PN-IO。

HW-Config 中完成配置的新项目如图 9-76 所示。

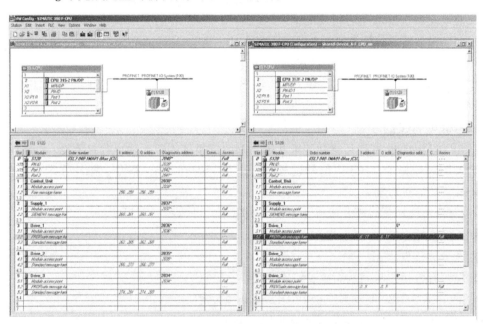

图 9-76　HW-Config 中完成配置的新项目

STARTER 中完成配置的新项目如图 9-77 所示。

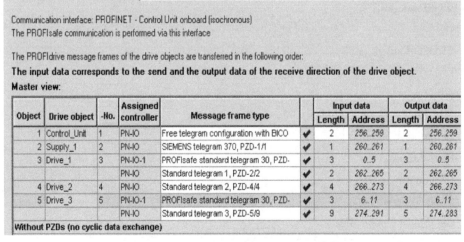

图 9-77　STARTER 中完成配置的新项目

若 STARTER 中每个报文类型后都显示钩号，则表示共享设备配置成功。

9.3.7　PROFIenergy

PROFIenergy 是一个基于通信协议 PROFINET 的生产设备能源管理标准。

PROFIenergy 的各项功能汇总成一份协议。具有 PROFIenergy 功能的驱动设备可以由权威实验室进行认证。通过认证的驱动设备支持 PROFIenergy 指令，可针对各种请求和运行状态发出相应的响应。

1. PROFIenergy 的应用范围

通过 PROFIenergy 可以分析、降低和优化设备停机期间的能耗。

1）驱动设备按要求激活和禁用。

2）驱动设备提供标准能耗数据用于分析。

3）用电设备的 PROFIenergy 状态。

4）PROFIenergy 状态可通过 BICO 互连用于进一步处理，例如：用于关闭不需要使用的二次系统。

2. PROFIenergy 的任务

使用 PROFIenergy 可提高驱动装置和驱动系统的整体能效。为此控制系统会向相关设备发送 PROFIenergy 指令。基于当前的运行状态以及 PROFIenergy 指令，驱动系统会以相应的 PROFIenergy 功能进行响应。

通过有针对性地暂时断开或停止不使用的驱动，可达到以下目的：

1）降低能耗成本。

2）减少热排放。

3）缩短有效运行时间从而延长使用寿命。

3. SINAMICS S120 驱动系统上 PROFIenergy 的特性

SINAMICS S120 驱动系统的设备满足以下要求：

1）SINAMICS S120 设备已通过 PROFIenergy 认证。

2）SINAMICS S120 设备支持 PROFIenergy 功能单元等级 3。

3）SINAMICS S120 设备支持 PROFIenergy 节能模式 2。

4. PROFIenergy 指令

控制指令：

1）START_Pause。

2）END_Pause。

查询指令：

1）List_Energy_Saving_Modes。

2）Get_Mode。

3）PEM_Status。

4）PE_Identify。

5）Query_Version。

6）Get_Measurement_List。

7）Get_Measurement_Values。

9.3.8 应用实例

1. S7-300/400 通过 PROFINET 通信控制 S120（示例）

（1）系统构成

示例系统由一块 S7-300PLC、一个 CU320-2 PN、一个书本型逆变单元和一台异步电动机组成，逆变单元由单独的直流电源供电。

PROFINET 连接图如图 9-78 所示。

（2）CU320-2 配置

1）设置 IP 地址和设备名称（Device Name）。

首先在 STARTER 中查找可连接的节点，如图 9-79 所示。

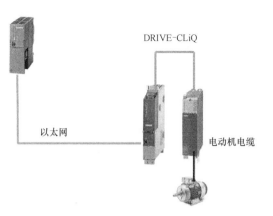

图 9-78 PROFINET 连接图

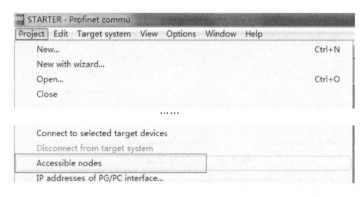

图 9-79 查找可连接节点

然后编辑 CU 的 IP 地址和设备名称，并记录。

选择编辑节点指令如图 9-80 所示。

图 9-80 选择编辑节点指令

编辑可连接节点如图 9-81 所示。

2）STARTER 设置驱动对象的报文。配置报文如图 9-82 所示。

（3）S7-300/400 硬件组态

1）安装 GSD 文件，如图 9-83 所示。

PROFINET，GSD 文件下载地址：http：//support.automation.siemens.com/WW/view/en/49217480。

安装所需的 PROFINET GSD 文件如图 9-84 所示。

图 9-81　编辑可连接节点

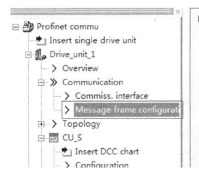

图 9-82　配置报文

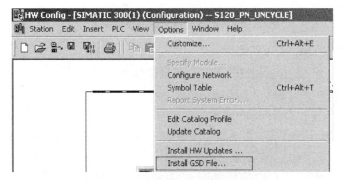

图 9-83　PROFINET GSD 文件安装

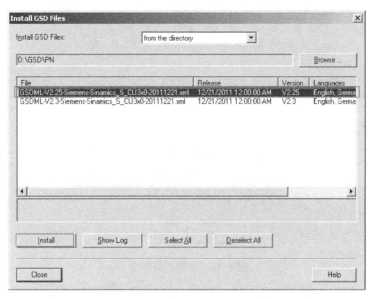

图 9-84 安装所需的 PROFINET GSD 文件

2）系统组态。

选择并插入驱动单元，并在网络视图中设置 CU 与 S7-1200 的 PN 连接。

驱动对象所在目录：//其它现场设备/PROFINET IO/Drives/Siemens AG/SINAMICS/SINAMICS S120/S150 CU320-2 PN V4.5（请按照实际的 firmware 版本选择驱动对象）。

选择驱动对象如图 9-85 所示。

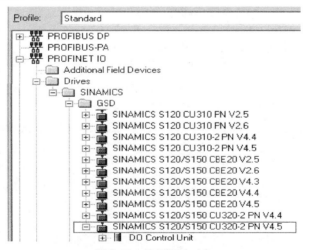

图 9-85 选择驱动对象

3）设置驱动对象名称和 IP 地址。

在 S7-300/400 的硬件组态中设定的设备名称必须与驱动装置设置的设备名称一致，否则无法建立连接。

在驱动对象上单击右键，选择右键菜单中的"Object Properties"选项。

配置网络连接如图 9-86 所示，选择属性选项如图 9-87 所示。设置设备名称和 IP 地址如图 9-88 所示。

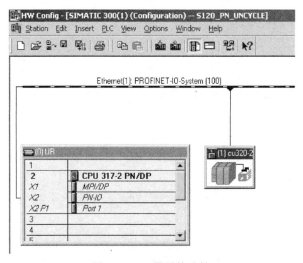

图 9-86　配置网络连接

图 9-87　选择属性选项

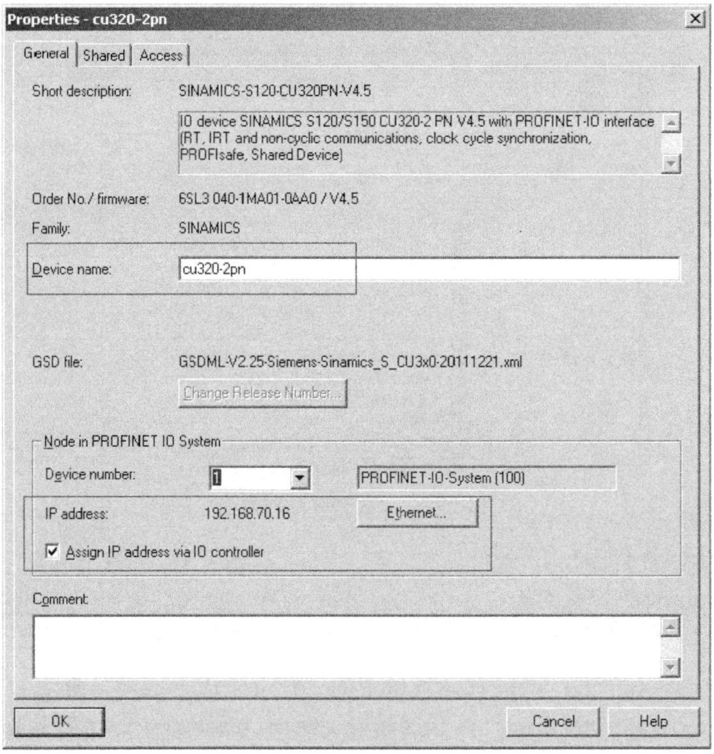

图 9-88　设置设备名称和 IP 地址

4）报文配置。PLC 中配置的报文应与 STARTER 中配置的报文一致。打开"∥设备组态/设备视图"，插入报文。当选择到适用的报文或对象（DO）时，设备栏相应的插槽变为绿色底纹。插入对象（DO）如图 9-89 所示。配置通信报文如图 9-90 所示。

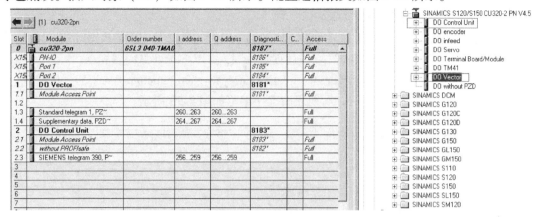

图 9-89　插入对象（DO）

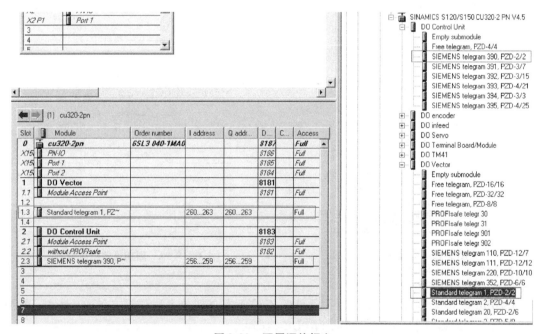

图 9-90　配置通信报文

5）保存、编译并下载至 PLC。可使用右键菜单进行下载，也可以使用工具栏的快捷方式执行。硬件编译和下载如图 9-91 所示。

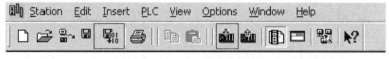

图 9-91　硬件编译和下载

（4）周期通信

以标准报文 1 为例

通过标准报文 1 控制电动机启停及速度

根据标准报文 1 中定义的报文的内容，S7-300/400 通过 PROFINET 通信方式将控制字 1（STW1）和主设定值（NSOLL_A）周期性的发送至变频器；变频器将状态字 1（ZSW1）和速度反馈（NIST_A）发送到 S7-300/400。

编写通信程序：使用 PLC 系统功能块 SFC14（"DPRD_DAT"）读取 PROFINET IO 从站的过程数据，SFC15（"DPWR_DAT"）将过程数据写入 PROFINET IO 从站。

这两个功能块可以在 "\\Libraries\Standard Library\System Function Blocks\" 中找到。

读写命令插入如图 9-92 所示。周期通信程序编写如图 9-93 所示。

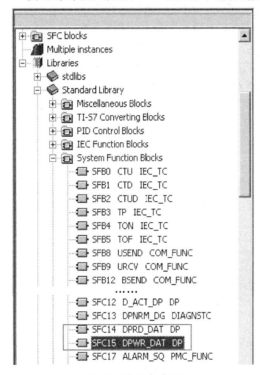

图 9-92　读写命令插入

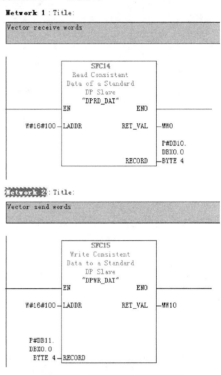

图 9-93　周期通信程序编写

（5）LADDR 设置

LADDR 变量类型为 WORD，可在硬件配置界面中查到各个通信报文的 IO 地址，如图 9-94 所示，然后转为十六进制，填入 LADDR 内即可。

Slot	Module	Order nu...	I address	Q address	Diagnostic address:
0	SINAMICS-S120-CU320I	6SL3 040-1			2043*
X15	PN-IO				2042*
X15	Port 1				2041*
X15	Port 2				2040*
1	DO Vector				2039*
1.1	Module Access Point				2039*
1.2					
1.3	Standard telegram 1, PZ~		256...259	256...259	
1.4					
2	DO Control Unit				2038*
2.1	Module Access Point				2038*
2.2	without PROFIsafe				2037*
2.3	SIEMENS telegram 390, P~		260...263	260...263	

图 9-94　LADDR 地址确认

建立监控表，可以监控各个对象的通信情况，同时也可以用来进行通信测试，如图9-95 所示。

	Address	Symbol	Symbol comment	Display format	Status value	Modify value
1	//Vector Received					
2	DB100.DBW 0			HEX		
3	DB100.DBW 2			DEC		
4	//Vector Send					
5	DB101.DBW 0			HEX		
6	DB101.DBW 2			DEC		
7	//CU Received					
8	DB100.DBW 4			HEX		
9	DB100.DBW 6			HEX		
10	//CU Send					
11	DB101.DBW 4			HEX		
12	DB101.DBW 6			HEX		

图 9-95　监控表

（6）非周期通信

编写通信程序：S7-300/400 读取驱动器参数时必须使用功能块 SFB53（WRREC）写入任务请求报文，使用 SFB52（RDREC）读取返回报文。

这两个功能块可以在 "\\Libraries\Standard Library\System Function Blocks\" 中找到。

示例中使用数据块 DB110 作为发送报文数据块，数据块 DB111 作为接收报文数据块。读写命令插入如图9-96 所示。

任务1：

发送报文保存在数据块 DB110 中，接收报文保存在数据块 DB111 中。

读写程序如图 9-97 所示。

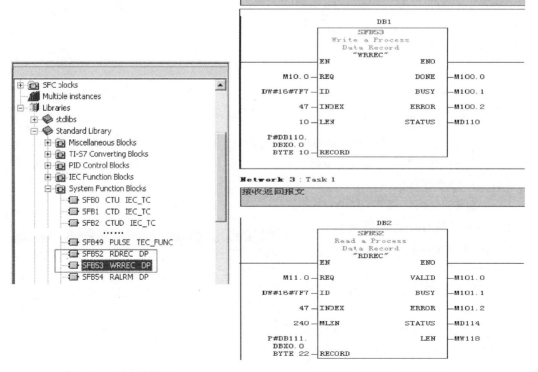

图 9-96　读写命令插入　　　　　　图 9-97　TASK_1 读写程序

ID 设置：

ID 可设置为 PROFINET IO 的模块诊断地址（Diagnostic address）如图 9-98 所示。

描述如下：

1）使用功能块"WRREC_DB"（SFB53）将写请求发送至 CU。

M30.0 为 1 时起动写请求，当写请求完成后或确认收到反馈报文后必须将该请求置 0，结束该请求。

2）使用功能块"RDREC_DB"（SFC52）CU，并将 CU 返回的响应报文保存在数据块 DB111 中。M31.0 为 1 时起动读请求，当读请求完成后或确认收到反馈报文后必须将该请求置 0，结束该请求。

2. S7-1200 通过 PROFINET 通信控制 S120（示例）

（1）系统构成

示例系统由一块 S7-1200PLC、一个 CU320-2 PN、一个书本型逆变单元和一台异步电动机组成，逆变单元由单独的直流电源供电。PROFINET 连接图如图 9-99 所示。

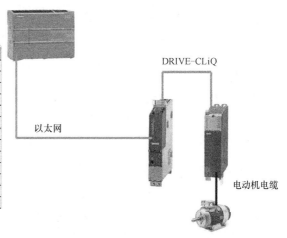

Slot	Module	Order nu~	I address	Q address	Diagnostic address
0	SINAMICS-S120-CU320I	6SL3 040-1			2043*
X15	PN-IO				2042*
X15	Port 1				2041*
X15	Port 2				2040*
1	DO Vector				2039*
1.1	Module Access Point				2039*
1.2					
1.3	Standard telegram 1, PZ~		256...259	256...259	
1.4					
2	DO Control Unit				2038*
2.1	Module Access Point				2038*
2.2	without PROFIsafe				2037*
2.3	SIEMENS telegram 390, P~		260...263	260...263	

图 9-98　ID 设置

图 9-99　PROFINET 连接图

（2）CU320-2 配置

1）设置 IP 地址和设备名称（Device Name）。

2）使用 STARTER 设置驱动对象的报文。

（3）S7-1200 硬件组态

1）安装 GSD 文件，如图 9-100 所示。

PROFINET GSD 文件下载地址：http://support. automation. siemens. com/WW/view/en/49217480。

安装所需的 PROFINET GSD 文件如图 9-101 所示。

2）系统组态。选择并插入驱动单元，并在网络视图中设置 CU 与 S7-1200 的 PN 连接。

图 9-100　PROFINET GSD 文件安装

图 9-101 安装所需的 PROFINET GSD 文件

驱动对象所在目录：∥其它现场设备/PROFINET IO/Drives/Siemens AG/SINAMICS/SI-NAMICS S120/S150 CU320-2 PN V4.5（请按照实际的 firmware 版本选择驱动对象）。

选择驱动对象并配置网络连接如图 9-102 所示。

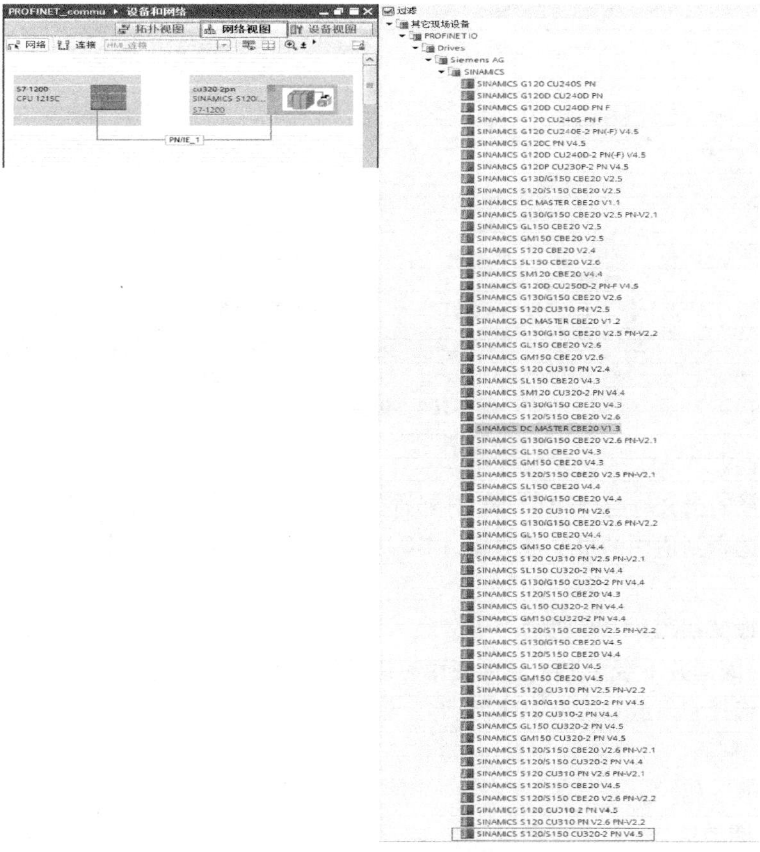

图 9-102 选择驱动对象并配置网络连接

3）设置驱动对象名称和 IP 地址，如图 9-103、图 9-104 所示。

在 S7-1200 的硬件组态中设定的设备名称必须与驱动装置设置的设备名称一致，否则无法建立连接。

图 9-103　设置设备名称

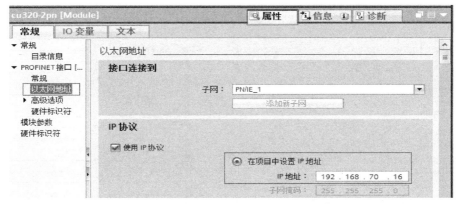

图 9-104　设置 IP 地址

4）报文配置。

PLC 中配置的报文应与 STARTER 中配置的报文一致。打开"//设备组态/设备视图"，插入报文。当选择到适用的报文或对象（DO）时，设备栏相应的插槽变为蓝色边框，如图 9-105 所示。

配置通信报文如图 9-106 所示。

5）保存、编译并下载至 PLC。可使用右键菜单进行下载，也可以使用工具栏的快捷方式执行。硬件编译和下载如图 9-107 所示。

（4）周期通信

与 PROFIBUS 相同。

（5）非周期通信

与 PROFIBUS 相同。

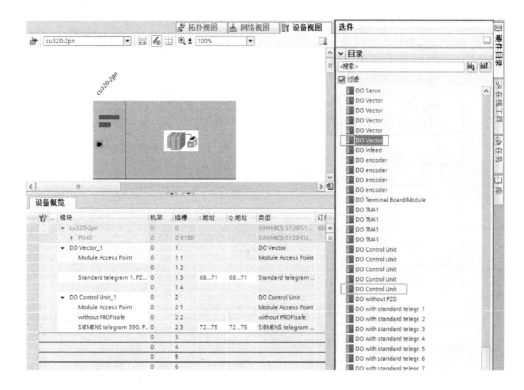

图 9-105 插入对象（DO）

图 9-106 配置通信报文

图 9-107　硬件编译和下载

9.4　SINAMICS Link 通信

9.4.1　SINAMICS Link 基本知识

驱动设备（带节点编号）通常由一个控制单元及连接的一定数量的驱动对象（DO）组成。SINAMICS Link 支持最多 64 个 CU320-2 PN 或 CU320-2 DP 以及 CUD 间的直接数据交换。SINAMICS Link 功能需要附加模块 CBE20。所有参与数据交换的控制单元都必须配备一个 CBE20。此方案可用于：

1）多个驱动装置之间的转矩分配。

2）多个驱动装置之间的设定值层叠。

3）物料线驱动装置之间的负载分配。

4）整流单元的主/从控制功能。

5）SINAMICS DC MASTER 和 SINAMICS S120 之间的连接。

1. 前提条件

运行 SINAMICS Link 须满足以下前提条件：

1）r2064[1]：总线周期时间（Tdp ）是 p0115[0]（电流调节器周期）的整数倍值。

2）r2064[2]：主站周期时间（Tmapc ）是 p0115[1]（转速调节器周期）的整数倍值。

3）电流控制器周期必须设为 250μs 或 500μs。不允许采用 400μs 的周期。设置成 400μs 时会输出报警 A01902[4]。此时请通过 p0115[0] 将电流控制器周期设为 500μs 作为补救。

说明

在装机装柜型设备上使用 SINAMICS Link

在以下装机装柜型设备上，必须手动将参数 p0115[0] 设为 250μs 或 500μs：

1）3AC 380~480V：额定电流 I_n≥605A 的所有设备。

2）3AC 500~690V：所有设备。

2. 发送及接收数据

SINAMICS Link 报文包含对应过程数据（PZD1~16）的 16 个槽位（0~15）。每个 PZD 的长度正好为 1 个字（=16 位）。不需要的槽会自动填零。SINAMICS Link 报文见表 9-25。

表 9-25 SINAMICS Link 报文

槽	0	1	2	3	4	5	6	7	8	9	10	11	12	13	14	15
PZD	1	2	3	4	5	6	7	8	9	10	11	12	13	14	15	16

3. SINAMICS Link 报文内容

每个 SINAMICS Link 节点可在一个传输周期发送 1 个含 16 PZD 的报文。每个节点会接收发出的所有报文。一个节点在一个传输周期可从接收的所有报文中选出 16 个 PZD 并进行编辑。其可接收或发送单字及双字，双字必须写为两个连续的 PZD。

边界条件：

（1）一个 PZD 在一条报文中只可发送和接收一次。若一个 PZD 在一条报文内多次出现，则会触发报警 A50002 或 A50003。

（2）节点无法读出自己的发送数据。这会触发报警 A50006。

（3）可接收和发送的 PZD 的最大数量也由驱动对象决定。在 SINAMICS Link 中被限制为最大 16 个 PZD。

4. 传输时间

使用 SINAMICS Link 时传输时间可达 1000μs（控制器周期最大为 500μs；同步总线周期为 500μs）。

5. 总线周期和节点数量

SINAMICS Link 的总线周期可与电流控制器周期同步，或不与其同步。

通过 p8812[0]=1 设置同步运行。通过 SINAMICS Link 可实现最多 16 个节点之间的通信。为此使用 p8811=16 设置最大节点数。

在非同步运行中，SINAMICS Link 的总线周期可通过 p8812[1] 设为 1000~2000μs 之间的值。此时可通过 p8811 实现最多 64 个 SINAMICS Link 节点之间的相互通信。

在修改 p8811 和 p8812 的设置后，执行上电以接收设置。

9.4.2 拓扑结构

SINAMICS Link 只能采用图 9-108 所示的线形拓扑结构。必须在控制单元和驱动对象的

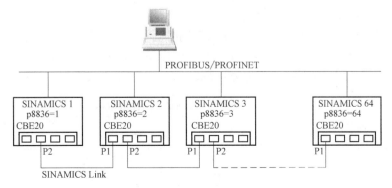

图 9-108 最大拓扑结构

专家列表中手动执行参数设置。为此，建议使用调试工具 STARTER 进行调试。

1）若设置了 SINAMICS Link，则 CBE20 总是通过 IF1 通信。

2）集成的控制单元总线接口（例如用于 PROFIBUS 或 PROFINET）则通过 IF2 运作。

3）节点的编号必须手动在参数 p8836 中输入。每个节点必须有一个单独的编号。请从 1 开始依次向上输入编号。

4）若设置了 p8836 = 0，则节点及之后的整条 SINAMICS Link 支路断开。

5）编号要连续，不能有间隙。

6）各节点的 IP 地址会自动进行分配，但是不可见。

7）编号为 1 的节点自动设为通信的同步主站。

8）通信周期在 1000 ~ 2000μs 之间时，最多可设置 64 个节点。

9）在周期为 500μs 的等时同步运行中最多可有 16 个节点。

10）必须按照图 9-108 对 CBE20 的端口进行连接。也就是说，节点 n 的端口 2（P2）始终要和节点 n + 1 的端口 1（P1）相连。

11）CBE20 的端口 3 和 4 在 SINAMICS Link 运行中被取消激活。

9.4.3 配置和调试

执行以下步骤进行调试：

1）将控制单元参数 p0009 设为 1（设备配置）。

2）将控制单元参数 p8835 设置为 3（SINAMICS Link）。

3）将驱动对象参数 p2037 设置为 2（不冻结设定值）。

4）在参数 p8836 中为节点分配 SINAMICS Link 节点编号。将第一个控制单元的编号设为 1，节点编号 0 表示对该控制单元取消 SINAMICS Link。此时请注意"拓扑结构"一节的说明。

5）将控制单元参数 p0009 设为 0（就绪）。

6）执行"从 RAM 复制到 ROM"。

7）重新给设备上电（关闭/接通控制单元）。

1. 发送数据

在此实例中，第一个节点"控制单元 1"有两个驱动对象，分别为驱动 1 和驱动 2。执行以下步骤发送数据：

1）在参数 p2051［0…15］中为每个驱动对象定义需要发送的数据（PZD）。数据同时会预留在 p8871［0…15］的发送槽中。

2）双字必须记录至 p2061［x］。双字数据同时会写入 p8861［0…15］。

3）在 p8871［0…15］中针对每个驱动对象将发送参数指定给自身节点的一个发送槽。

编制驱动 1（DO2）的发送数据见表 9-26。

表 9-26 编制驱动 1（DO2）的发送数据

p2051［x］索引	p2061［x］索引	内容	来自参数	发送缓存 p8871［x］中的槽	
				x	PZD
0	—	ZWS1	r0899	0	PZD 1
—	1	转速实际值,第 1 部分	r0061［0］	1	PZD 2
—		转速实际值,第 2 部分		2	PZD 3

（续）

p2051[x] 索引	p2061[x] 索引	内容	来自参数	发送缓存 p8871[x]中的槽	
				x	PZD
—	3	转矩实际值,第1部分	r0080	3	PZD 4
—		转矩实际值,第2部分		4	PZD 5
5	—	当前故障代码	r2131	5	PZD 6
…		…		…	…
15	—	0	0	15	PZD 16

编制驱动2（DO3）的发送数据见表9-27。

表 9-27 编制驱动 2（DO3）的发送数据

p2051[x] 索引	p2061[x] 索引	内容	来自参数	发送缓存 p8871[x]中的槽	
				x	PZD
0	—	ZWS1	r0899	6	PZD 7
—	1	转速实际值,第1部分	r0061[0]	7	PZD 8
—		转速实际值,第2部分		8	PZD 9
—	3	转矩实际值,第1部分	r0080	9	PZD 10
—		转矩实际值,第2部分		10	PZD 11
5	—	当前故障代码	r2131	11	PZD 12
…		…		…	…
15	—	0	0	15	PZD 16

编制控制单元1（DO1）的发送数据见表9-28。

表 9-28 编制控制单元 1（DO1）的发送数据

p2051[x] 索引	p2061[x] 索引	内容	来自参数	发送缓存 p8871[x]中的槽	
				x	PZD
0	—	故障/报警控制字	r2138	12	PZD 13
—	1	缺少使能,第1部分	r0046[0]	13	PZD 14
—		缺少使能,第2部分		14	PZD 15
15	—	0	0	15	PZD 16

此报文不需要发送槽 PZD16，因此填零。

1）双字（如1+2）需要指定两个连续的发送槽，例如 p2061[1]⇒p8871[1] = PZD 2 和 p8871[2] = PZD 3。

2）将之后的 PZD 输入 p2051[x] 或 p2061[2x] 的相应参数槽。

3）p8871[0…15] 中未使用的槽会填零。

4）节点发送报文中 PZD 的顺序由其参数 p8871[0…15] 中相应槽位的输入值确定。

5）报文会在下一个总线周期发送。

2. 接收数据

所有节点发送的报文同时在 SINAMICS Link 上供各节点使用。每条报文的长度为16PZD。每条报文都会带有发送者标记。为对应的节点从所有报文选择希望接收的 PZD。最多可对 16 个 PZD 进行编辑。

说明
若设置了 p2037 = 2，未取消对位 10 的分析,则接收数据的第一个字（PZD 1）必须为控制字,其位 10 = 1。

在此示例中，控制单元2从控制单元1的报文中接收所有数据。执行以下步骤来接收数据：

1) 在参数 p8872 [0…15] 中输入需要从中读取一个或多个 PZD 的节点的地址（例如 p8872 [3] = 1⇒从节点 1 读取 PZD 4, p8872[15] = 0⇒不读取 PZD 16）。

2) 在设置结束后可以通过 r2050 [0…15] 或 r2060 [0…15] 查看数值。

控制单元 2 的接收数据见表 9-29。

表 9-29　控制单元 2 的接收数据

来自发送者		接收者					
传输自	报文字 p8871[x]	地址 p8872[x]	接收缓存 p8870[x]	数据传输至 r2050[x]	r2060[x]	参数	内容
p2051[0]	0	1	PZD 1	0	—	r0899	ZSW1
p2061[1]	1	1	PZD 2	—	1	r0061[0]	转速实际值, 第 1 部分
	2	1	PZD 3	—		r0061[0]	转速实际值, 第 2 部分
p2061[3]	3	1	PZD 4	—	3	r0080	转矩实际值, 第 1 部分
	4	1	PZD 5	—			转矩实际值, 第 2 部分
p2051[5]	5	1	PZD 6	5	—	r2131	当前故障代码
p2051[4]	6	1	PZD 7	6	—	r0899	转速实际值, 第 1 部分
p2061[5]	7	1	PZD 8	—	7	r0061[0]	转速实际值, 第 1 部分
	8	1	PZD 9	—			转速实际值, 第 2 部分
p2061[6]	9	1	PZD 10	—	9	r0080	转速实际值, 第 1 部分
	10	1	PZD 11	—			转速实际值, 第 2 部分
p2051[7]	11	1	PZD 12	11	—	r2131	当前故障代码
p2051[8]	12	1	PZD 13	12	—	2138	故障/报警控制字
p2061[9]	13	1	PZD 14	—	13	r0046	缺少使能, 第 1 部分
	14	1	PZD 15	—			缺少使能, 第 2 部分
—	15	0	PZD 16	15		0	空

说明

对于双字，必须连续读取 2 个 PZD。读取一个 32 位设定值，其位于节点 2 发出的报文的 PZD 2 + PZD 3 上，并将其映射在节点 1 的 PZD 2 + PZD 3 上：

p8872[1] = 2, p8870[1] = 2, p8872[2] = 2, p8870[2] = 3。

3. 激活

在所有节点上执行重新上电，便可以激活 SINAMICS Link 连接。p2051 [x]/2061 [2x] 的设置、显示参数 r2050 [x]/2060 [2x] 的互联无需重新上电便可修改。

9.4.4　示例

1. 任务说明

配置两个节点之间的 SINAMICS Link 通信，需要传送的数据为：

1) 从节点 1 发送到节点 2 的数据：

—r0898 CO/BO：顺序控制驱动 1 的控制字（1 个 PZD），本例中为 PZD 1；

—r0079 CO：总转矩设定值（2 个 PZD），本例中为 PZD 2；

—r0021 CO：经过滤波的转速实际值（2 个 PZD），本例中为 PZD 3。

2) 从节点 2 发送到节点 1 的数据：

—r0899 CO/BO：顺序控制驱动 2 的状态字（1 个 PZD），本例中为 PZD 1。

2. 步骤

1) 在所有节点中设置 p0009 = 1，用于修改设备配置。

2）在所有节点上为 CBE20 设置运行方式 SINAMICS Link：

—p8835 = 3。

3）指定相关设备的节点编号：

—节点 1：设置 p8836 = 1；

—节点 2：设置 p8836 = 2。

4）在两个节点中设置 p0009 = 0，执行 "Copy RAM to ROM" 接着上电。

5）通过 p8812［0］= 1 将所有 CBE20 设置为等时同步运行。

6）设置 p8811 = 16 限制最大节点数。

在两个节点中设置 p0009 = 0，执行 "copy RAM to ROM" 接着上电，以激活修改的固件类型以及 CBE20 中的新设置。

7）定义节点 1 的发送数据：

—定义节点 1 需要发送的 PZD：

p2051［0］= Drive1：r0898（PZD 长度为 1 字）；

p2061［1］= Drive1：r0079（PZD 长度为 2 字）；

p2061［3］= Drive1：r0021（PZD 长度为 2 字）；

—将这些 PZD 分配至节点 1 的发送缓冲器（p8871）：

p8871［0］= 1（r0898）；

p8871［1］= 2（r0079 第一部分）；

p8871［2］= 3（r0079 第二部分）；

p8871［3］= 4（r0021 第一部分）；

p8871［4］= 5（r0021 第二部分）。

这样便完成了对节点 1 的 16 字报文中的数据位置的定义。

8）定义节点 2 的接收数据：

—确定节点 2 的接收缓冲器 p8872 中的位 0 ~ 位 4 上的数据填入来自节点 1 接收的数据：

p8872［0］= 1；

p8872［1］= 1；

p8872［2］= 1；

p8872［3］= 1；

p8872［4］= 1；

—确定将节点 1 的 PZD1、PZD2 和 PZD3 填入节点 2 的接收缓冲器

p8870 中的位 0 ~ 位 4：

p8870［0］= 1（PZD1）；

p8870［1］= 2（PZD2 第一部分）；

p8870［2］= 3（PZD2 第二部分）；

p8870［3］= 4（PZD3 第一部分）；

p8870［4］= 5（PZD3 第二部分）；

—现在 r2050［0］、r2060［1］和 r2060［3］包含了来自节点 1 的 PZD 1、PZD 2 和 PZD 3 的值。

9）定义节点 2 的发送数据：

—确定节点 2 需要发送的 PZD：

p2051〔0〕= Drive1：r0899（PZD 长度为 1 字）；

—将这些 PZD 分配至节点 2 的发送缓冲器（p8871）：

p8871〔0〕= 1。

10）定义节点 1 的接收数据：

—确定节点 1 的接收缓冲器 p8872 中的位 0 上的数据填入来自节点 2 接收的数据：

p8872〔0〕= 2；

—确定将节点 2 的 PZD1 填入节点 1 接收缓冲器 p8870 中的位 0：

p8870〔0〕= 1；

—现在 r2050〔0〕包含了来自节点 2 的 PZD 1 的值。

在两个节点上执行"从 RAM 向 ROM 复制"，用于存储参数设置及数据。

11）重新给这两个节点上电，以激活 SINAMICS Link。

SINAMICS Link：组态示例如图 9-109 所示。

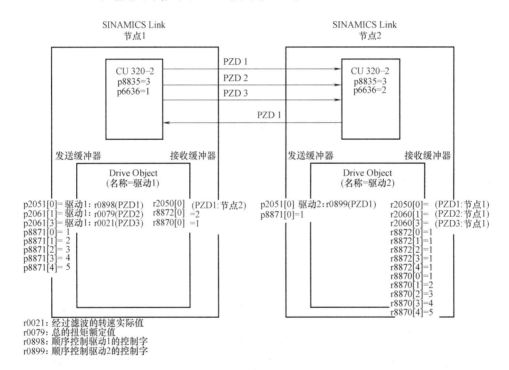

图 9-109　SINAMICS Link：组态示例

9.4.5　在装置起动时或进入循环运行后通信中断

如果至少有一个发送方节点在结束调试后无法正常起动，或者在循环运行中出现故障，在另一个节点上会输出报警 A50005："SINAMICS Link 上无法找到发送方"。

报警信息会指出出现故障的节点的编号。在清除该节点上的故障、系统再次找到该节点后，报警被自动清除。

如果有多个节点出现故障，报警会轮流输出，每次指出不同的故障节点。在清除完所有节点上的故障后，报警被自动清除。

如果一个节点在循环运行中出现故障，除了报警 A50005 外，系统还会输出故障信息 F08501："COMM BOARD：过程数据监控时间超出 "。

9.4.6　示例： SINAMICS Link 上的传输时间

通信周期中的传输时间 1ms（p2048/p8848 = 1ms）。见表 9-30。

表 9-30　通信周期中的传输时间 1ms p2048/p8848 = 1ms

总线周期	传输时间			
	两者同步	发送同步	接收同步	两者异步
0,5	1,0	1,5	1,3	1,6
1,0	1,5	2,1	2,1	2,2
2,0	3,0	3,6	3,1	2,8

通信周期中的传输时间 4ms（p2048/p8848 = 4ms）。见表 9-31。

表 9-31　通信周期中的传输时间 4ms p2048/p8848 = 4ms

总线周期	传输时间			
	两者同步	发送同步	接收同步	两者异步
0,5	1,0	3,0	2,8	4,6
1,0	1,5	3,6	3,6	5,2
2,0	3,0	5,1	4,6	5,8

第 10 章　维护与诊断

10.1　维护

服务和维护的安全说明

说明

除此处说明外，所有服务和维护工作还应注意第 1 章中的安全说明。

 警告

接触带电部件可引发电击。

危险

设备运行伴有危险电压。接触带电部件可能会造成人员重伤，甚至是死亡。

1) 只有具备相应资质的人员才允许在设备上进行作业。

2) 只允许在断电状态下进行所有的接线作业。

3) 由于使用直流母线电容器，在切断电源后的 5min 内设备上仍存在危险电压。应在相应的等待时间过去之后再打开设备。等待时间过去后，应在开始作业前再测量一下电压。可测量直流母线端子 DCP 和 DCN 之间的电压，该电压值必须小于 DC 42.2V。

4) 即使电动机静止，功率端子和控制端子仍可能带有危险电压。在打开的设备上作业时要特别谨慎。

 警告

外部电源可引发电击危险

若使用 AC 230 V 辅助电源，切断了主开关后组件上仍带有危险电压。

 警告

不按规定提升和运输设备可引发事故

不按规定提升和运输设备可能造成严重的身体伤害甚至生命危险，还会导致巨大的财产损失。

1) 只有经过相应培训后，才可以运输、安装和拆卸设备及其组件。

2) 注意：部分设备和组件较重且头部较沉，应采取必要的保护措施。

10.1.1　固件和项目升级

随着 SINAMICS S120 产品的发展，到目前为止已经经过了多个版本的发展，主要有 V2.5、V2.6、V4.3、V4.4、V4.5、V4.6 等。那么客户在维护产品时会碰到版本的转换的问题，例如：原有的设备控制单元坏了，版本比较低，但是现在只能买到新的控制单元，这种情况就需要升级固件，同时由于固件升级，那么相对应的项目也要进行升级。本节将针对固件和项目升级问题进行详细的描述。

1. 系统兼容性判断

在进行项目升级的过程中，首先需要对要升级的系统进行硬、软件兼容性的判断，确定系统是否满足升级的条件。

首先对控制单元进行判断。目前一共有两个硬件版本：

1）旧版本：CU320，CU310。

2）新版本：CU320-2，CU310-2。

每个版本支持的固件版本不同，具体请参见表 10-1。

表 10-1　CU 与固件版本的匹配

控制单元	固件版本	CF 卡订货号	控制单元	固件版本	CF 卡订货号
CU320	V2.6(含)以下	6SL3054-0CX0X-1AA0	-CU320-2	V4.3(含)以上	6SL3054-0EX0X-1BA0
CU310	V2.6(含)以下	6SL3054-0CX0X-1AA0	CU310-2	V4.4(含)以上	6SL3054-0EX0X-1BA0

注：请严格按照对应的版本关系选择 CF 卡，其中"X"根据实际需要的版本和授权进行选择，更多详情请查阅选型手册。

在确定了控制单元后，更换设备硬件时要考虑版本兼容性，对于旧版本的 CU320 和 CU310 兼容所有的新版本的硬件组件；但是对于新版本的 CU320-2 和 CU310-2，则对硬件组件有一定的限制条件，对照关系请参见表 10-2。

表 10-2　CU320-2 控制单元与硬件组件兼容表

CU320-2 DP 连接设备		简短订货号	功率	订货号尾号要求
有源整流单元	书本型	6SL313 *		≥3
	装机装柜型	6SL333 *		≥3
回馈整流单元	书本型	6SL313 *	5,10kW	无限制
	书本型	6SL313 *	16,36kW	≥3
	紧凑书本型	6SL343 *		无限制
	装机装柜型	6SL333 *		≥3
基本整流单元	书本型	6SL313 *		无限制
	装机装柜型	6SL333 *		≥3
逆变单元	书本型	6SL31 *		≥3
	紧凑书本型	6SL34 *		无限制
	装机装柜型	6SL332 *		≥3
功率模块	PM340	6SL32 *		无限制
	装机装柜型	6SL331 *		≥3
端子模块	TM31	6SL3055 *		≥1
	TM41	6SL3055 *		≥1
	TM54F	6SL3055 *		无限制
	TM120	6SL3055 *		无限制
编码器模块	SMC10	6SL3055 *		无限制
	SMC20	6SL3055 *		无限制
	SMC30	6SL3055 *		≥2
	SME20	6SL3055 *		≥3
	SME25	6SL3055 *		≥3
	SME120	6SL3055 *		无限制
	SME125	6SL3055 *		无限制
DRIVE-CLiQ 集线器	DMC20	6SL3055 *		无限制
	DME20	6SL3055 *		无限制
VSM(电压检测模块)	VSM10	6SL3053 *		无限制
Control Unit Adapter(控制单元适配器)	CUA31	6SL3040 *		≥1
	CUA32	6SL3040 *		无限制

2. 固件升级

用户在维护使用过程中需要更新 Firmware 版本，在按照前面所述的控制单元及硬件组件的兼容性检查确定后，请参考下面的操作步骤完成更新：

（1）准备条件

1）读卡器，新版本 Firmware 文件，计算机。

2）S120 控制单元和 CF 卡，如果 V2. X 升级到 V4. X 版本需要更换控制单元和 CF 卡。

3）STARTER 或 SCOUT（注意版本的兼容，请尽量使用最新版本）。

（2）操作步骤

1）备份原有项目。

2）断电，将 CF 卡从 CU 取出。

3）将 CF 卡插入到读卡器，然后连接到计算机。

4）将原来卡中的文件删除，如果 CF 卡带有 High performance 的扩展授权，请保留"KEYS"文件夹。

固件文件夹如图 10-1 所示。

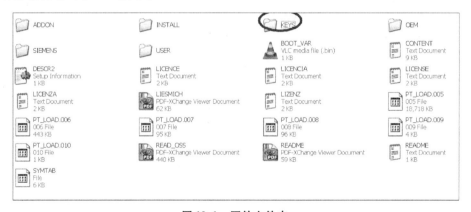

图 10-1　固件文件夹

注：如果误删除"KEYS"，可以在西门子网站 http：//www. siemens. com/automation/license 找回，具体操作请参见：西门子下载中心文档 F0324。

5）将新的 Firmware 文件解压并复制到 CF 卡上。

6）将 CF 卡插回到 CU 上，重新配置项目或进行项目升级（根据实际需要）。

3. 项目升级

在系统更新后，在下面情况下，需要对项目进行升级：

1）新一代的控制单元 CU320-2DP 具有更高的运算能力，采用 CU320-2DP 替代原有的控制单元 CU320，而不改变原有的项目数据，那么需要对原有的项目进行升级。

2）升级 CF 卡固件后，由于软件版本的升级，原来的项目文件也需要进行升级，例如从 Firmware V4. 5 到 V4. 6。

注：当升级固件版本，仅仅升级 Hot Fix 的版本，不需要执行项目升级，直接使用原项目，例如从 V4. 6. 1 Hot Fix1 升级到 V4. 6. 1Hot Fix3。

4. 项目升级步骤（以 CU320 V2. 6. 2 升级到 CU320-2DP V4. 6 为例）

（1）准备条件

1）已经备份原有项目。

2）已经完成更新固件。

3）调试用 PG/PC，比如带 CP5512 的笔记本电脑。

4）STARTER 或 SCOUT（注意版本的兼容，请尽量使用最新版本）。

（2）离线升级项目

使用 STARTER 打开原有项目文件，在左侧导航栏右键点击驱动单元，依次选择"Target Device"→"Device Version"，如图 10-2 所示。

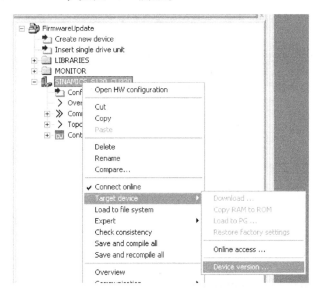

图 10-2　STARTER 软件视图

从弹出的窗口中选择新版本，并点击"Change version"按钮，如图 10-3 所示。

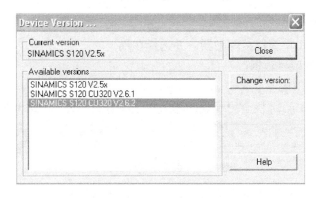

图 10-3　选择升级版本

然后会弹出版本升级的警告窗口，点击"Yes"，如图 10-4 所示。

如果此时有别的 STEP7 应用程序在运行，还会弹出下面的提示窗口（见图 10-5），要求关闭所有其它 STEP7 应用程序。点击"Yes"，程序会自动关闭所有 STEP7 应用程序。

然后在窗口下部的状态栏会显示项目升级的状态，升级完毕后，会出现"Successfully completed"的提示，如图 10-6 所示。

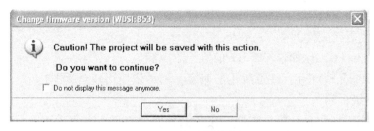

图 10-4　升级时的警告窗口

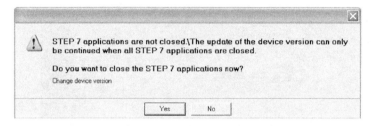

图 10-5　关闭 STEP7 应用程序时的警告窗口

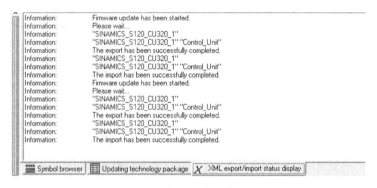

图 10-6　升级完成后的提示

（3）在线下载项目

1）使用 STARTER 重新连接驱动器，并选择在线。

2）下载升级后的项目数据。

3）Copy RAM to ROM。

下载完成后，在 Alarms 栏会出现驱动器组件正在升级的提示 A01306，如图 10-7 所示。

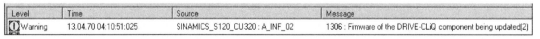

图 10-7　组件升级时的提示

升级完毕后，在 Alarms 栏出现要求重新上电的提示 A01007，如图 10-8 所示。

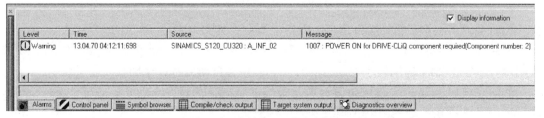

图 10-8　组件升级完毕后的提示

重新上电后，设备升级完成。

10.1.2 给直流回路电容器充电

1. 描述

S120 设备（整流单元、逆变单元和功率单元）在存放超过两年后，必须重新给直流母线电容器充电。如果不重新充电，设备可能会在加载直流母线电压后带载运行时损坏。如果在生产后的两年内进行过上电调试，则无需为直流母线电容器充电。生产的时间可以从铭牌上的工厂编号获取。

注意
储存时间应自生产的时间起计算,而不是自交货时间起计算

生产时间可以根据铭牌查看出来，如图 10-9 所示。

具体生产时间可由以下的字符组合推导出。生产时间表见表 10-3。

表 10-3 生产时间表

字符	生产年份	字符	生产年份	字符	生产月份
S	2004	F	2015	1…9	一月到九月
T	2005	H	2016	O	十月
U	2006	J	2017	N	十一月
V	2007	K	2018	D	十二月
W	2008	L	2019		
X	2009	M	2020		
A	2010	N	2021		
B	2011	P	2022		
C	2012	R	2023		
D	2013	S	2024		
E	2014	T	2025		

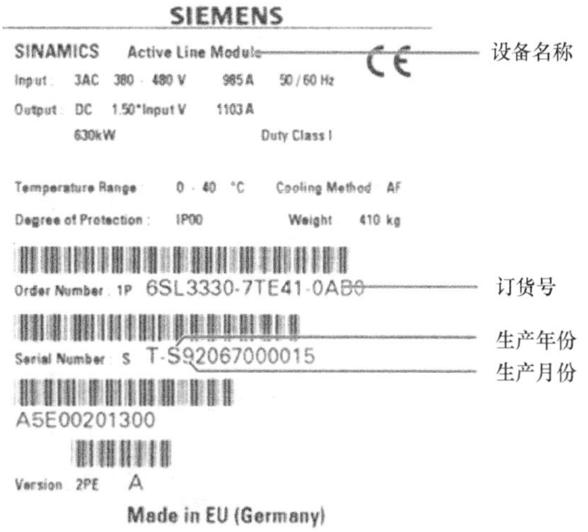

图 10-9 模块铭牌示例

在确定要对设备进行充电后，需要满足下面的要求：

1）在空载情况下为直流母线电容器加载额定电压，并按照相关手册描述充电时间与空置年限关系曲线确定充电时间，达到充电时间后便完成充电。

2）在充电过程中禁止起动运行装置。

3）限制充电设备合闸瞬间的电流，防止烧毁电容。

2. 自建充电回路

根据充电的要求，可以通过自行搭建的充电回路来实现对设备电容的充电，搭建充电电路可以借助白炽灯或 PTC 电阻，搭建充电回路可参见下面的步骤。

（1）书本型逆变单元 MM 和整流单元的充电

选择元件（建议）：

1）1 个保险开关，3 相 400V/10A。

2）电缆 1.5mm^2。

3）3 个 PTC 电阻 350R/35W。

建议：PTC-35W PTC800620-350Ω，Michael Koch GmbH。

4）或 3 个白炽灯 230V/100W。

5）各种零部件，如灯座等。

3AC 380~480V 进线的整流单元的充电电路，如图 10-10 所示。

说明
整流装置必须由相连的逆变单元和相连的直流母线供电。

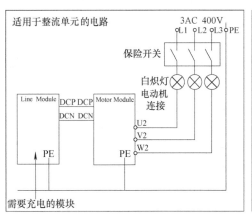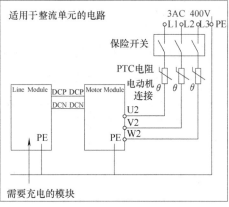

图 10-10　书本型整流单元充电电路图

DC510~720V 进线的逆变单元的充电电路，如图 10-11 所示

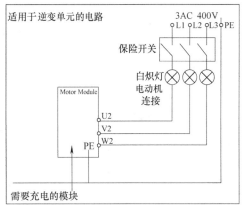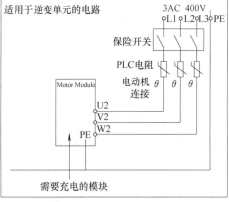

图 10-11　书本型逆变单元充电电路图

（2）装机装柜型逆变单元 MM 和整流单元的充电

选择元件（建议）：

3 AC 380~480V 进线等级的装置：

1）1 个 3 相熔断器开关 400V/10A。

2）3 个白炽灯，230V/100W，3AC 380~480V。

3）或者是选择使用 3 个电阻，每个 1kΩ/100W（例如：Vishay 的 GWK150J1001KLX000）。

4）各种小部件，如灯座、电缆 $1.5mm^2$，等等。

3 AC 500~690V 进线等级的装置：

1）1 个 3 相熔断器开关 690V/10A。

2）6 个白炽灯，230V/100W，3 AC 500~690V，此处每相串联两个白炽灯。

3）另一种选择是使用 3 个电阻，每个 1kΩ/160W（例如：Vishay 的 GWK200J1001KLX000）。

4）各种小部件，如灯座、电缆 1.5mm²，等等。

 ⚠ 小心

　　在电源电压 3 AC 500~690V 上，两个串联的灯座必须采用绝缘式安装，防止接触，因为灯座绝缘层不适用于高压。

3 AC 380~480V 进线的整流单元的充电电路，如图 10-12 所示。

说明

整流单元必须由相连的逆变单元和相连的直流母线供电。

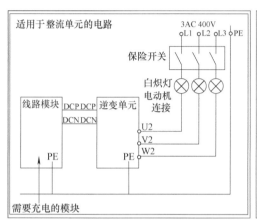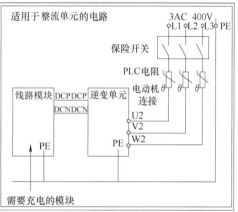

图 10-12　装机装柜型整流单元充电电路图

DC 675~1080V 进线的逆变单元的充电电路，如图 10-13 所示。

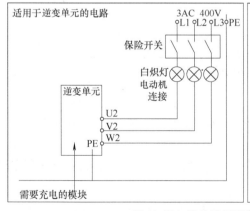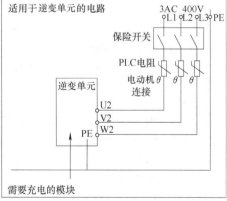

图 10-13　装机装柜型逆变单元充电电路图

功率单元 PM340 的充电：

选择元件（建议）：

1）1 个 3 相熔断器开关 400V/10A 或 2 相 230V/10A。

2）电缆 1.5mm²。

3）3 个白炽灯，230V/100W 用于电源电压 1 AC 380～480V。

另一种选择是使用 3 个电阻每个 3kΩ/100W（例如：GWK150J1001KLX000，Co. Vishay）代替白炽灯。

4）两个白炽灯 230V/100W 用于电源电压 1AC 200～240V。

另一种选择是使用两个电阻每个 1kΩ/100W（例如：GWK150J1001KLX000，Co. Vishay）代替白炽灯。

5）各种零部件，如灯座等。

功率单元 PM340 的充电电路图如图 10-14 所示。

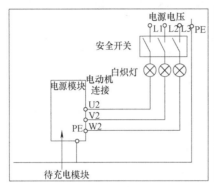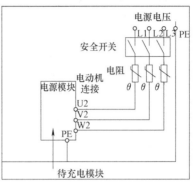

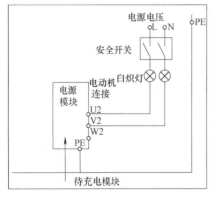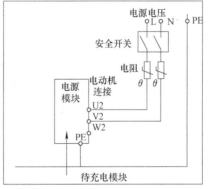

图 10-14　功率单元 PM340 的充电电路图

（3）充电步骤

1）准备充电的设备不允许接收任何起动指令，例如：通过 BOP20 或端子排发出指令。

2）连接相应的充电回路。

3）充电期间，白炽灯发暗/熄灭。如果白炽灯持续发光，表明设备或者布线存在故障。

确保维修时单个功率单元的可用性：

我们推荐在有计划的、周期性设备停机期间更换存放的备用功率单元，以确保在维修时备用功率单元的功能完好。

 危险

断开后 5min 内，由于直流母线电容器的作用，设备仍残余有危险电压。至少须等待 5min，才可以在设备或直流母线端子上展开作业。

10.2　诊断

10.2.1　LED 诊断

LED 状态说明

1）设备起动期间的不同状态通过控制单元上的 LED 指明。

2）各个状态的持续时间不一样长。

3）发生故障时起动将会中断，故障原因会通过 LED 指出。

4）在起动正常结束后，所有的 LED 都会暂时熄灭。

5）起动后 LED 由载入的软件控制。

当装置工作不正常时，可直接观察装置上的 LED 状态进行诊断，有利于快速诊断故障。

控制单元 CU320-2DP 和 CU320-2PN 起动时，LED 状态见表 10-4。

表 10-4　控制单元 CU320-2DP 和 CU320-2PN 起动时，LED 状态

LED			状态	注　　释
RDY	DP	OPT		
红色	橙色	橙色	复位	硬件复位 RDY-LED 红色持续亮,所有其他 LED 橙色持续亮
红色	红色	熄灭	BIOS 已载入	—
红色闪烁 2Hz	红色	熄灭	BIOS 出错	● 载入 BIOS 时出错
红色闪烁 2Hz	红色闪烁 2Hz	熄灭	文件出错	● 存储卡不存在或者出错 ● 存储卡上没有软件或者软件出错
红色	橙色 闪烁	熄灭	正在载入固件	RDY-LED 红色持续亮, DP-LED/PN-LED 橙色闪烁 （无固定闪烁周期）
红色	熄灭	熄灭	固件已装载	—
熄灭	红色	熄灭	固件已校验 （CRC 错误）	—
红色闪烁 0.5Hz	红色闪烁 0.5Hz	熄灭	固件已校验 （CRC 错误）	● CRC 出错

控制单元 CU320-2DP 和 CU320-2PN 的固件更新时，LED 状态见表 10-5。

表 10-5　控制单元 CU320-2DP 和 CU320-2PN 的固件更新时，LED 状态

LED			状态	注释
RDY	DP/PN	OPT		
橙色	橙色	熄灭	初始化	—
不断变化			运行	

控制单元 CU320-2DP 和 CU320-2PN 运行时，LED 状态见表 10-6。

表 10-6　控制单元 CU320-2DP 和 CU320-2PN 运行时，LED 状态

LED	颜色	状态	描述	解决方法
RDY （READY）	—	不亮	缺少电子电源或者超出了所允许的公差范围	检查电源
	绿色	持续亮	组件准备就绪并且循环 DRIVE-CLiQ 通信起动	—
		闪烁 0.5Hz	调试/复位	—
		闪烁 2Hz	正在写入到 CF 卡	—
	红色	闪烁 2Hz	一般错误	检查参数和配置

（续）

LED	颜色	状态	描述	解决方法
RDY （READY）	红色/绿色	闪烁 0.5Hz	控制单元就绪 但是缺少软件授权	获取授权
	橙色	闪烁 0.5Hz	所连接的 DRIVE-CLiQ 组件正在进行固件升级	—
		闪烁 2Hz	DRIVE-CLiQ 组件固件升级完成等待给完成升级的组件重新上电	执行组件上电
	绿色/橙色 或 红色/橙色	闪烁 2Hz	"通过 LED 识别组件"激活（p0124[0]） 提示： 这两种情况取决于激活 p0124[0]＝1 时 LED 的状态	—
DP 或 PN （网络通信诊断）	—	不亮	循环通信还未开始,提示:当控制单元准备就绪时（参见 LED RDY），PROFIdrive 也已做好通信准备	—
	绿色	持续亮	循环通信开始	—
		闪烁 0.5Hz	循环通信还未完全开始,可能的原因： ●控制系统没有发送设定值 ●在等时同步运行时,控制器没有传输或者传输了错误的全局控制（GC：全局控制） ●"Shared Device"被选择（p8929＝2）且只连接至一个控制器	—
	红色	闪烁 0.5Hz	主站发送了错误的参数设置/配置错误	调整主站/控制器和设备之间的配置
		闪烁 2Hz	循环总线通信已中断或无法建立	消除故障
OPT （选项）	—	不亮	无电源供电或者超出允许公差范围。 ● 组件没有准备就绪 ● 选件板不存在或者没有创建相应的驱动对象	检查电源和/或组件
	绿色	持续亮	选件板未准备就绪	—
		闪烁 0.5Hz	取决于所安装的选件板	—
	红色	闪烁 2Hz	该组件中至少存在一个故障选件板未就绪（例如在上电后）	排除并应答故障
RDY 和 DP	红色	闪烁 2Hz	总线故障-通信已中断	消除故障
RDY 和 OPT	橙色	闪烁 0.5Hz	所连接的选件板 CBE20 正在进行固件升级	—

控制单元 CU310-2DP 和 CU310-2PN 起动时，LED 状态（装载软件）见表 10-7。

表 10-7　控制单元 CU310-2DP 和 CU310-2PN 起动时，LED 状态（装载软件）

LED				描　述	注　释
RDY	COM	OUT > 5V	MOD		
橙	橙	橙	橙	上电起动	所有的 LEDs 持续亮 1s
红	红	不亮	不亮	硬件重启	在按下 RESET 按钮 1s 后，LED 灯亮起
红	红	不亮	不亮	BIOS 装载	—
红 闪烁 2Hz	红	不亮	不亮	BIOS 错误	装载 BIOS 时发生错误
红 闪烁 2Hz	红 闪烁 2Hz	不亮	不亮	文件错误	CF 卡错误或没有插入
红	橙	不亮	不亮	固件加载	LED "COM" 闪烁，无固定的闪烁频率
红	不亮	不亮	不亮	已载入固件	—
不亮	红	不亮	不亮	固件校验（无 CRC 错误）	—
红 闪烁 0.5Hz	红 闪烁 0.5Hz	不亮	不亮	固件校验（CRC 错误）	CRC 有错误
橙	不亮	不亮	不亮	固件初始化	

控制单元 CU310-2DP 和 CU310-2PN 起动时，LED 状态（加载固件）见表 10-8。

表 10-8　控制单元 CU310-2DP 和 CU310-2PN 起动时，LED 状态（加载固件）

LED				描　述	注　释
RDY	COM	OUT > 5V	MOD		
红	橙	不亮	不亮	固件加载	LED "COM" 闪烁，无固定的闪烁频率
红	不亮	不亮	不亮	已载入固件	—
不亮	红	不亮	不亮	固件校验（无 CRC 错误）	—
红 闪烁 0.5Hz	红 闪烁 0.5Hz	不亮	不亮	固件校验（CRC 错误）	CRC 有错误
橙	不亮	不亮	不亮	固件初始化	

控制单元 CU310-2DP 和 CU310-2PN 运行时，LED 状态见表 10-9。

表 10-9　控制单元 CU310-2DP 和 CU310-2PN 运行时，LED 状态

LED	颜色	状态	描　述	解决办法
RDY （READY）	—	不亮	缺少电子电源或者超出了所允许的公差范围	检查电源
	绿色	持续亮	组件准备就绪并且循环 DRIVE-CLiQ 通信起动	—
		闪烁 0.5Hz	调试/复位	—
		闪烁 2Hz	正在写入到 CF 卡	—
	红色	闪烁 2Hz	一般错误	检查参数设定/配置
	红色/绿色	闪烁 0.5Hz	控制单元准备就绪，但是缺少软件授权	安装缺少的授权
	橙色	闪烁 0.5Hz	正在升级相连 DRIVE-CLiQ 组件的固件	—
	绿色/橙色 或 红色/橙色	闪烁 2Hz	DRIVE-CLiQ 组件固件升级完成。等待相应组件的上电	接通组件
		闪烁 2Hz	通过 LED 识别组件的功能已激活（P0124[0]）提示：这两种显示方法取决于通过 P0124[0] = 1 激活识别时 LED 的状态	—

（续）

LED	颜色	状态	描　述	解决办法
COM	绿色	持续亮	循环通信开始	—
		闪烁 0.5Hz	循环通信还没有完全开始 可能的原因： —控制器没有传送设定值 —在等时同步运行中，控制器没有传送或传送了错误的全局控制（GC）	—
	红色	闪烁0.5Hz	主站发送了错误的参数设定或者配置文件出错	协调主站/控制器和控制单元之间的配置
		闪烁2Hz	循环总线通信已中断或无法建立	消除总线通信故障
	—	不亮	循环通信（尚）未开始 提示： 当控制单元处在准备就绪状态时，PROFIdrive也已做好通信准备（参见 LED：RDY）	—
MOD	—	熄灭	—	—
OPT（OPTION）	—	熄灭	—	—
	橙色	持续亮	测量系统的电源电压是24V	—

整流单元，功率单元，逆变单元上的 LED 状态见表10-10。

表10-10　整流单元，功率单元，逆变单元上的 LED 状态

LED，状态		描　述
READY	DC LINK	
不亮	不亮	缺少电子电源或者超出了所允许的公差范围
绿色	不亮	组件准备就绪并且循环 DRIVE-CLiQ 通信起动
	橙色	组件准备就绪并且循环 DRIVE-CLiQ 通信起动。存在直流母线电压
	红色	组件准备就绪并且循环 DRIVE-CLiQ 通信起动。直流母线电压过高
橙色	橙色	正在建立 DRIVE-CLiQ 通信
红色	—	该组件上至少存在一个故障，提示：LED 的控制与重新设置相应报告无关
闪烁 0.5Hz：绿色/红色	—	正在进行固件下载
闪烁 2Hz：绿色/红色	—	固件下载已结束，等待上电
闪烁 2Hz：绿色/橙色 或红色/橙色		"通过 LED 识别组件"激活（p0124）提示：这两种情况与通过 p0124 =1 进行激活时的 LED 状态有关

中央制动柜的 LED 状态见表10-11。

表10-11　中央制动柜的 LED 状态

LED	状　态	描　述
ME —"准备就绪"	不亮	直流母线电压不存在 过温最大控制设置
	持续亮	准备就绪
MUI —"过电流"	不亮	正常状态
	持续亮	短路/接地故障
MUL —"过载"	不亮	正常状态
	持续亮	过载：超过了所设置的制动接通时间
MUT —"过温"	不亮	正常状态
	持续亮	过温

TM/SM 模块 LED 状态见表 10-12。

表 10-12　TM/SM 模块 LED 状态

LED	颜色	状态	描　　述
RDY（READY）	—	不亮	缺少电子电源或者超出了所允许的公差范围
	绿色	持续亮	组件准备就绪并且循环 DRIVE-CLiQ 通信起动
	橙色	持续亮	正在建立 DRIVE-CLiQ 通信
	红色	持续亮	该组件上至少存在一个故障
	绿色/红色	闪烁 0.5Hz	正在进行固件下载
		闪烁 2Hz	固件下载已结束,等待上电
	绿色/橙色 或者 红色/橙色	闪烁	"通过 LED 识别组件"激活(p0144) 提示: 激活 p0144 = 1 时两种可能性取决于 LED 的状态
OUT > 5V	—	不亮	缺少电子电源或者超出了所允许的公差范围。供电压≤5V
	橙色	持续亮	用于测量系统的电子电源存在,测量系统供电 >5V,注意: 必须确保所连接的编码器允许在 24V 供电电压下工作。 在 5V 电压下工作的编码器如果接在 24V 电压上将导致编码器的电子部件损毁

10.2.2　驱动状态信息查询

通过参数 r0002 可以查看出当前设备的工作状态，根据工作状态的信息可以进一步分析装置的运行和故障情况。

参数 r0002 状态列表见表 10-13。

表 10-13　参数 r0002 状态列表

r0002 状态	含　　义	r0002 状态	含　　义
0	运行—一切就绪	22	运行就绪-正在去磁(p0347)
10（控制单元）	准备状态	23	运行就绪-设置"整流单元运行" = "1"(p0864)
10	运行—设置"速度设定使能" = "1"(p1142, p1152)		
11	运行—设置"速度控制器使能" = "1"(p0856)	25	等待 DRIVE-CLiQ 组件自动固件升级
12	运行-斜坡发生器冻结, 设置"斜坡发生器开始" = "1"(p1141)	31（逆变单元）	设置"ON/OFF1" = "0/1"(p0840)
		31（整流单元）	接通就绪-预充电正在进行(p0857)
13	运行-设置"使能斜坡发生器" = "1"(p1140)	31（控制单元）	正在下载调试软件
14	运行-MotID, 励磁, 运行或抱闸打开, SS2, STOP C	32（整流单元）	接通就绪-设置"ON/OFF1" = "0/1"(p0840)
15	运行-打开抱闸(p1215)	33	消除/复位拓扑结构错误
16	运行-通过"ON/OFF1" = "1"取消 OFF1 制动	34	退出调试模式
		35	执行初始调试
17	运行-只能通过 OFF2 中断 OFF3 制动	40	模块不处于循环运行状态下
		41	接通禁止-设置"ON/OFF1" = "0"(p0840)
18	运行-在故障时制动,消除故障,复位故障	42	接通禁止-设置"OC/OFF2" = "1"(p0844, p0845)
19	运行-电枢短路/直流制动生效(p1230, p1231)	43	接通禁止-设置"OC/OFF3" = "1"(p0848, p0849)
20	等待起动	44	接通禁止-给端子 EP 连接 24 V 电压（硬件）
21	运行就绪-设置"使能运行" = "1"(p0852)	45	接通禁止-纠正故障,复位故障,STO

（续）

r0002 状态	含　义	r0002 状态	含　义
46	接通禁止-退出调试模式（p0009,p0010)	111	插入驱动对象
50	报警	112	删除驱动对象
60	驱动对象禁用/不可运行	113	修改驱动对象号
60（Hub/端子模块）	故障	114	修改组件号
70	初始化	115	执行参数下载
80	正在复位	117	删除组件
99	内部软件错误	120	模块禁止
101	设定拓扑结构	200	等待起动/子系统起动
		250	设备报告拓扑结构错误

每个设备组件对应的 r0002 状态列表见表 10-14。

表 10-14　每个设备组件对应的 r0002 状态列表

r0002 状态	BLM	SLM/ALM	CU	VECTOR	ENC	TB30	TM 模块（如：TM31）	TM41	HUB
0	√	√	√	√	√	√	√	√	√
10			√	√				√	
11				√					
12				√				√	
13				√				√	
14				√					
15				√					
16				√					
17				√					
18				√				√	
19				√					
20			√						
21		√		√				√	
22				√					
23				√					
25			√						
31	√	√	√	√				√	
32	√	√							
33			√						
34			√						
35	√	√	√	√	√				
40						√	√		√
41	√	√		√				√	
42	√	√		√				√	
43				√				√	
44	√	√		√					
45	√	√		√	√			√	
46	√	√		√	√			√	
50							√		√
60	√			√	√	√	√		√
70	√	√	√	√		√	√	√	√
80			√			√			
99			√						
101			√						
111			√						
112			√						
113			√						
114			√						

（续）

r0002 状态	BLM	SLM/ALM	CU	VECTOR	ENC	TB30	TM 模块（如：TM31）	TM41	HUB
115			√						
117			√						
120						√	√	√	√
200	√	√		√	√	√	√	√	√
250	√	√		√	√	√	√	√	√

注：√——表示该组件对应的 r0002 中包含的状态。

10.2.3　STARTER 故障诊断

如果要得到更多的故障信息，可以通过 STARTER 软件来进行故障诊断，首先连接 STARTER 软件，选择在线模式，具体操作步骤如图 10-15 所示。

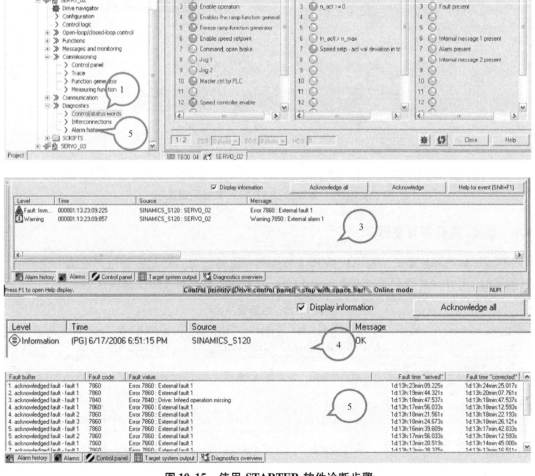

图 10-15　使用 STARTER 软件诊断步骤

1) 选中某驱动轴，打开 Diagnostics 项目，双击"Control/Status words"。

2) 在右侧的窗口中选择控制字、状态字。

3) 同时在 STARTER 屏下方的信息栏中选 Alarms，监视是否有报警及故障出现。如果存在，则需要利用"Help for event"查出报警和故障的原因。及时排除后，点"Acknowledge"或者"Acknowledge all"，清除故障。

4) 一个处于正常工作状态的驱动装置将在信息栏里显示"OK"。

5) 双击"Alarm history"，查询报警/故障历史记录。

10.2.4　TRACE 功能故障诊断

利用 STARTER 软件的 TRACE 功能不仅可以方便调试人员的调试，还可以进行故障诊断，分析故障产生的原因。故障触发 TRACE 功能的设置如图 10-16 所示。

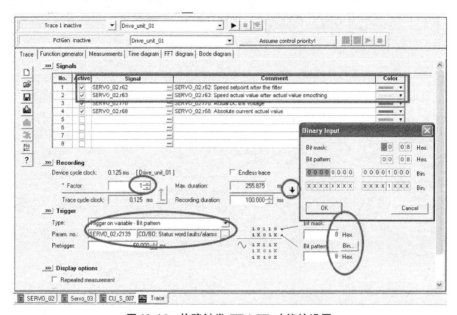

图 10-16　故障触发 TRACE 功能的设置

10.3　故障/报警信息查询

设备对象出现故障后，如要获取具体的故障和报警信息，需要查询出现故障的设备的故障缓冲区的内容，具体来说通过查看表 10-15 中的参数可得知故障缓冲区的状态。

表 10-15　故障缓冲区

故障缓冲区参数	r0945 [0…63]	r0947 [0…63]	r0949[0…63][I32] r2133[0…63][Float]	r0948[0…63][ms] r2130[0…63][d]	r2109[0…63][ms] r2136[0…63][d]	r3115[0…63]
参数描述	显示故障代码	显示故障代码	显示故障值	显示故障发生时间	显示故障取消时间	显示触发故障的传动对象的代码
报警缓冲区参数	r2122 [0…63]		r2124[0…63][I32] r2134[0…63][Float]	r2123[0…63][ms] r2145[0…63][d]	r2125[0…63][ms] r2146[0…63][d]	
参数描述	显示报警代码		显示报警值	显示报警发生时间	显示报警取消时间	

注意
故障和报警的发生和取消时间是以系统运行时间 CU：r0969 为基准的。

1. 故障复位

1）p3981 设置成 1 可以实现故障复位。

2）通过连接到 p2103 ~ p2105 的连接器可以实现故障复位。

3）断电再上电也可实现故障复位。

2. 如何清除故障缓冲区

1）CU：p2147 = 1，清除所有传动对象的故障缓冲区。

2）p0952 = 0，可以清除指定对象的故障缓冲区。

3）如果恢复出厂设置，会自动清除故障缓冲区。

4）在装载参数值后重新上电，会自动清除故障缓冲区。

5）升级 Firmware。

6）下载经过修改的项目。

3. 改变故障响应

在参数 p2100 ［0…19］中输入故障代码；p2101 ［0…19］输入相应的故障响应方式。使用此参数可以屏蔽部分运行中产生的故障，是否允许更改故障响应方式，具体需要参照参数手册中故障的详细描述。

4. 改变复位模式

p2126 ［0…19］输入故障代码；p2127 ［0…19］输入相应的复位方式。

5. 改变故障和报警信息类型

p2118 ［0…19］输入故障/报警代码；p2119 ［0…19］输入故障/报警信息类型：1 = Fault（F），2 = Alarm（A），3 = No message（N）。

6. 故障/报警状态字（自定义）

p2128［0…15］输入故障/报警代码；r2129 故障/报警触发状态字；比如：

p2128［0］= 7860（F7860 外部故障），当传动对象发生此故障时，则 r2129.0 被置成 1，这样通过观察 r2129 的状态，就可以知道发生什么故障。

10.4　编码器故障

编码器故障是在驱动系统中比较常见的一类故障，而当编码器发生故障，则会直接影响到整个驱动系统的运行，严重时影响生产。因此，如何能快速的找到故障原因，并快速解决故障，对于驱动系统的维护至关重要。S120 拥有全面的故障诊断功能，针对编码器故障提供了详细的故障分析和处理方法，方便用户快速解决故障。本节主要介绍了一些常用的处理编码器故障的方法，以及一些扩展的诊断功能。

10.4.1　编码器常见故障处理

对于矢量控制系统，通常采用 TTL/HTL 脉冲编码器进行闭环控制，当编码器出现故障时，可能导致一些故障的产生，一部分是直接报出编码器错误，根据故障信息，维护人员可以从故障列表中查到具体的说明，按照推荐的相关解决办法处理；有时系统不直接报出编码器故障，可能会报出堵转、过电流类故障。如果出现上述的这些编码器相关的故障，我们将如何进行初步判断呢？我们可以采用下面的几种处理方法。

在调试时或更换编码器后出现故障，可能的原因有：

1）编码器接线错误。

2）编码器损坏。

3）电磁、接地干扰。

4）编码器配置错误。

5）装置的编码器输入接口损坏（例如 SMC30）。

6）编码器电缆。

7）机械安装不可靠。

运行过程中，编码器故障，可能的原因有：

1）电磁、接地干扰。

2）编码器损坏。

3）机械安装不可靠。

4）接口模板损坏。

当发生编码器故障，导致系统无法运行时，可以暂时将控制模式 P1300 改为无编码器模式或 V/f 模式运行测试，确定装置和电动机运行是否正常，然后再进行编码器故障分析。

1）在电动机运行时，读取编码器的实际返回值，如果实际值的大小相同，但是极性相反，这种情况的可能原因是编码器接线的极性不正确，即 A、B 通道相序反了。解决办法是：

 • 改变编码器 A、B 通道接线线序；

 • 改变参数 P0410；

 • 改变电动机电缆的相序。

2）如果没有读到实际速度反馈值，说明没有采集到编码器的反馈，则需检查：

 • 编码器接线；

 • 编码器参数配置；

 • 编码器是否损坏；

 • 模板接口是否损坏。

3）能够读取到编码器的反馈值，但是实际值与设定值不符：

 • 电动机速度变化时，实际速度跟随变化—检查每圈脉冲值的设定；

 • 电动机速度变化时，实际速度不跟随变化—编码器本身故障。

（4）编码器反馈值波动比较大，但是实际电动机运行稳定：

 • 干扰导致—按照 EMC 规则检查接线和接地；

 • 编码器机械安装的同心度；

 • 模板接口故障—结合示波器检查。

1. 示波器测试

使用示波器，测量 A、B 通道测试脉冲波形，如图 10-17 所示。

如果波形失真严重，则要考虑下列情况：

1）传输距离。

2）电磁干扰。

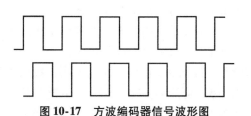

图 10-17　方波编码器信号波形图

3）编码其本身故障。

2. 万用表测试

手动或低速运行电动机，分别测量 A 通道对地、B 通道对地的电压，对应每个脉冲应该是高低电平交替闪烁，检查高电压值是否在正确范围。

10.4.2　HTL/TTL 脉冲编码器故障分析

S120 变频器提供了进一步的编码器故障诊断功能，其中"编码器监控扩展功能"支持以下编码器信号检测相关的功能扩展：通过参数 p0437 和 r0459 来激活"编码器监控扩展功能"。r0458.12 = 1 可显示硬件是否支持扩展的编码器监控功能。

10.5　使用 AOP30 诊断

舒适型操作面板 AOP30 具有强大的操作和显示功能，如果用户选用了该操作面板，也可以通过 AOP30 来查询设备的工作状态、修改参数以及故障信息。

1. 设置 AOP30 的日期/时间（用于故障/报警信息的时间戳）

准确地查询到故障的发生时间对于故障诊断至关重要，通常 S120 系统中的故障时间只是装置的运行时间，我们可以利用 AOP30 的日期/时间设置，实现 AOP30 与传动设备之间的时钟同步功能，这样能够将 AOP30 设定的时间作为故障/报警信息的时间戳。在使能同步功能之前，先要设置参数 CU：p3103 = 2（使用 PPI 同步），同步功能有三种设置：

1）无（出厂设置）：没有执行 AOP 和传动设备之间的时间同步。

2）AOP30→传动。

激活此选项将会立即执行同步，将 AOP 的当前时间传输到传动设备中。

AOP 每次重新起动后都会将 AOP 的当前时间传输给传动设备。

每天 02：00 点（AOP 时间）时会将 AOP 的当前时间传输给传动设备。

3）传动→AOP30。

激活此选项将会立即执行同步，将传动设备的当前时间传输到 AOP 中。

AOP 每次重新起动后都会将传动设备的当前时间传输给 AOP。

每天 02：00 点（AOP 时间）时会将传动设备的当前时间传输给 AOP。

AOP30 日期/时间设置如图 10-18 所示。

图 10-18　AOP30 日期/时间设置 1

点击"MENU"按钮→进入主菜单→然后点击"F3"向下选择"调试/维修"，如图 10-19所示。

图 10-19　AOP30 日期/时间设置 2

点击"F5"选择"OK"→进入到"调试/维修"界面→点击"F3"选择"AOP 设置"→点击"F5"选择"OK",如图 10-20 所示。

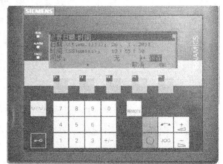

图 10-20　AOP30 日期/时间设置 3

进入到"AOP 设置"界面→点击"F3"选择"设置日期/时间"→点击"F5"进入到"设置日期/时间"界面→使用数字键盘和"F1~F5"进行时间和日期的设定,同步方式按照上文介绍的方式选择→"保存"后返回主菜单。

2. 故障信息查询

通过查询 AOP30 的故障存储器,维护人员可以很方便地查询到传动设备到底发生了什么故障,以及故障的产生原因,结合日期/时间的同步功能,还能准确地得知故障的发生时间,这些信息都非常有利于分析故障原因和解决故障,具体操作方法如下。

首先从面板上观察是否发生故障,如果存在故障或报警,则对应的"Alarm"和"Fault"灯会亮,点击"F5 诊断"进入到"诊断"界面,如图 10-21 所示。

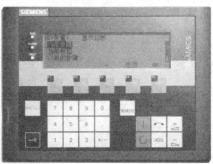

图 10-21　AOP30 故障与报警信息查询 1

在"诊断"界面中，可以查看"当前故障"、"当前报警"、"以前的故障"和"以前的报警"→选择"F5"进入到故障信息中，在该页面中可以查到存在的故障→通过"F5"确认复位故障，如图 10-22 所示。

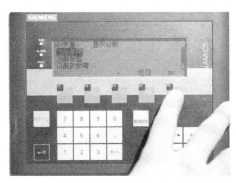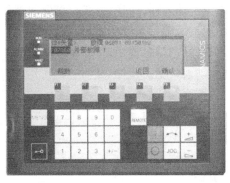

图 10-22　AOP30 故障与报警信息查询 2

10. 6　使用 BOP20 诊断

如果控制单元上装配了 BOP20 操作面板，用户可以通过该面板查看故障和报警显示，操作方法如下：

1）有故障发生时，在面板上会显示故障 `F00020 02`，可以通过 FN 来复位故障。

2）在故障显示"F"字幕的后面出现上面说的光点 `F00020 02`，表示此传动对象存在一个以上的故障，可以通过 ▲▼ 来查看故障信息，通过 FN 来复位故障。

3）在故障显示的最后数字的下端出现闪烁的光点 `F00020 02`，表示该设备还存在来自其它传动对象的故障，通过 FN ▲ 切换驱动对象，来查看驱动对象故障信息。

4）当出现两个光点闪烁时 `F00020 02`，表示本驱动对象和其它传动对象发生了一个以上的故障，需要分别查看本组和其它传动对象故障，通过 ▲▼ 和 FN ▲ 分别查看故障信息。

5）面板在 20s 内没有任何操作时，例如 `P00300 02`，如果存在报警的情况，则在面板显示 `A09720 02`，如果存在多个报警，则会自动在 3s 之后循环到下一个报警 `A00080 04`，报警循环结束后回到原参数显示 `P00300 02`，之后继续重复上面的过程开始循环显示。如果 20s 内进行操作，则面板在新的显示状态下开始重复上面的循环。

10.7　Web Server 远程诊断

SINAMICS S120 从 V4.6 版本开始提供 Web Server 功能，实现通过网页浏览器远程访问设备。使用这种远程访问的方式，可以实现如下功能：

1）报警/故障信息及历史记录查询。

2）设备版本信息显示。

3）驱动设备状态查询。

4）参数查询和修改。

5）远程下载项目。

6）远程更新固件。

7）密码保护。

1. 访问方式

用户可以通过非安全的传输方式（http）访问设备，也可以通过安全的传输方式（https）访问。在配置的时候可以定义访问的方式，可强制关闭 http 端口。http：// + IP 地址或 https：// + IP 地址

2. 端口连接

通过控制单元 CU310-2 和 CU320-2 上的 LAN 端口（X127）。

带有 PROFINET 接口的控制单元。

查看设备 IP 地址：

设备集成的以太网接口（X127）：r8911 169.254.11.22。

PROFINET 接口参数：r8931。

通过 STARTER，SCOUT 软件分配地址。

3. 网页浏览器要求

Microsoft Internet Explorer 浏览器版本 7 或以上

Mozilla Firefox 浏览器版本 3.5 或以上。

Opera as 浏览器版本 10.50 或以上。

10.7.1　Web Server 配置

1. 配置网络 Web Server 的几种方法

1）使用 STARTER，SCOUT 软件向导进行配置。

2）通过参数 P8986，r8987 进行配置。

3）直接通过浏览器进行设置（仅在设备处于工厂复位状态）。

说明

系统工厂设置 Web Server 处于激活。

---

2. 使用 STARTER 配置 Web Server 步骤

打开 STARTER→选择设备→鼠标右键→Web Server。

激活 Web Server 如图 10-23 所示。

在 "Web Server Configuration" 进行配置，新建项目或工厂复位后，需要重新配置 Web Server，否则执行工厂默认配置，如图 10-24 所示。

使用 Web Server 一共有两个账户，用户名分别是 "SINAMICS" 和 "Administrator"，其

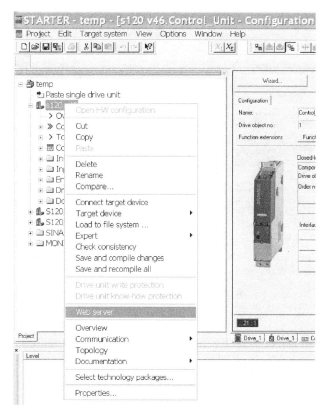

图 10-23 激活 Web Server

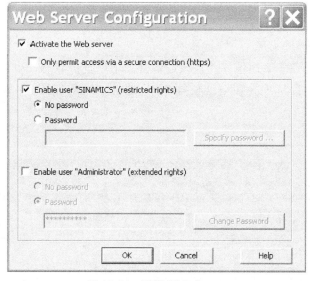

图 10-24 配置 Web Server

中"SINAMICS"为受限用户,"Administrator"为拥有所有权限用户。工厂默认激活"SI-NAMICS"用户,没有密码,用户在使用时,需要根据需要设定密码给相应的用户,该密码用来远程登录使用(如密码丢失,只能通过 STARTER 软件重新设定)。Web Server 密码设置如图 10-25 所示。

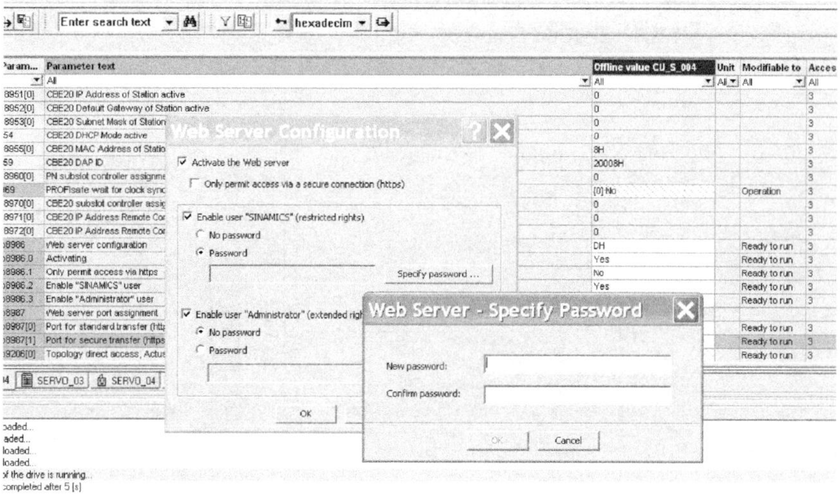

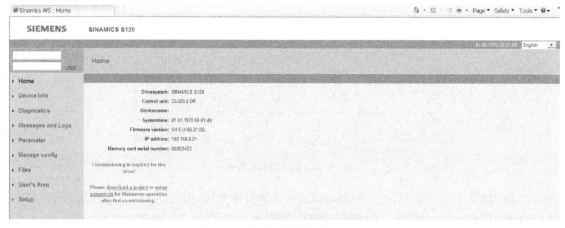

图 10-25　Web Server 密码设置

3. 参数配置

通过参数 p8986 和 p8987 直接设定 Web Server 的配置选项，具体如下：

1）p8986.0—激活 Web Server。

2）p8986.1—仅允许通过 https 访问。

3）p8986.2—激活"SINAMICS"用户。

4）p8986.3—激活"Administrator"用户。

5）p8987.0—http 端口。

6）p8987.1—https 端口。

4. 网页浏览器配置

如果已知控制单元的 IP 地址，并且该设备处于工厂复位状态，也可以通过浏览器远程设定 Web Server 的配置选项。在地址栏输入 IP 地址，出现如图 10-26、图 10-27 所示的界面。

图 10-26　远程配置 Web Server 1

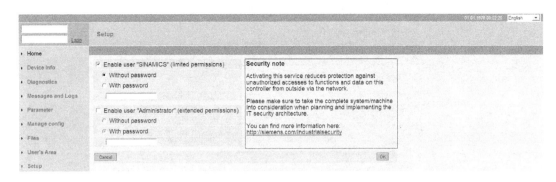

图 10-27　远程配置 Web Server 2

10.7.2　Web Server 使用

1. 用户登录

当配置完成后，进入登录界面，如图 10-28 所示，输入用户名和密码登录，注意大小写。

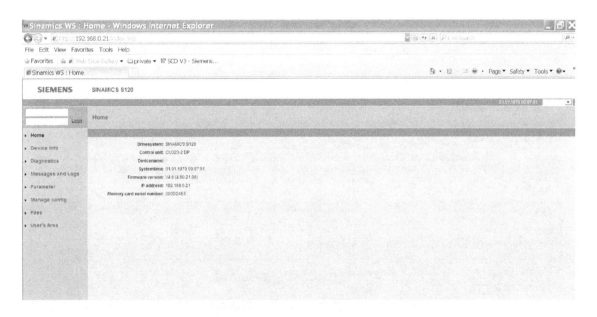

图 10-28　Web Server 登录界面

登录成功后在 "Home" 页面显示当前控制单元的类型、版本和地址等信息，如图10-29所示。

2. 设备信息

在 "Device info" 中显示设备硬件组件的信息，包括组件名称、版本号、订货号和连接端口号等，如图 10-30 所示。

3. 状态诊断

在 "Diagnostics" 窗口，可以查看设备的报警/故障状态，其中 —故障状态， —报警， —正常，如图 10-31 所示。

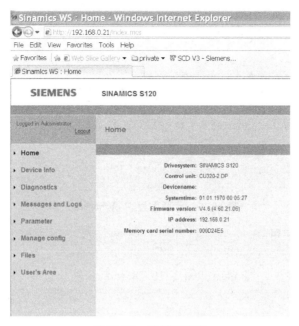

图 10-29　登录后状态

Component	No	FW-Version	Type	Order-No	HW	Serial-No	Uplink to
CU_S_004.Control_Unit_1	1	04.60.21.06	CU320-2 DP	6SL3040-1MA00-0AA0		T-AD6100614	
A_INF_02.Line_Module_2	2	04.50.30.02	LM_ACDC	6SL3130-7TE21-6AA3	A	T-VO2005416	1
SERVO_03.Motor_Module_3	3	04.50.30.02	MM_2AXIS_DCAC	6SL3120-2TE21-0AA3	B	T-W62097826	2
SERVO_04.Motor_Module_4	4	04.50.30.02	MM_2AXIS_DCAC	6SL3120-2TE21-0AA3	B	T-W62097826	3
SMI20_5	5	04.50.30.02	SMI20 / DQI	6SL3055-0AA00-5MA0	D	T-W92058891	4
Encoder_6	6			XExxxxx-xxxxx-xxxx		T-W92058891	5
Motor_SMI_7	7			1FK7022-xAK7x-xDxx		WO 13690901 001	6
SMI20_8	8	04.50.30.02	SMI20 / DQI	6SL3055-0AA00-5MA0	D	T-V72061013	3
Encoder_9	9			XExxxxx-xxxxx-xxxx		T-V72061013	8
Motor_SMI_10	10			1FK7022-xAK7x-xDxx		V8 45954903 001	9
CBE20_11	11	13.01.48.00	CBE20	6SL3055-0AA00-2Exx	A	T-P30050000	1

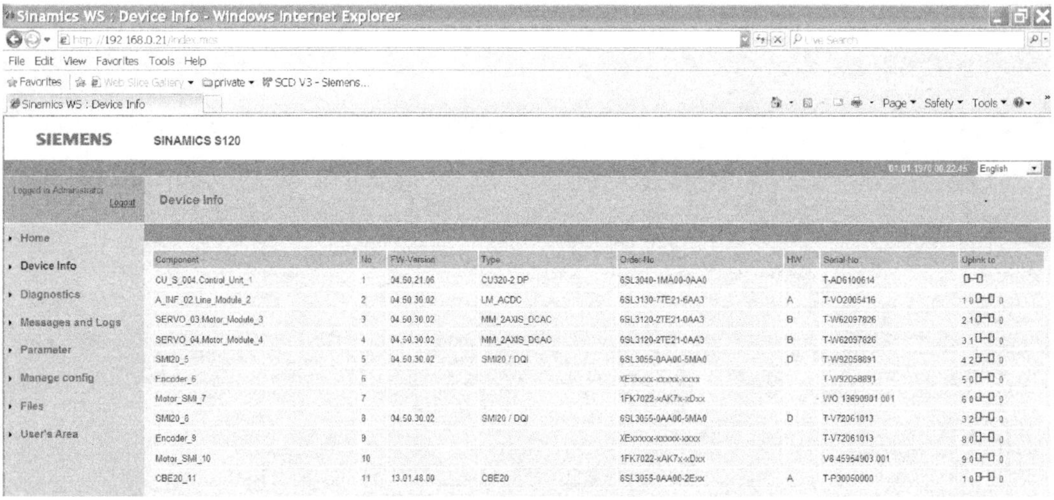

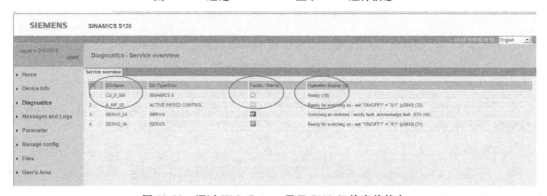

图 10-30　通过 Web Server 显示 S120 组件信息

DO	DO-Name	DO-Type/View	Faults / Alarms	Operation display (r2)
1	CU_S_004	SINAMICS S		Ready (10)
2	A_INF_02	ACTIVE INFEED CONTROL		Ready for switching on - set "ON/OFF1" = "0/1" (p0840) (32)
3	SERVO_03	SERVO		Switching on inhibited - rectify fault, acknowledge fault, STO (45)
4	SERVO_04	SERVO		Ready for switching on - set "ON/OFF1" = "0/1" (p0840) (31)

图 10-31　通过 Web Server 显示 S120 组件当前状态

4. 消息和归档

"Messages and Logs"消息和归档窗口可以查看详细的报警/故障信息，同时可以远程复位，并且提供了查看历史记录的功能。故障报警信息如图 10-32 所示，历史记录如图 10-33 所示。

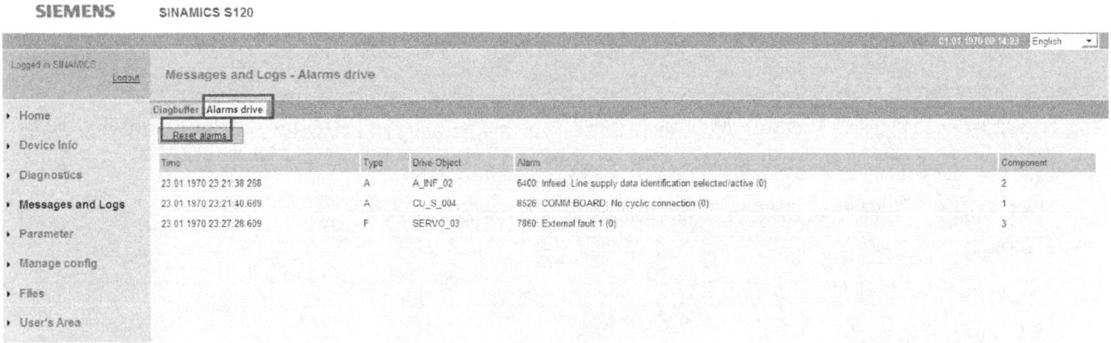

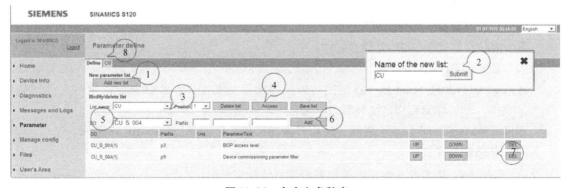

图 10-32　故障报警信息

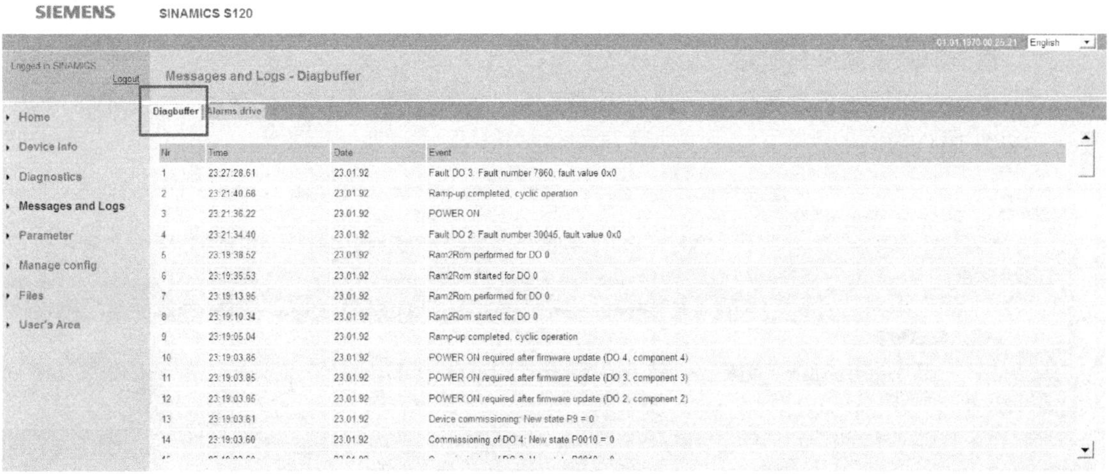

图 10-33　历史记录

5. 查看和更改参数

"Parameter"参数界面，可以查看和更改参数，用户可以自定义参数表，如图 10-34 所示。

图 10-34　自定义参数表

1）点击"Add new list"添加一个自定义的参数表。

2）自定义一个参数表的名字，可添加多个自定义参数表，最多 20 个。

3）选择一个参数表。

4）点击"Access" ，设定参数表的访问权限。

每个用户只能在"Access"减少各自的权限，不能增加各自的权限。Administrator（激活 Change list 选项下）可以更改 SINAMICS 的权限，反之不能。

- Change：用户可以创建、更改和删除定义的参数表；
- Read：读参数值；
- Write：写参数值，并可以保存。

5）选择设备对象。

6）输入参数号（第一个空格内填参数号，第二个空格填参数索引号，第三个空格填 Bit 号）。

7）调节参数表顺序和删除。

8）设定完成后进入参数表，可以查看和设定对应的参数（必须有 Write 权限才能写参数），如图 10-35 所示。

图 10-35　访问参数表

6. 通过 Web Server 更新 firmware/配置

（1）准备条件

固件文件（需要 . ZIP 类型的文件）；

备份的项目（需要 . ZIP 类型的文件）。

（2）更新步骤

通过 STARTER 或 Scout 软件备份控制单元的项目配置文件，并将备份的项目文件压缩成 . zip 文件，然后存储到指定文件目录，如图 10-36 所示。

通过"Manages and Logs"界面，进行传输的操作，传输项目如图 10-37 所示。

（3）传输配置文件

1）点击　，从本地文件夹中选择备份的系统配置/固件文件" ＊ . zip"，可以同时选择

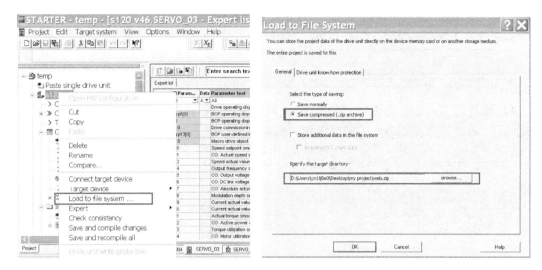

图 10-36　备份项目至指定文件夹

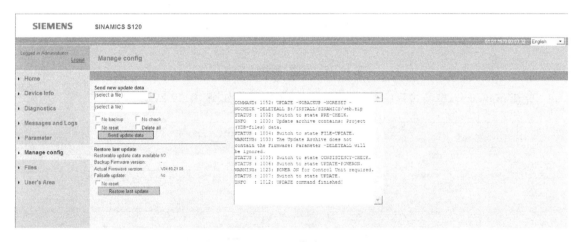

图 10-37　传输项目

配置文件和固件文件。

2）然后根据需要，选择属性 ☐ No backup　☐ No check　☐ No reset　☐ Delete all 。

No Backup：更新之前不保存已存在的固件/配置不保存。

No Check：不检查下载的固件/配置的兼容性。

No Reset：固件/配置更新完成后不执行复位。

Delete all：删除 CF 卡中的所有未打包的存档文件。

注意

只有在更新固件时激活该选项，更新配置过程使用此选项，可能会造成要的数据损坏；执行该选项，只保留"/install/SINAMICS"目录和授权文件。

3）点击"Send update data"按钮开始传输。

传输过程中系统自动检查 CF 卡存储空间是否足够，检查控制单元的状态，传输过程中在 SINAMICS 出现报警"A1070 项目/固件正在下载过程中"。

如果出现不兼容的情况，先是报警"A1073 CU：备份的数据不是最新的"。

提示

下载固件到 CF 卡需要几分钟的时间。

4）等待配置/固件的传输，传输完成后系统会提示"POWER ON for Control Unit required"，断电重启控制单元，完成更新。配置/固件的传输如图 10-38 所示。

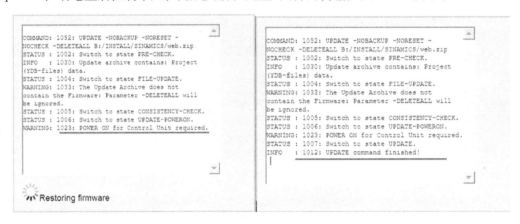

图 10-38　配置/固件的传输

更新 firmware，更新过程中"RDY"灯，绿色闪烁，如图 10-39 所示。

图 10-39　更新 firmware

5）在"Restoring the last update"可以恢复之前备份的固件版本，前提是存在可用的备份固件。固件恢复如图 10-40 所示。

7. 通过 Web server 传输文件

通过"Files"选项，可以传输文件到设备的 CF 卡中，例如说明书等文档。远程传输文件如图 10-41 所示。

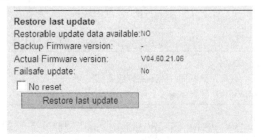

图 10-40　固件恢复

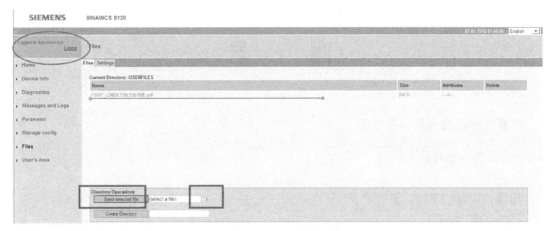

图 10-41　远程传输文件

操作时注意，必须是"Administrator"用户才有操作权限。

操作步骤：

1）选择本地文件，然后点击传输。

2）传输后，可以从列表中看到已经存在的文件。

3）默认的文件在 CF 卡中存储目录"USERFILES"下。

4）可以自定义添加存储的文件夹，也可以删除该目录。

附 录

A 简要功能图和参数序号范围

A.1 简要功能图目录

A. 2　简要功能图

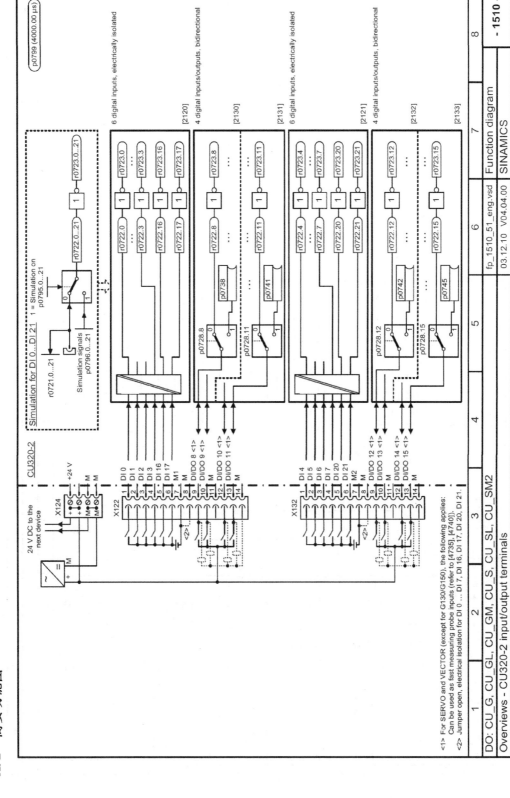

图 A-1　1510-CU320-2 输入/输出端子

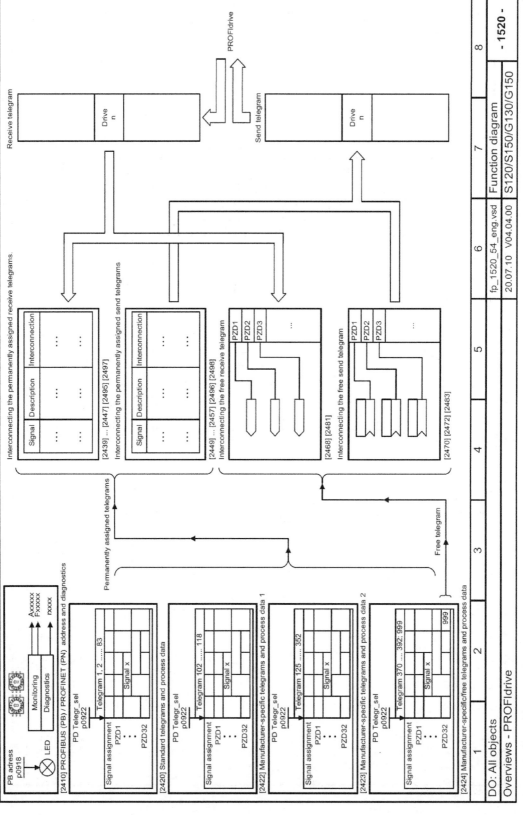

图 A-2   1520-PROFIdrive

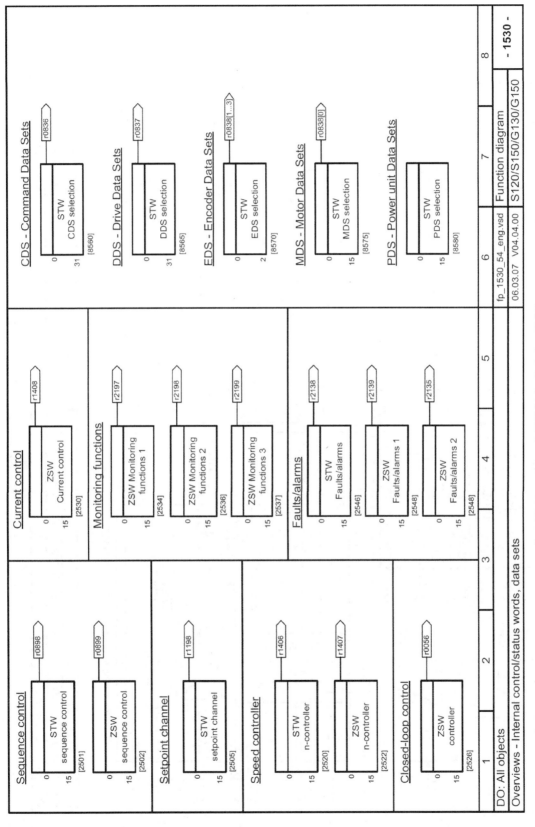

图 A-3　1530- 内部控制字/状态字，数据组

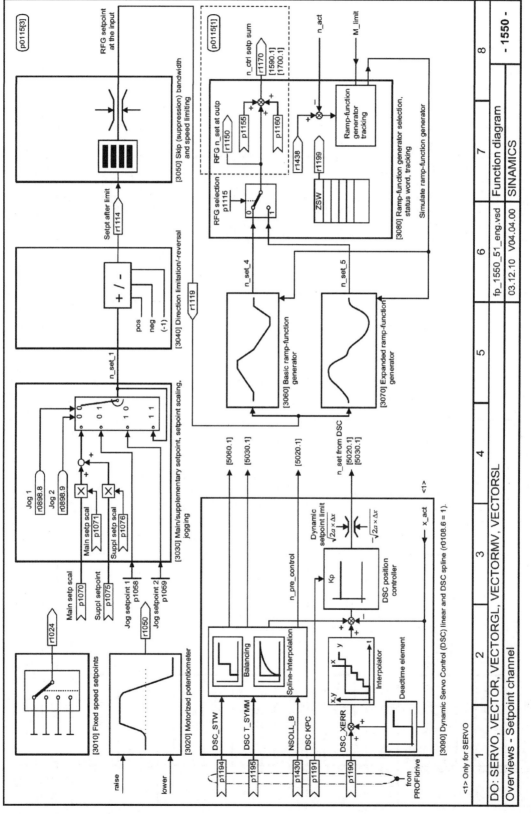

图 A-4　1550-设定值通道

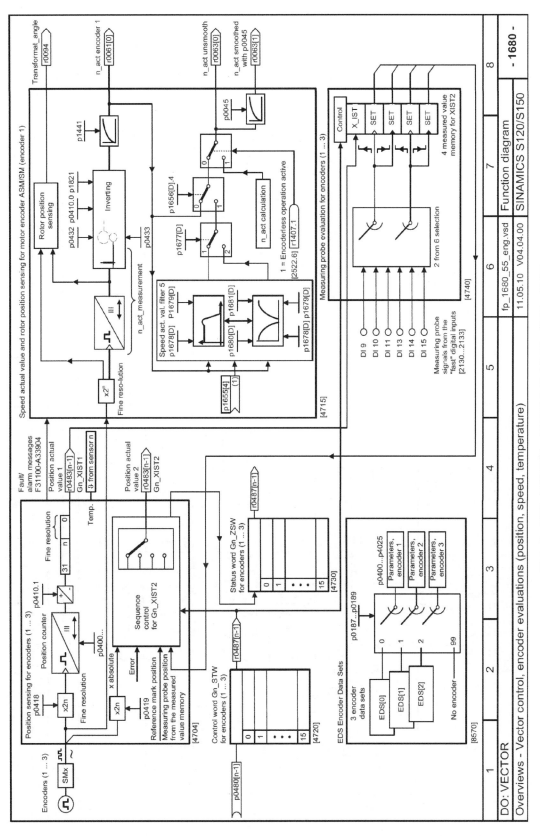

图 A-5　1680-矢量控制，编码器分析（位置，转速，温度）

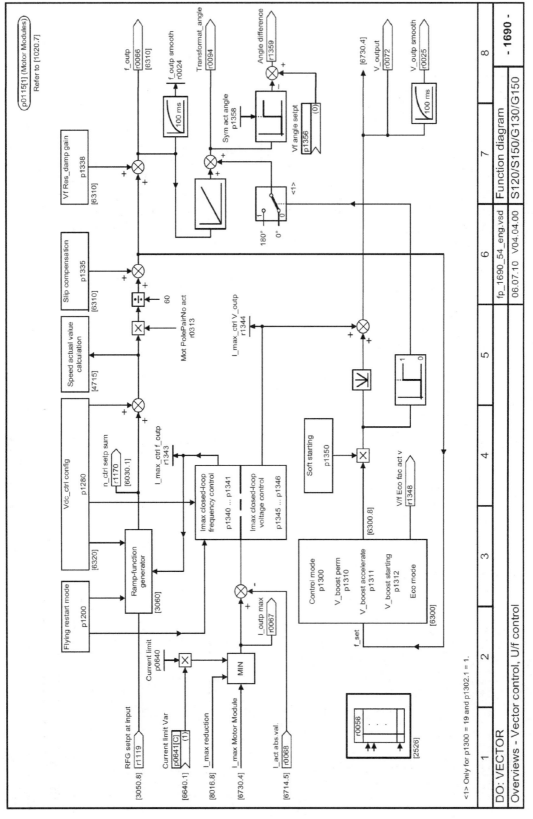

图 A-6　1690- 矢量控制，V/f 控制

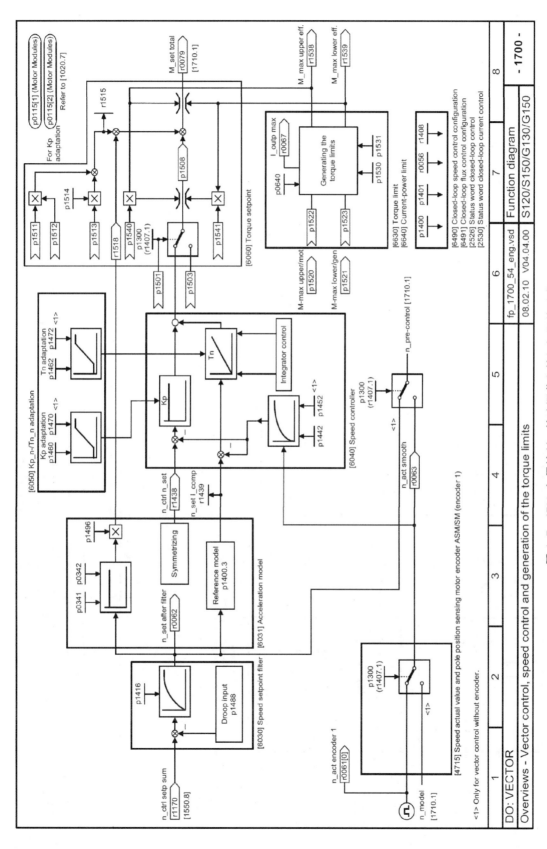

图 A-7　1700-矢量控制，转速调节和转矩极限值形成

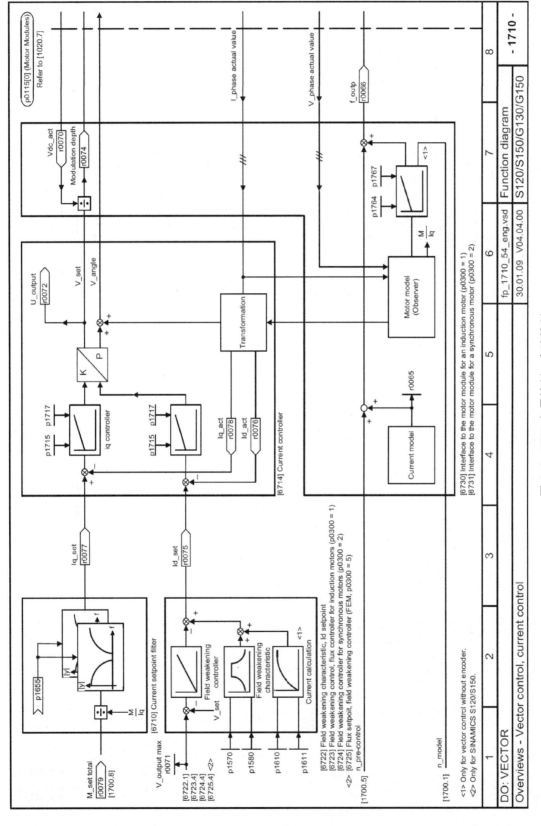

图 A-8　1710- 矢量控制，电流控制

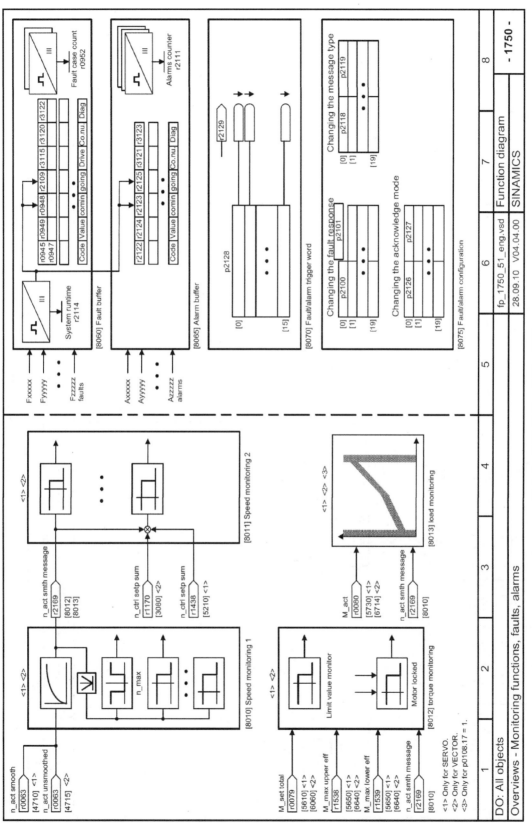

图 A-9　1750-监控，故障，报警

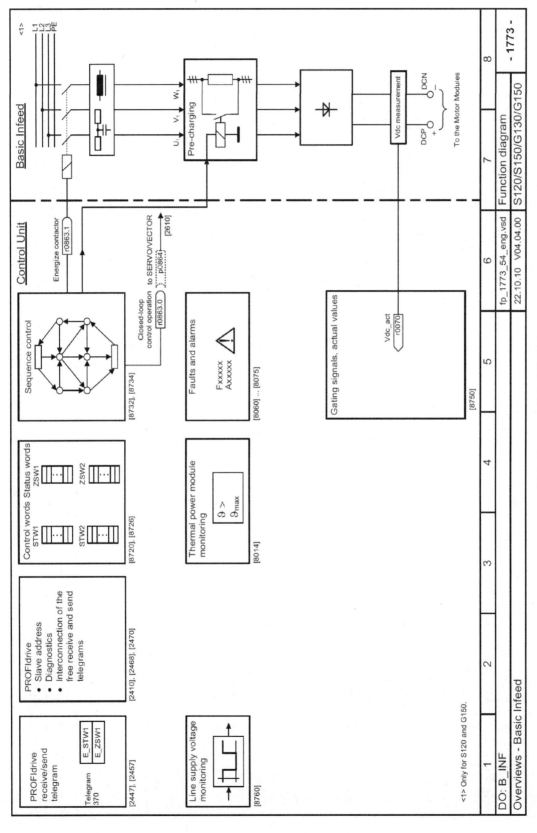

图 A-10　1773- 基本整流装置

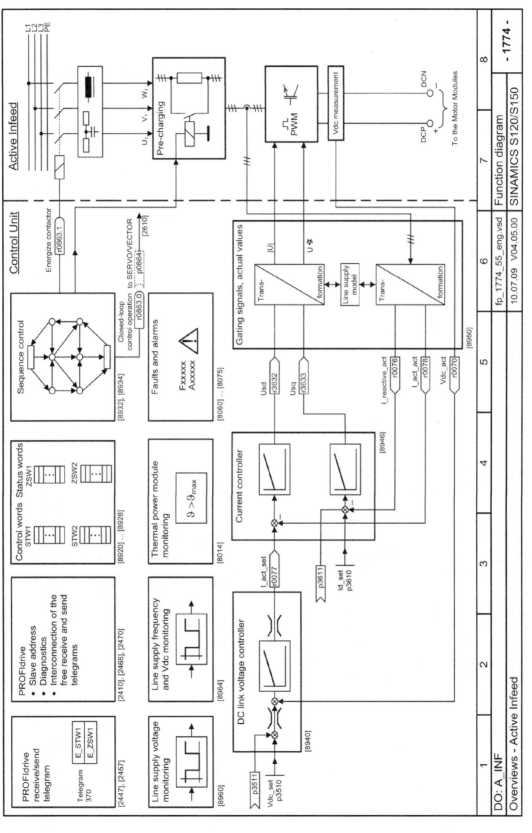

图 A-11　1774-有源整流装置

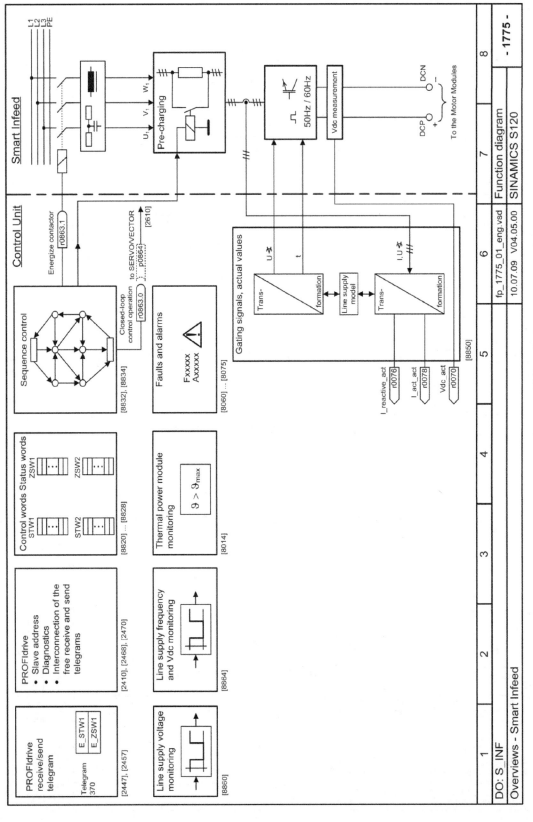

图 A-12　1775- 回馈整流装置

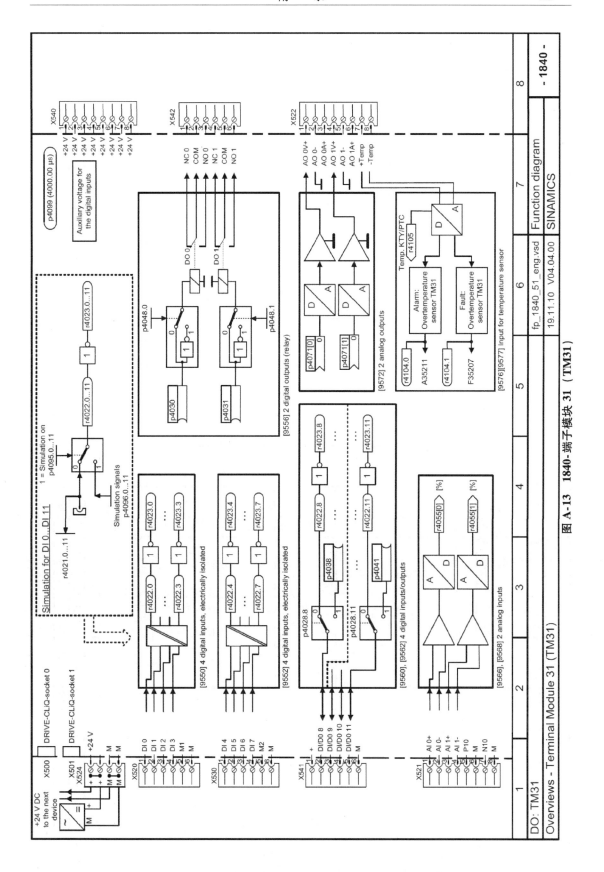

图 A-13　1840-端子模块 31（TM31）

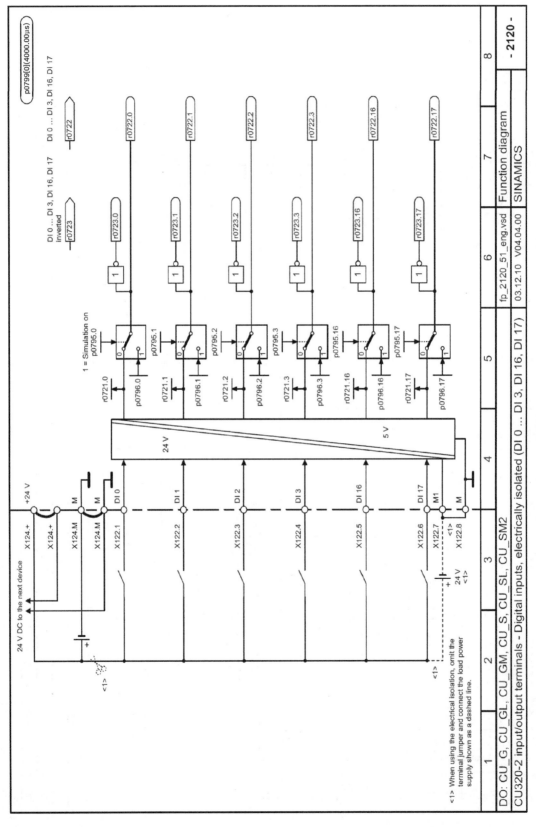

图 A-14　2120- 电位隔离数字输入端（DI 0…DI 3，DI 16，DI 17）

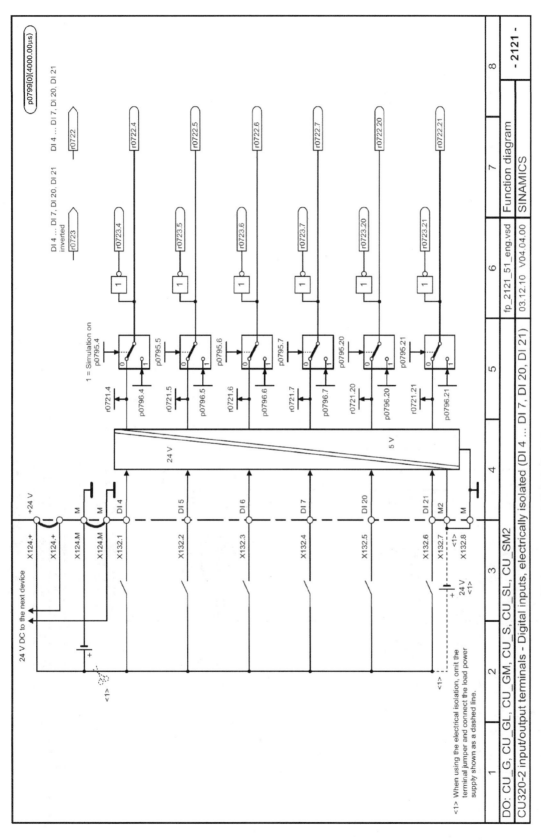

图 A-15　2121- 电位隔离数字输入端（DI 4…DI 7，DI 20，DI 21）

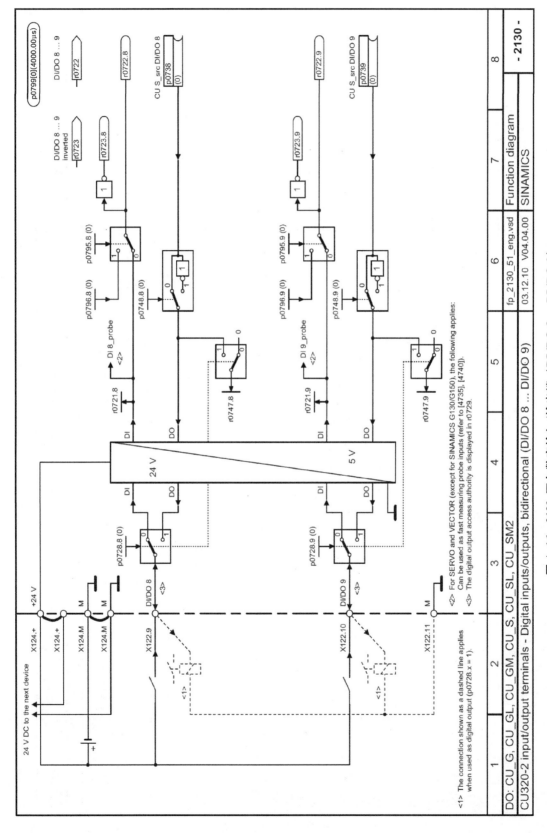

图 A-16　2130- 双向数字输入/输出端（DI/DO 8...DI/DO 9）

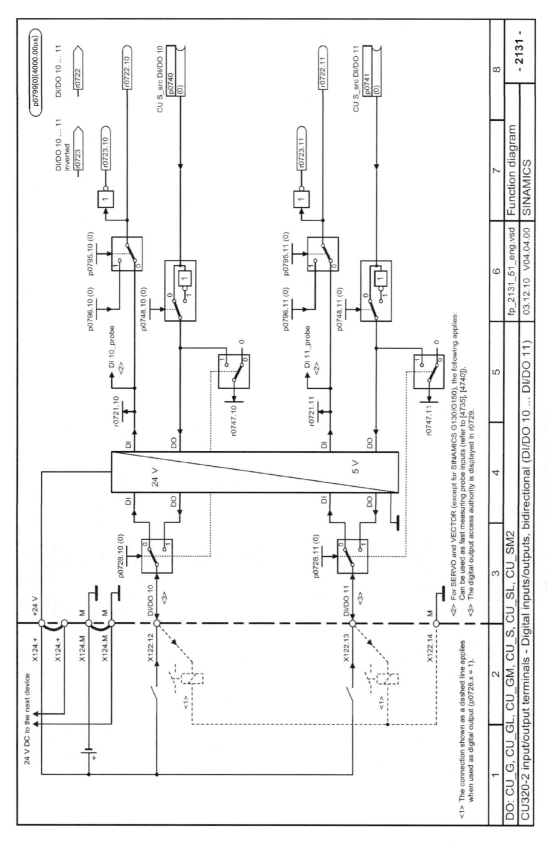

图 A-17　2131-双向数字输入／输出端（DI/DO 10…DI/DO 11）

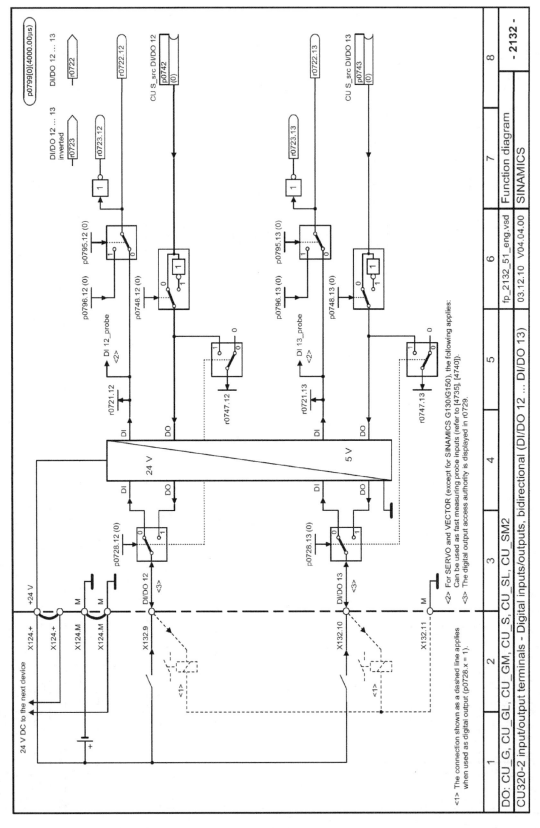

图 A-18　2132-双向数字输入／输出端（DI/DO 12…DI/DO A）

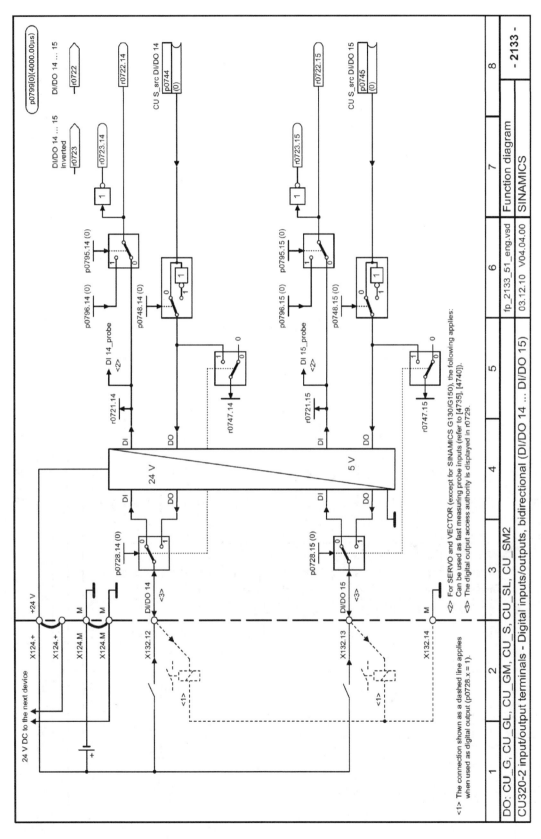

图 A-19　2133- 双向数字输入／输出端（DI/DO 14…DI/DO 15）

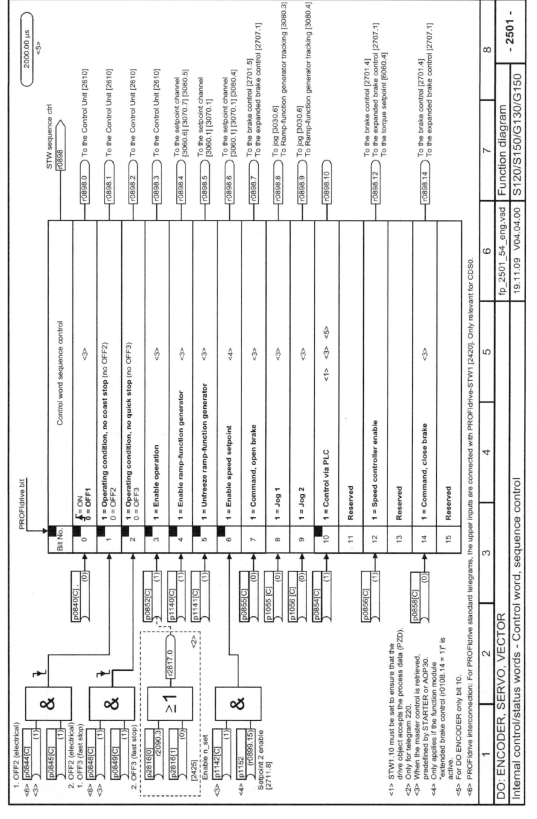

图 A-20　2501 - 控制字，顺序控制

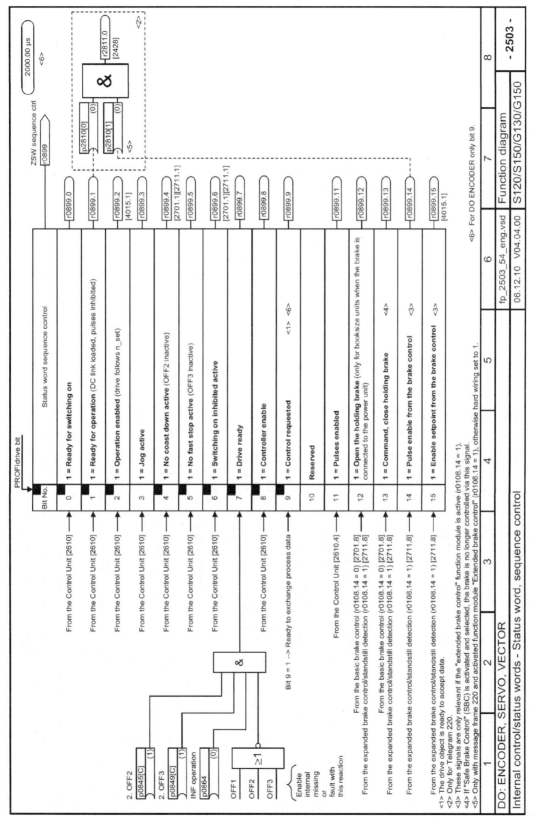

图 A-21 2503-状态字, 顺序控制

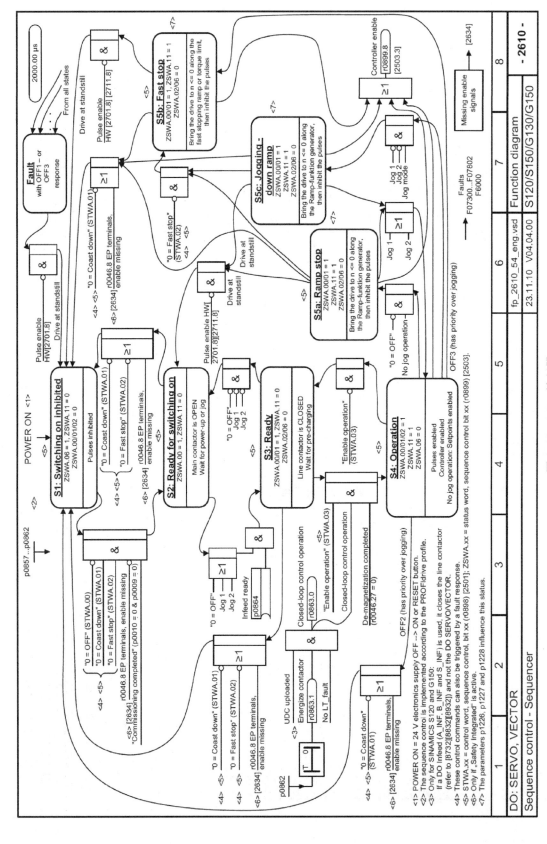

图 A-22　2610-控制器

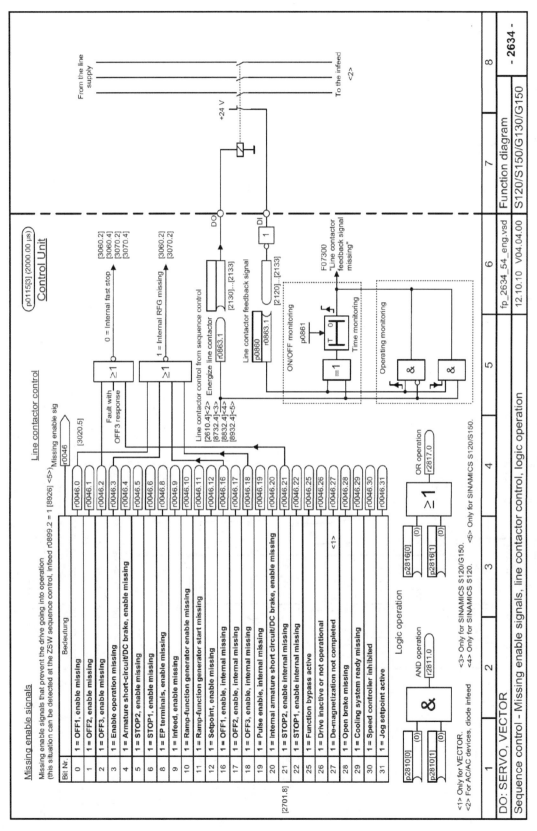

图 A-23 2634- 缺少使能信号，进线接触器控制，逻辑运算

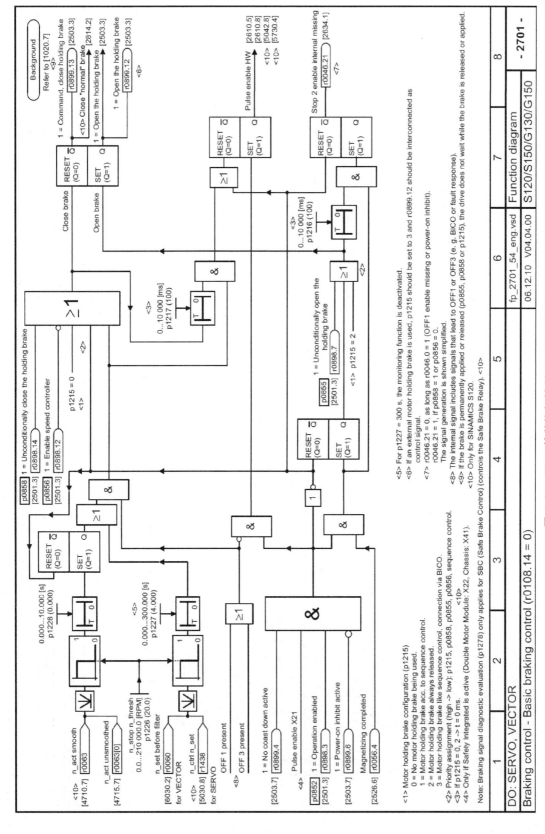

图 A-24　2701-简单抱闸控制（r0108.14＝0）

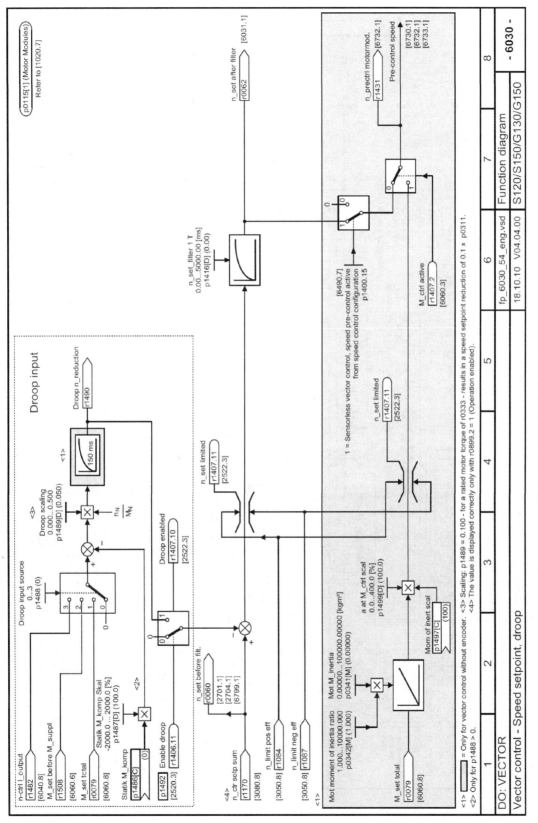

图 A-25　6030-转速设定值，软化

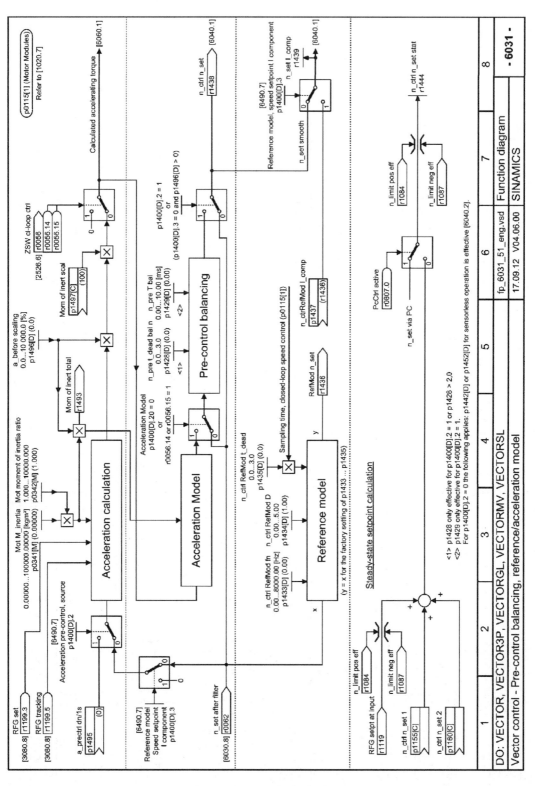

图 A-26　6031- 参考模型/加速模型对称预调

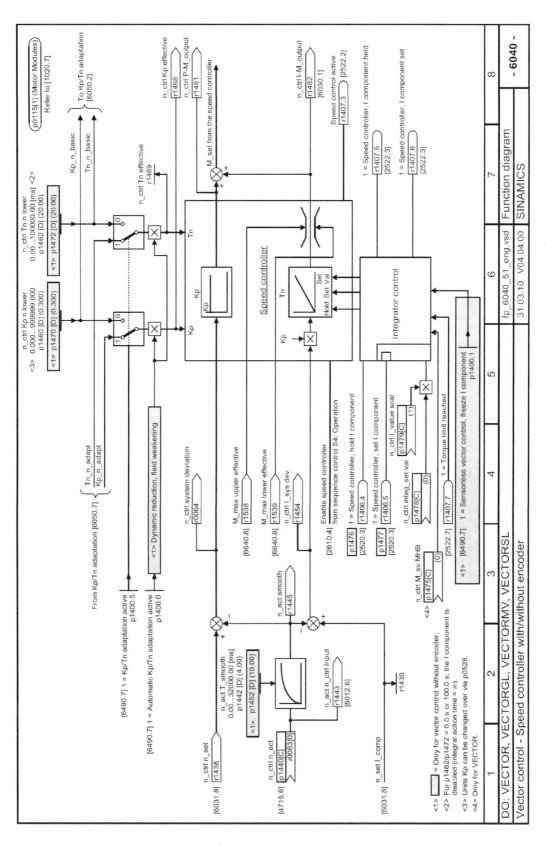

图 A-27　6040- 带有/不带编码器的转速控制器

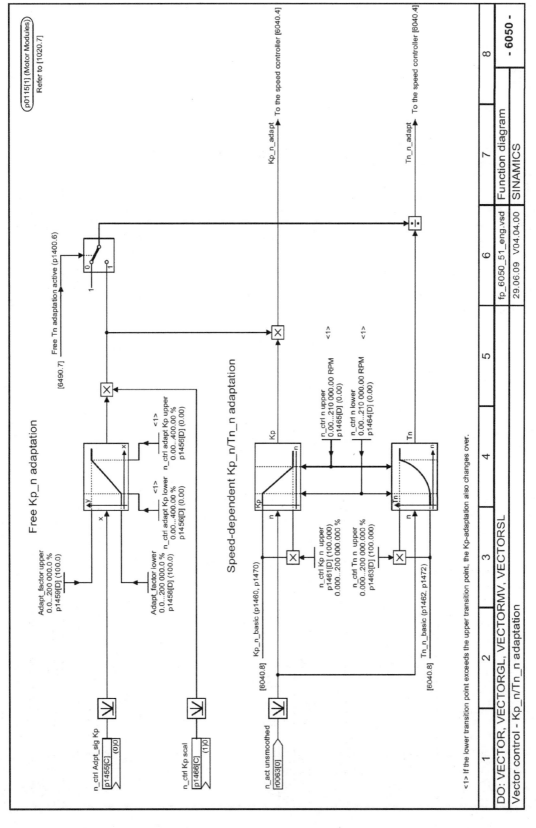

图 A-28 6050-Kp_n-/Tn_n 适配

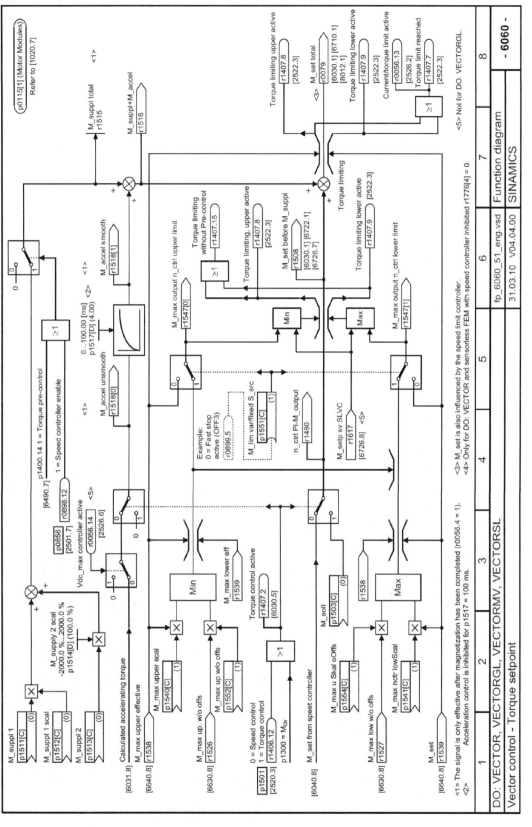

图 A-29　6060-转矩设定值

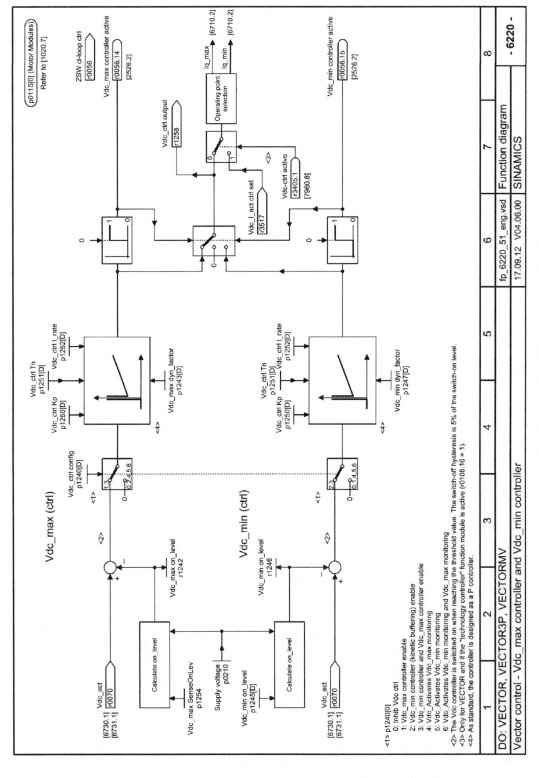

图 A-30　6220-Vdc_max 控制器和 Vdc_min 控制器

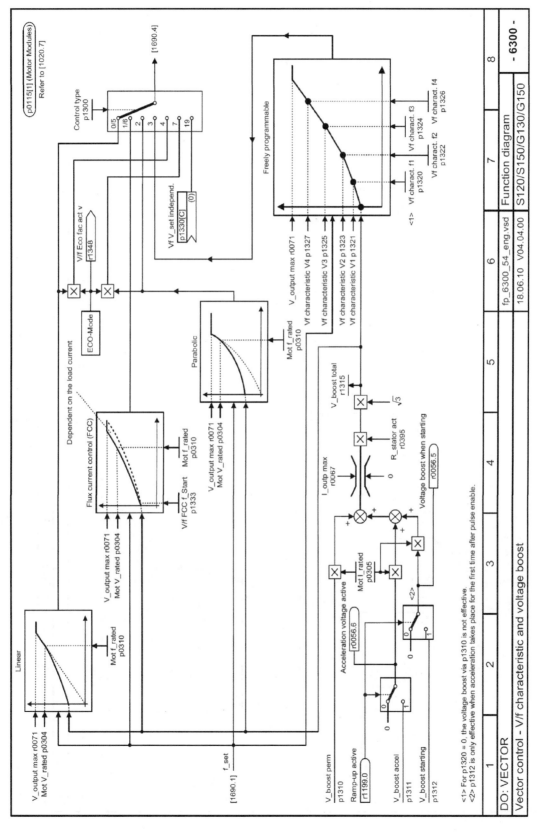

图 A-31　6300-V/f 特性曲线和压升

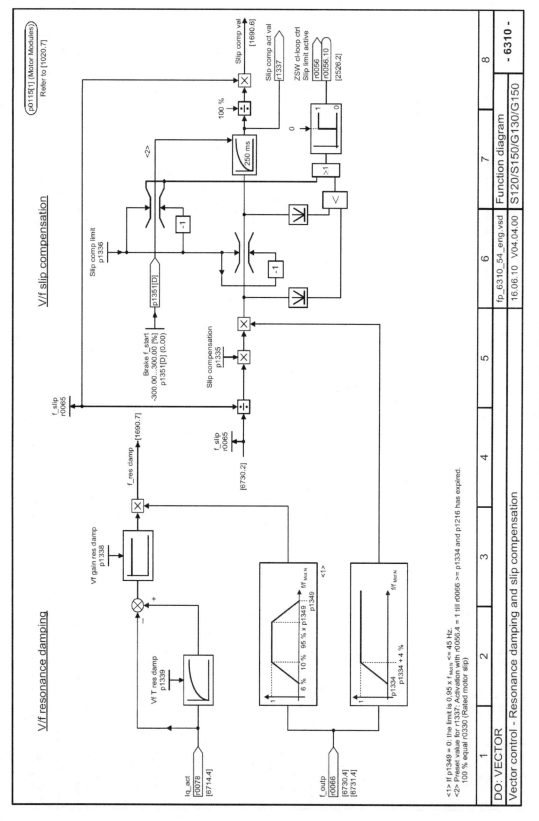

图 A-32　6310-谐振抑制和转差补偿

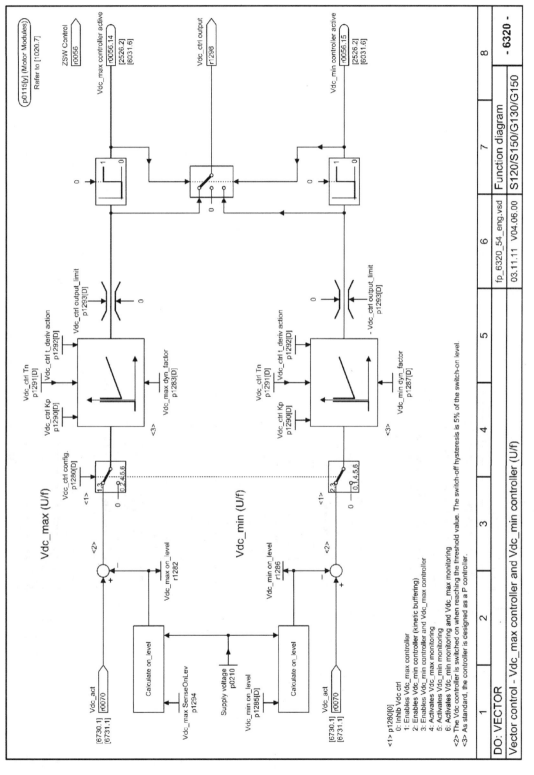

图 A-33 6320-Vdc_max 控制器和 Vdc_min 控制器

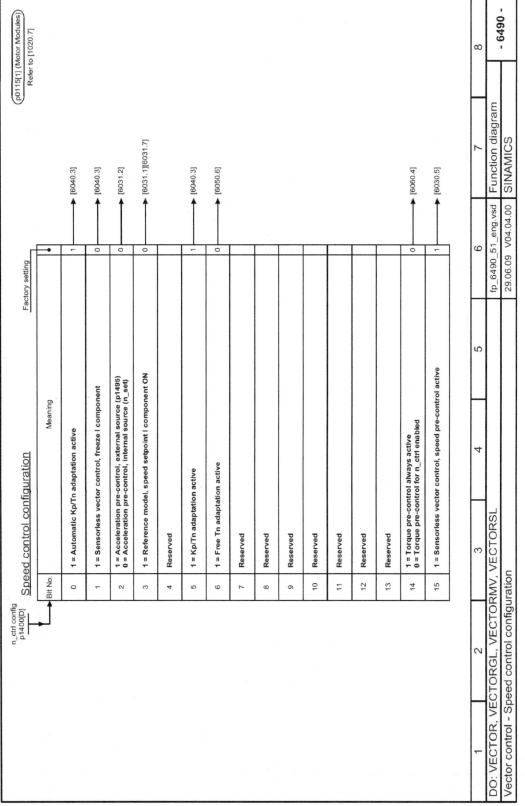

图 A-34　6490- 转速控制配置

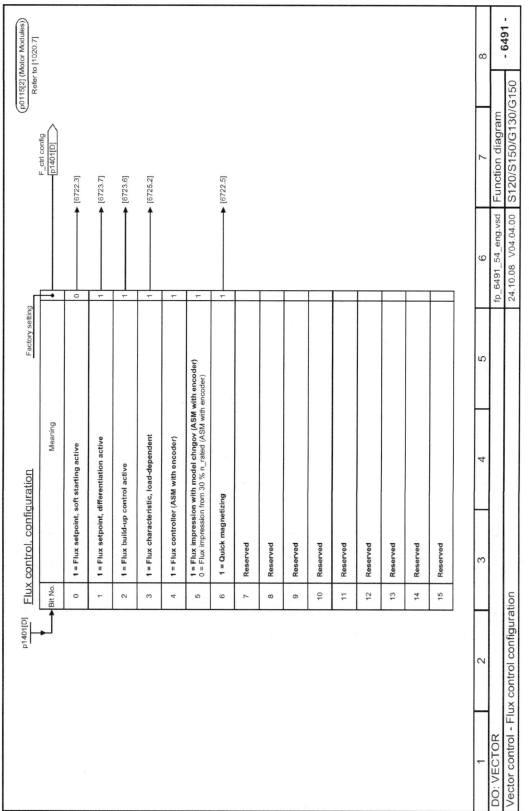

图 A-35　6491-磁通控制配置

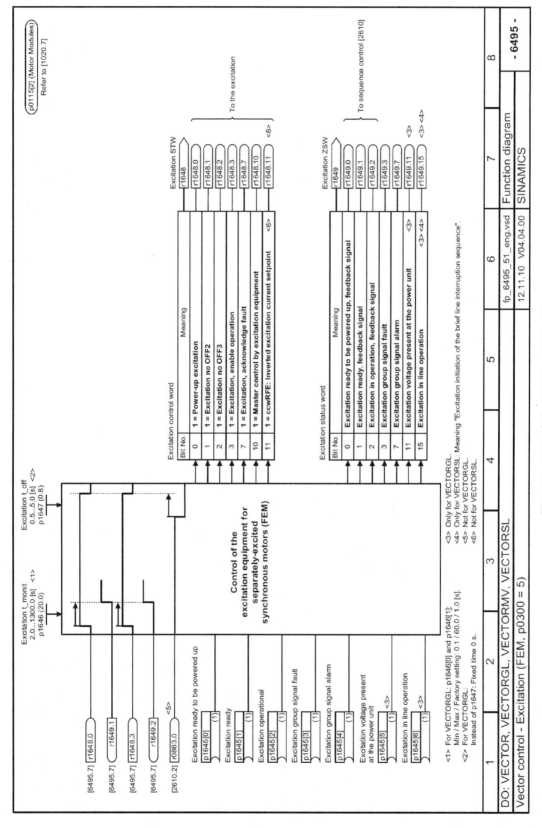

图 A-36　6495-励磁（FEM，p0300 = 5）

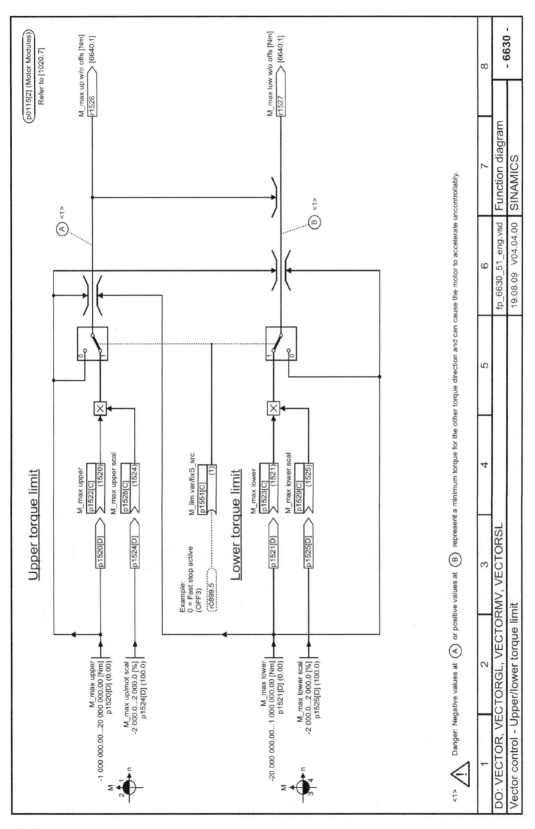

图 A-37　6630-转矩上限/转矩下限

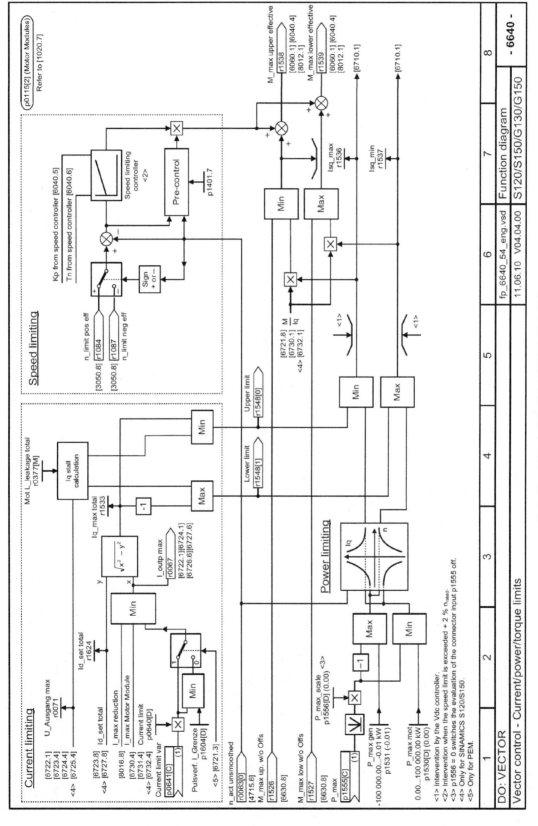

图 A-38　6640- 电流极限/功率极限/转矩极限

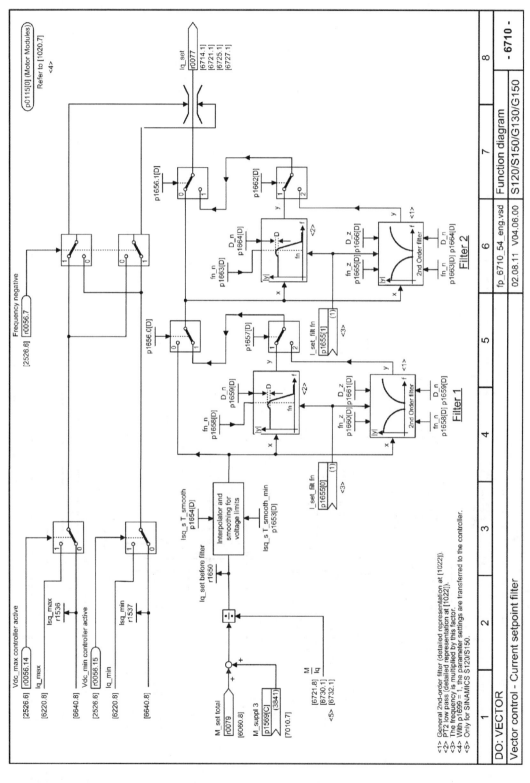

图 A-39　6710- 电设定值滤波器

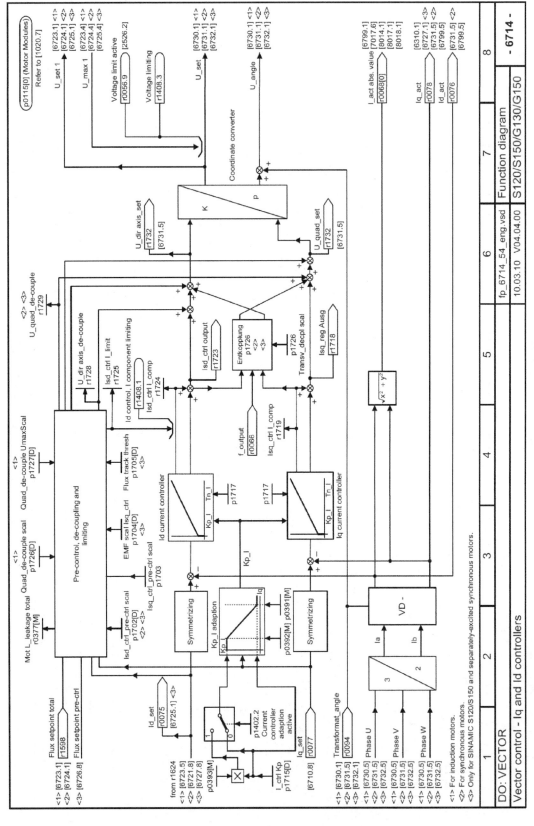

图 A-40　6714-Iq 控制器和 Id 控制器

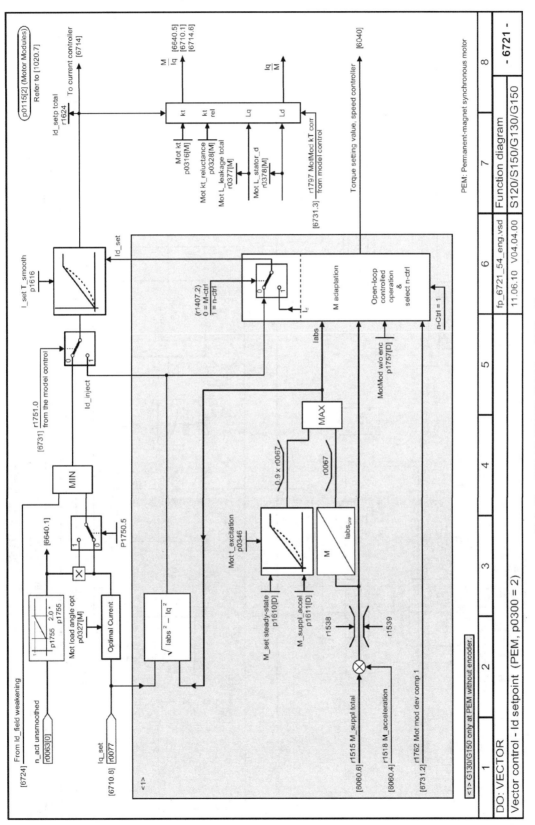

图 A-41　6721-Id 设定值（PEM，p0300 = 2）

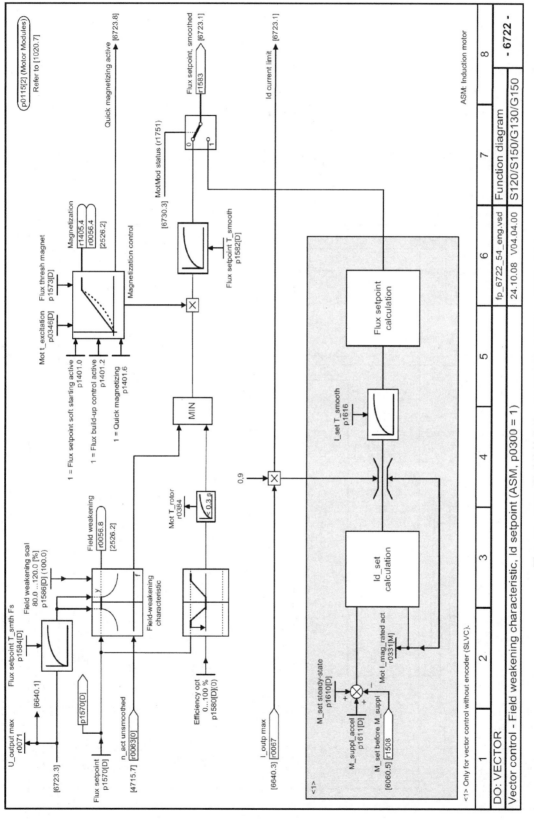

图 A-42　6722 - 弱磁特性曲线，Id 设定值（ASM，p0300 = 1）

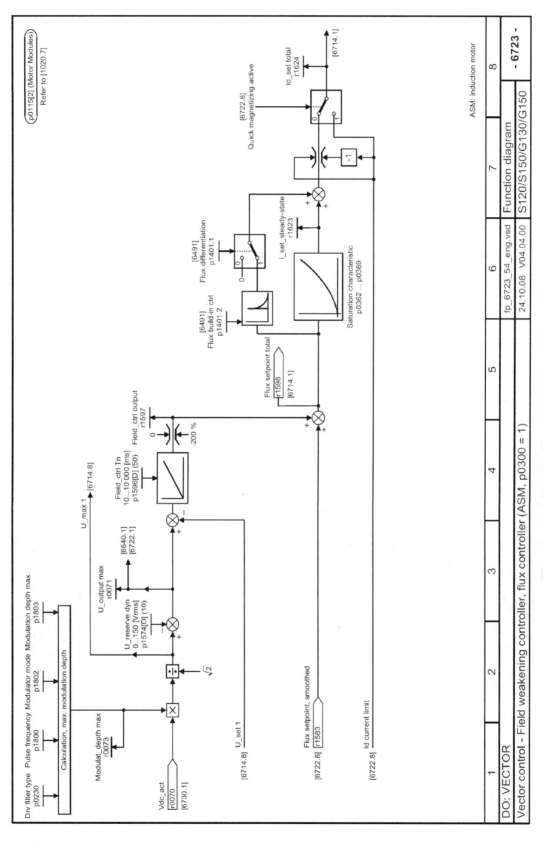

图 A-43　6723-弱磁控制器，磁通控制器（ASM，p0300 = 1）

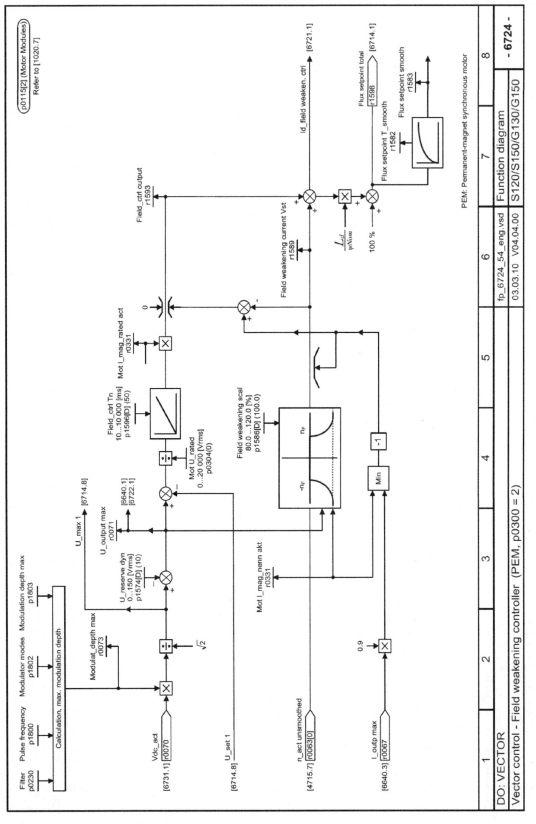

图 A-44　6724-弱磁控制器（PEM，p0300＝2）

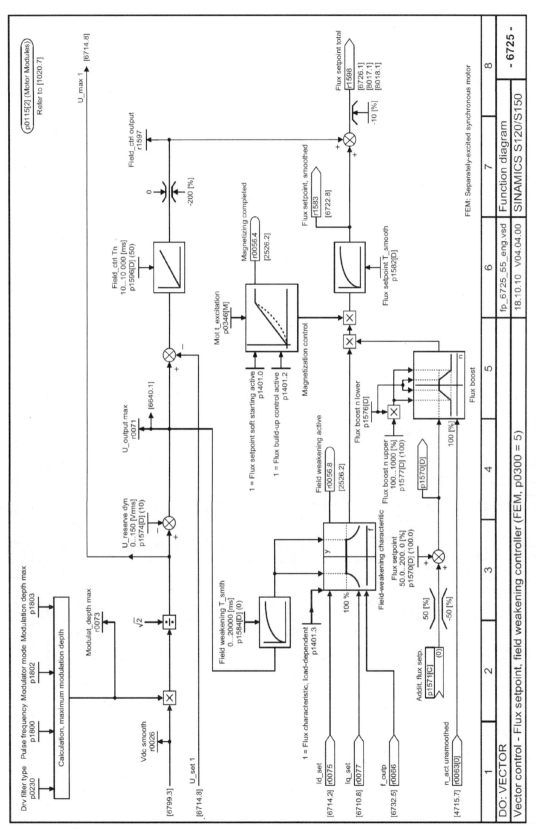

图 A-45　6725-磁通设定值，弱磁控制器（FEM，p0300 = 5）

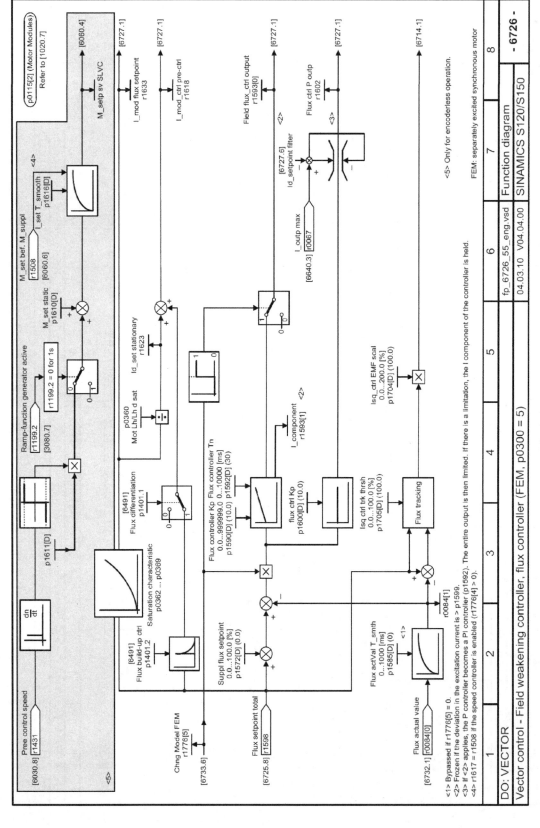

图 A-46　6726- 弱磁控制器，磁通控制器 （FEM，p0300 = 5）

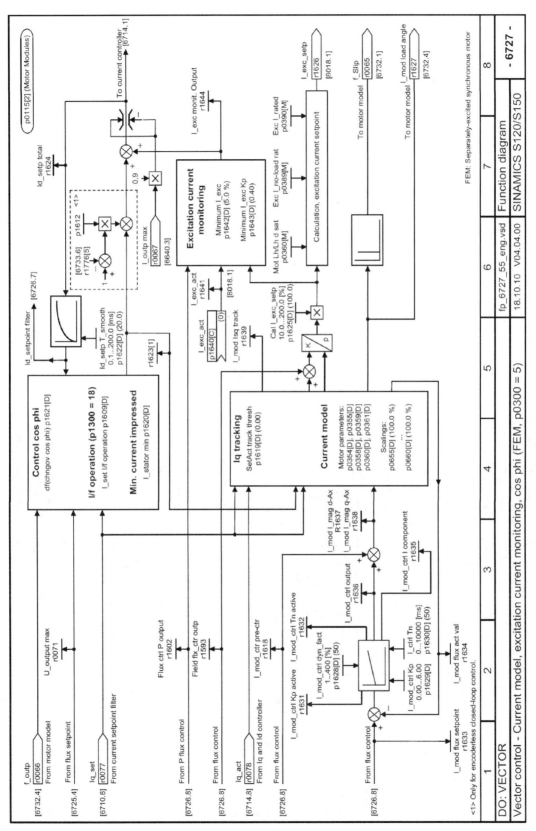

图 A-47 6727- 电流模型，励磁电流监控，cos phi（FEM，p0300 = 5）

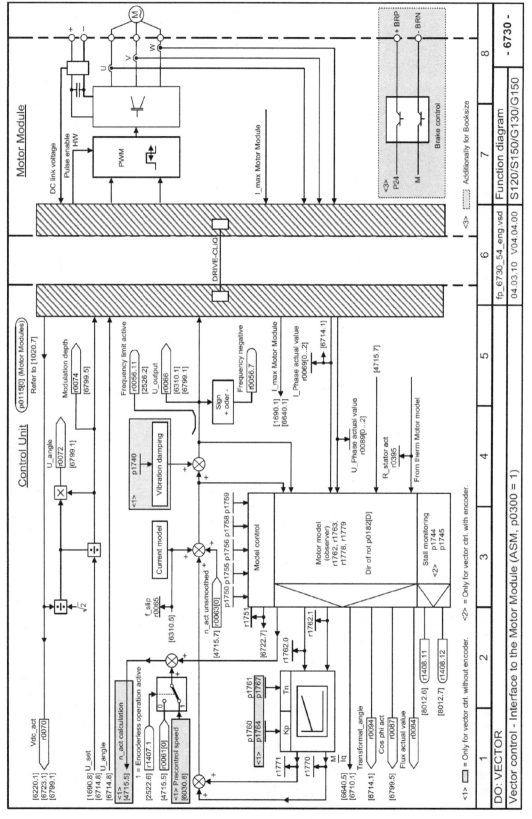

图 A-48　6730- 到逆变单元的接口 （ASM，p0300 = 1）

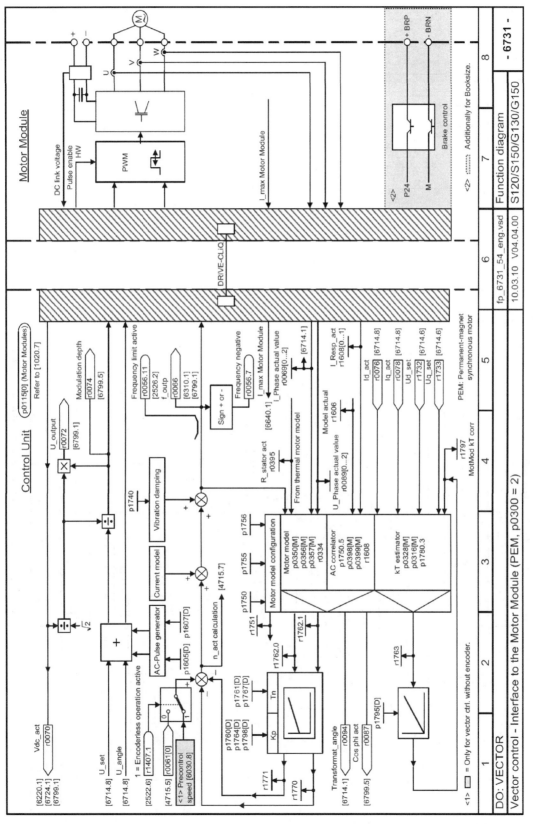

图 A-49　6731- 到逆变单元的接口（PEM，p0300 = 2）

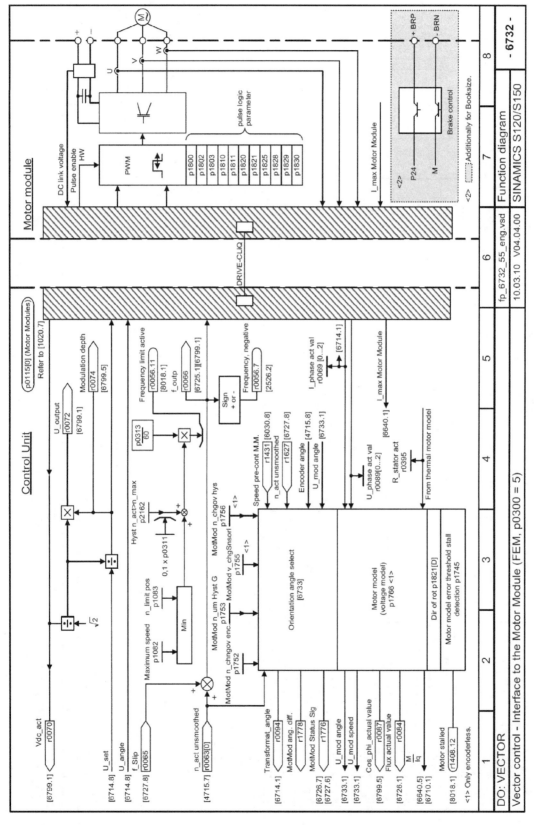

图 A-50　6732-到逆变单元的接口（FEM, p0300 = 5）

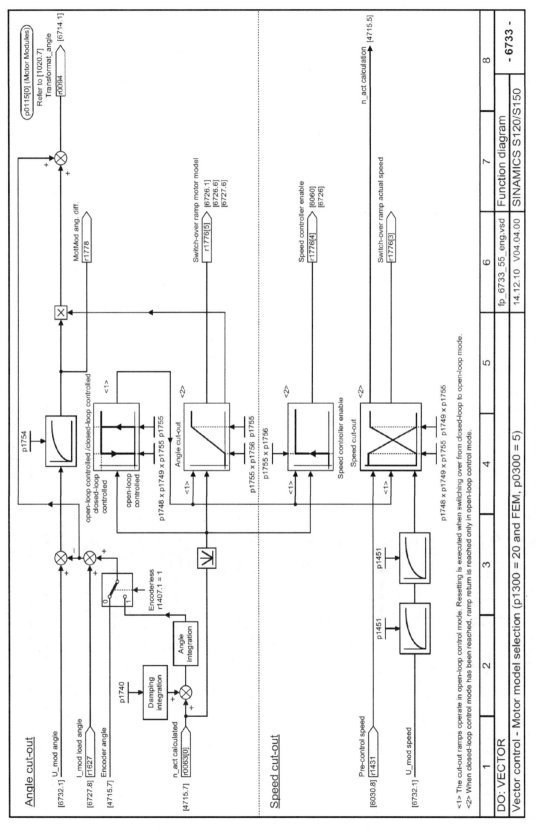

图 A-51　6733-逆变单元选择（FEM，p1300 = 20，p0300 = 5）

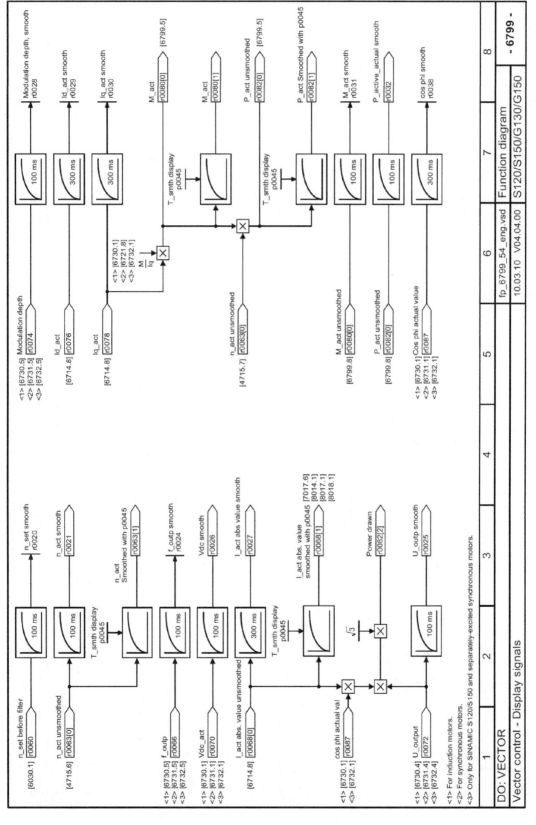

图 A-52　6799- 显示信号

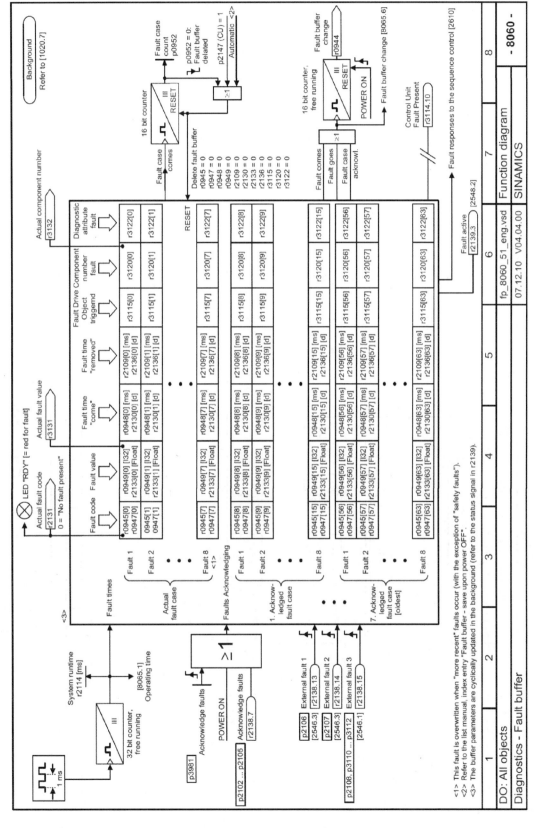

图 A-53　8060- 故障缓冲器

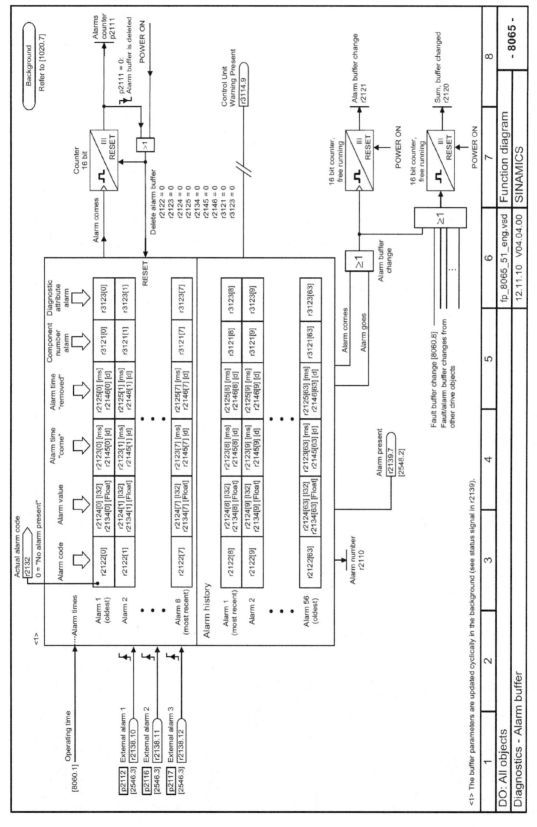

图 A-54　8065- 报警缓冲器

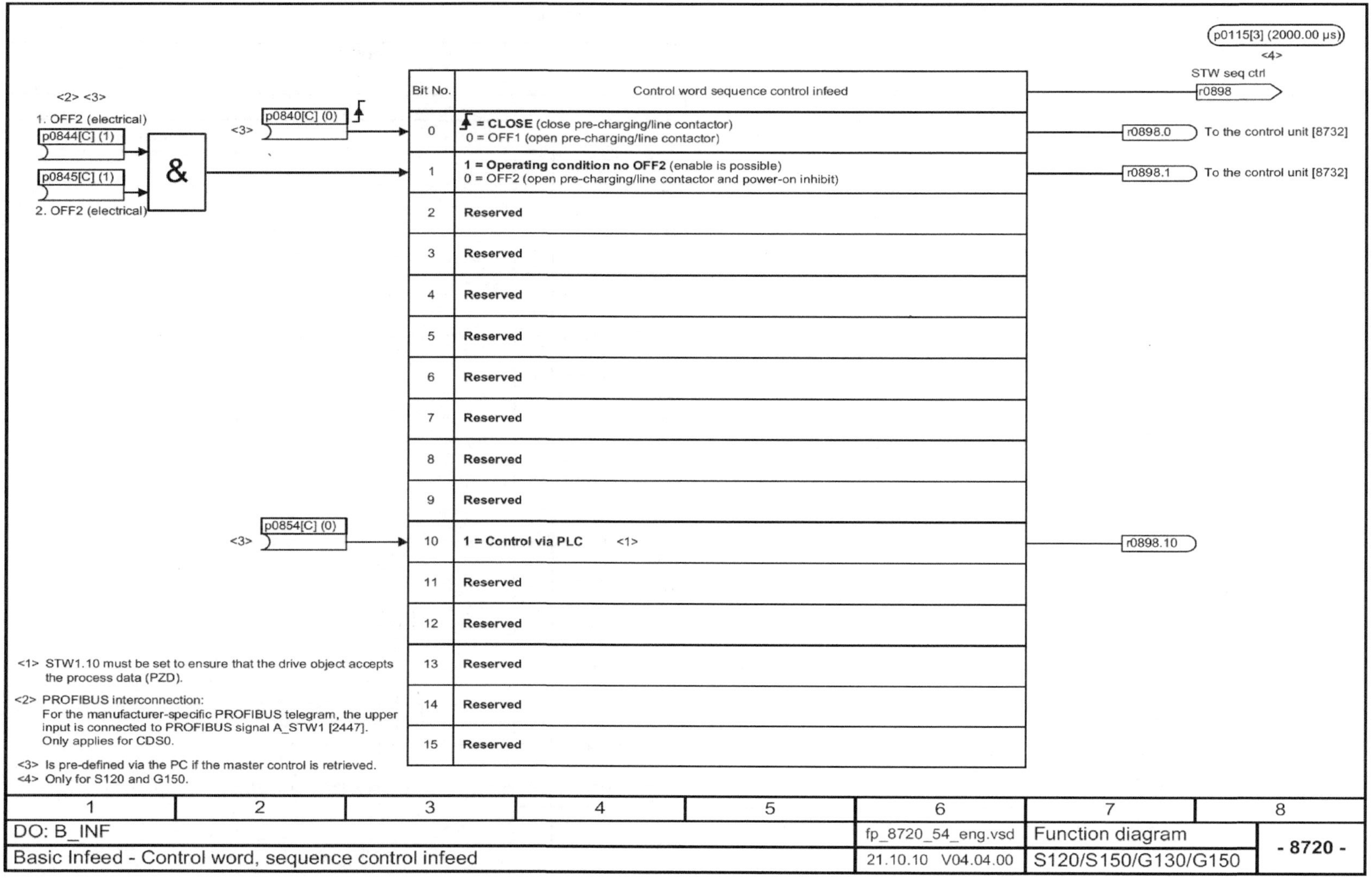

p0115[3] (2000.00 μs)

STW seq ctrl

<4>

r0898

r0898.0) To the control unit [8732]

r0898.1) To the control unit [8732]

r0898.10

Control word sequence control infeed

Bit No.	Control word sequence control infeed
0	1 = CLOSE (close pre-charging/line contactor) 0 = OFF1 (open pre-charging/line contactor)
1	1 = Operating condition no OFF2 (enable is possible) 0 = OFF2 (open pre-charging/line contactor and power-on inhibit)
2	Reserved
3	Reserved
4	Reserved
5	Reserved
6	Reserved
7	Reserved
8	Reserved
9	Reserved
10	1 = Control via PLC <1>
11	Reserved
12	Reserved
13	Reserved
14	Reserved
15	Reserved

<2> <3>

1. OFF2 (electrical)

p0844[C] (1)

p0845[C] (1)

2. OFF2 (electrical)

<3>

p0840[C] (0)

<3>

p0854[C] (0)

&

<1> STW1.10 must be set to ensure that the drive object accepts the process data (PZD).

<2> PROFIBUS interconnection:
 For the manufacturer-specific PROFIBUS telegram, the upper input is connected to PROFIBUS signal A_STW1 [2447].
 Only applies for CDS0.

<3> Is pre-defined via the PC if the master control is retrieved.

<4> Only for S120 and G150.

DO: B_INF					fp_8720_54_eng.vsd	Function diagram	- 8720 -
Basic Infeed - Control word, sequence control infeed					21.10.10　V04.04.00	S120/S150/G130/G150	
1	2	3	4	5	6	7	8

图 A-55　8720-馈电顺序控制控制字

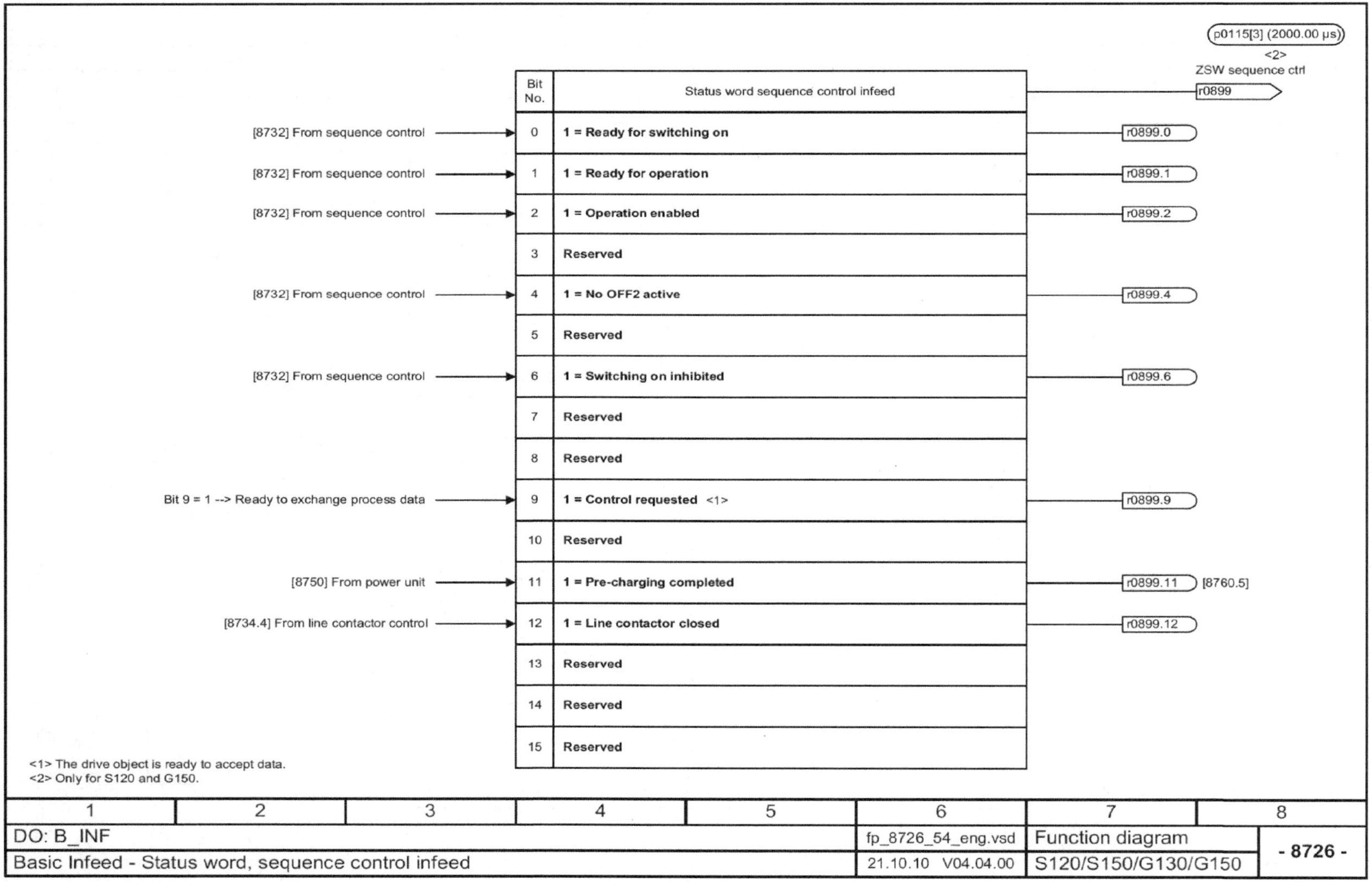

			Status word sequence control infeed				
		Bit No.					ZSW sequence ctrl [r0899]	(p0115[3] (2000.00 μs) <2>
[8732] From sequence control		0	1 = Ready for switching on				r0899.0
[8732] From sequence control		1	1 = Ready for operation				r0899.1
[8732] From sequence control		2	1 = Operation enabled				r0899.2
		3	Reserved				
[8732] From sequence control		4	1 = No OFF2 active				r0899.4
		5	Reserved				
[8732] From sequence control		6	1 = Switching on inhibited				r0899.6
		7	Reserved				
		8	Reserved				
Bit 9 = 1 --> Ready to exchange process data		9	1 = Control requested <1>				r0899.9
		10	Reserved				
[8750] From power unit		11	1 = Pre-charging completed				r0899.11 [8760.5]
[8734.4] From line contactor control		12	1 = Line contactor closed				r0899.12
		13	Reserved				
		14	Reserved				
		15	Reserved				

<1> The drive object is ready to accept data.
<2> Only for S120 and G150.

1	2	3	4	5	6	7	8
DO: B_INF					fp_8726_54_eng.vsd	Function diagram	- 8726 -
Basic Infeed - Status word, sequence control infeed					21.10.10　V04.04.00	S120/S150/G130/G150	

图 A-56　8726-馈电顺序控制状态字

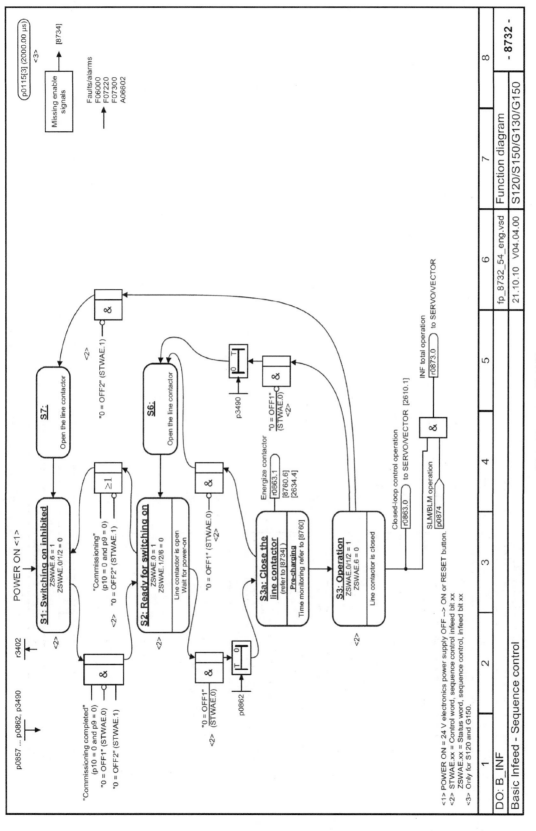

图 A-57　8732-控制器

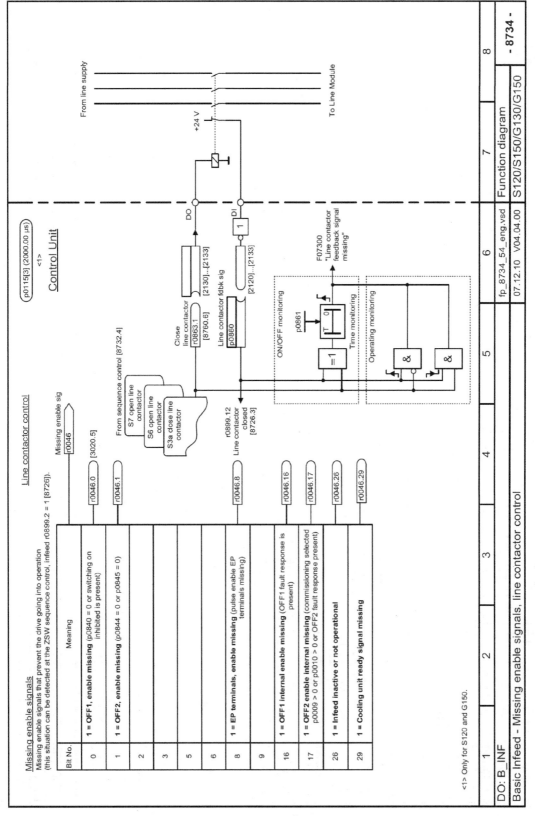

图 A-58　8734-缺少使能信号，进线接触器控制

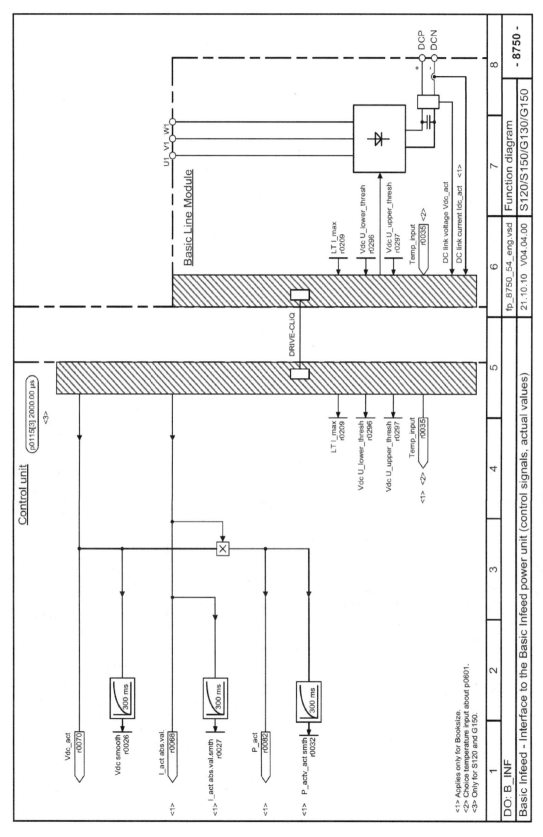

图 A-59　8750-通向基本整流装置功率单元的接口（控制信号，实际值）

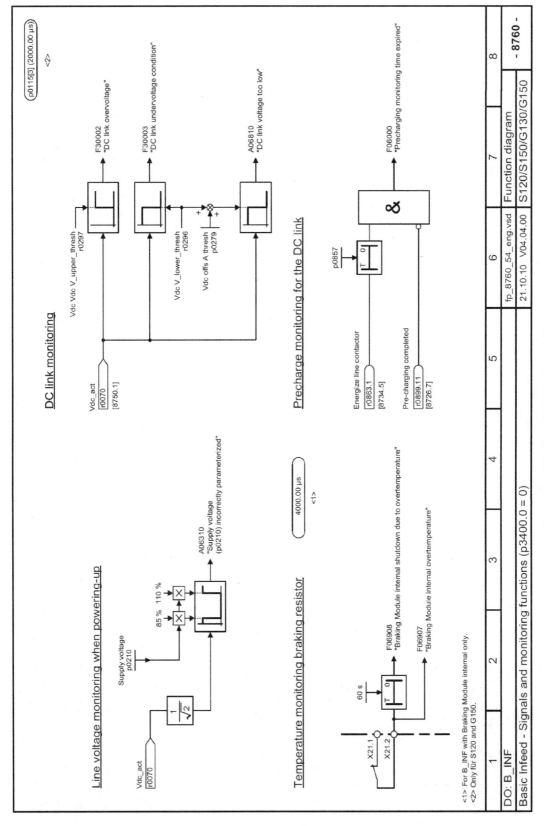

图 A-60　8760-信号和监控功能（p3400.0 = 0）

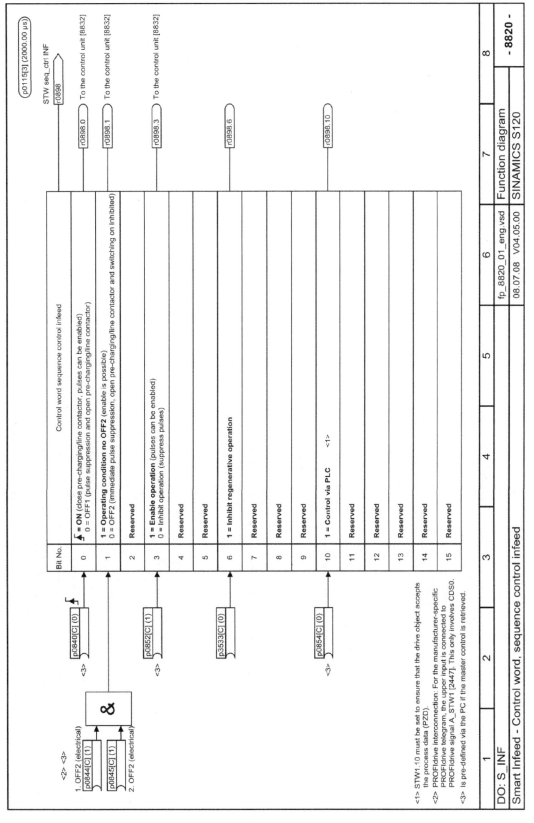

图 A-61　8820-馈电顺序控制控制字

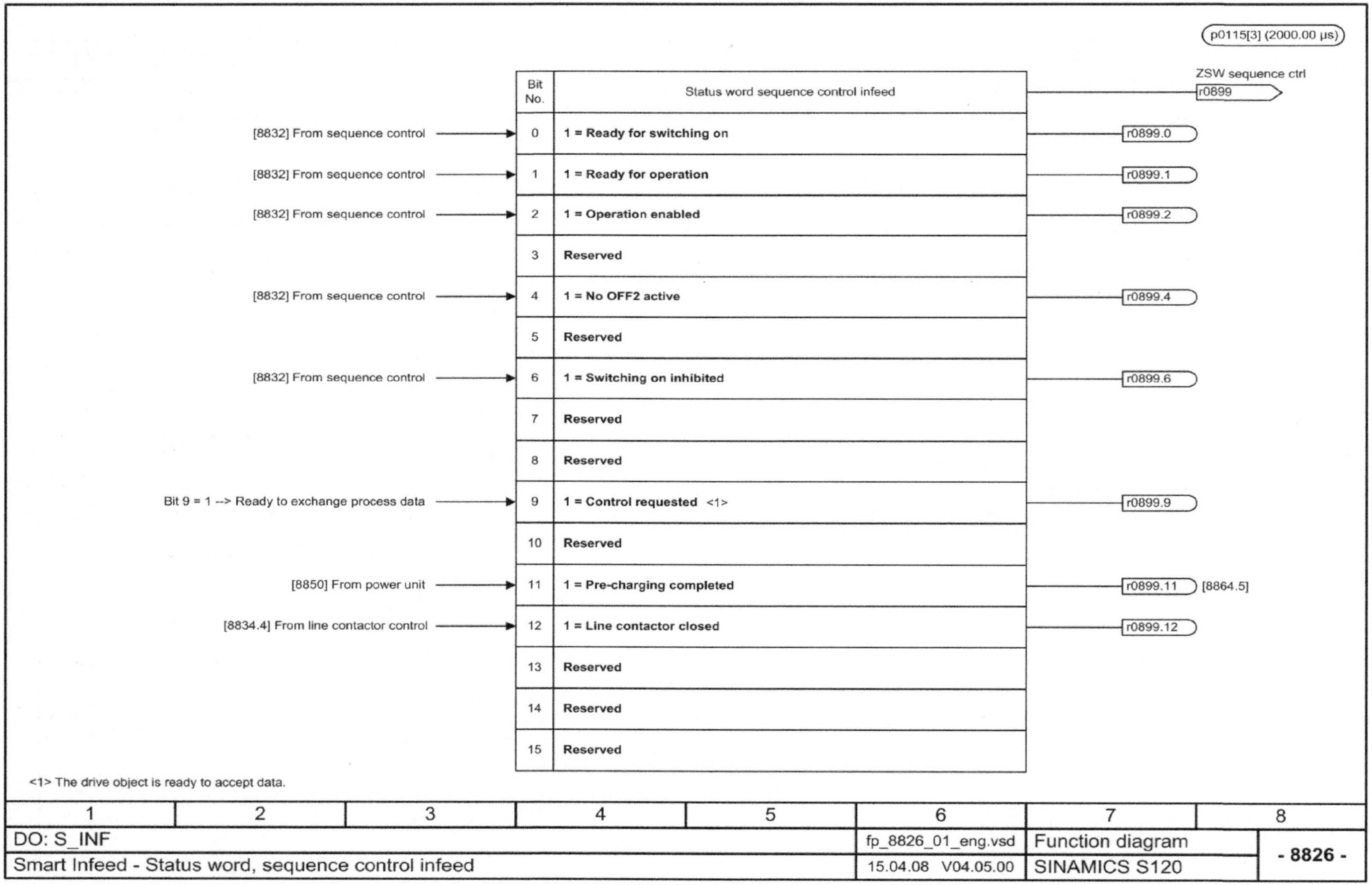

p0115[3] (2000.00 μs)

ZSW sequence ctrl
r0899

Status word sequence control infeed

Bit No.		
0	1 = Ready for switching on	r0899.0
1	1 = Ready for operation	r0899.1
2	1 = Operation enabled	r0899.2
3	Reserved	
4	1 = No OFF2 active	r0899.4
5	Reserved	
6	1 = Switching on inhibited	r0899.6
7	Reserved	
8	Reserved	
9	1 = Control requested <1>	r0899.9
10	Reserved	
11	1 = Pre-charging completed	r0899.11 [8864.5]
12	1 = Line contactor closed	r0899.12
13	Reserved	
14	Reserved	
15	Reserved	

[8832] From sequence control
[8832] From sequence control
[8832] From sequence control
[8832] From sequence control
[8832] From sequence control
Bit 9 = 1 --> Ready to exchange process data
[8850] From power unit
[8834.4] From line contactor control

<1> The drive object is ready to accept data.

DO: S_INF

Smart Infeed - Status word, sequence control infeed

1	2	3	4	5	6	7	8

fp_8826_01_eng.vsd
15.04.08 V04.05.00

Function diagram
SINAMICS S120

- 8826 -

图 A-62 8826-馈电顺序控制状态字

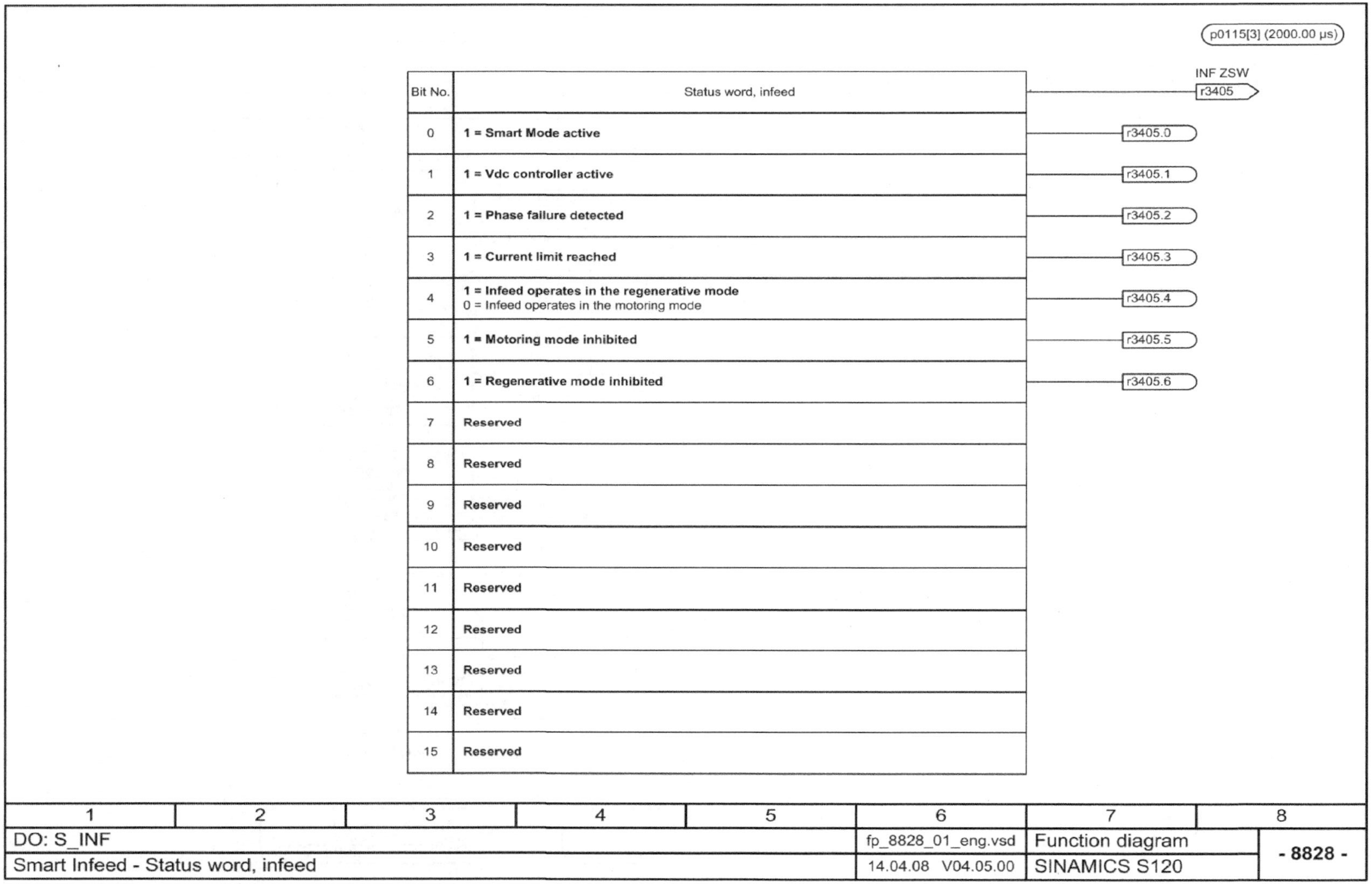

Bit No.	Status word, infeed		
0	1 = Smart Mode active		r3405.0
1	1 = Vdc controller active		r3405.1
2	1 = Phase failure detected		r3405.2
3	1 = Current limit reached		r3405.3
4	1 = Infeed operates in the regenerative mode 0 = Infeed operates in the motoring mode		r3405.4
5	1 = Motoring mode inhibited		r3405.5
6	1 = Regenerative mode inhibited		r3405.6
7	Reserved		
8	Reserved		
9	Reserved		
10	Reserved		
11	Reserved		
12	Reserved		
13	Reserved		
14	Reserved		
15	Reserved		

INF ZSW
r3405

(p0115[3] (2000.00 µs)

1	2	3	4	5	6	7	8
DO: S_INF					fp_8828_01_eng.vsd	Function diagram	- 8828 -
Smart Infeed - Status word, infeed					14.04.08 V04.05.00	SINAMICS S120	

图 A-63　8828-馈电状态字

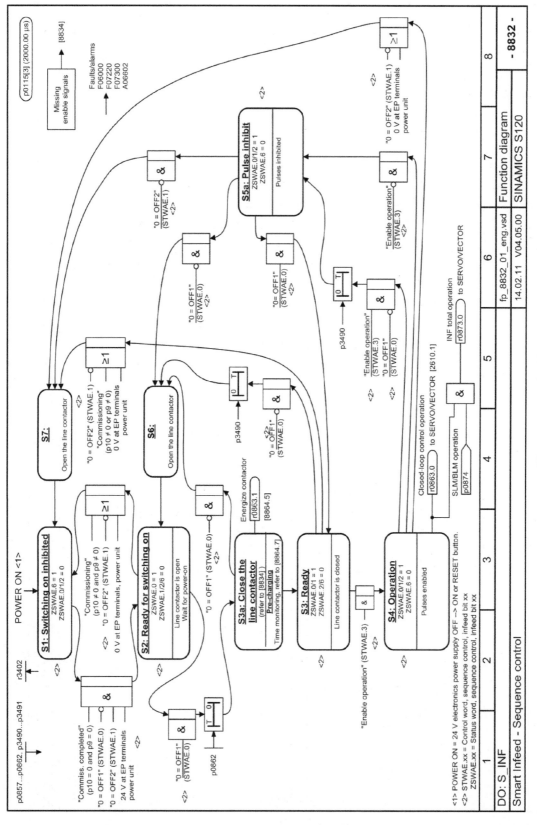

图 A-64　8832-控制器

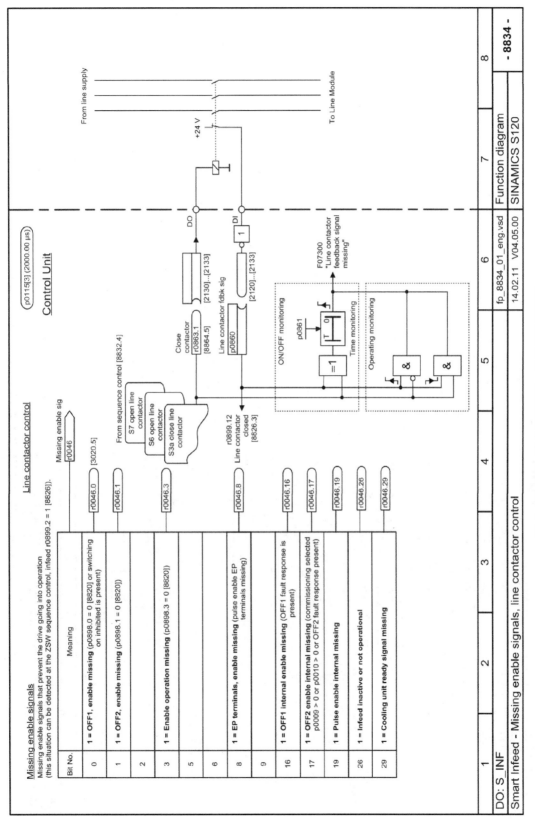

图 A-65　8834-缺少使能信号，进线接触器控制

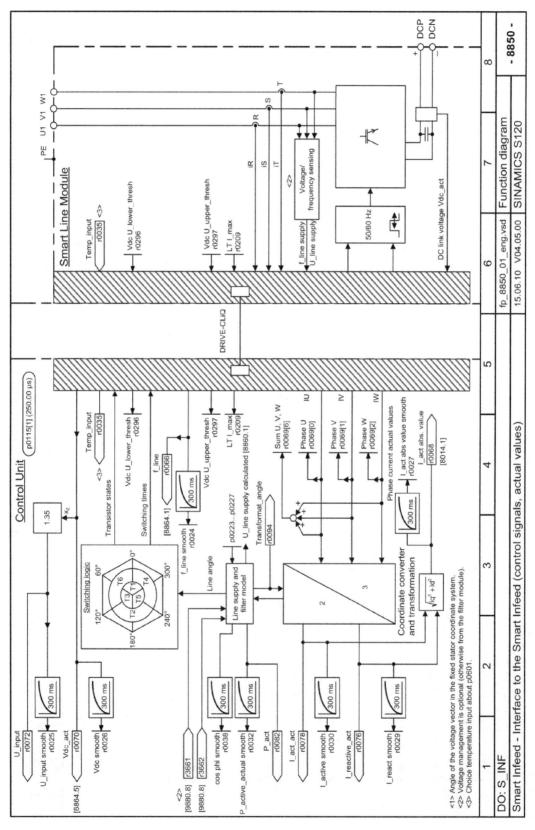

图 A-66　8850-通向回馈整流装置的接口（控制信号，实际值）

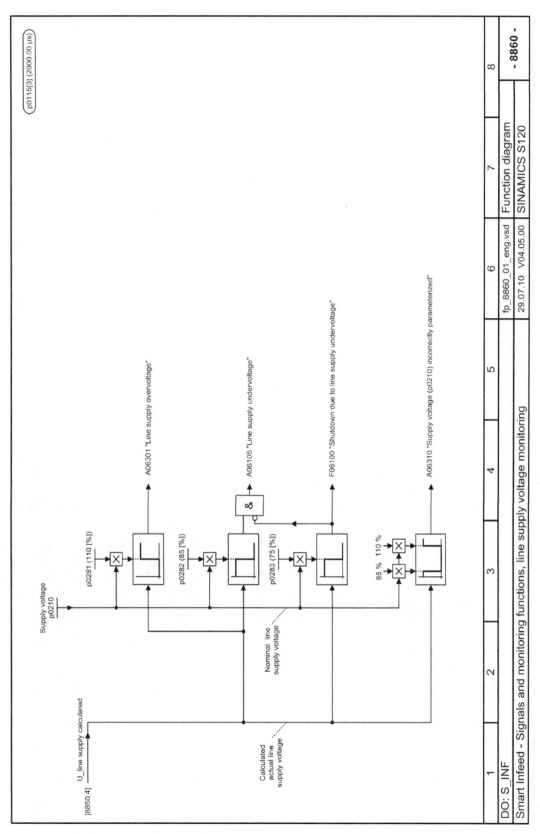

图 A-67 8860-信号和监控功能，电源电压监控

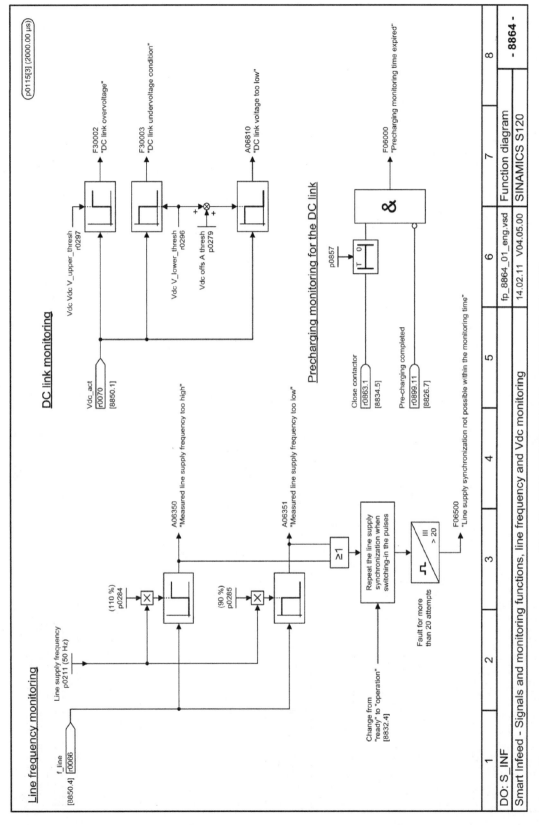

图 A-68　8864·信号和监控功能，电源频率和 Vdc 监控

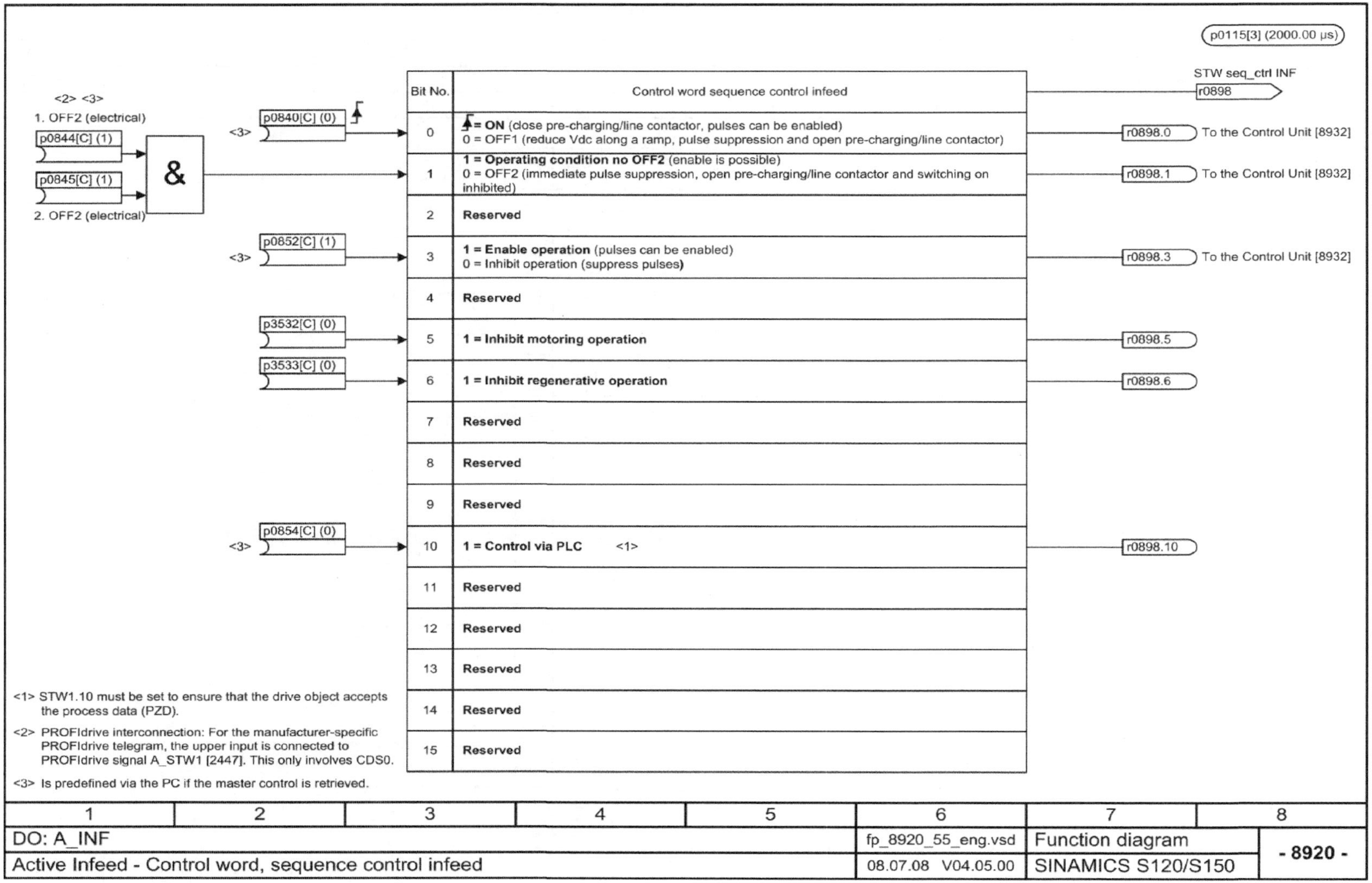

(p0115[3] (2000.00 μs))

STW seq_ctrl INF

r0898

Control word sequence control infeed

	Bit No.		
	0	↑ = **ON** (close pre-charging/line contactor, pulses can be enabled) 0 = OFF1 (reduce Vdc along a ramp, pulse suppression and open pre-charging/line contactor)	r0898.0 ──▷ To the Control Unit [8932]
	1	1 = **Operating condition no OFF2** (enable is possible) 0 = OFF2 (immediate pulse suppression, open pre-charging/line contactor and switching on inhibited)	r0898.1 ──▷ To the Control Unit [8932]
	2	Reserved	
	3	1 = **Enable operation** (pulses can be enabled) 0 = Inhibit operation (suppress pulses)	r0898.3 ──▷ To the Control Unit [8932]
	4	Reserved	
	5	1 = **Inhibit motoring operation**	r0898.5
	6	1 = **Inhibit regenerative operation**	r0898.6
	7	Reserved	
	8	Reserved	
	9	Reserved	
	10	1 = **Control via PLC** <1>	r0898.10
	11	Reserved	
	12	Reserved	
	13	Reserved	
	14	Reserved	
	15	Reserved	

<2> <3>

1. OFF2 (electrical)

p0844[C] (1)

p0845[C] (1)

2. OFF2 (electrical)

&

p0840[C] (0) <3>

p0852[C] (1) <3>

p3532[C] (0)

p3533[C] (0)

p0854[C] (0) <3>

<1> STW1.10 must be set to ensure that the drive object accepts the process data (PZD).

<2> PROFIdrive interconnection: For the manufacturer-specific PROFIdrive telegram, the upper input is connected to PROFIdrive signal A_STW1 [2447]. This only involves CDS0.

<3> Is predefined via the PC if the master control is retrieved.

1	2	3	4	5	6	7	8
DO: A_INF					fp_8920_55_eng.vsd	Function diagram	- 8920 -
Active Infeed - Control word, sequence control infeed					08.07.08 V04.05.00	SINAMICS S120/S150	

图 A-69 8920- 馈电顺序控制字

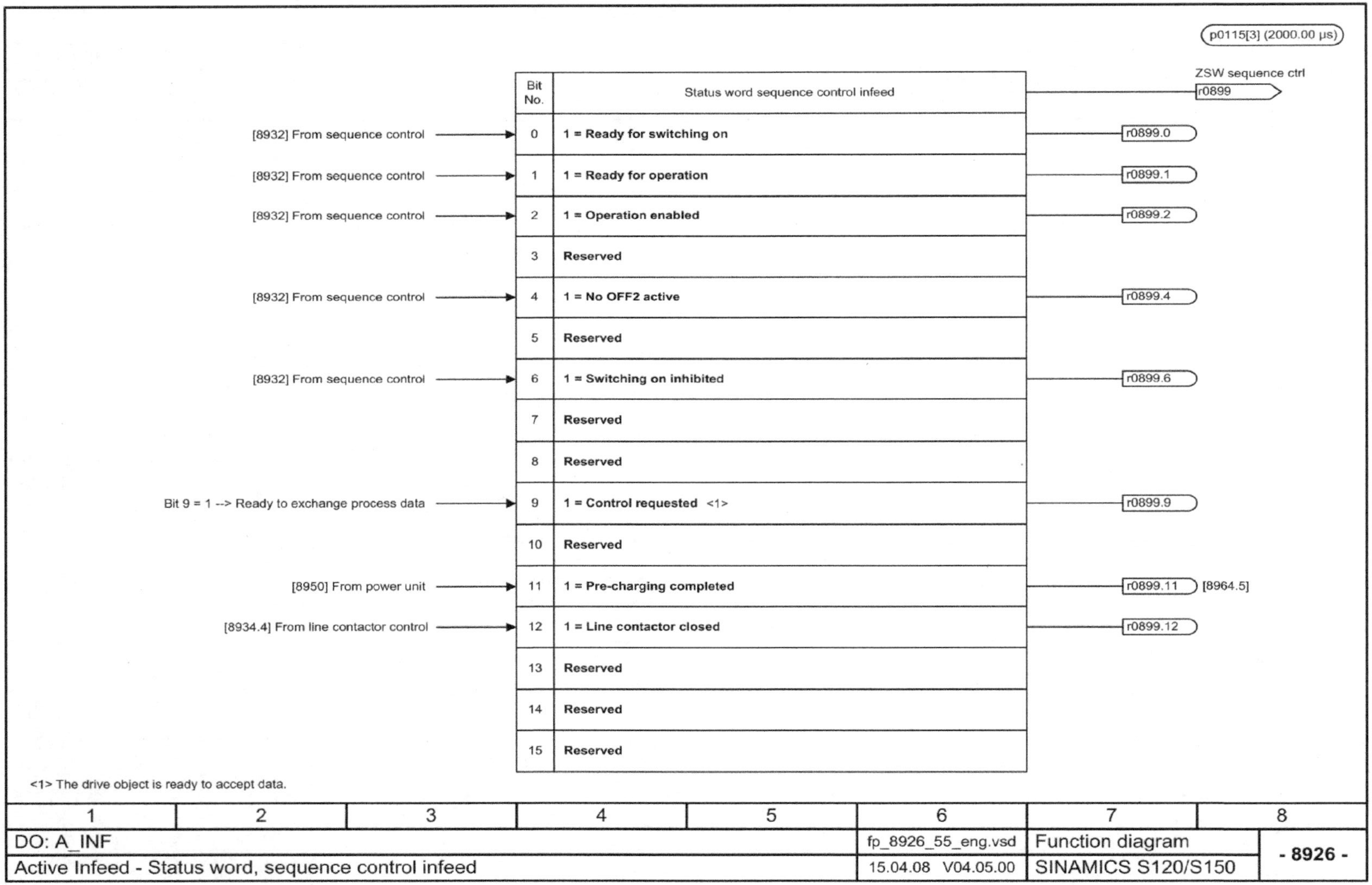

Bit No.	Status word sequence control infeed		
0	1 = Ready for switching on	[8932] From sequence control	r0899.0
1	1 = Ready for operation	[8932] From sequence control	r0899.1
2	1 = Operation enabled	[8932] From sequence control	r0899.2
3	Reserved		
4	1 = No OFF2 active	[8932] From sequence control	r0899.4
5	Reserved		
6	1 = Switching on inhibited	[8932] From sequence control	r0899.6
7	Reserved		
8	Reserved		
9	1 = Control requested <1>	Bit 9 = 1 –> Ready to exchange process data	r0899.9
10	Reserved		
11	1 = Pre-charging completed	[8950] From power unit	r0899.11 [8964.5]
12	1 = Line contactor closed	[8934.4] From line contactor control	r0899.12
13	Reserved		
14	Reserved		
15	Reserved		

p0115[3] (2000.00 µs) — ZSW sequence ctrl — r0899

<1> The drive object is ready to accept data.

DO: A_INF
Active Infeed - Status word, sequence control infeed

Function diagram — SINAMICS S120/S150 — fp_8926_55_eng.vsd — 15.04.08 V04.05.00 — - 8926 -

图 A-70 8926- 馈电顺序控制状态字

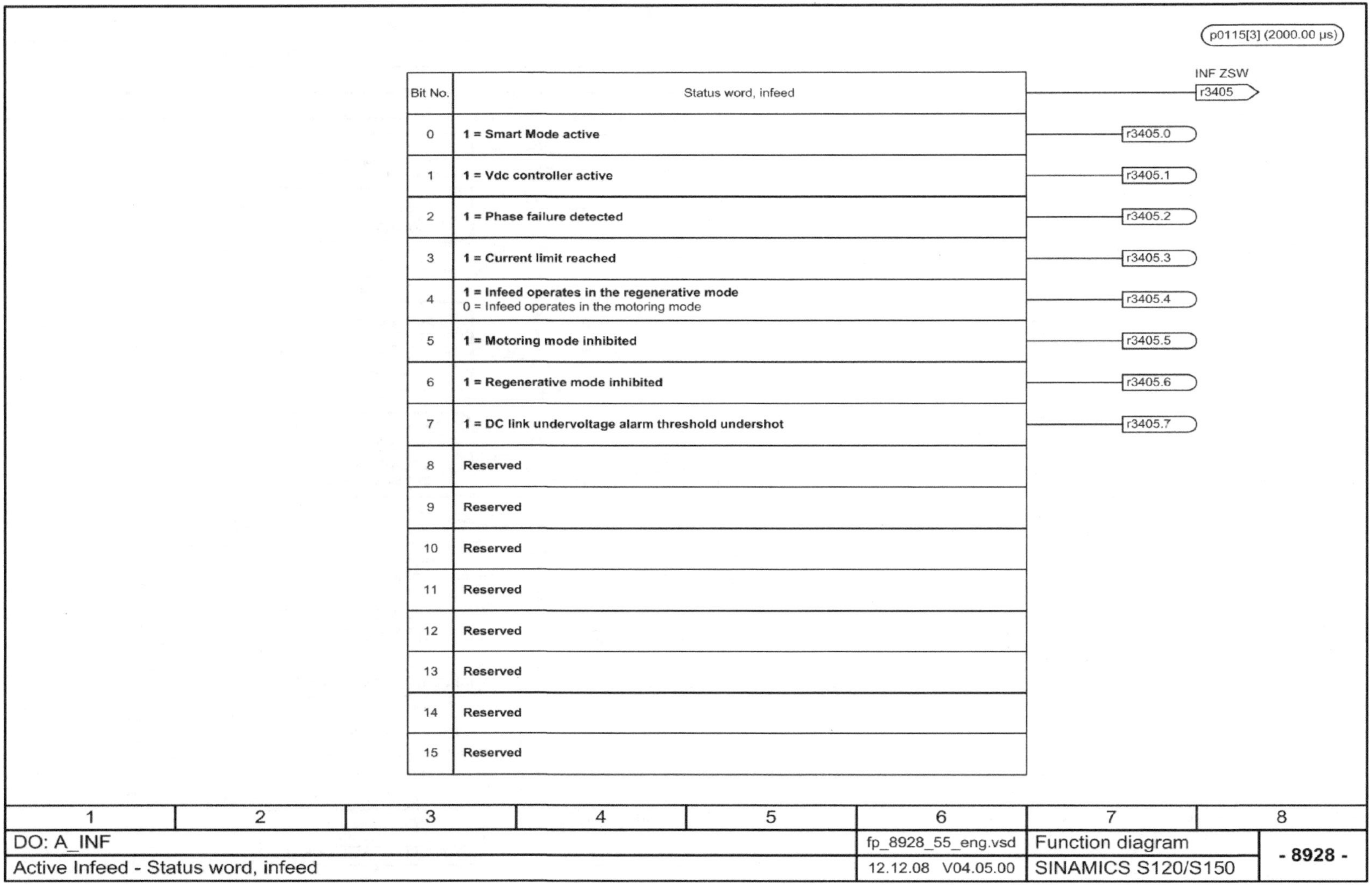

Bit No.	Status word, infeed						
0	1 = Smart Mode active				r3405.0		INF ZSW
1	1 = Vdc controller active				r3405.1		r3405
2	1 = Phase failure detected				r3405.2		
3	1 = Current limit reached				r3405.3		
4	1 = Infeed operates in the regenerative mode 0 = Infeed operates in the motoring mode				r3405.4		
5	1 = Motoring mode inhibited				r3405.5		
6	1 = Regenerative mode inhibited				r3405.6		
7	1 = DC link undervoltage alarm threshold undershot				r3405.7		
8	Reserved						
9	Reserved						
10	Reserved						
11	Reserved						
12	Reserved						
13	Reserved						
14	Reserved						
15	Reserved						

p0115[3] (2000.00 µs)

1	2	3	4	5	6	7	8
DO: A_INF					fp_8928_55_eng.vsd	Function diagram	- 8928 -
Active Infeed - Status word, infeed					12.12.08　V04.05.00	SINAMICS S120/S150	

图 A-71　8928- 馈电状态字

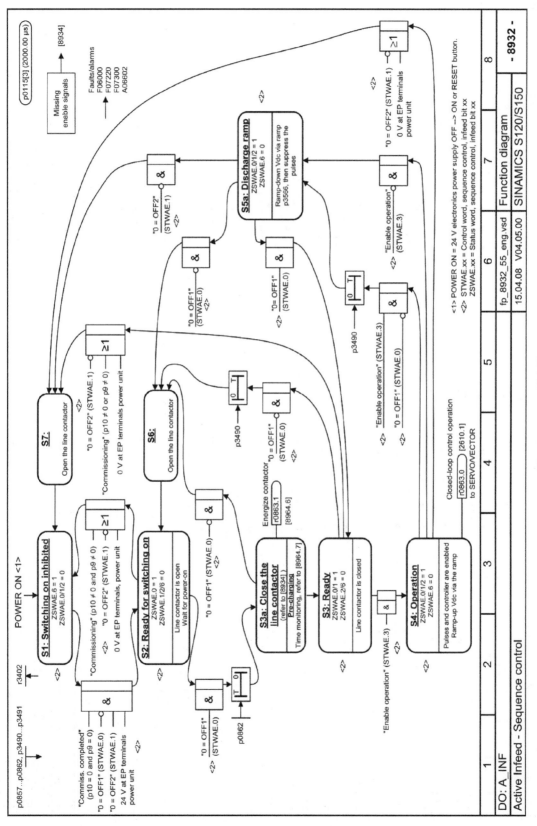

图 A-72   8932-控制器

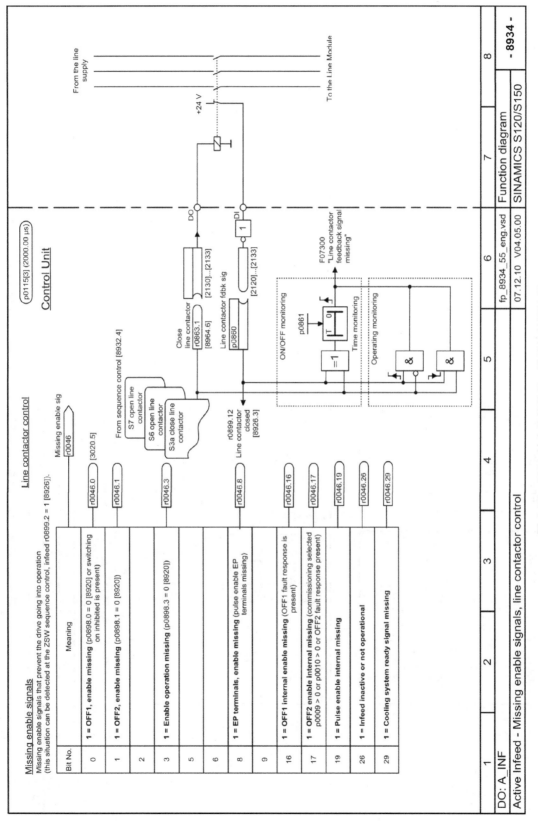

图 A-73　8934-缺少使能信号，进线接触器控制

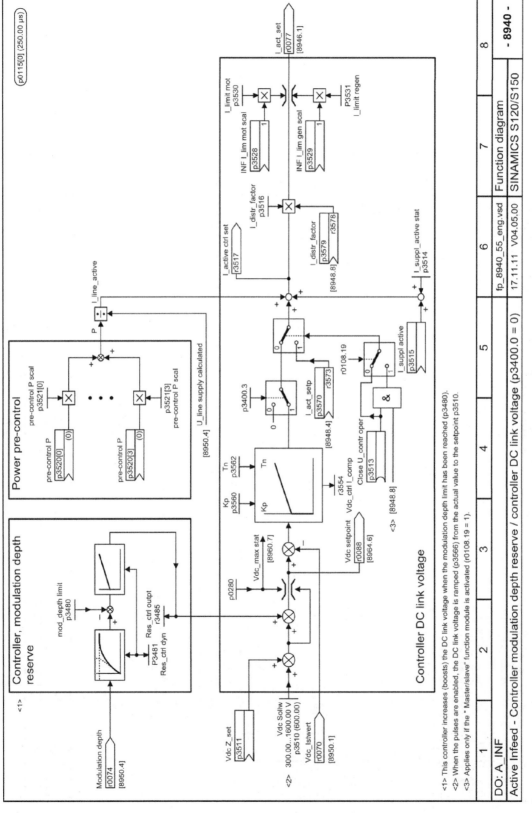

图 A-74　8940-控制系数备用值控制器/直流母线电压控制器（p3400.0＝0）

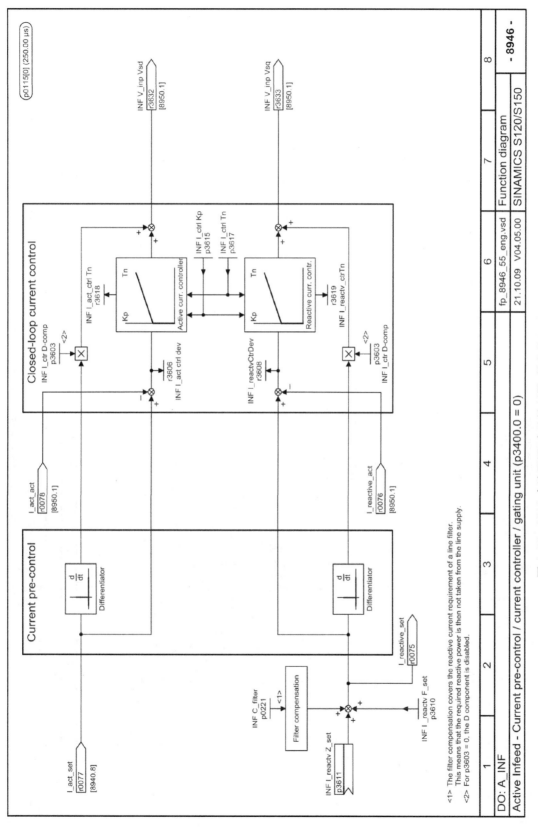

图 A-75　8946-电流预调/电流控制器/触发单元 （p3400.0 = 0）

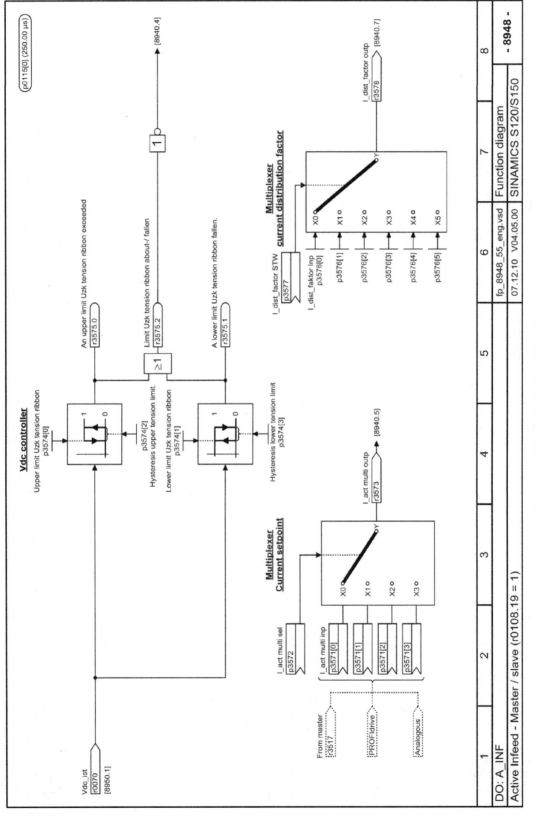

图 A-76　8948- 主站/从站（r0108. 19 = 1）

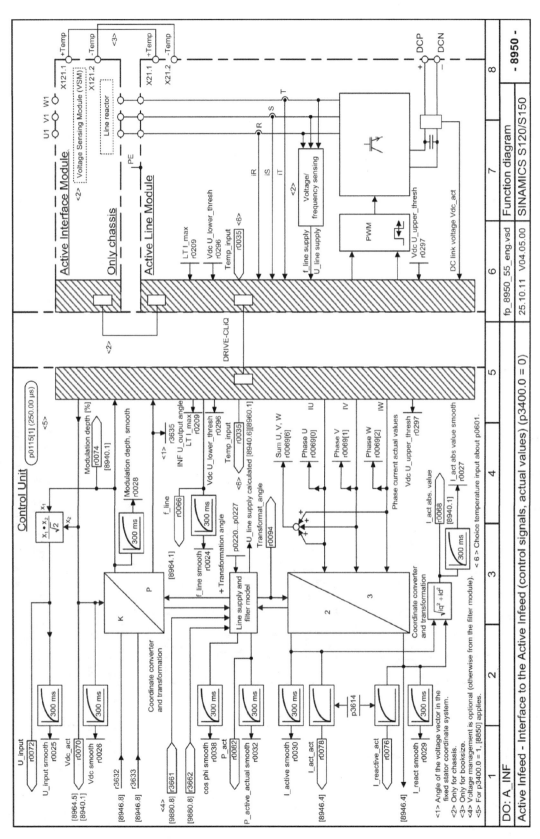

图 A-77　8950-通向有源整流装置的接口（控制信号，实际值）（p3400.0 = 0）

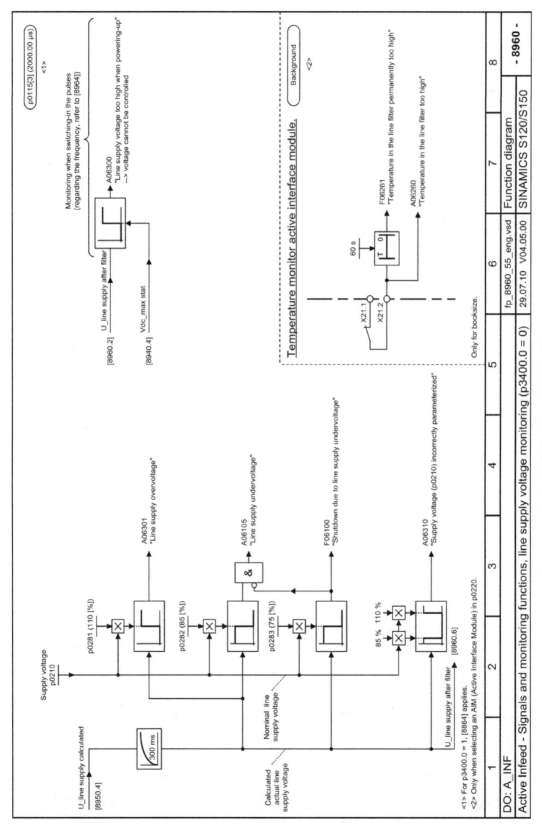

图 A-78　8960- 信号和监控功能，电源电压监控（p3400. 0 = 0）

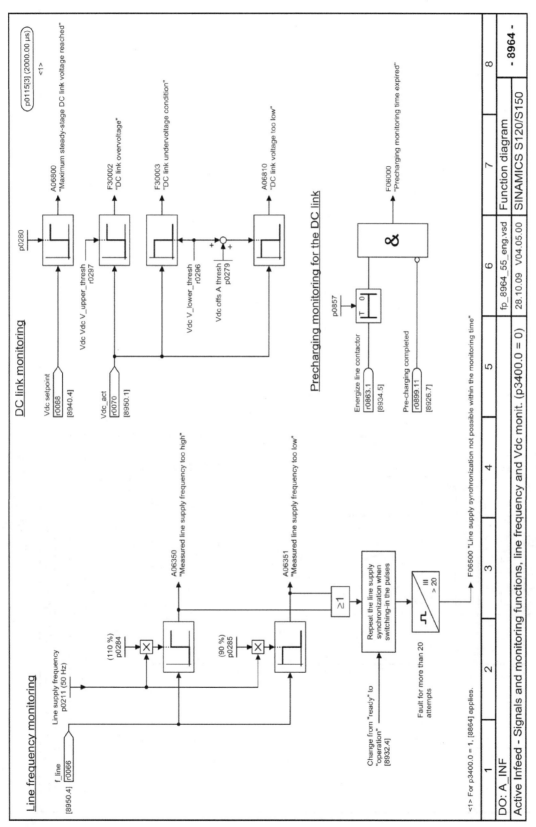

图 A-79　8964-信号和监控功能，电源频率/Vdc 监控（p3400.0 = 0）

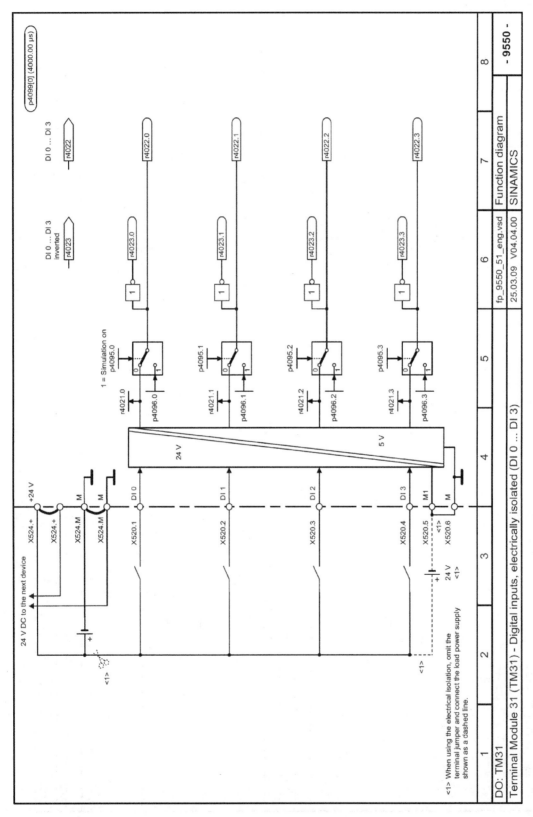

图 A-80 9550- 电位隔离数字输入端（DI 0 … DI 3）

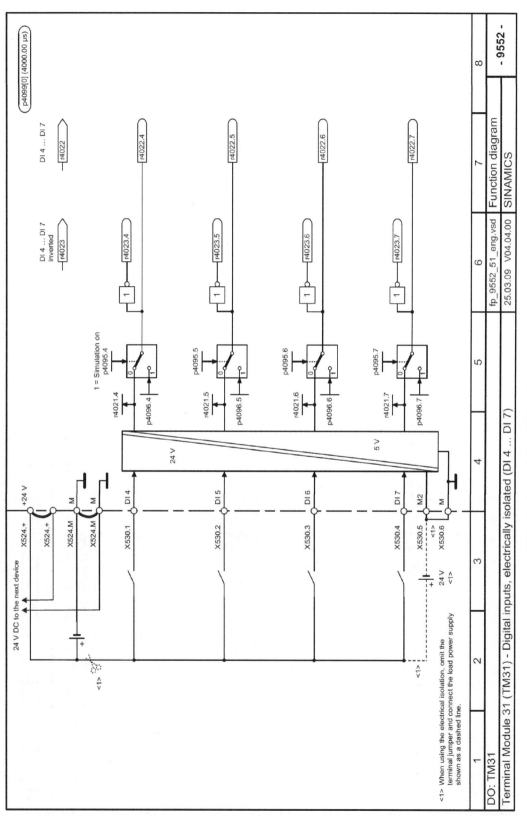

图 A-81　9552-电位隔离数字输入端（DI 4…DI 7）

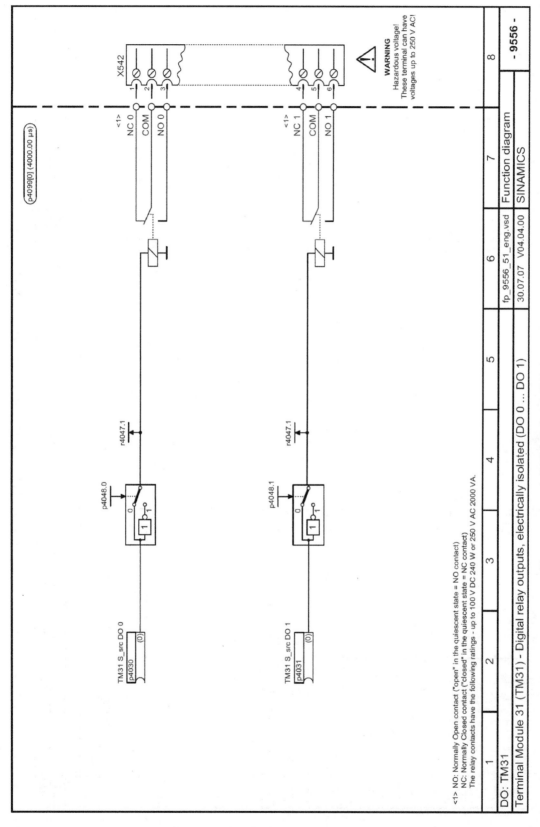

图 A-82　9556- 电位隔离数字继电器输出端（DO 0 ... DO 1）

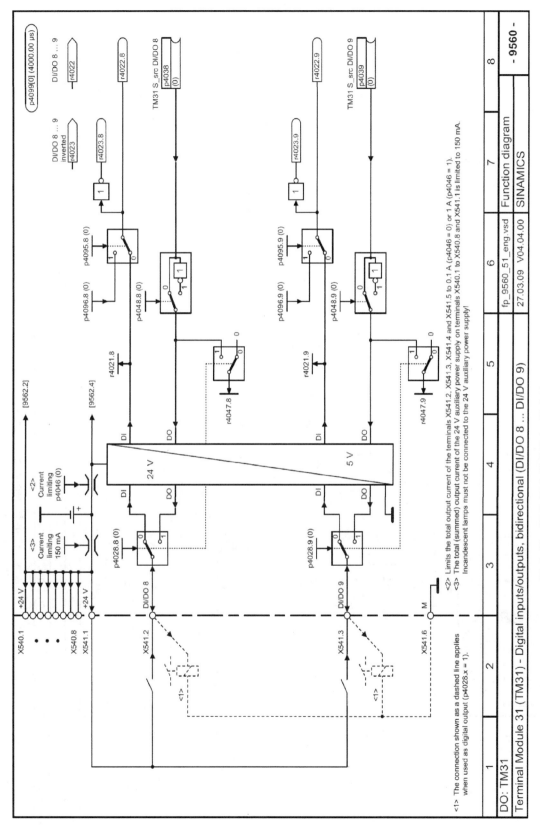

图 A-83　9560-双向数字输入/输出端（DI/DO 8 … DI/DO 9）

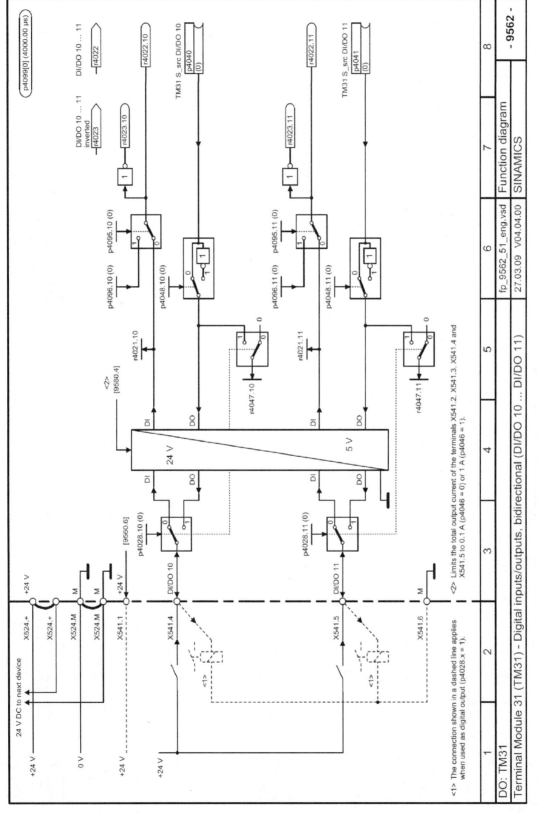

图 A-84　9562-双向数字输入/输出端（DI/DO 10 … DI/DO 11）

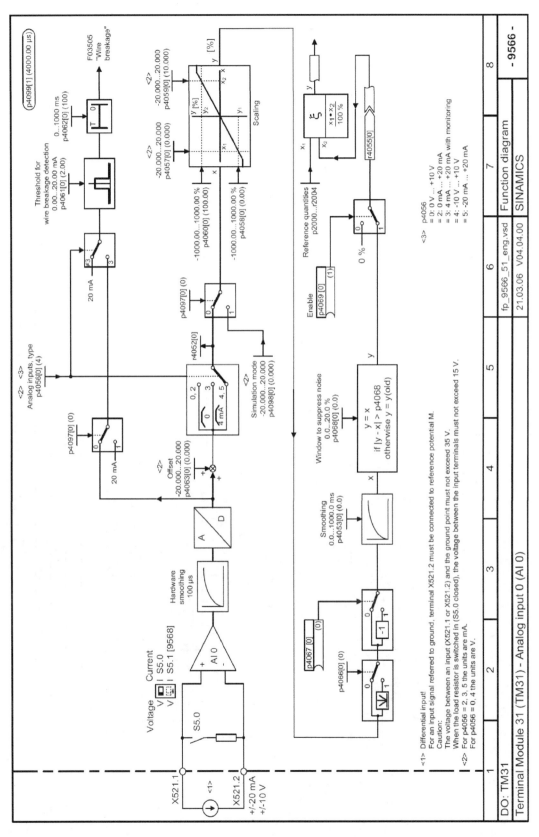

图 A-85　9566-模拟输入端 0（AI 0）

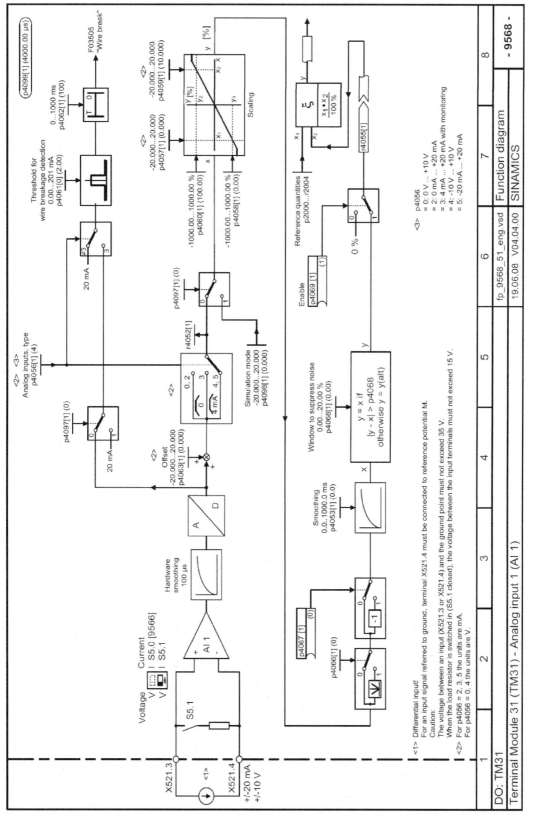

图 A-86　9568-模拟输入端 1（AI 1）

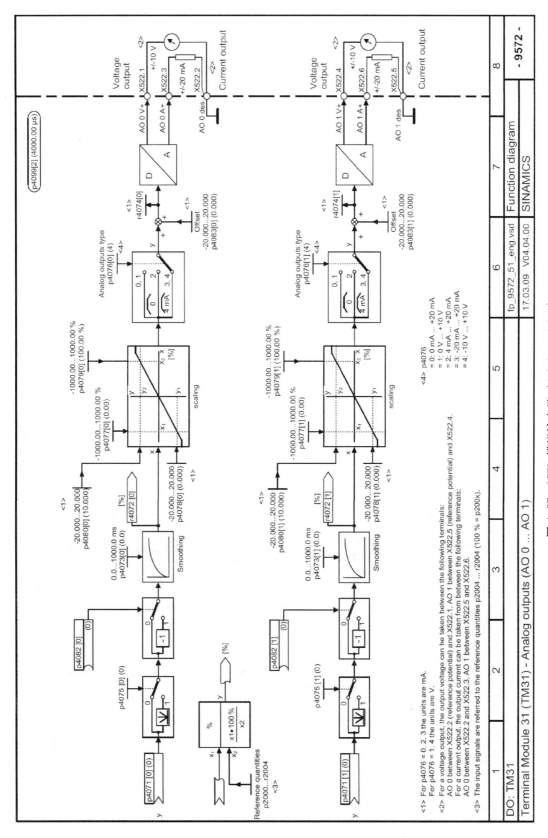

图 A-87　9572-模拟输出端（AO 0…AO 1）

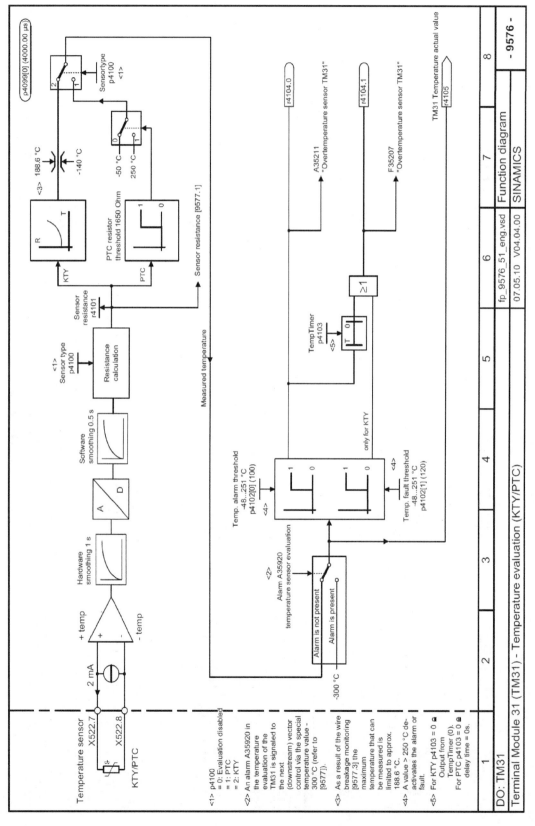

图 A-88　9576-温度检测（KTY/PTC）

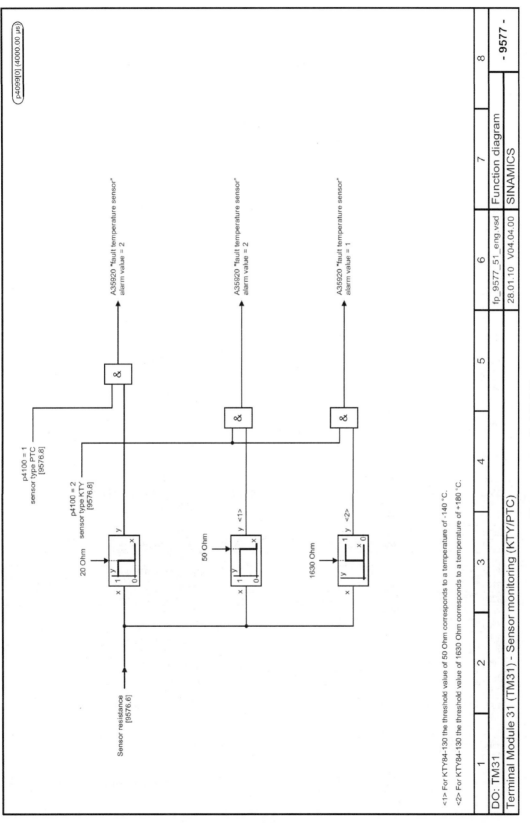

图 A-89　9577-传感器监控（KTY/PTC）

A. 3　参数序号范围

注释
以下的参数序号范围显示了 SINAMICS 驱动系列的全部现有参数。该参数手册中所描述的参数详见参数列表。

参数划分为以下序号范围，见表 A-1。

表 A-1　SINAMICS 的参数序号范围

范围		描　述
来自	到	
0000	0099	显示与操作
0100	0199	调试
0200	0299	功率单元
0300	0399	电动机
0400	0499	编码器
0500	0599	工艺和单位,电动机专用数据,测头
0600	0699	热监控、最大电流、运行时间、电动机数据、中央测头
0700	0799	控制单元端子、测量插口
0800	0839	CDS 数据组、DDS 数据组、电动机转接
0840	0879	顺序控制(例如 ON/OFF1 的信号源)
0880	0899	ESR,驻留功能,控制字和状态字
0900	0999	PROFIBUS/PROFIdrive
1000	1199	设定值通道(例如斜坡函数发生器)
1200	1299	功能(例如电动机抱闸)
1300	1399	V/f 控制
1400	1799	闭环控制
1800	1899	选通单元
1900	1999	功率单元与电动机识别
2000	2009	基准值
2010	2099	通信(现场总线)
2100	2139	故障和报警
2140	2199	信号和监控
2200	2359	工艺控制器
2360	2399	分级控制、休眠
2500	2699	位置闭环控制(LR) 和简单定位(EPOS)
2700	2719	基准值显示
2720	2729	负载齿轮箱
2800	2819	逻辑运算
2900	2930	固定值(例如百分比,转矩)
3000	3099	电动机识别结果
3100	3109	实时时钟(RTC)
3110	3199	故障和报警
3200	3299	信号和监控
3400	3659	供电闭环控制
3660	3699	电压监控模块(VSM),内部制动单元
3700	3779	高级定位控制(APC)
3780	3819	同步
3820	3849	摩擦特性曲线
3850	3899	功能(例如长定子)
3900	3999	管理
4000	4599	端子板,端子模块(例如 TB30、TM31)
4600	4699	编码器模块
4700	4799	跟踪
4800	4849	函数发生器
4950	4999	OA 应用
5000	5169	主轴诊断
5400	5499	电网下垂控制(例如轴发电机)
5500	5599	动态电网支持(太阳能)

（续）

范　围		描　述
来自	到	
5900	6999	SINAMICS GM/SM/GL/SL
7000	7499	功率单元的并联
7500	7599	SINAMICS SM120
7700	7729	外部信息
7770	7789	NVRAM,系统参数
7800	7839	EEPROM 可读可写参数
7840	8399	系统内部参数
8400	8449	实时时钟(RTC)
8500	8599	数据管理和宏管理
8600	8799	CAN 总线
8800	8899	以太网通信板(CBE),PROFIdrive
8900	8999	工业以太网,PROFINET,CBE20
9000	9299	拓扑结构
9300	9399	Safety Integrated(安全集成)
9400	9499	参数一致性和参数保存
9500	9899	Safety Integrated(安全集成)
9900	9949	拓扑结构
9950	9999	内部诊断
10000	10199	Safety Integrated(安全集成)
11000	11299	自由工艺控制器 0、1、2
20000	20999	自由功能块(FBLOCKS)
21000	25999	驱动控制图(Drive Control Chart-DCC)
50000	53999	SINAMICS DC Master(直流闭环控制)
61000	61001	PROFINET

B　控制字与状态字说明

B.1　控制字位的说明

1. BLM 控制字 r0898 各个位的说明

位 0：ON/OFF1 命令（↑"ON"）（L"OFF1"）

条件：在开机准备状态 [31] 从 L→H 上升沿发生。

结果：预充电主接触器(选件)/旁路接触器,如有则接通。直流回路进行预充电。

　　　运行 [00]

条件：LOW（低）信号。

结果：OFF1　须在 BLM 处于使能状态。

　　　同时主接触器（选件/旁路接触器）如有的话则断开。

　　　如 OFF1 命令在传动系统降速时撤销（例如用 ON 命令）,那么降速过程将中断并
　　　转回运行状态 [00]。

位 1：OFF2 命令（L"OFF2"）电气的

条件：低信号。

结果：BLM 脉冲被封锁,主接触器（选件）/旁路接触器如有的话则断开。

　　　开机封锁 [42],直到命令取消。

注意

OFF2 命令可以从两个源(P0844 和 P0845)同时作用!

位 10：PLC 来的控制命令（H"PLC 来的控制"）

条件：高信号；只在接收命令后处理过程数据 PZD（控制字，设定值）；这些数据通过 CU 的 X126 接口（标配）或 option（选件）接口传送。

结果：只处理传送高信号接口的过程数据。

对于低信号，最后的值保存在相应接口的双端口 RAM 中。

位 2 ~ 位 9 和位 11 ~ 位 15 为预留位。

2. SLM 控制字 r0898 各个位的说明

位 0：ON/OFF1 命令（↑"ON"）（L"OFF1"）

条件：在开机准备状态［31］从 L→H 上升沿发生。

结果：预充电主接触器（选件）/旁路接触器,如有则接通。直流回路进行预充电。

运行［00］

条件：LOW（低）信号。

结果：OFF1　须在 SLM 处于使能状态。

同时主接触器（选件/旁路接触器）如有的话则断开。

如 OFF1 命令在传动系统降速时撤销（例如用 ON 命令），那么降速过程将中断并转回运行状态［00］。

位 1：OFF2 命令（L"OFF2"）电气的

条件：低信号。

结果：SLM 脉冲被封锁,主接触器（选件）/旁路接触器如有的话则断开。

开机封锁［42］,直到命令取消。

位 3：整流单元使能命令(H"整流单元使能")/(L"整流单元封锁")

条件：高信号，运行准备［21］。

结果：运行［00］。

整流单元脉冲释放。

条件：低信号。

结果：转到运行准备状态［21］，整流单元脉冲被封锁。

在 OFF1［16］使能时，整流单元脉冲被封锁，主接触器/旁路接触器如有的话则断开，进入合闸准备［31］状态。

位 6：禁止整流单元回馈（发电）运行

条件：低信号。

结果：SLM 整流单元回馈（发电）运行使能。

条件：高信号。

结果：SLM 整流单元回馈（发电）运行禁止。

注意

OFF2 命令可以从两个源(P844 和 P845)同时作用！

位 10：PLC 来的控制命令（H"PLC 来的控制"）

条件：高信号；只在接收命令后处理过程数据 PZD（控制字，设定值）；这些数据通过 CU 的 X126 接口（标配）或 option（选件）接口传送。

结果：只处理传送高信号接口的过程数据。

对于低信号，最后的值保存在相应接口的双端口 RAM 中。

位 2，位 4-5，位 7-9 和位 11-15 为预留位。

3. ALM 控制字 r0898 各个位的说明

位 0：ON/OFF1 命令（↑ "ON"）（L "OFF1"）

条件：在开机准备状态［31］从 L→H 上升沿发生。

结果：预充电主接触器（选件）/旁路接触器，如有则接通。直流回路进行预充电。

运行［00］

条件：LOW（低）信号。

结果：OFF1 须在 ALM 处于使能状态。

同时主接触器（选件/旁路接触器）如有的话则断开。

如 OFF1 命令在传动系统降速时撤销（例如用 ON 命令），那么降速过程将中断
并转回运行状态［00］。

位 1：OFF2 命令（L "OFF2"）电气的

条件：低信号。

结果：ALM 脉冲被封锁，主接触器（选件）/旁路接触器如有的话则断开。

开机封锁［42］，直到命令取消。

位 3：整流单元使能命令（H"整流单元使能"）/（L"整流单元封锁"）

条件：高信号，运行准备［21］。

结果：运行［00］

整流单元脉冲释放。

条件：低信号。

结果：转到运行准备状态［21］，整流单元脉冲被封锁。

在 OFF1［16］使能时，整流单元脉冲被封锁，主接触器/旁路接触器如有的话则
断开，进入合闸准备［31］状态。

位 5：禁止整流单元电动运行

条件：低信号。

结果：ALM 电动运行使能。

条件：高信号。

结果：ALM 电动运行禁止。

位 6：禁止整流单元回馈（发电）运行

条件：低信号。

结果：SLM 整流单元回馈（发电）运行使能。

条件：高信号。

结果：SLM 整流单元回馈（发电）运行禁止。

注意
OFF2 命令可以从两个源（P844 和 P845）同时作用！

位 10：PLC 来的控制命令（H "PLC 来的控制"）

条件：高信号；只在接收命令后处理过程数据 PZD（控制字，设定值）；这些数据通过
CU 的 X126 接口（标配）或 option（选件）接口传送。

结果：只处理传送高信号接口的过程数据。

对于低信号，最后的值保存在相应接口的双端口 RAM 中。

位 2，位 4，位 7-9 和位 11-15 为预留位。

4. 逆变单元控制字 r0898 各个位的说明

位 0：ON/OFF1 命令（↑ "ON"）（L "OFF1"）

条件：在开机准备状态 [31] 从 L→H 上升沿发生。

结果：如果此时 P864 为高电平信号，在经过 P0862 的等待时间后，主接触器（选件）/旁路接触器，如有则接通。

运行 [00]

条件：LOW（低）信号。

结果：OFF1，须在逆变单元处于使能状态。

逆变单元沿着斜坡下降时间运行 [16]，之后脉冲被封锁，同时主接触器（选件/旁路接触器）如有的话则断开。

如 OFF1 命令在传动系统降速时撤销（例如用 ON 命令），那么降速过程将中断并转回运行状态 [00]。

开机准备 [31]，如 "OFF2" 或 "OFF3" 命令不存在。

DC 制动被使能（P1230 = 1，P1231 = 5）

系统按参数设定的 OFF1（P1121）降速时间减速，直到 DC 制动转速（P1234）。然后在去励磁时间（P0347）内逆变单元脉冲被封锁。随后，用可调的制动电流（P1232）经参数设置的制动时间（P1233）进行直流制动。接着，逆变单元脉冲被封锁，主接触器（选件）/旁路接触器如有的话断开。

DC 制动未被使能（P1230 = 0）

设定值在斜坡函数发生器输入处被封锁（设定值 = 0），系统沿着为 OFF1（P1121）参数设定的降速斜坡下降至关机转速（P2163）。经过 OFF 等待时间（P2166）后，逆变单元脉冲被封锁，同时主/旁路接触器如有的话则断开。

位 1：OFF2 命令（L "OFF2"）电气的

条件：低信号。

结果：逆变单元脉冲被封锁，主接触器（选件）/旁路接触器如有的话则断开。

禁止合闸 [42]，直到命令取消。

注意
OFF2 命令可以从两个源(P844 和 P845)同时作用！

位 2：OFF3 命令（L "OFF3"）（快停）

条件：低信号。

结果：DC 制动被使能（P1230 = 1，P1231 = 5）

系统按参数设定的 OFF3（P1035）降速时间减速，直到 DC 制动转速（P1234）。然后在去励磁时间（P0347）内逆变单元脉冲被封锁。随后，用可调的制动电流（P1232）经参数设置的制动时间（P1233）进行直流制动。接着，逆变单元脉冲被封锁，主接触器（选件）/旁路接触器如有的话断开。

DC 制动未被使能（P1230＝0）

设定值在斜坡函数发生器输入处被封锁（设定值＝0），系统沿着为 OFF3（P1035）参数设定的降速斜坡下降至关机转速（P2163）。经过 OFF 等待时间（P2166）后，逆变单元脉冲被封锁，同时主/旁路接触器如有的话则断开。

如果传动为从动，在 OFF3 命令时自动转到主动。

合闸禁止［43］，直到该命令被取消。

注意
OFF3 命令可从两个源（P0848 和 P0849）同时起作用！
OFF 停机命令的优先级别：OFF2 > OFF3 > OFF1。

位 3：逆变单元使能命令（H"逆变单元使能"）/(L"逆变单元封锁"）

条件：高信号，运行准备［31］并且自最后关机时刻起经过去磁时间（P0347）。

结果：运行［00］

逆变单元脉冲释放沿斜坡函数发生器加速到设定值。

条件低信号

结果：转到运行准备状态［21］，逆变单元脉冲被封锁。

在 OFF1［16］使能时，逆变单元脉冲被封锁，主接触器/旁路接触器如有的话则断开，进入合闸准备［31］状态。

在 OFF3［43］使能时，逆变单元脉冲被封锁。

位 4：斜坡函数发生器使能命令

条件：高信号在运行［00］状态。

结果：斜坡函数发生器的输出设定为设定值。

位 5：斜坡函数发生器保持命令（L"RFG 保持"）

条件：高电平信号在运行［00］状态。

结果：实际设定值是"冻结在斜坡函数发生器输出端"。

位 6：设定值使能命令（H"设定值使能"）

条件：高信号及建立励磁时间（P0394）结束。

结果：在斜坡函数发生器输入端设定值被使能。

位 7：打开抱闸命令

条件：高电平。

结果：执行抱闸打开指令。

位 8：点动 1 ON 命令（↑"点动 1 ON"）/(L"点动 1 OFF"）

条件：在开机准备状态［31］从 L→H 上升沿。

结果：自动执行 ON 命令（见控制字位 0）并且设定值通道中点动频率 1（P1058）被使能。

点动运行时，ON/OFF1 命令（位 0）不起作用。

系统必须等待直到去磁时间（P0347）到达。

条件：低信号。

结果：自动执行命令 OFF1（见控制字位 0）。

位 9：点动 2 ON 命令（↑"点动 2 ON"）/(L"点动 2 OFF"）

条件：在开机准备状态 [31] 从 L→H 上升沿。

结果：自动执行 ON 命令（见控制字位 0）并且设定值通道中点动频率 2（P1059）被使能。

　　　　点动运行时，ON/OFF1 命令（位 0）不起作用。

　　　　系统必须等待直到去磁时间（P0347）到达。

条件：低信号。

结果：自动执行命令 OFF1（见控制字位 0）。

位 10：PLC 来的控制命令（H "PLC 来的控制"）

条件：高信号；只在接收命令后处理过程数据 PZD（控制字，设定值）；这些数据通过 CU 的 X126 接口或 option 接口传送。

结果：在很多接口运行时，只处理传送高信号接口的过程数据。

　　　　对于低信号，最后的值保存在相应接口的双端口 RAM 中。

注意

当接口之一传送高信号时，只读参数 r0898 "控制字 1 第 10 位"显示高信号。

位 12：速度调节器使能命令（H "调节器使能"）

条件：高信号且逆变单元脉冲释放。

结果：对于控制方式（P1300 = 20，21）的速度调节器输出被使能。

位 14：闭合抱闸命令。

条件：高信号。

结果：发出抱闸闭合指令。

B. 2　状态字位的说明

1. 整流单元 BLM、SLM 和 ALM 状态字 r0899 各个位的说明

位 0："开机准备"信号（H）

高信号：开机封锁 [42] 或开机准备 [31] 状态。

意义：整流单元控制可以使用。

　　　　整流单元脉冲被封锁。

　　　　如有外部电源和主接触器（选件）/旁路接触器，当传动变频器在这种状态时，变频器中间回路可能无电压。

低信号：不具备合闸条件。

位 1："运行准备"信号（H）

高信号：预充电 [31] 或运行准备 [32] 状态。

意义：整流单元控制可以使用。

　　　　主接触器（选件）/旁路接触器合闸。

位 2："运行"信号（H）

高信号：运行 [00]

意义：整流单元功能起作用。

　　　　整流单元脉冲被释放。

　　　　预充电已完成。

　　　　中间回路已爬升至额定电压。

位 4："OFF2"信号（L）

低信号：OFF2 命令存在。

意义：已发出 OFF2 命令（控制字位 1）。

位 6：禁止合闸信号（H）

低信号：OFF2 命令存在。

意义：已发出 OFF2 命令。

位 9："需要控制 PZD"信号（H）

高信号：接收信号。

位 11："激活预充电"信号（H）

高信号：预充电状态。

意义：开机后进行预充电。

位 12："主回路接触器接通"反馈信号（H）

高信号：在预充电结束后主回路接触器接通后，辅助触点返回的信号（P806）。

意义：在相应的接线和参数设置情况下主回路接触器接通。

位 3，5，7，8，10，13，14，15 为预留位。

2. 逆变单元状态字 r0899 状态位的说明

位 0："开机准备"信号（H）

高信号：开机封锁 [21] 或开机准备 [31] 状态。

意义：逆变单元开环控制和闭环控制可以使用。

逆变单元脉冲被封锁。

位 1："运行准备"信号（H）

高信号：运行准备 [21] 状态。

意义：逆变单元开环控制和闭环控制可以使用。

P0840 发出合闸指令。

逆变单元脉冲仍被封锁。

位 2："运行"信号（H）

高信号：电枢短路/直流抱闸激活 [19]、OFF3 [17] 或 OFF1 [16] 状态、打开抱闸指令 [15]、建立磁场 [14]、速度调节器使能 [11]、设定点使能 [10]、运行 [00]。

意义：逆变单元功能起作用。

逆变单元脉冲被释放。

逆变单元输出端子 U V W 带电。

位 3：点动运行信号（H）

高信号：点动指令激活。

意义：点动运行。

位 4："OFF2"信号（L）

低信号：OFF2 [42] 状态，和/或存在 OFF2 命令。

意义：已发出 OFF2 命令（控制字位 1）。

位 5："OFF3"信号（L）

低信号：OFF3［43］命令存在。

意义：已发出 OFF3 命令（控制字位 1）。

位 6："开机封锁"信号（H）

高信号：开机封锁状态［35］、［41］、［42］、［43］、［44］、［45］、［46］。

意义：电动机模块开环控制和闭环控制禁止使用。

如有外部电源和主接触器（选件）/旁路接触器，禁止合闸。

只要经控制字位 1 输入 OFF2 命令或设定值减小后经控制字位 2 输入 OFF3 命令，或经控制字位 0 存在开机命令（脉冲上升沿计算），该信号始终存在。

位 7：准备就绪状态（H）

高信号：允许合闸和使能操作。

意义：逆变单元的开环和闭环允许运行。

P845、P849、P864 和内部的使能信号处于有效状态。

位 8：调节器使能（H）

高信号：调节器运行。

意义：调节器已经使能，处于运行状态。

合闸命令和运行使能命令都为高电平状态。

位 9："需要控制 PZD"信号（H）

高信号：一直存在。

位 11：脉冲使能（H）

高信号：逆变单元处于运行状态。

意义：合闸命令和运行使能命令都为高电平状态。

位 12：打开抱闸（H）

高信号：发出打开抱闸命令。

位 13：关闭抱闸（H）

高信号：发出关闭抱闸命令。

位 14：来自扩展抱闸控制的使能信号（H）

高信号：指示抱闸处于打开状态。

位 15：来自扩展抱闸控制的设定点使能信号（H）

高信号：抱闸处于打开状态。

意义：在扩展抱闸时，控制速度设定的使能信号。

B. 3　S120 各个模块的状态说明

1. BLM 状态显示参数（r0002）说明

0:运行-全部使能。

31:接通就绪-预充电正在进行（p0857）。

32:接通就绪-设置"ON/OFF1"="0/1"（p0840）。

35:接通禁止-执行初步调试（p0010）。

41:接通禁止-设置"ON/OFF1"="0"（p0840）。

42:接通禁止-设置"OC/OFF2"="1"（p0844,p0845）。

44:接通禁止-给端子 EP 提供 24V 电压（硬件）。

45：接通禁止-消除故障原因,应答故障。

46：接通禁止-结束调试模式(p0009,p0010)。

60：整流单元禁用/不可运行。

70：初始化。

200：等待起动/子系统起动。

250：设备报告拓扑结构错误。

2. SLM 和 ALM 状态显示参数 (r0002) 说明

0：运行-全部使能。

21：运行就绪-设置"使能运行"="1"(p0852)。

31：接通就绪-预充电正在进行(p0857)。

32：接通就绪-设置"ON/OFF1"="0/1"(p0840)。

35：接通禁止-执行初步调试 (p0010)。

41：接通禁止-设置"ON/OFF1"="0"(p0840)。

42：接通禁止-设置"OC/OFF2"="1"(p0844,p0845)。

44：接通禁止-给端子 EP 提供 24V 电压(硬件)。

45：接通禁止-消除故障原因,应答故障。

46：接通禁止-结束调试模式(p0009,p0010)。

60：整流单元禁用/不可运行。

70：初始化。

200：等待起动/子系统起动。

250：设备报告拓扑结构错误。

3. 逆变单元状态显示参数 (r0002) 说明

0：运行-全部使能。

10：运行-将"使能设定值"设置为"1"(p1142,p1152)。

11：运行-将"使能速度控制器"设置为"1"(p0856)。

12：运行-冻结斜坡函数发生器,将"斜坡函数发生器起动"设置为"1"(p1141)。

13：运行-将"使能斜坡函数发生器"设置为"1"(p1140)。

14：运行-MotID, 励磁或制动开启,SS2, STOPC。

15：运行-打开制动(p1215)。

16：运行-通过信号"ON/OFF1"="1"取消"OFF1"制动。

17：运行-只能通过 OFF2 中断 OFF3 制动。

18：运行-在故障时制动,消除故障原因,应答故障。

19：运行-电枢短路/直流制动生效(p1230,p1231)。

21：运行就绪-设置"使能运行"="1"(p0852)。

22：运行就绪-正在去磁(p0347)。

23：运行就绪-设置"整流单元运行"="1"(p0864)。

31：接通就绪-设置"ON/OFF1"="0/1"(p0840)。

35：接通禁止-执行初步调试 (p0010)。

41：接通禁止-设置"ON/OFF1"="0"(p0840)。

42：接通禁止-设置"OC/OFF2"="1"（p0844，p0845）。

43：接通禁止-设置"OC/OFF3"="1"（p0848，p0849）。

44：接通禁止-给端子 EP 提供 24 V 电压（硬件）。

45：接通禁止-消除故障，应答故障，STO。

46：接通禁止-结束调试模式（p0009，p0010）。

60：驱动对象禁用/不可运行。

70：初始化。

200：等待起动/子系统起动。

250：设备报告拓扑结构错误。

OC：运行条件。

4. CU 控制单元状态（r0002）显示说明

　0：运行。

　10：运行就绪。

　20：等待起动。

　25：等待 DRIVE-CLiQ 组件自动固件升级。

　31：正在下载调试软件。

　33：消除/应答拓扑结构错误。

　34：结束调试模式。

　35：执行初步调试。

　70：初始化。

　80：正在复位。

　99：内部软件错误。

　101：设定拓扑结构。

　111：插入驱动对象。

　112：删除驱动对象。

　113：修改驱动对象号。

　114：修改组件号。

　115：执行参数下载。

　117：删除组件。

C　基本配置参数和常用参数列表

基本配置参数和常用参数列表见表 C-1。

表 C-1　基本配置参数和常用参数列表

参数号	驱动对象	参数含义
p 0009	CU	设备调试参数筛选/设备调试参数过滤
p 0010		
r0019	CU_S_AC_DP, CU_S_AC_PN, CU_S120_DP, CU_S120_PN, CU_S150_DP, CU_S150_PN	CO/BO:控制字 BOP/STW BOP
r0020	SERVO, SERVO_AC, SERVO_I_AC, VECTOR, VECTOR_AC, VECTOR_I_AC	已滤波的转速设定值/滤波 n 设定值

（续）

参数号	驱动对象	参数含义
r0021	VECTOR, VECTOR_AC, VECTOR_I_AC	已滤波的转速实际值/滤波 n 设定值
r0022	VECTOR, VECTOR_AC, VECTOR_I_AC	已滤波的速度实际值/滤波 v 实际值
r0024	A_INF, S_INF	CO:已滤波的输入频率/滤波电源频率
r0024	SERVO, SERVO_AC, SERVO_I_AC, VECTOR, VECTOR_AC, VECTOR_I_AC	已滤波的输出频率/滤波输出 f
r0025	A_INF, S_INF	CO:已滤波的输入电压/滤波输入 U
r0025	SERVO, SERVO_AC, SERVO_I_AC, VECTOR, VECTOR_AC, VECTOR_I_AC	CO:已滤波的输出电压/滤波输出 U
r0026	A_INF, B_INF, S_INF,VECTOR, VECTOR_AC, VECTOR_I_AC	CO:经过滤波的直流母线电压/滤波 Vdc
r0027	A_INF, S_INF, SERVO, SERVO_AC, SERVO_I_AC, VECTOR, VECTOR_AC, VECTOR_I_AC	CO:已滤波的电流实际值/滤波 I 实际值
r0028	A_INF, SERVO, SERVO_AC, SERVO_I_AC, VECTOR, VECTOR_AC, VECTOR_I_AC	已滤波的占空比/滤波占空比
r0035	A_INF, S_INF, B_INF,SERVO, SERVO_AC, SERVO_I_AC, VECTOR, VECTOR_AC, VECTOR_I_AC	CO:电动机温度/电动机温度
r0036	A_INF, B_INF, S_INF, SERVO, SERVO_AC, SERVO_I_AC, VECTOR, VECTOR_AC, VECTOR_I_AC	CO:功率单元过载 $I^2 t$/LT 过载 $I^2 T$
r0037	A_INF, B_INF, S_INF, SERVO, SERVO_AC, SERVO_I_AC, VECTOR, VECTOR_AC, VECTOR_I_AC	CO:功率单元温度/功率单元温度
r0037	CU_I, CU_I_D410, CU_NX_CX, CU_S_AC_DP, CU_S_AC_PN, CU_S120_DP, CU_S120_PN, CU_S150_DP, CU_S150_PN	控制单元温度/控制单元温度
r0038	A_INF, S_INF, VECTOR, VECTOR_AC, VECTOR_I_AC	已滤波的功率因数/滤波 Cos phi
r0039	SERVO, SERVO_AC, SERVO_I_AC, VECTOR, VECTOR_AC, VECTOR_I_AC	电能显示/电能显示
r0046	A_INF, S_INF, B_INF,SERVO, SERVO_AC, SERVO_I_AC, VECTOR, VECTOR_AC, VECTOR_I_AC	CO/BO:缺少使能信号/缺少使能信号
r0056	VECTOR, VECTOR_AC, VECTOR_I_AC	CO/BO:闭环控制状态字/闭环控制 ZSW
r0060	SERVO, SERVO_AC, SERVO_I_AC, VECTOR, VECTOR_AC, VECTOR_I_AC	CO:设定值滤波器前的转速设定值/滤波前的 n 设定
r0061[0...2]	VECTOR, VECTOR_AC, VECTOR_I_AC	CO:未滤波的速度实际值/未滤波的速度实际值
r0062	SERVO, SERVO_AC, SERVO_I_AC, VECTOR, VECTOR_AC, VECTOR_I_AC	CO:已滤波的转速设定值/已滤波的转速设定值
r0063[0...2]	VECTOR, VECTOR_AC, VECTOR_I_AC	CO:转速实际值/n 实际
r0064	SERVO, SERVO_AC, SERVO_I_AC, VECTOR, VECTOR_AC, VECTOR_I_AC	CO:转速控制器调节差/n 控制器控制差异
r0065	SERVO, SERVO_AC, SERVO_I_AC, VECTOR, VECTOR_AC, VECTOR_I_AC	转差频率/f 转差
r0066	A_INF, S_INF	CO:输入频率/输入频率
r0066	SERVO, SERVO_AC, SERVO_I_AC, VECTOR, VECTOR_AC, VECTOR_I_AC	CO:输出频率/输出频率
r0067[0...1]	A_INF, S_INF	允许的电流值/允许的电流值

（续）

参数号	驱动对象	参数含义
r0067	SERVO, SERVO_AC, SERVO_I_AC, VECTOR, VECTOR_AC, VECTOR_I_AC	CO:最大输出电流/最大输出电流
r0068	A_INF, S_INF, SERVO, SERVO_AC, SERVO_I_AC	CO:电流实际值的绝对值/电流实际值绝对值
r0068[0...1]	VECTOR, VECTOR_AC, VECTOR_I_AC	CO:电流实际值的绝对值/电流实际值绝对值
r0069	A_INF, S_INF, VECTOR, VECTOR_AC, VECTOR_I_AC	CO:相电流实际值/相电流实际值
r0070	A_INF, B_INF, S_INFVECTOR, VECTOR_AC, VECTOR_I_AC	CO:直流母线电压实际值/Vdc 实际值
r0071	VECTOR, VECTOR_AC, VECTOR_I_AC	最大输出电压/最大输出电压
r0072[0...3]	A_INF, S_INF	CO:输入电压/输入电压
r0072	SERVO, SERVO_AC, SERVO_I_AC, VECTOR, VECTOR_AC, VECTOR_I_AC	CO:输出电压/输出电压
r0073	VECTOR, VECTOR_AC, VECTOR_I_AC	最大调制度/最大占空比
r0074	A_INF, SERVO, SERVO_AC, SERVO_I_AC, VECTOR, VECTOR_AC, VECTOR_I_AC	CO:占空比/占空比
r0075	A_INF	CO:无功电流设定值/无功电流设定值
r0075	SERVO, SERVO_AC, SERVO_I_AC, VECTOR, VECTOR_AC, VECTOR_I_AC	CO:磁通电流设定值/磁通电流设定值
r0076	A_INF, S_INF	CO:无功电流实值/无功电流实际值
	SERVO, SERVO_AC, SERVO_I_AC, VECTOR, VECTOR_AC, VECTOR_I_AC	CO:磁通电流实际值/磁通电流实际值
r0077	A_INF	CO:有功电流设定值/有功电流设定值
	SERVO, SERVO_AC, SERVO_I_AC, VECTOR, VECTOR_AC, VECTOR_I_AC	CO:转矩电流设定值/Iq_ 设定
r0078	A_INF, S_INF	CO:有功电流实际值/有功电流实际值
	VECTOR, VECTOR_AC, VECTOR_I_AC	CO:转矩电流实际值/Iq_ 实际
r0079	VECTOR, VECTOR_AC, VECTOR_I_AC	CO:转矩设定值/总 M 设定值
r0080[0...1]	VECTOR, VECTOR_AC, VECTOR_I_AC	CO:转矩实际值/M 实际
r0081	VECTOR, VECTOR_AC, VECTOR_I_AC	CO:转矩利用率/M 利用率
r0082	A_INF, S_INF	CO:有功功率实际值/P 实际
r0082[0...2]	VECTOR, VECTOR_AC, VECTOR_I_AC	CO:有功功率实际值/P 实际
r0083	VECTOR, VECTOR_AC, VECTOR_I_AC	CO:磁通设定值/磁通设定值
r0084[0...1]	VECTOR, VECTOR_AC, VECTOR_I_AC	CO:磁通实际值/磁通实际值
r0087	VECTOR, VECTOR_AC, VECTOR_I_AC	CO:功率因数实际值/Cos phi 实际
r0088	A_INF, SERVO(工艺控制器), SERVO_AC（工艺控制器）, SERVO_I_AC(工艺控制器)VECTOR(工艺控制器), VECTOR_AC(工艺控制器), VECTOR_I_AC(工艺控制器)	CO:直流母线电压设定值/Vdc 设定值
r0089[0...2]	SERVO, SERVO_AC, SERVO_I_AC, VECTOR, VECTOR_AC, VECTOR_I_AC	相电压实际值/相电压实际值
p 0115[0...6]	VECTOR, VECTOR_AC, VECTOR_I_AC	内部控制回路的采样时间/内部控制采样时间
p 0125[0...n]	A_INF, B_INF, S_INF, SERVO, SERVO_AC, SERVO_I_AC, VECTOR, VECTOR_AC, VECTOR_I_AC	激活/禁用功率单元/激活/禁用功率单元
p0210	A_INF, S_INFVECTOR, VECTOR_AC, VECTOR_I_AC	设备输入电压/输入电压
p0300[0...n]	VECTOR, VECTOR_AC, VECTOR_I_AC	选择电动机类型/选择电动机类型

（续）

参数号	驱动对象	参数含义
p0304[0…n]	SERVO, SERVO_AC, SERVO_I_AC, VECTOR, VECTOR_AC, VECTOR_I_AC	电动机额定电压/电动机额定电压
p0305[0…n]	VECTOR, VECTOR_AC, VECTOR_I_AC	电动机额定电流/电动机额定电流
p0306[0…n]	VECTOR, VECTOR_AC, VECTOR_I_AC	并联的电动机数量/电动机数量
p0307[0…n]	VECTOR, VECTOR_AC, VECTOR_I_AC	电动机额定功率/电动机额定功率
p0308[0…n]	SERVO, SERVO_AC, SERVO_I_AC, VECTOR, VECTOR_AC, VECTOR_I_AC	电动机额定功率因数/电动机额定功率因数
p0309[0…n]	VECTOR, VECTOR_AC, VECTOR_I_AC	电动机额定效率/电动机额定效率
p0310[0…n]	VECTOR, VECTOR_AC, VECTOR_I_AC	电动机额定频率/电动机额定频率
p0311[0…n]	VECTOR, VECTOR_AC, VECTOR_I_AC	电动机额定转速/电动机额定转速
p0314[0…n]	VECTOR, VECTOR_AC, VECTOR_I_AC	电动机极对数/电动机极对数
p0335[0…n]	SERVO, SERVO_AC, SERVO_I_AC, VECTOR, VECTOR_AC, VECTOR_I_AC	电动机冷却方式/电动机冷却方式
p0640[0…n]	SERVO, SERVO_AC, SERVO_I_AC, VECTOR, VECTOR_AC, VECTOR_I_AC	电流极限/电流极限
p0840[0…n]	A_INF, B_INF, S_INF, SERVO, SERVO_AC, SERVO_I_AC, VECTOR, VECTOR_AC, VECTOR_I_AC	BI:ON/OFF(OFF1)/ON/OFF(OFF1)
p0844[0…n]	A_INF, B_INF, S_INF, SERVO, SERVO_AC, SERVO_I_AC, VECTOR, VECTOR_AC, VECTOR_I_AC	BI:无缓慢停转/缓慢停转（OFF2）信号源 1/OFF2 信号源 1
p0845[0…n]	A_INF, B_INF, S_INF, SERVO, SERVO_AC, SERVO_I_AC, VECTOR, VECTOR_AC, VECTOR_I_AC	BI:无缓慢停转/缓慢停转（OFF2）信号源 2/OFF2 信号源 2
p0848[0…n]	SERVO, SERVO_AC, SERVO_I_AC, VECTOR, VECTOR_AC, VECTOR_I_AC	BI:无快速停止/快速停止（OFF3）信号源 1/OFF3 信号源 1
p0849[0…n]	SERVO, SERVO_AC, SERVO_I_AC, VECTOR, VECTOR_AC, VECTOR_I_AC	BI:无快速停止/快速停止（OFF3）信号源 2/OFF3 信号源 2
p0852[0…n]	A_INF, S_INF, SERVO, SERVO_AC, SERVO_I_AC, VECTOR, VECTOR_AC, VECTOR_I_AC	BI:使能运行/禁止运行/使能运行
p0854[0…n]	A_INF, B_INF, S_INF, SERVO, SERVO_AC, SERVO_I_AC, VECTOR, VECTOR_AC, VECTOR_I_AC	BI:通过 PLC 控制/不通过 PLC 控制/通过 PLC 控制
p0856[0…n]	SERVO, SERVO_AC, SERVO_I_AC, VECTOR, VECTOR_AC, VECTOR_I_AC	BI:使能转速控制器/使能转速控制器
p0864	SERVO, SERVO_AC, SERVO_I_AC, VECTOR, VECTOR_AC, VECTOR_I_AC	BI:整流单元运行/供电运行
r0898.0…14	SERVO, SERVO_AC, SERVO_I_AC, VECTOR, VECTOR_AC, VECTOR_I_AC	CO/BO:顺序控制控制字/顺序控制 STW
r0899.0…15	SERVO, SERVO_AC, SERVO_I_AC, VECTOR, VECTOR_AC, VECTOR_I_AC	CO/BO:顺序控制状态字/顺序控制 ZSW
p0918	CU_I, CU_I_D410；CU_NX_CX, CU_S_AC_DP, CU_S120_DP, CU_S150_DP	PROFIBUS 总线地址/PB 地址
p0922	A_INF, B_INF, S_INFCU_I, CU_NX_CX, CU_S_AC_DP, CU_S_AC_PN, CU_S120_DP, CU_S120_PN, CU_S150_DP, CU_S150_PN VECTOR, VECTOR_AC, VECTOR_I_AC	IF1 PROFIdrive 报文选择/IF1 PD 报文选择
p1001-1015 [0…n]	SERVO(扩展设定值), SERVO_AC(扩展设定值), SERVO_I_AC(扩展设定值), VECTOR, VECTOR_AC, VECTOR_I_AC	CO:速度固定设定值 1-15/n_ 固定设定值 1-15

（续）

参数号	驱动对象	参数含义
p1020-1023 [0...n]	SERVO(扩展设定值), SERVO_AC(扩展设定值), SERVO_I_AC(扩展设定值), VECTOR, VECTOR_AC, VECTOR_I_AC	BI:速度固定设定值选择位 0-3/v_设定_固定位 0-3
r 1024	SERVO(扩展设定值), SERVO_AC(扩展设定值), SERVO_I_AC(扩展设定值), VECTOR, VECTOR_AC, VECTOR_I_AC	CO:有效的转速固定设定 值/n_固定设定值有效
p1035[0...n]	SERVO(扩展设定值), SERVO_AC(扩展设定值), SERVO_I_AC(扩展设定值), VECTOR, VECTOR_AC, VECTOR_I_AC	BI:电动电位器设定值增加/提高 电动电位器
p1036[0...n]	SERVO(扩展设定值), SERVO_AC (扩展 设定值), SERVO_I_AC(扩展设 定值), VECTOR, VECTOR_AC, VECTOR_I_AC	BI:电动电位器设定值降低/降低 电动电位器
p1055[0...n]	SERVO(扩展设定值), SERVO_AC (扩展设定值), SERVO_I_AC(扩展设定值), VECTOR, VECTOR_AC, VECTOR_I_AC	BI:JOG 位 0/JOG 位 0
p1056[0...n]	SERVO(扩展设定值), SERVO_AC(扩展设定值), SERVO_I_AC(扩展设定值), VECTOR, VECTOR_AC, VECTOR_I_AC	BI:JOG 位 1/JOG 位 1
p1058[0...n]	SERVO(扩展设定值), SERVO_AC(扩展设定值), SERVO_I_AC(扩展设定值), VECTOR, VECTOR_AC, VECTOR_I_AC	JOG 1 转速设定值/JOG1 n 设定值
p1059[0...n]	SERVO(扩展设定值), SERVO_AC(扩展设定值), SERVO_I_AC(扩展设定值), VECTOR, VECTOR_AC, VECTOR_I_AC	JOG 2 转速设定值/JOG2 n 设定值
p1070[0...n]	SERVO(扩展设定值), SERVO_AC(扩展设定值), SERVO_I_AC(扩展设定值), VECTOR, VECTOR_AC, VECTOR_I_AC	CI:主设定值/主设定值
p1071[0...n]	SERVO(扩展设定值), SERVO_AC(扩展设定值), SERVO_I_AC(扩展设定值), VECTOR, VECTOR_AC, VECTOR_I_AC	CI:主设定值比例系数/主设定值比例
p1075[0...n]	SERVO(扩展设定值), SERVO_AC(扩展设定值), SERVO_I_AC(扩展设定值), VECTOR, VECTOR_AC, VECTOR_I_AC	CI:附加设定值/附加设定值
p1076[0...n]	SERVO(扩展设定值), SERVO_AC(扩展设定值), SERVO_I_AC(扩展设定值), VECTOR, VECTOR_AC, VECTOR_I_AC	CI:附加设定值比例系数/附加设定值比例
p1080[0...n]	SERVO(扩展设定值), SERVO_AC(扩展设定值), SERVO_I_AC(扩展设定值), VECTOR, VECTOR_AC, VECTOR_I_AC	最小转速/最小转速
p1082[0...n]	VECTOR, VECTOR_AC, VECTOR_I_AC	最大转速/最大转速
p1110[0...n]	SERVO(扩展设定值), SERVO_AC(扩展设定值), SERVO_I_AC(扩展设定值), VECTOR, VECTOR_AC, VECTOR_I_AC	BI:禁止负方向/禁止负方向
p1111[0...n]	SERVO(扩展设定值), SERVO_AC(扩展设定值), SERVO_I_AC(扩展设定值), VECTOR, VECTOR_AC, VECTOR_I_AC	BI:禁止正方向/禁止正方向
p1113[0...n]	SERVO(扩展设定值), SERVO_AC(扩展设定值), SERVO_I_AC(扩展设定值), VECTOR, VECTOR_AC, VECTOR_I_AC	BI:设定值取反/设定值取反

（续）

参数号	驱动对象	参数含义
p1115	SERVO（ESR，扩展设定值），SERVO_AC（ESR，扩展设定值），SERVO_I_AC（ESR，扩展设定值），VECTOR，VECTOR_AC，VECTOR_I_AC	斜坡函数发生器选择/斜坡函数发生器选择
p1120[0...n]	VECTOR，VECTOR_AC，VECTOR_I_AC	斜坡函数发生器斜坡上升时间/RFG 上升时间
p1121[0...n]	VECTOR，VECTOR_AC，VECTOR_I_AC	斜坡函数发生器斜坡下降时间/RFG 下降时间
p1135[0...n]	VECTOR，VECTOR_AC，VECTOR_I_AC	OFF3 斜坡下降时间/OFF3 斜坡下降时间
p1155[0...n]	SERVO，SERVO_AC，SERVO_I_AC，VECTOR，VECTOR_AC，VECTOR_I_AC	CI:转速控制器转速设定值1/转速控制设定值 1
p1160[0...n]	SERVO，SERVO_AC，SERVO_I_AC，VECTOR，VECTOR_AC，VECTOR_I_AC	CI:转速控制器转速设定值2/转速控制设定值 2
p1215	SERVO，SERVO_AC，SERVO_I_AC，VECTOR，VECTOR_AC，VECTOR_I_AC	电动机抱闸配置/电动机抱闸配置
p1300[0...n]	VECTOR，VECTOR_AC，VECTOR_I_AC	开环/闭环运行方式/开环/闭环运行方式
p1501[0...n]	SERVO，SERVO_AC，SERVO_I_AC，VECTOR（n/M），VECTOR_AC（n/M），VECTOR_I_AC（n/M）	BI:转速/转矩控制转换/转速/转矩控制转换
p1503[0...n]	VECTOR（n/M），VECTOR_AC（n/M），VECTOR_I_AC（n/M）	CI:转矩设定值/转矩设定值
p1900	VECTOR，VECTOR_AC，VECTOR_I_AC	电动机数据检测及旋转检测/电动机检测和转速测量
p1910	VECTOR，VECTOR_AC，VECTOR_I_AC	电动机数据检测选择/MotID 选择
p1960	VECTOR，VECTOR_AC，VECTOR_I_AC	旋转检测选择/旋转检测选择

D　调试过程

D.1　调试前准备篇

　　S120 变频器支持连接最高 690V 的交流进线电压，其直流母线电压最高也会大于 1000V，这些远远超出了安全电压范围。如果安装或操作不当难免会引起人身和设备事故，因此在设备安装和调试过程中必须严格遵循相关规范。下面将从几个部分介绍安装调试过程中的参考规范。

第一部分：柜机设备

1. 机械安装检查

1）安装前检查运输指示器，包括震动和倾斜指示。

2）检查重心标识。

3）检查安装环境是否满足。

4）地面的承重能力和属性应符合变频调速柜的安装要求。

5）当设备安装到最终位置后，需拆除顶部吊装（M90 选件）。

6）在最终固定设备之前，需拆除运输用的木托盘。

7）保证柜顶距天花板的最小高度，从而保证冷却风道畅通和冷却风量充足。

8）柜体底部必须固定牢靠，柜体并行放置时需要建立正确连接。

9）由于运输原因单独交付的下列选件需要现场安装：

　　① IP21 防护等级的遮篷（M21 选件）；

② IP23/IP43/IP54 防护等级的防护罩或滤网（选件 M23/M43/M54）。

10）如果柜体底部位于非实体结构之上，需采取必要的防震动措施。

11）如带 L37 选件，其手柄需正确安装。

12）柜体设备需右侧封闭，则须选择 M26 选件；柜体设备需左侧封闭，则须选择 M27 选件。

13）调试前安装好相关的保护隔板。

14）确保柜门打开方向的逃生路线畅通，遵循相关的安装规范。

2. 电气安装检查

1）为减轻张力，电缆需要固定在电缆夹轨（C 型夹轨）上。

2）当应用 EMC 屏蔽电缆时，电动机侧需要将屏蔽线通过冷压端头进行大面积连接并用螺栓固定，而驱动柜侧需要将屏蔽层通过紧固件连接于屏蔽母排/背板。

3）关于 PE 母线，各个柜子间的 PE 母线要有效连接，整个系统要建立有效接地。

4）关于直流母线，各柜子间的直流母线要建立可靠连接，严禁将操作工具放于母排之上。

5）关于辅助供电系统，各柜子间要建立可靠连接，并确保电压等级连接正确。

6）如果各柜机独立发货（没有 Y11 选件），现场需按电路图进行正确的电气连接。

7）在 EMC 滤波器的电容接地连接片处贴有黄色警告标签：

① 对于接地电网（TN/TT），保留连接片，拆除黄标签；

② 对于不接地电网（IT），拆除连接片和黄标签。

8）电缆需按要求的力矩固定在端子上，电动机电缆不能超出允许的最大长度，该长度因电缆类型（是否屏蔽）而异。

9）制动单元到制动电阻的连接电缆不能超出允许的最大长度，制动电阻的热触点信号需要连接到 CU 或控制器上。

10）当逆变单元并联来驱动单绕组电动机时，需确保电动机电缆不小于最小长度或配备输出电抗器。

11）直流母线耦合开关（包括附带预充电功能的 L37 选件）必须正确接线，并核查熔断器配置、正确接线和参数设置。

12）根据实际应用情况，进行合适的断路器电流整定。

13）电缆屏蔽层应按规定进行铺装。

14）根据实际电网电压调节各模块的风机变压器跳线，确保风机 230V 供电正常。

15）正确建立辅助供电模块与进线柜间的内部供电连接；对于辅助供电模块或包含 K76 选件的进线柜需正确设置 230V 变压器的一次侧跳线。如果辅助供电模块的供电电压为 380 ~ 480V 则必须替换该变压器进线侧的熔断器。

16）对于防护等级大于 IP21 的带 L43 选件的进线柜，其内部的 AC230V 风扇必须由辅助供电系统进行供电。

17）从功率设备的铭牌可以看到出厂时间，如果设备从出厂到初次调试（或停机时间）超过两年，需要对直流母线电容进行充电。

18）如果远程控制变频器工作，需遵循相关 EMC 规范，控制电缆需采用屏蔽电缆，并且要与动力电缆分开布线。

19）DRIVE-CLiQ 电缆必须按照推荐规则连接，且不超过最大允许长度。

20）不要带电插拔 CF 卡、选件板等设备，以免引起损坏。

21）上电之前一定要仔细检查接线及各电压等级回路是否存在短路情况。

第二部分：用户成柜

1. 机械安装检查

1）系统设计过程中，必须充分考虑现场的使用环境（如海拔、温度、湿度、腐蚀等）以便采取相关措施。

2）成柜过程中，必须遵循相关设计规范（比如安装间距、设备承重等）。

3）检查接地体载流量和属性是否满足规范。

4）保证柜顶距天花板的最小高度，从而保证冷却风道畅通和冷却风量充足。

5）柜体底部必须固定牢靠，柜体并行放置时需要建立正确连接。

6）如果柜体底部位于非实体结构之上，需采取必要的防震动措施。

7）确保柜门打开方向的逃生路线畅通，遵循相关的安装规范。

2. 电气安装检查

1）为减轻张力，电缆需要固定在电缆夹轨（C 型夹轨）上。

2）当应用 EMC 屏蔽电缆时，电动机侧需要将屏蔽线通过冷压端头进行大面积连接并用螺栓固定，而驱动柜侧需要将屏蔽层通过紧固件连接于屏蔽母排/背板。

3）柜子出线连接完毕后要进行密封，以免引起鼠患。

4）关于 PE 母线，各个柜子间的 PE 母线要有效连接，整个系统要建立有效接地。

5）关于直流母线，各柜子间的直流母线要建立可靠连接，严禁将操作工具放于母排之上。

6）关于辅助供电系统，各柜子间要建立可靠连接，并确保电压等级连接正确。

7）在 EMC 滤波器的电容接地连接片处贴有黄色警告标签：

　　① 对于接地电网（TN/TT），保留连接片，拆除黄标签；

　　② 对于不接地电网（IT），拆除连接片和黄标签。

8）制动单元到制动电阻的连接电缆不能超出允许的最大长度，制动电阻的热触点信号需要连接到 CU 或控制器上。

9）当逆变单元并联来驱动单绕组电动机时，需确保电动机电缆不小于最小长度或配备输出电抗器。

10）根据实际应用情况，进行合适的断路器电流整定。

11）根据实际电网电压调节各模块的风机变压器跳线，确保风机 230V 供电正常。

12）从功率设备的铭牌可以看到出厂时间，如果设备从出厂到初次调试（或停机时间）超过两年，需要对直流母线电容进行充电。

13）如果远程控制变频器工作，需遵循相关 EMC 规范，控制电缆需采用屏蔽电缆，并且要与动力电缆分开布线。

14）DRIVE-CLiQ 电缆必须按照推荐规则连接，且不超过最大允许长度。

15）不要带电插拔通信电缆、CF 卡、选件板等设备，以免引起损坏。

16）运输过程中的震动可能会引起柜内预接线松动，上电前需要检查是否存在虚接。

17）上电之前一定要仔细检查接线及各电压等级回路是否存在短路情况，供电电压是否正常，核查 24V 电源容量是否满足要求。

18）针对书本型 5kW/10kW 的 SLM 模块，其不带 Drive-CLiQ 接口，需要按要求进行接线和参数设置。

19）装置型 ALM 和 SLM 具有独立的预充电回路，预充电回路的进线相序必须与主回路一致，并且主回路的接触器（旁路预充电回路）必须由 X9 进行自动控制，严禁手动合闸，需要用户选择第三方断路器，请务必选择欠压脱扣线圈。

20）对于多传动应用，上电前一定要核查整个共直流系统的电容之和是否满足整流设备的最大电容要求；

21）对电动机上电之前，需检查电动机接线（星/角）、电动机绝缘，核查铭牌数据等。

22）如果电动机具有抱闸装置，电动机起动前需检查抱闸是否能够正常打开，抱闸线圈供电必须独立于变频器出线。

23）对于带编码器的应用，必须遵循编码器安装和接线规范，比如安装同轴度、绝缘和屏蔽等。

24）当应用多电缆并联时（如 12 脉动运行/多绕组电动机等），一定要确保各相序一致，以免引起短路。

25）当大变频带动小电动机和一拖多应用时，需要特别考虑电动机保护。

26）I/O 接地检查：在 CU 和 TM 端子模块上提供了接地端子 M 和 M1，在使用中请注意 M 表示模块的参考地，而 M1 表示外部电源参考地，如果使用本模块电源为 DI 供电，则需要 M 与 M1 短接，如果使用外部供电，则只需将外部参考地连接到 M1。

D. 2　调试上电篇

上电后检查：

1）检查模块 24V 供电电压。

2）检查主回路进线电压。

3）检查母线电压。

4）检查 I/O 信号。

5）检查装置上 EP 端子，其中整流装置上的 EP 作为脉冲使能，对于整流单元来说，则必须为该端子提供 24V 电压；对于 MM 和 CU310 上的 EP，是专门用于安全功能，如果没有为轴对象单独配置安全功能，则该端子无效。

6）检查 LED 的状态，观察一下所有设备模块的 LED 状态，判断设备是否处于就绪状态。

7）拓扑结构检查，确保按照规则连接 Drive-CLiQ 电缆。

D. 3　调试配置篇

1）工厂复位。

2）初始化配置系统。

3）输入电动机参数及相关配置。

4）如果对变频器或逆变单元进行模拟运行，必须要先拆除电动机接线，并断开主电源。

5）仿真测试。通过参数 P1272 激活仿真模式，该模式可以释放脉冲，仿真操作逻辑。

操作步骤：断开主回路电压，确保母线电容放电完毕，然后 p840 起动，则设备开始触发脉冲，风机运行，可以使用该方式检查装置和风机状态、控制逻辑、通信等。

6）参考速度、电流、转矩。

在变频器中，速度电流等变量都是按照百分数的方式显示，其对应的参考量为：

速度 p2000；

电压 p2001；

电流 p2002；

转矩 p2003；

功率 r2004。

7）在电动机动态识别前核查编码器反馈大小和方向；选择工作模式为 V/f 或无编码器方式，控制面板起动，检查编码器的反馈和电动机是否运行正常。

编码器方向确定

对于首次进行编码器闭环运行前，须确定编码器的反馈是否正确。

使用无编码器方式运行电动机，然后观察 r0061 编码器反馈是否与运行的速度一致。如果方向不正确，可以通过改变编码器 A/B 通道接线，或参数 p0410 来将极性校正。

8）控制面板起动优化。电动机需要处于空载状态或连接的设备转动惯量较小。

对电动机进行优化，按照静态辨识→旋转测量→速度环优化的顺序进行操作。对于无编码器矢量和带编码器矢量模式，其旋转测量与速度环优化参数不同，需要分别优化。

9）电动机静态辨识和动态识别过程中需要遵循相关要求，并注意人身安全和设备安装，设置相关限幅措施，建议事先配置急停功能。

10）检查 I/O 输入，可以通过 STARTER 软件直接查看 I/O 状态。

11）配置网络通信。需要注意上位机发送的第一个字的 bit10 位，通过设置其为高电平，来使能通信，这样变频器才能接收上位机的数据。

12）定义轴的控制逻辑。对于多传动系统（整流 + 逆变），建议整流单元与逆变单元控制联锁 p864 = r863.1，这样可以保证只有整流单元起动就绪，才能起动逆变单元。

13）确定工作方式。通过参数 p1300 进行选择，请根据实际工艺情况选择合适的工作方式。

14）通过配置的 I/O 或网络控制电动机运转，检查操作逻辑和运行速度。

调试高级功能

1）如果变频器驱动系统中有制动单元和制动电阻，需要取消母线电压控制器功能，即 p1240 = 0。

2）可以通过 DDS 和 CDS 进行控制方式切换，例如本地远程从电动机合闸起动到电动机的开始动作时间较长，可以通过脉冲使能、速度使能的方式来缩短起动时间。

3）缩短起动加速时间：

减小速度上升斜坡时间。

如加速时间长于设定的加速时间，说明转矩达到限幅，增大转矩限幅。

过载功能参数通过 P0290 设置。

4）减速停车时间长。有时候会出现减速停车的时间长于设定的减速斜坡时间，解决方法如下：

P1240 禁止最大电压控制器；

转矩达到限幅，增大转矩限幅。

5）提升方式下的抱闸控制。使用系统抱闸功能来控制提升设备的抱闸，需要使用扩展抱闸 P1215 = 3，P1152 = 1，然后设置电流或转矩的门槛值来作为打开报闸的条件。

6）改变电动机运行方向。如果给定的运行方向与电动机实际期望的运行方向相反，那么可以通过参数 p1821 直接改变运行方向，不必更改电动机接线。

7）温度传感器。可以根据不同的模块，来使用 PT100、KTY84、PTC 类型的温度传感器，但是 PTC 只能用作报警和故障，不能显示实际的温度。

8）转矩限幅。转矩限幅由转矩限幅、电流限幅和功率限幅几部分决定，如果要增大限幅，以上 3 个方面都需要考虑。

9）主从模式停车。对于从电动机为转矩模式的操作方式，停车时，主机速度给定设为 0，当设备停下来后再给出 OFF1 或封锁脉冲。

D. 4　维护篇

1）屏蔽故障。运行过程中出现故障，需要暂时屏蔽故障可以通过参数 P2100、P2101 来屏蔽故障。不是所有的故障都可以屏蔽，请在确认允许后再进行操作。

2）故障查询：

参数 r947 查询故障代码。

参数 r949 查询每个故障值，可到对应的故障手册查询具体的处理方法。

3）设备操作和检修过程中，必须时刻注意安全，变频器停车 5min 内，直流母线可能仍有危险电压。

4）硬件替换。更换设备需要考虑系统硬件兼容性。

5）拓扑结构。更换设备后，由于版本或订货号的差别，原系统会报拓扑故障，可以通过 P9906 来降低拓扑结构的比较等级。

E　矢量控制常见故障和报警列表

E. 1　故障和报警概述

1. 故障/报警的显示

驱动装置通过发出相应故障和/或者报警的方式来显示故障情况。

显示故障/报警的方式如下：

1）通过 PROFIBUS 的故障和报警缓冲器来显示。

2）通过在线运行中的调试软件来显示。

2. 故障和报警之间的区别

故障和报警的区别见表 E-1。

表 E-1　故障和报警的区别

类 型	描 述
故障	出现故障时会发生什么？ · 触发相应的故障响应 · 设定状态信号 ZSW1.3 · 故障记录在故障缓冲器中 如何排除故障？ · 排除故障原因 · 应答故障
报警	出现报警时会发生什么？ · 设定状态信号 ZSW1.7 · 报警记录在报警缓冲器中 如何排除报警？ · 报警会自行取消。即当原因不再存在时，就会自行清除

3. 故障响应

定义了以下故障响应，见表 E-2。

表 E-2　故障响应

列表	PROFIdrive	响应	描 述
无	—	无	出现故障时没有响应 注释： "基本定位器"功能模块有效时（r0108.4 = 1）适用：出现带有故障响应"NONE"的故障时，会中断有效的运行任务并切换到跟踪运行中，直到故障被清除并取消
OFF1	ON/OFF	在斜坡函数发生器下降斜坡上制动，接着禁止脉冲	转速控制（p1300 = 20, 21） · 变频器立即设定"转速设定值 0"，使电动机沿着斜坡函数发生器的减速斜坡（p1121）减速制动 · 在识别到停机之后，将电动机抱闸装置（如已设置）闭合（p1215）。在闭合时间（p1217）结束之后，将脉冲清除。 转速实际值低于转速阈值（p1226）或转速设定值 ≤ 转速阈值（p1226），并且该情况持续超出了监控时间（p1227）时，表明变频器停机 转矩控制（p1300 = 23） · 转矩控制中： 响应与"OFF2"相同 · 通过 p1501 切换到转矩控制中时，没有自行制动响应 当转速实际值低于转速阈值（p1226）或监控时间（p1227）到期时，就会闭合一个可能存在的电动机抱闸制动。在闭合时间（p1217）结束之后，将脉冲清除
OFF1_延时	—	与 OFF1 相同,但会延时	带有该故障响应的故障在 p3136 中的延迟时间届满后才会生效。到 OFF1 的剩余时间会显示在 r3137 中
OFF2	惯性滑行停止	禁用内部/外部脉冲	转速闭环控制和转矩闭环控制 · 立即清除脉冲，驱动"慢慢"停止 · 将立即闭合一个可能存在的电动机抱闸制动 · 变频器被禁止接通
OFF3	快速停止	电动机沿"OFF3"减速斜坡制动，接着变频器禁用脉冲	转速控制（p1300 = 20,21） · 变频器通过立即给出"转速设定值 0"的方式使电动机沿着 OFF3 减速斜坡（p1135）制动 · 在检测到驱动静止之后，电动机抱闸（如已设置）被闭合。在抱闸闭合时间（p1217）结束时，脉冲被清除。转速实际值低于转速阈值（p1226）或转速设定值 ≤ 转速阈值（p1226），并且该情况持续超出了监控时间（p1227）时，表明变频器停机 · 变频器被禁止接通 转矩控制（p1300 = 23） · 切换到转速控制,其它响应和转速控制相同

（续）

列表	PROFIdrive	响应	描　述
STOP1	—	—	准备中
STOP2	—	转速设定值 0	· 变频器通过立即给出"转速设定值 0"的方式使电动机沿着 OFF3 减速斜坡（p1135）制动 · 变频器保持在转速控制中
IASC/直流制动	—	—	· 同步电动机时适用：在发生故障时，该故障响应会触发内部电枢短路。必须满足 p1231 = 4 要求的相关条件 · 异步电动机时适用：当变频器发生设置了该响应的故障时，会触发直流制动。必须调试直流制动功能（p1232，p1233，p1234）
编码器	—	禁用内部/外部脉冲（p0491）	编码器故障响应取决于 p0491 中的设置。出厂设置： p0491 = 0→编码器故障导致"OFF2" 注意： 修改 p0491 时必须注意该参数的描述

4. 故障应答

针对各故障情况，在故障和报警列表中规定了如何在排除原因之后进行应答，见表 E-3。

表 E-3　故障应答

应答	描　述
上电	通过上电应答故障（关闭/接通驱动设备） 注释： 如果故障原因尚未排除，在起动之后会再次出现故障
立即	故障应答可在一个单独的驱动对象（点 1～3）或在全部驱动对象（点 4）上按以下方式进行： 1）通过参数设置应答： p3981 = 0→1 2）通过二进制互联输入应答： p2103　　　　BI:1. 应答故障 p2104　　　　BI:2. 应答故障 p2105　　　　BI:3. 应答故障 3）通过 PROFIBUS 控制信号应答：STW1.7 = 0→1（脉冲沿） 4）应答所有故障 p2102　　　　BI:应答所有故障，通过该数字输入可以应答驱动系统全部驱动对象的所有故障 注释： · 也可以通过重新上电应答这些故障 · 如果故障原因尚未排除，在应答后故障信息仍保留，不会被清除 · Safety Integrated 的故障 出现这些故障时，必须在应答之前将"STO:Safe Torque Off"（安全断路转矩）功能取消
禁用脉冲	故障只可在脉冲禁用（r0899.11 = 0）时应答。应答方式同立即应答

5. 故障缓冲器-关闭时保存

在关闭控制单元时，以非易失性方式保存故障缓冲器，即在接通之后，故障缓冲器的历史记录仍然存在。

驱动对象的故障缓冲器由下列参数构成：

1）r0945 [0...63]，r0947 [0...63]，r0948 [0...63]，r0949 [0...63]。

2）r2109 [0...63]，r2130 [0...63]，r2133 [0...63]，r2136 [0...63]。

可以按照下列方式手工清零故障缓冲器：

1）清零所有驱动对象的故障缓冲器：

p2147 = 1→执行清零之后将自动设定 p2147 = 0。

2）清零某个驱动对象的故障缓冲器：

p0952 = 0→该参数属于某个驱动对象。

当出现下列事件时自动清零故障缓冲器：

1）调整出厂设置（p0009 = 30 和 p0976 = 1）。

2）有结构性变化的下载（例如驱动对象的数量改变）。

3）加载其它参数值之后起动（例如 p0976 = 10）。

4）将固件升级到新版本。

E.2　关于故障和报警列表的说明

下面示例中的数据是任意选择的。最完整的说明由下列信息组成。有些信息会选择性地列出。

故障和报警列表的布局如下：

-----------------------示例开始 --------------

Axxxxx（F，N）	故障位置(可选):名称	处理方法
信息值：	组件号:%1,故障原因:%2	可能有的解决办法说明 基于 F 的响应： A_INFEED:OFF2（OFF1，NONE） 伺服:无(关1，关2，关3) 矢量:无(关1，关2，关3) 基于 F 的应答:立即（上电） 基于 N 的响应:无 基于 N 的应答:无
驱动对象：	列举对象	
响应：	无	
应答：	无	
原因：	可能的原因说明 　故障值（r0949，格式解释）: 或者报警值（r2124，格式解释):(可选项) 　关于故障或者报警值的信息（可选）	

-----------------------示例结束 ----------------

Axxxxx　　　　报警 xxxxx

Axxxxx（F，N）报警 xxxxx（信息类型可以改为 F 或者 N）

Fxxxxx　　　故障 xxxxx

Fxxxxx（A，N）故障 xxxxx（信息类型可以改为 A 或者 N）

Nxxxxx　　　没有信息

Nxxxxx（A）　　　没有信息（信息类型可以改为 A）

Cxxxxx　　　安全信息（自身信息缓冲器）

每条信息由一个字母和一串序号组成。

字母的含义如下：

A 表示"报警"（英文"Alarm"）；

F 表示"故障"（英文"Fault"）；

N 表示"没有信息"或者"内部信息"（英文"No Report"）；

C 显示"安全信息"。

可选的现有括号用来说明该信息的信息类型是否可以改变、哪些信息类型可以通过参数设置（p2118，p2119）。

如果是一个可以改变信息类型的信息，则有关响应和应答的情况将独立说明（例如当类型为 F 时的响应，当类型为 F 时的应答）。

注释
故障或报警的标准设置特性可通过设置参数来更改。参考资料：/IH1/
参见 SINAMICS S120 调试手册"诊断"一章
故障和报警列表提供有关信息的默认属性。如果修改某一信息的属性,该列表中的相应信息也会改变。

---

1. 故障位置（可选）：名称

故障位置（可选）以及报警或故障名称与信号编号一起使用，可用于标识报警（例如使用调试软件）。

2. 信息值

信息值中提供了故障值/报警值的组成部分。示例：

信息值：组件号:%1，故障原因:%2，该信息值包含关于组件号和故障原因的信息。字符 %1 和 %2 为占位符，在使用调试软件进行的在线运行中会替换为相应的内容。

3. 驱动对象

每一信息（故障/报警）都会说明该信息在哪个驱动对象中。

一个信息可以属于一个、多个或者所有驱动对象。

4. 响应：默认故障响应（故障响应可设置）

可选的现有括号用来说明默认故障响应是否可以改变、哪些故障响应可以通过参数设置（p2100，p2101）。

5. 应答：默认应答（应答可设置）

用来规定排除原因之后以默认方式应答故障。

可能存在的括号用来说明是否可以改变默认应答、通过参数可以设置哪些应答（p2126，p2127）。

原因：

用来说明故障或者报警的可能原因。可选择对一个故障值或者报警值进行附加说明。

故障值（r0949，格式）：故障值以 r0949 [0...63] 的形式记录在故障缓冲器中，并且说明有关故障的更为精确的补充信息。

报警值（r2124，格式）：报警值用来说明有关报警的更为精确的补充信息。

报警值以 r2124 [0...7] 的形式记录在报警缓冲器中，并且说明有关报警的更为精确的补充信息。

解决办法：

用来说明排除现有故障或者报警原因的一般性处理方法。

 警告

在个别情况下,由维修或者维护人员来选择排除原因的适当处理方法。

E.3　故障和报警的序号范围

注释
以下的参数序号范围显示了 SINAMICS 驱动系列的全部现有故障和报警一览。

故障和报警划分的序号范围见表 E-4。

表 E-4　故障和报警划分的序号范围

来自	到	范　　围
1000	3999	控制单元,闭环控制
4000	4999	预留
5000	5999	功率单元
6000	6899	电源
6900	6999	制动单元
7000	7999	驱动
8000	8999	选件板
9000	12999	预留
13000	13020	授权
13021	13099	预留
13100	13102	专有技术保护
13103	19999	预留
20000	29999	OEM
30000	30999	DRIVE-CLiQ 组件,功率单元
31000	31999	DRIVE-CLiQ 组件,编码器 1
32000	32999	DRIVE-CLiQ 组件,编码器 2 注释: 如果编码器设置为直接测量系统,不参与电动机闭环控制时,发生的故障会自动作为报警输出
33000	33999	DRIVE-CLiQ 组件,编码器 3 注释: 如果编码器设置为直接测量系统,不参与电动机闭环控制时,发生的故障会自动作为报警输出
34000	34999	电压监控模块（VSM）
35000	35199	端子模块 54F（TM54F）
35200	35999	端子模块 31（TM31）
36000	36999	DRIVE-CLiQ 集线器模块
37000	37999	HF 阻尼模块
40000	40999	控制器扩展模块 32（CX32）
41000	48999	预留
49000	49999	SINAMICS GM/SM/GL
50000	50499	通信板（COMM BOARD）
50500	59999	OEM 西门子
60000	65535	SINAMICS DC MASTER（直流闭环控制）

故障列表见表 E-5。

表 E-5　故障列表（仅针对矢量控制）

故障代码	故障成因分析	处理方法
A01007	DRIVE-CLiQ 组件需要重新上电	—重新给指定的 DRIVE-CLiQ 组件上电 —使用 SINUMERIK 时自动调试会受阻。在此情况下应对所有组件执行上电,并且必须重新起动自动调试
信号重要性:	组件号:%1	
驱动体:	所有目标	
响应:	无	
应答:	无	
原因:	DRIVE-CLiQ 组件需要重新上电,例如,可能进行了固件升级 报警值（r2124,十进制）: DRIVE-CLiQ 组件的组件号 注释:组件号 =1 时需要重新上电控制单元	

（续）

故障代码	故障成因分析	处理方法
F01010	驱动类型不明	一更换功率模块 一重新为所有组件上电（断电/上电） 一将固件升级到新版本 一联系热线
信号重要性：	％1	
驱动体：	所有目标	
响应：	无	
应答：	立即	
原因：	发现不明驱动类型 故障值（r0949，十进制）：驱动对象序号（参见 p0101，p0107）	
F01030	控制权下的生命符号出错	调高 PC 的监控时间或者完全关闭监控 调试软件中的监控时间设置如下： 通过 < 驱动 > -> 调试 -> 控制面板 -> "获取控制权"按钮 -> 在出现的窗口里可以设置监控时间，单位为毫秒 注意： 把监控时间设的尽可能小。监控时间长，意味着通信出现故障时响应晚
信号重要性：	—	
驱动体：	A_INF，B_INF，ENC，S_INF，SERVO，SERVO_AC，SERVO_I_AC，TM41，VECTOR，VECTOR_AC，VECTO R_I_AC	
响应：	Infeed：OFF1（OFF2，无） Servo：OFF3（IASC/DCBRK，OFF1，OFF2，STOP1，STOP2，无） Vector：OFF3（IASC/DCBRK，OFF1，OFF2，STOP1，STOP2，无）	
应答：	立即	
原因：	PC 控制权有效时，在监控时间内没有收到生命符号 有效的 BICO 连接重新得到控制权	
F01040	需要备份参数并重新上电	一备份参数（p0971/p0977） 一为所有组件上电（与功率单元同时或在之后接通控制单元） 对于边沿调制，在修改 p1750.5 或 p1810.2 时热起动（p0009 = 30，p0976 = 3）就足够了 之后执行驱动设备的上载（调试软件）
信号重要性：	—	
驱动体：	VECTOR，VECTOR_AC，VECTOR_I_AC	
响应：	OFF2	
应答：	上电	
原因：	在驱动系统中一个参数被更改，该参数需要备份并且重新起动 示例： —p1810.2（脉冲频率的摆动）及 p1802（边沿调制） —p1750.5（f = 0Hz 前为闭环控制，针对 PESM，带高频信号注入）	
F01042	下载项目时的参数出错	一在故障值指出的参数中输入正确值 一找出对该参数的极限值产生影响的另一参数
信号重要性：	参数：％1，下标：％2，故障原因：％3	
驱动体：	所有目标	
响应：	Infeed：OFF2（OFF1，无） Servo：OFF2（OFF1，OFF3，无） Vector：OFF2（OFF1，OFF3，无）	
应答：	立即	
原因：	通过该调试软件下载项目时，出现异常（例如：参数值错误） 故障值中指出的参数可能超了由其它参数决定的动态极限值 故障值（r0949，十六进制）： ccbbaaaa 十六进制 aaaa = 参数 bb = 下标 cc = 故障原因 0：参数号错误 1：参数值不能改变 2：超过数值上下限 3：子下标有错误 4：没有数组，没有子下标 5：数据类型错误 6：不允许设置(仅可复位) 7：描述部分不可改 9：描述数据不存在 11：无操作权 15：没有文本数组 17：因处于运行状态无法执行任务 20：值非法 21：回复太长 22：参数地址非法	

（续）

故障代码	故障成因分析	处理方法
原因：	23：格式非法 24：值的个数不一致 25：驱动对象不存在 101：暂时未激活 104：值非法 107：控制器使能时不允许写访问 108：单位未知 109：仅在编码器调试状态下允许写入（p0010 = 4） 110：仅在电动机调试状态下允许写入（p0010 = 3） 111：仅在功率部分调试状态下允许写入（p0010 = 2） 112：仅在快速调试状态下允许写入（p0010 = 1） 113：仅在就绪状态下允许写入（p0010 = 0） 114：仅在参数复位调试状态下允许写入（p0010 = 30） 115：仅在 Safety Integrated 调试状态下允许写入（p0010 = 95） 116：仅在工艺应用/单位调试状态下允许写入（p0010 = 5） 117：仅在调试状态下允许写入（p0010 不等于 0） 118：仅在下载调试状态下允许写入（p0010 = 29） 119：在下载时不可写入参数 120：仅在调试状态"驱动基本配置"下允许写入（设备：p0009 = 3） 121：仅在调试状态"确定驱动类型"下允许写入（设备：p0009 = 2） 122：仅在调试状态"数据组基本配置"下允许写入（设备：p0009 = 4） 123：仅在调试状态"设备配置"下允许写入（设备：p0009 = 1） 124：仅在调试状态"设备下载"下允许写入（设备：p0009 = 29） 125：仅在调试状态"设备参数复位"下允许写入（设备：p0009 = 30） 126：仅在调试状态"设备就绪"下允许写入（设备：p0009 = 0） 127：仅在调试状态"设备"下允许写入（设备：p0009 不等于 0） 129：在下载时不可写入参数 130：通过 BI：p0806 禁止接收控制权 131：因为 BICO 输出端不提供浮点值，所以不可能连接所需的 BICO 132：禁止通过 p0922 连接空 BICO 端点 133：存取方式未定义 200：在有效值之下 201：在有效值之上 202：在基本型操作面板（BOP）上，无法访问 203：在基本型操作面板（BOP）上，无法读取 204：不允许写访问	
F01043	在项目下载时出现严重错误	
信号重要性：	故障原因：%1	
驱动体：	所有目标	
响应：	Infeed：OFF2（OFF1） Servo：OFF2（OFF1，OFF3） Vector：OFF2（OFF1，OFF3）	
应答：	立即	
原因：	通过调试软件下载项目时，出现严重错误 故障值（r0949，十进制）： 1：无法将设备状态改为设备下载（驱动对象接通?） 2：驱动对象号错误 3：再次删除已经删除的驱动对象 4：删除在新建时已经注册过的驱动对象 5：删除目前不存在的驱动对象 6：建立已经已经存在、未被删除的驱动对象 7：再次建立一个已经在新建时注册过的驱动对象 8：超过了可生成的驱动对象数量的最大值 9：建立 Device 驱动对象出错 10：生成设定拓扑结构参数时出错（p9902 和 p9903） 11：建立驱动对象（全局部分）时出错 12：建立驱动对象（驱动部分）时出错 13：驱动对象类型不明 14：无法将驱动状态改变为运行就绪（p0947 和 p0949） 15：无法将驱动状态改变为驱动下载 16：无法将设备状态改变为运行就绪 17：无法下载拓扑结构。请根据信息，检查组件布线 18：只有恢复驱动设备的出厂设置，才能重新下载	—采用最新版本的调试软件 —修改离线项目并重新下载（例如：比较离线项目和驱动的驱动对象数目、电动机、编码器、功率单元） —修改驱动状态（驱动运转或者有信息存在?） —注意出现的后续信息并消除原因 —利用备份文件重新起动（重新上电或 p0976）

（续）

故障代码	故障成因分析	处理方法
原因:	19:选件模块的插槽多次组态（例如:CAN 和 COMM BOARD） 20:配置不一致（例如:CAN 配置用于控制单元,但没有为驱动对象 A_INF、伺服或者矢量配置 CAN） 21:接收所下载的参数时出错 22:软件内部下载错误 其它值仅用于西门子内部故障诊断	
F01050	存储卡和设备不兼容	
信号重要性:	—	
驱动体:	所有目标	
响应:	Infeed:OFF2（OFF1,无） Servo:OFF2（OFF1,OFF3,无） Vector:OFF2（OFF1,OFF3,无）	—插入配套的存储卡 —使用配套的控制单元或者功率单元
应答:	立即	
原因:	存储卡和设备类型不兼容（例如:一块用于 SINAMICS S 的存储卡插入了 SINAMICSG）	
F01054	CU:超出系统极限	故障值 =1,5 时:
信号重要性:	%1	—将驱动设备的运算时间负载（r9976[1]和 r9976[5]）降低到100% 以下
驱动体:	所有目标	—检查采样时间,必要时修改该时间（p0115,p0799,p4099）
响应:	OFF2	—禁用功能模块
应答:	立即	—禁用驱动对象 —参见设定拓扑结构中的驱动对象 —注意 DRIVE-CLiQ 的拓扑规则,必要时修改 DRIVE-CLiQ 拓扑结构
原因:	至少出现一处系统过载 故障值（r0949,十进制）: 1:运算时间负载太大（r9976[1]） 5:峰值负载太大（r9976[5]） 只要存在此故障,就不能保存参数（p0971,p0977） 参见:r9976（系统负载率）	在使用驱动控制图表（DCC:Drive Control Chart）和自由功能块（FBLOCKS）时: —可在 r21005（DCC）和 r20005（FBLOCKS）中读取驱动对象上单个顺序组的运算时间负载 —必要时修改顺序组的分配（p21000,p20000）,从而增大采样时间（r21001,r20001） —必要时降低循环计算模块（DCC）或功能块（FBLOCKS）的数量
A01100	CU:存储卡已拔出	
信号重要性:	—	
驱动体:	A_INF, B_INF, S_INF, SERVO, SERVO_AC, SERVO_I_AC,TM41, VECTOR, VECTOR_AC, VECTOR_I_AC	—关闭驱动系统 —重新插入拔出的、与设备相配的存储卡
响应:	无	
应答:	无	—重新接通驱动设备
原因:	存储卡(非易失存储器)在运行期间拔出 注意: 不允许带电插拔存储卡	

（续）

故障代码	故障成因分析	处理方法
A01223	CU:采样时间不一致	
信号重要性:	%1	
驱动体:	所有目标	
响应:	无	
应答:	无	
原因:	更改采样时间（p0115［0］,p0799 或者 p4099）时,发现周期之间不一致 报警值（r2124,十进制）: 1:数值小于最小值 2:数值大于最大值 3:数值不是 1.25μs 的倍数 4:数值和等时同步 PROFIBUS 不配套 5:数值不是 125μs 的倍数 6:数值不是 250μs 的倍数 7:数值不是 375μs 的倍数 8:数值不是 400μs 的倍数 10:违反了驱动对象的特殊限制 20:在采样时间为 62.5μs 的伺服中,在同一个 DRIVE-CLiQ 支路中发现不止两个驱动对象,或者一个非伺服类型的驱动对象（最多允许两个伺服类型的驱动对象） 21:数值并不是系统中存在的矢量驱动的电流环采样时间的倍数（例如:TB30 时必须考虑所有下标的值） 30:值小于 31.25μs 31:值小于 62.5μs（31.25μs 在 SMC10,SMC30,SMI10 和双轴机模块上不被支持） 32:值小于 125μs 33:值小于 250μs 40:在 DRIVE-CLiQ 支路上,发现某些节点的采样时间最大公约数小于 125μs。另外,没有哪个节点的采样时间小于 125μs 41:在 DRIVE-CLiQ 支路上,发现一个装机装柜型设备节点。除此之外,支路上的所有用户的最大总采样时间分配器小于 250μs 42:在 DRIVE-CLiQ 支路上,发现一个调节型电源模块（ALM）节点。除此之外,支路上的所有用户的最大总采样时间分配器小于 125μs 43:在 DRIVE-CLiQ 支路上,发现一个电压监控模块（VSM）节点。另外,支路上所有节点的采样时间最大公约数不等于 VSM 驱动对象的电流环采样时间 44:DRIVE-CLiQ 支路上所有节点的采样时间最大公约数不等于该驱动对象所有组件的采样时间（例如:如果组件在不同的 DRIVE-CLiQ 支路上,在该支路上存在不同的采样时间最大公约数） 45:在 DRIVE-CLiQ 支路上,发现一个装机装柜并联设备节点。除此之外,支路上的所有用户的最大总采样时间分配器小于 162.5μs 或 187.5μs（2 倍或 3 倍并联时） 46:在 DRIVE-CLiQ 支路上,有一个节点的采样时间不是该支路上最小采样时间的整数倍 52:在 DRIVE-CLiQ 支路上,发现某些节点的采样时间最大公约数小于 31.25μs 54:在 DRIVE-CLiQ 支路上,发现某些节点的采样时间最大公约数小于 62.5 μs	—检查 DRIVE-CLiQ 连线 —设置有效采样时间 参见: p0115,p0799,p4099

（续）

故障代码	故障成因分析	处理方法
原因：	56：在 DRIVE-CLiQ 支路上，发现某些节点的采样时间最大公约数小于 125μs 58：在 DRIVE-CLiQ 支路上，发现某些节点的采样时间最大公约数小于 250μs 99：发现驱动对象之间存在不一致 116：r0116[0...1] 中的推荐周期 一般注释： 在进行 DRIVE-CLiQ 布线时必须遵守拓扑结构规则（参见相关的产品文献） 在自动计算时也可以修改采样时间参数 最大公约数示例：125μs、125μs、62.5μs	一检查 DRIVE-CLiQ 连线 一设置有效采样时间 参见：p0115，p0799，p4099
A01224	CU：脉冲频率不一致	
信号重要性：	%1	
驱动体：	所有目标	
响应：	无	
应答：	无	
原因：	更改最小脉冲频率（p0113）时，发现脉冲频率之间不一致 报警值（r2124，十进制）： 1：数值小于最小值 2：数值大于最大值 3：生成的采样时间不是 1.25 μs 的倍数 4：数值和等时同步 PROFIBUS 不配套 10：违反了驱动对象的特殊限制 99：发现驱动对象之间存在不一致 116：r0116[0...1] 中的推荐周期	设置有效脉冲频率 参见：p0113（最小脉冲频率选择）
F01303	DRIVE-CLiQ 部件不支持所要求的功能	
信号重要性：	%1	
驱动体：	所有目标	
响应：	OFF2	
应答：	立即	
原因：	DRIVE-CLiQ 组件不支持控制单元所要求的功能 故障值（r0949，十进制）： 1：某一组件不支持"禁用" 101：逆变单元不支持内部电枢短路 102：逆变单元不支持"禁用" 201：在使用霍耳传感器（p0404.6 = 1）用于换向时，编码器模块不支持实际值取反（p0410.0 = 1） 202：编码器模块不支持驻留/解除驻留 203：编码器模块不支持"禁用" 204：端子模块 15（TM15）固件不支持 TM15DI/DO 应用 205：编码器模块不支持所选择的温度检测（r0458） 206：端子模块 TM41/TM31/TM15 的固件为旧版固件。必须立即升级固件以实现正常运行 207：硬件版本的功率单元不支持小于 380V 输入电压的设备运行 208：编码器模块不支持取消带零脉冲（即通过 p0430.23）的换向 211：编码器模块不支持单圈编码器（r0459.10） 212：编码器模块不支持 VDT 传感器（p4677.0） 213：编码器模块不支持特性曲线类型（p4662）	升级相关 DRIVE-CLiQ 组件的固件 故障值 = 205 时： 检查参数 p0600 或者 p0601，必要时修改参数 故障值 = 207 时： 更换功率单元或者提高设备输入电压（p0210） 故障值 = 208 时： 检查参数 p0430.23，必要时复位该参数
A01306	正在升级 DRIVE-CLiQ 组件的固件	
信号重要性：	%1	
驱动体：	所有目标	
响应：	无	
应答：	无	
原因：	正在升级至少一个 DRIVE-CLiQ 组件的固件 报警值（r2124，十进制）： DRIVE-CLiQ 组件的组件号	无需采取任何措施 结束固件升级后报警自动消失

（续）

故障代码	故障成因分析	处理方法
A01330	拓扑结构:无法快速调试	
信号重要性:	故障原因:%1,附加信息:%2,临时组件号:%3	
驱动体:	所有目标	
响应:	无	
应答:	无	
原因:	无法执行快速调试。现有的实际拓扑结构满足不了必要的要求 报警值（r2124,十六进制）: ccccbbaa 十六进制:cccc＝临时组件号,bb＝附加信息,aa＝故障原因 aa＝01 十六进制＝1 十进制: 在一个组件上发现错误连接 —bb＝01 十六进制＝1 十进制:在逆变单元上发现不止一个电动机带有 DRIVE-CLiQ —bb＝02 十六进制＝2 十进制:在一个带有 DRIVE-CLiQ 的电动机上,它的 DRIVE-CLiQ 线没跟逆变单元相连 aa＝02 十六进制＝2 十进制: 这个拓扑结构包含了太多同一类型的组件 —bb＝01 十六进制＝1 十进制:有不止一个主站控制单元 —bb＝02 十六进制＝2 十进制:有超过 1 个电源模块（8 个并联） —bb＝03 十六进制＝3 十进制:有超过 10 个逆变单元（8 个并联） —bb＝04 十六进制＝4 十进制:有超过 9 个编码器 —bb＝05 十六进制＝5 十进制:有超过 8 个端子模块 —bb＝07 十六进制＝7 十进制:组件类型未知 —bb＝08 十六进制＝8 十进制:有多于 6 个从动驱动 —bb＝09 十六进制＝9 十进制:不允许连接从动驱动 —bb＝0a 十六进制＝10 十进制:没有主驱动 —bb＝0b 十六进制＝11 十进制:并联电路中有不止一个带有 DRIVE-CLiQ 的电动机 —bb＝0c 十六进制＝12 十进制:并联电路中有不同类型的功率单元 —cccc:未使用 aa＝03 十六进制＝3 十进制: 在控制单元的 DRIVE-CLiQ 插口上连接了不止 16 个组件 —bb＝0,1,2,3 表明,这个错误位于 DRIVE-CLiQ 插口 X100,X101,X102,X103 上 —cccc:未使用 aa＝04 十六进制＝4 十进制: 前后相连的组件数大于 125 —bb:未使用 —cccc＝第一个被发现导致故障的组件的临时组件号 aa＝05 十六进制＝5 十进制: 该组件不允许用于伺服 —bb＝01 十六进制＝1 十进制:存在 SINAMICSG —bb＝02 十六进制＝2 十进制:存在装机装柜型结构 —cccc＝第一个被发现导致故障的组件的临时组件号 aa＝06 十六进制＝6 十进制: 在一个组件中发现 EEPROM 数据错误。该错误必须在下一次起动前更正 —bb＝01 十六进制＝1 十进制:所更换的功率单元订货号（MLFB）包含占位符。这些占位符（＊）必须由正确的符号替换 —cccc＝具有非法 EEPROM 数据的组件的临时组件号 aa＝07 十六进制＝7 十进制: 实际拓扑结构包含一个错误的组件组合 —bb＝01 十六进制＝1 十进制:调节型电源模块（ALM）和基本型电源模块（BLM） —bb＝02 十六进制＝2 十进制:调节型电源模块（ALM）和非调节型电源模块（SLM） —bb＝03 十六进制＝3 十进制:SIMOTION 控制系统（例如 SIMO-TIOND445）及 SINUMERIK 组件（例如 NX15） —bb＝04 十六进制＝4 十进制:SINUMERIK 控制系统（例如 SI-MUMERIK 730.net）及 SIMOTION 组件（例如 CX32） —cccc:未使用 注释: 连接类型和连接号参见 F01375 参见:p0097（驱动对象类型选择）,r0098（设备实际拓扑结构）,p0099（设备设定拓扑结构）	—按要求调整实际拓扑结构 —通过调试软件进行调试 —对于带有 DRIVE-CLiQ 的电动机,功率电缆和 DRIVE-CLiQ 电缆连接在同一逆变单元上,单轴电动机模块:DRIVE-CLiQ 电缆连接到 X202 上,双轴逆变单元:电动机 1（X1）的 DRIVE-CLiQ 电缆连接在 X202 上,电动机 2（X2）的连接在 X203 上 aa＝06 十六进制＝6 十进制和 bb＝01 十六进制＝1 十进制: 通过调试软件修改订货号 参见:p0097（驱动对象类型选择）,r0098（设备实际拓扑结构）,p0099（设备设定拓扑结构）

（续）

故障代码	故障成因分析	处理方法
F01340	拓扑结构：一个支路上的组件过多	—检查 DRIVE-CLiQ 的布线 —减少这个 DRIVE-CLiQ 插口上连接的组件的数量，将它们连接到另一个 DRIVE-CLiQ 插口上，这样便可以通过多条支路来实现均衡的通信 　故障值 =1yy-4yy 时还需： —提高采样时间（p0112，p0115，p4099）。对于 DCC 或 FBLOCKS，必要时可修改顺序组的分配（p21000，p20000），从而增大采样时间（r21001，r20001） —必要时降低循环计算模块（DCC）或功能块（FBLOCKS）的数量 —减少功能块（r0108） —建立电流控制采样时间为 31.25μs 的运行条件（在该采样时间的 　DRIVE-CLiQ 支路上只能运行逆变单元和编码器模块，并且只能使用许可的编码器模块（例如 SMC20，即订货号的最后一位为 3） —对于 NX，还须将可能存在的第二测量系统所对应的编码器模块连接至 NX 的任意 DRIVE-CLiQ 插口 　故障值 =8yy 时还需： —检查周期的设置（p0112，p0115，p4099）。一条 DRIVE-CLiQ 支路上的周期必须可以相互整除。该周期包含了上述参数中所有驱动对象的所有周期，这些驱动对象在该支路上有组件 　故障值 =9yy 时还需： —检查周期的设置（p0112，p0115，p4099）。两个周期之间的差值越小，最小公约数也就越大。周期的数值越大，这种影响也就越明显
信号重要性：	组件号或接口号：%1，故障原因：%2	
驱动体：	所有目标	
响应：	无	
应答：	立即	
原因：	对于当前设置的通信周期来说，控制单元的一条支路上连接了太多的 DRIVE-CLiQ 组件 故障值（r0949，十六进制）： xyy hex：x = 故障原因，yy = 组件号或连接号 1yy： 控制单元上 DRIVE-CLiQ 插口的通信周期不够执行所有的读访问 2yy： 控制单元上 DRIVE-CLiQ 插口的通信周期不够执行所有的写访问 3yy： 周期性通信已经满负荷 4yy： DRIVE-CLiQ 循环在应用程序最先结束前便已开始。控制环中不可避免地增加了时滞，有可能会引发生命符号错误 电流控制采样时间为 31.25 μs 的运行条件不满足 5yy： DRIVE-CLiQ 连接中，内部的有效载荷数据缓冲器溢出 6yy： DRIVE-CLiQ 连接中，内部的接收数据缓冲器溢出 7yy： DRIVE-CLiQ 连接中，内部的发送数据缓冲器溢出 8yy： 组件的周期不能组合在一起 900： 系统中周期的最小公约数太大，无法确定 901： 硬件无法形成系统中周期的最小公约数	
F01356	拓扑结构：存在损坏的 DRIVE-CLiQ 组件	
信号重要性：	故障原因：%1，组件号：%2，接口号：%3	
驱动体：	所有目标	
响应：	OFF2	
应答：	立即	
原因：	实际拓扑结构中至少有一个 DRIVE-CLiQ 组件损坏 故障值（r0949，十六进制）： zzyyxx 十六进制： zz = 损坏组件所在的接口号 yy = 损坏组件的组件号 xx = 故障原因 xx =1：控制单元上的组件非法 xx =2：通信损坏的组件 注释： 取消并抑制脉冲使能	更换损坏组件并重新起动系统

（续）

故障代码	故障成因分析	处理方法
F01357	拓扑结构:在 DRIVE-CLiQ 支路上发现了两个控制单元	
信号重要性:	组件号:%1,接口号:%2	
驱动体:	所有目标	
响应:	OFF2	—移除第二个控制单元并重启系统
应答:	立即	—更换组件 DRIVE-CLiQ Extension 上的混合电缆 (IN/OUT)
原因:	在实际拓扑中,通过 DRIVE-CLiQ 连接了 2 个控制单元。不允许此设置 故障值 (r0949,十六进制): yyxx 十六进制: yy = 第二个控制单元的接口号 xx = 第二个控制单元的组件号 注释:取消并抑制脉冲使能	
F01360	拓扑结构:实际拓扑结构非法	
信号重要性:	故障原因:%1,临时组件号:%2	
驱动体:	所有目标	
响应:	无	
应答:	立即	
原因:	检测出的实际拓扑结构是非法结构 故障值 (r0949,十六进制): ccccbbaa 十六进制: cccc = 临时组件号,bb = 无意义,aa = 故障原因 aa = 01 十六进制 = 1 十进制: 发现控制单元上有太多的组件。最多允许199 个组件 aa = 02 十六进制 = 2 十进制: 某个组件的类型不明 aa = 03 十六进制 = 3 十进制: 不允许 ALM 和 BLM 的组合 aa = 04 十六进制 = 4 十进制: 不允许 ALM 和 SLM 的组合 aa = 05 十六进制 = 5 十进制: 不允许 BLM 和 SLM 的组合 aa = 06 十六进制 = 6 十进制: 不能将 CX32 直接连接到允许的控制单元上 aa = 07 十六进制 = 7 十进制: 不能将 NX10 或 NX15 直接连接到允许的控制单元上 aa = 08 十六进制 = 8 十进制: 组件连接到了错误的控制单元上. aa = 09 十六进制 = 9 十进制: 组件连接到了带有旧版本的控制单元上 aa = 0A 十六进制 = 10 十进制: 发现太多特定类型的组件 aa = 0B 十六进制 = 11 十进制: 在一个支路上发现太多特定类型的组件 注释:驱动系统的起动中止。在这种状态下不能使能驱动控制	故障原因 = 1: 改变配置。和控制单元连接的组件少于199 个 故障原因 = 2: 删除组件类型不详的组件 故障原因 = 3,4,5: 建立一个有效组合 故障原因 = 6,7: 扩展组件直接连接到了允许的控制单元上 故障原因 = 8: 删除组件,并使用允许的组件 故障原因 = 9: 将功率单元的固件升级到新版本 故障原因 = 10,11: 减少组件数量
F01600	SICU:STOPA 被触发	
信号重要性:	%1	
驱动体:	SERVO, SERVO_AC, SERVO_I_AC, VECTOR, VECTOR_AC, VECTOR_I_AC	—选择"Safe Torque Off",并再次取消选择
响应:	OFF2	—更换相关逆变单元 故障值 = 9999 时:
应答:	立即 (上电)	—输出 F01611 时,诊断故障 注释:
原因:	控制单元(CU)上驱动集成的功能"Safety Integrated"发现一个故障,并触发 STOPA(通过控制单元的 Safety 断路删除脉冲) —控制单元的 Safety 强制故障检查失败 —F01611 的后续反应(监控通道出错) 故障值 (r0949,十进制): 0:来自逆变单元的停止请求 1005:虽然没有选择 STO 而且没有内部 STOPA,脉冲还是被删除 1010:虽然选择 STO 或者有内部 STOPA,脉冲还是被使能 1015:在并联的逆变单元上,对安全脉冲删除的反馈不同 9999:F01611 的后续反应	CU:控制单元 MM:逆变单元 SI:Safety Integrated STO:Safe Torque Off(安全转矩关断)/SH:Safe standstill(安全停止)

（续）

故障代码	故障成因分析	处理方法
F01611（A）	SICU：某一监控通道故障	故障值 = 1 …5 和 7 …999 时：
信号重要性：	%1	—检查引起 STOP F 的交叉比较数据
驱动体：	SERVO, SERVO_AC, SERVO_I_AC, VECTOR, VECTOR_AC, VECTOR_I_AC	—重新为所有组件上电（断电/上电） —升级逆变单元的软件
响应：	无（OFF1,OFF2,OFF3）	—升级控制单元的软件 故障值 = 6 时：
应答：	立即（上电）	—重新为所有组件上电（断电/上电）
原因：	在控制单元（CU）和逆变单元（MM）之间的交叉数据比较中，控制单元上驱动集成的"Safety Integrated"功能检测出一个故障，并触发 STOPF 在设定的过渡时间（p9658）结束之后便输出 F01600（SICU：STO-PA 被触发） 故障值（r0949，十进制）： 0：来自逆变单元的停止请求 1…999： 引发该错误的交叉比较数据编号。在 r9795 中也显示这个号 1：SI 监控周期（r9780,r9880） 2：SI 安全功能的使能（p9601,p9801）。只交叉比较支持的位 3：SI Failsafe Digital Input 切换的公差时间（p9650,p9850） 4：SI STOP F 到 STOP A 的过渡时间（p9658,p9858）. 5：SI Safe Brake Control 的使能（p9602,p9802） 6：SI 运动,安全功能的使能（p9501,内部值） 7：SI,在执行 Safe Stop 1 时删除脉冲的延迟时间（p9652,p9852） 8：SI PROFIsafe 地址（p9610,p9810） 9：SI STO/SBC/SS1 的去抖时间（MM）（p9651, p9851） 10：SI,在执行 ESR 时删除脉冲的延迟时间（p9697,p9897） 11：SI Safe Brake Adapter 模式,BICO 互联（p9621,p9821） 12：SI Safe Brake Adapter Relais 通电时间（p9622[0],p9822[0]） 13：SI Safe Brake Adapter Relais 断电时间（p9622[1],p9822[1]） 14：SI PROFIsafe PROFIsafe 报文选择（p9611, p9811） 1000：控制定时器届满 在大约 5 x p9650 的时间内确定为以下的一种情况： —在逆变单元的 EP 端子上进行了太多次的信号切换 —频繁通过 PROFIsafe/TM54F 触发 STO（也作为后续反应） —安全脉冲删除（r9723.9）的触发过于频繁（也作为后续反应） 1001,1002：更改计时器/控制计时器的初始化错误 1900：SI 中的 CRC 错误 1901：ITCM 中的 CRC 错误 1902：ITCM 在运行中出现过载 1903：CRC 计算时的内部参数错误 1950：模块温度超出允许的温度范围 1951：模块温度不合理 2000：控制单元和逆变单元上的 STO 选择状态不同 2001：控制单元和逆变单元的安全脉冲删除响应不同 2002：控制单元和逆变单元的延迟计时器 SS1 状态不同（p9650/p9850 中计时器的状态） 2003：控制单元和逆变单元的 STO 端子状态不同 2004：并联的逆变单元 STO 选择的状态不同 2005：控制单元和并联逆变单元的安全脉冲删除响应不同 6000…6999： PROFIsafe 控制出现故障 出现该故障值时,Failsafe 控制信号（Failsafe Values）被传送到安全功能 6000：PROFIsafe 通信出现严重错误 6064…6071：处理 F 参数出错。传输的 F 参数值和 PROFIsafe 驱动中期望值不一致 6064：目标地址和 PROFIsafe 地址不同（F_Dest_Add） 6065：目标地址无效（F_Dest_Add） 6066：源地址无效（F_Source_Add） 6067：看门狗时间值无效（F_WD_Time） 6068：错误 SIL 级（F_SIL） 6069：错误 F-CRC 长度（F_CRC_Length） 6070：错误 F 参数版本（F_Par_Version） 6071：F 参数 CRC 出错（CRC1）传输的 F 参数的 CRC 值和 PROFIsafe 驱动中算出的值不一致	—升级逆变单元的软件 —升级控制单元的软件 故障值 = 1000 时： —检查逆变单元的 EP 端子布线（接触问题） —PROFIsafe：消除 PROFIBUS 主站/PROFINET 控制器上的接触问题/故障 —检查 TM54F 上 F-DI 的连接（接触问题） 故障值 = 1001,1002 时： —重新为所有组件上电（断电/上电） —升级逆变单元的软件 —升级控制单元的软件 故障值 = 1900、1901、1902 时： —重新为所有组件上电（断电/上电） —升级控制单元的软件 —更换控制单元 故障值 = 2000、2001、2002、2003、2004、2005 时： —检查 F-DI 切的公差时间,必要时,提高该值（p9650/p9850,p9652/p9852） —检查 F-DI 的连接（接触问题） —检查 r9772 中选择 STO 的原因。在 SMM 功能激活时（p9501 =1）也可通过此功能进行 STO 选择 —更换相关逆变单元 注释： 排除故障原因后,再次选择/撤销 STO 可以应答该故障 故障值 = 6000 时： —重新为所有组件上电（断电/上电） —检查 DRIVE-CLiQ 在控制单元和相关逆变单元之间的通信是否有故障,如有必要对相关故障进行诊断 —提高监控周期（p9500,p9511） —将固件升级到新版本 —联系热线 —更换控制单元 故障值 = 6064 时： —检查 PROFIsafe 从站上 F 参数 F_Dest_Add 中值的设置 —检查控制单元（p9610）和逆变单元（p9810）的 PROFIsafe 地址设置 故障值 = 6065 时：

（续）

故障代码	故障成因分析	处理方法
原因:	6072:F 的设定不一致 6165:在接收 PROFIsafe 报文时确定了一个通信故障。在关闭并重新接通控制单元后,或在插入 PROFIBUS/PROFINET 电缆后接收到不一致或过期报文时,会发生此故障 6166:在接收 PROFIsafe 报文时设定了一个时间监控故障	—检查 PROFIsafe 从站上 F 参数 F_Dest_Add 中值的设置。目标地址不允许为 0 或者 FFFF 故障值 =6066 时: —检查 PROFIsafe 从站上 F 参数 F_Source_Add 中值的设置。源地址不允许为 0 或者 FFFF 故障值 =6067 时: —检查 PROFIsafe 从站上 F 参数 F_WD_Time 中值的设置。看门狗时间值不允许为 0 故障值 =6068 时: —检查 PROFIsafe 从站上 F 参数 F_SIL 中值的设置。SIL 级必须为 SIL2 故障值 =6069 时: —检查 PROFIsafe 从站上 F 参数 F_CRC_Length 中值的设置。在 V1 模式下 CRC2 长度的设置为 2 字节 CRC,在 V2 模式下为 3 字节 CRC 故障值 =6070 时: —检查 PROFIsafe 从站上 F 参数 F_Par_Version 中值的设置。F 参数版本的值在 V1 模式下为 0,在 V2 模式下为 1 故障值 =6071 时: —检查并更新 PROFIsafe 从站上的 F 参数值和由此计算出的 F 参数 CRC(CRC1) 故障值 =6072 时: —检查 F 参数的数值,必要时修改该值 F 参数"F_CRC_Length"和"F_Par_Version"允许以下组合设置: F_CRC_Length =2-Byte-CRC 和 F_Par_Version =0 F_CRC_Length =3-Byte-CRC 和 F_Par_Version =1 故障值 =6165 时: —在控制单元起动后或插入 PROFIBUS/PROFINET 电缆后发生故障时,请应答故障信息 —检查 PROFIsafe 从站上的配置和通信 —检查 PROFIsafe 从站上 F 参数 F_WD_Time 中值的设置,必要时增大该值 —检查 DRIVE-CLiQ 在控制单元和相关逆变单元之间的通信是否有故障,如有必要对相关故障进行诊断 故障值 =6166 时: —检查 PROFIsafe 从站上的配置和通信 —检查 PROFIsafe 从站上 F 参数 F_WD_Time 中值的设置,必要时增大该值 —查看 F 主机中的诊断信息 —检查 PROFIsafe 连接 注释: CU:控制单元 EP:Enable Pulses(脉冲使能)

（续）

故障代码	故障成因分析	处理方法
原因：		ESR：Extended Stop and Retract（扩展的停止和退回） MM：逆变单元 F-DI：故障安全数字输入 SI：Safety Integrated SMM：Safe Motion Monitoring SS1：Safe Stop1（停止类别 1，根据 EN60204） STO：Safe Torque Off（安全断路转矩）/SH：Safe standstill（安全停止） 在…时的响应 A：　无 在…时的应答 A：　无
F01650	SICU：必须进行验收测试	
信号重要性：	%1	故障值 = 130 时： —执行安全调试 故障值 = 1000 时：
驱动体：	所有目标	
响应：	OFF2	
应答：	立即（上电）	
原因：	控制单元上驱动集成的"Safety Integrated"功能要求验收测试 注释： 此故障导致可应答的 STOP A 故障值（r0949，十进制）： 130：逆变单元没有安全参数 注释： 该故障值始终是在"Safety Integrated"的初次调试时输出 1000：控制单元的设定和实际校验和不一致（引导起动） —根据修改了的电流控制器的采样时间（p0115［0］）对 Safety Integrated 基本功能（r9780）的时钟周期时间进行了调整 —至少有一个校验和检测数据错误 —离线设置了安全参数并载入至了控制单元 2000：控制单元的设定和实际校验和不一致（调试模式） —控制单元的设定校验总数输入不正确（p9799 不等于 r9798） —禁用安全功能时，p9501 或 p9503 没有被删除 2001：逆变单元的设定和实际校验和不一致（调试模式） —逆变单元的设定校验和输入不正确（p9899 不等于 r9898） —禁用安全功能时，p9501 或 p9503 没有被删除 2002：控制单元和逆变单元的安全功能的使能不同（p9601 不等于 p9801） 2003：由于安全参数发生改变，因此要求进行验收测试 2004：下载一个带有已触发安全功能的项目时要求进行验收测试 2005：安全日志检测出功能性安全校验和已改变。需要进行验收测试 2010：控制单元和逆变单元的 Safe Brake Control 的使能不同（p9602 不等于 p9802） 2020：存储逆变单元安全参数时出错 3003：由于安全参数发生改变，因此要求进行验收测试 3005：安全日志检测出与硬件相关的功能性安全校验和已改变。需要进行验收测试 9999：在起动中输出的另一个安全故障的后续反应，它要求验收测试	一检查 Safety Integrated 基本功能（r9780）的时钟周期时间，并调整设定校验和（p9799） —重复执行安全调试 —更换存储卡或控制单元 —在相关驱动上使用 STARTER 激活安全参数（修改设置、复制参数、激活设置） 故障值 = 2000 时： —检查控制单元安全参数，并调整设定校验和（p9799） 故障值 = 2001 时： —检查逆变单元安全参数，并调整设定校验和（p9899） 故障值 = 2002 时： —检查控制单元和逆变单元的安全功能使能（p9601 = p9801） 故障值 = 2003，2004，2005 时： —执行验收测试和完成验收报告 验收测试的步骤以及验收报告的示例请参见： SINAMICS S120 Safety Integrated（安全集成）驱动功能手册 只有在取消了功能"STO"后，才可以应答值为 2005 的故障信息 故障值 = 2010 时： —检查控制单元和逆变单元的安全制动控制功能的使能情况（p9602 = p9802） 故障值 = 2020 时： —重复执行安全调试 —更换存储卡或控制单元 故障值 = 3003 时： —对已经更改的硬件执行功能检查，并创建验收记录

（续）

故障代码	故障成因分析	处理方法
原因:		验收测试的步骤以及验收报告的示例请参见: SINAMICS S120 Safety Integrated（安全集成）驱动功能手册 故障值=3005 时: 一对已经更改的硬件执行功能检查,并创建验收记录 只有在取消了功能"STO"后,才可以应答值为 3005 的故障信息 故障值=9999 时: 一执行现有其它 SI 故障的诊断 注释: CU:控制单元 MM:逆变单元 SI:Safety Integrated STO:Safe Torque Off（安全断路转矩） 参见:p9799（SI 参数设定校验和（控制单元））,p9899（SI 参数设定校验和（逆变单元））
F01800	DRIVE-CLiQ:硬件/配置出错	
信号重要性:	%1	故障值=100...107 时: 一确保 DRIVE-CLiQ 组件的固件版本统一 一电流环周期比较短时,避免拓扑结构过长 故障值=10 时: 一检查 DRIVE-CLiQ 与控制单元的电缆 一消除带 DRIVE-CLiQ 的电动机上可能出现的短路 一执行上电 故障值=11 时: 一检查电柜构造和布线是否符合 EMC 准则 故障值=12 时: 一更换出现故障的组件
驱动体:	所有目标	
响应:	Infeed:无（OFF1, OFF2） Servo:无（IASC/DCBRK, OFF1, OFF2, OFF3, STOP1, STOP2） Vector:无（IASC/DCBRK, OFF1, OFF2, OFF3, STOP1, STOP2）	
应答:	立即（上电）	
原因:	DRIVE-CLiQ 连接出错 故障值（r0949,十进制）: 100...107: DRIVE-CLiQ 插口 X100...X107 的通信没有进入周期性通信。原因可能是错误的安装或配置,导致总线计时无法进行 10: DRIVE-CLiQ 连接中断。例如:可能是因为 DRIVE-CLiQ 电缆从控制单元松脱,或者因为带 DRIVE-CLiQ 的电动机短路。此故障只有在周期性通信时才能应答 11: 连接检测功能重复出错。此故障只有在周期性通信时才能应答 12: 发现一处连接,但是无法交换节点标识信息。原因可能是某一组件损坏。此故障只有在周期性通信时才能应答	
A01900（F）	PB/PN:配置报文出错	检查主站侧和从站侧的总线设置 报警值=1,2: 一检查带有过程数据交换的驱动对象表（p0978） 注释: 若 p0978[x]=0,则表中下列的驱动对象不进行过程数据交换 报警值=2 时: 一检查一个驱动对象用于输出和输入的数据字的数量
信号重要性:	%1	
驱动体:	A_INF, B_INF, CU_LINK, CU_S_AC_DP, CU_S_AC_PN, CU_S120_DP, CU_S120_PN, CU_S150_DP, CU_S150_PN, ENC, HUB, S_INF, SERVO, SERVO_AC, SERVO_I_AC, TB30, TM120, TM15, TM150, TM15DI_DO, TM17, TM31, TM41, TM54F_MA, TM54F_SL, VECTOR, VECTOR_AC, VECTOR_I_AC	
响应:	无	
应答:	无	

（续）

故障代码	故障成因分析	处理方法
原因:	控制器试图用错误的配置报文来建立连接 报警值（r2124，十进制）： 1： 太多的驱动对象建立了连接，与设备中设计的不同。过程数据交换的驱动对象及其顺序在 p0978 中定义 2： 一个驱动对象用于输出或输入的 PZD 数据字过多。一个驱动对象允许的 PZD 数量由 r2050/p2051 中下标的数量指定 3： 输入或输出字节数为奇数 4： 不接受同步设置数据。其它信息参见 A01902 211： 未知参数块 223： p8815[0] 中设置的 PZD 接口不允许等时同步 多个 PZD 接口在进行等时同步 253： PN 共享设备:不允许混合配置 PROFIsafe 和 PZD 254： PN 共享设备:不允许重复配置插槽/子插槽 255： PN:配置的驱动对象和现有的驱动对象不一致 500： p8815[1] 中设置的接口不允许 PROFIsafe 配置 通过 PROFIsafe 运行的 PZD 接口超过一个 501： PROFIsafe 参数错误（例如: F_Dest） 502： PROFIsafe 报文不配套 503： 无等时同步连接的情况下，PROFIsafe 连接始终被拒绝（p8969） 其它值: 仅用于西门子内部的故障诊断	报警值 = 211 时： —确保"离线版本 < = 在线版本" 报警值 = 223，500： —检查 p8839 和 p8815 中的设置 —检查已插入，但尚未配置的 CBE20 —确保仅有一个 PZD 接口为等时同步或通过 PROFIsafe 运行 报警值 = 255 时： —检查配置的驱动对象 报警值 = 501 时： —检查所设置的 PROFIsafe 地址（p9610） 报警值 = 502 时： —检查所设置的 PROFIsafe 报文（p60022，p9611） 在...时的响应 F;无（OFF1） 在...时的应答 F:立即
F01910（N,A)	现场总线设定值超时	
信号重要性:	—	确保总线连接，并把控制器状态设置为 RUN
驱动体:	所有目标	PROFIBUS 从站冗余模式:
响应:	Infeed:OFF2（OFF1,无） Servo:OFF3（IASC/DCBRK,OFF1,OFF2,STOP1,STOP2,无） Vector:OFF3（IASC/DCBRK,OFF1,OFF2,STOP1,STOP2,无）	在 Y-Link 上运行时，必须确保在从站参数中设置了"DP-Alarm-Mode = DPV1"
应答:	立即	在...时的响应 N：　无 在...时的应答 N：　无
原因:	从现场总线接口（板载、PROFIBUS/PROFINET/USS）接收设定值的过程被中断 —总线连接断开 —控制器关机 —控制器被设为 STOP 参见: p2040,p2047（PROFIBUS 附加监控时间）	在...时的响应 A：　无 在...时的应答 A：　无
F03500（A)	TM:初始化	
信号重要性:	%1	—重新给控制单元上电 —检查 DRIVE-CLiQ 的连接
驱动体:	所有目标	—可能需要更换端子模块
响应:	OFF1（OFF2）	端子模块应直接连接在控制单元的 DRIVE-CLiQ 插孔上
应答:	立即（上电）	如果再次出现错误，则更换端子模块
原因:	在端子模块，控制单元端口或者输入输出板 30 初始化时，出现一个内部软件错误 故障值（r0949，十进制）： yxxx 十进制 y = 仅用于西门子内部的故障诊断 xxx = 组件号（p0151）	在...时的响应 A：　无 在...时的应答 A：　无

（续）

故障代码	故障成因分析	处理方法
F03505（N,A）	TM:模拟输入端断线	一检查连接是否中断 一检查注入电流的强度,可能是信号太弱 一检查次级负载电阻(250Ω) 注释: 可在 r4052[x] 中读出端子模块上测出的输入电流 p4056[x]=3,即电流输入单极监控（+4～+20mA）: 在 r4052[x] 中不显示低于 4mA 的电流,而是显示 r4052[x]=4mA 在...时的响应 N: 无 在...时的应答 N: 无 在...时的响应 A: 无 在...时的应答 A: 无
信号重要性:	%1	
驱动体:	TM41	
响应:	OFF1（OFF2,无）	
应答:	立即（上电）	
原因:	模拟输入的断线监控响应 它的输入电流低于 p4061[x] 中设置的阈值 下标 x＝0:模拟输入端 0（X522.1～.3） 下标 x＝1:模拟输入端 1（X522.4～.5） 故障值（r0949,十进制）: yxxx 十进制 y＝模拟输入,0 表示模拟输入 0（AI 0）,1 表示模拟输入 1（AI 1） xxx＝组件号（p0151） 注释: 断线监控针对以下类型的模拟输入: p4056[x]＝3 电流输入单极监控　（+4 ... +20 mA）	
A03506（F,N）	缺少 24V 电源	检测电源接线端子（X124,L1+,M） 在...时的响应 F: 无 在...时的应答 F: 立即（上电） 在...时的响应 N: 无 在...时的应答 N: 无
信号重要性:	%1	
驱动体:	A_INF, B_INF, CU_I, CU_I_D410, CU_LINK, CU_S_AC_DP, CU_S_AC_PN, CU_S120_DP, CU_S120_PN, CU_S150_DP, CU_S150_PN, ENC, HUB, S_INF, SERVO, SERVO_AC, SERVO_I_AC, TB30, TM120, TM15, TM150, TM15DI_DO, TM17, TM31, TM41, TM54F_MA, TM54F_SL, VECTOR, VECTOR_AC, VECTOR_I_AC	
响应:	无	
应答:	无	
原因:	数字输出（X124）缺少 24V 电源	
A05000（N）	功率单元:逆变器散热器过热	进行以下检测: 一环境温度是否在定义的限值内 一负载条件和工作周期配置是否相符 一冷却是否有故障 在...时的响应 N: 无 在...时的应答 N: 无
信号重要性:	—	
驱动体:	A_INF, B_INF, S_INF, SERVO, SERVO_AC, SERVO_I_AC, VECTOR, VECTOR_AC, VECTOR_I_AC	
响应:	无	
应答:	无	
原因:	逆变器的散热器达到了过热报警阈值。通过 p0290 设置过热反应。如果散热器温度继续升高 5K,将会引起故障 F30004	
A05001（N）	功率单元:绝缘层芯片过热	进行以下检测: 一环境温度是否在定义的限值内 一负载条件和工作周期配置是否相符 一冷却是否有故障 一脉冲频率是否过高 注释: 如果是在电动机数据检测（静态检测）过程中,在降低电流环采样时间（p0115[0]）后报警,我们建议,首先采用标准采样时间,然后再修改该时间 参见:r0037,p0290（功率单元过载反应） 在...时的响应 N: 无 在...时的应答 N: 无
信号重要性:	—	
驱动体:	VECTOR, VECTOR_AC, VECTOR_I_AC	
响应:	无	
应答:	无	
原因:	逆变器的功率半导体过热,达到了报警阈值 注释: 一通过 p0290 设置过热反应 一如果绝缘层温度继续升高 15K,将会触发故障 F30025	

（续）

故障代码	故障成因分析	处理方法
A05002（N）	功率单元:进风过热	进行以下检测: —环境温度是否在定义的限值内 —风扇是否故障? 检查旋转方向 在...时的响应 N: 无 在...时的应答 N: 无
信号重要性:	—	
驱动体:	A_INF, B_INF, S_INF, SERVO, SERVO_AC, SERVO_I_AC, VECTOR, VECTOR_AC, VECTOR_I_AC	
响应:	无	
应答:	无	
原因:	进风过热,超出了报警阈值。风冷型功率单元的阈值为42℃（回差2K）。通过 p0290 设置过热反应。如果进风温度继续升高13K,将触发故障 F30035	
A05003（N）	功率单元:内部空间过热	进行以下检测: —环境温度是否在定义的限值内 —风扇是否故障? 检查旋转方向 在...时的响应 N: 无 在...时的应答 N: 无
信号重要性:	—	
驱动体:	A_INF, B_INF, S_INF, SERVO, SERVO_AC, SERVO_I_AC, VECTOR, VECTOR_AC, VECTOR_I_AC	
响应:	无	
应答:	无	
原因:	内部空间过热,达到了报警阈值。如果内部空间温度继续升高5K,将会触发故障 F30036	
A05006（N）	功率单元:热模型过热	无需采取任何措施 温度差低于限值后报警自动消失 注释: 若报警未自动消失并且温度继续升高,会引起故障 F30024 参见:p0290（功率单元过载反应） 在...时的响应 N: 无 在...时的应答 N: 无
信号重要性:	—	
驱动体:	A_INF, S_INF, SERVO, SERVO_AC, SERVO_I_AC, VECTOR, VECTOR_AC, VECTOR_I_AC	
响应:	无	
应答:	无	
原因:	芯片与散热器之间的温度差超出了所允许的限值（只对于模块型功率单元） 根据 p0290 执行相应的过载反应 参见:r0037	
A05052（F）	并联电路:电流不平衡错误	—禁止故障功率单元的脉冲（p7001） —检查连接电缆。接触不良会引起电流峰值 —电动机电抗器不对称或有故障,必须更换 —电流互感器必须校准或更换 在...时的响应 F: Infeed:无（OFF1, OFF2） Vector: 无 （OFF1, OFF2, OFF3, STOP1, STOP2） 在...时的应答 F: 立即
信号重要性:	%1	
驱动体:	A_INF, B_INF, S_INF, VECTOR, VECTOR_AC, VECTOR_I_AC	
响应:	无	
应答:	无	
原因:	功率单元某个相位的电流偏差超过了在参数 p7010 中给出的报警阈值 报警值（r2124,十进制）: 1:相位 U 2:相位 V 3:相位 W	
F05118（A）	超出预充电接触器同步监控时间	—检查监控时间的设置（p0255[4,6]） —检查接触器连接和控制 —必要时更换接触器 参见:p0255（功率单元接触器监控时间） 在...时的响应 A: 无 在...时的应答 A: 无
信号重要性:	故障原因:%1,附加信息:%2	
驱动体:	A_INF, B_INF, S_INF, VECTOR, VECTOR_AC, VECTOR_I_AC	
响应:	OFF2（OFF1,无）	
应答:	立即（上电）	
原因:	为预充电接触器（ALM, SLM, BLM 二极管）或电源接触器（BLM 晶闸管）互联了一个反馈并激活了同步监控（p0255[4,6]） 在打开或闭合互联电路的接触器后,不是所有的接触器都会在监控时间届满后达到相同状态 故障值（r0949,二进制）: 位 0 =1:接触器的闭合不同步 位 1 =1:接触器的打开不同步 位 16 =1:PDS0 接触器已闭合 位 17 =1:PDS1 接触器已闭合 位 18 =1:PDS2 接触器已闭合 位 19 =1:PDS3 接触器已闭合 位 20 =1:PDS4 接触器已闭合 位 21 =1:PDS5 接触器已闭合 位 22 =1:PDS6 接触器已闭合 位 23 =1:PDS7 接触器已闭合 注释: PDS:Power unit Data Set（功率单元数据组）	

（续）

故障代码	故障成因分析	处理方法
F06000	整流单元:预充电监控时间已结束	一般措施:
信号重要性:	—	—检查整流单元连接端口上的输入电压
驱动体:	A_INF, B_INF, S_INF	—检查输入电压设置(p0210)
响应:	OFF2（OFF1）	—检查监控时间 p0857,并且必要时要增加监控时间
应答:	立即	—此时要注意进一步的功率单元故障报告(比如 F30027)
原因:	在电源接触器接通之后功率单元在监控时间（p0857）内不报告状态 READY 由于下面其中一个原因,直流母线预充电无法结束: 1) 没有输入电压 2) 电源接触器/电源开关没有闭合 3) 输入电压过低 4) 输入电压设置错误（p0210） 5) 预充电阻过热,因为每单位时间内预充电操作过多 6) 预充电阻过热,因为直流母线的电容过大 7) 预充电阻过热,因为在整流单元未准备就绪（r0863.0）时就从直流母线连接获取电压 8) 预充电阻过热,因为在直流母线快速放电时通过制动模块闭合了电源接触器 9) 在直流母线连接中有短路/接地 10) 预充电电路可能有故障（只对于装机装柜设备） 参见: p0210(设备输入电压), p0857 (功率单元监控时间)	—书本型设备:等待约 8min,直到预充电电阻冷却。为此先从主电源断开整流单元 —请注意所允许的预充电频率(参见相关设备手册) —检查直流母线的总电容,必要时相应降低所允许的最大直流母线电容(参见相关设备手册) —将整流单元的运行就绪信息(r0863.0)互联到直流母线上驱动的使能逻辑 —检查外部电源接触器的连接。在直流母线快速放电中,电源接触器必须打开 —检查直流母线是否短路或者接地
F06100	整流单元:由于主电源欠电压断路	
信号重要性:	%1	
驱动体:	A_INF, B_INF, S_INF	
响应:	OFF2（OFF1）	—检查主电源
应答:	立即（上电）	—检查输入电压(p0210)
原因:	经过滤波的输入电压（稳态)低于故障阈值（p0283） 故障条件:Ueff < p0283 * p0210 故障值（r0949,浮点）: 当前有效的稳态输入电压 参见: p0283(电源欠电压跳闸阈值)	—检查阈值(p0283)
F06200	整流单元:一个或者多个主电源相位故障	
信号重要性:	—	
驱动体:	A_INF, S_INF	
响应:	OFF2（OFF1）	
应答:	立即（上电）	
原因:	一个或几个主电源相位的故障或过电压 故障可能在两种运行状态下出现: 1)在整流单元接通期间 测量出的主电源角度偏离了 3 相位系统的常规曲线,无法进行 PLL 的同步。如果在使用电压监控模块 VSM 运行时,VSM 上的相位分配 L1、L2、L3 与功率单元上的相位分配不同,接通后会紧接着出现故障 2)在整流单元运行期间 在发现一个或者几个电相位上出现电压暂降或过电压后（注意 A06205）,100ms 之内出现故障(如可能,参见其它的信息)。一般在故障信息 F06200 之前至少会出现一次报警 A06205,其报警值会提示主电源故障的原因 可能的原因: —主电源电压暂降或者持续 10 ms 以上的缺相或过电压 —负载端出现过载,达到电流峰值 —缺少整流电抗器	—检查主电源和熔丝 —检查输入整流电抗器的连接和尺寸 —检查并修正 VSM（X521 或 X522）和功率单元上的相位分配 —检查负载 —出现故障时参见之前包含报警值的报警信息 A6205 参见: p3463(整流单元 断相检测 电源角变化量)

（续）

故障代码	故障成因分析	处理方法
F06310(A)	整流单元:输入电压(p0210)参数设定错误	一检查设定的输入电压,必要时更改该电压(p0210) 一检查输入电压 参见:p0210(设备输入电压) 在...时的响应 A: 无 在...时的应答 A: 无
信号重要性:	输入电压:%1	
驱动体:	A_INF, B_INF, S_INF	
响应:	无(OFF1,OFF2)	
应答:	立即(上电)	
原因:	在结束预充电之后,通过测量得到的直流母线电压计算出了输入电压 Ueff。此电压 Ueff 不在输入电压公差范围内 公差范围:85% * p0210 < Ueff < 110 % * p0210 故障值(r0949,浮点): 当前输入电压 Ueff 参见:p0210(设备输入电压)	
F06310(A)	输入电压(p0210)参数设定错误	一检查设定的输入电压,必要时更改该电压(p0210) 一检查输入电压 参见:p0210(设备输入电压) 在...时的响应 A: 无 在...时的应答 A: 无
信号重要性:	—	
驱动体:	SERVO, SERVO_AC, SERVO_I_AC, VECTOR, VECTOR_AC, VECTOR_I_AC	
响应:	无(OFF1,OFF2)	
应答:	立即(上电)	
原因:	结束预充电后 AC/AC 设备上测得的直流母线电压在公差范围外 公差范围:1. 16 * p0210 < r0070 < 1. 6 * p0210 注释: 只有在驱动关闭时才可以应答此故障 参见:p0210(设备输入电压)	
F06500	整流单元:无法和主电源同步	一检查设定的输入频率,如有必要则更改该频率(p0211) 一检查阈值的设置 (p0284, p0285) 一检查主电源连接 一检查连接端子 使用电压监控模块(VSM)时: 一检查端子上的电源连接情况(X521,X522) 一检查 VSM 的激活情况(p0145, p3400) 一检查主电源 注释: 在装机装柜型功率单元上,正确的 VSM 电压测量值是主电源同步的前提条件 参见:p0211(额定输入频率),p0284(电源超频报警阈值),p0285(电源低频报警阈值)
信号重要性:	—	
驱动体:	A_INF, S_INF	
响应:	OFF2(OFF1)	
应答:	立即(上电)	
原因:	无法在监控时间内和主电源同步 由于测定的输入频率过小或者过大,主电源和整流单元之间的同步再次被中断 在 20 次尝试之后,同步被中断,因此上电过程也被中断	
A06900(F)	制动模块:故障(1->0)	处理:一检查 BI p3866[0...7]与端子 X21.4("书本型")或端子 X21.5("装机装柜型")的连接 一减少制动次数 一检查组件的 24 V 电源 一检查是否接地或者短路 一必要时更换组件 在...时的响应 F: 无(OFF2) 在...时的应答 F: 立即
信号重要性:	%1	
驱动体:	A_INF, B_INF, S_INF	
反应:	无	
应答:	无	
原因:	制动模块通过端子 X21.4("书本型"结构形式)或端子 X21.5("装机装柜型"结构形式)报告"故障(1 -> 0)" 该信号使用系统的数字量输入端来连接并通过二进制互联输入 p3866[0...7]进行相应的互联 可能的原因: 一信号的连接或信号源的 BICO 互联错误 一过温 一缺少电子电源 一接地/短路 一组件内部故障 参见:p3866(制动模块故障)	

（续）

故障代码	故障成因分析	处理方法
A07012（N）	驱动:电动机温度模型1过热	—检查电动机负载,如有必要,降低负载 —检查电动机的环境温度 —检查热时间常数（p0611）
信号重要性:	%1	
驱动体:	VECTOR, VECTOR_AC, VECTOR_I_AC	
响应:	无	注释: p0605 对报警输出时间没有影响
应答:	无	
原因:	通过用于同步电动机的 I^2t 电动机热模型识别到超出报警阈值 参见:r0034（电动机负载率）,p0605（电动机温度模型1/2阈值）,p0611（I^2t 电动机热模型时间常数）,p0612（激活电动机温度模型）	参见: r0034（电动机负载率）,p0605（电动机温度模型1/2阈值）,p0611（I^2t 电动机热模型时间常数）,p0612（激活电动机温度模型） 在...时的响应 N: 无 在...时的应答 N: 无
A07014（N）	驱动:电动机温度模型配置报警	—将电动机过热反应设为"输出报警和故障,不降低最大电流"（p0610=2） —检查并修正阈值（p5398,p5399）
信号重要性:	%1	
驱动体:	SERVO, SERVO_AC, SERVO_I_AC	
响应:	无	
应答:	无	
原因:	电动机温度模型配置中出现故障 报警值（r2124,十进制）: 1: 所有电动机温度模型:不能保存模型温度 300: 电动机温度模型3:报警阈值（p5398）高于故障阈值（p5399） 参见:p0610（电动机过热反应）	参见:p0610（电动机过热反应） 在...时的响应 N: 无 在...时的应答 N: 无
A07015	驱动:电动机温度传感器的报警信息	
信号重要性:	%1	
驱动体:	SERVO, SERVO_AC, SERVO_I_AC, VECTOR, VECTOR_AC, VECTOR_I_AC	
响应:	无	
应答:	无	—检查传感器是否正确连接 —检查参数设置（p0600,p0601） 参见:r0035,p0600,p0601,p0607
原因:	在分析 p0600 和 p0601 中设置的温度传感器时,发现一处故障,p0607 中的时间开始计。如果此时间结束后故障仍然存在,等报警 A07015 至少持续50s之后,才输出 F07016 可能的原因: —断线或者传感器未连上（KTY:R>1630Ω） —测得的电阻过小（PTC:R<20Ω,KTY:R<50Ω） 报警值（r2124,十进制）: —选择了 SME/TM120（p0601=10,11）时: 引起信息的温度通道的编号	
F07016	驱动:电动机温度传感器的故障信息	
信号重要性:	%1	
驱动体:	SERVO, SERVO_AC, SERVO_I_AC, VECTOR, VECTOR_AC, VECTOR_I_AC	
响应:	OFF1（OFF2, OFF3, STOP1, STOP2,无）	
应答:	立即	—检查传感器是否正确连接 —检查参数设置（p0600,p0601） —异步电动机:取消温度传感器故障延时段（p0607=0） 参见:r0035,p0600,p0601,p0607
原因:	在分析 p0600 和 p0601 中设置的温度传感器时,发现一处故障,可能的原因: —断线或者传感器未连上（KTY:R>1630Ω） —测得的电阻过小（PTC:R<20Ω,KTY:R<50Ω） 注释: 报警 A07015 出现时,p0607 中的时间开始计时。如果此时间结束后故障仍然存在,等报警 A07015 至少持续50s之后,才输出 F07016 故障值（r0949,十进制）: —选择了 SME/TM120（p0601=10,11）时: 引起信息的温度通道的编号 参见:p0607（温度传感器故障延时段）	

（续）

故障代码	故障成因分析	处理方法
F07110	驱动:采样时间和基本周期不匹配	处理:输入与基本周期一致的电流环采样时间,例如:通过 p0112 选择。在此要注意 p0111 中基本周期的选择 p0115 中的采样时间只能在采样时间默认设置"专家"(p0112)中手动更改 参见:r0110,r0111,p0112,p0115
信号重要性:	参数:%1	
驱动体:	所有目标	
响应:	无	
应答:	立即	
原因:	设定的采样时间与基本周期不相配 故障值(r0949,十进制): 故障值指出相关参数 参见:r0110,r0111,p0115	
F07220(N,A)	驱动:缺少"通过 PLC 控制"	—检查用于"通过 PLC 控制"的 BI p0854 —检查信号"通过 PLC 控制",接通信号 —检查通过现场总线(主站/驱动)的数据传输 注释: 如果取消"通过 PLC 控制"之后要继续运行驱动,必须把故障反应参数设为"无",或者将显示类型参数设为"报警"
信号重要性:	—	
驱动体:	A_INF,B_INF,ENC,S_INF,SERVO,SERVO_AC,SERVO_I_AC,TM41,VECTOR,VECTOR_AC,VECTOR_I_AC	
响应:	Infeed:OFF1(OFF2,无) Servo:OFF1(OFF2,OFF3,STOP1,STOP2,无) Vector:OFF1(OFF2,OFF3,STOP1,STOP2,无)	
应答:	立即	
原因:	在运行期间缺少信号"通过 PLC 控制" —用于"通过 PLC 控制"的 BI p0854 连接错误 —上级控制系统取消了信号"通过 PLC 控制" —通过现场总线(主站/驱动)的数据传输已中断	在…时的响应 N: 无 在…时的应答 N: 无 在…时的响应 A: 无 在…时的应答 A: 无
F07300(A)	驱动:缺少电源接触器反馈信息	—检查 p0860 的设置 —检查电源接触器的应答循环 —延长 p0861 的监控时间 参见:p0860(电源接触器反馈信息),p0861(电源接触器监控时间)
信号重要性:	—	
驱动体:	A_INF,B_INF,S_INF,SERVO,SERVO_AC,SERVO_I_AC,VECTOR,VECTOR_AC,VECTOR_I_AC	
响应:	OFF2(无)	
应答:	立即	
原因:	—电源接触器没能在 p0861 的时间内接通 —电源接触器没能在 p0861 的时间内断开 —电源接触器在运行中发生故障 —虽然整流器已关闭,电源接触器依然接通	在…时的响应 A: 无 在…时的应答 A: 无
A07576	驱动:由于故障无编码器运行生效	—消除可能存在的编码器故障 —重新为所有组件上电(断电/上电)
信号重要性:	—	
驱动体:	SERVO,SERVO_AC,SERVO_I_AC,VECTOR,VECTOR_AC,VECTOR_I_AC	
响应:	无	
应答:	无	
原因:	由于故障无编码器运行生效(r1407.13=1) 注释: 在 p0491 中,设置的故障反应是"编码器" 参见:p0491(电动机编码器故障反应"编码器")	
F07801	驱动:电动机过电流	—检查电流限值(p0640) —矢量控制:检查电流环(p1715,p1717) —V/f 控制:检查限流控制器(p1340…p1346) —延长斜坡上升时间(p1120)或者减小负载 —检查电动机和电动机电缆的短路和接地 —检查电动机的星形/三角形连接和铭牌参数设置 —检查功率单元和电动机的组合 —选择捕捉再起动功能(p1200),当切换到旋转电动机时
信号重要性:	—	
驱动体:	VECTOR,VECTOR_AC,VECTOR_I_AC	
响应:	OFF2(OFF1,OFF3,无)	
应答:	立即	
原因:	超过了电动机允许的限电流 —有效电流限值设置太小 —电流环设置不正确 —V/f 运行:斜坡上升时间设置过小或负载过大 —V/f 运行:电动机电缆短路或接地 —V/f 运行:电动机电流与功率单元的电流不匹配 —没有通过捕捉再起动功能(p1200)切换到旋转电动机 注释: 极限电流=2 * 最小值(p0640,4 x p0305 x p0306)≥2 x p0305 x p0306	

（续）

故障代码	故障成因分析	处理方法
F07807	驱动:检测出短路/接地	一检查在变频器电动机侧的端子上是否有相对相的短路 一检查电源电缆和电动机电缆是否接错 一检查有无接地 接地故障时: 一没有激活"捕捉再起动"功能（p1200）时,不要在旋转电动机上接通脉冲使能 一增加去磁时间（p0347） 一需要时取消激活监控功能（p1901）
信号重要性:	%1	
驱动体:	VECTOR, VECTOR_AC, VECTOR_I_AC	
响应:	OFF2（无）	
应答:	立即	
原因:	在变频器电动机侧的输出端子上,检测出相间短路或接地 故障值（r0949,十进制）: 1:U-V 相间短路 2:U-W 相间短路 3:V-W 相间短路 4:过电流接地 1xxxx:在相位 U 上识别到带电流的接地（xxxx = 相位 V 上的电流分量,单位千分数） 2xxxx:在相位 V 上识别到带电流的接地（xxxx = 相位 U 上的电流分量,单位千分数） 注释: 电源电缆和电动机电缆接反也会被检测为"电动机侧的短路" 与未去磁或只部分去磁的电动机相连也可能识别为接地	
A07825（N）	驱动:模拟运行已激活	无需采取任何措施 如果使用 p1272 = 0 禁用模拟运行,则报警自动消失 在…时的响应 N: 无 在…时的应答 N: 无
信号重要性:	—	
驱动体:	VECTOR, VECTOR_AC, VECTOR_I_AC	
响应:	无	
应答:	无	
原因:	模拟运行是激活的 只有当直流母线电压小于40V 时才能接通驱动	
F07900（N,A）	驱动:电动机堵转	一检查电动机是否能自由运动 一检查生效的转矩极限（r1538, r1539） 一检查信息"电动机堵转"的参数,必要时修改参数（p2175, p2177） 一检查实际值取反（p0410） 一检查电动机编码器连接 一检查编码器线数（p0408） 一在取消选择了功能模块"简单定位器"（EPOS）后,在电动方式（p1528）和再生方式（p1529）下检查转矩极限并重新进行调整 一在模拟运行和带转速编码器的运行中,必须接通电动机所在的功率单元,且为其提供模拟闭环控制的转矩设定值。否则必须切换到无编码器控制方式（参见p1300） 一检测电动机捕捉再起动时的旋转方向使能（p1110,p1111） 一V/f 控制时:检测电流极限和斜升时间（p0640、p1120） 在…时的响应 N: 无 在…时的应答 N: 无 在…时的响应 A: 无 在…时的应答 A: 无
信号重要性:	—	
驱动体:	VECTOR, VECTOR_AC, VECTOR_I_AC	
响应:	OFF2（OFF1, OFF3, STOP1, STOP2,无）	
应答:	立即	
原因:	电动机长时间以转矩极限值工作,超出了 p2177 中设置的时间,低于 p2175 中设置的转速阈值 如果转速实际值振荡,并且转速环输出端始终暂时达到挡块,则也会触发该信息 如果激活了模拟运行（p1272 = 1）且激活了带转速编码器的闭环控制（p1300 = 21）,则当编码器信号来自其它电动机（即不是根据闭环的转矩设定值运行的电动机）时,会发出该堵转信息 参见:p2175, p2177（电动机堵转延时）	

（续）

故障代码	故障成因分析	处理方法
F07901	驱动:电动机转速过快	旋转方向为正时:
信号重要性:	—	—检查 r1084,必要时正确设置 p1082、CI:p1085 和 p2162
驱动体:	VECTOR, VECTOR_AC, VECTOR_I_AC	旋转方向为负时:
响应:	OFF2 (IASC/DCBRK)	—检查 r1087,必要时正确设置 p1082、CI:p1088 和 p2162
应答:	立即	激活转速限制控制器的前馈 (p1401.7=1)
原因:	超过了最大允许转速的正值或负值 允许的最大转速正值如下计算:最小值（p1082, CI:p1085）+ p2162 允许的最大转速负值如下计算:最大值（-p1082, CI:p1088）- p2162	增大转速过快信息 p2162 的回差。其上限取决于最大电动机转速 p0322 和设定值通道的最大转速 p1082
F07902(N,A)	驱动:电动机失步	原则上应都执行电动机数据检测（p1910）和旋转检测（p1960）（参见 r3925）。在带编码器的同步电动机上,必须调校编码器（p1990） 在带转速编码器的转速控制和转矩控制中: —检查转速信号（断线、极性、线数、编码器芯轴断裂） —如果通过数据组转换转换到另一个转速编码器上,则检查转速编码器。该编码器必须和数据组转换时受控的电动机相连 　如果没有故障,可以提高故障公差（p1744 或 p0492）。在信号波纹比较大的旋转变压器上,应提高 p0492,并对转速信号进行滤波（p1441, p1442） 　如果失步发生在观察者模型范围内,并且在额定转速 30% 以下发生失步,则可以直接从电流模型切换到磁通控制中（p1401.5=1）。因此我们建议,启用时间控制的模型切换功能（p1750.4=1）,或者大大提高模型切换极限（p1752 > 0.35 * p0311; p1753 =5%） —如果通过数据组转换转换到另一个转速编码器上,则检查转速编码器。该编码器必须和数据组转换时受控的电动机相连 在不带转速编码器的转速控制和转矩控制中: —检查驱动是否在开环运行（r1750.0）中;检查转速设定值仍为零时,驱动是否会由于负载而停转。如果出现该情况,可以通过 p1610 提高电流设定值或设置 p1750.2=1（无编码器的矢量控制,直至被动负载停止） —如果电动机增强励磁时间（p0346）严重缩短,而驱动在接通和快速空运行时失步,应再次延长 p0346 或者选择快速励磁（p1401） —检查电流环（p1715, p1717）及转速适配控制器（p1764, p1767）。如果动态响应显著降低,应再次提高动态响应
信号重要性:	%1	
驱动体:	VECTOR, VECTOR_AC, VECTOR_I_AC	
响应:	OFF2 (IASC/DCBRK, OFF1, OFF3, STOP1, STOP2, 无)	
应答:	立即	
原因:	检测出电动机失步的时间长于 p2178 设定的值 故障值（r0949,十进制）: 1:通过 r1408.11（p1744 或者 p0492）检测失步 2:通过 r1408.12（p1745）或磁通差值（r0083 -r0084）检测失步 3:通过 r0056.11 检测失步（仅适用于他励同步电动机） 参见: p1744（电动机模型转速阈值失步检测）, p2178（电动机失步延时）	

（续）

故障代码	故障成因分析	处理方法
原因:		—如果没有故障,可以提高故障公差（p1745）或者提高延迟时间（p2178） 针对转速和转矩控制: —检查电动机电缆是否断开 —检查电流限值（p0640,r0067,r0289）。如果电流极限太低,则驱动不能充磁 —当电动机极快地进入弱磁范围,而出现值为2的故障时,可以降低p1596或p1553,从而缩小磁通设定值和磁通实际值之间的差值,避免输出该信息 对于他励同步电动机（带转速编码器的闭环控制）: —检查转速信号(断线、极性、线数) —正确设置电动机铭牌参数及等效电路图参数 —检查励磁设备以及它和闭环控制之间的接口 —确保励磁电流控制达到最大的动态响应 —检查转速控制的振动特性,并在共振时使用带阻滤波器 —未超过最大转速（p2162） 如果没有故障,可以提高延迟时间（p2178） 在...时的响应 N:　无 在...时的应答 N:　无 在...时的响应 A:　无 在...时的应答 A:　无
A07910（N）	驱动:电动机超温	信号重要性: —检查电动机负载 —检查电动机的环境温度和通风情况 —检查 PTC 或者双金属常闭触点 —检查监控限值（p0604,p0605） —检查电动机温度模型的激活情况（p0612） —检查电动机温度模型的参数（p0626 及后续参数） 参见: p0612, p0617, p0618,p0619, p0625, p0626, p0627, p0628 在...时的响应 N:　无 在...时的应答 N:　无
信号重要性:	%1	
驱动体:	VECTOR, VECTOR_AC, VECTOR_I_AC	
响应:	无	
应答:	无	
原因:	KTY 或者无传感器: 测得的电动机温度或者电动机温度模型 2 的温度超出了报警阈值（p0604,p0616）。执行 p0610 中设置的反应 PTC 或者双金属常闭触点: 超过了 1650Ω 的触发阈值或者常闭触点打开 报警值（r2124,十进制）: —p0601 中没有选择 SME: 11:输出电流没有减弱 12:输出电流减弱有效 —在 p0601 中选择了 SME 或 TM120（p0601 = 10, 11）: 引起信息的温度通道的编号 参见: p0604(电动机温度模型 2/KTY 报警阈值),p0610(电动机过热反应)	
F07950（A）	驱动:电动机参数出错	比较电动机数据与铭牌上的说明,必要时修改电动机数据 故障值 = 300（CU250S-2）时: 运行设置的控制方式支持的电动机类型 在...时的响应 A:　无 在...时的应答 A:　无
信号重要性:	参数:%1	
驱动体:	SERVO, SERVO_AC, SERVO_I_AC, VECTOR, VECTOR_AC,VECTOR_I_AC	
响应:	无	
应答:	立即	
原因:	在调试中给出的电动机参数错误（例如:p0300 = 0,没有电动机） —还没有设置制动电阻（p6811）,不能结束调试 故障值（r0949,十进制）: 出错参数号 300（CU250S-2）:该控制方式不支持该电动机类型 307: 可能是以下电动机参数错误: p0304, p0305, p0307, p0308, p0309 参见: p0300, p0301, p0304, p0305, p0307, p0310, p0311,p0314, p0315, p0316, p0320, p0322, p0323	

（续）

故障代码	故障成因分析	处理方法
F07990	驱动:电动机数据检测出错	故障值 = 1 ~ 40 时:
信号重要性:	%1	——检查在 p0300, p0304 ~ p0311 中输入的电动机数据是否正确
驱动体:	VECTOR, VECTOR_AC, VECTOR_I_AC	——检查电动机功率与逆变单元功率比例是否合适。逆变单元与电动机额定电流的比例应当在 0.5 ~ 4 之间
响应:	OFF2（OFF1, 无）	
应答:	立即	——检查连接方式（星形/三角形）
原因:	电动机数据检测出错 故障值（r0949, 十进制）: 1:达到电流限值 2:检测出的定子电阻在期望的 Zn 范围 0.1% ~ 100 % 之外 3:检测出的转子电阻在期望的 Zn 范围 0.1% ~ 100 % 之外,他励同步电动机:阻尼电阻在 Zn 的 1.0% ~ 15 % 之外 4:检测出的定子电抗在期望的 Zn 范围 50% ~ 900 % 之外,他励同步电动机:定子电抗在 Zn 的 20% ~ 500 % 之外 5:检测出的主电抗在期望的 Zn 范围 50% ~ 900 % 之外,他励同步电动机:主电抗在 Zn 的 20% ~ 500 % 之外 6:检测出的转子时间常数在期望的范围 10ms ~ 5 s 之外,他励同步电动机:阻尼时间常数在 5ms ~ 1 s 之外 7:检测出的总漏电抗在期望的 Zn 范围 4% ~ 100 % 之外 8:检测出的定子漏电抗在期望的 Zn 范围 2% ~ 50 % 之外,他励同步电动机:定子漏电抗在 Zn 的 2% ~ 40 % 之外 9:检测出的转子漏电抗在期望的 Zn 范围 2% ~ 50 % 之外,他励同步电动机:阻尼漏电抗在 Zn 的 1.5% ~ 20 % 之外 10:电动机连接错误 11:电动机轴移动 12:检测出接地 20:检测出的半导体阀的阈电压在期望的范围 0 ~ 10 V 之外 30:电流环处于电压限制中 40:至少有一个检测是错误的出于一致性的原因,检测出的参数没有被接收 50:所设置的采样时间对于电动机识别而言太短（p0115[0]） 注释: 百分值是参考电动机的额定阻抗: Zn = Vmot. nom/sqrt(3)/Imot, nom	——检查连接方式（星形/三角形） 故障值 = 11 时还需: ——关闭振荡监控（p1909.7 = 1） 故障值 = 2 时: ——并联时在 p7003 中检查电动机的绕组系统。虽然存在一个多绕组系统,但在并联功率单元时给定了带单绕组系统的电动机（p7003 = 0）,因此,定子电阻的较大部分视为引线电阻,输入到 p0352 中 故障值 = 4, 7 时: ——检查 p0233 和 p0353 中设置的电感是否正确 ——检查是否正确接入电动机（星形/三角形） ——设置 p1909.0 = 1 故障值 = 12 时: ——检查功率电缆连接 ——检查电动机 ——检查变流器 故障值 = 50 时: ——按较长的采样时间执行电动机数据识别,之后更改为所需的适合的采样时间（p0115[0]）
F30001	功率单元:过电流	——检查电动机数据,必要时执行调试 ——检查电动机的连接方式（星形/三角形） ——V/f 运行:延长斜坡上升时间 ——V/f 运行:检查电动机和逆变单元额定电流的分配 ——整流单元:检查主电源 ——整流单元:减小电动模式下的负载 ——整流单元:正确连接输入滤波器并检查电源换向电抗器 ——检查功率电缆连接 ——检查功率电缆是否短路或者有接地错误 ——检查功率电缆长度 ——更换功率单元 ——检查电源相位 此外,在并联设备（r0108.15 = 1）上还需:
信号重要性:	故障原因: %1 bin	
驱动体:	A_INF, B_INF, S_INF, SERVO, SERVO_AC, SERVO_I_AC, VECTOR, VECTOR_AC, VECTOR_I_AC	
响应:	OFF2	
应答:	立即	
原因:	功率单元探测到过电流 ——闭环控制参数设定错误 ——电动机有短路或者接地 ——V/f 运行:设置的斜坡上升时间过小 ——V/f 运行:电动机的额定电流远大于逆变单元的电流 ——整流单元:输入电压暂降时放电电流和补充充电电流很强 ——整流单元:当电动机过载和直流母线电压暂降时补充充电电流很强 ——整流单元:缺少整流电抗器,在接通时有短路电流 ——功率电缆连接不正确 ——功率电缆超过允许的最大长度 ——功率单元损坏 ——电源相位中断 并联设备上的其它原因（r0108.15 = 1）:	

（续）

故障代码	故障成因分析	处理方法
原因:	—功率单元的接地错误 —设置的回路电流控制过慢或者过快 故障值（r0949，位方式）: 位 0:相位 U 位 1:相位 V 位 2:相位 W 位 3:直流母线过电流 注释: 故障值＝0 表示,无法检测带过电流的相位（比如在模块型设备中）	—检查接地监控的阈值（p0287） —检查回路电流控制的设置（p7036,p7037）
F30002	功率单元:直流母线过电压	—延长斜坡下降时间 —激活直流母线电压控制器 —使用制动电阻或者调节型电源模块 —提高整流单元的电流限值或者使用更大的模块（对于调节型电源模块） —检查设备输入电压 —检查并更正 VSM （电压监控模块）和功率单元上的相位分配 —检查电源相位 —设置圆弧时间（p1130,p1136）推荐在 V/f 运行中设置,用于在斜坡函数发生器的快速斜坡下降时间中卸载直流母线电压控制器 参见: p0210（设备输入电压）,p1240（Vdc 控制或者 Vdc 监控配置）
信号重要性:	％1	
驱动体:	VECTOR，VECTOR_AC，VECTOR_I_AC	
响应:	OFF2	
应答:	立即	
原因:	功率单元检测出了直流母线中的过电压 —电动机反馈能量过多 —设备输入电压过高 —使用电压监控模块（VSM）运行时,在 VSM 上的相位分配 L1、L2、L3 与功率单元上的相位分配不同 —电源相位中断 故障值（r0949,十进制）: 报错点的直流母线电压值（[0.1 V]）	
F30003	功率单元:直流母线欠电压	—检查输入电压 —检查整流单元,并注意整流单元的故障信息 —检查电源相位 —检查输入电压的设置（p0210） —书本型:检查 p0278 的设置 注释: 整流单元的运行就绪信号 r0863 必须和驱动输入端 p0864 相连 参见: p0210（设备输入电压）
信号重要性:	—	
驱动体:	A_INF，B_INF，S_INF，SERVO，SERVO_AC，SERVO_I_AC，VECTOR，VECTOR_AC，VECTOR_I_AC	
响应:	OFF2	
应答:	立即	
原因:	功率单元检测出了直流母线中的欠电压 —主电源掉电 —输入电压低于允许值 —整流单元故障或受干扰 —电源相位中断 注释: 直流母线欠电压阈值显示在 r0296 中	
F30004	功率单元:逆变器散热器过热	—检查风扇是否运行 —检查防尘滤网 —检查环境温度是否在允许的范围内 —检查电动机负载 —如果高于额定脉冲频率,则需降低脉冲频率 注意: 只有在低于 A05000 的报警阈值时,才能应答此故障 参见: p1800（脉冲频率设定值）
信号重要性:	％1	
驱动体:	A_INF，B_INF，S_INF，SERVO，SERVO_AC，SERVO_I_AC，VECTOR，VECTOR_AC，VECTOR_I_AC	
响应:	OFF2	
应答:	立即	
原因:	功率单元散热器的温度超过了允许的限值 —通风不够,风扇故障 —过载 —环境温度过高 —脉冲频率过高 故障值（r0949）: 温度 [1 位 ＝0.01℃]	

（续）

故障代码	故障成因分析	处理方法
F30005	功率单元:I²t 过载	
信号重要性:	%1	一减小连续负载
驱动体:	A_INF, B_INF, S_INF, SERVO, SERVO_AC, SERVO_I_AC, VECTOR,VECTOR- AC,VECTOR- I- AC	一调整工作周期 一检查电动机和功率单元的额
响应:	OFF2	定电流
应答:	立即	参见: r0036 (功率单元过载
原因:	功率单元过载 (r0036 = 100 %) —不允许长时间超过功率单元的额定电流 —没有保持允许的工作周期 故障值 (r0949,十进制): I²t [100 % = 16384]	I²t),r0206 (功率单元额定功率),p0307(电动机额定功率)
F30011	功率单元:主电路中存在断相	
信号重要性:	%1	
驱动体:	A_INF, B_INF, S_INF, SERVO, SERVO_AC, SERVO_I_AC, VECTOR, VECTOR_AC, VECTOR_I_AC	
响应:	OFF2（OFF1）	一检查主电路中的熔断器
应答:	立即	一检查是否某一相上的设备使
原因:	在功率单元上直流母线的电压纹波超出了允许的极限值 可能的原因: —电源的某一相出现断相 —电源的 3 相都出现了不允许的不对称 —主电路的某一相位的熔断器失灵 —电动机的某一相出现断相 故障值 (r0949,十进制): 仅用于西门子内部的故障诊断	电源电压失真 一检查电动机馈电电缆
F30012	功率单元:散热器温度传感器断线	
信号重要性:	%1	
驱动体:	A_INF, B_INF, S_INF, SERVO, SERVO_AC, SERVO_I_AC, VECTOR, VECTOR_AC, VECTOR_I_AC	
响应:	OFF1（OFF2）	
应答:	立即	
原因:	与功率单元散热器的某一温度传感器的连接中断 故障值 (r0949,十六进制): 位 0:电子插件 位 1:供风 位 2:逆变器 1 位 3:逆变器 2 位 4:逆变器 3 位 5:逆变器 4 位 6:逆变器 5 位 7:逆变器 6 位 8:整流器 1 位 9:整流器 2	请与制造商联系
F30015(N,A)	功率单元:电动机馈电电缆断相	
信号重要性:	—	
驱动体:	VECTOR, VECTOR_AC, VECTOR_I_AC	
响应:	OFF2（OFF1, OFF3, 无）	一检查电动机馈电电缆 一提高斜坡升降时间
应答:	立即	(p1120),如果驱动在 V/f 控制中
原因:	电动机馈电电缆中出现断相 另外,在以下情况下也会输出该信息: —电动机正确连接,但是驱动在 V/f 控制中失步。此时,由于电流的不平衡,在一个相位中测出电流为 0 A —电动机正确连接,但是转速环不稳定,因此产生"不断振荡"的转矩 注释: 在装机装柜型功率单元上不会进行断相监控	失步 一检查转速环的设置 在...时的响应 N: 无 在...时的应答 N: 无 在...时的响应 A: 无 在...时的应答 A: 无

（续）

故障代码	故障成因分析	处理方法
F30021	功率单元:接地	
信号重要性:	%1	—检查功率电缆连接 —检查电动机 —检查变流器 另外,对于 CU310/CUA31: —检查制动连接的电缆和触点（有可能断线） 此外,在并联设备（r0108.15 = 1）上还需: —检查接地监控的阈值（p0287） —检查回路电流控制的设置（p7036,p7037） 参见: p0287(接地监控阈值)
驱动体:	A_INF, B_INF, S_INF, SERVO, SERVO_AC, SERVO_I_AC, VECTOR, VECTOR_AC, VECTOR_I_AC	
响应:	OFF2	
应答:	立即	
原因:	功率单元检测出一个接地 —功率电缆接地 —电动机线圈间短路或者接地 —变流器损坏 CU310/CUA31 的其它原因: —意外制动引起硬件直流监控响应 并联设备上的其它原因（r0108.15 =1）: —设置的回路电流控制过慢或者过快 故障值（r0949,十进制）: 总电流振幅的值［20479 = r0209 * 1. 4142］ 注释:在功率单元上,接地错误也会反映在 r3113. 5 中	
F30022	功率单元:U_ce 监控	
信号重要性:	故障原因 :%1bin	—检查光缆,必要时进行更换 —检查 IGBT 控制组件的电源（24 V） —检查功率电缆连接 —找出并更换损坏的半导体
驱动体:	A_INF, B_INF, S_INF, SERVO, SERVO_AC, SERVO_I_AC, VECTOR, VECTOR_AC, VECTOR_I_AC	
响应:	OFF2	
应答:	上电	
原因:	在功率单元中,半导体的集电极 -发射极电压监控（U_ce）发出响应 可能的原因: —光缆断开 —缺少 IGBT 控制组件的电源 —功率单元的输出端短路 —功率单元半导体损坏 故障值（r0949,二进制）: 位 0:相位 U 短路 位 1:相位 V 短路 位 2:相位 W 短路 位 3:反射器使能故障 位 4:U_ce 累积误差信号中断 参见: r0949(故障值)	
F30024	功率单元:热模型过热	
信号重要性:	—	—调整工作周期 —检查风扇是否运行 —检查防尘滤网 —检查环境温度是否在允许的范围内 —检查电动机负载 —如果高于额定脉冲频率,则需降低脉冲频率 —直流制动生效时:降低制动电流（p1232）
驱动体:	VECTOR, VECTOR_AC, VECTOR_I_AC	
响应:	OFF2	
应答:	立即	
原因:	散热器和芯片间的温度差超过了允许的临界值 —没有保持允许的工作周期 —通风不够,风扇故障 —过载 —环境温度过高 —脉冲频率过高 参见: r0037	

（续）

故障代码	故障成因分析	处理方法
F30025	功率单元:芯片过热	—调整工作周期 —检查风扇是否运行 —检查防尘滤网 —检查环境温度是否在允许的范围内 —检查电动机负载 —如果高于额定脉冲频率,则需降低脉冲频率 注意: 　只有在低于 A05001 的报警阈值时,才能应答此故障 参见: r0037
信号重要性:	%1	
驱动体:	A_INF, B_INF, S_INF, SERVO, SERVO_AC, SERVO_I_AC, VECTOR, VECTOR_AC, VECTOR_I_AC	
响应:	OFF2	
应答:	立即	
原因:	半导体芯片温度超过了允许的临界值 —没有保持允许的工作周期 —通风不够,风扇故障 —过载 —环境温度过高 —脉冲频率过高 故障值(r0949,十进制):散热器和芯片之间的温差[0.01℃]	
F30027	功率单元:直流母线预充电时间监控	一般措施: —检查输入端上的输入电压 —检查输入电压设置(p0210) 针对书本型设备: —等待约 8min,直到预充电电阻冷却。为此先从主电源断开整流单元 5): —请注意所允许的预充电频率(参见相关设备手册) 6): —检查直流母线的总电容,必要时相应降低所允许的最大直流母线电容(参见相关设备手册) 7): —将整流单元的运行就绪信息(r0863.0)互联到直流母线上驱动的使能逻辑 8): —检查外部电源接触器的连接。在直流母线快速放电中,电源接触器必须打开 9): —检查直流母线是否短路或者接地 11): —检查整流单元(r0070)和逆变单元(r0070)的直流母线电压 如果逆变单元上没有显示整流单元或外部生成的直流母线电压(r0070),则表示逆变单元内部的熔断器熔断 参见: p0210(设备输入电压)
信号重要性:	使能 :%1,状态 :%2	
驱动体:	A_INF, B_INF, S_INF, SERVO, SERVO_AC, SERVO_I_AC, VECTOR, VECTOR_AC, VECTOR_I_AC	
响应:	OFF2	
应答:	立即	
原因:	功率单元直流母线没能在期望时间内完成预充电 1)没有输入电压 2)电源接触器/电源开关没有闭合 3)输入电压过低 4)输入电压设置错误(p0210) 5)预充电电阻过热,因为每单位时间内预充电操作过多 6)预充电电阻过热,因为直流母线的电容过大 7)预充电电阻过热,因为在整流单元未准备就绪(r0863.0)时就从直流母线连接获取电压 8)预充电电阻过热,因为在直流母线快速放电时通过制动模块闭合了电源接触器 9)在直流母线连接中有短路/接地 10)预充电电路可能有故障(只对于装机装柜设备) 11)整流单元损坏,或者逆变单元内的熔断器动作(仅书本型设备) 故障值(r0949,二进制): yyyyxxxx 十六进制: yyyy = 功率单元的状态 0:故障状态(等待 OFF,应答故障信息) 1:禁止重新起动(等待 OFF) 2:检测出过电压 -> 变为故障状态 3:检测出欠电压 -> 变为故障状态 4:等待分路接触器打开 -> 变为故障状态 5:等待分路接触器打开 -> 变为禁止重新起动 6:调试 7:预充电就绪 8:预充电开始,直流母线电压低于最小接通电压 9:预充电运行,还没检测到直流母线电压预充电结束 10:在预充电结束后等待主接触器的振动延续时间结束 11:预充电结束,脉冲使能就绪 12:检测出功率单元 STO 端子触发 xxxx = 功率单元内部缺少使能(位编码取反,FFFF 十六进制 -> 存在所有内部使能) 位 0:IGBT 控制的电源切断 位 1:检测出接地 位 2:峰值电流发挥作用 位 3:超出 I^2t 位 4:检测出热模型过热 位 5:检测出散热器、功率单元控制元件过热 位 6:保留 位 7:检测出过电压 位 8:功率单元预充电结束,脉冲使能就绪 位 9:缺少 STO 端子 位 10:检测出过电流 位 11:电枢短路激活	

（续）

故障代码	故障成因分析	处理方法
原因：	位 12：DRIVE-CLiQ 出错 位 13：检测出 Uce 故障，由于过电流/短路而引起的晶体管减饱和 位 14：检测出欠电压 参见：p0210（设备输入电压）	
A30042	功率单元：风扇达到了最大运行时间	对出现故障的风扇，采取以下措施： —更换风扇 —复位运行时间计数器（p0251，p0254） 参见：p0251（功率单元风扇运行时间计数器），p0252（功率单元风扇最大运行时间），p0254（功率单元内部风扇运行时间计数器）
信号重要性：	%1	
驱动体：	A_INF, B_INF, S_INF, SERVO, SERVO_AC, SERVO_I_AC, VECTOR, VECTOR_AC, VECTOR_I_AC	
响应：	无	
应答：	无	
原因：	至少有一个风扇的使用寿命已达到或已经超出 故障值（r0949，二进制）： 位 0：散热器风扇 500h 后达到最大使用寿命 位 1：散热器风扇超出使用寿命 位 8：内部风扇 500h 后达到最大使用寿命 位 9：内部风扇超出使用寿命 注释： 功率单元散热器风扇的使用寿命在 p0252 内显示 功率单元内部风扇的使用寿命由内部固定指定	
F30885	功率单元 CU DRIVE-CLiQ（CU）：循环数据传送故障	
信号重要性：	组件号：%1，故障原因：%2	
驱动体：	A_INF, B_INF, CU_LINK, S_INF, SERVO, SERVO_AC, SERVO_I_AC, VECTOR, VECTOR_AC, VECTOR_I_AC	
响应：	OFF2	
应答：	立即	
原因：	控制单元和相关功率单元之间的 DRIVE-CLiQ 通信有故障 节点发送和接收不同步 故障原因： 26（=1A 十六进制）： 在收到的报文中没有设置生命符号位，而且报文收到得太早 33（=21 十六进制）： 循环报文还没有到达 34（=22 十六进制）： 在报文的接收列表中有时间错误 64（=40 十六进制）： 在报文的发送列表中有时间错误 98（=62 十六进制）： 过渡到循环运行时出错 信息值的注释： 详细的信息在信息值（r0949/r2124）中是按如下方式编码的： 0000yyxx 十六进制：yy = 组件号，xx = 故障原因	—检查相关组件的电源电压 —执行上电 —更换相关组件 参见：p9915（主站断路阈值 DRIVE-CLiQ 传送故障）
F31100（N,A）	编码器 1：零脉冲距离出错	
信号重要性：	%1	
驱动体：	A_INF, B_INF, ENC, S_INF, SERVO, SERVO_AC, SERVO_I_AC, TM41, VECTOR, VECTOR_AC, VECTOR_I_AC	—检查编码器电缆的布线是否符合 EMC 准则 —检测插塞连接 —检查编码器类型（带等距零脉冲的编码器） —修改零脉冲距离的参数（p0424，p0425） —出现超过转速阈值信息时，必要时降低滤波时间（p0438） —更换编码器或者编码器电缆 在...时的响应 N：　无 在...时的应答 N：　无 在...时的响应 A：　无 在...时的应答 A：　无
响应：	Infeed：无（OFF1, OFF2） Servo：编码器（IASC/DCBRK, OFF1, OFF2, OFF3, STOP1, STOP2） Vector：编码器（IASC/DCBRK, OFF1, OFF2, OFF3, STOP1, STOP2）	
应答：	脉冲禁止	
原因：	测量出的零脉冲距离不符合设定的零脉冲距离 使用距离编码的编码器时，零脉冲距离由成对检出的零脉冲计算出来。因此，缺少一个配对的零脉冲时不会引发故障，且在系统中没有影响 在 p0425（旋转编码器）或 p0424（线性编码器）中设置用于零脉冲监控的零脉冲距离 故障值（r0949，十进制）： 最后测量出的零脉冲距离以增量表示（4 个增量 = 1 个编码器刻线） 检测零脉冲距离时，正负号标出运行方向 参见：p0491（电动机编码器故障反应"编码器"）	

（续）

故障代码	故障成因分析	处理方法
F31115（N,A）	编码器1:信号 A 或者 B 振幅错误（A^2 + B^2）	
信号重要性:	信号 A:%1,信号 B:%2	
驱动体:	A_INF, B_INF, ENC, S_INF, SERVO, SERVO_AC, SERVO_I_AC, TM41, VECTOR, VECTOR_AC, VECTOR_I_AC	—检查编码器电缆的布线和屏蔽是否符合 EMC 准则
响应:	Infeed:无 Servo:编码器（IASC/DCBRK,无） Vector:编码器（IASC/DCBRK,无）	—检测插塞连接 —更换编码器或者编码器电缆 —检查编码器模块（例如:触
应答:	脉冲禁止	点） 使用不带自身轴承的测量系
原因:	编码器 1 的振幅（A^2 + B^2 的平方根）超出了允许的公差 故障值（r0949,十六进制）: yyyyxxxx 十六进制 : yyyy = B 信号的电平（16 位,带符号） xxxx = A 信号的信号电平（16 位,带符号） 编码器的额定信号电平在 375 ~ 600mV 之间（500mV - 25/+20%） 动作阈值 <170mV （注意编码器的频率响应）或 >750mV 500mV 峰值的信号电平 = 十六进制值 5333 = 十进制值 21299 旋转变压器（例如:SMC10）的编码器模块的说明: 额定信号电平在 2900mV（2.0Veff）而动作阈值为 <1070mV 和 >3582mV 2900mV 峰值的信号电平 = 十六进制值 6666 = 十进制值 26214 注释: 振幅误差的模拟值与编码器模块硬件的报错不同步 参见:p0491（电动机编码器故障反应"编码器"）	统时: —检查探头的调校情况和测量轮的轴承 使用带自身轴承的测量系统时: —必须确保没有轴向力施加在编码器外壳上 在...时的响应 N: 无 在...时的应答 N: 无 在...时的响应 A: 无 在...时的应答 A: 无
F31117（N,A）	编码器 1:信号 A/B/R 取反出错	—检查编码器/电缆
信号重要性:	故障原因:%1bin	—编码器同时发送信号和反转信号
驱动体:	A_INF, B_INF, ENC, S_INF, SERVO, SERVO_AC, SERVO_I_AC, TM41, VECTOR, VECTOR_AC, VECTOR_I_AC	注释: 针对 SMC30（仅订货号 6SL3055-0AA00-5CA0 和 6SL3055-0AA00-5CA1）:
响应:	Infeed:无 Servo:编码器（IASC/DCBRK,无） Vector:编码器（IASC/DCBRK,无）	—检查 p0405 设定:只有当编码器连接到 X520 上时,才允许 p0405.2 = 1
应答:	立即	对于不带 R 信号的方波编码器,在连接到 X520（SMC30）或 X23（CUA32,CU310）时应设置
原因:	在方波编码器（双级）上,信号 A*、B* 和 R* 不是信号 A、B和 R 的取反 故障值（r0949,二进制）: 位 0 ~ 15:仅用于西门子内部故障诊断 位 16:信号 A 错误 位 17:信号 B 错误 位 18:信号 R 错误 注释: 针对 SMC30（仅订货号 6SL3055-0AA00-5CA0 和 6SL3055-0AA00-5CA1）、CUA32、CU310: 使用不带信号 R 的方波编码器并激活信号监控（p0405.2 = 1） 参见:p0491（电动机编码器故障反应"编码器"）	以下跳线: —引脚 10（参考信号 R） <-->引脚 7（编码器电源 接地） —引脚 11（参考信号 R 反向）<--> 引脚 4（编码器电源） 在...时的响应 N: 无 在...时的应答 N: 无 在...时的响应 A: 无 在...时的应答 A: 无
F31118（N,A）	编码器 1:转速差值超出公差	
信号重要性:	%1	
驱动体:	A_INF, B_INF, ENC, S_INF, SERVO, SERVO_AC, SERVO_I_AC, TM41, VECTOR, VECTOR_AC, VECTOR_I_AC	—检查转速计电缆是否中断
响应:	Infeed:无 Servo:编码器（IASC/DCBRK,无） Vector:编码器（IASC/DCBRK,无）	—检查转速计屏蔽层的接地 —必要时提高每个采样循环的最大转速差值（p0492）
应答:	脉冲禁止	在...时的响应 N: 无
原因:	使用 HTL/TTL 编码器时,多个采样循环之间的转速差值超出了p0492 中的值 在电流环的采样周期内,会监测出的转速实际值的变化 编码器 1 作为电动机编码器使用,出现故障时,能切换到无编码器运行 故障值（r0949,十进制）: 仅用于西门子内部的故障诊断 参见:p0491,p0492	在...时的应答 N: 无 在...时的响应 A: 无 在...时的应答 A: 无

F　寻求帮助

F.1　SINAMICS S120 相关手册下载链接

SINAMICS S120 高性能多机传动变频调速器产品目录 D21. 3. CN

http：//www. ad. siemens. com. cn/download/docMessage. aspx？ID = 4149&loginID = &srno = &sendtime =

SINAMICS S120 高性能多机传动变频调速器产品目录 D21. 3. EN

https：//www. automation. siemens. com/mcms/infocenter/content/en/Pages/order_ form. aspx？nodeKey = key_ 9178265&infotype = catalogs

Sinamics S120 系统 产品目录

http：//www. ad. siemens. com. cn/download/docMessage. aspx？ID = 6644&loginID = &srno = &sendtime =

SINAMICS S120/S150 参数手册

http：//support. automation. siemens. com/WW/view/en/68041075/0/zh

SINAMICS S120 驱动功能手册

http：//support. automation. siemens. com/WW/view/en/68042590/0/zh

F.2　热线服务系统

如果通过在线帮助和相关文档不能解决遇到的问题，可以拨打西门子技术支持与服务热线 + 86-400-810-4288 或发送传真 + 86-010-64719991 与西门子联系，也可以通过电子邮件：4008104288. cn@ siemens. com 将现场照片以及故障记录信息发送过去。热线服务内容包括低压电器与 PLC 系统的技术支持、产品咨询与售后服务。

软件授权维修服务可拨打亚太服务热线 + 86-10-64757575 或发送传真 + 86-10-64747474 与西门子联系，相关文本信息可以通过电子邮件：support. asia. automation@ siemens. com 发送

F.3　网站支持

登录西门子技术支持与服务主页 www. ad. siemens. com. cn/service 可以下载相关产品手册、驱动软件以及 FAQ（常见问题解答），网上课堂栏目中包括热线工程师根据多年经验撰写的产品入门指导课程数百篇！覆盖 PLC、通信/网络、冗余、人机界面、驱动、传动、低压、数控、过程自动化等众多产品线。快速入门指导是产品手册很好的补充材料，可以自由地下载。在技术论坛栏目中可以留言、分享、讨论、交流经验，是专家级用户的在线交流圈，产品初学者的充电线。通过西门子网站可以时时得到无极限的支持，了解西门子产品最新的动态信息及相关的活动。

F.4　推荐网址

驱动技术

西门子（中国）有限公司

工业业务领域 客户服务与支持中心

网站首页：www. 4008104288. com. cn

驱动技术 下载中心：

http：//www. ad. siemens. com. cn/download/DocList. aspx？TypeId＝0&CatFirst＝85

驱动技术 全球技术资源：

http：//support. automation. siemens. com/CN/view/zh/10803928/130000

"找答案" 驱动技术版区：

http：//www. ad. siemens. com. cn/service/answer/category. asp？cid＝1038

自动化系统

西门子（中国）有限公司

工业业务领域 客户服务与支持中心

网站首页：www. 4008104288. com. cn

自动化系统 下载中心：

http：//www. ad. siemens. com. cn/download/DocList. aspx？TypeId＝0&CatFirst＝1

自动化系统 全球技术资源：

http：//support. automation. siemens. com/CN/view/zh/10805045/130000

"找答案" 自动化系统版区：

http：//www. ad. siemens. com. cn/service/answer/category. asp？cid＝1027

SIMATIC HMI 人机界面

西门子（中国）有限公司

工业业务领域 客户服务与支持中心

网站首页：www. 4008104288. com. cn

WinCC 下载中心：

http：//www. ad. siemens. com. cn/download/DocList. aspx？TypeId＝0&CatFirst＝1&Cat
Second＝9&CatThird＝－1

HMI 全球技术资源：

http：//support. automation. siemens. com/CN/view/zh/10805548/130000

"找答案" WinCC 版区：

http：//www. ad. siemens. com. cn/service/answer/category. asp？cid＝1032

通信/网络

西门子（中国）有限公司

工业业务领域 客户服务与支持中心

网站首页：www. 4008104288. com. cn

通信/网络 下载中心：

http：//www. ad. siemens. com. cn/download/DocList. aspx？TypeId＝0&CatFirst＝12

通信/网络 全球技术资源：

http：//support. automation. siemens. com/CN/view/zh/10805868/130000

"找答案" Net 版区：

http：//www. ad. siemens. com. cn/service/answer/category. asp？cid＝1031

过程控制系统

西门子（中国）有限公司

工业业务领域 客户服务与支持中心

网站首页：www. 4008104288. com. cn

过程控制系统 下载中心：

http：//www. ad. siemens. com. cn/download/DocList. aspx？TypeId＝0&CatFirst＝19

过程控制系统 全球技术资源：

http：//support. automation. siemens. com/CN/view/zh/10806836/130000

过程仪表及分析仪器

西门子（中国）有限公司

工业业务领域 客户服务与支持中心

网站首页：www. 4008104288. com. cn

过程仪表及分析仪器 下载中心：

http：//www. ad. siemens. com. cn/download/DocList. aspx？TypeId＝0&CatFirst＝36

过程仪表 全球技术资源：

http：//support. automation. siemens. com/CN/view/zh/10806926/130000

过程分析仪 全球技术资源：

http：//support. automation. siemens. com/CN/view/zh/10806991/130000

"找答案"过程及分析仪器版区：

http：//www. ad. siemens. com. cn/service/answer/category. asp？cid＝1046

产品信息网页：http：//www. ad. siemens. com. cn/products/pi/

工业控制产品

西门子（中国）有限公司

工业业务领域 客户服务与支持中心

网站首页：www. 4008104288. com. cn

工业控制产品 下载中心：

http：//www. ad. siemens. com. cn/download/DocList. aspx？TypeId＝0&CatFirst＝66

工业控制产品 全球技术资源：

http：//support. automation. siemens. com/CN/view/zh/20025980/130000

"找答案"低压电器版区：

http：//www. ad. siemens. com. cn/service/answer/category. asp？cid＝1047

工厂自动化传感器

西门子（中国）有限公司

工业业务领域 客户服务与支持中心

网站首页：www. 4008104288. com. cn

工厂自动化传感器 下载中心：

http：//www. ad. siemens. com. cn/download/DocList. aspx？ TypeId = 0&CatFirst = 61

传感器技术 全球技术资源：

http：//support. automation. siemens. com/CN/view/zh/10807063/130000

"找答案" 运动控制系统版区：

http：//www. ad. siemens. com. cn/service/answer/category. asp？ cid = 1043

楼宇科技

西门子（中国）有限公司

工业业务领域 客户服务与支持中心

网站首页：www. 4008104288. com. cn

楼宇科技 下载中心：

http：//www. ad. siemens. com. cn/download/DocList. aspx？ TypeId = 0&CatFirst = 190

楼宇科技 全球技术资源：

http：//support. automation. siemens. com/CN/view/zh/41843597/130000

参 考 文 献

［1］ 西门子公司. 高性能多级传动系统 SINAMICS S120 变频调速装置和变频调速柜　产品目录 D21. 3 ,2011.

［2］ 西门子公司. SINAMICS S120 Function Manual 01/2013.

［3］ 西门子公司. SINAMICS S120 List Manual 01/2013.

［4］ 西门子公司. SINAMICS S120 Control Units and additional system components Manual 01/2013.

［5］ 西门子公司. SINAMICS S120 Booksize Power Units Manual 01/2013.

［6］ 西门子公司. SINAMICS S120 Chassis Power Units Manual 01/2013.

［7］ 西门子公司. SINAMICS S120 AC Drive Manual 01/2013.

［8］ 西门子公司. SINAMICS -Low Voltage Engineering Manual V6. 1.